普通高等教育电气信息类系列教材

现代控制理论

第2版

闫茂德　高　昂　胡延苏　编著

机械工业出版社

现代控制理论是建立在状态空间法基础上的一种控制理论与方法，是自动控制理论的一个重要组成部分。本书反映现代控制理论的发展和趋势，以加强基础、突出思维和培养能力为原则，详细介绍了基于状态空间模型的线性系统分析和综合方法，包括控制系统的状态空间描述、线性系统的运动分析、线性系统的能控性与能观性、稳定性理论与李雅普诺夫方法、线性时不变系统的综合和最优控制方法。在此基础上，还给出了MATLAB 仿真算例和工程应用案例，便于读者用 MATLAB 软件解决控制系统的分析和设计问题。

本书可作为高等学校自动化专业本科生教材，也可作为其他相关专业本科生或控制科学与工程学科研究生及相关领域工程技术人员的参考书。

本书提供配套的免费电子课件，欢迎选购本书作为教材的老师登录 www. cmpedu. com 免费注册，审核通过后下载，或联系编辑索取（微信：13146070618，电话：010-88379739）。

图书在版编目(CIP)数据

现代控制理论/闫茂德,高昂,胡延苏编著．—2 版．—北京:机械工业出版社,2023. 1(2024. 8 重印)

普通高等教育电气信息类系列教材

ISBN 978-7-111-72221-2

Ⅰ. ①现… Ⅱ. ①闫… ②高… ③胡… Ⅲ. ①现代控制理论-高等学校-教材 Ⅳ. ①O231

中国版本图书馆 CIP 数据核字(2022)第 235544 号

机械工业出版社（北京市百万庄大街 22 号 邮政编码 100037）

策划编辑：汤 枫 责任编辑：汤 枫 尚 晨

责任校对：樊钟英 王 延 责任印制：张 博

北京雁林吉兆印刷有限公司印刷

2024 年 8 月第 2 版第 3 次印刷

184mm×260mm · 19. 75 印张 · 524 千字

标准书号：ISBN 978-7-111-72221-2

定价：69. 80 元

电话服务

客服电话：010-88361066

010-88379833

010-68326294

网络服务

机 工 官 网：www. cmpbook. com

机 工 官 博：weibo. com/cmp1952

金 书 网：www. golden-book. com

机工教育服务网：www. cmpedu. com

第 2 版前言

教材是学校教育教学、推进立德树人的关键要素，是国家意志和社会主义核心价值观的集中体现，是解决“培养什么人、怎样培养人、为谁培养人”这一根本问题的核心载体。随着科学技术的快速发展和高等教育改革的深入，为实现兼顾课程思政与工程教育双重要求，本书编者在原有版本基础上对第 1 版教材进行修订和优化。

修订的主要内容包括：

1）由于教学计划的调整，课程授课学时减少，为适应新的教学大纲和教学计划要求，将第 1 版 3.5 节中的“能控标准Ⅱ型”和“能观标准Ⅰ型”、5.4 节“解耦控制”、6.2 节“状态估计与卡尔曼滤波”、6.3 节“系统辨识”和 6.4 节“自适应控制”相关内容删除。

2）为了更好地帮助学生梳理章节内容，提取知识重点、课程难点和能力要求，在每章的开始和结尾处分别增加了“学习目标”和“本章要点”。

3）将课程思政引入教学课件中，每章节开头思政引领，精选引语和提供导读。通过课程思政与教学内容的融合，培养学生爱国奉献的科学精神和爱国情怀。

4）新版教材提供了丰富的数字化教学资源，包括教学大纲、教学课件、高质量教学视频、课后练习答案等，教学微课以二维码形式在书中相应位置出现，随扫随学。另外，与本书配套的数字课程“现代控制理论”在爱课程平台（https://www.icourse163.org/course/CHD-1461786182?from=searchPage&outVendor=zw_mooc_pcssjg_）和智慧树平台（https://coursehome.zhihuishu.com/courseHome/1000000483）上线，读者可以登录相关平台进行在线学习。

修订后本书以状态空间法为基础，系统阐述了现代控制理论的基本原理及其分析综合方法，主要内容包括线性系统的状态空间描述、线性系统的运动分析、线性系统的能控性和能观测性、李雅普诺夫稳定性分析以及线性系统的状态综合等。在此基础上，简单介绍了最优控制和状态估计与卡尔曼滤波的基本理论与内容，以开阔学生视野，为学生在研究生阶段的进一步学习打下基础。

在编写方法上，仍保持第 1 版的特色。突出现代控制理论的物理概念和工程背景，并在每一章节的最后给出对应的 MATLAB 仿真算例，加强学生系统分析、工程设计与实践能力的培养。本书论述清楚，基本概念、定理和定义等叙述准确、易懂，定理证明严密、规范，可读性好，便于自学。

本书由长安大学闫茂德教授、胡延苏副教授和西北工业大学高昂副教授共同编写。其中，闫茂德编写了绪论、第 4 章和第 5 章；高昂编写了第 2 章和第 6 章；胡延苏编写了第 1 章和第 3 章。全书由闫茂德教授整理定稿。

由于编者水平有限，书中难免有遗漏和不当之处，敬请广大读者批评指正。

编　者

第 1 版前言

本书是按照教育部高等学校自动化专业教学指导分委员会制定的《高等学校本科自动化指导性专业规范（试行)》的要求，为高等学校自动化及其相关专业本科生、控制科学与工程学科研究生编写的教材，也可供相关工程技术人员学习参考。

全书共 7 章。“绪论”着重介绍了控制理论的产生及发展背景、现代控制理论的研究范围及分支、经典控制理论与现代控制理论的比较、控制系统设计的基本步骤和本书的结构体系。第 1 章详细阐述了线性系统的状态空间描述、建立状态空间表达式的几种常用方法、状态空间模型的线性变换，以及系统传递函数矩阵和非线性系统局部线性化后的状态空间表达式。第 2 章讨论了线性连续系统和离散系统状态方程的求解方法，以及线性连续系统的离散化。第 3 章着重讲述了线性系统的能控性和能观性及其对偶关系、系统的能控规范型和能观规范型、线性系统的结构分解和最小实现。第 4 章介绍了控制系统稳定性的基本概念、李雅普诺夫稳定性及其应用。第 5 章讲述了线性反馈控制系统的基本结构及其特性、闭环极点配置、系统镇定问题、解耦控制、状态观测器，以及利用状态观测器实现状态反馈的系统等。第 6 章介绍了最优控制、状态估计与卡尔曼滤波、系统辨识和自适应控制的基本原理和方法。为了培养学生对控制系统的分析和设计能力，在第 1~6 章都安排了一节讲述利用 MATLAB 软件来进行线性系统的理论分析、综合和应用。第 5 章还给出了两个工程应用举例，以提高学生的工程应用和实践能力。

本书是编者在总结十余年教学经验的基础上，参考已出版的同类优秀教材编写而成的。本书由长安大学闫茂德教授、胡延苏老师和西北工业大学高昂老师共同编写。其中，闫茂德编写了绪论、第 4 章和第 5 章；高昂编写了第 2 章和第 6 章；胡延苏编写了第 1 章和第 3 章。全书由闫茂德整理定稿。

由于编者水平有限，书中难免有疏漏和不当之处，敬请广大读者批评指正。

编　者

目　　录

绪　　论

绪论

学习目标

0.1　了解控制理论的发展历程。

0.2　了解现代控制理论的研究范围和学科分支。

0.3　熟悉经典控制理论和现代控制理论的研究对象、研究内容和研究方法等，并分析其异同。

0.4　熟悉自动控制系统设计的基本步骤。

0.5　了解 MATLAB 仿真平台及其控制系统仿真的优势。

自动化水平是科学现代化的显著标志。自动化是指机器设备、系统或过程（生产、管理过程）采用一系列特定的技术，在没有人参与或尽量少人直接参与的情况下，利用外加的设备或装置实现预期目标的运行过程或运行状态。其中所采用的技术就是自动控制技术，而这一技术的理论基础就是自动控制理论。自动控制技术广泛用于工业、农业、军事、科学研究、交通运输、商业、医疗、服务和家庭等方面，采用自动控制技术可以把人从繁重的体力劳动、部分脑力劳动以及恶劣、危险的工作环境中解放出来，而且能扩展人的器官功能，极大地提高劳动生产率，增强人类认识世界和改造世界的能力。因此，自动化是工业、农业、国防和科学技术现代化的重要条件和显著标志。

本章首先讨论控制理论的发展历程，现代控制理论的研究范围和学科分支，进而讨论经典控制理论和现代控制理论的研究对象、研究方法等的异同，最后介绍本书的研究内容和 MATLAB 平台。

0.1　控制理论的发展回顾

自动控制系统是指能够实现“自动化”任务的设备，它是工程技术领域的人造系统。通常自动控制系统是一个**动态系统**，即系统的输出不仅与同一时刻的输入有关，还与该时刻以前的积累有关。自动控制系统一般由控制器和被控对象组成，为了实现自动控制的目的，控制器要遵循一定的控制规律，这就是自动控制理论所研究和阐述的内容。

自动控制理论研究的内容是如何按照被控对象和环境的特性，通过能动地采集和运用信息施加控制作用，从而使系统在变化或不确定的条件下保持预定的功能。控制理论是在人类认识和改造世界的实践活动中发展起来的，它不但要认识事物运动的规律，而且要用这些规律改造客观世界。在工业生产中，有许多变量需要按照人期望的规律变化或者保持恒定，从而提出了对设备、系统或者过程实施自动控制的要求。随着自动化技术的不断发展，自动控制理论逐渐上升为一门理论学科，并被划分成了“经典控制理论”和“现代控制理论”两大部分。近年来，自动控制或自动化技术成为现代化的一个显著标志，无时无刻不在影响着人们的生活，创造着便捷环境的同时，解放社会生产力，推动高精尖科技的不断进步，把人类推进到崭新的现代化时代。自动控制理论从以下两个方面对自动控制系统进行研究和阐述。

系统描述：系统是一个广义的概念，大到宇宙、小到一个原子都可以看作系统。无论何种系统都可以看成是由各种元器件组成的，这些元部件的性能，从控制理论的角度出发可以用其输入、输出等特性来表征。这样就可抛开系统本身的物理属性，用一种抽象的数学模型来描述这个系统。如一个机械系统、一个力学系统和一个电网系统可以用同一个数学方程式描述。自动控制系统中较受关注的是系统的动态特性，所以描述系统的动态方程是控制理论研究的主要对象。

系统分析与综合：系统分析是对于给定的系统，利用适当的方法得到系统的特性。在自动控制系统中，人们所关心的系统特性是系统稳定性、快速性和准确性等基本性能。根据被控对象的动态特性，可以选择设计合适的控制器使系统满足规定的性能指标。也就是已知对控制系统性能指标的要求，确定控制系统应具有怎样的结构才能满足该要求，这是系统分析的逆命题，称为系统综合。确定控制器的过程又可以分为选择控制器结构和辨识控制器参数两个部分。

1. 控制理论发展初期及经典控制理论阶段

人类发明具有“自动化”功能的装置，可以追溯到公元前14~公元前11世纪，如中国、古埃及和古巴比伦出现的自动计时漏壶等。公元235年，我国发明的指南车是一个开环控制方式自动指示方向的控制系统。公元1086年左右，我国苏颂等人发明了按照闭环控制方式工作的具有自动调节机构和报时机构的水运仪象台。工业革命时期，英国科学家瓦特（J. Watt）于1788年运用反馈控制原理发明并成功设计了蒸汽机离心式飞锤调速器。后来，英国学者麦克斯韦（J. C. Maxwell）于1868年发表了“论调速器”的论文，对离心式飞锤调速器的稳定性进行了分析。这就是初期人们依靠对技术问题的直觉理解，形成了控制理论的雏形。

随后，自动控制理论作为一门系统的技术科学逐步建立和完善。1892年，李雅普诺夫（Lyapunov）在其博士论文“论运动稳定性的一般问题”中创立了运动稳定性理论，建立了从概念到方法分析稳定性的完整体系，为后来的稳定性研究奠定了理论基础。1932年，奈奎斯特（H. Nyquist）提出了根据稳态正弦输入信号的开环响应确定闭环系统稳定性的判据，解决了振荡和稳定性问题，同时把频域法的概念引入自动控制理论中，推动了自动控制领域的发展。1940年，伯德（H. Bode）进一步提出了频域响应对数坐标系描述方法，更加适合工程应用。1948年，伊万思（W. R. Evans）提出并完善了根据开环特性表征系统动态特性关系的根轨迹法。20世纪40年代末和50年代初，频率响应法和根轨迹法被推广用于研究采样控制系统和简单的非线性控制系统，标志着经典控制理论已经成熟。经典控制理论在理论上和应用上所获得的广泛成就，促使人们试图把这些原理推广到像生物控制机理、神经系统、经济及社会发展过程等非常复杂的系统。1948年，美国著名科学家维纳（N. Wiener）出版了著作《控制论——关于在动物和机器中控制和通信的科学》，系统地论述了控制理论的一般原理和方法，推广了反馈的概念，为控制理论作为一门独立学科的发展奠定了基础。

经典控制理论可以方便地分析和综合自动控制系统的很多工程化问题，特别是很好地解决了反馈控制系统的稳定性问题，适应了当时对自动化的需求，而且至今仍大量应用在一些相对简单的控制系统分析和设计中。但是，经典控制理论也存在着明显的不足之处：

1）经典控制理论描述系统的数学模型是由高阶线性常微分方程演变而来的传递函数，所以仅适合于单输入单输出（SISO）的线性定常系统；

2）经典控制理论仅从输入和输出的信息出发描述系统，忽略了系统内部特性及运行变量的变化；

3）在系统综合中所采用的工程性方法，对设计者的经验有一定的依赖性，设计和综合采用试探法，不能一次得出最优结果。

由于实际的系统绝大多数是多输入多输出（MIMO）系统，纯粹的线性定常系统在实际中也是不存在的，经典控制理论在处理这些问题时显现出了不足。为了解决复杂的控制系统问题，现代控制理论逐步形成。

2. 现代控制理论阶段

20 世纪中期，在实际问题的推动下，特别是航空航天技术的兴起，控制理论进入一个蓬勃发展的时期。1954 年，钱学森撰写的《工程控制论》可以看作是现代控制理论的启蒙作品。然而，现代控制理论是建立在线性代数、矩阵论等数学理论的基础上，大规模函数分析的仿真实验和实践应用限制了理论的发展，而恰恰是电子计算机的出现和飞速发展，又为这些复杂系统的分析和控制提供了有力工具，对 MIMO、非线性系统、时变系统等复杂系统的寻优和控制、随机干扰的处理提供了可靠的计算支持，从而推动了现代控制理论的重大突破。1956 年，庞德里亚金（L. S. Pontryagin）提出的极小值原理，1957 年，贝尔曼（R. Bellman）提出的动态规划法，为系统的最优控制提供了基本原理和方法。1960 年前后，卡尔曼（R. E. Kalman）系统地将状态空间描述法引入控制理论领域，并提出了关于系统的能控性、能观性概念和新的滤波理论，标志着控制理论进入了一个崭新的历史阶段，即建立了现代控制理论的新体系。现代控制理论建立在状态空间方法基础上，本质上是一种时域分析方法，而经典控制理论偏向于频域的分析方法。原则上，现代控制理论适用于 SISO 和 MIMO 系统、线性和非线性系统、定常和时变系统。现代控制理论不仅包括传统输入输出外部描述，更多地将系统的分析和综合建立在系统内部状态特征信息上，依赖于计算机进行大规模计算。计算机技术的发展推动现代控制理论发展的同时，要求对连续信号离散化，因而整个控制系统都是离散的，所以整个现代控制理论的各个部分都分别针对连续系统和离散系统存在两套平行相似的理论。除此之外，对于复杂的被控对象，寻求最优的控制方案也是经典控制理论的难题，而现代控制理论针对复杂系统和越来越严格的控制指标，提出了一套系统的分析和综合的方法。它通过以状态反馈为主要特征的系统综合，实现在一定意义下的系统优化控制。因此，现代控制理论的基本特点在于用系统内部状态量代替了经典控制理论的输入输出的外部信息的描述，将系统的研究建立在严格的理论基础上。

现代控制理论不仅在航空、航天和军事武器等精确控制领域中取得了巨大成功，在工业生产过程控制中也得到了一定的应用。但是它的致命弱点是系统分析和控制规律的确定都严格地建立在系统精确的数学模型基础之上，缺乏灵活性和应变能力，只适用于解决相对简单的控制问题。在生产实践中，复杂控制问题则要通过梳理操作人员的经验并与控制理论相结合去解决。而大规模工业自动化的要求，使自动化系统从局部自动化走向综合自动化，自动控制问题不再局限于一个明确的被控量，而延伸至一个设备、一个工段、一个车间甚至一个工厂的全盘自动化，这时，自动化科学和技术所面对的是一个复杂的系统，其复杂性表现为系统结构的复杂性、系统任务的复杂性，以及系统运行环境的复杂性等。例如，对于模型的未知性、不确定性、系统动态的非线性特性，以及对控制任务不仅仅维持恒定或者跟踪目标，而是实现整个系统的自动启停、故障自动诊断以及紧急情况下的应变处理。故控制理论向着智能控制方法的方向发展。

3. 智能控制理论阶段

智能控制是自动控制发展的最新阶段，主要针对经典控制理论和现代控制理论难以解决的系统控制问题，以人工智能技术为基础，在自组织、自学习控制的基础上，提高控制系统的自学习能力，逐渐形成以人为控制器的控制系统、人机结合作为控制器的控制系统和无人参与的自主控制系统等多个层次的智能控制方法。智能控制一经出现就表现出了强大的生命力，20

世纪80年代以来，智能控制从理论、方法、技术直至应用等方面都得到了广泛的研究，逐步形成了一些理论和方法，并被许多人认为可能是继经典控制理论、现代控制理论之后，控制理论发展的又一个新阶段。但是智能控制是一门新兴的、尚不成熟的理论和技术。也就是说，智能控制还未形成系统化的理论体系，它还只是由一些相对独立的理论、技术和方法所构成，其中专家控制、模糊逻辑控制、神经网络控制、遗传算法、强化学习和人工智能都是比较重要的几个分支。

0.2 现代控制理论的研究范围及其分支

现代控制理论主要是通过状态空间法对控制系统进行分析和综合的时域理论。现代控制理论比经典控制理论所能处理的控制问题要广泛得多，通过引入状态空间概念和方法，分别对连续和离散系统给出了状态空间表达式和定量求解方法，并能对系统的稳定性和能控、能观性等进行定性分析，同时可应用状态反馈配置系统极点实现系统综合，这些方法和算法更适合在数字计算机上进行。现代控制理论是在20世纪50年代中期迅速兴起的空间技术的推动下发展起来的，所包含的学科内容十分广泛，其研究范围及其分支主要有：线性系统理论、最优控制理论、最优估计理论、系统辨识和自适应控制理论等。

线性系统理论：线性系统理论是现代控制理论中最为基本和比较成熟的一个分支，随着航天等科技的发展，逐步形成一套以状态空间法为主要工具研究多变量线性系统的理论。着重于研究线性系统理论（Linear System Theory）中状态的控制和观测问题，其基本的分析和综合方法是状态空间法。按所采用的数学工具，线性系统理论通常分为三个学派：基于几何概念和方法的几何理论，代表人物是旺纳姆（W. M. Wonham）；基于抽象代数方法的代数理论，代表人物是卡尔曼（R. E. Kalman）；基于复变量方法的频域理论，代表人物是罗森布罗克（H. H. Rosenbrock）。

最优控制理论：最优控制理论是现代控制理论的重要组成部分。它于20世纪50年代发展起来，现在已形成系统的理论。它所研究的对象是控制系统，中心问题是针对一个控制系统，选择控制规律，使系统在某种意义上是最优的，例如线性二次型最优控制问题。它给出了统一的、严格的数学方法，给工程设计带来了极大的方便。最优控制问题不仅是学者们感兴趣的学术课题，也是工程师们设计控制系统时所追求的目标。

最优估计理论：最优估计理论是指在对系统可观测信号进行测量的基础上，根据一定的估计准则，采用某种统计最优的方法，对系统的状态或参数进行估计的理论和方法。归结起来分为两类，一类是参数估计，另一类是状态估计。参数估计和状态估计的主要差别在于，前者的被估计量为系统参数，或曲线拟合中多项式的系数等，它们是不随时间变化或只随时间缓慢变化的随机变量，所以参数估计一般为静态估计；后者的被估计量为系统的状态变量，是随时间变化的随机过程，所以状态估计为动态估计。

系统辨识：现代控制理论的核心就是建立系统的精确数学模型，并以此为基础研究控制系统的分析和综合方法。一般来讲，系统辨识是研究如何利用系统的输入、输出信号建立系统数学模型的学科。系统数学模型是系统输入、输出及其相关变量间的数学关系式，它描述系统输入、输出及相关变量之间的相互影响、变化的规律。1956年，Zadeh提出了统一采用“辨识”（Identification）这个名词的建议。当系统较复杂时，解析法建模不再适用，而需采用实验研究的方法进行系统辨识和建模。基于先验知识所提出的被辨识系统的模型类别，根据对特定输入信号下被辨识系统输出响应的观测，估计被辨识系统等价数学模型的结构参数和模型参数，并进行模型校验。

自适应控制理论：自适应控制是在模仿生物适应能力的思想基础上建立的一类可自动调整本身特性的控制系统。自适应控制系统的工作过程为：辨识→决策→控制。一个理想的自适应控制系统应包含适应环境变化和系统要求的学习能力；在变化的环境中能逐渐形成所需控制策略和控制参数的适应能力；在内部参数失效时良好的恢复能力及鲁棒性。一般的自适应控制系统应包含基本调节与反馈回路、系统的准则给定（如要求性能指标或最优准则）、实时在线辨识和实时修正机构4部分。自适应控制系统有很多种形式，目前使用比较广泛和比较成熟的主要有两大类：模型参考自适应控制系统（Model Reference Adaptive Controller，MRAC）和自校正调节器（Self-tuning Regulator，STR）。

0.3 经典控制理论与现代控制理论的研究与比较

经典控制理论与现代控制理论是在自动化学科发展的历史中形成的两种不同的对控制系统分析和综合的方法。两者的差异主要表现在研究对象、研究方法、研究工具、分析方法、设计方法等几个方面。经典控制理论以SISO单变量系统为研究对象，所用数学模型为高阶微分方程，采用传递函数法，即外部描述法，作为研究方法和研究工具。分析方法和设计方法主要运用频域、频率响应、根轨迹法和PID控制及校正网络。现代控制论理论以MIMO多变量系统为研究对象，采用一阶微分方程组作为数学模型。研究问题时，以状态空间法，即内部描述为研究方法，以矩阵论为研究工具。同时，分析方法采用了时间域设计方法，考查系统的稳定性和能控、能观性，设计方法可采用状态反馈和输出反馈。另外，经典控制理论中，频率法的物理意义直观、实用，但难以实现最优控制；现代控制理论则易于实现最优控制等智能控制算法。

经典控制理论与现代控制理论虽然在方法和思路上显著不同，但均基于描述动态系统的数学模型，是有内在联系的。经典控制理论是以拉普拉斯变换为主要数学工具，采用传递函数这一描述动力学系统运动的外部模型，研究自动控制系统的建模、分析和综合共同规律的技术科学；现代控制理论的状态空间法则是以矩阵论和微分方程为主要数学工具，采用状态空间表达式这一描述动力学系统运动的内部模型，研究MIMO线性、非线性、时变与非时变系统的建模、分析和综合共同规律的技术科学。

0.4 设计一个控制系统的基本步骤

简单地说，设计一个动态控制系统有下列5个基本步骤。

模型建立：为被控对象建立数学模型是控制工程中最重要的工作。建立系统模型的过程又称模型化，是系统分析和综合的基础。建立能够完整描述一个实际系统的模型，需要包含所有的细节以及大量非线性、时变以及不确定的环节等一系列挑战。所以在建模过程中，往往会对实际系统进行简化，降低模型的复杂度，选出实际系统中的典型环节进行近似模拟建模。建模分成两个步骤，一是选择合适的模型结构，有的实际系统可以通过现有典型的环节或几种典型环节的组合来模拟；二是在模型结构确定的基础上，确定模型中的参数，使得建立的模型尽可能准确地描述实际系统。

系统分析：对受控对象模型进行系统分析也是自动控制理论一个重要的任务。系统分析可以从定性（Qualitative）和定量（Quantitative）出发，对系统的稳定性、能控、能观性以及时域指标、频域指标等做一系列的分析。通过系统分析加深对系统的认识，掌握系统的从输入到输出的以及各个时刻不同状态的特性，尽可能全面地对现有系统做出多项控制指标的衡量，为设计合适的控制器打下基础。系统分析工作的完善直接影响到整个自动控制系统的运行品质。

控制系统的综合：在对被控对象建模和系统分析的基础上，设计合适的控制器，使得系统满足期望的性能要求。例如被控对象的零极点的位置，可以通过控制系统的综合进行调节，使得整个闭环系统的零极点分布在较为理想的位置。控制系统的综合可以在设计控制器结构的基础上，设计合适的控制器参数来实现系统运行最优。

系统实施：实施所设计的控制器也是控制理论一个重要的步骤。绝大多数控制器环节可以用程序或者一些电子器件实现，而对于一些物理上难以实现的理想控制器环节，则需要加入一些校正的环节来近似实现。

调整与验证：在整个控制系统搭建好以后，由于建模和系统实施过程中，都用了不同程度的近似，得到的控制效果与理想的控制效果一定是有差距的。即使近似程度很高，系统运行以后也可能存在一些没有考虑的问题，需要进一步修正和调节。所以调整与验证也是设计一个控制系统的重要分支，在经过反复调整验证后，所设计的控制系统才有可能最终达到实际所需的控制效果。

0.5 MATLAB 仿真平台

MATLAB（Matrix Laboratory，矩阵实验室）是美国 MathWorks 公司出品的商业数学软件，用于算法开发、数据可视化、数据分析以及数值计算的高级技术计算语言和交互式环境，主要包括 MATLAB 和 Simulink 两大部分。它将数值分析、矩阵计算、科学数据可视化以及非线性动态系统的建模和仿真等诸多强大功能集成在一个易于使用的可视化环境中，为科学研究、工程设计以及必须进行有效数值计算的众多科学领域提供了一种全面的解决方案。

MATLAB 可以进行矩阵运算、绘制函数和数据、实现算法、创建用户界面、连接其他编程语言的程序等，主要应用于工程计算、控制设计、信号处理与通信、图像处理、信号检测、金融建模设计与分析等领域。Simulink 是 MATLAB 提供的交互式仿真工具，用于在 MATLAB 环境下对动态系统的建模、分析和仿真，适用于线性、非线性、连续、离散等多种系统。它提供了非常友好的图形用户界面（Graphical User Interface，GUI），只需用鼠标拖动方式就能快速地建立起系统的框图模型，就像在纸上绘图一样简单。Simulink 的仿真过程是交互的，可以很容易地随时修改图形和参数，并立即看到仿真结果。它能充分利用 MATLAB 丰富的资源，并与 MATLAB、C 语言程序、Fortran 语言程序，甚至硬件之间实现数据交换。它不但可以对系统进行仿真研究，还可以对系统进行模型分析和控制器设计等。

MATLAB 得到快速发展和应用，在于它具有一系列重要的特征，其中最主要的特点有：内嵌多种常用的数学数值计算公式，对数据、数组、矩阵具有强大的计算功能；同时，作为一种描述性语言，便于初学者上手，编程效率高。MATLAB 还有强大的帮助文件和演示程序，可以方便地查找和查看 MATLAB 里所有函数的功能和用法以及源代码，还可以查询函数的路径及子目录的函数集合，从而以最快的速度给出任何帮助信息。MATLAB 的图形处理显示功能和友好的用户界面也是其一重要的特点和优势，其绘图作用适用于线型、对数、极坐标等不同的坐标系。它还提供了具有各种高级功能的图形函数，可实现二维及三维图形的绘制、平面或空间图形的填充、图形的缩放和图形界面设计。此外，MATLAB 还可以方便地调用其他语言（如 Basic、Fortran、C 语言等）。总之，MATLAB 简单易学功能强大，不要求使用者具有很高的数学及程序语言知识，也不需要使用者详细了解具体算法及编程技巧。这些优点使 MAT-

LAB 成为当今科学计算、工程设计、辅助教学的有力工具。

MATLAB 中针对自动控制领域设置了两个建模与仿真的工具箱组件：控制系统工具箱（Control Systems Toolbox，CST）和仿真环境（Simulink）工具箱，采用这两个工具箱就可以对系统进行状态空间建模，稳定性、能控能观性分析，零极点配置等。MATLAB 是自动控制教学与研究的重要工具，学生除了要熟练掌握 MATLAB 的常用函数外，还要广泛的阅读相关的课外书籍，拓展知识面，将 MATLAB 用活用精，为将来的控制系统设计与研究打下良好的基础。

0.6 本书的内容和特点

现代控制理论的研究范围及其分支较广，包括线性系统理论、最优控制理论、最优估计理论、系统辨识和自适应控制理论等重要内容。本书结合自动化专业本科生的知识结构和今后科学研究、工程设计的需要，介绍了现代控制理论的一些基本的内容和方法。教材以现代控制理论的状态空间法为主线，主要阐述状态空间分析法和综合法的基本内容，包括动态系统的状态空间描述、动态系统的定量分析（状态方程的解）和定性分析（能控性、能观性、稳定性及李雅普诺夫方法）、动态系统的综合（状态反馈与状态观测器设计）等主要内容，还适当介绍了最优控制理论的基本知识。鉴于 MATLAB 已成为国际控制领域应用广泛的工具软件，本书在保证理论知识体系完整的前提下，融入了 MATLAB 应用和两个工程应用案例。各高校和读者可以根据自身的特点和需求，对本书内容进行适当选择。

为避免使现代控制理论的概念、方法仅仅停留在数学表达式上，本书在编写过程中进行了理论讲解、仿真验证和工程应用方面的努力，试图形成如下特色：

1）将状态空间表达式这一数学模型，作为贯穿动态系统定量分析、定性分析、极点配置、观测器设计、最优控制等的结构主线，便于学生从整体上掌握现代控制理论的基本思路和分析方法。

2）注重理论知识和方法验证的融合，避免烦琐的数学推导，突出现代控制理论的工程应用背景，便于指导学生运用理论知识和方法解决实际问题。本书以车载倒立摆控制系统和直流电动机调速系统的工程应用举例贯穿始终。

3）在阐述现代控制理论的基本知识、分析和设计方法时，注意与经典控制理论的联系与比较，做到知识理解和能力培养的承上启下和融会贯通。

4）在保证课程知识体系完整的前提下，融入了学习目标、MATLAB 在知识掌握和方法验证方面的应用。

5）每章均有较丰富的例题、习题和上机实验题，便于学生对所学知识和方法有更为深入的理解，并有利于学生自学能力、计算机应用能力和科研能力的提升。

第 1 章　控制系统的状态空间描述

学习目标

1.1　掌握状态空间的基本概念，包括状态变量、状态向量、状态空间、状态轨迹等。

1.2　掌握状态空间表达式的基本概念、一般形式、向量结构图和模拟结构图。

1.3　能够通过框图、机理分析、传递函数等建立系统的状态空间描述（表达式/模型）。

1.4　掌握系统状态空间表达式和传递函数（阵）的相互关系，能够通过系统的状态空间表达式求解系统传递函数（阵）。

1.5　理解线性变换的基本概念，掌握系统特征值和特征向量的定义及计算方法，能够通过线性变换的方法将一般形式的状态空间表达式变换为对角规范型或约当规范型。

1.6　熟悉离散系统状态空间表达式的一般形式和建立方法，能够通过状态空间表达式求解系统脉冲传递函数（阵）。

1.7　掌握线性化的基本概念和数学原理，能够通过泰勒级数展开方法实现非线性系统的近似（局部）线性化。

1.8　了解控制系统数学模型的 MATLAB 描述及应用。

随着现代工业的发展，工程系统正朝着更加复杂的方向发展，一个复杂系统可能有多个输入和多个输出，且除了输入、输出变量以外，还有许多相互独立的中间变量。经典控制理论建立在系统高阶微分方程或传递函数的基础之上，仅能描述系统输入-输出之间的外部特性，不能揭示系统内部各物理量的运动规律。因此，用此类方法描述的系统是不完整的。而现代控制理论引入状态空间的概念，系统状态空间描述由状态方程和输出方程组成。状态方程用以反映系统内部状态变量和输入之间的因果关系；输出方程用以表征状态变量及输入、输出之间的转换关系。因此，系统的状态空间描述不仅描述了系统输入、输出之间的外部关系，还揭示了系统内部的结构特征，是一种完全的描述。另外，状态空间法还可方便地使用向量、矩阵等数学工具，可极大地简化系统的数学表达式，进而借助计算机来进行大量乏味的分析与计算。

本章首先讨论线性系统状态空间描述的基本概念及状态空间表达式的建立，进而讨论线性定常系统、线性离散系统的状态空间模型和其他数学模型之间的转换、状态空间模型的线性变换及系统的传递函数矩阵问题，以及非线性系统的局部线性化问题，最后介绍 MATLAB 在系统数学模型中的应用。

1.1　状态空间的基本概念

状态空间模型建立在状态、状态空间等概念的基础上。本节首先给出系统、状态变量、状态向量、状态空间和状态空间表达式等基本概念。

状态空间的基本概念

1.1.1　系统的基本概念

系统：系统是相互制约的各个部分的有机结合且具有一定功能的整体。从输入-输出关系看，自然界存在静态和动态两类系统。

静态系统：对于任意时刻 t，系统的输出唯一地取决于系统的输入。即任意时刻系统的输出仅与当前时刻的输入保持确定的关系，而与以前时刻的输入无关，故静态系统一般也称为无记忆系统。静态系统的输入-输出关系为代数方程。

动态系统：对于任意时刻 t，系统的输出不仅与 t 时刻的输入有关，且与 t 时刻以前的累积有关（这种累积在 t_0，$t<t_0$ 时刻以初值体现出来），故动态系统一般也称为有记忆系统。动态系统的输入-输出关系为微分方程。

在进行系统描述中，经常会用到以下一些概念。

输入和输出：由外部施加到系统上的全部激励称为输入，能从外部量测到的来自系统的信息称为输出。

松弛性：若系统的输出 $y[t_0,\infty)$ 由输入 $u[t_0,\infty)$ 唯一确定，则称系统在 t_0 时刻是松弛的。

因果性：若系统在 t 时刻的输出仅取决于在 t 时刻和 t 时刻之前的输入，而与 t 时刻之后的输入无关，则称系统具有因果性或因果关系。

线性：一个松弛系统当且仅当对于任何输入 u_1 和 u_2 以及任何实数 a 均有

$$\begin{cases} H(u_1+u_2)=H(u_1)+H(u_2) \\ H(au_1)=aH(u_1) \end{cases}$$

则该系统称为线性的，否则称为非线性的。上面两式分别称为可加性与齐次性。

时不变性（定常性）：一个松弛系统当且仅当对于任何输入 u 和任何实数 a，均有

$$H(Q_a u)=Q_a H(u)$$

则该系统称为时不变的或定常的，否则称为时变的。式中，Q_a 为位移算子。

1.1.2 系统数学描述的基本概念

一个动态系统可用图 1.1 所示。图中方块以外的部分为系统环境，环境对系统的作用为系统输入，系统对环境的作用为系统输出，二者分别用向量 $\boldsymbol{u}=[u_1,u_2,\cdots,u_r]^{\mathrm{T}}$ 和 $\boldsymbol{y}=[y_1,y_2,\cdots,y_m]^{\mathrm{T}}$ 表示，它们均为系统的外部变量。描述系统内部每个时刻所处状况的变量为系统内部变量，以向量 $\boldsymbol{x}=[x_1,x_2,\cdots,x_n]^{\mathrm{T}}$ 表示。系统的数学描述是反映系统变量间因果关系和变换关系的一种数学模型。

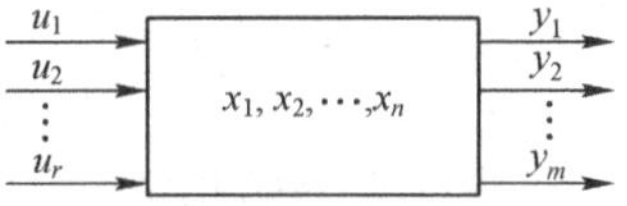

图 1.1　系统的框图表示

系统的数学描述通常有两种基本类型。一种是系统的外部描述，即输入-输出描述；另一种为系统的内部描述，即状态空间描述。

外部描述：即输入-输出描述。这种描述把系统当成一个“黑匣子”，系统的输出取为外部输入的直接响应，回避了表征系统内部的动态过程，不考虑系统的内部结构和内部信息。外部描述直接反映了输出变量和输入变量之间的动态因果关系。

内部描述：这种描述是基于系统内部结构分析的一类数学模型，通常由两个数学方程组成。一个是反映系统内部变量 $\boldsymbol{x}=[x_1,x_2,\cdots,x_n]^{\mathrm{T}}$ 和输入变量 $\boldsymbol{u}=[u_1,u_2,\cdots,u_r]^{\mathrm{T}}$ 间因果关系的数学表达式，常具有微分方程或差分方程的形式，称为状态方程。另一个是表征系统输出变量 $\boldsymbol{y}=[y_1,y_2,\cdots,y_m]^{\mathrm{T}}$ 和内部变量 $\boldsymbol{x}=[x_1,x_2,\cdots,x_n]^{\mathrm{T}}$ 及输入变量 $\boldsymbol{u}=[u_1,u_2,\cdots,u_r]^{\mathrm{T}}$ 间转换关系的数学式，具有代数方程的形式，称为**输出方程**。

注意：仅当系统具有一定的属性时，两种描述才具有等价关系。

1.1.3　系统状态描述的基本概念

状态变量：能够完全描述系统运动状态的最小个数的一组变量称为状态变量，一般用 $x_1(t), x_2(t), \cdots, x_n(t)$ 表示，且它们之间相互独立（即变量的数目最小）。

所谓完全描述，是指如果给定这个最小变量组在初始时刻 t_0 的值和在 $t \geqslant t_0$ 时刻系统的输入函数，那么系统在 $t \geqslant t_0$ 任何时刻的运行状态都可以完全确定。

所谓变量数目最小，从数学角度看，是指这组状态变量是系统所有内部变量中线性无关的一个极大变量组，即 $x_1(t), x_2(t), \cdots, x_n(t)$ 以外的系统内部变量均与其线性相关；从物理角度看，是指减少其中任意一个变量都会减少确定系统运动行为的信息量从而不能完全表征系统的运动状态，而增加一个变量对完全表征系统的运动状态又是多余的。

状态向量：设系统的状态变量为 $x_1(t), x_2(t), \cdots, x_n(t)$，那么把它们作为分量所构成的向量 $\boldsymbol{x}(t)$，就称为状态向量，有时也称为状态矢量，记作

$$\boldsymbol{x}(t) = \begin{bmatrix} x_1(t) \\ x_2(t) \\ \vdots \\ x_n(t) \end{bmatrix}$$

状态空间：以状态变量 $x_1(t), x_2(t), \cdots, x_n(t)$ 为坐标轴构成的一个 n 维欧氏空间，称为状态空间。状态空间的概念由向量空间引出。在向量空间中，维数就是构成向量空间基的变量个数。相似地，在状态空间中，维数也就是系统状态变量的个数。

状态轨迹：状态空间中的每一个点，对应于系统的某一种特定状态。反过来，系统在任何时刻的状态，都可以用状态空间的一个点来表示。如果给定了初始时刻 t_0 的状态 $\boldsymbol{x}(t_0)$ 和 $t \geqslant t_0$ 时刻的输入函数，随着时间的推移，$\boldsymbol{x}(t)$ 将在空间中描绘出一条轨迹，称为状态轨迹。

【例 1.1】 *RLC* 电路网络如图 1.2 所示，试确定系统的状态变量。

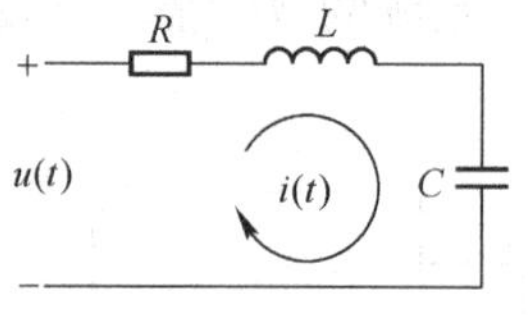

图 1.2　*RLC* 电路

解：图 1.2 所示电路中，电源电压 $u(t)$ 为输入，电容两端电压 $u_C(t)$ 为输出，根据基尔霍夫电路定律可建立如下的微分方程

$$\begin{cases} u(t) = Ri(t) + L\dfrac{\mathrm{d}i(t)}{\mathrm{d}t} + u_C(t) \\ i(t) = C\dfrac{\mathrm{d}u_C(t)}{\mathrm{d}t} \end{cases}$$

根据状态变量的定义，要唯一地确定 t 时刻电路的运动状态，除了输入电压 $u(t)$ 之外，还需知道电流 $i(t)$ 和电容两端的电压 $u_C(t)$，则电流 $i(t)$ 和电压 $u_C(t)$ 是系统的一个完全描述。

下面讨论电流 $i(t)$ 和电压 $u_C(t)$ 是否是描述系统运动状态的最小变量组：若仅选择电流 $i(t)$ 描述系统，则不能得知 $u_C(t)$ 的运动状态；反之仅选择 $u_C(t)$，则不能得知 $i(t)$ 的运动状

态。故二者缺一不可。若选择电流 $i(t)$、电容两端的电压 $u_C(t)$ 及电容两端的电荷量 $q_C(t)$ 作为系统的状态变量，由于 $q_C(t)=Cu_C(t)$，$q_C(t)$ 和 $u_C(t)$ 线性相关，则增加的变量 $q_C(t)$ 是多余的。

故可选择 $i(t)$、$u_C(t)$ 为状态变量，系统的状态空间是二维的。

分析可知，也可选择 $i(t)$、$q_C(t)$ 作为状态变量，系统的状态空间是二维的。

可见，系统状态变量的选取是不唯一的，对同一个系统可选取不同的状态变量。但无论状态变量如何选取，系统状态变量的个数是唯一的，即系统状态空间的维数是唯一的。对于上述例题所示的电路系统来说，状态空间的维数就是系统中独立储能元件的个数。

1.2　控制系统的状态空间表达式

状态空间表达式的一般形式

1.2.1　状态空间表达式

设系统的 r 个输入为 $u_1(t),u_2(t),\cdots,u_r(t)$；系统的 m 个输出为 $y_1(t),y_2(t),\cdots,y_m(t)$，系统的 n 个状态变量为 $x_1(t),x_2(t),\cdots,x_n(t)$。

状态方程：描述系统的状态变量与输入变量之间关系的一组一阶微分方程称为状态方程，即

$$
\begin{cases}
\dot{x}_1=\dfrac{\mathrm{d}x_1(t)}{\mathrm{d}t}=f_1[x_1(t),x_2(t),\cdots,x_n(t);u_1(t),u_2(t),\cdots,u_r(t);t]\\
\dot{x}_2=\dfrac{\mathrm{d}x_2(t)}{\mathrm{d}t}=f_2[x_1(t),x_2(t),\cdots,x_n(t);u_1(t),u_2(t),\cdots,u_r(t);t]\\
\qquad\vdots\\
\dot{x}_n=\dfrac{\mathrm{d}x_n(t)}{\mathrm{d}t}=f_n[x_1(t),x_2(t),\cdots,x_n(t);u_1(t),u_2(t),\cdots,u_r(t);t]
\end{cases}
$$

用向量-矩阵表示为

$$\dot{\boldsymbol{x}}(t)=\boldsymbol{f}[\boldsymbol{x}(t),\boldsymbol{u}(t),t]$$

式中，$\boldsymbol{x}(t)\in\mathbf{R}^n$ 为系统状态向量；$\boldsymbol{u}(t)\in\mathbf{R}^r$ 为控制输入向量；$\boldsymbol{f}(\cdot)\in\mathbf{R}^n$ 为向量函数。

输出方程：在指定系统输出的情况下，该输出与状态变量及输入变量之间的数学表达式称为系统的输出方程，即

$$
\begin{cases}
y_1(t)=g_1[x_1(t),x_2(t),\cdots,x_n(t);u_1(t),u_2(t),\cdots,u_r(t);t]\\
y_2(t)=g_2[x_1(t),x_2(t),\cdots,x_n(t);u_1(t),u_2(t),\cdots,u_r(t);t]\\
\qquad\vdots\\
y_m(t)=g_n[x_1(t),x_2(t),\cdots,x_n(t);u_1(t),u_2(t),\cdots,u_r(t);t]
\end{cases}
$$

用向量-矩阵表示为

$$\boldsymbol{y}(t)=\boldsymbol{g}[\boldsymbol{x}(t),\boldsymbol{u}(t),t]$$

式中，$\boldsymbol{y}(t)\in\mathbf{R}^m$ 为系统输出向量；$\boldsymbol{g}(\cdot)\in\mathbf{R}^m$ 为向量函数。

状态空间表达式：状态方程和输出方程合起来构成一个动态系统的完全描述，称为系统的状态空间表达式。

【例 1.2】 试求例 1.1 所示 RLC 电路的状态空间表达式。

解：1）选取电流 $i(t)$ 和电容两端的电压 $u_C(t)$ 作为系统的状态变量，电容两端的电压

$u_C(t)$作为系统的输出变量。

根据电路原理，得

$$\begin{cases} u(t)=Ri(t)+L\dfrac{\mathrm{d}i(t)}{\mathrm{d}t}+u_C(t) \\ i(t)=C\dfrac{\mathrm{d}u_C(t)}{\mathrm{d}t} \end{cases}$$

整理后得

$$\begin{cases} \dfrac{\mathrm{d}u_C(t)}{\mathrm{d}t}=\dfrac{1}{C}i(t) \\ \dfrac{\mathrm{d}i(t)}{\mathrm{d}t}=-\dfrac{u_C(t)}{L}-\dfrac{R}{L}i(t)+\dfrac{1}{L}u(t) \end{cases}$$

状态变量的选择为 $x_1=u_C(t)$，$x_2=i(t)$，整理后得

$$\begin{cases} \dot{x}_1=\dfrac{1}{C}x_2 \\ \dot{x}_2=-\dfrac{1}{L}x_1-\dfrac{R}{L}x_2+\dfrac{1}{L}u \end{cases}$$

则系统的状态方程为

$$\begin{bmatrix} \dot{x}_1 \\ \dot{x}_2 \end{bmatrix}=\begin{bmatrix} 0 & \dfrac{1}{C} \\ -\dfrac{1}{L} & -\dfrac{R}{L} \end{bmatrix}\begin{bmatrix} x_1 \\ x_2 \end{bmatrix}+\begin{bmatrix} 0 \\ \dfrac{1}{L} \end{bmatrix}u$$

系统的输出方程为

$$y(t)=x_1=\begin{bmatrix} 1 & 0 \end{bmatrix}\begin{bmatrix} x_1 \\ x_2 \end{bmatrix}$$

系统的状态空间表达式为

$$\begin{cases} \dot{\boldsymbol{x}}(t)=\boldsymbol{A}\boldsymbol{x}(t)+\boldsymbol{b}u(t) \\ y(t)=\boldsymbol{c}\boldsymbol{x}(t) \end{cases}$$

式中，$\boldsymbol{x}(t)=\begin{bmatrix} x_1(t) \\ x_2(t) \end{bmatrix}$；$\boldsymbol{A}=\begin{bmatrix} 0 & \dfrac{1}{C} \\ -\dfrac{1}{L} & -\dfrac{R}{L} \end{bmatrix}$；$\boldsymbol{b}=\begin{bmatrix} 0 \\ \dfrac{1}{L} \end{bmatrix}$；$\boldsymbol{c}=\begin{bmatrix} 1 & 0 \end{bmatrix}$。

2）选取电流 $i(t)$和电容两端的电荷量 $q_C(t)$作为系统的状态变量，电容两端的电压 $u_C(t)$作为系统的输出变量。

根据电路原理，得

$$\begin{cases} u(t)=Ri(t)+L\dfrac{\mathrm{d}i(t)}{\mathrm{d}t}+\dfrac{1}{C}q_C(t) \\ i(t)=\dfrac{\mathrm{d}q_C(t)}{\mathrm{d}t} \end{cases}$$

选择状态变量 $x_1=q_C(t)$，$x_2=i(t)$，整理可得

$$\begin{cases}\dot{x}_1=x_2\\ \dot{x}_2=-\dfrac{1}{CL}x_1-\dfrac{R}{L}x_2+\dfrac{1}{L}u(t)\\ y=u_C=\dfrac{1}{C}x_1\end{cases}$$

则系统的状态方程为

$$\begin{bmatrix}\dot{x}_1\\ \dot{x}_2\end{bmatrix}=\begin{bmatrix}0 & 1\\ -\dfrac{1}{CL} & -\dfrac{R}{L}\end{bmatrix}\begin{bmatrix}x_1\\ x_2\end{bmatrix}+\begin{bmatrix}0\\ \dfrac{1}{L}\end{bmatrix}u$$

系统的输出方程为

$$y(t)=\begin{bmatrix}\dfrac{1}{C} & 0\end{bmatrix}\begin{bmatrix}x_1\\ x_2\end{bmatrix}$$

系统的状态空间表达式为

$$\begin{cases}\dot{\boldsymbol{x}}(t)=\boldsymbol{A}\boldsymbol{x}(t)+\boldsymbol{b}u(t)\\ y(t)=\boldsymbol{c}\boldsymbol{x}(t)\end{cases}$$

式中，$\boldsymbol{x}(t)=\begin{bmatrix}x_1(t)\\ x_2(t)\end{bmatrix}$；$\boldsymbol{A}=\begin{bmatrix}0 & 1\\ -\dfrac{1}{CL} & -\dfrac{R}{L}\end{bmatrix}$；$\boldsymbol{b}=\begin{bmatrix}0\\ \dfrac{1}{L}\end{bmatrix}$；$\boldsymbol{c}=\begin{bmatrix}\dfrac{1}{C} & 0\end{bmatrix}$。

1.2.2　状态空间表达式的一般形式

对于具有 r 个输入、m 个输出、n 个状态变量的系统，无论系统是线性、非线性、时变，还是定常的，其状态空间表达式的一般形式为

$$\begin{cases}\dot{\boldsymbol{x}}(t)=\boldsymbol{f}[\boldsymbol{x}(t),\boldsymbol{u}(t),t]\\ \boldsymbol{y}(t)=\boldsymbol{g}[\boldsymbol{x}(t),\boldsymbol{u}(t),t]\end{cases} \tag{1.1}$$

式中，$\boldsymbol{x}(t)\in\mathbf{R}^n$ 为系统状态向量；$\boldsymbol{u}(t)\in\mathbf{R}^r$ 为控制输入向量；$\boldsymbol{y}(t)\in\mathbf{R}^m$ 为系统输出向量；$\boldsymbol{f}[\boldsymbol{x}(t),\boldsymbol{u}(t),t]\in\mathbf{R}^n$ 为向量函数；$\boldsymbol{g}[\boldsymbol{x}(t),\boldsymbol{u}(t),t]\in\mathbf{R}^m$ 为向量函数。

连续系统一般可分为非线性时变系统、非线性定常系统、线性时变系统和线性定常系统。

1. 非线性时变系统

对于非线性时变系统，向量函数 $\boldsymbol{f}$ 和 $\boldsymbol{g}$ 的各元素

$$f_i[x_1(t),x_2(t),\cdots,x_n(t);u_1(t),u_2(t),\cdots,u_r(t);t],\quad i=1,2,\cdots,n$$

$$g_j[x_1(t),x_2(t),\cdots,x_n(t);u_1(t),u_2(t),\cdots,u_r(t);t],\quad j=1,2,\cdots,m$$

是状态变量和输入变量的非线性时变函数，表示系统参数随时间变化，状态方程和输出方程是非线性时变函数。状态空间表达式用下式表示为

$$\begin{cases}\dot{\boldsymbol{x}}(t)=\boldsymbol{f}[\boldsymbol{x}(t),\boldsymbol{u}(t),t]\\ \boldsymbol{y}(t)=\boldsymbol{g}[\boldsymbol{x}(t),\boldsymbol{u}(t),t]\end{cases} \tag{1.2}$$

2. 非线性定常系统

非线性定常系统中，向量函数 $\boldsymbol{f}$ 和 $\boldsymbol{g}$ 不再依赖于时间变量 t，因此，状态空间表达式可写为

$$\begin{cases}\dot{\boldsymbol{x}}(t)=\boldsymbol{f}[\boldsymbol{x}(t),\boldsymbol{u}(t)]\\ \boldsymbol{y}(t)=\boldsymbol{g}[\boldsymbol{x}(t),\boldsymbol{u}(t)]\end{cases} \tag{1.3}$$

3. 线性时变系统

线性时变系统中，向量函数 $\boldsymbol{f}$ 和 $\boldsymbol{g}$ 中的各元素是 $x_1,x_2,\cdots,x_n;u_1,u_2,\cdots,u_r;t$ 的线性函数。根据线性叠加原理，并考虑到系统的时变性，状态方程和输出方程可写为

$$\begin{cases}\dot{x}_1(t)=a_{11}(t)x_1+a_{12}(t)x_2+\cdots+a_{1n}(t)x_n+b_{11}(t)u_1+b_{12}(t)u_2+\cdots+b_{1r}(t)u_r\\ \dot{x}_2(t)=a_{21}(t)x_1+a_{22}(t)x_2+\cdots+a_{2n}(t)x_n+b_{21}(t)u_1+b_{22}(t)u_2+\cdots+b_{2r}(t)u_r\\ \quad\vdots\\ \dot{x}_n(t)=a_{n1}(t)x_1+a_{n2}(t)x_2+\cdots+a_{nn}(t)x_n+b_{n1}(t)u_1+b_{n2}(t)u_2+\cdots+b_{nr}(t)u_r\end{cases}$$

$$\begin{cases}y_1(t)=c_{11}(t)x_1+c_{12}(t)x_2+\cdots+c_{1n}(t)x_n+d_{11}(t)u_1+d_{12}(t)u_2+\cdots+d_{1r}(t)u_r\\ y_2(t)=c_{21}(t)x_1+c_{22}(t)x_2+\cdots+c_{2n}(t)x_n+d_{21}(t)u_1+d_{22}(t)u_2+\cdots+d_{2r}(t)u_r\\ \quad\vdots\\ y_m(t)=c_{m1}(t)x_1+c_{m2}(t)x_2+\cdots+c_{mn}(t)x_n+d_{m1}(t)u_1+d_{m2}(t)u_2+\cdots+d_{mr}(t)u_r\end{cases}$$

用矩阵形式表示为

$$\begin{cases}\dot{\boldsymbol{x}}(t)=\boldsymbol{A}(t)\boldsymbol{x}(t)+\boldsymbol{B}(t)\boldsymbol{u}(t)\\ \boldsymbol{y}(t)=\boldsymbol{C}(t)\boldsymbol{x}(t)+\boldsymbol{D}(t)\boldsymbol{u}(t)\end{cases}\tag{1.4}$$

式中，$\boldsymbol{A}(t)\in\mathbf{R}^{n\times n}$ 为系统状态矩阵；$\boldsymbol{B}(t)\in\mathbf{R}^{n\times r}$ 为控制输入矩阵；$\boldsymbol{C}(t)\in\mathbf{R}^{m\times n}$ 为系统输出矩阵；$\boldsymbol{D}(t)\in\mathbf{R}^{m\times r}$ 为输入输出关联矩阵。其具体表达式如下：

$$\boldsymbol{A}(t)=\begin{bmatrix}a_{11}(t)&a_{12}(t)&\cdots&a_{1n}(t)\\a_{21}(t)&a_{22}(t)&\cdots&a_{2n}(t)\\\vdots&\vdots&&\vdots\\a_{n1}(t)&a_{n2}(t)&\cdots&a_{nn}(t)\end{bmatrix};\quad \boldsymbol{B}(t)=\begin{bmatrix}b_{11}(t)&b_{12}(t)&\cdots&b_{1r}(t)\\b_{21}(t)&b_{22}(t)&\cdots&b_{2r}(t)\\\vdots&\vdots&&\vdots\\b_{n1}(t)&b_{n2}(t)&\cdots&b_{nr}(t)\end{bmatrix}$$

$$\boldsymbol{C}(t)=\begin{bmatrix}c_{11}(t)&c_{12}(t)&\cdots&c_{1n}(t)\\c_{21}(t)&c_{22}(t)&\cdots&c_{2n}(t)\\\vdots&\vdots&&\vdots\\c_{m1}(t)&c_{m2}(t)&\cdots&c_{mn}(t)\end{bmatrix};\quad \boldsymbol{D}(t)=\begin{bmatrix}d_{11}(t)&d_{12}(t)&\cdots&d_{1r}(t)\\d_{21}(t)&d_{22}(t)&\cdots&d_{2r}(t)\\\vdots&\vdots&&\vdots\\d_{m1}(t)&d_{m2}(t)&\cdots&d_{mr}(t)\end{bmatrix}$$

4. 线性定常系统

对于线性定常系统，状态空间表达式中的各元素均是常数，与时间无关，即 $\boldsymbol{A}(t)$、$\boldsymbol{B}(t)$、$\boldsymbol{C}(t)$、$\boldsymbol{D}(t)$ 为常数矩阵，此时状态空间表达式可写为

$$\begin{cases}\dot{\boldsymbol{x}}(t)=\boldsymbol{A}\boldsymbol{x}(t)+\boldsymbol{B}\boldsymbol{u}(t)\\ \boldsymbol{y}(t)=\boldsymbol{C}\boldsymbol{x}(t)+\boldsymbol{D}\boldsymbol{u}(t)\end{cases}\tag{1.5}$$

式中，$\boldsymbol{A}\in\mathbf{R}^{n\times n}$ 是系统状态矩阵；$\boldsymbol{B}\in\mathbf{R}^{n\times r}$ 为控制输入矩阵；$\boldsymbol{C}\in\mathbf{R}^{m\times n}$ 为系统输出矩阵；$\boldsymbol{D}\in\mathbf{R}^{m\times r}$ 为输入输出关联矩阵。其具体表达式如下：

$$\boldsymbol{A}=\begin{bmatrix}a_{11}&a_{12}&\cdots&a_{1n}\\a_{21}&a_{22}&\cdots&a_{2n}\\\vdots&\vdots&&\vdots\\a_{n1}&a_{n2}&\cdots&a_{nn}\end{bmatrix};\quad \boldsymbol{B}=\begin{bmatrix}b_{11}&b_{12}&\cdots&b_{1r}\\b_{21}&b_{22}&\cdots&b_{2r}\\\vdots&\vdots&&\vdots\\b_{n1}&b_{n2}&\cdots&b_{nr}\end{bmatrix}$$

$$\boldsymbol{C}=\begin{bmatrix}c_{11}&c_{12}&\cdots&c_{1n}\\c_{21}&c_{22}&\cdots&c_{2n}\\\vdots&\vdots&&\vdots\\c_{m1}&c_{m2}&\cdots&c_{mn}\end{bmatrix};\quad \boldsymbol{D}=\begin{bmatrix}d_{11}&d_{12}&\cdots&d_{1r}\\d_{21}&d_{22}&\cdots&d_{2r}\\\vdots&\vdots&&\vdots\\d_{m1}&d_{m2}&\cdots&d_{mr}\end{bmatrix}$$

对于单输入单输出线性定常系统，输入变量 $\boldsymbol{u}(t)$ 和输出变量 $\boldsymbol{y}(t)$ 均是一维的，其状态空间表达式可简化为

$$\begin{cases}\dot{\boldsymbol{x}}(t)=\boldsymbol{A}\boldsymbol{x}(t)+\boldsymbol{b}u(t)\\ y(t)=\boldsymbol{c}\boldsymbol{x}(t)+du(t)\end{cases} \tag{1.6}$$

1.2.3　状态空间表达式的向量结构图

类似于经典控制理论，线性系统的状态空间表达式（状态方程和输出方程）可以用图 1.3 来表示，它形象地表明了系统输入和输出的因果关系，状态与输入、输出的组合关系。图 1.3 即为式（1.5）所描述的线性定常系统的向量结构图。

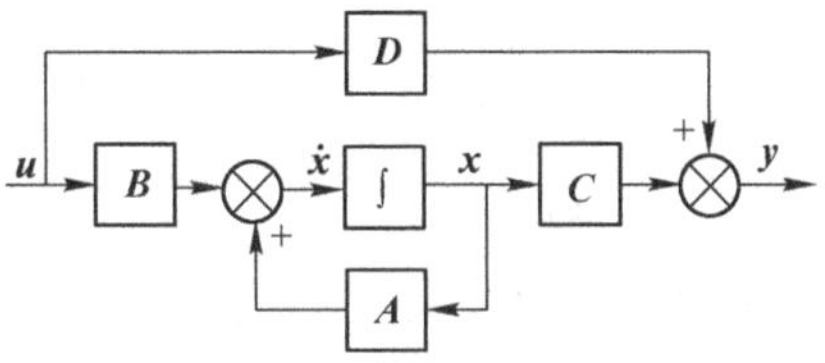

图 1.3　线性定常系统的向量结构图

1.2.4　状态空间表达式的模拟结构图

模拟结构图

为了便于状态空间的分析，可引入模拟结构图来反映系统各状态变量之间的传递关系，不仅使得系统的结构一目了然，也使得状态空间表达式的建立更加方便。

模拟结构类似于一个代表系统的模拟计算图，使用的基本元件为积分器、比例器、加法器，以及在非线性系统中使用的辅助元件，例如乘法器和除法器。绘制模拟图的详细步骤如下：

1）画出积分器，积分器的数目等于状态变量数。

2）积分器的输出对应某个状态变量。

3）根据状态方程和输出方程，画出相应的加法器和比例器。

4）用信号线将这些元件连接起来。

【例 1.3】根据一阶微分方程画出系统模拟结构图。

$$\dot{x}=ax+bu$$

解：模拟结构图如图 1.4 所示。

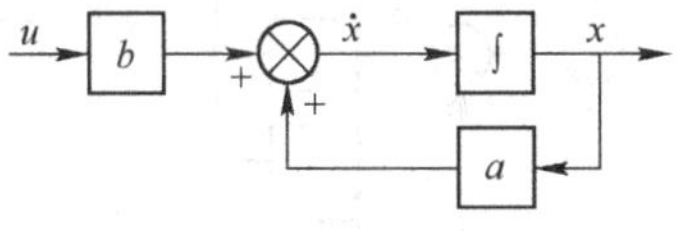

图 1.4　系统模拟结构图

【例 1.4】根据三阶微分方程画出其模拟结构图。

$$\dddot{x}+a_2\ddot{x}+a_1\dot{x}+a_0x=bu$$

解：移项后可得

$$\dddot{x}=-a_2\ddot{x}-a_1\dot{x}-a_0x+bu$$

其模拟结构图如图 1.5 所示。

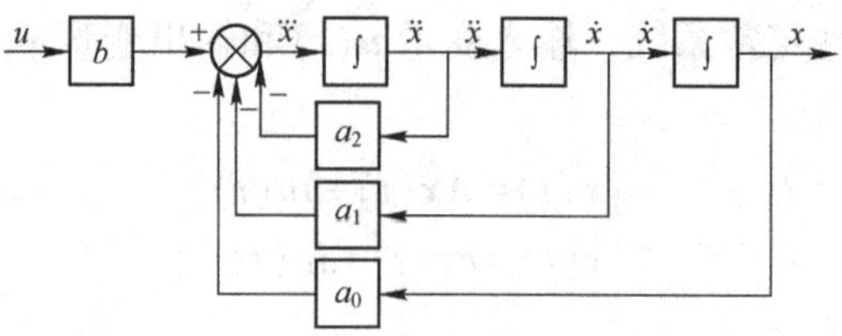

图 1.5　系统模拟结构图

【例 1.5】已知如下状态空间表达式，画出模拟结构图。

$$
\begin{cases}
\dot{x}_1=-\dfrac{R}{L}x_1-\dfrac{1}{L}x_2+\dfrac{1}{L}u\\
\dot{x}_2=\dfrac{1}{C}x_1\\
y=x_2
\end{cases}
$$

解：系统模拟结构图如图 1.6 所示。

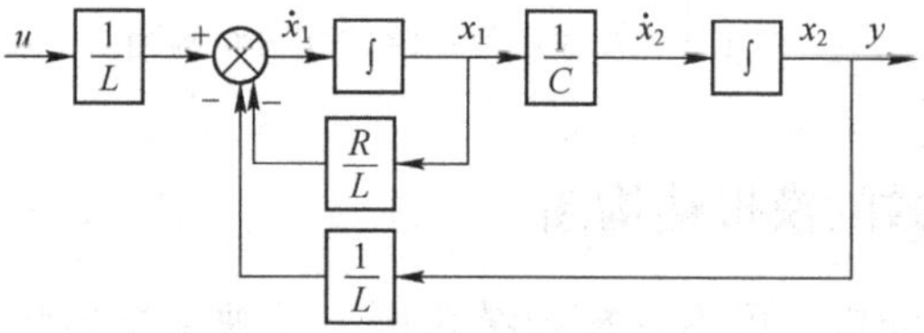

图 1.6　系统模拟结构图

【例 1.6】已知如下状态空间表达式，画出系统的模拟结构图。

$$
\begin{cases}
\dot{x}_1=a_{11}x_1+a_{12}x_2+b_{11}u_1+b_{12}u_2\\
\dot{x}_2=a_{21}x_1+a_{22}x_2+b_{21}u_1+b_{22}u_2\\
y_1=c_{11}x_1+c_{12}x_2\\
y_2=c_{21}x_1+c_{22}x_2
\end{cases}
$$

解：此时系统为双输入双输出系统，其模拟结构图如图 1.7 所示。

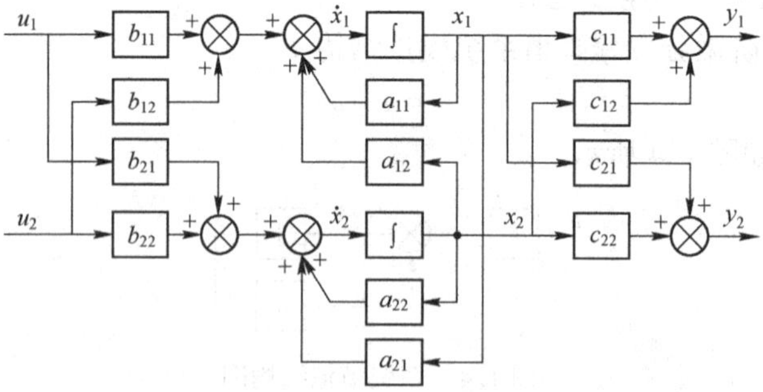

图 1.7　双输入双输出系统的模拟结构图

从图 1.7 可以看出，一个具有双输入双输出的二阶系统，其结构图已经相当复杂，若系统再复杂一些，其信息传递关系会更加烦琐。所以，多输入多输出系统的结构图多以图 1.3 所示的系统向量结构图表示。

1.3 控制系统状态空间表达式的建立

用状态空间法分析系统，首先要解决的问题就是建立关于给定系统的状态空间表达式。一般有如下三个途径可以获得其表达式：一是由系统框图建立状态空间表达式；二是由系统的物理或化学机理出发建立状态空间表达式；三是通过系统运动过程的高阶微分方程或者传递函数获取状态空间表达式。

1.3.1 由系统框图建立状态空间表达式

框图法

该方法首先将系统框图的各个环节按照 1.2.4 节所述变换为相应的模拟结构图，然后将每一个积分器的输出选为一个状态变量，最后由模拟结构图直接写出系统的状态方程和输出方程。

典型环节的模拟结构图如下。

1）积分环节$\frac{K}{s}$：

2）惯性环节$\frac{K}{Ts+1}$：

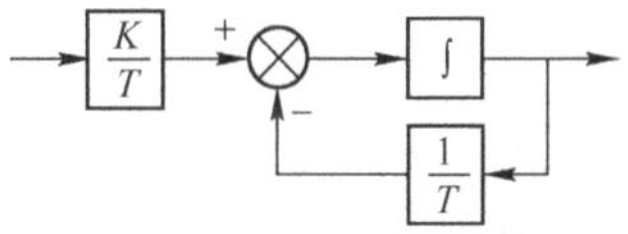

3）含有极点的形式$\frac{K}{s+a}$：

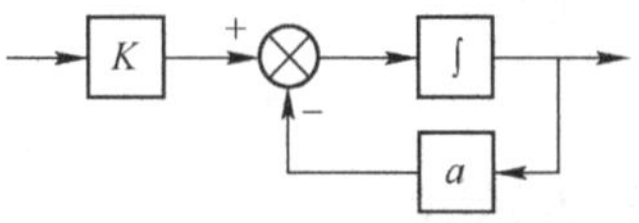

4）含有零点的形式$\frac{s+z}{s+p}$：

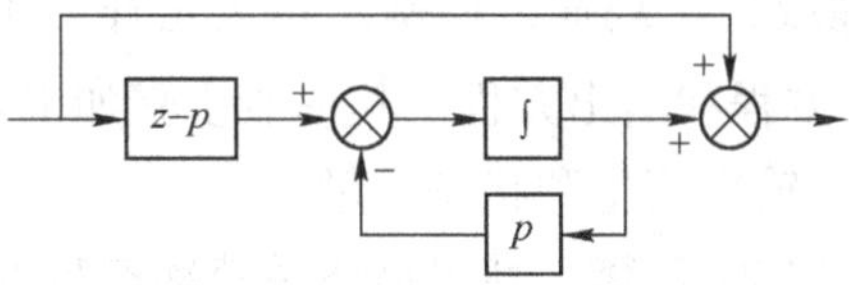

【例 1.7】已知系统结构图如图 1.8 所示，试画出模拟结构图，并写出状态空间表达式。

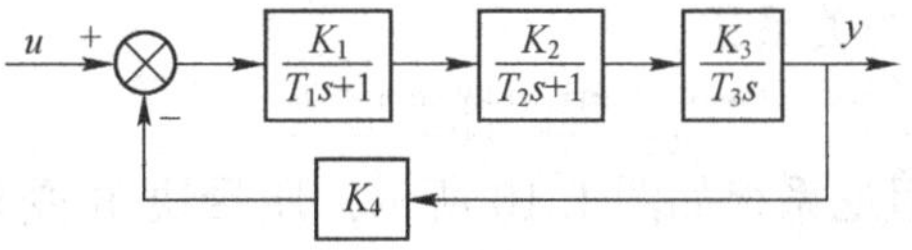

图 1.8 系统结构图

解：系统模拟结构图如图 1.9 所示。

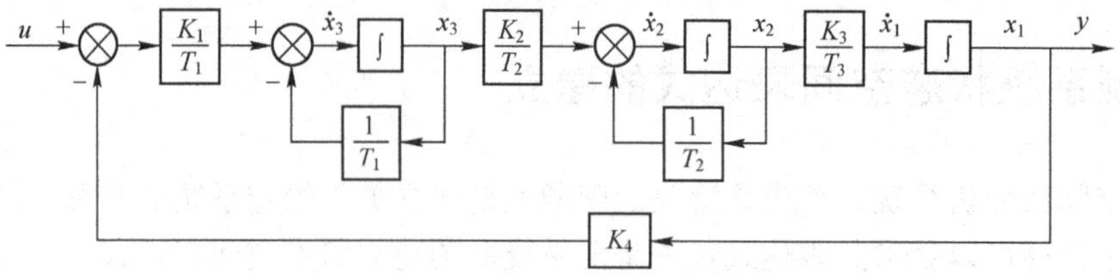

图 1.9　系统模拟结构图

系统状态方程为

$$\begin{cases}\dot{x}_1=\dfrac{K_3}{T_3}x_2\\ \dot{x}_2=-\dfrac{1}{T_2}x_2+\dfrac{K_2}{T_2}x_3\\ \dot{x}_3=-\dfrac{1}{T_1}x_3-\dfrac{K_1K_4}{T_1}x_1+\dfrac{K_1}{T_1}u\end{cases}$$

系统输出方程为

$$y=x_1$$

则其向量-矩阵方程形式的状态空间表达式为

$$\begin{cases}\dot{\boldsymbol{x}}(t)=\boldsymbol{A}\boldsymbol{x}+\boldsymbol{b}u\\ y(t)=\boldsymbol{c}\boldsymbol{x}\end{cases}$$

式中，$\boldsymbol{A}=\begin{bmatrix}0 & \dfrac{K_3}{T_3} & 0\\ 0 & -\dfrac{1}{T_2} & \dfrac{K_2}{T_2}\\ -\dfrac{K_1K_4}{T_1} & 0 & -\dfrac{1}{T_1}\end{bmatrix}$；$\boldsymbol{b}=\begin{bmatrix}0\\0\\ \dfrac{K_1}{T_1}\end{bmatrix}$；$\boldsymbol{c}=[1\quad 0\quad 0]$。

1.3.2　由机理法建立状态空间表达式

一般常见的控制系统，按其能量属性，可分为电气、机械、机电、气动液压、热力等系统。根据其物理或化学规律，如基尔霍夫定律、牛顿定律、能量守恒定律等，建立系统的状态方程和输出方程。其一般步骤如下：

1）确定系统的输入变量、输出变量和状态变量。

2）根据变量遵循的物理、化学定律，列出描述系统动态特性或运动规律的微分方程。

3）消去中间变量，得出状态变量的一阶导数与各状态变量、输入变量的关系式及输出变量与各状态变量、输入变量的关系式。

4）将方程整理成状态方程、输出方程的标准形式。

【例 1.8】 质量-弹簧-阻尼系统如图 1.10 所示，质量块 M 受外力 $u(t)$ 的作用，输出为质量块的位移 $y(t)$，k 为弹性系数，b 为阻尼器。试建立系统的状态空间表达式。

解： 根据牛顿运动学定律，该系统的行为可以用微分方程来描述

$$M\frac{\mathrm{d}^2y(t)}{\mathrm{d}t^2}+b\frac{\mathrm{d}y}{\mathrm{d}t}+ky(t)=u(t)$$

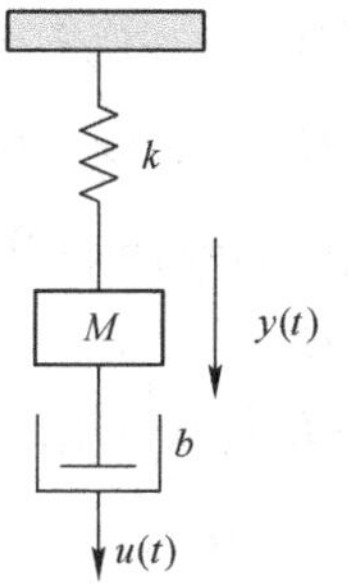

图 1.10　质量-弹簧-阻尼系统

令 $x_1(t)=y(t)$，$x_2(t)=\dfrac{\mathrm{d}y(t)}{\mathrm{d}t}$，上式可以变换为两个一阶微分方程的形式

$$\begin{cases}\dfrac{\mathrm{d}x_1}{\mathrm{d}t}=x_2\\\dfrac{\mathrm{d}x_2}{\mathrm{d}t}=-\dfrac{k}{M}x_1-\dfrac{b}{M}x_2+\dfrac{1}{M}u\end{cases}$$

其矩阵形式可表示为

$$\begin{bmatrix}\dot{x}_1\\\dot{x}_2\end{bmatrix}=\begin{bmatrix}0 & 1\\-\dfrac{k}{M} & -\dfrac{b}{M}\end{bmatrix}\begin{bmatrix}x_1\\x_2\end{bmatrix}+\begin{bmatrix}0\\\dfrac{1}{M}\end{bmatrix}u$$

输入方程为

$$y(t)=x_1(t)$$

则系统的状态空间表达式可写为

$$\begin{cases}\begin{bmatrix}\dot{x}_1\\\dot{x}_2\end{bmatrix}=\begin{bmatrix}0 & 1\\-\dfrac{k}{M} & -\dfrac{b}{M}\end{bmatrix}\begin{bmatrix}x_1\\x_2\end{bmatrix}+\begin{bmatrix}0\\\dfrac{1}{M}\end{bmatrix}u\\y=\begin{bmatrix}1 & 0\end{bmatrix}\begin{bmatrix}x_1\\x_2\end{bmatrix}\end{cases}$$

【例 1.9】 如图 1.11 所示的 *RLC* 电路网络，输入为电流源 i，指定电容上的电压 u_{C1}、u_{C2} 为输出，求此网络的状态空间表达式。

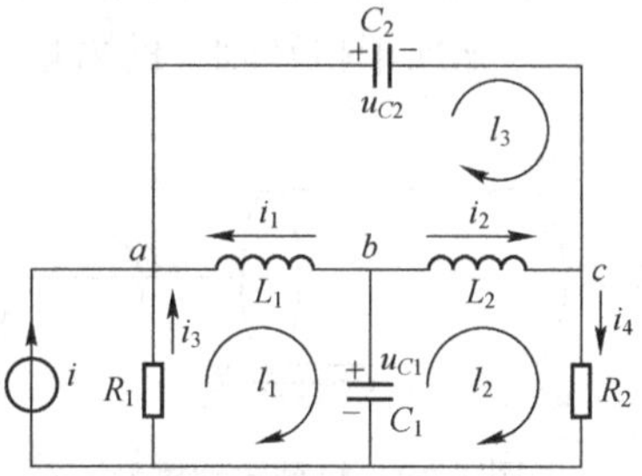

图 1.11　*RLC* 电路网

解： 分析系统的工作原理，并选取独立变量为

$$x_1=u_{C1},\quad x_2=u_{C2},\quad x_3=i_1,\quad x_4=i_2$$

根据基尔霍夫电流定律写出节点 a、b、c 的电流方程，有

$$\begin{cases} i+i_3+x_3-C_2\dot{x}_2=0 \\ C_1\dot{x}_1+x_3+x_4=0 \\ C_2\dot{x}_2+x_4-i_4=0 \end{cases}$$

按基尔霍夫电压定律写出回路电压方程为

$$\begin{cases} -L_1\dot{x}_3+x_1+R_1i_3=0 \\ -x_1+L_2\dot{x}_4+R_2i_4=0 \\ L_2\dot{x}_4-L_1\dot{x}_3-x_2=0 \end{cases}$$

消去非独立变量，有

$$\begin{cases} \dot{x}_1=-\dfrac{1}{C_1}x_3-\dfrac{1}{C_1}x_4 \\ R_1C_2\dot{x}_2-L_1\dot{x}_3=-x_1+R_1x_3+R_1i \\ R_2C_2\dot{x}_2+L_2\dot{x}_4=x_1-R_2x_4 \\ -L_1\dot{x}_3+L_2\dot{x}_4=x_2 \end{cases}$$

解出状态变量的一阶导数，写出状态空间表达式为

$$\begin{cases} \begin{bmatrix}\dot{x}_1\\ \dot{x}_2\\ \dot{x}_3\\ \dot{x}_4\end{bmatrix}=\begin{bmatrix} 0 & 0 & -\dfrac{1}{C_1} & -\dfrac{1}{C_1} \\ 0 & -\dfrac{1}{C_2(R_1+R_2)} & \dfrac{R_1}{C_2(R_1+R_2)} & -\dfrac{R_2}{C_2(R_1+R_2)} \\ \dfrac{1}{L_1} & -\dfrac{R_1}{L_1(R_1+R_2)} & -\dfrac{R_1R_2}{L_1(R_1+R_2)} & -\dfrac{R_1R_2}{L_1(R_1+R_2)} \\ \dfrac{1}{L_2} & -\dfrac{R_2}{L_2(R_1+R_2)} & -\dfrac{R_1R_2}{L_2(R_1+R_2)} & -\dfrac{R_1R_2}{L_2(R_1+R_2)} \end{bmatrix}\begin{bmatrix}x_1\\ x_2\\ x_3\\ x_4\end{bmatrix}+\begin{bmatrix} 0 \\ \dfrac{R_1}{C_2(R_1+R_2)} \\ -\dfrac{R_1R_2}{L_1(R_1+R_2)} \\ -\dfrac{R_1R_2}{L_2(R_1+R_2)} \end{bmatrix}i \\ \begin{bmatrix}y_1\\ y_2\end{bmatrix}=\begin{bmatrix}u_{C1}\\ u_{C2}\end{bmatrix}=\begin{bmatrix}1&0&0&0\\0&1&0&0\end{bmatrix}\begin{bmatrix}x_1\\ x_2\\ x_3\\ x_4\end{bmatrix} \end{cases}$$

【例 1.10】 写出如图 1.12 所示的机械旋转运动模型的状态空间表达式。其中 K 为扭转轴的刚性系数，B 为黏性阻尼系数，T 为施加于扭转轴上的力矩，设转动惯量为 J。

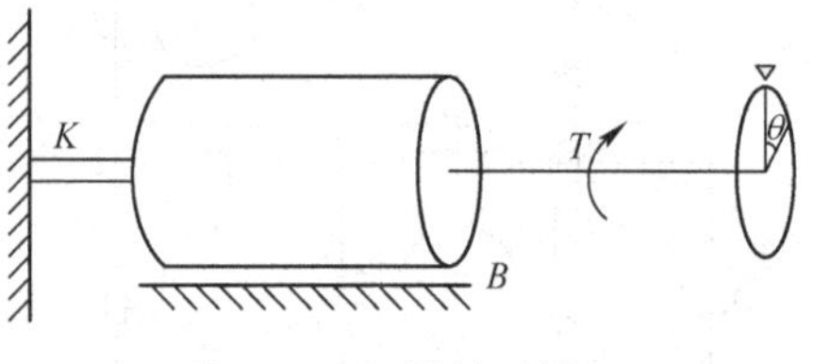

图 1.12　机械转动模型

解：选择扭矩轴的转动角度 θ 及其角速度 ω 为状态变量，并令

$$x_1=\theta,\quad x_2=\dot{\theta},\quad u=T$$

于是有

$$\begin{cases}\dot{x}_1=\dot{\theta}=x_2\\ \dot{x}_2=\ddot{\theta}\end{cases}$$

根据牛顿定律

$$\ddot{\theta}=-\frac{K}{J}\theta-\frac{B}{J}\dot{\theta}+\frac{1}{J}T$$

从而有

$$\begin{cases}\dot{x}_1=x_2\\ \dot{x}_2=-\frac{K}{J}x_1-\frac{B}{J}x_2+\frac{1}{J}u\end{cases}$$

指定 x_1 为输出，即 $y=x_1$。写出状态空间表达式为

$$\begin{cases}\begin{bmatrix}\dot{x}_1\\ \dot{x}_2\end{bmatrix}=\begin{bmatrix}0 & 1\\ -\frac{K}{J} & -\frac{B}{J}\end{bmatrix}\begin{bmatrix}x_1\\ x_2\end{bmatrix}+\begin{bmatrix}0\\ \frac{1}{J}\end{bmatrix}u\\ y=\begin{bmatrix}1 & 0\end{bmatrix}\begin{bmatrix}x_1\\ x_2\end{bmatrix}\end{cases}$$

1.3.3 由传递函数或微分方程建立状态空间表达式

传递函数或微分方程法

经典控制理论中，对线性定常系统常采用常微分方程和传递函数来描述系统输入和输出之间的关系。而如何从系统的输入、输出关系建立起系统状态空间表达式，是现代控制理论研究的一个基本问题，又称为实现问题，它要求将高阶微分方程或传递函数转换为状态空间表达式时，既要保持原系统的输入、输出关系不变，又能揭示系统的内部关系。实现问题的复杂性在于，根据输入、输出关系求得的状态空间表达式并不唯一，因为会有无数个不同的内部结构均能得到相同的输入、输出关系。

与微分方程一样，传递函数也是经典控制理论中描述系统的一种常用的数学模型。从传递函数建立系统状态空间表达式的方法之一是把传递函数转换为微分方程，然后用 1.3.2 节介绍的方法求解状态空间表达式；另一种方法便是将传递函数进行分解直接获取状态空间表达式，即本节介绍的内容。

一般单变量线性定常系统的运动方程是一个 n 阶线性常系数微分方程，即

$$y^{(n)}+a_{n-1}y^{(n-1)}+\cdots+a_1\dot{y}+a_0y=b_mu^{(m)}+b_{m-1}u^{(m-1)}+\cdots+b_1\dot{u}+b_0u$$

相应的传递函数为

$$W(s)=\frac{Y(s)}{U(s)}=\frac{b_ms^m+b_{m-1}s^{m-1}+\cdots+b_1s+b_0}{s^n+a_{n-1}s^{n-1}+\cdots+a_1s+a_0},\quad m\leqslant n$$

并非任意的微分方程或传递函数都能求得实现，存在的条件是 $m\leqslant n$。当 $m<n$ 时，$W(s)$ 称为严格有理真分式。当 $m=n$ 时，有

$$W(s)=b_n+\frac{(b_{n-1}-a_{n-1}b_n)s^{n-1}+(b_{n-2}-a_{n-2}b_n)s^{n-2}+\cdots+(b_0-a_0b_n)}{s^n+a_{n-1}s^{n-1}+\cdots+a_1s+a_0}=d+W_0(s)$$

$d=b_n$ 为常数，反映了系统输入和输出之间的直接传递部分。只有当传递函数的分子阶数等于分母阶数时，才会有输入输出关联矩阵 $\boldsymbol{d}$，一般情况下 $\boldsymbol{d}=\boldsymbol{0}$。

1. 传递函数中不含零点

当输入函数中不含导数项时，系统微分方程形式为

$$y^{(n)}+a_{n-1}y^{(n-1)}+\cdots+a_1\dot{y}+a_0y=b_0u \tag{1.7}$$

对应的传递函数为

$$W(s)=\frac{b_0}{s^n+a_{n-1}s^{n-1}+\cdots+a_1s+a_0}$$

根据微分方程理论，若已知 $y(0),\dot{y}(0),\cdots,y^{(n-1)}(0)$ 及 $t\geqslant 0$ 时的输入 $u(t)$，则系统在 $t\geqslant 0$ 时的行为就可唯一确定。因此，可选取 $x_1=y/b_0$，$x_2=\dot{y}/b_0$，$\cdots$，$x_n=y^{(n-1)}/b_0$ 作为状态变量，系统对应的模拟结构图如图 1.13 所示。

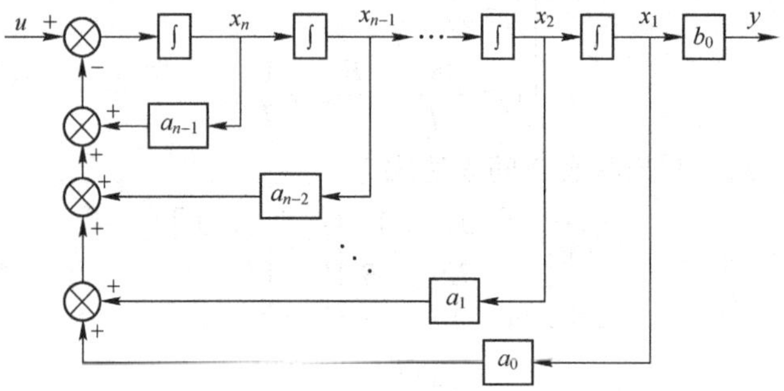

图 1.13　系统模拟结构图

即可写出系统的状态空间表达式为

$$\begin{cases}\dot{x}_1=x_2\\ \dot{x}_2=x_3\\ \quad\vdots\\ \dot{x}_{n-1}=x_n\\ \dot{x}_n=-a_0x_1-a_1x_2-\cdots-a_{n-2}x_{n-1}-a_{n-1}x_n+u\\ y=b_0x_1\end{cases}$$

则其向量-矩阵方程形式的状态空间表达式为

$$\begin{cases}\dot{\boldsymbol{x}}(t)=\boldsymbol{Ax}+\boldsymbol{b}u\\ y(t)=\boldsymbol{cx}\end{cases} \tag{1.8}$$

式中，$\boldsymbol{A}=\begin{bmatrix}0&1&0&\cdots&0\\0&0&1&\cdots&0\\ \vdots&\vdots&\vdots&&\vdots\\0&0&0&\cdots&1\\-a_0&-a_1&-a_2&\cdots&-a_{n-1}\end{bmatrix}$；$\boldsymbol{b}=\begin{bmatrix}0\\0\\ \vdots\\0\\1\end{bmatrix}$；$\boldsymbol{c}=[b_0\quad 0\quad 0\quad \cdots\quad 0]$。

【例 1.11】 已知系统微分方程

$$\dddot{y}+2\ddot{y}+4\dot{y}+6y=2u$$

试写出系统的状态空间表达式。

解： 已知微分方程中各项系数分别为

$$a_0=6, a_1=4, a_2=2$$

$$b_0=2$$

则其向量-矩阵方程形式的状态空间表达式为

$$\begin{cases}\dot{\boldsymbol{x}}(t)=\boldsymbol{Ax}+\boldsymbol{b}u\\ y(t)=\boldsymbol{cx}\end{cases}$$

式中，$\boldsymbol{A}=\begin{bmatrix}0&1&0\\0&0&1\\-6&-4&-2\end{bmatrix}$；$\boldsymbol{b}=\begin{bmatrix}0\\0\\1\end{bmatrix}$；$\boldsymbol{c}=[2\quad 0\quad 0]$。

此时状态变量的选取为

$$x_1=\frac{y}{2},\quad x_2=\frac{\dot{y}}{2},\quad x_3=\frac{\ddot{y}}{2}$$

即

$$\begin{cases}\dot{x}_1=x_2\\ \dot{x}_2=x_3\\ \dot{x}_3=-6x_1-4x_2-2x_3+u\\ y=2x_1\end{cases}$$

2. 传递函数中包含零点

当传递函数中包含零点时，系统微分方程的形式为

$$y^{(n)}+a_{n-1}y^{(n-1)}+\cdots+a_1\dot{y}+a_0y=b_mu^{(m)}+b_{m-1}u^{(m-1)}+\cdots+b_1\dot{u}+b_0u \tag{1.9}$$

这种情况下，不能选用 $y,\dot{y},\cdots,y^{(n-1)}$ 作为状态变量，因为此时方程中含有输入信号 u 的导数项，它可能导致系统在状态空间中的运动出现无穷大的跳变，方程解的存在性和唯一性被破坏。因此，通常选用输出 y 和输入 u 以及它们的各阶导数组成状态变量，以保证状态方程中不含 u 的导数项。

系统微分方程为

$$y^{(n)}+a_{n-1}y^{(n-1)}+\cdots+a_1\dot{y}+a_0y=b_mu^{(m)}+b_{m-1}u^{(m-1)}+\cdots+b_1\dot{u}+b_0u \tag{1.10}$$

可写出系统的传递函数为

$$W(s)=\frac{b_ms^m+b_{m-1}s^{m-1}+\cdots+b_1s+b_0}{s^n+a_{n-1}s^{n-1}+\cdots+a_1s+a_0}$$

不失一般性，令 $m=n$，将上式写成严格有理真分式的形式

$$W(s)=\frac{Y(s)}{U(s)}=b_n+\frac{(b_{n-1}-a_{n-1}b_n)s^{n-1}+\cdots+(b_1-a_1b_n)s+(b_0-a_0b_n)}{s^n+a_{n-1}s^{n-1}+\cdots+a_1s+a_0}$$

令

$$Y_1(s)=\frac{1}{s^n+a_{n-1}s^{n-1}+\cdots+a_1s+a_0}U(s)$$

则

$$Y(s)=b_nU(s)+Y_1(s)\left[(b_{n-1}-a_{n-1}b_n)s^{n-1}+\cdots+(b_1-a_1b_n)s+(b_0-a_0b_n)\right]$$

求拉普拉斯反变换，有

$$y=b_nu+(b_{n-1}-a_{n-1}b_n)y_1^{(n-1)}+\cdots+(b_1-a_1b_n)\dot{y}_1+(b_0-a_0b_n)y_1$$

由此可得系统模拟结构图，如图 1.14 所示。

每个积分器的输出为一状态变量，可得系统的状态空间表达式为

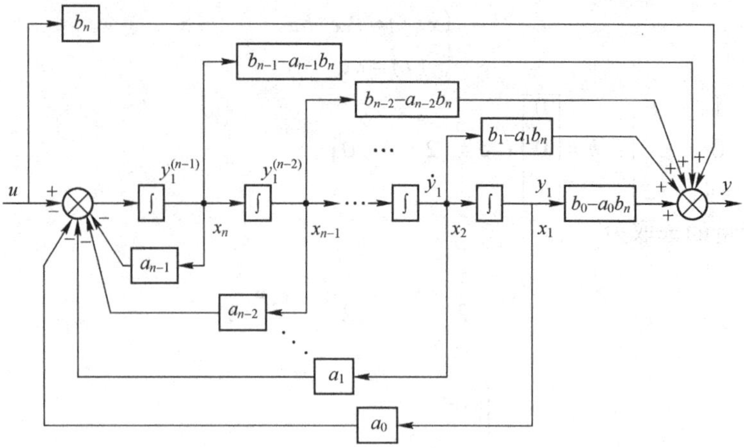

图 1.14　系统模拟结构图

$$
\begin{cases}
\dot{x}_1 = x_2 \\
\dot{x}_2 = x_3 \\
\quad\vdots \\
\dot{x}_{n-1} = x_n \\
\dot{x}_n = u - a_{n-1}x_n - \cdots - a_1 x_2 - a_0 x_1 \\
y = b_n u + (b_{n-1} - a_{n-1}b_n)x_n + \cdots + (b_1 - a_1 b_n)x_2 + (b_0 - a_0 b_n)x_1
\end{cases}
\tag{1.11}
$$

写出系统的向量-矩阵形式的状态空间表达式为

$$
\begin{cases}
\dot{\boldsymbol{x}}(t) = \boldsymbol{A}\boldsymbol{x} + \boldsymbol{b}u \\
y(t) = \boldsymbol{c}\boldsymbol{x} + du
\end{cases}
\tag{1.12}
$$

式中

$$
\boldsymbol{A} = \begin{bmatrix} 0 & 1 & 0 & \cdots & 0 \\ 0 & 0 & 1 & \cdots & 0 \\ \vdots & \vdots & \vdots & & \vdots \\ 0 & 0 & 0 & \cdots & 1 \\ -a_0 & -a_1 & -a_2 & \cdots & -a_{n-1} \end{bmatrix}; \quad \boldsymbol{b} = \begin{bmatrix} 0 \\ 0 \\ \vdots \\ 0 \\ 1 \end{bmatrix}
$$

$$
\boldsymbol{c} = [\, b_0 - a_0 b_n \quad b_1 - a_1 b_n \quad \cdots \quad b_{n-2} - a_{n-2}b_n \quad b_{n-1} - a_{n-1}b_n \,]; \quad d = b_n
$$

若输入量导数的阶数小于系统的阶数 n，描述系统的微分方程为

$$
y^{(n)} + a_{n-1}y^{(n-1)} + \cdots + a_1\dot{y} + a_0 y = b_{n-1}u^{(n-1)} + \cdots + b_1\dot{u} + b_0 u
$$

即 $b_n = 0$，此时系统对应的状态空间表达式为

$$
\begin{cases}
\dot{\boldsymbol{x}}(t) = \boldsymbol{A}\boldsymbol{x} + \boldsymbol{b}u \\
y(t) = \boldsymbol{c}\boldsymbol{x}
\end{cases}
\tag{1.13}
$$

式中

$$
\boldsymbol{A} = \begin{bmatrix} 0 & 1 & 0 & \cdots & 0 \\ 0 & 0 & 1 & \cdots & 0 \\ \vdots & \vdots & \vdots & & \vdots \\ 0 & 0 & 0 & \cdots & 1 \\ -a_0 & -a_1 & -a_2 & \cdots & -a_{n-1} \end{bmatrix}; \quad \boldsymbol{b} = \begin{bmatrix} 0 \\ 0 \\ \vdots \\ 0 \\ 1 \end{bmatrix}; \quad \boldsymbol{c} = [\, b_0 \quad b_1 \quad \cdots \quad b_{n-2} \quad b_{n-1} \,]
$$

【例 1.12】试求解如下微分方程所示系统的状态空间表达式：

$$\dddot{y}+6\ddot{y}+11\dot{y}+6y=\dddot{u}+8\ddot{u}+17\dot{u}+8u$$

解：方法一：已知微分方程中各项系数分别为

$$a_0=6,\quad a_1=11,\quad a_2=6$$

$$b_0=8,\quad b_1=17,\quad b_2=8,\quad b_3=1$$

则

$$b_0-a_0b_n=2$$

$$b_1-a_1b_n=6$$

$$b_2-a_2b_n=2$$

根据式（1.12）得到状态空间表达式为

$$\begin{cases}\begin{bmatrix}\dot{x}_1\\ \dot{x}_2\\ \dot{x}_3\end{bmatrix}=\begin{bmatrix}0 & 1 & 0\\ 0 & 0 & 1\\ -6 & -11 & -6\end{bmatrix}\begin{bmatrix}x_1\\ x_2\\ x_3\end{bmatrix}+\begin{bmatrix}0\\ 0\\ 1\end{bmatrix}u\\ y=[2\quad 6\quad 2]\begin{bmatrix}x_1\\ x_2\\ x_3\end{bmatrix}+u\end{cases}$$

方法二：该微分方程对应的传递函数可写为

$$W(s)=\frac{s^3+8s^2+17s+8}{s^3+6s^2+11s+6}=1+\frac{2s^2+6s+2}{s^3+6s^2+11s+6}=1+W_0(s)$$

对于严格有理真分式 $W_0(s)$，有

$$a_0=6,\quad a_1=11,\quad a_2=6$$

$$b_0=2,\quad b_1=6,\quad b_2=2$$

则状态空间表达式为

$$\begin{cases}\begin{bmatrix}\dot{x}_1\\ \dot{x}_2\\ \dot{x}_3\end{bmatrix}=\begin{bmatrix}0 & 1 & 0\\ 0 & 0 & 1\\ -6 & -11 & -6\end{bmatrix}\begin{bmatrix}x_1\\ x_2\\ x_3\end{bmatrix}+\begin{bmatrix}0\\ 0\\ 1\end{bmatrix}u\\ y=[2\quad 6\quad 2]\begin{bmatrix}x_1\\ x_2\\ x_3\end{bmatrix}+u\end{cases}$$

1.4 线性系统的传递函数矩阵

上一节介绍了如何由传递函数求状态空间表达式的问题，即系统的实现问题。这一节主要介绍如何根据线性系统的状态空间表达式来确定系统传递函数的问题，即实现的逆问题。

传递函数（阵）

1.4.1 由状态空间表达式求传递函数矩阵

已知线性定常系统的状态空间表达式为

$$\begin{cases}\dot{\boldsymbol{x}}=\boldsymbol{A}\boldsymbol{x}+\boldsymbol{B}\boldsymbol{u}\\ \boldsymbol{y}=\boldsymbol{C}\boldsymbol{x}+\boldsymbol{D}\boldsymbol{u}\end{cases} \tag{1.14}$$

式中，$\boldsymbol{x}\in\mathbf{R}^n$ 为系统状态向量；$\boldsymbol{u}\in\mathbf{R}^r$ 为系统输入向量；$\boldsymbol{y}\in\mathbf{R}^m$ 为系统输出向量；$\boldsymbol{A}\in\mathbf{R}^{n\times n}$ 为系统矩阵；$\boldsymbol{B}\in\mathbf{R}^{n\times r}$ 为控制输入矩阵；$\boldsymbol{C}\in\mathbf{R}^{m\times n}$ 为系统输出矩阵；$\boldsymbol{D}\in\mathbf{R}^{m\times r}$ 为系统输入输出关联矩阵。

对式（1.14）取拉普拉斯变换，有

$$\begin{cases}s\boldsymbol{X}(s)-s\boldsymbol{X}(0)=\boldsymbol{A}\boldsymbol{X}(s)+\boldsymbol{B}\boldsymbol{U}(s)\\ \boldsymbol{Y}(s)=\boldsymbol{C}\boldsymbol{X}(s)+\boldsymbol{D}\boldsymbol{U}(s)\end{cases}$$

设初始条件 $\boldsymbol{X}(0)=0$，则有

$$\boldsymbol{X}(s)=(s\boldsymbol{I}-\boldsymbol{A})^{-1}\boldsymbol{B}\boldsymbol{U}(s)$$

故

$$\boldsymbol{Y}(s)=\boldsymbol{C}\boldsymbol{X}(s)+\boldsymbol{D}\boldsymbol{U}(s)=[\boldsymbol{C}(s\boldsymbol{I}-\boldsymbol{A})^{-1}\boldsymbol{B}+\boldsymbol{D}]\boldsymbol{U}(s)=\boldsymbol{W}(s)\boldsymbol{U}(s) \tag{1.15}$$

即

$$\boldsymbol{W}(s)=\frac{\boldsymbol{Y}(s)}{\boldsymbol{U}(s)}=\boldsymbol{C}(s\boldsymbol{I}-\boldsymbol{A})^{-1}\boldsymbol{B}+\boldsymbol{D} \tag{1.16}$$

式中，$\boldsymbol{W}(s)\in\mathbf{R}^{m\times r}$ 称为系统的传递函数矩阵，它反映了输入向量 $\boldsymbol{U}(s)$ 和输出向量 $\boldsymbol{Y}(s)$ 之间的传递关系，即

$$\boldsymbol{W}(s)=\begin{bmatrix}w_{11}(s) & w_{12}(s) & \cdots & w_{1r}(s)\\ w_{21}(s) & w_{22}(s) & \cdots & w_{2r}(s)\\ \vdots & \vdots & & \vdots\\ w_{m1}(s) & w_{m2}(s) & \cdots & w_{mr}(s)\end{bmatrix}$$

式（1.16）还可以表示为

$$\boldsymbol{W}(s)=\frac{1}{|s\boldsymbol{I}-\boldsymbol{A}|}[\boldsymbol{C}\ \mathrm{adj}(s\boldsymbol{I}-\boldsymbol{A})\boldsymbol{B}+\boldsymbol{D}\,|s\boldsymbol{I}-\boldsymbol{A}|] \tag{1.17}$$

式中，$\mathrm{adj}(s\boldsymbol{I}-\boldsymbol{A})$ 表示矩阵 $(s\boldsymbol{I}-\boldsymbol{A})$ 的伴随矩阵。可以看出，$\boldsymbol{W}(s)$ 的分母是系统矩阵 $\boldsymbol{A}$ 的特征多项式，$\boldsymbol{W}(s)$ 的分子是一个多项式矩阵。特别地，对于单输入单输出系统，$W(s)$ 为一标量，它就是系统的传递函数，可表示为

$$\begin{aligned}W(s)&=\boldsymbol{c}(s\boldsymbol{I}-\boldsymbol{A})^{-1}\boldsymbol{b}+d\\ &=\boldsymbol{c}\frac{\mathrm{adj}(s\boldsymbol{I}-\boldsymbol{A})}{|s\boldsymbol{I}-\boldsymbol{A}|}\boldsymbol{b}+d\\ &=\frac{1}{|s\boldsymbol{I}-\boldsymbol{A}|}[\boldsymbol{c}\ \mathrm{adj}(s\boldsymbol{I}-\boldsymbol{A})\boldsymbol{b}+d\,|s\boldsymbol{I}-\boldsymbol{A}|]\end{aligned} \tag{1.18}$$

与经典控制理论中的传递函数

$$W(s)=\frac{b_m s^m+b_{m-1}s^{m-1}+\cdots+b_1 s+b_0}{s^n+a_{n-1}s^{n-1}+\cdots+a_1 s+a_0}$$

相比，可以看出：

1）系统矩阵 $\boldsymbol{A}$ 的特征多项式等于传递函数的分母多项式。

2）传递函数的极点就是系统矩阵 $\boldsymbol{A}$ 的特征值。

注意：由于系统状态变量的选择不唯一，故建立的系统状态空间表达式不唯一。但同一系统的传递函数矩阵是唯一的，即传递函数矩阵具有不变性，1.5 节将给出证明。

【例 1.13】 已知系统的状态空间表达式如下：

$$
\begin{cases}
\dot{\boldsymbol{x}}=\begin{bmatrix}0 & 1 & 0\\0 & 0 & 1\\2 & 3 & 0\end{bmatrix}\boldsymbol{x}+\begin{bmatrix}0\\0\\1\end{bmatrix}u\\
y=\begin{bmatrix}1 & 0 & 0\end{bmatrix}\boldsymbol{x}
\end{cases}
$$

求系统的传递函数矩阵。

解：

$$
s\boldsymbol{I}-\boldsymbol{A}=\begin{bmatrix}s & -1 & 0\\0 & s & -1\\-2 & -3 & s\end{bmatrix}
$$

$$
(s\boldsymbol{I}-\boldsymbol{A})^{-1}=\frac{\operatorname{adj}(s\boldsymbol{I}-\boldsymbol{A})}{|s\boldsymbol{I}-\boldsymbol{A}|}=\frac{1}{(s+1)^2(s-2)}\begin{bmatrix}s^2-3 & s & 1\\2 & s^2 & s\\2s & 3s+2 & s^2\end{bmatrix}
$$

故系统的传递函数矩阵为

$$
\begin{aligned}
\boldsymbol{W}(s)&=\boldsymbol{c}(s\boldsymbol{I}-\boldsymbol{A})^{-1}\boldsymbol{b}\\
&=\frac{1}{(s+1)^2(s-2)}\begin{bmatrix}1 & 0 & 0\end{bmatrix}\begin{bmatrix}s^2-3 & s & 1\\2 & s^2 & s\\2s & 3s+2 & s^2\end{bmatrix}\begin{bmatrix}0\\0\\1\end{bmatrix}\\
&=\frac{1}{s^3-3s-2}
\end{aligned}
$$

【例 1.14】已知系统的状态空间表达式如下：

$$
\begin{cases}
\dot{\boldsymbol{x}}=\begin{bmatrix}0 & 1\\-2 & -3\end{bmatrix}\boldsymbol{x}+\begin{bmatrix}1 & 0\\1 & 1\end{bmatrix}\boldsymbol{u}\\
\boldsymbol{y}=\begin{bmatrix}1 & 0\\1 & 1\\0 & 2\end{bmatrix}\boldsymbol{x}+\begin{bmatrix}0 & 0\\1 & 0\\0 & 1\end{bmatrix}\boldsymbol{u}
\end{cases}
$$

求系统的传递函数矩阵。

解：

$$
(s\boldsymbol{I}-\boldsymbol{A})^{-1}=\begin{bmatrix}s & -1\\2 & s+3\end{bmatrix}^{-1}=\frac{1}{(s+1)(s+2)}\begin{bmatrix}s+3 & 1\\-2 & s\end{bmatrix}
$$

系统的传递函数矩阵为

$$
\begin{aligned}
\boldsymbol{W}(s)&=\boldsymbol{C}(s\boldsymbol{I}-\boldsymbol{A})^{-1}\boldsymbol{B}+\boldsymbol{D}\\
&=\frac{1}{(s+1)(s+2)}\begin{bmatrix}1 & 0\\1 & 1\\0 & 2\end{bmatrix}\begin{bmatrix}s+3 & 1\\-2 & s\end{bmatrix}\begin{bmatrix}1 & 0\\1 & 1\end{bmatrix}+\begin{bmatrix}0 & 0\\1 & 0\\0 & 1\end{bmatrix}\\
&=\frac{1}{(s+1)(s+2)}\begin{bmatrix}s+4 & 1\\s^2+5s+4 & s+1\\2s-4 & s^2+5s+2\end{bmatrix}
\end{aligned}
$$

组合系统的传递函数（阵）

1.4.2 组合系统的传递函数矩阵

实际的控制系统，一般是由多个子系统以串联、并联或反馈的方式组合而成的。本节主要讨论已知各子系统的传递函数矩阵或者状态空间表达式时，如何求解整个组合系统的传递函数矩阵或者状态空间表达式问题。

设子系统 $\boldsymbol{\Sigma}_1(\boldsymbol{A}_1,\boldsymbol{B}_1,\boldsymbol{C}_1,\boldsymbol{D}_1)$ 为

$$\begin{cases}\dot{\boldsymbol{x}}_1=\boldsymbol{A}_1\boldsymbol{x}_1+\boldsymbol{B}_1\boldsymbol{u}_1\\ \boldsymbol{y}_1=\boldsymbol{C}_1\boldsymbol{x}_1+\boldsymbol{D}_1\boldsymbol{u}_1\end{cases}\tag{1.19}$$

其传递函数矩阵为

$$\boldsymbol{W}_1(s)=\boldsymbol{C}_1(s\boldsymbol{I}-\boldsymbol{A}_1)^{-1}\boldsymbol{B}_1+\boldsymbol{D}_1\tag{1.20}$$

子系统 $\boldsymbol{\Sigma}_2(\boldsymbol{A}_2,\boldsymbol{B}_2,\boldsymbol{C}_2,\boldsymbol{D}_2)$ 为

$$\begin{cases}\dot{\boldsymbol{x}}_2=\boldsymbol{A}_2\boldsymbol{x}_2+\boldsymbol{B}_2\boldsymbol{u}_2\\ \boldsymbol{y}_2=\boldsymbol{C}_2\boldsymbol{x}_2+\boldsymbol{D}_2\boldsymbol{u}_2\end{cases}\tag{1.21}$$

其传递函数矩阵为

$$\boldsymbol{W}_2(s)=\boldsymbol{C}_2(s\boldsymbol{I}-\boldsymbol{A}_2)^{-1}\boldsymbol{B}_2+\boldsymbol{D}_2\tag{1.22}$$

1. 并联连接

设子系统 $\boldsymbol{\Sigma}_1$ 和 $\boldsymbol{\Sigma}_2$ 输入和输出维数相同，子系统并联后的结构如图 1.15 所示。

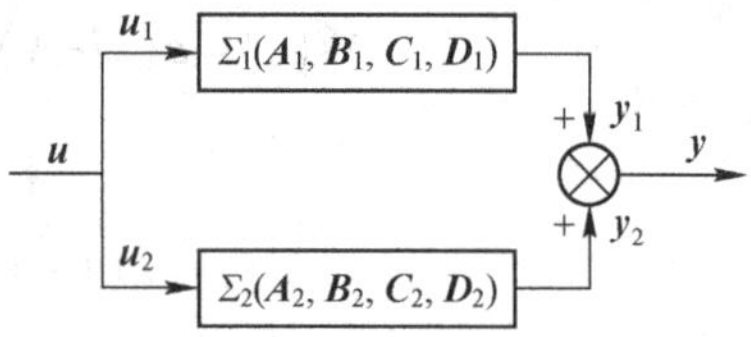

图 1.15　子系统并联

由图 1.15 可知

$$\boldsymbol{u}=\boldsymbol{u}_1=\boldsymbol{u}_2$$
$$\boldsymbol{y}=\boldsymbol{y}_1+\boldsymbol{y}_2$$

则并联后系统的状态空间表达式为

$$\begin{cases}\begin{bmatrix}\dot{\boldsymbol{x}}_1\\ \dot{\boldsymbol{x}}_2\end{bmatrix}=\begin{bmatrix}\boldsymbol{A}_1 & \boldsymbol{0}\\ \boldsymbol{0} & \boldsymbol{A}_2\end{bmatrix}\begin{bmatrix}\boldsymbol{x}_1\\ \boldsymbol{x}_2\end{bmatrix}+\begin{bmatrix}\boldsymbol{B}_1\\ \boldsymbol{B}_2\end{bmatrix}\boldsymbol{u}\\ \boldsymbol{y}=[\boldsymbol{C}_1\quad \boldsymbol{C}_2]\begin{bmatrix}\boldsymbol{x}_1\\ \boldsymbol{x}_2\end{bmatrix}+(\boldsymbol{D}_1+\boldsymbol{D}_2)\boldsymbol{u}\end{cases}\tag{1.23}$$

并联后系统的传递函数矩阵为

$$\begin{aligned}\boldsymbol{W}(s)&=\boldsymbol{C}(s\boldsymbol{I}-\boldsymbol{A})^{-1}\boldsymbol{B}+\boldsymbol{D}\\ &=[\boldsymbol{C}_1\quad \boldsymbol{C}_2]\begin{bmatrix}s\boldsymbol{I}-\boldsymbol{A}_1 & \boldsymbol{0}\\ \boldsymbol{0} & s\boldsymbol{I}-\boldsymbol{A}_2\end{bmatrix}^{-1}\begin{bmatrix}\boldsymbol{B}_1\\ \boldsymbol{B}_2\end{bmatrix}+(\boldsymbol{D}_1+\boldsymbol{D}_2)\\ &=\boldsymbol{C}_1(s\boldsymbol{I}-\boldsymbol{A}_1)^{-1}\boldsymbol{B}_1+\boldsymbol{D}_1+\boldsymbol{C}_2(s\boldsymbol{I}-\boldsymbol{A}_2)^{-1}\boldsymbol{B}_2+\boldsymbol{D}_2\\ &=\boldsymbol{W}_1(s)+\boldsymbol{W}_2(s)\end{aligned}\tag{1.24}$$

2. 串联连接

如图 1.16 所示，子系统 $\boldsymbol{\Sigma}_1$ 和 $\boldsymbol{\Sigma}_2$ 串联，此时子系统 $\boldsymbol{\Sigma}_1$ 的输出为子系统 $\boldsymbol{\Sigma}_2$ 的输入，而 $\boldsymbol{\Sigma}_2$ 的输出为串联后系统的输出，即

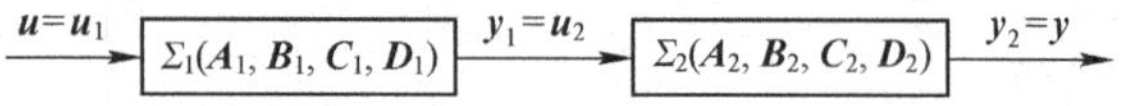

图 1.16　子系统串联

$$\begin{cases}\boldsymbol{u}=\boldsymbol{u}_1\\ \boldsymbol{y}_1=\boldsymbol{u}_2\\ \boldsymbol{y}=\boldsymbol{y}_2\end{cases}$$

串联后系统的状态空间表达式为

$$\begin{cases}\dot{\boldsymbol{x}}_1=\boldsymbol{A}_1\boldsymbol{x}_1+\boldsymbol{B}_1\boldsymbol{u}_1\\ \dot{\boldsymbol{x}}_2=\boldsymbol{A}_2\boldsymbol{x}_2+\boldsymbol{B}_2(\boldsymbol{C}_1\boldsymbol{x}_1+\boldsymbol{D}_1\boldsymbol{u}_1)\\ \boldsymbol{y}=\boldsymbol{C}_2\boldsymbol{x}_2+\boldsymbol{D}_2\boldsymbol{u}_2=\boldsymbol{C}_2\boldsymbol{x}_2+\boldsymbol{D}_2(\boldsymbol{C}_1\boldsymbol{x}_1+\boldsymbol{D}_1\boldsymbol{u}_1)=\boldsymbol{D}_2\boldsymbol{C}_1\boldsymbol{x}_1+\boldsymbol{C}_2\boldsymbol{x}_2+\boldsymbol{D}_2\boldsymbol{D}_1\boldsymbol{u}_1\end{cases}$$

写成向量-矩阵形式为

$$\begin{cases}\begin{bmatrix}\dot{\boldsymbol{x}}_1\\ \dot{\boldsymbol{x}}_2\end{bmatrix}=\begin{bmatrix}\boldsymbol{A}_1 & \boldsymbol{0}\\ \boldsymbol{B}_2\boldsymbol{C}_1 & \boldsymbol{A}_2\end{bmatrix}\begin{bmatrix}\boldsymbol{x}_1\\ \boldsymbol{x}_2\end{bmatrix}+\begin{bmatrix}\boldsymbol{B}_1\\ \boldsymbol{B}_2\boldsymbol{D}_1\end{bmatrix}\boldsymbol{u}\\ \boldsymbol{y}=[\boldsymbol{D}_2\boldsymbol{C}_1\quad \boldsymbol{C}_2]\begin{bmatrix}\boldsymbol{x}_1\\ \boldsymbol{x}_2\end{bmatrix}+\boldsymbol{D}_2\boldsymbol{D}_1\boldsymbol{u}\end{cases}\tag{1.25}$$

又有

$$\boldsymbol{Y}(s)=\boldsymbol{Y}_2(s)=\boldsymbol{W}_2(s)\boldsymbol{U}_2(s)=\boldsymbol{W}_2(s)\boldsymbol{Y}_1(s)=\boldsymbol{W}_2(s)\boldsymbol{W}_1(s)\boldsymbol{U}_1(s)=\boldsymbol{W}_0(s)\boldsymbol{U}(s)$$

则串联后的传递函数矩阵为

$$\boldsymbol{W}(s)=\boldsymbol{W}_2(s)\boldsymbol{W}_1(s)\tag{1.26}$$

注意：两个子系统串联系统的传递函数矩阵为子系统传递函数矩阵的乘积，但相乘顺序不能颠倒。

3. 反馈连接

具有输出反馈的系统如图 1.17 所示。

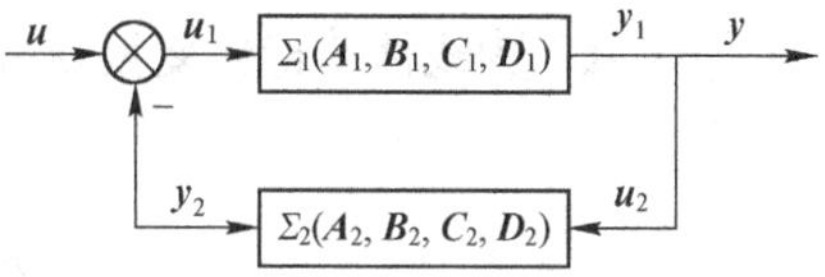

图 1.17　子系统反馈

由图 1.17 可知

$$\begin{cases}\boldsymbol{u}_1=\boldsymbol{u}-\boldsymbol{y}_2\\ \boldsymbol{y}=\boldsymbol{u}_2=\boldsymbol{y}_1\end{cases}$$

若令 $\boldsymbol{D}_1=\boldsymbol{D}_2=\boldsymbol{0}$，则反馈连接闭环系统的状态空间表达式为

$$\begin{cases}\dot{\boldsymbol{x}}_1=\boldsymbol{A}_1\boldsymbol{x}_1+\boldsymbol{B}_1\boldsymbol{u}_1=\boldsymbol{A}_1\boldsymbol{x}_1+\boldsymbol{B}_1\boldsymbol{u}-\boldsymbol{B}_1\boldsymbol{C}_2\boldsymbol{x}_2\\ \dot{\boldsymbol{x}}_2=\boldsymbol{A}_2\boldsymbol{x}_2+\boldsymbol{B}_2\boldsymbol{u}_2=\boldsymbol{A}_2\boldsymbol{x}_2+\boldsymbol{B}_2\boldsymbol{C}_1\boldsymbol{x}_1\\ \boldsymbol{y}=\boldsymbol{C}_1\boldsymbol{x}_1\end{cases}$$

写成向量-矩阵形式为

$$\begin{cases}\begin{bmatrix}\dot{\boldsymbol{x}}_1\\ \dot{\boldsymbol{x}}_2\end{bmatrix}=\begin{bmatrix}\boldsymbol{A}_1 & -\boldsymbol{B}_1\boldsymbol{C}_2\\ \boldsymbol{B}_2\boldsymbol{C}_1 & \boldsymbol{A}_2\end{bmatrix}\begin{bmatrix}\boldsymbol{x}_1\\ \boldsymbol{x}_2\end{bmatrix}+\begin{bmatrix}\boldsymbol{B}_1\\ \boldsymbol{0}\end{bmatrix}\boldsymbol{u}\\ \boldsymbol{y}=[\boldsymbol{C}_1\quad \boldsymbol{0}]\begin{bmatrix}\boldsymbol{x}_1\\ \boldsymbol{x}_2\end{bmatrix}\end{cases}\tag{1.27}$$

又有

$$\boldsymbol{Y}(s)=\boldsymbol{W}_1(s)\boldsymbol{U}_1(s)\tag{1.28}$$

$$\boldsymbol{U}_1(s)=\boldsymbol{U}(s)-\boldsymbol{W}_2(s)\boldsymbol{Y}(s)\tag{1.29}$$

将式（1.29）代入式（1.28），有

$$\boldsymbol{Y}(s)=\boldsymbol{W}_1(s)\boldsymbol{U}_1(s)-\boldsymbol{W}_1(s)\boldsymbol{W}_2(s)\boldsymbol{Y}(s)\Rightarrow[\boldsymbol{I}+\boldsymbol{W}_1(s)\boldsymbol{W}_2(s)]\boldsymbol{Y}(s)=\boldsymbol{W}_1(s)\boldsymbol{U}_1(s)$$

$$\Rightarrow\boldsymbol{Y}(s)=[\boldsymbol{I}+\boldsymbol{W}_1(s)\boldsymbol{W}_2(s)]^{-1}\boldsymbol{W}_1(s)\boldsymbol{U}_1(s)$$

则反馈连接后的闭环系统传递函数矩阵为

$$\boldsymbol{W}(s)=[\boldsymbol{I}+\boldsymbol{W}_1(s)\boldsymbol{W}_2(s)]^{-1}\boldsymbol{W}_1(s)\tag{1.30}$$

若将式（1.28）代入式（1.29），有

$$\boldsymbol{U}_1(s)=\boldsymbol{U}(s)-\boldsymbol{W}_2(s)\boldsymbol{W}_1(s)\boldsymbol{U}_1(s)\Rightarrow\boldsymbol{U}_1(s)=[\boldsymbol{I}+\boldsymbol{W}_2(s)\boldsymbol{W}_1(s)]^{-1}\boldsymbol{U}(s)\tag{1.31}$$

将式（1.31）代入式（1.28），有

$$\boldsymbol{Y}(s)=\boldsymbol{W}_1(s)[\boldsymbol{I}+\boldsymbol{W}_2(s)\boldsymbol{W}_1(s)]^{-1}\boldsymbol{U}(s)$$

则反馈连接后的闭环系统传递函数矩阵为

$$\boldsymbol{W}(s)=\boldsymbol{W}_1(s)[\boldsymbol{I}+\boldsymbol{W}_2(s)\boldsymbol{W}_1(s)]^{-1}$$

1.5 线性系统的数学模型变换

前面已经讨论过，状态变量选取的非唯一性，决定了状态空间表达式的非唯一。那么，这些描述同一系统的不同的状态空间表达式之间有什么关系，它们之间是否可以相互转换呢？本节将主要讨论这些问题。

1.5.1 线性变换

线性变换

对于给定的线性定常系统，选取不同的状态变量，便会有不同的状态空间表达式。任意选取的两个状态向量 $\boldsymbol{x}$ 和$\bar{\boldsymbol{x}}$之间实际上存在线性非奇异变换（又称坐标变换）关系，即

$$\boldsymbol{x}=\boldsymbol{P}\bar{\boldsymbol{x}} \text{或} \bar{\boldsymbol{x}}=\boldsymbol{P}^{-1}\boldsymbol{x} \tag{1.32}$$

式中，$\boldsymbol{P}\in\mathbf{R}^{n\times n}$为线性非奇异变换矩阵，$\boldsymbol{P}^{-1}$为 $\boldsymbol{P}$ 的逆矩阵。记

$$\boldsymbol{P}=\begin{bmatrix} p_{11} & p_{12} & \cdots & p_{1n} \\ p_{21} & p_{22} & \cdots & p_{2n} \\ \vdots & \vdots & & \vdots \\ p_{n1} & p_{n2} & \cdots & p_{nn} \end{bmatrix}$$

于是有以下线性方程组

$$\begin{cases} x_1=p_{11}\bar{x}_1+p_{12}\bar{x}_2+\cdots+p_{1n}\bar{x}_n \\ x_2=p_{21}\bar{x}_1+p_{22}\bar{x}_2+\cdots+p_{2n}\bar{x}_n \\ \quad\vdots \\ x_n=p_{n1}\bar{x}_1+p_{n2}\bar{x}_2+\cdots+p_{nn}\bar{x}_n \end{cases}$$

$\bar{x}_1,\bar{x}_2,\cdots,\bar{x}_n$ 的线性组合就是 $x_1,x_2,\cdots,x_n$，并且这种组合具有唯一的对应关系。由此可见，尽管状态变量的选择不同，但状态向量 $\boldsymbol{x}$ 和$\bar{\boldsymbol{x}}$均能完全描述同一系统的行为。

状态向量 $\boldsymbol{x}$ 和$\bar{\boldsymbol{x}}$的变换，称为状态的线性变换或者等价变换，其实质是状态空间的基变换，也是一种坐标变换，即状态向量 $\boldsymbol{x}$ 在标准基下的坐标为$[x_1,x_2,\cdots,x_n]^{\mathrm{T}}$，而在另一组基 $\boldsymbol{P}=[\boldsymbol{p}_1,\boldsymbol{p}_2,\cdots,\boldsymbol{p}_n]^{\mathrm{T}}$ 下的坐标为$[\bar{x}_1,\bar{x}_2,\cdots,\bar{x}_n]^{\mathrm{T}}$。

状态向量线性变换后，其状态空间表达式也发生变换。设线性定常系统的状态空间表达式为

$$\begin{cases} \dot{\boldsymbol{x}}=\boldsymbol{A}\boldsymbol{x}+\boldsymbol{B}\boldsymbol{u} \\ \boldsymbol{y}=\boldsymbol{C}\boldsymbol{x}+\boldsymbol{D}\boldsymbol{u} \end{cases} \tag{1.33}$$

状态向量的线性变换为

$$\boldsymbol{x}=\boldsymbol{P}\bar{\boldsymbol{x}} \text{ 或 } \bar{\boldsymbol{x}}=\boldsymbol{P}^{-1}\boldsymbol{x} \tag{1.34}$$

式中，$\boldsymbol{P}\in\mathbf{R}^{n\times n}$为线性非奇异变换矩阵，代入式（1.33）有

$$\begin{cases} \dot{\bar{\boldsymbol{x}}}=\boldsymbol{P}^{-1}\boldsymbol{A}\boldsymbol{P}\bar{\boldsymbol{x}}+\boldsymbol{P}^{-1}\boldsymbol{B}\boldsymbol{u}=\bar{\boldsymbol{A}}\bar{\boldsymbol{x}}+\bar{\boldsymbol{B}}\boldsymbol{u} \\ \boldsymbol{y}=\boldsymbol{C}\boldsymbol{P}\bar{\boldsymbol{x}}+\boldsymbol{D}\boldsymbol{u}=\bar{\boldsymbol{C}}\bar{\boldsymbol{x}}+\bar{\boldsymbol{D}}\boldsymbol{u} \end{cases} \tag{1.35}$$

其中，$\bar{\boldsymbol{A}}=\boldsymbol{P}^{-1}\boldsymbol{A}\boldsymbol{P}$，$\bar{\boldsymbol{B}}=\boldsymbol{P}^{-1}\boldsymbol{B}$，$\bar{\boldsymbol{C}}=\boldsymbol{C}\boldsymbol{P}$ 和$\bar{\boldsymbol{D}}=\boldsymbol{D}$。

式（1.35）是以$\bar{x}$为状态向量的状态空间表达式，与式（1.33）描述的是同一系统，具有相同的维数，称它们是状态空间表达式的线性变换。由于线性变换矩阵 $\boldsymbol{P}$ 是非奇异的，因此，状态空间表达式中的系统矩阵 $\boldsymbol{A}$ 与$\bar{\boldsymbol{A}}$是相似矩阵，具有相同的基本特性：行列式相同、秩相同、特征多项式相同、特征值相同等。

在 1.4.1 节提到，状态空间表达式的线性变换并不改变系统的传递函数矩阵，即传递函数矩阵具有不变性。在此给出证明。

证明：对式（1.35）所示的系统，传递函数矩阵为

$$\begin{aligned}\bar{\boldsymbol{W}}(s)&=\bar{\boldsymbol{C}}(s\boldsymbol{I}-\bar{\boldsymbol{A}})^{-1}\bar{\boldsymbol{B}}+\bar{\boldsymbol{D}}\\&=\boldsymbol{CP}(s\boldsymbol{I}-\boldsymbol{P}^{-1}\boldsymbol{AP})^{-1}\boldsymbol{P}^{-1}\boldsymbol{B}+\boldsymbol{D}\\&=\boldsymbol{CP}(\boldsymbol{P}^{-1}s\boldsymbol{P}-\boldsymbol{P}^{-1}\boldsymbol{AP})^{-1}\boldsymbol{P}^{-1}\boldsymbol{B}+\boldsymbol{D}\\&=\boldsymbol{CPP}^{-1}(s\boldsymbol{I}-\boldsymbol{A})^{-1}\boldsymbol{PP}^{-1}\boldsymbol{B}+\boldsymbol{D}\\&=\boldsymbol{C}(s\boldsymbol{I}-\boldsymbol{A})^{-1}\boldsymbol{B}+\boldsymbol{D}=\boldsymbol{W}(s)\end{aligned}$$

可见，对于同一系统，虽然状态空间表达式的形式不唯一，但传递函数矩阵唯一。

1.5.2 系统特征值与特征向量

1. 系统特征值与特征向量

对于线性定常系统

$$\begin{cases}\dot{\boldsymbol{x}}=\boldsymbol{Ax}+\boldsymbol{Bu}\\\boldsymbol{y}=\boldsymbol{Cx}+\boldsymbol{Du}\end{cases}\tag{1.36}$$

有

$$|\lambda\boldsymbol{I}-\boldsymbol{A}|=\det(\lambda\boldsymbol{I}-\boldsymbol{A})=\lambda^n+a_{n-1}\lambda^{n-1}+\cdots+a_1\lambda^n+a_0\tag{1.37}$$

称为系统的特征多项式，令其等于零，即得到系统的特征方程为

$$|\lambda\boldsymbol{I}-\boldsymbol{A}|=\lambda^n+a_{n-1}\lambda^{n-1}+\cdots+a_1\lambda^n+a_0=0\tag{1.38}$$

式中，$\boldsymbol{A}\in\mathbf{R}^{n\times n}$为系统矩阵；特征方程的根 $\lambda_i(i=1,2,\cdots,n)$称为系统的特征值。

设 $\lambda_i(i=1,2,\cdots,n)$为系统的一个特征值，若存在一个 n 维非零向量 $\boldsymbol{p}_i$，满足

$$\boldsymbol{Ap}_i=\lambda_i\boldsymbol{p}_i\ \text{或}(\boldsymbol{A}-\lambda_i\boldsymbol{I})\boldsymbol{p}_i=\boldsymbol{0}\tag{1.39}$$

则称向量 $\boldsymbol{p}_i$ 为系统对应于特征值 λ_i 的特征向量。

【例 1.15】 求以下系统矩阵的特征值与特征向量。

$$\boldsymbol{A}=\begin{bmatrix}0&1\\-2&-3\end{bmatrix}$$

解：系统特征方程为

$$|\lambda\boldsymbol{I}-\boldsymbol{A}|=\begin{vmatrix}\lambda&-1\\2&\lambda+3\end{vmatrix}=\lambda^2+3\lambda+2=(\lambda+1)(\lambda+2)=0$$

系统特征值为 $\lambda_1=-1,\lambda_2=-2$，设其相对应的特征向量为 $\boldsymbol{p}_1$、$\boldsymbol{p}_2$，即

$$\boldsymbol{p}_1=\begin{bmatrix}p_{11}\\p_{21}\end{bmatrix},\quad\boldsymbol{p}_2=\begin{bmatrix}p_{12}\\p_{22}\end{bmatrix}$$

由$(\boldsymbol{A}-\lambda_i\boldsymbol{I})\boldsymbol{p}_i=\boldsymbol{0}$ 得

$$\begin{bmatrix}1&1\\-2&-2\end{bmatrix}\begin{bmatrix}p_{11}\\p_{21}\end{bmatrix}=\boldsymbol{0}$$

$$\begin{bmatrix}2&1\\-2&-1\end{bmatrix}\begin{bmatrix}p_{12}\\p_{22}\end{bmatrix}=\boldsymbol{0}$$

则有

$$p_{11} = -p_{21}$$
$$2p_{12} = -p_{22}$$

取 $p_{11}=1$，$p_{12}=1$，则有 $p_{21}=-1$，$p_{22}=-2$。

系统对应特征值 $\lambda_1=-1$ 的特征向量为

$$\boldsymbol{p}_1=\begin{bmatrix} p_{11} \\ p_{21} \end{bmatrix}=\begin{bmatrix} 1 \\ -1 \end{bmatrix}$$

系统对应特征值 $\lambda_2=-2$ 的特征向量为

$$\boldsymbol{p}_2=\begin{bmatrix} p_{12} \\ p_{22} \end{bmatrix}=\begin{bmatrix} 1 \\ -2 \end{bmatrix}$$

2. 系统特征值的不变性

系统经线性非奇异变换后，其特征多项式不变，特征值不变。

证明： 对于线性定常系统

$$\begin{cases} \dot{\boldsymbol{x}}=\boldsymbol{A}\boldsymbol{x}+\boldsymbol{B}\boldsymbol{u} \\ \boldsymbol{y}=\boldsymbol{C}\boldsymbol{x}+\boldsymbol{D}\boldsymbol{u} \end{cases}$$

系统线性变换为

$$\boldsymbol{x}=\boldsymbol{P}\overline{\boldsymbol{x}}$$

式中，$\boldsymbol{P}\in\mathbf{R}^{n\times n}$ 为线性非奇异变换矩阵

线性变换后系统的特征多项式为

$$\begin{aligned} |\lambda\boldsymbol{I}-\overline{\boldsymbol{A}}| &= |\lambda\boldsymbol{I}-\boldsymbol{P}^{-1}\boldsymbol{A}\boldsymbol{P}| = |\boldsymbol{P}^{-1}\lambda\boldsymbol{P}-\boldsymbol{P}^{-1}\boldsymbol{A}\boldsymbol{P}| \\ &= |\boldsymbol{P}^{-1}(\lambda\boldsymbol{I}-\boldsymbol{A})\boldsymbol{P}| = |\boldsymbol{P}^{-1}|\,|\lambda\boldsymbol{I}-\boldsymbol{A}|\,|\boldsymbol{P}| = |\lambda\boldsymbol{I}-\boldsymbol{A}| \end{aligned}$$

上式表明，系统线性非奇异变换前、后的特征多项式、特征值保持不变。

1.5.3 通过线性变换将状态空间表达式化为规范型

经过线性非奇异变换，可以得到无穷多种系统的状态空间表达式，但常用一些规范型的状态空间表达式来简化系统的分析和设计。这里主要讨论对角规范型和约当规范型。

1. 将状态空间表达式化为对角规范型

对于线性定常系统

对角规范型

$$\begin{cases} \dot{\boldsymbol{x}}=\boldsymbol{A}\boldsymbol{x}+\boldsymbol{B}\boldsymbol{u} \\ \boldsymbol{y}=\boldsymbol{C}\boldsymbol{x}+\boldsymbol{D}\boldsymbol{u} \end{cases} \tag{1.40}$$

若系统的特征值 $\lambda_1,\lambda_2,\cdots,\lambda_n$ 互异，则必存在非奇异变换矩阵 $\boldsymbol{P}$，经过 $\boldsymbol{x}=\boldsymbol{P}\overline{\boldsymbol{x}}$ 或 $\overline{\boldsymbol{x}}=\boldsymbol{P}^{-1}\boldsymbol{x}$ 的变换，可将系统状态空间表达式变换为对角规范型，即

$$\begin{cases} \dot{\overline{\boldsymbol{x}}}=\boldsymbol{P}^{-1}\boldsymbol{A}\boldsymbol{P}\overline{\boldsymbol{x}}+\boldsymbol{P}^{-1}\boldsymbol{B}\boldsymbol{u}=\overline{\boldsymbol{A}}\overline{\boldsymbol{x}}+\overline{\boldsymbol{B}}\boldsymbol{u} \\ \boldsymbol{y}=\boldsymbol{C}\boldsymbol{P}\overline{\boldsymbol{x}}+\boldsymbol{D}\boldsymbol{u}=\overline{\boldsymbol{C}}\overline{\boldsymbol{x}}+\overline{\boldsymbol{D}}\boldsymbol{u} \end{cases} \tag{1.41}$$

式中，系统矩阵 $\boldsymbol{A}$ 化为对角型矩阵 $\boldsymbol{\Lambda}$，$\boldsymbol{\Lambda}=\overline{\boldsymbol{A}}=\boldsymbol{P}^{-1}\boldsymbol{A}\boldsymbol{P}=\begin{bmatrix} \lambda_1 & 0 & \cdots & 0 \\ 0 & \lambda_2 & \cdots & 0 \\ \vdots & \vdots & & \vdots \\ 0 & 0 & \cdots & \lambda_n \end{bmatrix}$。

证明： 设 $\boldsymbol{p}_i$ 为系统对应于特征值 λ_i 的特征向量，则

$$Ap_i=\lambda_i p_i,\quad i=1,2,\cdots,n$$

上述 n 个特征向量方程可构成如下 $n\times n$ 矩阵为

$$A[p_1\quad p_2\quad \cdots\quad p_n]=[\lambda_1 p_1\quad \lambda_2 p_2\quad \cdots\quad \lambda_n p_n]$$

令线性非奇异变换矩阵 $P=[p_1\quad p_2\quad \cdots\quad p_n]$，则有

$$AP=P\begin{bmatrix}\lambda_1 & 0 & \cdots & 0\\ 0 & \lambda_2 & \cdots & 0\\ \vdots & \vdots & & \vdots\\ 0 & 0 & \cdots & \lambda_n\end{bmatrix}$$

等式两边同时左乘 P^{-1}，得

$$\Lambda=P^{-1}AP=\begin{bmatrix}\lambda_1 & 0 & \cdots & 0\\ 0 & \lambda_2 & \cdots & 0\\ \vdots & \vdots & & \vdots\\ 0 & 0 & \cdots & \lambda_n\end{bmatrix}$$

【例 1.16】已知状态空间表达式为

$$\begin{cases}\dot{x}=\begin{bmatrix}0 & 1 & -1\\ -6 & -11 & 6\\ -6 & -11 & 5\end{bmatrix}x+\begin{bmatrix}0\\0\\1\end{bmatrix}u\\ y=[1\quad 0\quad 0]x\end{cases}$$

求特征向量及对角规范型。

解：求得系统特征值与特征向量分别为

$$\lambda_1=-1,\quad \lambda_2=-2,\quad \lambda_3=-3$$

$$p_1=\begin{bmatrix}1\\0\\1\end{bmatrix},\quad p_2=\begin{bmatrix}1\\2\\4\end{bmatrix},\quad p_3=\begin{bmatrix}1\\6\\9\end{bmatrix}$$

则线性非奇异变换矩阵为

$$P=[p_1\quad p_2\quad p_3]=\begin{bmatrix}1 & 1 & 1\\ 0 & 2 & 6\\ 1 & 4 & 9\end{bmatrix}$$

可以求得

$$P^{-1}=\begin{bmatrix}3 & \frac{5}{2} & -2\\ -3 & -4 & 3\\ 1 & \frac{3}{2} & -1\end{bmatrix}$$

$$\Lambda=P^{-1}AP=\begin{bmatrix}\lambda_1 & & 0\\ & \lambda_2 & \\ 0 & & \lambda_3\end{bmatrix}=\begin{bmatrix}-1 & & 0\\ & -2 & \\ 0 & & -3\end{bmatrix}$$

$$\bar{\boldsymbol{b}}=\boldsymbol{P}^{-1}\boldsymbol{b}=\begin{bmatrix}3 & \frac{5}{2} & -2\\ -3 & -4 & 3\\ 1 & \frac{3}{2} & -1\end{bmatrix}\begin{bmatrix}0\\0\\1\end{bmatrix}=\begin{bmatrix}-2\\3\\-1\end{bmatrix}$$

$$\bar{\boldsymbol{c}}=\boldsymbol{cP}=[1\quad 0\quad 0]\begin{bmatrix}1 & 1 & 1\\ 0 & 2 & 6\\ 1 & 4 & 9\end{bmatrix}=[1\quad 1\quad 1]$$

变换后的状态空间表达式为

$$\begin{cases}\dot{\bar{\boldsymbol{x}}}=\begin{bmatrix}-1 & 0 & 0\\ 0 & -2 & 0\\ 0 & 0 & -3\end{bmatrix}\bar{\boldsymbol{x}}+\begin{bmatrix}-2\\3\\-1\end{bmatrix}u\\ y=[1\quad 1\quad 1]\bar{\boldsymbol{x}}\end{cases}$$

特别地，若系统矩阵 $\boldsymbol{A}$ 为如下形式，其主对角线上方的元素均为 1，最后一行的元素与其特征多项式的系数一一对应，这种形式的矩阵称为多项式 $f(\lambda)=|\lambda\boldsymbol{I}-\boldsymbol{A}|$ 的友矩阵：

$$\boldsymbol{A}=\begin{bmatrix}0 & 1 & 0 & \cdots & 0\\ 0 & 0 & 1 & \cdots & 0\\ \vdots & \vdots & \vdots & & \vdots\\ 0 & 0 & 0 & \cdots & 1\\ -a_0 & -a_1 & -a_2 & \cdots & -a_{n-1}\end{bmatrix} \tag{1.42}$$

若其特征值 $\lambda_1,\lambda_2,\cdots,\lambda_n$ 互异，则化 $\boldsymbol{A}$ 为对角规范型的变换矩阵 $\boldsymbol{P}$ 为范德蒙（Vandermonde）矩阵，即

$$\boldsymbol{P}=\begin{bmatrix}1 & 1 & \cdots & 1\\ \lambda_1 & \lambda_2 & \cdots & \lambda_n\\ \lambda_1^2 & \lambda_2^2 & \cdots & \lambda_n^2\\ \vdots & \vdots & & \vdots\\ \lambda_1^{n-1} & \lambda_2^{n-1} & \cdots & \lambda_n^{n-1}\end{bmatrix} \tag{1.43}$$

【例 1.17】已知如下的状态空间表达式，将其变换为对角规范型。

$$\begin{cases}\dot{\boldsymbol{x}}=\begin{bmatrix}0 & 1 & 0\\ 0 & 0 & 1\\ -6 & -11 & -6\end{bmatrix}\boldsymbol{x}+\begin{bmatrix}0\\0\\1\end{bmatrix}u\\ y=[1\quad 0\quad 0]\boldsymbol{x}\end{cases}$$

解：求系统特征值为

$$|\lambda\boldsymbol{I}-\boldsymbol{A}|=\begin{vmatrix}\lambda & -1 & 0\\ 0 & \lambda & -1\\ 6 & 11 & \lambda+6\end{vmatrix}=(\lambda+1)(\lambda+2)(\lambda+3)=0$$

特征值为 $\lambda_1=-1$，$\lambda_2=-2$，$\lambda_3=-3$。

系统矩阵 $\boldsymbol{A}$ 为友矩阵，且其特征值互异，则其变换矩阵为范德蒙矩阵。

$$\boldsymbol{P}=\begin{bmatrix}1 & 1 & 1\\ \lambda_1 & \lambda_2 & \lambda_3\\ \lambda_1^2 & \lambda_2^2 & \lambda_3^2\end{bmatrix}=\begin{bmatrix}1 & 1 & 1\\ -1 & -2 & -3\\ 1 & 4 & 9\end{bmatrix}$$

$$\boldsymbol{P}^{-1}=\begin{bmatrix}3 & \frac{5}{2} & \frac{1}{2}\\ -3 & -4 & -1\\ 1 & \frac{3}{2} & \frac{1}{2}\end{bmatrix}$$

$$\boldsymbol{\Lambda}=\boldsymbol{P}^{-1}\boldsymbol{A}\boldsymbol{P}=\begin{bmatrix}\lambda_1 & & \\ & \lambda_2 & \\ & & \lambda_3\end{bmatrix}=\begin{bmatrix}-1 & & \\ & -2 & \\ & & -3\end{bmatrix}$$

$$\bar{\boldsymbol{b}}=\boldsymbol{P}^{-1}\boldsymbol{b}=\begin{bmatrix}3 & \frac{5}{2} & \frac{1}{2}\\ -3 & -4 & -1\\ 1 & \frac{3}{2} & \frac{1}{2}\end{bmatrix}\begin{bmatrix}0\\0\\1\end{bmatrix}=\begin{bmatrix}\frac{1}{2}\\ -1\\ \frac{1}{2}\end{bmatrix}$$

$$\bar{\boldsymbol{c}}=\boldsymbol{c}\boldsymbol{P}=\begin{bmatrix}1 & 0 & 0\end{bmatrix}\begin{bmatrix}1 & 1 & 1\\ -1 & -2 & -3\\ 1 & 4 & 9\end{bmatrix}=\begin{bmatrix}1 & 1 & 1\end{bmatrix}$$

变换后的状态空间表达式为

$$\begin{cases}\dot{\bar{\boldsymbol{x}}}=\begin{bmatrix}-1 & 0 & 0\\ 0 & -2 & 0\\ 0 & 0 & -3\end{bmatrix}\bar{\boldsymbol{x}}+\begin{bmatrix}\frac{1}{2}\\ -1\\ \frac{1}{2}\end{bmatrix}u\\ y=\begin{bmatrix}1 & 1 & 1\end{bmatrix}\bar{\boldsymbol{x}}\end{cases}$$

2. 将状态空间表达式化为约当规范型

约旦规范型

当系统矩阵 $\boldsymbol{A}\in\mathbf{R}^{n\times n}$ 有重特征值时，若 $\boldsymbol{A}$ 仍然有 n 个独立的特征向量，则可将 $\boldsymbol{A}$ 化为对角型矩阵 $\boldsymbol{\Lambda}$；若 $\boldsymbol{A}$ 的独立特征向量个数小于 n，则可将 $\boldsymbol{A}$ 化为约当型矩阵 $\boldsymbol{J}$。矩阵 $\boldsymbol{J}$ 是主对角线上为约当块的准对角型矩阵，即

$$\boldsymbol{J}=\boldsymbol{P}^{-1}\boldsymbol{A}\boldsymbol{P}=\begin{bmatrix}\boldsymbol{J}_1 & & & 0\\ & \boldsymbol{J}_2 & & \\ & & \ddots & \\ 0 & & & \boldsymbol{J}_n\end{bmatrix}\tag{1.44}$$

式中，$\boldsymbol{J}_i\in\mathbf{R}^{m\times m}(i=1,2,\cdots,n)$ 称为 m 阶约当块，其主对角线上的元素是 m 重特征值 λ_i，主对角线上方的次对角线上元素均为 1，其余元素均为 0，称为 m 阶约当块，即

$$\boldsymbol{J}_i=\begin{bmatrix}\lambda_i & 1 & \cdots & 0\\ 0 & \lambda_i & \cdots & \vdots\\ \vdots & \vdots & & 1\\ 0 & 0 & \cdots & \lambda_i\end{bmatrix}_{m\times m},\quad i=1,2,\cdots,l\tag{1.45}$$

下面讨论一种特殊情况。设 n 阶系统矩阵 $\boldsymbol{A}$ 具有 m 重特征值 λ_1，其余 $n-m$ 个特征值 $\lambda_{m+1},\lambda_{m+2},\cdots,\lambda_n$ 互异，且 $\boldsymbol{A}$ 对应于 m 重特征值 λ_1 的独立特征向量只有一个，则 $\boldsymbol{A}$ 经线性变换后可化为

$$
J=P^{-1}AP=\left[\begin{array}{cccc:ccc}
\lambda_1 & 1 & \cdots & 0 & 0 & \cdots & 0 \\
0 & \lambda_1 & 1 & \vdots & 0 & \cdots & 0 \\
\vdots & \vdots & & 1 & \vdots & & \vdots \\
0 & 0 & \cdots & \lambda_1 & 0 & \cdots & 0 \\
\hdashline
0 & 0 & \cdots & 0 & \lambda_{m+1} & \cdots & 0 \\
\vdots & \vdots & & \vdots & \vdots & & \vdots \\
0 & 0 & \cdots & 0 & 0 & \cdots & \lambda_n
\end{array}\right] \tag{1.46}
$$

上式为矩阵 A 的约当规范型，它由 $n-m+1$ 个约当块组成，即每个独立的特征向量对应一个约当块。

下面求解将 A 化为约当规范型的变换矩阵 P。由式（1.44）得

$$
AP=PJ
$$

令 $P=[p_1 \quad p_2 \quad \cdots \quad p_n]$，则有

$$
[Ap_1 \quad Ap_2 \quad \cdots \quad Ap_n]=[p_1 \quad p_2 \quad \cdots \quad p_n]\left[\begin{array}{cccc:ccc}
\lambda_1 & 1 & \cdots & 0 & 0 & \cdots & 0 \\
0 & \lambda_1 & 1 & 0 & 0 & \cdots & 0 \\
\vdots & \vdots & & 1 & \vdots & & \vdots \\
0 & 0 & \cdots & \lambda_1 & 0 & \cdots & 0 \\
\hdashline
0 & 0 & \cdots & 0 & \lambda_{m+1} & \cdots & 0 \\
\vdots & \vdots & & \vdots & \vdots & & \vdots \\
0 & 0 & \cdots & 0 & 0 & \cdots & \lambda_n
\end{array}\right]
$$

$$
=[\lambda_1 p_1 \quad p_1+\lambda_1 p_2 \quad \cdots \quad p_{m-1}+\lambda_1 p_m \quad \lambda_{m+1}p_{m+1} \quad \cdots \quad \lambda_n p_n]
$$

等式两边对应的向量相等，则

$$
\begin{cases}
Ap_1=\lambda_1 p_1 \\
Ap_2=p_1+\lambda_1 p_2 \\
\qquad\vdots \\
Ap_m=p_{m-1}+\lambda_1 p_m \\
Ap_{m+1}=\lambda_{m+1}p_{m+1} \\
\qquad\vdots \\
Ap_n=\lambda_n p_n
\end{cases}
$$

整理后得

$$
\begin{cases}
(\lambda_1 I-A)p_1=\mathbf{0} \\
(\lambda_1 I-A)p_2=-p_1 \\
\qquad\vdots \\
(\lambda_1 I-A)p_m=-p_{m-1} \\
(\lambda_{m+1} I-A)p_{m+1}=\mathbf{0} \\
\qquad\vdots \\
(\lambda_n I-A)p_n=\mathbf{0}
\end{cases}
$$

可见，$p_1, p_{m+1}, p_{m+2}, \cdots, p_n$ 为对应于特征值 $\lambda_1, \lambda_{m+1}, \lambda_{m+2}, \cdots, \lambda_n$ 的独立特征向量；$p_2, \cdots, p_m$ 是由重特征值 λ_1 构成的非独立特征向量，也称为广义特征向量。

【例 1.18】 已知如下的状态空间表达式，将其变换为约当规范型。

$$\begin{cases}\dot{\boldsymbol{x}}=\begin{bmatrix}0 & 1 & 0\\0 & 0 & 1\\2 & 3 & 0\end{bmatrix}\boldsymbol{x}+\begin{bmatrix}0\\0\\1\end{bmatrix}u\\y=\begin{bmatrix}1 & 0 & 0\end{bmatrix}\boldsymbol{x}\end{cases}$$

解：求系统特征值

$$|\lambda \boldsymbol{I}-\boldsymbol{A}|=\begin{vmatrix}\lambda & -1 & 0\\0 & \lambda & -1\\-2 & -3 & \lambda\end{vmatrix}=\lambda^3-3\lambda-2=(\lambda+1)^2(\lambda-2)=0$$

特征值为 $\lambda_{1,2}=-1$，$\lambda_3=2$。

对应于 $\lambda_1=-1$ 的特征向量为

$$(\lambda_1\boldsymbol{I}-\boldsymbol{A})\boldsymbol{p}_1=\begin{bmatrix}-1 & -1 & 0\\0 & -1 & -1\\-2 & -3 & -1\end{bmatrix}\begin{bmatrix}p_{11}\\p_{21}\\p_{31}\end{bmatrix}=\boldsymbol{0}$$

满足上列方程的独立特征向量个数为 1，$\boldsymbol{p}_1=\begin{bmatrix}1\\-1\\1\end{bmatrix}$。

再求重特征根 $\lambda_2=-1$ 的一个广义特征向量

$$(\lambda_1\boldsymbol{I}-\boldsymbol{A})\boldsymbol{p}_2=-\boldsymbol{p}_1$$

$$\begin{bmatrix}-1 & -1 & 0\\0 & -1 & -1\\-2 & -3 & -1\end{bmatrix}\begin{bmatrix}p_{12}\\p_{22}\\p_{32}\end{bmatrix}=-\begin{bmatrix}1\\-1\\1\end{bmatrix}$$

解得

$$\boldsymbol{p}_2=\begin{bmatrix}1\\0\\-1\end{bmatrix}$$

最后求对应于 $\lambda_3=2$ 的特征向量

$$(\lambda_3\boldsymbol{I}-\boldsymbol{A})\boldsymbol{p}_3=\begin{bmatrix}2 & -1 & 0\\0 & 2 & -1\\-2 & -3 & 2\end{bmatrix}\begin{bmatrix}p_{13}\\p_{23}\\p_{33}\end{bmatrix}=0,\quad \boldsymbol{p}_3=\begin{bmatrix}1\\2\\4\end{bmatrix}$$

则可构造线性非奇异变换矩阵 $\boldsymbol{P}$ 为

$$\boldsymbol{P}=[\boldsymbol{p}_1\quad \boldsymbol{p}_2\quad \boldsymbol{p}_3]=\begin{bmatrix}1 & 1 & 1\\-1 & 0 & 2\\1 & -1 & 4\end{bmatrix},\quad \boldsymbol{P}^{-1}=\frac{1}{9}\begin{bmatrix}2 & -5 & 2\\6 & 3 & -3\\1 & 2 & 1\end{bmatrix}$$

变换后的状态空间表达式为

$$\begin{cases}\dot{\overline{\boldsymbol{x}}}=\overline{\boldsymbol{A}}\overline{\boldsymbol{x}}+\overline{\boldsymbol{b}}u\\y=\overline{\boldsymbol{c}}\,\overline{\boldsymbol{x}}\end{cases}$$

$$\bar{\boldsymbol{A}}=\boldsymbol{P}^{-1}\boldsymbol{A}\boldsymbol{P}=\begin{bmatrix}-1 & 1 & 0\\ 0 & -1 & 0\\ 0 & 0 & 2\end{bmatrix},\quad \bar{\boldsymbol{b}}=\boldsymbol{P}^{-1}\boldsymbol{b}=\begin{bmatrix}\frac{2}{9}\\ -\frac{1}{3}\\ \frac{1}{9}\end{bmatrix},\quad \bar{\boldsymbol{c}}=\boldsymbol{c}\boldsymbol{P}=[1\quad 1\quad 1]$$

特别地，若系统矩阵 $\boldsymbol{A}$ 为友矩阵，即

$$\boldsymbol{A}=\begin{bmatrix}0 & 1 & 0 & \cdots & 0\\ 0 & 0 & 1 & \cdots & 0\\ \vdots & \vdots & \vdots & & \vdots\\ 0 & 0 & 0 & \cdots & 1\\ -a_0 & -a_1 & -a_2 & \cdots & -a_{n-1}\end{bmatrix} \tag{1.47}$$

具有 m 重特征值 λ_1，其余 $n-m$ 个特征值 $\lambda_{m+1},\lambda_{m+2},\cdots,\lambda_n$ 互异，且 $\boldsymbol{A}$ 对应于 m 重特征值 λ_1 的独立特征向量只有一个，则将 $\boldsymbol{A}$ 化为约当规范型 $\boldsymbol{J}$ 的变换矩阵 $\boldsymbol{P}$ 为

$$\begin{aligned}\boldsymbol{P}&=[\boldsymbol{p}_1\quad \boldsymbol{p}_2\quad \boldsymbol{p}_3\quad \cdots\quad \boldsymbol{p}_m\quad \boldsymbol{p}_{m+1}\quad \cdots\quad \boldsymbol{p}_n]\\ &=\begin{bmatrix}\boldsymbol{p}_1 & \dfrac{\mathrm{d}\boldsymbol{p}_1}{\mathrm{d}\lambda_1} & \dfrac{1}{2!}\dfrac{\mathrm{d}^2\boldsymbol{p}_1}{\mathrm{d}\lambda_1^2} & \cdots & \dfrac{1}{(m-1)!}\dfrac{\mathrm{d}^{m-1}\boldsymbol{p}_1}{\mathrm{d}\lambda_1^{m-1}} & \boldsymbol{p}_{m+1} & \cdots & \boldsymbol{p}_n\end{bmatrix}\end{aligned} \tag{1.48}$$

式中，$\boldsymbol{p}_i=\begin{bmatrix}1\\ \lambda_i\\ \lambda_i^2\\ \vdots\\ \lambda_i^{n-1}\end{bmatrix}$，$i=1,m+1,\cdots,n$。

【例 1.19】 已知如下的状态空间表达式，将其变换为约当规范型。

$$\begin{cases}\dot{\boldsymbol{x}}=\begin{bmatrix}0 & 1 & 0\\ 0 & 0 & 1\\ -1 & -3 & -3\end{bmatrix}\boldsymbol{x}+\begin{bmatrix}0\\ 0\\ 1\end{bmatrix}u\\ y=[1\quad 0\quad 0]\boldsymbol{x}\end{cases}$$

解： 求系统的特征值为

$$|\lambda\boldsymbol{I}-\boldsymbol{A}|=\begin{vmatrix}\lambda & -1 & 0\\ 0 & \lambda & -1\\ 1 & 3 & \lambda+3\end{vmatrix}=(\lambda+1)^3=0$$

特征值为 $\lambda_{1,2,3}=-1$。

因为系统矩阵 $\boldsymbol{A}$ 为友矩阵，故化为约当规范型 $\boldsymbol{J}$ 的变换矩阵 $\boldsymbol{P}$ 为

$$\boldsymbol{P}=[\boldsymbol{p}_1\quad \boldsymbol{p}_2\quad \boldsymbol{p}_3]=\begin{bmatrix}\boldsymbol{p}_1 & \dfrac{\mathrm{d}\boldsymbol{p}_1}{\mathrm{d}\lambda_1} & \dfrac{1}{2!}\dfrac{\mathrm{d}^2\boldsymbol{p}_1}{\mathrm{d}\lambda_1^2}\end{bmatrix}$$

$$\boldsymbol{p}_1=\begin{bmatrix}1\\ \lambda_1\\ \lambda_1^2\end{bmatrix}=\begin{bmatrix}1\\ -1\\ 1\end{bmatrix}$$

$$\boldsymbol{p}_2=\frac{\mathrm{d}\boldsymbol{p}_1}{\mathrm{d}\lambda_1}=\begin{bmatrix}0\\1\\2\lambda_1\end{bmatrix}=\begin{bmatrix}0\\1\\-2\end{bmatrix}$$

$$\boldsymbol{p}_3=\frac{1}{2!}\frac{\mathrm{d}^2\boldsymbol{p}_1}{\mathrm{d}\lambda_1^2}=\begin{bmatrix}0\\0\\1\end{bmatrix}$$

$$\boldsymbol{P}=[\boldsymbol{p}_1\quad\boldsymbol{p}_2\quad\boldsymbol{p}_3]=\begin{bmatrix}1&0&0\\-1&1&0\\1&-2&1\end{bmatrix},\quad\boldsymbol{P}^{-1}=\begin{bmatrix}1&0&0\\1&1&0\\1&2&1\end{bmatrix}$$

变换后的状态空间表达式为

$$\begin{cases}\dot{\overline{\boldsymbol{x}}}=\overline{\boldsymbol{A}}\overline{\boldsymbol{x}}+\overline{\boldsymbol{b}}u\\y=\overline{\boldsymbol{c}}\overline{\boldsymbol{x}}\end{cases}$$

$$\overline{\boldsymbol{A}}=\boldsymbol{P}^{-1}\boldsymbol{A}\boldsymbol{P}=\begin{bmatrix}-1&1&0\\0&-1&1\\0&0&-1\end{bmatrix},\quad\overline{\boldsymbol{b}}=\boldsymbol{P}^{-1}\boldsymbol{b}=\begin{bmatrix}0\\0\\1\end{bmatrix},\quad\overline{\boldsymbol{c}}=\boldsymbol{c}\boldsymbol{P}=[1\quad 0\quad 0]$$

1.5.4 传递函数的并联型实现

传递函数的并联型实现

该方法的基本思想是把一个 n 阶传递函数分解为若干个一阶传递函数的和，分别对各个一阶传递函数建模，然后把它们并联起来得到系统的模拟结构图，最后由系统的模拟结构图写出状态空间表达式，此时的状态空间表达式即为规范型，该方法称为并联型实现。以下分两种情况进行讨论：

1. 传递函数 $W(s)$ 极点互异时

设 n 阶严格真有理分式传递函数 $W(s)$ 为

$$W(s)=\frac{Y(s)}{U(s)}=\frac{b_m s^m+b_{m-1}s^{m-1}+\cdots+b_1 s+b_0}{s^n+a_{n-1}s^{n-1}+\cdots+a_1 s+a_0}=\frac{M(s)}{D(s)}\tag{1.49}$$

特征多项式 $D(s)$ 可以分解为

$$D(s)=(s-\lambda_1)(s-\lambda_2)\cdots(s-\lambda_n)$$

式中，$\lambda_1,\lambda_2,\cdots,\lambda_n$ 为互异的极点。根据部分分式法，$W(s)$ 可展开为

$$W(s)=\frac{Y(s)}{U(s)}=\frac{c_1}{s-\lambda_1}+\frac{c_2}{s-\lambda_2}+\cdots+\frac{c_n}{s-\lambda_n}$$

式中，$c_1,c_2,\cdots,c_n$ 为待定系数。由留数法求得

$$c_i=\lim_{s\to\lambda_i}(s-\lambda_i)W(s),\quad i=1,2,\cdots,n$$

则输出 $Y(s)$ 有

$$Y(s)=\frac{c_1}{s-\lambda_1}U(s)+\frac{c_2}{s-\lambda_2}U(s)+\cdots+\frac{c_n}{s-\lambda_n}U(s)$$

选择状态变量的拉普拉斯变换为

$$X_i(s)=\frac{1}{s-\lambda_i}U(s)$$

进行拉普拉斯反变换，得到系统状态方程为

$$\begin{cases}\dot{x}_1=\lambda_1x_1+u\\ \dot{x}_2=\lambda_2x_2+u\\ \quad\vdots\\ \dot{x}_n=\lambda_nx_n+u\end{cases}$$

又因为

$$Y(s)=c_1X_1(s)+c_2X_2(s)+\cdots+c_nX_n(s)$$

进行拉普拉斯反变换有

$$y=c_1x_1+c_2x_2+\cdots+c_nx_n$$

写成向量-矩阵形式的状态空间表达式

$$\begin{cases}\begin{bmatrix}\dot{x}_1\\ \dot{x}_2\\ \vdots\\ \dot{x}_n\end{bmatrix}=\begin{bmatrix}\lambda_1 & 0 & \cdots & 0\\ 0 & \lambda_2 & \cdots & 0\\ \vdots & \vdots & & \vdots\\ 0 & 0 & \cdots & \lambda_n\end{bmatrix}\begin{bmatrix}x_1\\ x_2\\ \vdots\\ x_n\end{bmatrix}+\begin{bmatrix}1\\ 1\\ \vdots\\ 1\end{bmatrix}u\\ y=\begin{bmatrix}c_1 & c_2 & \cdots & c_n\end{bmatrix}\begin{bmatrix}x_1\\ x_2\\ \vdots\\ x_n\end{bmatrix}\end{cases}\tag{1.50}$$

式中，系统矩阵 **A** 为对角矩阵，对角线上各元素为系统的特征值。其对应的系统模拟结构图如图 1.18 所示，容易看到，此时模拟结构图采用的是积分器并联的结构形式。

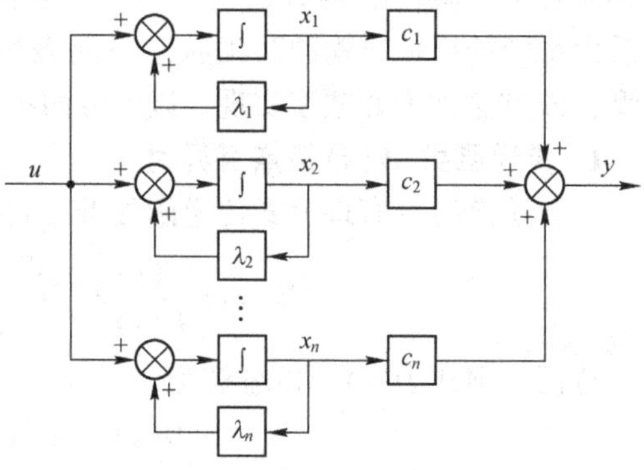

图 1.18　并联型实现的模拟结构图

【例 1.20】 已知系统传递函数为

$$W(s)=\frac{1}{s^3+6s^2+11s+6}$$

试用并联型实现求系统状态空间表达式。

解： 系统极点为

$$D(s)=s^3+6s^2+11s+6=(s+1)(s+2)(s+3)=0$$

$$\lambda_1=-1,\quad \lambda_2=-2,\quad \lambda_3=-3$$

将传递函数分解为部分分式，得

$$W(s)=\frac{c_1}{s+1}+\frac{c_2}{s+2}+\frac{c_3}{s+3}$$

式中

$$c_1=\lim_{s\to-1}(s+1)W(s)=\frac{1}{2}$$

$$c_2=\lim_{s\to-2}(s+2)W(s)=-1$$

$$c_3=\lim_{s\to-3}(s+3)W(s)=\frac{1}{2}$$

根据式（1.50），得系统状态空间表达式为

$$\begin{cases}\begin{bmatrix}\dot{x}_1\\ \dot{x}_2\\ \dot{x}_3\end{bmatrix}=\begin{bmatrix}-1&0&0\\0&-2&0\\0&0&-3\end{bmatrix}\begin{bmatrix}x_1\\x_2\\x_3\end{bmatrix}+\begin{bmatrix}1\\1\\1\end{bmatrix}u\\ y=\begin{bmatrix}\dfrac{1}{2}&-1&\dfrac{1}{2}\end{bmatrix}\begin{bmatrix}x_1\\x_2\\x_3\end{bmatrix}\end{cases}$$

2. 传递函数 $W(s)$ 有重极点时

设 n 阶严格真有理分式传递函数 $W(s)$ 有重极点，假设 λ_1 为 r 重极点，$\lambda_{r+1},\cdots,\lambda_n$ 为单实极点。则传递函数 $W(s)$ 的部分分式展开式为

$$W(s)=\frac{Y(s)}{U(s)}=\frac{c_{11}}{(s-\lambda_1)^r}+\frac{c_{12}}{(s-\lambda_1)^{r-1}}+\cdots+\frac{c_{1r}}{s-\lambda_1}+\frac{c_{r+1}}{s-\lambda_{r+1}}+\cdots+\frac{c_n}{s-\lambda_n} \tag{1.51}$$

对于 r 重极点，对于部分分式的系数 $c_{1j}(j=1,2,\cdots,r)$ 按下式计算

$$c_{1j}=\lim_{s\to\lambda_1}\frac{1}{(j-1)!}\frac{\mathrm{d}^{(j-1)}}{\mathrm{d}s^{(j-1)}}[(s-\lambda_1)^r W(s)] \tag{1.52}$$

对于剩余的 $n-r$ 个单实极点，部分分式的系数 $c_i(i=r+1,r+2,\cdots,n)$ 按下式计算

$$c_i=\lim_{s\to\lambda_i}(s-\lambda_i)W(s) \tag{1.53}$$

选择系统状态变量的拉普拉斯变换为

$$\begin{cases}X_1(s)=\dfrac{1}{(s-\lambda_1)^r}U(s)\\ X_2(s)=\dfrac{1}{(s-\lambda_1)^{r-1}}U(s)\\ \quad\vdots\\ X_r(s)=\dfrac{1}{s-\lambda_1}U(s)\\ X_{r+1}(s)=\dfrac{1}{s-\lambda_{r+1}}U(s)\\ \quad\vdots\\ X_n(s)=\dfrac{1}{s-\lambda_n}U(s)\end{cases} \tag{1.54}$$

整理得

$$\begin{cases}X_1(s)=\dfrac{1}{s-\lambda_1}X_2(s)\\ X_2(s)=\dfrac{1}{s-\lambda_1}X_3(s)\\ \quad\vdots\\ X_{r-1}(s)=\dfrac{1}{s-\lambda_1}X_r(s)\\ X_r(s)=\dfrac{1}{s-\lambda_1}U(s)\\ X_{r+1}(s)=\dfrac{1}{s-\lambda_{r+1}}U(s)\\ \quad\vdots\\ X_n(s)=\dfrac{1}{s-\lambda_n}U(s)\end{cases} \tag{1.55}$$

取拉普拉斯反变换，可得系统状态方程为

$$\begin{cases}\dot{x}_1=\lambda_1x_1+x_2\\ \dot{x}_2=\lambda_1x_2+x_3\\ \quad\vdots\\ \dot{x}_{r-1}=\lambda_1x_{r-1}+x_r\\ \dot{x}_r=\lambda_1x_r+u\\ \dot{x}_{r+1}=\lambda_{r+1}x_{r+1}+u\\ \quad\vdots\\ \dot{x}_n=\lambda_nx_n+u\end{cases}\tag{1.56}$$

又因为输出方程为

$$Y(s)=c_{11}X_1(s)+c_{12}X_2(s)+\cdots+c_{1r}X_r(s)+c_{r+1}X_{r+1}(s)+\cdots+c_nX_n(s)\tag{1.57}$$

取拉普拉斯反变换后得

$$y=c_{11}x_1+c_{12}x_2+\cdots+c_{1r}x_r+c_{r+1}x_{r+1}+\cdots+c_nx_n\tag{1.58}$$

故可得系统的状态空间表达式为

$$\begin{cases}\begin{bmatrix}\dot{x}_1\\ \dot{x}_2\\ \vdots\\ \dot{x}_{r-1}\\ \dot{x}_r\\ \hdashline \dot{x}_{r+1}\\ \vdots\\ \dot{x}_n\end{bmatrix}=\left[\begin{array}{cccc:ccc}\lambda_1 & 1 & \cdots & 0 & 0 & \cdots & 0\\ 0 & \lambda_1 & 1 & 0 & 0 & \cdots & 0\\ \vdots & \vdots & & \vdots & \vdots & & \vdots\\ 0 & 0 & \cdots & 1 & 0 & \cdots & 0\\ 0 & 0 & \cdots & \lambda_1 & 0 & \cdots & 0\\ \hdashline 0 & 0 & \cdots & 0 & \lambda_{r+1} & \cdots & 0\\ \vdots & \vdots & & \vdots & \vdots & & \vdots\\ 0 & 0 & \cdots & 0 & 0 & \cdots & \lambda_n\end{array}\right]\begin{bmatrix}x_1\\ x_2\\ \vdots\\ x_{r-1}\\ x_r\\ \hdashline x_{r+1}\\ \vdots\\ x_n\end{bmatrix}+\begin{bmatrix}0\\ 0\\ \vdots\\ 0\\ 1\\ \hdashline 1\\ \vdots\\ 1\end{bmatrix}u\\ y=\left[\begin{array}{ccccc:ccc}c_{11} & c_{12} & \cdots & c_{1,r-1} & c_{1r} & c_{r+1} & \cdots & c_n\end{array}\right]\begin{bmatrix}x_1\\ x_2\\ \vdots\\ x_{r-1}\\ \hdashline x_r\\ x_{r+1}\\ \vdots\\ x_n\end{bmatrix}\end{cases}\tag{1.59}$$

式中，系统矩阵 $\boldsymbol{A}$ 为约当矩阵，称为约当规范型（$\boldsymbol{A}$ 中用虚线标识出一个对应于 r 重特征根的一个 r 阶约当块）。式（1.59）对应的模拟结构图如图 1.19 所示。

以上结果也可推广至一般情况。设 n 阶严格有理真分式传递函数 $W(s)$ 中，$\lambda_1,\lambda_2,\cdots,\lambda_k$ 为单实极点，$\lambda_{k+1},\lambda_{k+2},\cdots,\lambda_{k+m}$ 分别为 $l_1,l_2,\cdots,l_m$ 重极点，且有 $l_1+l_2+\cdots+l_m=n-k$，则对应的约当规范型的状态空间表达式为

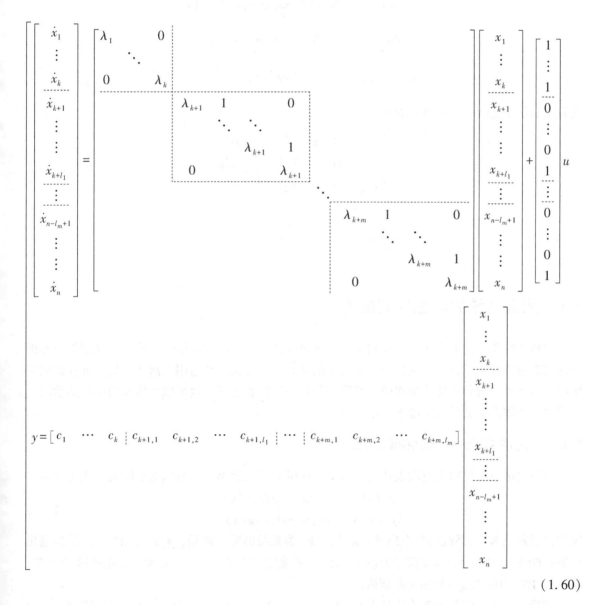

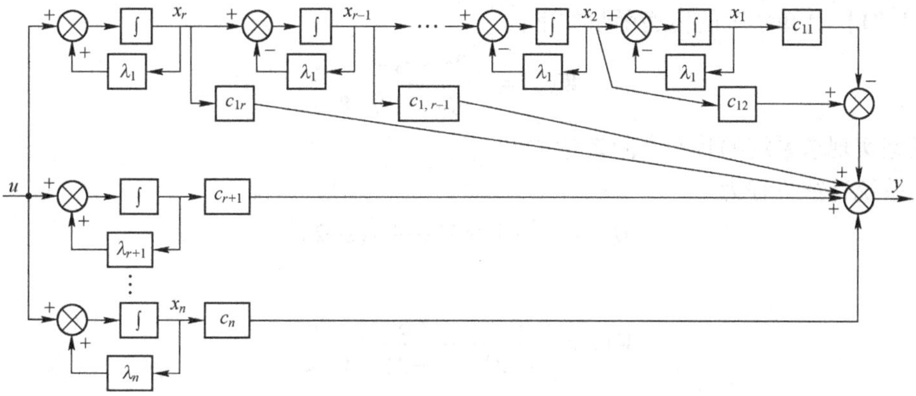

图 1.19　并联型实现的模拟结构图

$$
\left\{
\begin{aligned}
&\begin{bmatrix} \dot{x}_1 \\ \vdots \\ \dot{x}_k \\ \hdashline \dot{x}_{k+1} \\ \vdots \\ \vdots \\ \dot{x}_{k+l_1} \\ \hdashline \vdots \\ \hdashline \dot{x}_{n-l_m+1} \\ \vdots \\ \vdots \\ \dot{x}_n \end{bmatrix}
=
\begin{bmatrix}
\begin{matrix} \lambda_1 & & 0 \\ & \ddots & \\ 0 & & \lambda_k \end{matrix} & & & \\
& \begin{matrix} \lambda_{k+1} & 1 & & 0 \\ & \ddots & \ddots & \\ & & \lambda_{k+1} & 1 \\ 0 & & & \lambda_{k+1} \end{matrix} & & \\
& & \ddots & \\
& & & \begin{matrix} \lambda_{k+m} & 1 & & 0 \\ & \ddots & \ddots & \\ & & \lambda_{k+m} & 1 \\ 0 & & & \lambda_{k+m} \end{matrix}
\end{bmatrix}
\begin{bmatrix} x_1 \\ \vdots \\ x_k \\ \hdashline x_{k+1} \\ \vdots \\ \vdots \\ x_{k+l_1} \\ \hdashline \vdots \\ \hdashline x_{n-l_m+1} \\ \vdots \\ \vdots \\ x_n \end{bmatrix}
+
\begin{bmatrix} 1 \\ \vdots \\ 1 \\ \hdashline 0 \\ \vdots \\ 0 \\ 1 \\ \hdashline \vdots \\ \hdashline 0 \\ \vdots \\ 0 \\ 1 \end{bmatrix} u \\
&y = \left[\begin{array}{ccc:cccc:c:cccc} c_1 & \cdots & c_k & c_{k+1,1} & c_{k+1,2} & \cdots & c_{k+1,l_1} & \cdots & c_{k+m,1} & c_{k+m,2} & \cdots & c_{k+m,l_m} \end{array}\right]
\begin{bmatrix} x_1 \\ \vdots \\ x_k \\ \hdashline x_{k+1} \\ \vdots \\ \vdots \\ x_{k+l_1} \\ \hdashline \vdots \\ \hdashline x_{n-l_m+1} \\ \vdots \\ \vdots \\ x_n \end{bmatrix}
\end{aligned}
\right.
\tag{1.60}
$$

【例 1.21】已知系统的传递函数如下：

$$W(s)=\frac{2s^2+5s+1}{s^3-6s^2+12s-8}$$

试用并联型实现求系统的状态空间表达式。

解：系统特征方程为

$$D(s)=s^3-6s^2+12s-8=(s-2)^3$$

则

$$W(s)=\frac{c_{11}}{(s-2)^3}+\frac{c_{12}}{(s-2)^2}+\frac{c_{13}}{(s-2)}$$

由留数定理得

$$c_{11}=\lim_{s\to 2}(s-2)^3W(s)=\lim_{s\to 2}(2s^2+5s+1)=19$$

$$c_{12}=\lim_{s\to 2}\frac{\mathrm{d}}{\mathrm{d}s}[(s-2)^3W(s)]=\lim_{s\to 2}(4s+5)=13$$

$$c_{13}=\frac{1}{2!}\lim_{s\to 2}\frac{\mathrm{d}^2}{\mathrm{d}s^2}[(s-2)^3W(s)]=\lim_{s\to 2}\frac{4}{2}=2$$

则系统的状态空间表达式可写为

$$\begin{cases}\begin{bmatrix}\dot{x}_1\\ \dot{x}_2\\ \dot{x}_3\end{bmatrix}=\begin{bmatrix}2 & 1 & 0\\ 0 & 2 & 1\\ 0 & 0 & 2\end{bmatrix}\begin{bmatrix}x_1\\ x_2\\ x_3\end{bmatrix}+\begin{bmatrix}0\\ 0\\ 1\end{bmatrix}u\\ y=[19 \quad 13 \quad 2]\begin{bmatrix}x_1\\ x_2\\ x_3\end{bmatrix}\end{cases}$$

1.6 离散系统的状态空间描述

离散系统是系统的输入、输出和状态变量只在某些离散时刻取值的系统，与其相关的外部描述有差分方程和脉冲传递函数。连续系统的状态空间方法完全适用于离散系统。如在离散系统中，可从差分方程或脉冲传递函数获取离散状态空间表达式，也可以根据离散系统的状态空间表达式求解系统的脉冲传递函数矩阵。

1.6.1 离散系统的状态空间表达式

线性离散系统的状态空间表达式，形式与连续系统完全类似，其状态空间表达式可写为

$$\begin{cases}\boldsymbol{x}(k+1)=\boldsymbol{G}(k)\boldsymbol{x}(k)+\boldsymbol{H}(k)\boldsymbol{u}(k)\\ \boldsymbol{y}(k)=\boldsymbol{C}(k)\boldsymbol{x}(k)+\boldsymbol{D}(k)\boldsymbol{u}(k)\end{cases}\tag{1.61}$$

式中，$\boldsymbol{x}(k)\in\mathbf{R}^n$ 为系统的状态向量；$\boldsymbol{u}(k)\in\mathbf{R}^r$ 为系统的输入向量；$\boldsymbol{y}(k)\in\mathbf{R}^m$ 为系统的输出向量；$\boldsymbol{G}(k)\in\mathbf{R}^{n\times n}$ 为系统矩阵；$\boldsymbol{H}(k)\in\mathbf{R}^{n\times r}$ 为控制输入矩阵；$\boldsymbol{C}(k)\in\mathbf{R}^{m\times n}$ 为系统输出矩阵；$\boldsymbol{D}(k)\in\mathbf{R}^{m\times r}$ 为系统输入输出关联矩阵。

注意：以上各向量和矩阵均是由 $t=kT$，$k=0,1,2,\cdots$ 时刻所决定的，T 为采样周期。一般使用 $\boldsymbol{x}(kT)$ 的缩略形式 $\boldsymbol{x}(k)$。

与连续系统类似，线性离散系统状态空间表达式的框图如图 1.20 所示。图中 T 代表延迟器，类似于连续系统中的积分器

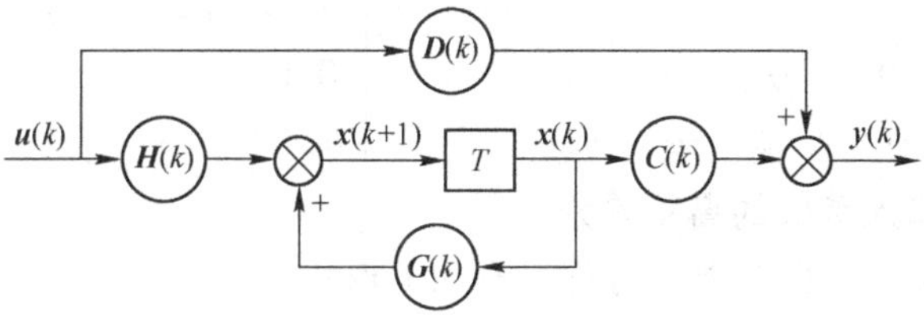

图 1.20　线性离散系统的框图

对于线性定常离散系统，$\boldsymbol{G}(k)$、$\boldsymbol{H}(k)$、$\boldsymbol{C}(k)$、$\boldsymbol{D}(k)$ 均为常数矩阵，此时状态空间表达式可写为

$$\begin{cases}\boldsymbol{x}(k+1)=\boldsymbol{G}\boldsymbol{x}(k)+\boldsymbol{H}\boldsymbol{u}(k)\\ \boldsymbol{y}(k)=\boldsymbol{C}\boldsymbol{x}(k)+\boldsymbol{D}\boldsymbol{u}(k)\end{cases} \tag{1.62}$$

1.6.2　由差分方程建立状态空间表达式

由差分方程建立状态空间表达式，与连续系统中由微分方程建立状态空间表达式极为类似，也可分为两种情况讨论。

1. 差分方程不含输入函数的高阶差分

此时差分方程具有如下形式：

$$y(k+n)+a_{n-1}y(k+n-1)+\cdots+a_1y(k+1)+a_0y(k)=b_0u(k) \tag{1.63}$$

系统脉冲传递函数为

$$W(z)=\frac{b_0}{z^n+a_{n-1}z^{n-1}+\cdots+a_1z+a_0}$$

选取状态变量为

$$\begin{cases}x_1(k)=y(k)\\ x_2(k)=y(k+1)\\ \qquad\vdots\\ x_n(k)=y(k+n-1)\end{cases}$$

则高阶差分方程可化为一阶差分方程组

$$\begin{cases}x_1(k+1)=x_2(k)\\ x_2(k+1)=x_3(k)\\ \qquad\vdots\\ x_{n-1}(k+1)=x_n(k)\\ x_n(k+1)=-a_nx_1(k)-a_{n-1}x_2(k)-\cdots-a_1x_n(k)+b_0u(k)\\ y(k)=x_1(k)\end{cases}$$

写成向量-矩阵的形式为

$$\begin{cases}\boldsymbol{x}(k+1)=\boldsymbol{G}\boldsymbol{x}(k)+\boldsymbol{h}u(k)\\ y(k)=\boldsymbol{c}\boldsymbol{x}(k)\end{cases} \tag{1.64}$$

式中

$$
G=\begin{bmatrix}0 & 1 & 0 & \cdots & 0\\0 & 0 & 1 & \cdots & 0\\\vdots & \vdots & \vdots & & \vdots\\0 & 0 & 0 & \cdots & 1\\-a_0 & -a_1 & -a_2 & \cdots & -a_{n-1}\end{bmatrix};\quad h=\begin{bmatrix}0\\0\\\vdots\\0\\b_0\end{bmatrix};\quad c=[1\quad 0\quad 0\quad \cdots\quad 0]
$$

2. 差分方程含有输入函数的高阶差分

不失一般性，令 $m=n$，此时差分方程具有如下形式：

$$
\begin{aligned}&y(k+n)+a_{n-1}y(k+n-1)+\cdots+a_1y(k+1)+a_0y(k)\\&=b_nu(k+n)+b_{n-1}u(k+n-1)+\cdots+b_1u(k+1)+b_0u(k)\end{aligned}\tag{1.65}
$$

相应地，系统脉冲传递函数为

$$
W(z)=\frac{b_nz^n+b_{n-1}z^{n-1}+\cdots+b_1z+b_0}{z^n+a_{n-1}z^{n-1}+\cdots+a_1z+a_0}
$$

与连续系统类似，将上式写为严格有理真分式的形式

$$
W(z)=\frac{Y(z)}{U(z)}=b_n+\frac{(b_{n-1}-a_{n-1}b_n)z^{n-1}+\cdots+(b_1-a_1b_n)z+(b_0-a_0b_n)}{z^n+a_{n-1}z^{n-1}+\cdots+a_1z+a_0}
$$

则系统的状态空间表达式可写为

$$
\begin{cases}\boldsymbol{x}(k+1)=\boldsymbol{G}\boldsymbol{x}(k)+\boldsymbol{h}u(k)\\y(k)=\boldsymbol{c}\boldsymbol{x}(k)+du(k)\end{cases}\tag{1.66}
$$

式中

$$
G=\begin{bmatrix}0 & 1 & 0 & \cdots & 0\\0 & 0 & 1 & \cdots & 0\\\vdots & \vdots & \vdots & & \vdots\\0 & 0 & 0 & \cdots & 1\\-a_0 & -a_1 & -a_2 & \cdots & -a_{n-1}\end{bmatrix};\quad h=\begin{bmatrix}0\\0\\\vdots\\0\\1\end{bmatrix}
$$

$$
c=[b_0-a_0b_n\quad b_1-a_1b_n\quad \cdots\quad b_{n-2}-a_{n-2}b_n\quad b_{n-1}-a_{n-1}b_n];\quad d=b_n
$$

【例 1.22】 已知离散系统的差分方程为

$$
y(k+3)+2y(k+2)+3y(k+1)+y(k)=2u(k+1)+u(k)
$$

试求系统的状态空间表达式。

解：差分方程的系数为

$$
\begin{aligned}&a_0=1,\quad a_1=3,\quad a_2=2;\\&b_3=0,\quad b_2=0,\quad b_1=2,\quad b_0=1\end{aligned}
$$

故离散系统的状态空间表达式为

$$
\begin{cases}\begin{bmatrix}x_1(k+1)\\x_2(k+1)\\x_3(k+1)\end{bmatrix}=\begin{bmatrix}0 & 1 & 0\\0 & 0 & 1\\-1 & -3 & -2\end{bmatrix}\begin{bmatrix}x_1(k)\\x_2(k)\\x_3(k)\end{bmatrix}+\begin{bmatrix}0\\0\\1\end{bmatrix}u(k)\\y(k)=[1\quad 2\quad 0]\begin{bmatrix}x_1(k)\\x_2(k)\\x_3(k)\end{bmatrix}\end{cases}
$$

1.6.3 由离散系统状态空间表达式求脉冲传递函数矩阵

设线性定常离散系统状态空间为

$$\begin{cases} \boldsymbol{x}(k+1)=\boldsymbol{G}\boldsymbol{x}(k)+\boldsymbol{H}\boldsymbol{u}(k) \\ \boldsymbol{y}(k)=\boldsymbol{C}\boldsymbol{x}(k)+\boldsymbol{D}\boldsymbol{u}(k) \end{cases} \tag{1.67}$$

对式（1.67）进行 Z 变换

$$\begin{cases} z\boldsymbol{X}(z)-z\boldsymbol{X}(0)=\boldsymbol{G}\boldsymbol{X}(z)+\boldsymbol{H}\boldsymbol{U}(z) \\ \boldsymbol{Y}(z)=\boldsymbol{C}\boldsymbol{X}(z)+\boldsymbol{D}\boldsymbol{U}(z) \end{cases}$$

根据脉冲传递函数的定义，$\boldsymbol{X}(0)=0$，则有

$$\boldsymbol{X}(z)=(z\boldsymbol{I}-\boldsymbol{G})^{-1}\boldsymbol{H}\boldsymbol{U}(z)$$

$$\boldsymbol{Y}(z)=[\boldsymbol{C}(z\boldsymbol{I}-\boldsymbol{G})^{-1}\boldsymbol{H}+\boldsymbol{D}]\boldsymbol{U}(z)$$

则离散系统的脉冲传递函数矩阵为

$$\boldsymbol{W}(z)=\frac{\boldsymbol{Y}(z)}{\boldsymbol{U}(z)}=\boldsymbol{C}(z\boldsymbol{I}-\boldsymbol{G})^{-1}\boldsymbol{H}+\boldsymbol{D} \tag{1.68}$$

类似于连续系统，对于单输入单输出系统，$\boldsymbol{W}(z)$ 为一标量，即为脉冲传递函数；对于多输入多输出系统，$\boldsymbol{W}(z)$ 为脉冲传递函数矩阵，$\boldsymbol{W}(z)$ 中的每一个元素均为对应于不同输入输出之间的脉冲传递函数。

1.7 非线性系统近似（局部）线性化后的状态空间表达式

非线性系统的近似线性化

非线性系统的动态特征可用一阶微分方程组描述

$$\dot{x}_i=f_i(x_1,x_2,\cdots,x_n;u_1,u_2,\cdots,u_r;t),\quad i=1,2,\cdots,n$$

$$y_j=g_j(x_1,x_2,\cdots,x_n;u_1,u_2,\cdots,u_r;t);\quad j=1,2,\cdots,m$$

其向量矩阵形式为

$$\begin{cases} \dot{\boldsymbol{x}}=\boldsymbol{f}(\boldsymbol{x},\boldsymbol{u},t) \\ \boldsymbol{y}=\boldsymbol{g}(\boldsymbol{x},\boldsymbol{u},t) \end{cases} \tag{1.69}$$

式中，$\boldsymbol{x}\in\mathbf{R}^n$ 为系统状态向量；$\boldsymbol{u}\in\mathbf{R}^r$ 为系统控制输入；$\boldsymbol{f}\in\mathbf{R}^n$ 是非线性向量函数，$\boldsymbol{g}\in\mathbf{R}^m$ 是非线性向量函数。

状态向量的某一个值与状态空间的某个点相对应，状态 n 的数目被称为系统阶数。状态方程的解 $\boldsymbol{x}(t)$ 通常相当于一条曲线在状态空间中关于时间 t 从 0 直到无限的变化情况。一般来说，这条曲线被看作状态轨迹或系统轨迹。

线性系统是非线性系统的一类特例，线性系统可以分为时变系统和时不变系统，划分的依据是系统矩阵 $\boldsymbol{A}$ 是否随时间的变化而变化。

如果 $\boldsymbol{f}$ 不依赖时间的变化而变化，则称非线性系统是自治的，即系统的状态空间表达式为

$$\begin{cases} \dot{\boldsymbol{x}}=\boldsymbol{f}(\boldsymbol{x},\boldsymbol{u}) \\ \boldsymbol{y}=\boldsymbol{g}(\boldsymbol{x},\boldsymbol{u}) \end{cases} \tag{1.70}$$

否则，系统就是非自治的。很显然，线性时不变系统（LTI）是自治的，而线性时变系统（LTV）是非自治的。

严格地讲，现实中所有的物理系统都是非自治的，因为其动态特性都是随时间变化而变化的。自治系统概念是一个比较理想化的概念，就像线性系统的概念一样。实际上，系统特性常常随时间而发生缓慢的变化，我们常常在实际误差允许的范围内忽略它们的时变性。

设 $\boldsymbol{x}_0$、$\boldsymbol{u}_0$ 和 $\boldsymbol{y}_0$ 是自治非线性方程组的一组解，即

$$\begin{cases}\dot{\boldsymbol{x}}_0=\boldsymbol{f}(\boldsymbol{x}_0,\boldsymbol{u}_0)\\ \boldsymbol{y}_0=\boldsymbol{g}(\boldsymbol{x}_0,\boldsymbol{u}_0)\end{cases} \tag{1.71}$$

将上述非线性方程在 $\boldsymbol{x}_0$ 和 $\boldsymbol{u}_0$ 附近进行泰勒级数展开

$$\begin{aligned}\dot{\boldsymbol{x}}&=\boldsymbol{f}(\boldsymbol{x},\boldsymbol{u})=\boldsymbol{f}(\boldsymbol{x}_0,\boldsymbol{u}_0)+\left.\frac{\partial \boldsymbol{f}}{\partial \boldsymbol{x}^{\mathrm{T}}}\right|_{\boldsymbol{x}_0,\boldsymbol{u}_0}(\boldsymbol{x}-\boldsymbol{x}_0)+\left.\frac{\partial \boldsymbol{f}}{\partial \boldsymbol{u}^{\mathrm{T}}}\right|_{\boldsymbol{x}_0,\boldsymbol{u}_0}(\boldsymbol{u}-\boldsymbol{u}_0)+\boldsymbol{\alpha}(\Delta\boldsymbol{x},\Delta\boldsymbol{u})\\ \boldsymbol{y}&=\boldsymbol{g}(\boldsymbol{x},\boldsymbol{u})=\boldsymbol{g}(\boldsymbol{x}_0,\boldsymbol{u}_0)+\left.\frac{\partial \boldsymbol{g}}{\partial \boldsymbol{x}^{\mathrm{T}}}\right|_{\boldsymbol{x}_0,\boldsymbol{u}_0}(\boldsymbol{x}-\boldsymbol{x}_0)+\left.\frac{\partial \boldsymbol{g}}{\partial \boldsymbol{u}^{\mathrm{T}}}\right|_{\boldsymbol{x}_0,\boldsymbol{u}_0}(\boldsymbol{u}-\boldsymbol{u}_0)+\boldsymbol{\beta}(\Delta\boldsymbol{x},\Delta\boldsymbol{u})\end{aligned} \tag{1.72}$$

式中，$\boldsymbol{\alpha}(\Delta\boldsymbol{x},\Delta\boldsymbol{u})$，$\boldsymbol{\beta}(\Delta\boldsymbol{x},\Delta\boldsymbol{u})$分别是关于 $\boldsymbol{x}$，$\boldsymbol{u}$ 的高次项。

$$\frac{\partial \boldsymbol{f}}{\partial \boldsymbol{x}^{\mathrm{T}}}=\begin{bmatrix}\frac{\partial f_1}{\partial x_1} & \frac{\partial f_1}{\partial x_2} & \cdots & \frac{\partial f_1}{\partial x_n}\\ \frac{\partial f_2}{\partial x_1} & \frac{\partial f_2}{\partial x_2} & \cdots & \frac{\partial f_2}{\partial x_n}\\ \vdots & \vdots & & \vdots\\ \frac{\partial f_n}{\partial x_1} & \frac{\partial f_n}{\partial x_2} & \cdots & \frac{\partial f_n}{\partial x_n}\end{bmatrix};\quad \frac{\partial \boldsymbol{f}}{\partial \boldsymbol{u}^{\mathrm{T}}}=\begin{bmatrix}\frac{\partial f_1}{\partial u_1} & \frac{\partial f_1}{\partial u_2} & \cdots & \frac{\partial f_1}{\partial u_r}\\ \frac{\partial f_2}{\partial u_1} & \frac{\partial f_2}{\partial u_2} & \cdots & \frac{\partial f_2}{\partial u_r}\\ \vdots & \vdots & & \vdots\\ \frac{\partial f_n}{\partial u_1} & \frac{\partial f_n}{\partial u_2} & \cdots & \frac{\partial f_n}{\partial u_r}\end{bmatrix}$$

$$\frac{\partial \boldsymbol{g}}{\partial \boldsymbol{x}^{\mathrm{T}}}=\begin{bmatrix}\frac{\partial g_1}{\partial x_1} & \frac{\partial g_1}{\partial x_2} & \cdots & \frac{\partial g_1}{\partial x_n}\\ \frac{\partial g_2}{\partial x_1} & \frac{\partial g_2}{\partial x_2} & \cdots & \frac{\partial g_2}{\partial x_n}\\ \vdots & \vdots & & \vdots\\ \frac{\partial g_m}{\partial x_1} & \frac{\partial g_m}{\partial x_2} & \cdots & \frac{\partial g_m}{\partial x_n}\end{bmatrix};\quad \frac{\partial \boldsymbol{g}}{\partial \boldsymbol{u}^{\mathrm{T}}}=\begin{bmatrix}\frac{\partial g_1}{\partial u_1} & \frac{\partial g_1}{\partial u_2} & \cdots & \frac{\partial g_1}{\partial u_r}\\ \frac{\partial g_2}{\partial u_1} & \frac{\partial g_2}{\partial u_2} & \cdots & \frac{\partial g_2}{\partial u_r}\\ \vdots & \vdots & & \vdots\\ \frac{\partial g_m}{\partial u_1} & \frac{\partial g_m}{\partial u_2} & \cdots & \frac{\partial g_m}{\partial u_r}\end{bmatrix}$$

忽略 $\boldsymbol{\alpha}(\Delta\boldsymbol{x},\Delta\boldsymbol{u})$，$\boldsymbol{\beta}(\Delta\boldsymbol{x},\Delta\boldsymbol{u})$和高次项，则式（1.71）的线性化表达为

$$\begin{aligned}\Delta\dot{\boldsymbol{x}}&=\dot{\boldsymbol{x}}-\dot{\boldsymbol{x}}_0=\left.\frac{\partial \boldsymbol{f}}{\partial \boldsymbol{x}^{\mathrm{T}}}\right|_{\boldsymbol{x}_0,\boldsymbol{u}_0}(\boldsymbol{x}-\boldsymbol{x}_0)+\left.\frac{\partial \boldsymbol{f}}{\partial \boldsymbol{u}^{\mathrm{T}}}\right|_{\boldsymbol{x}_0,\boldsymbol{u}_0}(\boldsymbol{u}-\boldsymbol{u}_0)\\ \Delta\boldsymbol{y}&=\boldsymbol{y}-\boldsymbol{y}_0=\left.\frac{\partial \boldsymbol{g}}{\partial \boldsymbol{x}^{\mathrm{T}}}\right|_{\boldsymbol{x}_0,\boldsymbol{u}_0}(\boldsymbol{x}-\boldsymbol{x}_0)+\left.\frac{\partial \boldsymbol{g}}{\partial \boldsymbol{u}^{\mathrm{T}}}\right|_{\boldsymbol{x}_0,\boldsymbol{u}_0}(\boldsymbol{u}-\boldsymbol{u}_0)\end{aligned} \tag{1.73}$$

设 $\boldsymbol{A}$ 表示 $\boldsymbol{f}$ 关于 $\boldsymbol{x}$ 在 $\boldsymbol{x}=\boldsymbol{x}_0$，$\boldsymbol{u}=\boldsymbol{u}_0$ 时的雅可比矩阵，$\boldsymbol{B}$ 表示 $\boldsymbol{f}$ 关于 $\boldsymbol{u}$ 在该点的雅可比矩阵，$\boldsymbol{C}$ 表示 $\boldsymbol{g}$ 关于 $\boldsymbol{x}$ 在该点的雅可比矩阵，$\boldsymbol{D}$ 表示 $\boldsymbol{g}$ 关于 $\boldsymbol{u}$ 在该点的雅可比矩阵，即

$$\left.\frac{\partial \boldsymbol{f}}{\partial \boldsymbol{x}^{\mathrm{T}}}\right|_{\boldsymbol{x}_0,\boldsymbol{u}_0}=\boldsymbol{A};\quad \left.\frac{\partial \boldsymbol{f}}{\partial \boldsymbol{u}^{\mathrm{T}}}\right|_{\boldsymbol{x}_0,\boldsymbol{u}_0}=\boldsymbol{B};\quad \left.\frac{\partial \boldsymbol{g}}{\partial \boldsymbol{x}^{\mathrm{T}}}\right|_{\boldsymbol{x}_0,\boldsymbol{u}_0}=\boldsymbol{C};\quad \left.\frac{\partial \boldsymbol{g}}{\partial \boldsymbol{u}^{\mathrm{T}}}\right|_{\boldsymbol{x}_0,\boldsymbol{u}_0}=\boldsymbol{D}$$

系统变为

$$\begin{cases}\Delta\dot{\boldsymbol{x}}=\boldsymbol{A}\Delta\boldsymbol{x}+\boldsymbol{B}\Delta\boldsymbol{u}\\ \Delta\boldsymbol{y}=\boldsymbol{C}\Delta\boldsymbol{x}+\boldsymbol{D}\Delta\boldsymbol{u}\end{cases}$$

不失一般性，系统也可写为

$$\begin{cases}\dot{\boldsymbol{x}}=\boldsymbol{A}\boldsymbol{x}+\boldsymbol{B}\boldsymbol{u}\\ \boldsymbol{y}=\boldsymbol{C}\boldsymbol{x}+\boldsymbol{D}\boldsymbol{u}\end{cases}$$

这是对原有的非线性系统在 $\boldsymbol{x}=\boldsymbol{x}_0$，$\boldsymbol{u}=\boldsymbol{u}_0$ 处的线性化（线性逼近）。

【例 1.23】已知非线性系统，求其在 $\boldsymbol{x}_0=0$，$u=0$ 处的局部线性化状态空间表达式。

$$\begin{cases}\dot{x}_1=x_2\\ \dot{x}_2=x_1+x_2+x_2^3+2u\\ y=x_1+x_2^2\end{cases}$$

解：由状态方程和输出方程可得

$$\begin{cases}f_1(x_1,x_2,u)=x_2\\ f_2(x_1,x_2,u)=x_1+x_2+x_2^3+2u\\ g(x_1,x_2,u)=x_1+x_2^2\end{cases}$$

$$\left.\frac{\partial f_1}{\partial x_1}\right|_{x_0,u_0}=0,\quad \left.\frac{\partial f_1}{\partial x_2}\right|_{x_0,u_0}=1,\quad \left.\frac{\partial f_2}{\partial x_1}\right|_{x_0,u_0}=1,\quad \left.\frac{\partial f_2}{\partial x_2}\right|_{x_0,u_0}=(1+3x_2^2)\,|_{x_0,u_0}=1$$

$$\left.\frac{\partial f_1}{\partial u}\right|_{x_0,u_0}=0,\quad \left.\frac{\partial f_2}{\partial u}\right|_{x_0,u_0}=2$$

$$\left.\frac{\partial g}{\partial x_1}\right|_{x_0,u_0}=1,\quad \left.\frac{\partial g}{\partial x_2}\right|_{x_0,u_0}=2x_2\,|_{x_0,u_0}=0$$

$$\left.\frac{\partial g}{\partial u}\right|_{x_0,u_0}=0$$

$$\boldsymbol{A}=\left.\frac{\partial \boldsymbol{f}}{\partial \boldsymbol{x}^{\mathrm{T}}}\right|_{x_0,u_0}=\begin{bmatrix}0&1\\1&1\end{bmatrix},\quad \boldsymbol{b}=\left.\frac{\partial \boldsymbol{f}}{\partial u^{\mathrm{T}}}\right|_{x_0,u_0}=\begin{bmatrix}0\\2\end{bmatrix}$$

$$\boldsymbol{c}=\left.\frac{\partial g}{\partial \boldsymbol{x}^{\mathrm{T}}}\right|_{x_0,u_0}=[1\quad 0],\quad d=\left.\frac{\partial g}{\partial u^{\mathrm{T}}}\right|_{x_0,u_0}=0$$

故非线性系统局部线性化后的状态空间表达式为

$$\begin{cases}\dot{\boldsymbol{x}}=\begin{bmatrix}0&1\\1&1\end{bmatrix}\boldsymbol{x}+\begin{bmatrix}0\\2\end{bmatrix}u\\ y=[1\quad 0]\boldsymbol{x}\end{cases}$$

1.8 MATLAB 在系统数学模型中的应用

MATLAB 是美国 MathWorks 公司出品的商业数学软件，是一种用于算法开发、数据可视化、数据分析以及数值计算的高级计算语言和交互式环境，主要包括 MATLAB 和 Simulink 两大部分。使用 MATLAB 可以更方便地对控制系统进行学习探讨和研究。本节主要介绍 MATLAB 在线性定常系统数学模型的建立和分析中的应用。

1.8.1 线性系统的数学模型

1. tf( )函数

功能：建立系统的传递函数模型 TF。

调用格式：sys=tf(num,den)

设单输入单输出连续系统的传递函数为

$$W(s)=\frac{b_m s^m+b_{m-1}s^{m-1}+\cdots+b_1 s+b_0}{s^n+a_{n-1}s^{n-1}+\cdots+a_1 s+a_0}$$

在 MATLAB 中，可将传递函数分子、分母多项式表示为按 s 的降幂系数排列的行向量，即

$$num=[b_m,b_{m-1},\cdots,b_1,b_0];$$

$$den=[1,a_{n-1},a_{n-2},\cdots,a_1,a_0];$$

类似地，单输入单输出离散系统的脉冲传递函数为

$$W(z)=\frac{b_m z^m+b_{m-1}z^{m-1}+\cdots+b_1 z+b_0}{z^n+a_{n-1}z^{n-1}+\cdots+a_1 z+a_0}$$

在 MATLAB 中，可调用 tf( )函数建立系统的传递函数模型 TF：

$$num=[b_m,b_{m-1},\cdots,b_1,b_0];$$

$$den=[1,a_{n-1},a_{n-2},\cdots,a_1,a_0];$$

$$sys=tf(num,den,T)$$

其中，T 为系统采样周期。

【例 1.24】 已知系统的传递函数为

$$W(s)=\frac{s^2+3s+1}{s^3+2s^2+4s+6}$$

试用 MATLAB 描述其系统模型。

解：MATLAB 仿真代码如下：

```
num=[1 3 1];          %W(s)分子多项式
den= [1 2 4 6];       %W(s)分母多项式
G=tf (num, den)       %建立传递函数模型
```

运行结果如下：

```
Transfer function:
     s^2 + 3 s + 1
-------------
s^3 + 2 s^2 + 4 s + 6
```

2. zpk( )函数

功能：建立系统的零极点形式的传递函数模型 ZPK。

调用格式：sys=zpk(z,p,k)

设系统的传递函数表示为零极点的形式：

$$W(s)=k\frac{(s-z_1)(s-z_2)\cdots(s-z_m)}{(s-p_1)(s-p_2)\cdots(s-p_n)}$$

则

$$\boldsymbol{z}=[z_1,z_2,\cdots,z_m];$$

$$\boldsymbol{p}=[p_1,p_2,\cdots,p_n];$$

$$k=k$$

【例 1.25】 已知系统的零极点传递函数形式为

$$W(s)=\frac{7(s-3)}{(s-1)(s+2)(s+4)}$$

试用 MATLAB 描述其系统模型。

解：MATLAB 仿真代码如下：

```
z=[3];                 %W(s)零点
```

```
p=[1, -2, -4];          %W(s)极点
k=7;
sys=zpk(z, p, k)
```

运行结果如下：

```
Zero/pole/gain:
7 (s-3)
------------------------
  (s-1) (s+2) (s+4)
```

3. ss( )函数

功能：建立系统的状态空间模型 SS。

调用格式：sys=ss(A,B,C,D)，sys=ss(G,H,C,D,T)

对于线性定常连续系统

$$\begin{cases}\dot{\boldsymbol{x}}(t)=\boldsymbol{Ax}(t)+\boldsymbol{Bu}(t)\\ \boldsymbol{y}(t)=\boldsymbol{Cx}(t)+\boldsymbol{Du}(t)\end{cases}$$

在 MATLAB 中，可调用 ss( )函数建立连续系统的状态空间模型，其中：

$$\boldsymbol{A}=[a_{11},a_{12},\cdots,a_{1n};a_{21},a_{22},\cdots,a_{2n};\cdots;a_{n1},a_{n2},\cdots,a_{nn}];$$

$$\boldsymbol{B}=[b_{11},b_{12},\cdots,b_{1n};b_{21},b_{22},\cdots,b_{2n};\cdots;b_{n1},b_{n2},\cdots,b_{nr}];$$

$$\boldsymbol{C}=[c_{11},c_{12},\cdots,c_{1n};c_{21},c_{22},\cdots,c_{2n};\cdots;c_{m1},c_{m2},\cdots,c_{mn}];$$

$$\boldsymbol{D}=[d_{11},d_{12},\cdots,d_{1r};d_{21},d_{22},\cdots,d_{2r};\cdots;d_{m1},d_{m2},\cdots,d_{mr}];$$

同理，对于线性定常离散系统

$$\begin{cases}\boldsymbol{x}(k+1)=\boldsymbol{Gx}(k)+\boldsymbol{Hu}(k)\\ \boldsymbol{y}(k)=\boldsymbol{Cx}(k)+\boldsymbol{Du}(k)\end{cases}$$

在建立系数矩阵 $\boldsymbol{G}$、$\boldsymbol{H}$、$\boldsymbol{C}$、$\boldsymbol{D}$ 后，同样可以调用 ss( )函数建立系统的状态空间模型：

sys=ss(G,H,C,D,T)

其中，T 为系统采样周期。

【**例 1.26**】已知系统的状态空间表达式为

$$\begin{cases}\dot{\boldsymbol{x}}=\begin{bmatrix}0 & 1\\ -2 & -3\end{bmatrix}\boldsymbol{x}+\begin{bmatrix}1 & 0\\ 1 & 1\end{bmatrix}\boldsymbol{u}\\ \boldsymbol{y}=\begin{bmatrix}1 & 0\\ 1 & 1\\ 0 & 2\end{bmatrix}\boldsymbol{x}+\begin{bmatrix}0 & 0\\ 1 & 0\\ 0 & 1\end{bmatrix}\boldsymbol{u}\end{cases}$$

试用 MATLAB 描述其系统模型。

解：MATLAB 仿真代码如下：

```
A=[0 1;-2 -3];
B=[1 0; 1 1];
C=[1 0;1 1;0 2];
D=[0 0;1 0;0 1];
sys=ss(A, B, C, D)
```

运行结果如下：

```
a =
        x1   x2
```

```
    x1   0   1
    x2  -2  -3

b =
         u1  u2
    x1   1   0
    x2   1   1

c =
         x1  x2
    y1   1   0
    y2   1   1
    y3   0   2

d =
         u1  u2
    y1   0   0
    y2   1   0
    y3   0   1
```

4. series( )函数，parallel( )函数，feedback( )函数

功能：分别实现两个子系统 W_1 和 W_2 的串联、并联和反馈连接。

调用格式：sys=series(sys_1,sys_2)，sys=parallel(sys_1,sys_2)，sys=feedback(sys_1,sys_2,sign)

其中，sys、sys_1 和 sys_2 可以是状态空间模型，也可以是传递函数模型；sign 表示反馈极性，正反馈取 1，负反馈取-1 或默认。

当 sys、sys_1 和 sys_2 是状态空间模型时，调用格式为

```
[A,B,C,D]=series(A1,B1,C1,D1,A2,B2,C2,D2)
[A,B,C,D]=parallel(A1,B1,C1,D1,A2,B2,C2,D2)
[A,B,C,D]=feedback(A1,B1,C1,D1,A2,B2,C2,D2,sign)
```

当 sys、sys_1 和 sys_2 是传递函数模型时，调用格式为

```
[num,den]=series(num_1,den_1,num_2,den_2)
[num,den]=parallel(num_1,den_1,num_2,den_2)
[num,den]=feedback(num_1,den_1,num_2,den_2,sign)
```

【例 1.27】 已知两个系统的传递函数分别为

$$W_1(s)=\frac{3s+1}{s^2+3s+2},\quad W_2(s)=\frac{s+4}{s+2}$$

试用 MATLAB 求出它们的并联组合系统的传递函数。

解：MATLAB 仿真代码如下：

```
num_1=[3 1];
den_1=[1 3 2];
num_2=[1 4];
den_2=[1 2];
[num, den]=parallel(num_1, den_1, num_2, den_2)
```

运行结果如下：

```
num =
      1     10     21     10
den =
      1      5      8      4
```

【例 1.28】 已知两个系统 $\Sigma_1(\boldsymbol{A}_1,\boldsymbol{B}_1,\boldsymbol{C}_1,\boldsymbol{D}_1)$ 和 $\Sigma_2(\boldsymbol{A}_2,\boldsymbol{B}_2,\boldsymbol{C}_2,\boldsymbol{D}_2)$ 状态空间模型分别为

$$\begin{cases}\dot{\boldsymbol{x}}_1=\begin{bmatrix}0 & 1 & 0\\ 0 & 0 & 1\\ -4 & -8 & -5\end{bmatrix}\boldsymbol{x}_1+\begin{bmatrix}0\\0\\1\end{bmatrix}u_1\\ y_1=\begin{bmatrix}1 & 0 & 0\end{bmatrix}\boldsymbol{x}_1\end{cases}$$

和

$$\begin{cases}\dot{\boldsymbol{x}}_2=\begin{bmatrix}0 & 1\\ -2 & -3\end{bmatrix}\boldsymbol{x}_2+\begin{bmatrix}0\\1\end{bmatrix}u_2\\ y_2=\begin{bmatrix}1 & 0\end{bmatrix}\boldsymbol{x}_2\end{cases}$$

试用 MATLAB 求出 $\Sigma_1(\boldsymbol{A}_1,\boldsymbol{B}_1,\boldsymbol{C}_1,\boldsymbol{D}_1)$ 为前向通道和 $\Sigma_2(\boldsymbol{A}_2,\boldsymbol{B}_2,\boldsymbol{C}_2,\boldsymbol{D}_2)$ 为负反馈通道的组合系统的状态空间模型。

解： MATLAB 仿真代码如下：

```
A_1 = [0 1 0;0 0 1;-4 -8 -5];
B_1 = [0; 0; 1];
C_1 = [1 0 0];
D_1 = 0;
A_2 = [0 1;-2 -3];
B_2 = [0; 1];
C_2 = [1 0];
D_2 = 0;
sign = -1;
[A, B, C, D] = feedback(A_1, B_1, C_1, D_1, A_2, B_2, C_2, D_2, sign)
```

运行结果如下：

```
A =
     0      1     0     0     0
     0      0     1     0     0
    -4     -8    -5    -1     0
     0      0     0     0     1
     1      0     0    -2    -3
B =
     0
     0
     1
     0
     0
C =
     1     0     0     0     0
D =
     0
```

组合系统的状态空间表达式为

$$\begin{cases}\dot{\boldsymbol{x}}=\begin{bmatrix}0&1&0&0&0\\0&0&1&0&0\\-4&-8&-5&-1&0\\0&0&0&0&1\\1&0&0&-2&-3\end{bmatrix}\boldsymbol{x}+\begin{bmatrix}0\\0\\1\\0\\0\end{bmatrix}\boldsymbol{u}\\ y=\begin{bmatrix}1&0&0&0&0\end{bmatrix}\boldsymbol{x}\end{cases}$$

1.8.2 传递函数模型与状态空间模型的相互转换

1. tf2ss( )函数，zp2ss( )函数

功能：分别将多项式形式、零极点形式的传递函数转换为状态空间的形式。

调用格式：[A,B,C,D]=tf2ss(num,den),[A,B,C,D]=zp2ss(z,p,k)

其中，函数中各个参数的定义同1.8.1节所述。

注意：ss( )函数不仅可用于建立系统的状态空间模型SS，而且可以将任意LTI系数模型sys（传递函数模型TF、零极点模型ZPK）转换为状态空间模型，其调用格式为

SYS=ss(sys)

【例1.29】 已知系统的传递函数为

$$W(s)=\frac{s^2+3s+1}{s^3+2s^2+4s+6}$$

试用MATLAB求其状态空间表达式。

解：MATLAB仿真代码如下：

```
num=[1 3 1];
den=[1 2 4 6];
[A,B,C,D]=tf2ss(num,den)
```

运行结果如下：

```
A =
      -2     -4     -6
       1      0      0
       0      1      0
B =
       1
       0
       0
C =
       1      3      1
D =
       0
```

2. ss2tf( )函数，ss2zp( )函数

功能：实现从状态空间表达式到传递函数矩阵的转换。

调用格式：对于单输入单输出系统，调用格式如下：

[num,den]=ss2tf(A,B,C,D),[z,p,k]=ss2zp(A,B,C,D)

对于多输入多输出系统，调用格式如下：

[z,p,k]=ss2zp(A,B,C,D,iu)

其中，iu 用来指定变换所使用的输入量，其余参数的定义同 1.8.1 节所述。

【例 1.30】已知系统的状态空间表达式如下：

$$\begin{cases}\dot{\boldsymbol{x}}=\begin{bmatrix}0 & 1\\ -2 & -3\end{bmatrix}\boldsymbol{x}+\begin{bmatrix}1 & 0\\ 1 & 1\end{bmatrix}\boldsymbol{u}\\ \boldsymbol{y}=\begin{bmatrix}1 & 0\\ 1 & 1\\ 0 & 2\end{bmatrix}\boldsymbol{x}+\begin{bmatrix}0 & 0\\ 1 & 0\\ 0 & 1\end{bmatrix}\boldsymbol{u}\end{cases}$$

试用 MATLAB 求系统的传递函数矩阵。

解：MATLAB 代码如下：

```
A=[0,1;-2,-3];
B=[1,0;1,1];
C=[1,0;1,1;0,2];
D=[0,0;1,0;0,1]
[num1,den1]=ss2tf(A,B,C,D,1)
[num2,den2]=ss2tf(A,B,C,D,2)
```

运行结果如下：

```
num1 =
           0     1.0000     4.0000
      1.0000     5.0000     4.0000
           0     2.0000    -4.0000
den1 =
     1     3     2
num2 =
           0     0.0000     1.0000
           0     1.0000     1.0000
      1.0000     5.0000     2.0000
den2 =
     1     3     2
```

故可得系统的传递函数矩阵为

$$\boldsymbol{W}(s)=\frac{1}{s^2+3s+2}\begin{bmatrix}s+4 & 1\\ s^2+5s+4 & s+1\\ 2s-4 & s^2+5s+2\end{bmatrix}$$

1.8.3 线性系统的线性变换

1. eig( ) 函数

功能：直接计算矩阵特征值和特征向量。

调用格式：λ=eig(A)， [P,Λ]=eig(A)

其中，λ 为矩阵 A 的所有特征值排列而成的向量；P 是由矩阵 A 的所有特征向量组成的矩阵；Λ 是由矩阵 A 的所有特征值为对角元素组成的对角阵。

【例 1.31】试用 MATLAB 求出下面矩阵 $\boldsymbol{A}$ 的特征值和特征向量。

$$\boldsymbol{A}=\begin{bmatrix}2 & -1 & -1\\ 0 & -1 & 0\\ 0 & 2 & 1\end{bmatrix}$$

解：1）单独求取特征值，MATLAB 仿真代码如下：

```
A=[2 -1 -1; 0 -1 0; 0 2 1];
Lambda = eig(A)
```

运行结果如下：

```
Lambda =
     2
     1
    -1
```

2）同时求取特征值和特征向量，MATLAB 仿真代码如下：

```
A = [2 -1 -1; 0 -1 0; 0 2 1];
[V, Jianj] =eig(A)
```

运行结果如下：

```
V =
    1.0000    0.7071         0
         0         0    0.7071
         0    0.7071   -0.7071
Jianj =
     2     0     0
     0     1     0
     0     0    -1
```

同样可得矩阵的 3 个特征值分别为 2、1 和−1，它们对应的 3 个特征向量分别为

$$\boldsymbol{p}_1=\begin{bmatrix}1\\0\\0\end{bmatrix},\quad \boldsymbol{p}_2=\begin{bmatrix}0.7071\\0\\0.7071\end{bmatrix},\quad \boldsymbol{p}_3=\begin{bmatrix}0\\0.7071\\-0.7071\end{bmatrix}$$

2. jordan( )函数

功能：当矩阵 $\boldsymbol{A}$ 具有重特征根时，函数 eig( )不具有直接计算广义特征向量的功能，可以借助符号计算工具箱的 jordan( )函数计算所有特征向量。

调用格式：[P,J]=jordan(A)

其中，P 是由矩阵 A 的所有特征向量（包括广义特征向量）组成的矩阵；J 是与矩阵 A 对应的约当阵。如果仅求取矩阵 $\boldsymbol{A}$ 对应的约当阵 $\boldsymbol{J}$ 时，函数的调用格式为

J=jordan(A)

【例 1.32】试用 MATLAB 求出下面矩阵 $\boldsymbol{A}$ 的特征值和特征向量。

$$\boldsymbol{A}=\begin{bmatrix}0&1&0\\0&0&1\\8&-12&6\end{bmatrix}$$

解：同时求取特征值和特征向量，MATLAB 仿真代码如下：

```
A = [0 1 0; 0 0 1;8 -12 6];
[P, J] = jordan(A)
```

运行结果如下：

```
P =
     4    -2     1
     8     0     0
    16     8     0
```

```
J =
     2     1     0
     0     2     1
     0     0     2
```

可得 A 矩阵的 3 个特征值都是 2，它对应的 3 个特征向量（包括 2 个广义特征向量）分别为

$$\boldsymbol{p}_1=\begin{bmatrix}4\\8\\16\end{bmatrix},\quad \boldsymbol{p}_2=\begin{bmatrix}-2\\0\\8\end{bmatrix},\quad \boldsymbol{p}_3=\begin{bmatrix}1\\0\\0\end{bmatrix}$$

3. ss2ss( )函数

功能：实现系统的线性非奇异变换。

调用格式：GP=ss2ss(G,P),[At,Bt,Ct,Dt,P]=ss2ss(A,B,C,D,P)

对于前者，G、GP 分别为变换前和变换后的系统状态空间模型，P 为线性非奇异变换矩阵。对于后者，(A,B,C,D)、[At,Bt,Ct,Dt]分别为变换前和变换后系统的状态空间模型的系数矩阵，P 为线性非奇异变换矩阵。

但是，MATLAB 中没有可将一般状态空间表达式变换为约当规范型（对角规范型）的函数，只能先调用 jordan( )函数求出化为约当规范型的变换矩阵 $\boldsymbol{P}$，再利用 ss2ss( )函数将状态空间表达式变换为约当规范型（对角规范型）。

【例 1.33】 已知状态空间表达式

$$\begin{cases}\dot{\boldsymbol{x}}=\begin{bmatrix}0&1&0\\0&0&1\\8&-12&6\end{bmatrix}\boldsymbol{x}+\begin{bmatrix}5\\1\\5\end{bmatrix}u\\ y=\begin{bmatrix}1&0&1\end{bmatrix}\boldsymbol{x}\end{cases}$$

试用 MATLAB 将其变换为约当规范型（对角规范型）。

解： MATLAB 仿真代码如下：

```
A = [0 1 0; 0 0 1;8 -12 6];
B=[5; 1; 5];
C=[1,0,1];
D=0;
[P, J]=jordan(A)
[Ap, Bp, Cp, Dp]=ss2ss(A,B,C,D, inv(P))
```

运行结果如下：

```
P =
     4    -2     1
     8     0     0
    16     8     0
J =
     2     1     0
     0     2     1
     0     0     2
Ap =
     2     1     0
     0     2     1
     0     0     2
Bp =
```

```
        0.1250
        0.3750
        5.2500

    Cp =
        20      6      1
    Dp =
         0
```

线性变换后得到的状态空间表达式

$$\begin{cases}\dot{\boldsymbol{x}}=\begin{bmatrix}2&1&0\\0&2&1\\0&0&2\end{bmatrix}\boldsymbol{x}+\begin{bmatrix}0.1250\\0.3750\\5.2500\end{bmatrix}u\\ y=\begin{bmatrix}20&6&1\end{bmatrix}\boldsymbol{x}\end{cases}$$

为约当规范型。

对于控制系统模型的处理，MATLAB 并不限于上面介绍的函数及方法，有兴趣的读者可以参考有关资料了解更多更方便的方法。

1.9　本章要点

在经典控制理论中，对一个线性定常系统，可用常微分方程或传递函数加以描述，将某个单变量作为输出，直接和输入联系起来。实际上系统除了输出量这个变量之外，还包含其他相互独立的变量，而微分方程或传递函数是不便描述这些内部的中间变量的，因而不能包含系统的所有信息。状态空间表达式由状态变量构成的一阶微分方程组来描述，它由状态方程和输出方程组成，既能反映系统的全部独立变量的变化，也能同时确定系统的全部内部运动状态，还可以方便地处理初始条件。这样，在设计控制系统时，不再只局限于输入量、输出量、误差量，为提高系统性能提供了有力的工具，还可以应用于非线性系统、多输入-多输出系统以及随机过程等。

1）状态空间表达式是现代控制理论对控制系统的数学模型形式，它由状态方程和输出方程组成。状态方程建立了状态向量的一阶微分与状态向量及输入向量之间的关系，是向量的一阶微分方程，表示了系统的动态行为；输出方程建立了输出向量与状态向量及输入向量之间的关系，是向量的代数方程，表述了系统的测量信息。

2）状态空间描述注重系统的内部结构及特性，相对于输入输出描述形式，它是一种更完善的系统描述形式。它不仅适用于描述线性的、定常的、连续的系统，也适用于描述非线性的、时变的、离散的系统。

3）系统状态空间描述的建立通常有两种方法：一种是从系统的运动机理出发的“机理法”，另一种是从其他形式数学模型（包括时域、频域、结构图等）出发的实现方法。无论使用哪种方法，都必须设定系统的一组状态变量，即状态空间描述建立在一组明确的状态变量基础上。

4）从系统的状态空间表达式出发可以得出系统的输入输出描述形式，即系统的传递函数矩阵。

5）系统的状态空间表达式可以通过线性非奇异变换至另一个状态空间，这种变换往往是为了使系统在新的状态空间成为便于分析和综合的一些规范型。线性变换下系统的特征值、传递函数矩阵等一些固有特性保持不变。

习题

1.1　某质量-弹簧-阻尼系统如图 1.21 所示，质量块 m 受到外力 $u(t)$ 的作用产生位移 $y(t)$，质量块 m 与地面之间无摩擦。试列写出在外力 $u(t)$ 作用下，以 $x_1=y(t)$，$x_2=\dot{y}(t)$ 为状态变量，建立系统状态空间表达式（向量矩阵形式）。

1.2　已知系统的结构如图 1.22 所示，输入和输出分别为 u_1、u_2，自选变量并写出其状态空间表达式。

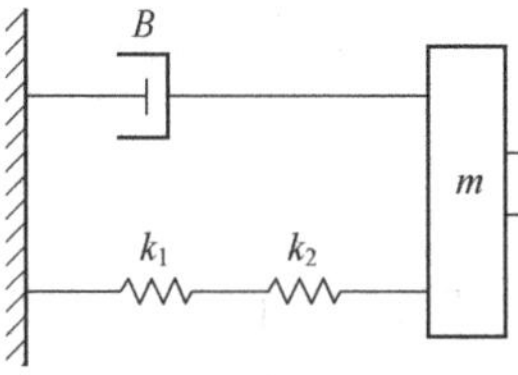

图 1.21　习题 1.1 图

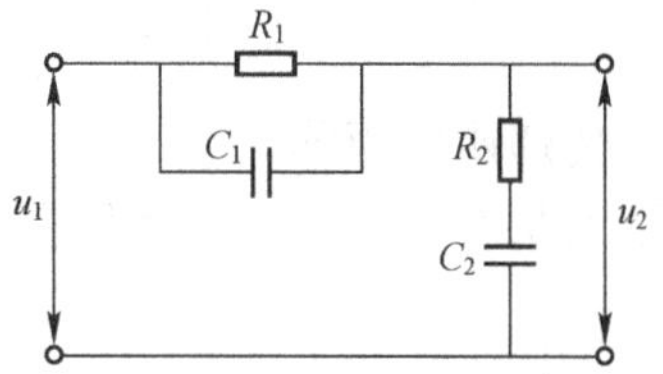

图 1.22　习题 1.2 图

1.3　试求图 1.23 所示系统的模拟结构图，并建立其状态空间表达式。

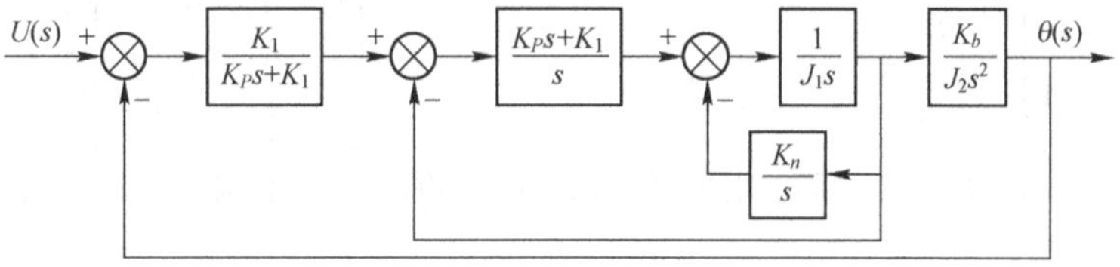

图 1.23　习题 1.3 图

1.4　已知系统微分方程如下，试写出系统的状态空间表达式，并画出模拟结构图。

1）$\ddot{y}-y=u$　　　　2）$\dddot{y}+2\dot{y}+4y=\ddot{u}+4\dot{u}+2u$

3）$\dddot{y}+4\ddot{y}+5\dot{y}+2y=\ddot{u}+5\dot{u}+4u$　　　　4）$\dddot{y}+3\ddot{y}+3\dot{y}+y=3u$

1.5　已知系统传递函数如下，试画出串联形式的模拟结构图，并建立系统的状态空间表达式。

1）$W(s)=\dfrac{s^2+4s+3}{s^3+3s^2-10s-24}$　　　　2）$W(s)=\dfrac{s^3+2s^2+3s+1}{s^3+s^2-8s-12}$

1.6　系统状态空间表达式为

$$\begin{cases}\dot{\boldsymbol{x}}=\begin{bmatrix}0 & 1\\ -2 & -3\end{bmatrix}\boldsymbol{x}+\begin{bmatrix}2\\ 0\end{bmatrix}u\\ y=\begin{bmatrix}1 & 1\end{bmatrix}\boldsymbol{x}\end{cases}$$

试求系统的传递函数（矩阵）。

1.7　已知两子系统的传递函数矩阵为

$$\boldsymbol{W}_1(s)=\begin{bmatrix}\dfrac{s+1}{s(s+2)} & 0\\ 0 & \dfrac{s+2}{s+1}\end{bmatrix},\quad \boldsymbol{W}_2(s)=\begin{bmatrix}0 & \dfrac{1}{s(s+3)}\\ \dfrac{1}{(s+1)(s+2)} & 1\end{bmatrix}$$

试求子系统并联时的系统传递函数矩阵。

1.8 已知两子系统的传递函数矩阵为

$$\boldsymbol{W}_1(s)=\begin{bmatrix}0 & \dfrac{1}{s(s+2)}\\ \dfrac{1}{s+1} & 0\end{bmatrix},\quad \boldsymbol{W}_2(s)=\begin{bmatrix}0 & \dfrac{1}{s+3}\\ \dfrac{1}{s+1} & 0\end{bmatrix}$$

试求子系统串联时的系统传递函数矩阵。

1.9 设前向传递函数矩阵 $\boldsymbol{W}(s)$ 与反馈传递函数矩阵 $\boldsymbol{H}(s)$ 为

$$\boldsymbol{W}(s)=\begin{bmatrix}\dfrac{1}{s+1} & 1\\ 2 & \dfrac{1}{s+2}\end{bmatrix},\quad \boldsymbol{H}(s)=\begin{bmatrix}1 & -1\\ 0 & 1\end{bmatrix}$$

试求负反馈系统的传递函数矩阵。

1.10 试将下列状态方程化为对角规范型。

1) $\dot{\boldsymbol{x}}=\begin{bmatrix}-2 & 1\\ 1 & -2\end{bmatrix}\boldsymbol{x}+\begin{bmatrix}0\\ 1\end{bmatrix}u$

2) $\dot{\boldsymbol{x}}=\begin{bmatrix}0 & 1 & 0\\ 0 & 0 & 1\\ -12 & -7 & -6\end{bmatrix}\boldsymbol{x}+\begin{bmatrix}2 & 3\\ 0 & 1\\ 1 & 0\end{bmatrix}\boldsymbol{u}$

1.11 试将下列状态方程化为约当规范型。

1) $\dot{\boldsymbol{x}}=\begin{bmatrix}0 & 1\\ -4 & -4\end{bmatrix}\boldsymbol{x}+\begin{bmatrix}0\\ 1\end{bmatrix}u$

2) $\dot{\boldsymbol{x}}=\begin{bmatrix}0 & 0 & -4\\ 1 & 0 & 0\\ 0 & 1 & 3\end{bmatrix}\boldsymbol{x}+\begin{bmatrix}1 & -1\\ 2 & 1\\ 1 & 1\end{bmatrix}\boldsymbol{u}$

1.12 已知系统传递函数如下，试画出并联形式的模拟结构图，并建立系统的状态空间表达式。

1) $W(s)=\dfrac{s+2}{(s+1)(s+3)}$

2) $W(s)=\dfrac{s+3}{s(s+1)(s+2)^2}$

1.13 已知离散系统的差分方程为

$$y(k+3)+3y(k+2)+5y(k+1)+y(k)=u(k+1)+2u(k)$$

试求系统的状态空间表达式。

1.14 已知差分方程为

$$y(k+2)+3y(k+1)+2y(k)=2u(k+1)+3u(k)$$

试写出其离散状态空间表达式，并使输入矩阵 $\boldsymbol{b}$ 为如下形式：

1) $\boldsymbol{b}=\begin{bmatrix}0\\ 1\end{bmatrix}$

2) $\boldsymbol{b}=\begin{bmatrix}1\\ 1\end{bmatrix}$

1.15 已知非线性系统的微分方程为

$$\begin{cases}\dot{x}_1=-x_2+x_1x_2+2u\\ \dot{x}_2=x_1-x_1x_2\\ y=x_1^2+x_2^2\end{cases}$$

试求其在 $\boldsymbol{x}_0=\boldsymbol{0}$，$u=0$ 处局部线性化后的状态空间表达式。

第 2 章　线性系统的运动分析

学习目标

2.1　理解线性系统的定量分析方法，即状态方程的求解。

2.2　掌握状态转移矩阵（或矩阵指数函数）的定义和性质，并能够进行基本的推理和计算。

2.3　能够通过定义、线性变换、拉普拉斯变换和凯莱-哈密顿定理等方法，实现状态转移矩阵的求解。

2.4　掌握状态方程解的物理含义，能够对齐次状态方程、典型输入信号作用下的非齐次状态方程进行求解。

2.5　能够比照连续系统，通过迭代法和 Z 变换方法对离散系统的状态方程进行求解。

2.6　理解离散系统的工作状态和连续系统离散化时需满足的条件，能够采用精确离散化和近似离散化两种方法获取连续系统离散化后的状态空间表达式。

2.7　了解 MATLAB 在线性系统动态分析中的应用。

第 1 章讨论了系统状态空间模型的建立，得到了系统的数学模型——状态空间表达式，下一步就要分析系统的模型。系统的运动分析就是研究动态系统的行为和特性，动态系统的运动分析就是在已知系统状态空间描述的基础上，研究由输入激励和初始状态影响所引起的系统状态运动或输出响应，实质上就是求解系统的状态方程并分析解的性质，以解析形式或数值形式得出系统状态的变化规律，进而得到系统输出的变化规律。状态空间分析法是现代控制理论的主要分析方法，其直接将系统的微分方程或差分方程转化为描述系统输入、输出与内部状态关系的状态空间模型，进而运用矩阵方法解得状态向量 $\boldsymbol{x}(t)$ 或输出向量 $\boldsymbol{y}(t)$，所以这种分析方法也属于定量分析。

本章将讨论使用状态空间分析法对线性定常系统、线性时变系统、线性离散系统进行定量分析，在给定系统的输入信号和初始状态下，求解状态空间表达式的解，并应用 MATLAB 软件进行数值求解。

2.1　线性定常系统状态方程的解

一般形式的线性定常系统状态方程如下式所示：

$$\begin{cases}\dot{\boldsymbol{x}}=\boldsymbol{A}\boldsymbol{x}+\boldsymbol{B}\boldsymbol{u}\\ \boldsymbol{x}(t)\big|_{t=t_0}=\boldsymbol{x}(t_0)\end{cases} \tag{2.1}$$

式中，$\boldsymbol{x}\in\mathbf{R}^n$ 为系统状态向量；$\boldsymbol{u}\in\mathbf{R}^r$ 为系统输入向量；$\boldsymbol{A}\in\mathbf{R}^{n\times n}$ 为系统矩阵；$\boldsymbol{B}\in\mathbf{R}^{n\times r}$ 为控制输入矩阵。$\boldsymbol{x}(t_0)$ 为 n 维状态向量在初始时刻 $t=t_0$ 的初值。此时，该线性定常系统状态方程有唯一解。

齐次状态方程的解

2.1.1　齐次状态方程的解

线性定常系统齐次状态方程是指系统的控制输入为零时的状态方程，它描述了系统只受初

始状态影响时状态的演变情况，即系统状态自由运动的情况。此时，式（2.1）变为齐次状态方程

$$\begin{cases}\dot{\boldsymbol{x}}=\boldsymbol{A}\boldsymbol{x}\\ \boldsymbol{x}(t)\big|_{t=t_0}=\boldsymbol{x}(t_0)\end{cases} \tag{2.2}$$

式（2.2）的解 $\boldsymbol{x}(t)$ $(t\geqslant t_0)$ 称为系统自由运动的解或零输入响应。下面对该齐次状态方程进行求解。

解：按照标量微分方程解的计算方法，设式（2.2）的解可表示为如下的向量幂级数形式，即

$$\boldsymbol{x}(t)=\boldsymbol{b}_0+\boldsymbol{b}_1(t-t_0)+\boldsymbol{b}_2(t-t_0)^2+\cdots+\boldsymbol{b}_k(t-t_0)^k+\cdots \tag{2.3}$$

式中，$\boldsymbol{b}_k(k=0,1,2,\cdots)$ 均为列向量。

将式（2.3）代入式（2.2），得

$$\begin{aligned}&\boldsymbol{b}_1+2\boldsymbol{b}_2(t-t_0)+\cdots+k\boldsymbol{b}_k(t-t_0)^{k-1}+\cdots\\&=\boldsymbol{A}[\boldsymbol{b}_0+\boldsymbol{b}_1(t-t_0)+\boldsymbol{b}_2(t-t_0)^2+\cdots+\boldsymbol{b}_k(t-t_0)^k+\cdots]\end{aligned} \tag{2.4}$$

若所设解为真实解，则式（2.4）等号两边相同幂次项系数应相等，即

$$\begin{cases}\boldsymbol{b}_1=\boldsymbol{A}\boldsymbol{b}_0\\ \boldsymbol{b}_2=\dfrac{1}{2}\boldsymbol{A}\boldsymbol{b}_1=\dfrac{1}{2!}\boldsymbol{A}^2\boldsymbol{b}_0\\ \boldsymbol{b}_3=\dfrac{1}{3}\boldsymbol{A}\boldsymbol{b}_2=\dfrac{1}{3!}\boldsymbol{A}^3\boldsymbol{b}_0\\ \quad\vdots\\ \boldsymbol{b}_k=\dfrac{1}{k!}\boldsymbol{A}^k\boldsymbol{b}_0\end{cases} \tag{2.5}$$

将初始条件 $\boldsymbol{x}(t)\big|_{t=t_0}=\boldsymbol{x}(t_0)$ 代入式（2.3），得

$$\boldsymbol{x}(t_0)=\boldsymbol{b}_0 \tag{2.6}$$

将式（2.5）、式（2.6）代入式（2.3），得

$$\boldsymbol{x}(t)=\left[\boldsymbol{I}+\boldsymbol{A}(t-t_0)+\frac{1}{2!}\boldsymbol{A}^2(t-t_0)^2+\cdots+\frac{1}{k!}\boldsymbol{A}^k(t-t_0)^k+\cdots\right]\boldsymbol{x}_0 \tag{2.7}$$

又由于标量指数函数 $\mathrm{e}^{a(t-t_0)}$ 可展开为泰勒级数，即

$$\mathrm{e}^{a(t-t_0)}=1+a(t-t_0)+\frac{1}{2!}a^2(t-t_0)^2+\cdots+\frac{1}{k!}a^k(t-t_0)^k+\cdots \tag{2.8}$$

式（2.7）等号右边括号内的展开式是 $n\times n$ 矩阵，对照式（2.8），定义它为矩阵指数函数 $\mathrm{e}^{\boldsymbol{A}(t-t_0)}$，即

$$\mathrm{e}^{\boldsymbol{A}(t-t_0)}=\boldsymbol{I}+\boldsymbol{A}(t-t_0)+\frac{1}{2!}\boldsymbol{A}^2(t-t_0)^2+\cdots+\frac{1}{k!}\boldsymbol{A}^k(t-t_0)^k+\cdots \tag{2.9}$$

则线性定常系统齐次状态方程式（2.2）的解可用矩阵指数函数 $\mathrm{e}^{\boldsymbol{A}(t-t_0)}$ 表示为

$$\boldsymbol{x}(t)=\mathrm{e}^{\boldsymbol{A}(t-t_0)}\boldsymbol{x}(t_0),\quad t\geqslant t_0 \tag{2.10a}$$

如果初始时间 $t_0=0$，即初始状态为 $\boldsymbol{x}(0)=\boldsymbol{x}_0$，则用 $t=0$ 替代 $t=t_0$，可以得到

$$\boldsymbol{x}(t)=\mathrm{e}^{\boldsymbol{A}t}\boldsymbol{x}_0,\quad t\geqslant 0 \tag{2.10b}$$

式（2.10a）表明，线性定常系统在无输入作用，即 $\boldsymbol{u}\equiv\boldsymbol{0}$ 时，任一时刻 t 的状态 $\boldsymbol{x}(t)$ 均是由起始时刻 t_0 的初始状态 $\boldsymbol{x}(t_0)$ 在 $(t-t_0)$ 时间内通过指数函数矩阵 $\mathrm{e}^{\boldsymbol{A}(t-t_0)}$ 演化而来的。因此，

将指数函数矩阵 $e^{A(t-t_0)}$ 称为状态转移矩阵，并记为

$$e^{A(t-t_0)}=\boldsymbol{\Phi}(t-t_0) \tag{2.11}$$

状态转移矩阵是现代控制理论最重要的概念之一，由此可将齐次状态方程的解表达为统一的形式，即

$$\boldsymbol{x}(t)=\boldsymbol{\Phi}(t-t_0)\boldsymbol{x}(t_0) \tag{2.12}$$

式（2.12）的物理意义是，自由运动的解仅是初始状态的转移，状态转移矩阵包含系统自由运动的全部信息，它唯一决定了系统中各状态变量的自由运动。利用状态转移矩阵，可以根据任意指定的初始时刻状态向量 $\boldsymbol{x}(t_0)$ 求得任意时刻 t 的状态向量 $\boldsymbol{x}(t)$。因此，在求解矩阵微分方程时，只要知道任意时刻的初始条件，就可以在这段时间内求解，这是利用状态空间表示动态系统的又一个优点。因为在经典控制理论中，高阶微分方程描述的系统在求解时对初始条件的处理是很麻烦的，一般都假定初始时刻 $t=0$ 时，初始条件也为零。即从零初始条件出发，计算系统的输出响应。

2.1.2 状态转移矩阵的运算性质

状态转移矩阵的运算性质

1. 性质一

$$\boldsymbol{\Phi}(0)=\boldsymbol{I}$$

证明：由状态转移矩阵的定义可知

$$\boldsymbol{\Phi}(t)=e^{\boldsymbol{A}t}=\boldsymbol{I}+\boldsymbol{A}t+\frac{\boldsymbol{A}^2}{2!}t^2+\cdots+\frac{\boldsymbol{A}^k}{k!}t^k+\cdots$$

令 $t=0$

$$\boldsymbol{\Phi}(0)=e^{\boldsymbol{A}0}=\boldsymbol{I}$$

2. 性质二

$$\dot{\boldsymbol{\Phi}}(t)=\boldsymbol{A}\boldsymbol{\Phi}(t)=\boldsymbol{\Phi}(t)\boldsymbol{A}$$

证明：

$$\dot{\boldsymbol{\Phi}}(t)=\frac{d(e^{\boldsymbol{A}t})}{dt}=\frac{d\left(\boldsymbol{I}+\boldsymbol{A}t+\frac{\boldsymbol{A}^2}{2!}t^2+\cdots+\frac{\boldsymbol{A}^k}{k!}t^k+\cdots\right)}{dt}$$

$$=\boldsymbol{A}+\boldsymbol{A}^2t+\cdots+\frac{\boldsymbol{A}^k}{(k-1)!}t^{k-1}+\frac{\boldsymbol{A}^{k+1}}{k!}t^k+\cdots=\boldsymbol{A}\boldsymbol{\Phi}(t)=\boldsymbol{\Phi}(t)\boldsymbol{A}$$

这一性质表明 $\boldsymbol{\Phi}(t)=e^{\boldsymbol{A}t}$ 满足齐次状态方程 $\dot{\boldsymbol{x}}=\boldsymbol{A}\boldsymbol{x}$，且 $\boldsymbol{A}\boldsymbol{\Phi}(t)$ 与 $\boldsymbol{\Phi}(t)\boldsymbol{A}$ 满足交换律。

注意：对于存在矩阵 $\boldsymbol{A}\in\mathbf{R}^{n\times n}$，$\boldsymbol{B}\in\mathbf{R}^{n\times n}$，当且仅当 $\boldsymbol{AB}=\boldsymbol{BA}$ 时，有 $e^{\boldsymbol{A}t}e^{\boldsymbol{B}t}=e^{(\boldsymbol{A}+\boldsymbol{B})t}$。当 $\boldsymbol{AB}\neq\boldsymbol{BA}$ 时，$e^{\boldsymbol{A}t}e^{\boldsymbol{B}t}\neq e^{(\boldsymbol{A}+\boldsymbol{B})t}$。这说明，若矩阵 $\boldsymbol{A}$ 和 $\boldsymbol{B}$ 是可交换的，则它们各自的矩阵指数函数之积与其和的矩阵指数函数等价。

证明：根据定义可得

$$e^{(\boldsymbol{A}+\boldsymbol{B})t}=\boldsymbol{I}+(\boldsymbol{A}+\boldsymbol{B})t+\frac{1}{2!}(\boldsymbol{A}+\boldsymbol{B})^2t^2+\frac{1}{3!}(\boldsymbol{A}+\boldsymbol{B})^3t^3+\cdots$$

$$=\boldsymbol{I}+(\boldsymbol{A}+\boldsymbol{B})t+\frac{1}{2!}(\boldsymbol{A}+\boldsymbol{B})(\boldsymbol{A}+\boldsymbol{B})t^2+\frac{1}{3!}(\boldsymbol{A}+\boldsymbol{B})(\boldsymbol{A}+\boldsymbol{B})(\boldsymbol{A}+\boldsymbol{B})t^3+\cdots$$

$$=\boldsymbol{I}+(\boldsymbol{A}+\boldsymbol{B})t+\frac{1}{2!}(\boldsymbol{A}^2+\boldsymbol{AB}+\boldsymbol{BA}+\boldsymbol{B}^2)t^2$$

$$+\frac{1}{3!}(\boldsymbol{A}^3+\boldsymbol{A}^2\boldsymbol{B}+\boldsymbol{ABA}+\boldsymbol{AB}^2+\boldsymbol{BA}^2+\boldsymbol{BAB}+\boldsymbol{B}^2\boldsymbol{A}+\boldsymbol{B}^3)t^3+\cdots$$

$$e^{At}e^{Bt}=\left(I+At+\frac{1}{2!}A^2t^2+\frac{1}{3!}A^3t^3+\cdots\right)\left(I+Bt+\frac{1}{2!}B^2t^2+\frac{1}{3!}B^3t^3+\cdots\right)$$

$$=I+(A+B)t+\frac{1}{2!}(A^2+2AB+B^2)t^2+\left(\frac{1}{3!}A^3+\frac{1}{2!}A^2B+\frac{1}{2!}AB^2+\frac{1}{3!}B^3\right)t^3+\cdots$$

两式相减，得

$$e^{(A+B)t}-e^{At}e^{Bt}=\frac{1}{2!}(BA-AB)t^2+\frac{1}{3!}(BA^2+ABA+B^2A+BAB-2A^2B-2AB^2)t^3+\cdots$$

显然，只有当 $AB=BA$ 时，才有 $e^{(A+B)t}-e^{At}e^{Bt}=0$，即：$e^{(A+B)t}=e^{At}e^{Bt}$，否则，$e^{(A+B)t}\neq e^{At}e^{Bt}$。

3. 性质三

$$\boldsymbol{\Phi}(t)\boldsymbol{\Phi}(\tau)=\boldsymbol{\Phi}(t+\tau)$$

证明：

$$\begin{aligned}\boldsymbol{\Phi}(t)\boldsymbol{\Phi}(\tau)&=e^{At}e^{A\tau}\\&=\left(I+At+\frac{A^2}{2!}t^2+\cdots+\frac{A^k}{k!}t^k+\cdots\right)\times\\&\quad\left(I+A\tau+\frac{A^2}{2!}\tau^2+\cdots+\frac{A^k}{k!}\tau^k+\cdots\right)\\&=\sum_{k=0}^{\infty}A^k\left(\sum_{i=0}^{k}\frac{t^i}{i!}\frac{\tau^{k-i}}{(k-i)!}\right)\end{aligned}$$

由二项式定理，有

$$(t+\tau)^k=\sum_{i=0}^{k}\frac{k!}{i!\,(k-i)!}t^i\tau^{(k-i)}$$

故

$$\boldsymbol{\Phi}(t)\boldsymbol{\Phi}(\tau)=e^{At}e^{A\tau}=\sum_{k=0}^{\infty}\left(\sum_{i=0}^{k}\frac{t^i}{i!}\frac{\tau^{k-i}}{(k-i)!}\right)=e^{A(t+\tau)}=\boldsymbol{\Phi}(t+\tau)$$

这一性质表明，状态转移矩阵具有分解性。由分解性易推知，当 n 为整数时，$\boldsymbol{\Phi}(nt)=[\boldsymbol{\Phi}(t)]^n$。

4. 性质四

$$[\boldsymbol{\Phi}(t)]^{-1}=\boldsymbol{\Phi}(-t)$$

证明：由状态转移矩阵的分解性，有

$$\boldsymbol{\Phi}(t)\boldsymbol{\Phi}(-t)=\boldsymbol{\Phi}(t-t)=\boldsymbol{\Phi}(0)=e^{A0}=I$$

$$\boldsymbol{\Phi}(-t)\boldsymbol{\Phi}(t)=\boldsymbol{\Phi}(-t+t)=\boldsymbol{\Phi}(0)=e^{A0}=I$$

又由逆矩阵定义得

$$[\boldsymbol{\Phi}(t)]^{-1}=\boldsymbol{\Phi}(-t)\text{或}[\boldsymbol{\Phi}(-t)]^{-1}=\boldsymbol{\Phi}(t)$$

这一性质表明，状态转移矩阵非奇异，系统状态的转移是双向、可逆的。t 时刻的状态 $\boldsymbol{x}(t)$ 由初始状态 $\boldsymbol{x}(0)$ 在时间 t 内通过状态转移矩阵 $\boldsymbol{\Phi}(t)$ 转移得到，即 $\boldsymbol{x}(t)=\boldsymbol{\Phi}(t)\boldsymbol{x}(0)$；同样，$\boldsymbol{x}(0)$ 也可由 $\boldsymbol{x}(t)$ 通过 $\boldsymbol{\Phi}(t)$ 的逆转移而来，即 $\boldsymbol{x}(0)=\boldsymbol{\Phi}(-t)\boldsymbol{x}(t)$。

5. 性质五

$$\boldsymbol{\Phi}(t_2-t_1)\boldsymbol{\Phi}(t_1-t_0)=\boldsymbol{\Phi}(t_2-t_0)$$

证明：由状态转移矩阵的分解性，得

$$\boldsymbol{\Phi}(t_2-t_1)\boldsymbol{\Phi}(t_1-t_0)=\boldsymbol{\Phi}(t_2)\boldsymbol{\Phi}(-t_1)\boldsymbol{\Phi}(t_1)\boldsymbol{\Phi}(-t_0)=\boldsymbol{\Phi}(t_2)\boldsymbol{\Phi}(-t_1+t_1)\boldsymbol{\Phi}(-t_0)$$
$$=\boldsymbol{\Phi}(t_2)\boldsymbol{I}\boldsymbol{\Phi}(-t_0)=\boldsymbol{\Phi}(t_2-t_0)$$

这一性质表明，系统状态的转移具有传递性，t_0 至 t_2 的状态转移等于 t_0 至 t_1、t_1 至 t_2 分段转移的累积。其几何意义用二维状态向量表示，如图 2.1 所示。

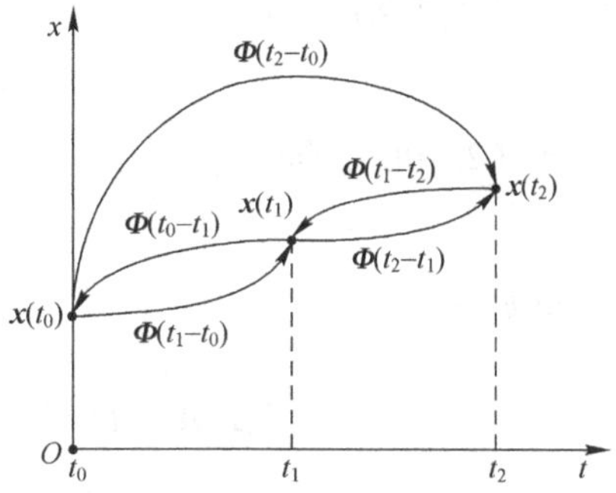

图 2.1　状态转移轨迹图

【例 2.1】 试判断下面矩阵是否满足状态转移矩阵的条件，如果满足，试求与之对应的系统矩阵 $\boldsymbol{A}$。

$$\boldsymbol{\Phi}(t)=\begin{bmatrix} 2e^{-t}-e^{-2t} & e^{-t}-e^{-2t} \\ -2e^{-t}+2e^{-2t} & -e^{-t}+2e^{-2t} \end{bmatrix}$$

解： 主要通过性质一、性质四判断矩阵是否满足状态转移矩阵的条件

$$\boldsymbol{\Phi}(0)=\boldsymbol{I}$$

$$\boldsymbol{\Phi}(t)\boldsymbol{\Phi}(-t)=\begin{bmatrix} 2e^{-t}-e^{-2t} & e^{-t}-e^{-2t} \\ -2e^{-t}+2e^{-2t} & -e^{-t}+2e^{-2t} \end{bmatrix}\begin{bmatrix} 2e^{t}-e^{2t} & e^{t}-e^{2t} \\ -2e^{t}+2e^{2t} & -e^{t}+2e^{2t} \end{bmatrix}=\boldsymbol{I}$$

故该矩阵满足状态转移矩阵条件。

由线性定常系统状态转移矩阵的运算性质 $\dot{\boldsymbol{\Phi}}(t)\big|_{t=0}=\boldsymbol{A}$，有

$$\boldsymbol{A}=\begin{bmatrix} -2e^{-t}+2e^{-2t} & -e^{-t}+2e^{-2t} \\ 2e^{-t}-4e^{-2t} & e^{-t}-4e^{-2t} \end{bmatrix}\Bigg|_{t=0}=\begin{bmatrix} 0 & 1 \\ -2 & -3 \end{bmatrix}$$

2.1.3　状态转移矩阵的计算方法

状态转移矩阵的计算方法

1. 级数展开法

直接根据状态转移矩阵的定义式计算，即

$$e^{\boldsymbol{A}t}=\boldsymbol{I}+\boldsymbol{A}t+\frac{\boldsymbol{A}^2}{2!}t^2+\cdots+\frac{\boldsymbol{A}^k}{k!}t^k+\cdots=\sum_{k=0}^{\infty}\frac{1}{k!}\boldsymbol{A}^k t^k \tag{2.13}$$

级数展开法具有编程简单、适合于计算机数值求解的优点，但若采用手工计算，因需对无穷级数求和，难以获得解析表达式。

【例 2.2】 已知 $\boldsymbol{A}=\begin{bmatrix} -3 & 1 \\ 1 & -3 \end{bmatrix}$，试用级数展开法求 $e^{\boldsymbol{A}t}$。

解： 根据定义有

$$\boldsymbol{\Phi}(t)=e^{\boldsymbol{A}t}=\begin{bmatrix} 1 & 0 \\ 0 & 1 \end{bmatrix}+\begin{bmatrix} -3 & 1 \\ 1 & -3 \end{bmatrix}t+\frac{1}{2!}\begin{bmatrix} -3 & 1 \\ 1 & -3 \end{bmatrix}^2 t^2+\cdots$$

$$\boldsymbol{\Phi}(t)=\begin{bmatrix} 1-3t+5t^2+\cdots & t-3t^2+\cdots \\ t-3t^2+\cdots & 1-3t+5t^2+\cdots \end{bmatrix}$$

2. 拉普拉斯反变换法

$$e^{\boldsymbol{A}t}=\boldsymbol{\Phi}(t)=L^{-1}[(s\boldsymbol{I}-\boldsymbol{A})^{-1}] \tag{2.14}$$

证明： 已知齐次微分方程为

$$\dot{\boldsymbol{x}}(t)=\boldsymbol{A}\boldsymbol{x}(t),\quad \boldsymbol{x}(0)=\boldsymbol{x}_0$$

两边进行拉普拉斯变换，得

$$sX(s)-X_0=AX(s)\Rightarrow X(s)=(sI-A)^{-1}X_0$$

取拉普拉斯反变换，有

$$x(t)=L^{-1}[(sI-A)^{-1}]x_0$$

对比式（2.10b），即

$$e^{At}=L^{-1}[(sI-A)^{-1}]$$

事实上

$$(sI-A)[L(e^{At})]=(sI-A)\left(\frac{I}{s}+\frac{A}{s^2}+\frac{A^2}{s^3}+\cdots+\frac{A^k}{s^{k+1}}+\cdots\right)=I$$

故$(sI-A)$的逆一定存在，即

$$(sI-A)^{-1}=\frac{I}{s}+\frac{A}{s^2}+\frac{A^2}{s^3}+\cdots+\frac{A^k}{s^{k+1}}+\cdots$$

则

$$L^{-1}[(sI-A)^{-1}]=I+At+\frac{A^2}{2!}t^2+\cdots+\frac{A^k}{k!}t^k+\cdots=e^{At}$$

【例 2.3】 已知 $A=\begin{bmatrix}-3 & 1\\ 1 & -3\end{bmatrix}$，试用拉普拉斯反变换法求 e^{At}。

解： 用拉普拉斯反变换法求解，得

$$sI-A=\begin{bmatrix}s+3 & -1\\ -1 & s+3\end{bmatrix}$$

$$\begin{aligned}(sI-A)^{-1}&=\frac{1}{|sI-A|}\mathrm{adj}(sI-A)\\&=\frac{1}{(s+2)(s+4)}\begin{bmatrix}s+3 & 1\\ 1 & s+3\end{bmatrix}\\&=\begin{bmatrix}\frac{(s+3)}{(s+2)(s+4)} & \frac{1}{(s+2)(s+4)}\\ \frac{1}{(s+2)(s+4)} & \frac{(s+3)}{(s+2)(s+4)}\end{bmatrix}\\&=\frac{1}{2}\begin{bmatrix}\frac{1}{s+2}+\frac{1}{s+4} & \frac{1}{s+2}-\frac{1}{s+4}\\ \frac{1}{s+2}-\frac{1}{s+4} & \frac{1}{s+2}+\frac{1}{s+4}\end{bmatrix}\end{aligned}$$

所以

$$e^{At}=L^{-1}[(sI-A)^{-1}]=\frac{1}{2}\begin{bmatrix}e^{-2t}+e^{-4t} & e^{-2t}-e^{-4t}\\ e^{-2t}-e^{-4t} & e^{-2t}+e^{-4t}\end{bmatrix}$$

3. 利用规范型及线性变换计算

（1）若 n 阶方阵 A 的特征值为 $\lambda_1,\lambda_2,\cdots,\lambda_n$，且互异时

设 $P=[p_1 \quad p_2 \quad \cdots \quad p_n]$是使 A 变换为对角矩阵的变换矩阵，即 $\Lambda=P^{-1}AP$。其中列向量 p_i 为对应 λ_i 的特征向量，即 $AP_i=\lambda_i P_i$，Λ 是由 A 的特征值组成的对角矩阵，则有

$$\boldsymbol{A}=\boldsymbol{P\Lambda P}^{-1}=\boldsymbol{P}\begin{bmatrix}\lambda_1 & 0 & \cdots & 0\\ 0 & \lambda_2 & \cdots & 0\\ \vdots & \vdots & & \vdots\\ 0 & 0 & \cdots & \lambda_n\end{bmatrix}\boldsymbol{P}^{-1} \tag{2.15}$$

$$\mathrm{e}^{\boldsymbol{A}t}=\boldsymbol{P}\mathrm{e}^{\boldsymbol{\Lambda}t}\boldsymbol{P}^{-1}=\boldsymbol{P}\begin{bmatrix}\mathrm{e}^{\lambda_1 t} & 0 & \cdots & 0\\ 0 & \mathrm{e}^{\lambda_2 t} & \cdots & 0\\ \vdots & \vdots & & \vdots\\ 0 & 0 & \cdots & \mathrm{e}^{\lambda_n t}\end{bmatrix}\boldsymbol{P}^{-1} \tag{2.16}$$

证明：因为 $\mathrm{e}^{\boldsymbol{A}t}=\sum_{k=0}^{\infty}\frac{1}{k!}\boldsymbol{A}^k t^k$，所以

$$\boldsymbol{P}^{-1}\mathrm{e}^{\boldsymbol{A}t}\boldsymbol{P}=\boldsymbol{P}^{-1}\left(\sum_{k=0}^{\infty}\frac{1}{k!}\boldsymbol{A}^k t^k\right)\boldsymbol{P}=\sum_{k=0}^{\infty}\frac{1}{k!}\boldsymbol{P}^{-1}\boldsymbol{A}^k\boldsymbol{P}t^k \tag{2.17}$$

又有

$$\boldsymbol{\Lambda}=\boldsymbol{P}^{-1}\boldsymbol{AP}$$

则

$$\boldsymbol{P}^{-1}\boldsymbol{A}^2\boldsymbol{P}=\boldsymbol{P}^{-1}\boldsymbol{AAP}=\boldsymbol{P}^{-1}\boldsymbol{A}(\boldsymbol{PP}^{-1})\boldsymbol{AP}=(\boldsymbol{P}^{-1}\boldsymbol{AP})(\boldsymbol{P}^{-1}\boldsymbol{AP})=\boldsymbol{\Lambda}^2$$

推广得

$$\boldsymbol{P}^{-1}\boldsymbol{A}^k\boldsymbol{P}=\boldsymbol{\Lambda}^k \tag{2.18}$$

代入式（2.17）得

$$\boldsymbol{P}^{-1}\mathrm{e}^{\boldsymbol{A}t}\boldsymbol{P}=\sum_{k=0}^{\infty}\frac{1}{k!}\boldsymbol{P}^{-1}\boldsymbol{A}^k\boldsymbol{P}t^k=\sum_{k=0}^{\infty}\frac{1}{k!}\boldsymbol{\Lambda}^k t^k=\mathrm{e}^{\boldsymbol{\Lambda}t}$$

$$=\begin{bmatrix}1 & 0 & \cdots & 0\\ 0 & 1 & \cdots & 0\\ \vdots & \vdots & & \vdots\\ 0 & 0 & \cdots & 1\end{bmatrix}+\begin{bmatrix}\lambda_1 t & 0 & \cdots & 0\\ 0 & \lambda_2 t & \cdots & 0\\ \vdots & \vdots & & \vdots\\ 0 & 0 & \cdots & \lambda_n t\end{bmatrix}+\cdots+\frac{1}{k!}\begin{bmatrix}\lambda_1^k t^k & 0 & \cdots & 0\\ 0 & \lambda_2^k t^k & \cdots & 0\\ \vdots & \vdots & & \vdots\\ 0 & 0 & \cdots & \lambda_n^k t^k\end{bmatrix}+\cdots$$

$$=\begin{bmatrix}\sum_{k=0}^{\infty}\frac{1}{k!}\lambda_1^k t^k & 0 & \cdots & 0\\ 0 & \sum_{k=0}^{\infty}\frac{1}{k!}\lambda_2^k t^k & \cdots & 0\\ \vdots & \vdots & & \vdots\\ 0 & 0 & \cdots & \sum_{k=0}^{\infty}\frac{1}{k!}\lambda_3^k t^k\end{bmatrix}=\begin{bmatrix}\mathrm{e}^{\lambda_1 t} & 0 & \cdots & 0\\ 0 & \mathrm{e}^{\lambda_2 t} & \cdots & 0\\ \vdots & \vdots & & \vdots\\ 0 & 0 & \cdots & \mathrm{e}^{\lambda_n t}\end{bmatrix}$$

则

$$\mathrm{e}^{\boldsymbol{A}t}=\boldsymbol{P}\mathrm{e}^{\boldsymbol{\Lambda}t}\boldsymbol{P}^{-1}=\boldsymbol{P}\begin{bmatrix}\mathrm{e}^{\lambda_1 t} & 0 & \cdots & 0\\ 0 & \mathrm{e}^{\lambda_2 t} & \cdots & 0\\ \vdots & \vdots & & \vdots\\ 0 & 0 & \cdots & \mathrm{e}^{\lambda_n t}\end{bmatrix}\boldsymbol{P}^{-1}$$

式（2.16）得证。

【例 2.4】 已知 $\boldsymbol{A}=\begin{bmatrix}-3 & 1\\ 1 & -3\end{bmatrix}$，试用规范型及线性变换法求 $\mathrm{e}^{\boldsymbol{A}t}$。

解：求 $\boldsymbol{A}$ 的特征值得

$$|\lambda \boldsymbol{I}-\boldsymbol{A}|=\begin{vmatrix}\lambda+3 & -1\\ -1 & \lambda+3\end{vmatrix}=\lambda^2+6\lambda+8=(\lambda+2)(\lambda+4)=0$$

故有

$$\lambda_1=-2,\quad \lambda_2=-4$$

特征值 $\lambda_1=-2$，$\lambda_2=-4$ 对应的特征向量为

$$\boldsymbol{p}_1=\begin{bmatrix}1\\1\end{bmatrix},\quad \boldsymbol{p}_2=\begin{bmatrix}1\\-1\end{bmatrix}$$

变换矩阵为

$$\boldsymbol{P}=\begin{bmatrix}1 & 1\\1 & -1\end{bmatrix},\quad \boldsymbol{P}^{-1}=\frac{1}{2}\begin{bmatrix}1 & 1\\1 & -1\end{bmatrix}$$

代入式（2.16），得

$$\mathrm{e}^{\boldsymbol{A}t}=\boldsymbol{P}\mathrm{e}^{\boldsymbol{\Lambda}t}\boldsymbol{P}^{-1}=\frac{1}{2}\begin{bmatrix}1 & 1\\1 & -1\end{bmatrix}\begin{bmatrix}\mathrm{e}^{-2t} & 0\\0 & \mathrm{e}^{-4t}\end{bmatrix}\begin{bmatrix}1 & 1\\1 & -1\end{bmatrix}=\frac{1}{2}\begin{bmatrix}\mathrm{e}^{-2t}+\mathrm{e}^{-4t} & \mathrm{c}^{-2t}-\mathrm{e}^{-4t}\\ \mathrm{e}^{-2t}-\mathrm{e}^{-4t} & \mathrm{e}^{-2t}+\mathrm{e}^{-4t}\end{bmatrix}$$

（2）若 n 阶方阵 $\boldsymbol{A}$ 有重特征值时

当 $\boldsymbol{A}$ 的独立特征向量个数小于 n 时，则存在非奇异变换矩阵 $\boldsymbol{P}$ 可将 $\boldsymbol{A}$ 化为约当型矩阵 $\boldsymbol{J}$。矩阵 $\boldsymbol{J}$ 是主对角线上为约当块的准对角阵，即

$$\boldsymbol{J}=\boldsymbol{P}^{-1}\boldsymbol{A}\boldsymbol{P}=\begin{bmatrix}\boldsymbol{J}_1 & & & \\ & \boldsymbol{J}_2 & & \\ & & \ddots & \\ & & & \boldsymbol{J}_n\end{bmatrix}$$

式中，$\boldsymbol{J}_i\in\mathbf{R}^{m\times m}(i=1,2,\cdots,n)$ 为 m 阶约当块，即

$$\boldsymbol{J}_i=\begin{bmatrix}\lambda_i & 1 & \cdots & 0\\ 0 & \lambda_i & \ddots & \vdots\\ \vdots & \vdots & \ddots & 1\\ 0 & 0 & \cdots & \lambda_i\end{bmatrix}_{m\times m},\quad i=1,2,\cdots,n$$

类似于对角阵，此时约当矩阵 $\boldsymbol{J}$ 对应的矩阵指数函数为

$$\mathrm{e}^{\boldsymbol{J}t}=\begin{bmatrix}\mathrm{e}^{\boldsymbol{J}_1t} & & & \\ & \mathrm{e}^{\boldsymbol{J}_2t} & & \\ & & \ddots & \\ & & & \mathrm{e}^{\boldsymbol{J}_nt}\end{bmatrix}$$

特殊地，若 λ 是 $\boldsymbol{A}$ 的 n 重根，则

$$\boldsymbol{J}=\begin{bmatrix}\lambda & 1 & & 0\\ & \lambda & 1 & \\ & & \ddots & 1\\ 0 & & & \lambda\end{bmatrix}=\boldsymbol{P}^{-1}\boldsymbol{A}\boldsymbol{P}$$

则对应的矩阵指数函数为

$$
e^{\boldsymbol{J}t}=e^{\lambda t}\begin{bmatrix}1 & t & \frac{1}{2!}t^2 & \cdots & \frac{1}{(n-1)!}t^{n-1}\\ 0 & 1 & t & \cdots & \frac{1}{(n-2)!}t^{n-2}\\ \vdots & \vdots & \vdots & & \vdots\\ 0 & 0 & 0 & \cdots & t\\ 0 & 0 & 0 & \cdots & 1\end{bmatrix} \tag{2.19}
$$

$$
e^{\boldsymbol{A}t}=\boldsymbol{P}e^{\boldsymbol{J}t}\boldsymbol{P}^{-1}=\boldsymbol{P}e^{\lambda t}\begin{bmatrix}1 & t & \frac{1}{2!}t^2 & \cdots & \frac{1}{(n-1)!}t^{n-1}\\ 0 & 1 & t & \cdots & \frac{1}{(n-2)!}t^{n-2}\\ \vdots & \vdots & \vdots & & \vdots\\ 0 & 0 & 0 & \cdots & t\\ 0 & 0 & 0 & \cdots & 1\end{bmatrix}\boldsymbol{P}^{-1} \tag{2.20}
$$

式中，$\boldsymbol{P}$ 为使 $\boldsymbol{A}$ 化为约当规范型的变换矩阵。

一般情况下，$\boldsymbol{A}$ 的特征值既有重根，又有单根，如 λ_1 为三重根，λ_2 为二重根，λ_3 为单根，矩阵 $\boldsymbol{A}$ 的约当规范型为

$$
\boldsymbol{A}=\boldsymbol{P}\begin{bmatrix}\boldsymbol{J}_1 & 0 & 0\\ 0 & \boldsymbol{J}_2 & 0\\ 0 & 0 & \boldsymbol{J}_3\end{bmatrix}\boldsymbol{P}^{-1}=\boldsymbol{P}\begin{bmatrix}\lambda_1 & 1 & 0 & 0 & 0 & 0\\ 0 & \lambda_1 & 1 & 0 & 0 & 0\\ 0 & 0 & \lambda_1 & 0 & 0 & 0\\ 0 & 0 & 0 & \lambda_2 & 1 & 0\\ 0 & 0 & 0 & 0 & \lambda_2 & 0\\ 0 & 0 & 0 & 0 & 0 & \lambda_3\end{bmatrix}\boldsymbol{P}^{-1}
$$

则矩阵指数函数 $e^{\boldsymbol{A}t}$的形式为

$$
e^{\boldsymbol{A}t}=\boldsymbol{P}\begin{bmatrix}e^{\boldsymbol{J}_1t} & 0 & 0\\ 0 & e^{\boldsymbol{J}_2t} & 0\\ 0 & 0 & e^{\lambda_3t}\end{bmatrix}\boldsymbol{P}^{-1}=\boldsymbol{P}\begin{bmatrix}e^{\lambda_1t} & te^{\lambda_1t} & \frac{1}{2}t^2e^{\lambda_1t} & 0 & 0 & 0\\ 0 & e^{\lambda_1t} & te^{\lambda_1t} & 0 & 0 & 0\\ 0 & 0 & e^{\lambda_1t} & 0 & 0 & 0\\ 0 & 0 & 0 & e^{\lambda_2t} & te^{\lambda_2t} & 0\\ 0 & 0 & 0 & 0 & e^{\lambda_2t} & 0\\ 0 & 0 & 0 & 0 & 0 & e^{\lambda_3t}\end{bmatrix}\boldsymbol{P}^{-1}
$$

【例 2.5】 已知 $\boldsymbol{A}=\begin{bmatrix}0 & 1 & 0\\ 0 & 0 & 1\\ 2 & 3 & 0\end{bmatrix}$，试用规范型及线性变换法求 $e^{\boldsymbol{A}t}$。

解： $\boldsymbol{A}$ 的特征值 λ 为

$$
|\lambda\boldsymbol{I}-\boldsymbol{A}|=\begin{vmatrix}\lambda & -1 & 0\\ 0 & \lambda & -1\\ -2 & -3 & \lambda\end{vmatrix}=\lambda^3-3\lambda-2=(\lambda+1)^2(\lambda-2)=0
$$

$$
\lambda_{1,2}=-1,\quad \lambda_3=2
$$

由特征值构成一个约当规范型矩阵 $\boldsymbol{J}$，可由式（2.19）得到 e^{Jt}：

$$\boldsymbol{J}=\begin{bmatrix}-1 & 1 & 0\\ 0 & -1 & 0\\ 0 & 0 & 2\end{bmatrix},\quad e^{Jt}=\begin{bmatrix}e^{-t} & te^{-t} & 0\\ 0 & e^{-t} & 0\\ 0 & 0 & e^{2t}\end{bmatrix}$$

可用以下两种方法求解变换矩阵。

方法一：由于 $\boldsymbol{A}$ 为友矩阵，则变换矩阵为

$$\boldsymbol{P}=\begin{bmatrix}1 & 0 & 1\\ \lambda_1 & 1 & \lambda_3\\ \lambda_1^2 & 2\lambda_1 & \lambda_3^2\end{bmatrix}=\begin{bmatrix}1 & 0 & 1\\ -1 & 1 & 2\\ 1 & -2 & 4\end{bmatrix},\quad \boldsymbol{P}^{-1}=\begin{bmatrix}\dfrac{8}{9} & -\dfrac{2}{9} & -\dfrac{1}{9}\\ \dfrac{2}{3} & \dfrac{1}{3} & -\dfrac{1}{3}\\ \dfrac{1}{9} & \dfrac{2}{9} & \dfrac{1}{9}\end{bmatrix}$$

矩阵指数函数为

$$\begin{aligned}e^{At}&=\boldsymbol{P}\begin{bmatrix}e^{-t} & tc^{-t} & 0\\ 0 & e^{-t} & 0\\ 0 & 0 & e^{2t}\end{bmatrix}\boldsymbol{P}^{-1}\\ &=\frac{1}{9}\begin{bmatrix}8e^{-t}+6te^{-t}+e^{2t} & -2e^{-t}+3te^{-t}+2e^{2t} & -e^{-t}-3te^{-t}+e^{2t}\\ -2e^{-t}-6te^{-t}+2e^{2t} & 5e^{-t}-3te^{-t}+4e^{2t} & -2e^{-t}+3te^{-t}+2e^{2t}\\ -4e^{-t}+6te^{-t}+4e^{2t} & -8e^{-t}+3te^{-t}+8e^{2t} & 5e^{-t}-3te^{-t}+4e^{2t}\end{bmatrix}\end{aligned}$$

方法二：求相应特征值的特征向量。

对应于 $\lambda_1=-1$ 的特征向量 $\boldsymbol{p}_1$，设 $\boldsymbol{p}_1=\begin{bmatrix}p_{11}\\ p_{21}\\ p_{31}\end{bmatrix}$，由 $\boldsymbol{A}\boldsymbol{p}_1=\lambda_1\boldsymbol{p}_1$ 可得

$$\begin{bmatrix}0 & 1 & 0\\ 0 & 0 & 1\\ 2 & 3 & 0\end{bmatrix}\begin{bmatrix}p_{11}\\ p_{21}\\ p_{31}\end{bmatrix}=-\begin{bmatrix}p_{11}\\ p_{21}\\ p_{31}\end{bmatrix},\quad \boldsymbol{p}_1=\begin{bmatrix}p_{11}\\ p_{21}\\ p_{31}\end{bmatrix}=\begin{bmatrix}1\\ -1\\ 1\end{bmatrix}$$

对应于 $\lambda_2=-1$ 的特征向量 $\boldsymbol{p}_2$，设 $\boldsymbol{p}_2=\begin{bmatrix}p_{12}\\ p_{22}\\ p_{32}\end{bmatrix}$，由 $\lambda_1\boldsymbol{p}_2-\boldsymbol{A}\boldsymbol{p}_2=-\boldsymbol{p}_1$ 可得

$$-\begin{bmatrix}p_{12}\\ p_{22}\\ p_{32}\end{bmatrix}-\begin{bmatrix}0 & 1 & 0\\ 0 & 0 & 1\\ 2 & 3 & 0\end{bmatrix}\begin{bmatrix}p_{12}\\ p_{22}\\ p_{32}\end{bmatrix}=-\begin{bmatrix}1\\ -1\\ 1\end{bmatrix},p_2=\begin{bmatrix}1\\ 0\\ -1\end{bmatrix}$$

对应于 $\lambda_3=2$ 的特征向量 $\boldsymbol{p}_3$，设 $\boldsymbol{p}_3=\begin{bmatrix}p_{13}\\ p_{23}\\ p_{33}\end{bmatrix}$，由 $\lambda_3\boldsymbol{p}_3-\boldsymbol{A}\boldsymbol{p}_3=\boldsymbol{0}$ 可得

$$\begin{bmatrix}0 & 1 & 0\\ 0 & 0 & 1\\ 2 & 3 & 0\end{bmatrix}\begin{bmatrix}p_{13}\\ p_{23}\\ p_{33}\end{bmatrix}=2\begin{bmatrix}p_{13}\\ p_{23}\\ p_{33}\end{bmatrix},\quad \boldsymbol{p}_3=\begin{bmatrix}p_{13}\\ p_{23}\\ p_{33}\end{bmatrix}=\begin{bmatrix}1\\ 2\\ 4\end{bmatrix}$$

则可构成变换矩阵 $\boldsymbol{P}$ 并计算得 $\boldsymbol{P}^{-1}$ 为

$$\boldsymbol{P}=[\boldsymbol{p}_1\quad \boldsymbol{p}_2\quad \boldsymbol{p}_3]=\begin{bmatrix}1 & 1 & 1\\ -1 & 0 & 2\\ 1 & -1 & 4\end{bmatrix},\quad \boldsymbol{P}^{-1}=\begin{bmatrix}\frac{2}{9} & -\frac{5}{9} & \frac{2}{9}\\ \frac{2}{3} & \frac{1}{3} & -\frac{1}{3}\\ \frac{1}{9} & \frac{2}{9} & \frac{1}{9}\end{bmatrix}$$

矩阵指数函数为

$$\begin{aligned}\mathrm{e}^{\boldsymbol{A}t}&=\boldsymbol{P}\begin{bmatrix}\mathrm{e}^{-t} & t\mathrm{e}^{-t} & 0\\ 0 & \mathrm{e}^{-t} & 0\\ 0 & 0 & \mathrm{e}^{2t}\end{bmatrix}\boldsymbol{P}^{-1}\\ &=\frac{1}{9}\begin{bmatrix}8\mathrm{e}^{-t}+6t\mathrm{e}^{-t}+\mathrm{e}^{2t} & -2\mathrm{e}^{-t}+3t\mathrm{e}^{-t}+2\mathrm{e}^{2t} & -\mathrm{e}^{-t}-3t\mathrm{e}^{-t}+\mathrm{e}^{2t}\\ -2\mathrm{e}^{-t}-6t\mathrm{e}^{-t}+2\mathrm{e}^{2t} & 5\mathrm{e}^{-t}-3t\mathrm{e}^{-t}+4\mathrm{e}^{2t} & -2\mathrm{e}^{-t}+3t\mathrm{e}^{-t}+2\mathrm{e}^{2t}\\ -4\mathrm{e}^{-t}+6t\mathrm{e}^{-t}+4\mathrm{e}^{2t} & -8\mathrm{e}^{-t}+3t\mathrm{e}^{-t}+8\mathrm{e}^{2t} & 5\mathrm{e}^{-t}-3t\mathrm{e}^{-t}+4\mathrm{e}^{2t}\end{bmatrix}\end{aligned}$$

4. 利用凯莱–哈密顿（Cayley–Hamilton）定理法计算 $\mathrm{e}^{\boldsymbol{A}t}$

凯莱–哈密顿（Cayley–Hamilton）定理：n 阶方阵 $\boldsymbol{A}$ 满足其特征方程，设 n 阶方阵 $\boldsymbol{A}$ 的特征方程为

$$f(\lambda)=|\lambda\boldsymbol{I}-\boldsymbol{A}|=\lambda^n+a_{n-1}\lambda^{n-1}+\cdots+a_1\lambda+a_0=0$$

则

$$f(\boldsymbol{A})=\boldsymbol{A}^n+a_{n-1}\boldsymbol{A}^{n-1}+\cdots+a_1\boldsymbol{A}+a_0\boldsymbol{I}=0$$

凯莱–哈密顿定理是矩阵论的重要定理，利用其可将 $\mathrm{e}^{\boldsymbol{A}t}$的无穷级数定义式简化为有限项多项式计算。有关该定理的证明可参阅矩阵论的有关著作。

由凯莱–哈密顿定理得

$$\boldsymbol{A}^n=-(a_{n-1}\boldsymbol{A}^{n-1}+\cdots+a_1\boldsymbol{A}+a_0\boldsymbol{I})$$

$\boldsymbol{A}^n$ 是 $\boldsymbol{A}^{n-1},\boldsymbol{A}^{n-2},\cdots,\boldsymbol{A},\boldsymbol{I}$ 的线性组合。同理，$\boldsymbol{A}^{n+1}$也可以用 $\boldsymbol{A}^n,\boldsymbol{A}^{n-1},\cdots,\boldsymbol{A},\boldsymbol{I}$ 来线性表示。

以此类推，$\mathrm{e}^{\boldsymbol{A}t}$和 $\boldsymbol{A}^k$ 可以用 $\boldsymbol{A}^n,\boldsymbol{A}^{n-1},\cdots,\boldsymbol{A},\boldsymbol{I}$ 线性表示，并且所有高于$(n-1)$次的乘幂项 $\boldsymbol{A}^n$，$\boldsymbol{A}^{n+1}$，$\boldsymbol{A}^{n+2}$都可以用 $\boldsymbol{A}^{n-1},\boldsymbol{A}^{n-2},\boldsymbol{A}^{n-3},\cdots,\boldsymbol{A},\boldsymbol{I}$ 的线性组合来表示，即

$$\begin{aligned}\mathrm{e}^{\boldsymbol{A}t}&=\boldsymbol{I}+\boldsymbol{A}t+\frac{1}{2!}\boldsymbol{A}^2t^2+\cdots+\frac{1}{n!}\boldsymbol{A}^nt^n+\cdots\\ &=\alpha_{n-1}(t)\boldsymbol{A}^{n-1}+\alpha_{n-2}(t)\boldsymbol{A}^{n-2}+\cdots+\alpha_1(t)\boldsymbol{A}+\alpha_0(t)\boldsymbol{I}\end{aligned}\tag{2.21}$$

当 $\boldsymbol{A}$ 有互异的特征根时，有

$$\begin{bmatrix}\alpha_0(t)\\ \alpha_1(t)\\ \vdots\\ \alpha_{n-1}(t)\end{bmatrix}=\begin{bmatrix}1 & \lambda_1 & \lambda_1^2 & \cdots & \lambda_1^{n-1}\\ 1 & \lambda_2 & \lambda_2^2 & \cdots & \lambda_2^{n-1}\\ \vdots & \vdots & \vdots & & \vdots\\ 1 & \lambda_n & \lambda_n^2 & \cdots & \lambda_n^{n-1}\end{bmatrix}^{-1}\begin{bmatrix}\mathrm{e}^{\lambda_1t}\\ \mathrm{e}^{\lambda_2t}\\ \vdots\\ \mathrm{e}^{\lambda_nt}\end{bmatrix}\tag{2.22}$$

当 $\boldsymbol{A}$ 有相同的特征根时，有

$$
\begin{bmatrix}\alpha_0(t)\\ \alpha_1(t)\\ \vdots\\ \alpha_{n-3}(t)\\ \alpha_{n-2}(t)\\ \alpha_{n-1}(t)\end{bmatrix}=\begin{bmatrix}0&0&0&\cdots&0&1\\ 0&0&0&\cdots&1&(n-1)\lambda_1\\ \vdots&\vdots&\vdots&&\vdots&\vdots\\ 0&0&1&&\dfrac{(n-2)(n-3)}{2!}\lambda_1^{n-4}&\dfrac{(n-1)(n-2)\lambda_1^{n-3}}{2!}\\ 0&1&2\lambda_1&\cdots&(n-2)\lambda_1^{n-3}&(n-1)\lambda_1^{n-2}\\ 1&\lambda_1&\lambda_1^2&\cdots&\lambda_1^{n-2}&\lambda_1^{n-1}\end{bmatrix}^{-1}\begin{bmatrix}\dfrac{1}{(n-1)!}t^{n-1}e^{\lambda_1 t}\\ \dfrac{1}{(n-2)!}t^{n-2}e^{\lambda_1 t}\\ \vdots\\ \dfrac{1}{2!}t^2e^{\lambda_1 t}\\ te^{\lambda_1 t}\\ e^{\lambda_1 t}\end{bmatrix} \tag{2.23}
$$

【例 2.6】 已知 $\boldsymbol{A}=\begin{bmatrix}-3&1\\1&-3\end{bmatrix}$，试用凯莱-哈密顿定理法计算 $e^{\boldsymbol{A}t}$。

解： 由例 2.4 可知 $\lambda_1=-2,\lambda_2=-4$。

$$
\begin{bmatrix}\alpha_0\\ \alpha_1\end{bmatrix}=\begin{bmatrix}1&\lambda_1\\1&\lambda_2\end{bmatrix}^{-1}\begin{bmatrix}e^{\lambda_1 t}\\ e^{\lambda_2 t}\end{bmatrix}=\begin{bmatrix}1&-2\\1&-4\end{bmatrix}^{-1}\begin{bmatrix}e^{-2t}\\ e^{-4t}\end{bmatrix}
$$

$$
=\begin{bmatrix}2&-1\\ \dfrac{1}{2}&-\dfrac{1}{2}\end{bmatrix}\begin{bmatrix}e^{-2t}\\ e^{-4t}\end{bmatrix}=\begin{bmatrix}2e^{-2t}-e^{-4t}\\ \dfrac{1}{2}e^{-2t}-\dfrac{1}{2}e^{-4t}\end{bmatrix}
$$

$$
\begin{aligned}
e^{\boldsymbol{A}t}&=\alpha_0\boldsymbol{I}+\alpha_1\boldsymbol{A}\\
&=(2e^{-2t}-e^{-4t})\begin{bmatrix}1&0\\0&1\end{bmatrix}+\left(\frac{1}{2}e^{-2t}-\frac{1}{2}e^{-4t}\right)\begin{bmatrix}-3&1\\1&-3\end{bmatrix}\\
&=\frac{1}{2}\begin{bmatrix}e^{-2t}+e^{-4t}&e^{-2t}-e^{-4t}\\ e^{-2t}-e^{-4t}&e^{-2t}+e^{-4t}\end{bmatrix}
\end{aligned}
$$

【例 2.7】 已知 $\boldsymbol{A}=\begin{bmatrix}-1&1&0\\-4&3&0\\1&0&2\end{bmatrix}$，试用凯莱-哈密顿定理法计算 $e^{\boldsymbol{A}t}$。

解： 矩阵 $\boldsymbol{A}$ 的特征值为

$$
|\lambda\boldsymbol{I}-\boldsymbol{A}|=\begin{vmatrix}\lambda+1&-1&0\\4&\lambda-3&0\\-1&0&\lambda-2\end{vmatrix}=(\lambda-2)(\lambda-1)^2=0
$$

解得单特征根 $\lambda_1=2$ 和二重特征根 $\lambda_2=\lambda_3=1$。结合式（2.22）和式（2.23），有

$$
\begin{bmatrix}\alpha_0\\ \alpha_1\\ \alpha_2\end{bmatrix}=\begin{bmatrix}1&\lambda_1&\lambda_1^2\\0&1&2\lambda_2\\1&\lambda_2&\lambda_2^2\end{bmatrix}^{-1}\begin{bmatrix}e^{\lambda_1 t}\\ te^{\lambda_2 t}\\ e^{\lambda_2 t}\end{bmatrix}=\begin{bmatrix}1&2&4\\0&1&2\\1&1&1\end{bmatrix}^{-1}\begin{bmatrix}e^{\lambda_1 t}\\ te^{\lambda_2 t}\\ e^{\lambda_2 t}\end{bmatrix}
$$

$$
=\begin{bmatrix}1&-2&0\\-2&3&2\\1&-1&-1\end{bmatrix}\begin{bmatrix}e^{2t}\\ te^{t}\\ e^{t}\end{bmatrix}=\begin{bmatrix}e^{2t}-2te^{t}\\ -2e^{2t}+3te^{t}+2e^{t}\\ e^{2t}-te^{t}-e^{t}\end{bmatrix}
$$

$$e^{At}=\alpha_0\boldsymbol{I}+\alpha_1\boldsymbol{A}+\alpha_2\boldsymbol{A}^2$$

$$=\alpha_0\begin{bmatrix}1&0&0\\0&1&0\\0&0&1\end{bmatrix}+\alpha_1\begin{bmatrix}-1&1&0\\-4&3&0\\1&0&2\end{bmatrix}+\alpha_2\begin{bmatrix}-3&2&0\\-8&5&0\\1&1&4\end{bmatrix}$$

$$=\begin{bmatrix}-2te^t+e^t & te^t & 0\\ -4te^t & 2te^t+e^t & 0\\ -e^{2t}+2te^t+e^t & e^{2t}-te^t-e^t & e^{2t}\end{bmatrix}$$

2.1.4 非齐次状态方程的解

非齐次状态方程的解

线性定常系统在输入信号 $\boldsymbol{u}(t)$ 的作用下引起的受迫运动，可用如下的非齐次状态方程描述

$$\begin{cases}\dot{\boldsymbol{x}}(t)=\boldsymbol{A}\boldsymbol{x}(t)+\boldsymbol{B}\boldsymbol{u}(t)\\ \boldsymbol{x}(t)\big|_{t=t_0}=\boldsymbol{x}(t_0)\end{cases} \tag{2.24}$$

下面对该非齐次状态方程进行求解。

解：非齐次方程 $\dot{\boldsymbol{x}}(t)=\boldsymbol{A}\boldsymbol{x}(t)+\boldsymbol{B}\boldsymbol{u}(t)$ 可改写为

$$\dot{\boldsymbol{x}}(t)-\boldsymbol{A}\boldsymbol{x}(t)=\boldsymbol{B}\boldsymbol{u}(t) \tag{2.25}$$

式（2.25）两边同时左乘 e^{-At}，得

$$e^{-At}[\dot{\boldsymbol{x}}(t)-\boldsymbol{A}\boldsymbol{x}(t)]=e^{-At}\boldsymbol{B}\boldsymbol{u}(t) \tag{2.26}$$

由 2.1.2 节矩阵指数函数的性质，可将式（2.26）改写为

$$\frac{d}{dt}[e^{-At}\boldsymbol{x}(t)]=e^{-At}\boldsymbol{B}\boldsymbol{u}(t) \tag{2.27}$$

对式（2.27）在区间 $[t_0,t]$ 上进行积分

$$e^{-A\tau}\boldsymbol{x}(\tau)\big|_{t_0}^{t}=\int_{t_0}^{t}e^{-A\tau}\boldsymbol{B}\boldsymbol{u}(\tau)d\tau$$

即

$$e^{-At}\boldsymbol{x}(t)-e^{-At_0}\boldsymbol{x}(t_0)=\int_{t_0}^{t}e^{-A\tau}\boldsymbol{B}\boldsymbol{u}(\tau)d\tau \tag{2.28}$$

式（2.28）两边同时左乘 e^{At}，整理得

$$\boldsymbol{x}(t)=e^{A(t-t_0)}\boldsymbol{x}(t_0)+\int_{t_0}^{t}e^{A(t-\tau)}\boldsymbol{B}\boldsymbol{u}(\tau)d\tau \tag{2.29a}$$

即

$$\boldsymbol{x}(t)=\boldsymbol{\Phi}(t-t_0)\boldsymbol{x}(t_0)+\int_{t_0}^{t}\boldsymbol{\Phi}(t-\tau)\boldsymbol{B}\boldsymbol{u}(\tau)d\tau \tag{2.29b}$$

或

$$\boldsymbol{x}(t)=\boldsymbol{\Phi}(t-t_0)\boldsymbol{x}(t_0)+\int_{t_0}^{t}\boldsymbol{\Phi}(\tau)\boldsymbol{B}\boldsymbol{u}(t-\tau)d\tau \tag{2.29c}$$

式（2.29）即为线性定常非齐次状态方程式（2.24）的解。显而易见，其解由两部分组成：等式右边第一项 $\boldsymbol{\Phi}(t-t_0)\boldsymbol{x}(t_0)$ 为由系统初始状态引起的自由运动项，第二项 $\int_{t_0}^{t}\boldsymbol{\Phi}(t-\tau)\boldsymbol{B}\boldsymbol{u}(\tau)d\tau$ 为系统在输入信号 $\boldsymbol{u}(t)$ 作用下的受迫运动项。而正是由于受迫运动项的存在，我们才有可能通过选择不同的输入信号来达到期望的状态变化规律。

一般情况下，初始时刻 $t_0=0$，此时对应的系统初始状态为 $\boldsymbol{x}(0)=\boldsymbol{x}_0$，则线性定常系统非齐次状态方程的解为

$$\boldsymbol{x}(t)=\mathrm{e}^{\boldsymbol{A}t}\boldsymbol{x}(0)+\int_0^t \mathrm{e}^{\boldsymbol{A}(t-\tau)}\boldsymbol{B}\boldsymbol{u}(\tau)\mathrm{d}\tau=\boldsymbol{\Phi}(t)\boldsymbol{x}(0)+\int_0^t \boldsymbol{\Phi}(t-\tau)\boldsymbol{B}\boldsymbol{u}(\tau)\mathrm{d}\tau \tag{2.30a}$$

或

$$\boldsymbol{x}(t)=\boldsymbol{\Phi}(t)\boldsymbol{x}(0)+\int_0^t \boldsymbol{\Phi}(\tau)\boldsymbol{B}\boldsymbol{u}(t-\tau)\mathrm{d}\tau \tag{2.30b}$$

为计算方便，在实际应用中，一般会选择式（2.29b）或式（2.30b）进行求解。

同时，在初始时刻 $t_0=0$ 的情况下，也可以采用拉普拉斯变换法对非齐次状态方程（2.24）进行求解。

解：$t_0=0$ 时，对式（2.24）两边取拉普拉斯变换，得

$$s\boldsymbol{X}(s)-\boldsymbol{X}_0=\boldsymbol{A}\boldsymbol{X}(s)+\boldsymbol{B}\boldsymbol{U}(s)$$

移项整理后得

$$[s\boldsymbol{I}-\boldsymbol{A}]\boldsymbol{X}(s)=\boldsymbol{X}_0+\boldsymbol{B}\boldsymbol{U}(s)$$

在等式两边同时左乘$[s\boldsymbol{I}-\boldsymbol{A}]^{-1}$，得

$$\boldsymbol{X}(s)=[s\boldsymbol{I}-\boldsymbol{A}]^{-1}\boldsymbol{X}_0+[s\boldsymbol{I}-\boldsymbol{A}]^{-1}\boldsymbol{B}\boldsymbol{U}(s) \tag{2.31}$$

对式（2.31）取拉普拉斯反变换，得

$$\boldsymbol{x}(t)=L^{-1}[(s\boldsymbol{I}-\boldsymbol{A})^{-1}]\boldsymbol{x}(0)+L^{-1}[(s\boldsymbol{I}-\boldsymbol{A})^{-1}\boldsymbol{B}\boldsymbol{U}(s)] \tag{2.32}$$

又因为 $\mathrm{e}^{\boldsymbol{A}t}=L^{-1}[(s\boldsymbol{I}-\boldsymbol{A})^{-1}]$，将其代入式（2.32），其中两个拉普拉斯变换函数的积是一个卷积的拉普拉斯变换，因此有

$$L^{-1}[(s\boldsymbol{I}-\boldsymbol{A})^{-1}\boldsymbol{B}\boldsymbol{U}(s)]=\int_0^t \mathrm{e}^{\boldsymbol{A}(t-\tau)}\boldsymbol{B}\boldsymbol{u}(\tau)\mathrm{d}\tau \tag{2.33}$$

则可得 $\boldsymbol{x}(t)$的解为

$$\boldsymbol{x}(t)=\mathrm{e}^{\boldsymbol{A}t}\boldsymbol{x}(0)+\int_0^t \mathrm{e}^{\boldsymbol{A}(t-\tau)}\boldsymbol{B}\boldsymbol{u}(\tau)\mathrm{d}\tau \tag{2.34}$$

【例 2.8】 求初始状态 $\boldsymbol{x}(0)=\begin{bmatrix}1\\0\end{bmatrix}$时，下述系统在单位脉冲函数、单位阶跃函数、单位斜坡函数作用下状态方程的解。

$$\dot{\boldsymbol{x}}=\begin{bmatrix}-3 & 1\\ 1 & -3\end{bmatrix}\boldsymbol{x}+\begin{bmatrix}0\\1\end{bmatrix}u$$

解：由例 2.3 得系统的状态转移矩阵为

$$\mathrm{e}^{\boldsymbol{A}t}=\frac{1}{2}\begin{bmatrix}\mathrm{e}^{-2t}+\mathrm{e}^{-4t} & \mathrm{e}^{-2t}-\mathrm{e}^{-4t}\\ \mathrm{e}^{-2t}-\mathrm{e}^{-4t} & \mathrm{e}^{-2t}+\mathrm{e}^{-4t}\end{bmatrix}$$

方法一：应用式（2.30）求不同激励信号下系统的解。

（1）单位脉冲函数

单位脉冲函数 $\delta(t)$可表示为

$$\begin{cases}\delta(t)=\begin{cases}0, t\neq 0\\ \infty, t=0\end{cases}\\ \int_{0^-}^{0^+}\delta(t)\mathrm{d}t=1\end{cases}$$

则系统状态方程的解为

$$\begin{aligned}\boldsymbol{x}(t)&=\boldsymbol{\Phi}(t)\boldsymbol{x}(0)+\int_{0^-}^{0^+}\boldsymbol{\Phi}(t-\tau)\boldsymbol{b}u(\tau)\mathrm{d}\tau\\&=\boldsymbol{\Phi}(t)\boldsymbol{x}(0)+\boldsymbol{\Phi}(t)\int_{0^-}^{0^+}\boldsymbol{b}u(\tau)\mathrm{d}\tau\\&=\boldsymbol{\Phi}(t)\boldsymbol{x}(0)+\boldsymbol{\Phi}(t)\boldsymbol{b}\end{aligned}$$

故有

$$\begin{aligned}\boldsymbol{x}(t)&=\boldsymbol{\Phi}(t)\boldsymbol{x}(0)+\boldsymbol{\Phi}(t)\boldsymbol{b}\\&=\frac{1}{2}\begin{bmatrix}\mathrm{e}^{-2t}+\mathrm{e}^{-4t}&\mathrm{e}^{-2t}-\mathrm{e}^{-4t}\\\mathrm{e}^{-2t}-\mathrm{e}^{-4t}&\mathrm{e}^{-2t}+\mathrm{e}^{-4t}\end{bmatrix}\begin{bmatrix}1\\0\end{bmatrix}+\frac{1}{2}\begin{bmatrix}\mathrm{e}^{-2t}+\mathrm{e}^{-4t}&\mathrm{e}^{-2t}-\mathrm{e}^{-4t}\\\mathrm{e}^{-2t}-\mathrm{e}^{-4t}&\mathrm{e}^{-2t}+\mathrm{e}^{-4t}\end{bmatrix}\begin{bmatrix}0\\1\end{bmatrix}\\&=\begin{bmatrix}\mathrm{e}^{-2t}\\\mathrm{e}^{-2t}\end{bmatrix}\end{aligned}$$

（2）单位阶跃函数

单位阶跃函数 $u(t)$ 可表示为

$$\begin{cases}u(t)=\begin{cases}1,t\geqslant 0\\0,t<0\end{cases}\\\begin{cases}\displaystyle\int_{-\infty}^{0}u(t)\mathrm{d}t=0\\\displaystyle\int_{0}^{t}u(t)\mathrm{d}t=\int_{0}^{t}1\mathrm{d}t=t\end{cases}\end{cases}$$

则系统状态方程的解为

$$\begin{aligned}\boldsymbol{x}(t)&=\boldsymbol{\Phi}(t)\boldsymbol{x}(0)+\int_{0}^{t}\boldsymbol{\Phi}(t-\tau)\boldsymbol{b}u(\tau)\mathrm{d}\tau\\&=\boldsymbol{\Phi}(t)\boldsymbol{x}(0)+\int_{0}^{t}\boldsymbol{\Phi}(t-\tau)\boldsymbol{b}\mathrm{d}\tau\\&=\boldsymbol{\Phi}(t)\boldsymbol{x}(0)-\boldsymbol{A}^{-1}[\boldsymbol{I}-\boldsymbol{\Phi}(t)]\boldsymbol{b}\end{aligned}$$

故有

$$\begin{aligned}\boldsymbol{x}(t)&=\boldsymbol{\Phi}(t)\boldsymbol{x}(0)-\boldsymbol{A}^{-1}[\boldsymbol{I}-\boldsymbol{\Phi}(t)]\boldsymbol{b}\\&=\frac{1}{2}\begin{bmatrix}\mathrm{e}^{-2t}+\mathrm{e}^{-4t}&\mathrm{e}^{-2t}-\mathrm{e}^{-4t}\\\mathrm{e}^{-2t}-\mathrm{e}^{-4t}&\mathrm{e}^{-2t}+\mathrm{e}^{-4t}\end{bmatrix}\begin{bmatrix}1\\0\end{bmatrix}-\begin{bmatrix}-3&1\\1&-3\end{bmatrix}^{-1}[\boldsymbol{I}-\boldsymbol{\Phi}(t)]\begin{bmatrix}0\\1\end{bmatrix}\\&=\frac{1}{2}\begin{bmatrix}\mathrm{e}^{-2t}+\mathrm{e}^{-4t}\\\mathrm{e}^{-2t}-\mathrm{e}^{-4t}\end{bmatrix}-\frac{1}{8}\begin{bmatrix}-3&-1\\-1&-3\end{bmatrix}\begin{bmatrix}1-\frac{1}{2}(\mathrm{e}^{-2t}+\mathrm{e}^{-4t})&-\frac{1}{2}(\mathrm{e}^{-2t}-\mathrm{e}^{-4t})\\-\frac{1}{2}(\mathrm{e}^{-2t}-\mathrm{e}^{-4t})&1-\frac{1}{2}(\mathrm{e}^{-2t}+\mathrm{e}^{-4t})\end{bmatrix}\begin{bmatrix}0\\1\end{bmatrix}\\&=\frac{1}{2}\begin{bmatrix}\mathrm{e}^{-2t}+\mathrm{e}^{-4t}\\\mathrm{e}^{-2t}-\mathrm{e}^{-4t}\end{bmatrix}-\frac{1}{8}\begin{bmatrix}2\mathrm{e}^{-2t}-\mathrm{e}^{-4t}-1\\2\mathrm{e}^{-2t}+\mathrm{e}^{-4t}-3\end{bmatrix}\\&=\frac{1}{8}\begin{bmatrix}2\mathrm{e}^{-2t}+5\mathrm{e}^{-4t}+1\\2\mathrm{e}^{-2t}-5\mathrm{e}^{-4t}+3\end{bmatrix}\end{aligned}$$

（3）单位斜坡函数

单位斜坡函数 $u(t)$ 可表示为

$$\begin{cases} u(t)=\begin{cases} t, t \geqslant 0 \\ 0, t<0 \end{cases} \\ \begin{cases} \int_{-\infty}^{0} u(t)\mathrm{d}t = 0 \\ \int_{0}^{t} u(t)\mathrm{d}t = \int_{0}^{t} t\mathrm{d}t = \frac{1}{2}t^2 \end{cases} \end{cases}$$

则系统状态方程的解为

$$\begin{aligned} \boldsymbol{x}(t) &= \boldsymbol{\Phi}(t)\boldsymbol{x}(0) + \int_0^t \boldsymbol{\Phi}(t-\tau)\boldsymbol{b}u(\tau)\mathrm{d}\tau \\ &= \boldsymbol{\Phi}(t)\boldsymbol{x}(0) + \int_0^t \boldsymbol{\Phi}(t-\tau)\boldsymbol{b}\tau\mathrm{d}\tau \\ &= \boldsymbol{\Phi}(t)\boldsymbol{x}(0) + [\boldsymbol{A}^{-2}\boldsymbol{\Phi}(t) - \boldsymbol{A}^{-2} - \boldsymbol{A}^{-1}t]\boldsymbol{b} \end{aligned}$$

故有

$$\begin{aligned} \boldsymbol{x}(t) &= \boldsymbol{\Phi}(t)\boldsymbol{x}(0) + [\boldsymbol{A}^{-2}\boldsymbol{\Phi}(t) - \boldsymbol{A}^{-2} - \boldsymbol{A}^{-1}t]\boldsymbol{b} \\ &= \frac{1}{2}\begin{bmatrix} \mathrm{e}^{-2t}+\mathrm{e}^{-4t} \\ \mathrm{e}^{-2t}-\mathrm{e}^{-4t} \end{bmatrix} + \left\{ \frac{1}{64}\begin{bmatrix} 10 & 6 \\ 6 & 10 \end{bmatrix} \times \frac{1}{2}\begin{bmatrix} \mathrm{e}^{-2t}+\mathrm{e}^{-4t} & \mathrm{e}^{-2t}-\mathrm{e}^{-4t} \\ \mathrm{e}^{-2t}-\mathrm{e}^{-4t} & \mathrm{e}^{-2t}+\mathrm{e}^{-4t} \end{bmatrix} - \frac{1}{64}\begin{bmatrix} 10 & 6 \\ 6 & 10 \end{bmatrix} - \frac{1}{8}\begin{bmatrix} -3 & -1 \\ -1 & -3 \end{bmatrix} t \right\} \begin{bmatrix} 0 \\ 1 \end{bmatrix} \\ &= \frac{1}{2}\begin{bmatrix} \mathrm{e}^{-2t}+\mathrm{e}^{-4t} \\ \mathrm{e}^{-2t}-\mathrm{e}^{-4t} \end{bmatrix} + \frac{1}{32}\begin{bmatrix} 16\mathrm{e}^{-2t}-4\mathrm{e}^{-4t}+4t-3 \\ 16\mathrm{e}^{-2t}+\mathrm{e}^{-4t}+12t-5 \end{bmatrix} \\ &= \frac{1}{32}\begin{bmatrix} 32\mathrm{e}^{-2t}+12\mathrm{e}^{-4t}+4t-3 \\ 32\mathrm{e}^{-2t}-12\mathrm{e}^{-4t}+12t-5 \end{bmatrix} \end{aligned}$$

方法二：应用式（2.32）求不同激励信号下系统的解。

（1）单位脉冲函数

$$\begin{aligned} \boldsymbol{x}(t) &= L^{-1}[(s\boldsymbol{I}-\boldsymbol{A})^{-1}]\boldsymbol{x}(0) + L^{-1}[(s\boldsymbol{I}-\boldsymbol{A})^{-1}\boldsymbol{b}U(s)] \\ &= L^{-1}[(s\boldsymbol{I}-\boldsymbol{A})^{-1}]\boldsymbol{x}(0) + L^{-1}[(s\boldsymbol{I}-\boldsymbol{A})^{-1}\boldsymbol{b}] \\ &= \boldsymbol{\Phi}(t)\boldsymbol{x}(0) + \boldsymbol{\Phi}(t)\boldsymbol{b} \\ &= \begin{bmatrix} \mathrm{e}^{-2t} \\ \mathrm{e}^{-2t} \end{bmatrix} \end{aligned}$$

（2）单位阶跃函数

$$\begin{aligned} \boldsymbol{x}(t) &= L^{-1}[(s\boldsymbol{I}-\boldsymbol{A})^{-1}]\boldsymbol{x}(0) + L^{-1}[(s\boldsymbol{I}-\boldsymbol{A})^{-1}\boldsymbol{b}U(s)] \\ &= L^{-1}[(s\boldsymbol{I}-\boldsymbol{A})^{-1}]\boldsymbol{x}(0) + L^{-1}\left[\frac{1}{s}(s\boldsymbol{I}-\boldsymbol{A})^{-1}\boldsymbol{b}\right] \\ &= \frac{1}{8}\begin{bmatrix} 2\mathrm{e}^{-2t}+5\mathrm{e}^{-4t}+1 \\ 2\mathrm{e}^{-2t}-5\mathrm{e}^{-4t}+3 \end{bmatrix} \end{aligned}$$

（3）单位斜坡函数

$$\begin{aligned} \boldsymbol{x}(t) &= L^{-1}[(s\boldsymbol{I}-\boldsymbol{A})^{-1}]\boldsymbol{x}(0) + L^{-1}[(s\boldsymbol{I}-\boldsymbol{A})^{-1}\boldsymbol{b}U(s)] \\ &= L^{-1}[(s\boldsymbol{I}-\boldsymbol{A})^{-1}]\boldsymbol{x}(0) + L^{-1}\left[\frac{1}{s^2}(s\boldsymbol{I}-\boldsymbol{A})^{-1}\boldsymbol{b}\right] \\ &= \frac{1}{32}\begin{bmatrix} 32\mathrm{e}^{-2t}+12\mathrm{e}^{-4t}+4t-3 \\ 32\mathrm{e}^{-2t}-12\mathrm{e}^{-4t}+12t-5 \end{bmatrix} \end{aligned}$$

2.2 线性时变系统状态方程的解

一般形式的线性时变系统的状态方程如下：

$$\begin{cases}\dot{\boldsymbol{x}}=\boldsymbol{A}(t)\boldsymbol{x}+\boldsymbol{B}(t)\boldsymbol{u}\\ \boldsymbol{x}(t)\mid_{t=t_0}=\boldsymbol{x}(t_0)\end{cases} \tag{2.35}$$

可见，线性时变系统的结构参数随时间而变化。因此，和线性定常系统相比，往往不能得到其解的解析形式，而只能通过数值计算近似求解。

2.2.1 齐次状态方程的解

若输入控制信号 $\boldsymbol{u}=\boldsymbol{0}$，则式（2.35）变为齐次状态方程，即

$$\begin{cases}\dot{\boldsymbol{x}}=\boldsymbol{A}(t)\boldsymbol{x}\\ \boldsymbol{x}(t)\mid_{t=t_0}=\boldsymbol{x}(t_0)\end{cases} \tag{2.36}$$

下面对该线性时变系统的齐次状态方程进行求解。

1）当 $\boldsymbol{A}$ 为一阶时，求下述标量时变系统的解：

$$\begin{cases}\dot{x}=a(t)x\\ x(t)\mid_{t=t_0}=x(t_0)\end{cases} \tag{2.37}$$

采用分离变量法，有

$$\frac{\mathrm{d}x(t)}{x(t)}=a(t)\mathrm{d}t \tag{2.38}$$

对式（2.38）在区间$[t_0,t]$进行积分，得

$$\ln x(t)-\ln x(t_0)=\int_{t_0}^{t}a(\tau)\mathrm{d}\tau$$

即

$$x(t)=\exp\left(\int_{t_0}^{t}a(\tau)\mathrm{d}\tau\right)x(t_0) \tag{2.39}$$

类似于定常系统的齐次状态方程的求解，式（2.39）中的 $\exp\left(\int_{t_0}^{t}a(\tau)\mathrm{d}\tau\right)x(t_0)$ 也可以看作是状态转移矩阵，但与定常系统不一样的是，此时的状态转移矩阵并不只是时间 t 的函数，也是初始时刻 t_0 的函数，这就相当于时变系统的状态转移矩阵是一个二元方程，用 $\Phi(t,t_0)$来表示，即

$$\Phi(t,t_0)=\exp\left(\int_{t_0}^{t}a(\tau)\mathrm{d}\tau\right) \tag{2.40}$$

于是，式（2.39）可写为

$$x(t)=\Phi(t,t_0)x(t_0) \tag{2.41}$$

2）推广至 $\boldsymbol{A}$ 为 n 阶时，求齐次状态方程（2.36）的解。

仿照标量线性时变系统齐次状态方程解的表达式（2.41），齐次状态方程（2.36）的解可写为

$$\boldsymbol{x}(t)=\boldsymbol{\Phi}(t,t_0)\boldsymbol{x}(t_0) \tag{2.42}$$

$\boldsymbol{\Phi}(t,t_0)$称为线性时变系统齐次状态方程（2.36）的状态转移矩阵，代入式（2.36）得

$$\begin{cases}\dot{\boldsymbol{\Phi}}(t,t_0)\boldsymbol{x}(t_0)=\boldsymbol{A}(t)\boldsymbol{\Phi}(t,t_0)\boldsymbol{x}(t_0)\\ \boldsymbol{\Phi}(t,t_0)\boldsymbol{x}(t_0)\big|_{t=t_0}=\boldsymbol{x}(t_0)\end{cases}\Rightarrow\begin{cases}\dot{\boldsymbol{\Phi}}(t,t_0)=\boldsymbol{A}(t)\boldsymbol{\Phi}(t,t_0)\\ \boldsymbol{\Phi}(t_0,t_0)=\boldsymbol{I}\end{cases}\tag{2.43}$$

但是，需要注意的是，式（2.40）并不能推广至向量方程中，即对于线性时变系统的齐次状态方程（2.36），不能得到

$$\boldsymbol{\Phi}(t,t_0)=\exp\left(\int_{t_0}^{t}\boldsymbol{A}(\tau)\mathrm{d}\tau\right)\tag{2.44}$$

证明：假设 $\exp\left(\int_{t_0}^{t}\boldsymbol{A}(\tau)\mathrm{d}\tau\right)\boldsymbol{x}(t_0)$ 是时变齐次状态方程（2.36）的解，那么它必须满足

$$\frac{\mathrm{d}}{\mathrm{d}t}\left[\exp\left(\int_{t_0}^{t}\boldsymbol{A}(\tau)\mathrm{d}\tau\right)\right]=\boldsymbol{A}(t)\exp\left(\int_{t_0}^{t}\boldsymbol{A}(\tau)\mathrm{d}\tau\right)\tag{2.45}$$

将 $\exp\left(\int_{t_0}^{t}\boldsymbol{A}(\tau)\mathrm{d}\tau\right)$ 展开成幂级数为

$$\exp\left[\int_{t_0}^{t}\boldsymbol{A}(\tau)\mathrm{d}\tau\right]=\boldsymbol{I}+\int_{t_0}^{t}\boldsymbol{A}(\tau)\mathrm{d}\tau+\frac{1}{2!}\left(\int_{t_0}^{t}\boldsymbol{A}(\tau)\mathrm{d}\tau\right)^2+\frac{1}{3!}\left(\int_{t_0}^{t}\boldsymbol{A}(\tau)\mathrm{d}\tau\right)^3+\cdots\tag{2.46}$$

等式（2.46）两边同时对时间 t 求导，得

$$\begin{aligned}&\frac{\mathrm{d}}{\mathrm{d}t}\exp\left[\int_{t_0}^{t}\boldsymbol{A}(\tau)\mathrm{d}\tau\right]\\&=\boldsymbol{A}(t)+\frac{1}{2!}\left[\boldsymbol{A}(t)\int_{t_0}^{t}\boldsymbol{A}(\tau)\mathrm{d}\tau+\left(\int_{t_0}^{t}\boldsymbol{A}(\tau)\mathrm{d}\tau\right)\boldsymbol{A}(t)\right]\\&\quad+\frac{1}{3!}\left[\boldsymbol{A}(t)\left(\int_{t_0}^{t}\boldsymbol{A}(\tau)\mathrm{d}\tau\right)^2+\left(\int_{t_0}^{t}\boldsymbol{A}(\tau)\mathrm{d}\tau\right)\left(\boldsymbol{A}(t)\int_{t_0}^{t}\boldsymbol{A}(\tau)\mathrm{d}\tau+\left(\int_{t_0}^{t}\boldsymbol{A}(\tau)\mathrm{d}\tau\right)\boldsymbol{A}(t)\right)\right]+\cdots\end{aligned}\tag{2.47}$$

等式（2.46）两边同时左乘 $\boldsymbol{A}(t)$，得

$$\boldsymbol{A}(t)\exp\left[\int_{t_0}^{t}\boldsymbol{A}(\tau)\mathrm{d}\tau\right]=\boldsymbol{A}(t)+\boldsymbol{A}(t)\int_{t_0}^{t}\boldsymbol{A}(\tau)\mathrm{d}\tau+\cdots\tag{2.48}$$

将式（2.47）、式（2.48）代入式（2.45）可得

$$\begin{aligned}&\boldsymbol{A}(t)+\boldsymbol{A}(t)\int_{t_0}^{t}\boldsymbol{A}(\tau)\mathrm{d}\tau+\frac{1}{2!}\boldsymbol{A}(t)\left(\int_{t_0}^{t}\boldsymbol{A}(\tau)\mathrm{d}\tau\right)^2+\frac{1}{3!}\boldsymbol{A}(t)\left(\int_{t_0}^{t}\boldsymbol{A}(\tau)\mathrm{d}\tau\right)^3+\cdots\\&=\boldsymbol{A}(t)+\frac{1}{2!}\left[\boldsymbol{A}(t)\int_{t_0}^{t}\boldsymbol{A}(\tau)\mathrm{d}\tau+\int_{t_0}^{t}\boldsymbol{A}(\tau)\mathrm{d}\tau\boldsymbol{A}(t)\right]\\&\quad+\frac{1}{3!}\left[\boldsymbol{A}(t)\left(\int_{t_0}^{t}\boldsymbol{A}(\tau)\mathrm{d}\tau\right)^2+\int_{t_0}^{t}\boldsymbol{A}(\tau)\mathrm{d}\tau\left(\boldsymbol{A}(t)\int_{t_0}^{t}\boldsymbol{A}(\tau)\right)\mathrm{d}\tau+\left(\int_{t_0}^{t}\boldsymbol{A}(\tau)\mathrm{d}\tau\boldsymbol{A}(t)\right)\right]+\cdots\end{aligned}$$

由此可见，式（2.45）成立的充要条件为

$$\boldsymbol{A}(t)\int_{t_0}^{t}\boldsymbol{A}(\tau)\mathrm{d}\tau=\int_{t_0}^{t}\boldsymbol{A}(\tau)\mathrm{d}\tau\boldsymbol{A}(t)\tag{2.49}$$

即 $\boldsymbol{A}(t)$ 与 $\int_{t_0}^{t}\boldsymbol{A}(\tau)\mathrm{d}\tau$ 满足矩阵乘法交换条件。但是，这个条件非常苛刻，一般情况下并不成立。因此，时变系统的解很难表示为一个封闭形式的解析式，仅可根据精度要求采用数值计算方法近似求解。

推论：若对任意的 t_1，t_2，满足 $\boldsymbol{A}(t_1)\boldsymbol{A}(t_2)=\boldsymbol{A}(t_2)\boldsymbol{A}(t_1)$，则矩阵 $\boldsymbol{A}(t)$ 与 $\int_{t_0}^{t}\boldsymbol{A}(\tau)\mathrm{d}\tau$ 满足矩阵乘法交换条件。

证明：假设矩阵$\boldsymbol{A}(t)$与$\int_{t_0}^{t}\boldsymbol{A}(\tau)\mathrm{d}\tau$满足矩阵乘法交换条件，即

$$\boldsymbol{A}(t)\int_{t_0}^{t}\boldsymbol{A}(\tau)\mathrm{d}\tau=\int_{t_0}^{t}\boldsymbol{A}(\tau)\mathrm{d}\tau\boldsymbol{A}(t)\Rightarrow\boldsymbol{A}(t)\int_{t_0}^{t}\boldsymbol{A}(\tau)\mathrm{d}\tau-\int_{t_0}^{t}\boldsymbol{A}(\tau)\mathrm{d}\tau\boldsymbol{A}(t)=0$$

即

$$\int_{t_0}^{t}[\boldsymbol{A}(t)\boldsymbol{A}(\tau)-\boldsymbol{A}(\tau)\boldsymbol{A}(t)]\mathrm{d}\tau=0$$

显然，此时$\boldsymbol{A}(t_1)\boldsymbol{A}(t_2)=\boldsymbol{A}(t_2)\boldsymbol{A}(t_1)$。

2.2.2 状态转移矩阵的运算性质

1. 性质一

$$\boldsymbol{\Phi}(t_2,t_0)=\boldsymbol{\Phi}(t_2,t_1)\boldsymbol{\Phi}(t_1,t_0)$$

证明：由时变齐次状态方程系统的解［式（2.42）］可知

$$\boldsymbol{x}(t_1)=\boldsymbol{\Phi}(t_1,t_0)\boldsymbol{x}(t_0)$$

$$\boldsymbol{x}(t_2)=\boldsymbol{\Phi}(t_2,t_0)\boldsymbol{x}(t_0)$$

若起始时间设为$t=t_1$，则

$$\boldsymbol{x}(t_2)=\boldsymbol{\Phi}(t_2,t_1)\boldsymbol{x}(t_1)$$

代入$\boldsymbol{x}(t_1)$得

$$\boldsymbol{x}(t_2)=\boldsymbol{\Phi}(t_2,t_1)\boldsymbol{x}(t_1)=\boldsymbol{\Phi}(t_2,t_1)\boldsymbol{\Phi}(t_1,t_0)\boldsymbol{x}(t_0)$$

即

$$\boldsymbol{\Phi}(t_2,t_0)=\boldsymbol{\Phi}(t_2,t_1)\boldsymbol{\Phi}(t_1,t_0)$$

2. 性质二

$$\boldsymbol{\Phi}(t,t)=\boldsymbol{I}$$

由式（2.43）即可得证。

3. 性质三

$$\boldsymbol{\Phi}^{-1}(t,t_0)=\boldsymbol{\Phi}(t_0,t)$$

证明：由性质一、性质二可知

$$\boldsymbol{\Phi}(t,t_0)\boldsymbol{\Phi}(t_0,t)=\boldsymbol{\Phi}(t,t)=\boldsymbol{I}$$

故

$$\boldsymbol{\Phi}^{-1}(t,t_0)=\boldsymbol{\Phi}(t_0,t)$$

2.2.3 状态转移矩阵的计算方法

1. 解析式法

由 2.2.1 节的分析可知，只有当矩阵$\boldsymbol{A}(t)$与$\int_{t_0}^{t}\boldsymbol{A}(\tau)\mathrm{d}\tau$满足矩阵乘法交换条件（或满足$\boldsymbol{A}(t_1)\boldsymbol{A}(t_2)=\boldsymbol{A}(t_2)\boldsymbol{A}(t_1)$）时，线性时变系统状态转移矩阵可写为解析式的形式

$$\boldsymbol{\Phi}(t,t_0)=\exp\left(\int_{t_0}^{t}\boldsymbol{A}(\tau)\mathrm{d}\tau\right)$$

2. 无穷级数法

一般情况下，时变系统的系统矩阵$\boldsymbol{A}(t)$不能满足式（2.49），此时只能采用数值计算近似求解。由式（2.43）可得

$$\dot{\boldsymbol{\Phi}}(t,t_0)=\boldsymbol{A}(t)\boldsymbol{\Phi}(t,t_0)$$

对等式两边在区间$[t_0,t]$取积分，得

$$\boldsymbol{\Phi}(t,t_0)=\boldsymbol{I}+\int_{t_0}^{t}\boldsymbol{A}(\tau)\boldsymbol{\Phi}(\tau,t_0)\mathrm{d}\tau \tag{2.50}$$

反复应用式（2.50）迭代，得

$$\begin{aligned}
\boldsymbol{\Phi}(t,t_0)= & \boldsymbol{I}+\int_{t_0}^{t}\boldsymbol{A}(\tau)\boldsymbol{\Phi}(\tau,t_0)\mathrm{d}\tau \\
= & \boldsymbol{I}+\int_{t_0}^{t}\boldsymbol{A}(\tau)\left(\boldsymbol{I}+\int_{t_0}^{\tau}\boldsymbol{A}(\tau_1)\boldsymbol{\Phi}(\tau_1,t_0)\mathrm{d}\tau_1\right)\mathrm{d}\tau \\
= & \boldsymbol{I}+\int_{t_0}^{t}\boldsymbol{A}(\tau)\mathrm{d}\tau+\int_{t_0}^{t}\boldsymbol{A}(\tau)\left(\int_{t_0}^{\tau}\boldsymbol{A}(\tau_1)\boldsymbol{\Phi}(\tau_1,t_0)\mathrm{d}\tau_1\right)\mathrm{d}\tau \\
= & \boldsymbol{I}+\int_{t_0}^{t}\boldsymbol{A}(\tau)\mathrm{d}\tau+\int_{t_0}^{t}\boldsymbol{A}(\tau)\left(\int_{t_0}^{\tau}\boldsymbol{A}(\tau_1)\left[I+\int_{t_0}^{\tau_1}\boldsymbol{A}(\tau_2)\boldsymbol{\Phi}(\tau_2,t_0)\mathrm{d}\tau_2\right]\mathrm{d}\tau_1\right)\mathrm{d}\tau \\
= & \boldsymbol{I}+\int_{t_0}^{t}\boldsymbol{A}(\tau)\mathrm{d}\tau+\int_{t_0}^{t}\boldsymbol{A}(\tau)\left(\int_{t_0}^{\tau}\boldsymbol{A}(\tau_1)\mathrm{d}\tau_1\right)\mathrm{d}\tau+\int_{t_0}^{t}\boldsymbol{A}(\tau)\left(\left[\int_{t_0}^{\tau_1}\boldsymbol{A}(\tau_2)\boldsymbol{\Phi}(\tau_2,t_0)\mathrm{d}\tau_2\right]\mathrm{d}\tau_1\right)\mathrm{d}\tau \\
& \vdots \\
= & \boldsymbol{I}+\int_{t_0}^{t}\boldsymbol{A}(\tau)\mathrm{d}\tau+\int_{t_0}^{t}\boldsymbol{A}(\tau)\left(\int_{t_0}^{\tau}\boldsymbol{A}(\tau_1)\mathrm{d}\tau_1\right)\mathrm{d}\tau+\int_{t_0}^{t}\boldsymbol{A}(\tau)\left(\int_{t_0}^{\tau}\boldsymbol{A}(\tau_1)\left[\int_{t_0}^{\tau_1}\boldsymbol{A}(\tau_2)\mathrm{d}\tau_2\right]\mathrm{d}\tau_1\right)\mathrm{d}\tau+\cdots
\end{aligned} \tag{2.51}$$

式（2.51）所示的无穷级数称为 Peano-Baker 级数，若$\boldsymbol{A}(t)$的元素在积分区间有界，则该级数收敛，这样便可以求出线性时变系统状态转移矩阵的近似数值解。

2.2.4 非齐次状态方程的解

如式（2.35）所示的线性时变系统的非齐次状态方程为

$$\begin{cases}\dot{\boldsymbol{x}}=\boldsymbol{A}(t)\boldsymbol{x}+\boldsymbol{B}(t)\boldsymbol{u}\\ \boldsymbol{x}(t)\big|_{t=t_0}=\boldsymbol{x}(t_0)\end{cases}$$

若系统矩阵$\boldsymbol{A}(t)$和输入矩阵$\boldsymbol{B}(t)$的元素在区间$[t_0,t]$内分段连续，则其解为

$$\boldsymbol{x}(t)=\boldsymbol{\Phi}(t,t_0)\boldsymbol{x}(t_0)+\int_{t_0}^{t}\boldsymbol{\Phi}(t,\tau)\boldsymbol{B}(\tau)\boldsymbol{u}(\tau)\mathrm{d}\tau \tag{2.52}$$

证明：由于线性系统满足叠加原理，可以将式（2.52）的解分为两部分：初始状态$\boldsymbol{x}(t_0)$的转移和输入激励信号的状态转移$\boldsymbol{x}_u(t)$，即

$$\boldsymbol{x}(t)=\boldsymbol{\Phi}(t,t_0)\boldsymbol{x}(t_0)+\boldsymbol{\Phi}(t,t_0)\boldsymbol{x}_u(t)=\boldsymbol{\Phi}(t,t_0)[\boldsymbol{x}(t_0)+\boldsymbol{x}_u(t)] \tag{2.53}$$

式（2.53）代入式（2.35）可得

$$\dot{\boldsymbol{\Phi}}(t,t_0)[\boldsymbol{x}(t_0)+\boldsymbol{x}_u(t)]+\boldsymbol{\Phi}(t,t_0)\dot{\boldsymbol{x}}_u(t)=\boldsymbol{A}(t)\boldsymbol{x}(t)+\boldsymbol{B}(t)\boldsymbol{u}(t)$$

参照时变系统状态转移矩阵的基本性质，有

$$\begin{aligned}&\boldsymbol{A}(t)\boldsymbol{x}(t)+\boldsymbol{\Phi}(t,t_0)\dot{\boldsymbol{x}}_u(t)=\boldsymbol{A}(t)\boldsymbol{x}(t)+\boldsymbol{B}(t)\boldsymbol{u}(t)\\ &\Rightarrow\dot{\boldsymbol{x}}_u(t)=\boldsymbol{\Phi}^{-1}(t,t_0)\boldsymbol{B}(t)\boldsymbol{u}(t)=\boldsymbol{\Phi}(t_0,t)\boldsymbol{B}(t)\boldsymbol{u}(t)\end{aligned}$$

等式两边在区间$[t_0,t]$内积分，得

$$\boldsymbol{x}_u(t)=\int_{t_0}^{t}\boldsymbol{\Phi}(t_0,\tau)\boldsymbol{B}(\tau)\boldsymbol{u}(\tau)\mathrm{d}\tau+\boldsymbol{x}_u(t_0)$$

$$
\begin{aligned}
\boldsymbol{x}(t) &= \boldsymbol{\Phi}(t,t_0)\left[\boldsymbol{x}(t_0) + \int_{t_0}^{t}\boldsymbol{\Phi}(t_0,\tau)\boldsymbol{B}(\tau)\boldsymbol{u}(\tau)\mathrm{d}\tau + \boldsymbol{x}_u(t_0)\right] \\
&= \boldsymbol{\Phi}(t,t_0)\boldsymbol{x}(t_0) + \int_{t_0}^{t}\boldsymbol{\Phi}(t,\tau)\boldsymbol{B}(\tau)\boldsymbol{u}(\tau)\mathrm{d}\tau + \boldsymbol{\Phi}(t,t_0)\boldsymbol{x}_u(t_0)
\end{aligned} \tag{2.54}
$$

对于式（2.53），若令 $t=t_0$，则有

$$\boldsymbol{x}(t_0)=\boldsymbol{\Phi}(t_0,t_0)\left[\boldsymbol{x}(t_0)+\boldsymbol{x}_u(t_0)\right]$$

由线性时变系统状态转移矩阵的性质二 $\boldsymbol{\Phi}(t_0,t_0)=\boldsymbol{I}$，得

$$\boldsymbol{x}_u(t_0)=0$$

代入式（2.54），有

$$\boldsymbol{x}(t) = \boldsymbol{\Phi}(t,t_0)\boldsymbol{x}(t_0) + \int_{t_0}^{t}\boldsymbol{\Phi}(t,\tau)\boldsymbol{B}(\tau)\boldsymbol{u}(\tau)\mathrm{d}\tau$$

【例 2.9】已知线性时变系统的状态方程为

$$\dot{\boldsymbol{x}}(t)=\begin{bmatrix}0 & 1\\ 0 & t\end{bmatrix}\boldsymbol{x}(t)$$

试求其状态转移矩阵。

解：由给定的状态转移矩阵得

$$\boldsymbol{A}(t_1)\boldsymbol{A}(t_2)=\begin{bmatrix}0 & 1\\ 0 & t_1\end{bmatrix}\begin{bmatrix}0 & 1\\ 0 & t_2\end{bmatrix}=\begin{bmatrix}0 & t_2\\ 0 & t_1t_2\end{bmatrix}$$

$$\boldsymbol{A}(t_2)\boldsymbol{A}(t_1)=\begin{bmatrix}0 & 1\\ 0 & t_2\end{bmatrix}\begin{bmatrix}0 & 1\\ 0 & t_1\end{bmatrix}=\begin{bmatrix}0 & t_1\\ 0 & t_1t_2\end{bmatrix}$$

$$\boldsymbol{A}(t_1)\boldsymbol{A}(t_2)\neq\boldsymbol{A}(t_2)\boldsymbol{A}(t_1)$$

$\boldsymbol{A}(t_1)$和$\boldsymbol{A}(t_2)$不满足乘法交换律，即$\boldsymbol{A}(t)$和$\int_{t_0}^{t}\boldsymbol{A}(\tau)\mathrm{d}\tau$不可交换。则按式（2.51）计算状态转移矩阵：

$$\int_{t_0}^{t}\boldsymbol{A}(\tau)\mathrm{d}\tau = \int_{t_0}^{t}\begin{bmatrix}0 & 1\\ 0 & \tau\end{bmatrix}\mathrm{d}\tau = \begin{bmatrix}0 & t-t_0\\ 0 & \dfrac{1}{2}(t^2-t_0^2)\end{bmatrix}$$

$$
\begin{aligned}
\int_{t_0}^{t}\boldsymbol{A}(\tau_1)\int_{t_0}^{\tau_1}\boldsymbol{A}(\tau_2)\mathrm{d}\tau_2\mathrm{d}\tau_1 &= \int_{t_0}^{t}\begin{bmatrix}0 & 1\\ 0 & \tau_1\end{bmatrix}\begin{bmatrix}0 & \tau_1-t_0\\ 0 & \dfrac{1}{2}(\tau_1^2-t_0^2)\end{bmatrix}\mathrm{d}\tau_1 \\
&= \int_{t_0}^{t}\begin{bmatrix}0 & \dfrac{1}{2}(\tau_1^2-t_0^2)\\ 0 & \dfrac{1}{2}(\tau_1^3-\tau_1t_0^2)\end{bmatrix}\mathrm{d}\tau_1 = \begin{bmatrix}0 & \dfrac{1}{6}(t-t_0)^2(t+2t_0)\\ 0 & \dfrac{1}{8}(t^2-t_0^2)^2\end{bmatrix}
\end{aligned}
$$

$$
\begin{aligned}
\boldsymbol{\Phi}(t,t_0) &= \begin{bmatrix}1 & 0\\ 0 & 1\end{bmatrix}+\begin{bmatrix}0 & t-t_0\\ 0 & \dfrac{1}{2}(t^2-t_0^2)\end{bmatrix}+\begin{bmatrix}0 & \dfrac{1}{6}(t-t_0)^2(t+2t_0)\\ 0 & \dfrac{1}{8}(t^2-t_0^2)^2\end{bmatrix}+\cdots \\
&= \begin{bmatrix}1 & (t-t_0)+\dfrac{1}{6}(t-t_0)^2(t+2t_0)+\cdots\\ 0 & 1+\dfrac{1}{2}(t^2-t_0^2)+\dfrac{1}{8}(t^2-t_0^2)^2+\cdots\end{bmatrix}
\end{aligned}
$$

【例 2.10】 已知线性时变系统的状态空间表达式为

$$\begin{cases}\dot{\boldsymbol{x}}(t)=\begin{bmatrix}1 & 0\\0 & t\end{bmatrix}\boldsymbol{x}(t)+\begin{bmatrix}1\\t\end{bmatrix}u(t)\\ y(t)=\begin{bmatrix}0 & 1\end{bmatrix}\boldsymbol{x}(t)\end{cases}$$

初始时刻为 $t_0=0$，初始状态为 $\boldsymbol{x}(t_0)=\begin{bmatrix}1\\1\end{bmatrix}$，试求其系统的单位阶跃输出响应。

解： 由给定的状态转移矩阵得

$$\boldsymbol{A}(t_1)\boldsymbol{A}(t_2)=\begin{bmatrix}1 & 0\\0 & t_1\end{bmatrix}\begin{bmatrix}1 & 0\\0 & t_2\end{bmatrix}=\begin{bmatrix}1 & 0\\0 & t_1t_2\end{bmatrix}$$

$$\boldsymbol{A}(t_2)\boldsymbol{A}(t_1)=\begin{bmatrix}1 & 0\\0 & t_2\end{bmatrix}\begin{bmatrix}1 & 0\\0 & t_1\end{bmatrix}=\begin{bmatrix}1 & 0\\0 & t_1t_2\end{bmatrix}$$

$$\boldsymbol{A}(t_1)\boldsymbol{A}(t_2)=\boldsymbol{A}(t_2)\boldsymbol{A}(t_1)$$

即 $\boldsymbol{A}(t_1)$ 和 $\boldsymbol{A}(t_2)$ 满足乘法交换律，$\boldsymbol{A}(t)$ 和 $\int_{t_0}^{t}\boldsymbol{A}(\tau)\mathrm{d}\tau$ 可交换。则按式（2.44）、式（2.46）计算状态转移矩阵

$$\begin{aligned}\boldsymbol{\Phi}(t,0)&=\mathrm{e}^{\int_0^t\boldsymbol{A}(\tau)\mathrm{d}\tau}=\begin{bmatrix}1 & 0\\0 & 1\end{bmatrix}+\int_0^t\begin{bmatrix}1 & 0\\0 & \tau\end{bmatrix}\mathrm{d}\tau+\frac{1}{2!}\left[\int_0^t\begin{bmatrix}1 & 0\\0 & \tau\end{bmatrix}\mathrm{d}\tau\right]^2+\frac{1}{3!}\left[\int_0^t\begin{bmatrix}1 & 0\\0 & \tau\end{bmatrix}\mathrm{d}\tau\right]^3+\cdots\\
&=\begin{bmatrix}1 & 0\\0 & 1\end{bmatrix}+\begin{bmatrix}t & 0\\0 & \frac{1}{2}t^2\end{bmatrix}+\frac{1}{2}\begin{bmatrix}t & 0\\0 & \frac{1}{2}t^2\end{bmatrix}\begin{bmatrix}t & 0\\0 & \frac{1}{2}t^2\end{bmatrix}+\frac{1}{3!}\begin{bmatrix}t & 0\\0 & \frac{1}{2}t^2\end{bmatrix}\begin{bmatrix}t & 0\\0 & \frac{1}{2}t^2\end{bmatrix}\begin{bmatrix}t & 0\\0 & \frac{1}{2}t^2\end{bmatrix}+\cdots\\
&=\begin{bmatrix}1 & 0\\0 & 1\end{bmatrix}+\begin{bmatrix}t & 0\\0 & \frac{1}{2}t^2\end{bmatrix}+\frac{1}{2}\begin{bmatrix}t^2 & 0\\0 & \frac{1}{4}t^4\end{bmatrix}+\frac{1}{3!}\begin{bmatrix}t^3 & 0\\0 & \frac{1}{8}t^6\end{bmatrix}+\cdots\\
&=\begin{bmatrix}1+t+\frac{1}{2}t^2+\frac{1}{3!}t^3+\cdots & 0\\0 & 1+\frac{1}{2}t^2+\frac{1}{8}t^4+\frac{1}{3!}\times\frac{1}{8}t^6+\cdots\end{bmatrix}=\begin{bmatrix}\mathrm{e}^t & 0\\0 & \mathrm{e}^{\frac{1}{2}t^2}\end{bmatrix}\end{aligned}$$

$$\begin{aligned}\boldsymbol{x}(t)&=\boldsymbol{\Phi}(t,0)\boldsymbol{x}(0)+\int_0^t\boldsymbol{\Phi}(t,\tau)\boldsymbol{b}(\tau)\boldsymbol{u}(\tau)\mathrm{d}\tau\\
&=\begin{bmatrix}\mathrm{e}^t & 0\\0 & \mathrm{e}^{\frac{1}{2}t^2}\end{bmatrix}\begin{bmatrix}1\\1\end{bmatrix}+\int_0^t\begin{bmatrix}\mathrm{e}^{t-\tau} & 0\\0 & \mathrm{e}^{\frac{1}{2}(t^2-\tau^2)}\end{bmatrix}\begin{bmatrix}1\\\tau\end{bmatrix}\boldsymbol{u}(\tau)\mathrm{d}\tau\\
&=\begin{bmatrix}\mathrm{e}^t\\\mathrm{e}^{\frac{1}{2}t^2}\end{bmatrix}+\int_0^t\begin{bmatrix}\mathrm{e}^{t-\tau}\\\tau\mathrm{e}^{\frac{1}{2}(t^2-\tau^2)}\end{bmatrix}\mathrm{d}\tau=\begin{bmatrix}2\mathrm{e}^t-1\\2\mathrm{e}^{\frac{1}{2}t^2}-1\end{bmatrix}\end{aligned}$$

则系统的输出响应为

$$y(t)=\begin{bmatrix}0 & 1\end{bmatrix}\boldsymbol{x}(t)=2\mathrm{e}^{\frac{1}{2}t^2}-1$$

2.3 线性离散系统状态方程的解

离散系统求解

与连续系统相似，线性定常离散系统的状态方程一般可表示为

$$\begin{cases}\boldsymbol{x}(k+1)=\boldsymbol{G}\boldsymbol{x}(k)+\boldsymbol{H}\boldsymbol{u}(k)\\ \boldsymbol{x}(k)\big|_{k=k_0}=\boldsymbol{x}(k_0)\end{cases},\quad k=0,1,2,\cdots \tag{2.55}$$

线性时变离散系统状态方程一般可表示为

$$\begin{cases}\boldsymbol{x}(k+1)=\boldsymbol{G}(k)\boldsymbol{x}(k)+\boldsymbol{H}(k)\boldsymbol{u}(k)\\ \boldsymbol{x}(k)\big|_{k=0}=\boldsymbol{x}(k_0)\end{cases},\quad k=0,1,2,\cdots \tag{2.56}$$

离散系统状态方程的解法有迭代法、Z 变换法、规范型及线性变换法和凯莱-哈密顿定理法。迭代法也称递推法，它对定常系统和时变系统都是适用的；Z 变换法、规范型及线性变换法和凯莱-哈密顿定理法则只能适用于求解定常系统。以下仅以迭代法和 Z 变换法为例进行说明。

2.3.1 迭代法

1）若线性定常离散系统状态方程如式（2.55）所示，其解可以表示为

$$\boldsymbol{x}(k)=\boldsymbol{G}^k\boldsymbol{x}(0)+\sum_{j=0}^{k-1}\boldsymbol{G}^{k-j-1}\boldsymbol{H}\boldsymbol{u}(j) \tag{2.57a}$$

或

$$\boldsymbol{x}(k)=\boldsymbol{G}^k\boldsymbol{x}(0)+\sum_{j=0}^{k-1}\boldsymbol{G}^{j}\boldsymbol{H}\boldsymbol{u}(k-j-1) \tag{2.57b}$$

即

$$\boldsymbol{x}(k)=\boldsymbol{G}^k\boldsymbol{x}(0)+\boldsymbol{G}^{k-1}\boldsymbol{H}\boldsymbol{u}(0)+\cdots+\boldsymbol{G}\boldsymbol{H}\boldsymbol{u}(k-2)+\boldsymbol{H}\boldsymbol{u}(k-1) \tag{2.57c}$$

证明：利用迭代法解差分方程式（2.55），得

$$\begin{aligned}
k=0,\ \boldsymbol{x}(1)&=\boldsymbol{G}\boldsymbol{x}(0)+\boldsymbol{H}\boldsymbol{u}(0)\\
k=1,\ \boldsymbol{x}(2)&=\boldsymbol{G}\boldsymbol{x}(1)+\boldsymbol{H}\boldsymbol{u}(1)=\boldsymbol{G}[\boldsymbol{G}\boldsymbol{x}(0)+\boldsymbol{H}\boldsymbol{u}(0)]+\boldsymbol{H}\boldsymbol{u}(1)\\
&=\boldsymbol{G}^2\boldsymbol{x}(0)+\boldsymbol{G}\boldsymbol{H}\boldsymbol{u}(0)+\boldsymbol{H}\boldsymbol{u}(1)\\
k=2,\ \boldsymbol{x}(3)&=\boldsymbol{G}\boldsymbol{x}(2)+\boldsymbol{H}\boldsymbol{u}(2)=\boldsymbol{G}[\boldsymbol{G}^2\boldsymbol{x}(0)+\boldsymbol{G}\boldsymbol{H}\boldsymbol{u}(0)+\boldsymbol{H}\boldsymbol{u}(1)]+\boldsymbol{H}\boldsymbol{u}(2)\\
&=\boldsymbol{G}^3\boldsymbol{x}(0)+\boldsymbol{G}^2\boldsymbol{H}\boldsymbol{u}(0)+\boldsymbol{G}\boldsymbol{H}\boldsymbol{u}(1)+\boldsymbol{H}\boldsymbol{u}(2)\\
&\ \ \vdots\\
k=k-1,\ \boldsymbol{x}(k)&=\boldsymbol{G}\boldsymbol{x}(k-1)+\boldsymbol{H}\boldsymbol{u}(k-1)\\
&=\boldsymbol{G}^k\boldsymbol{x}(0)+\boldsymbol{G}^{k-1}\boldsymbol{H}\boldsymbol{u}(0)+\cdots+\boldsymbol{G}\boldsymbol{H}\boldsymbol{u}(k-2)+\boldsymbol{H}\boldsymbol{u}(k-1)
\end{aligned}$$

写成通式的形式，即得到式（2.57）。

若取初始时刻 $k_0\neq0$，则式（2.57）也可以写为

$$\boldsymbol{x}(k)=\boldsymbol{G}^{k-k_0}\boldsymbol{x}(k_0)+\sum_{j=k_0}^{k-1}\boldsymbol{G}^{k-j-1}\boldsymbol{H}\boldsymbol{u}(j) \tag{2.58}$$

分析线性定常离散系统状态方程解的形式，可以发现：

① 线性定常系统离散状态方程的求解公式和连续状态方程的求解公式在形式上是类似的。它也由两部分响应构成：即由初始状态所引起的自由响应（零输入响应）$\boldsymbol{G}^{k-k_0}\boldsymbol{x}(k_0)$ 和由输入信号所引起的受迫响应（零状态响应）$\sum_{j=k_0}^{k-1}\boldsymbol{G}^{k-j-1}\boldsymbol{H}\boldsymbol{u}(j)$。但不同的是，对于离散系统来说，$kT$ 时刻的受迫响应仅与前 $(k-k_0)$ 个采样时刻的输入 $\boldsymbol{u}(i)$，$i=k_0,k_0+1,\cdots,k-1$ 相关，与该时刻的输入采样值无关。

② 类似于连续系统，式（2.57）或式（2.58）中的 $\boldsymbol{G}^k$ 或 $\boldsymbol{G}^{k-k_0}$ 也可以看作是线性定常离散系统状态方程的状态转移矩阵，记为 $\boldsymbol{\Phi}(k)$ 或 $\boldsymbol{\Phi}(k-k_0)$，即

$$\boldsymbol{\Phi}(k)=\boldsymbol{G}^{k}$$
$$\boldsymbol{\Phi}(k-k_0)=\boldsymbol{G}^{k-k_0} \tag{2.59}$$

它与线性定常连续系统状态转移矩阵（矩阵指数）有着相似的运算性质：

$$\boldsymbol{\Phi}(k+1)=\boldsymbol{G}\boldsymbol{\Phi}(k)$$
$$\boldsymbol{\Phi}(0)=\boldsymbol{I}$$
$$\boldsymbol{\Phi}(k-h)=\boldsymbol{\Phi}(k-h_1)\boldsymbol{\Phi}(h_1-h),k>h_1\geqslant h$$
$$\boldsymbol{\Phi}^{-1}(k)=\boldsymbol{\Phi}(-k)$$

此处仅给出性质本身的表达式，读者可自行证明。

利用状态转移矩阵，线性定常离散系统状态方程的解［式（2.57）］可以表示为

$$\boldsymbol{x}(k)=\boldsymbol{\Phi}(k)\boldsymbol{x}(0)+\sum_{j=0}^{k-1}\boldsymbol{\Phi}(k-j-1)\boldsymbol{H}\boldsymbol{u}(j) \tag{2.60a}$$

或

$$\boldsymbol{x}(k)=\boldsymbol{\Phi}(k-k_0)\boldsymbol{x}(k_0)+\sum_{j=k_0}^{k-1}\boldsymbol{\Phi}(k-j-1)\boldsymbol{H}\boldsymbol{u}(j) \tag{2.60b}$$

③ 离散系统状态转移矩阵 $\boldsymbol{\Phi}(k)=\boldsymbol{G}^{k}$ 或 $\boldsymbol{\Phi}(k-k_0)=\boldsymbol{G}^{k-k_0}$的求解方法也与连续系统相似，可以利用直接迭代法、$Z$ 反变换法、利用规范型及线性变换计算及化为有限项多项式计算 4 种方法进行计算。我们将通过后面的例题加以说明。

2）若线性时变常离散系统状态方程如式（2.56）所示，其解可以表示为

$$\begin{aligned}&\boldsymbol{x}(k)=\boldsymbol{\Phi}(k,0)\boldsymbol{x}(0)+\sum_{j=0}^{k-1}\boldsymbol{\Phi}(k,j+1)\boldsymbol{H}(j)\boldsymbol{u}(j)\\&\boldsymbol{\Phi}(k,h)=\prod_{i=h}^{k-1}\boldsymbol{G}(i)=\boldsymbol{G}(k-1)\boldsymbol{G}(k-2)\cdots\boldsymbol{G}(h+1)\boldsymbol{G}(h),\quad k>h\\&\boldsymbol{\Phi}(k,k)=\prod_{i=k}^{k-1}\boldsymbol{G}(i)=\boldsymbol{I}\end{aligned} \tag{2.61}$$

其证明方法与定常系统类似，对式（2.56）进行迭代法求解即可得到线性时变常离散系统状态方程的通解［式（2.61）］，读者可自行证明。

2.3.2 Z 变换法

Z 变换法仅适用于线性定常离散系统。

若线性定常离散系统状态方程如式（2.55）所示，其解可以表示为

$$\boldsymbol{x}(k)=Z^{-1}[(z\boldsymbol{I}-\boldsymbol{G})^{-1}z\boldsymbol{X}(0)]+Z^{-1}[(z\boldsymbol{I}-\boldsymbol{G})^{-1}\boldsymbol{H}\boldsymbol{U}(z)] \tag{2.62}$$

证明：设 $k=0$，则式（2.55）可写为

$$\begin{cases}\boldsymbol{x}(k+1)=\boldsymbol{G}\boldsymbol{x}(k)+\boldsymbol{H}\boldsymbol{u}(k)\\\boldsymbol{x}(k)\big|_{k=0}=\boldsymbol{x}(0)\end{cases},\quad k=0,1,2,\cdots$$

对等式两边进行 Z 变换，得

$$z\boldsymbol{X}(z)-z\boldsymbol{X}(0)=\boldsymbol{G}\boldsymbol{X}(z)+\boldsymbol{H}\boldsymbol{U}(z)$$

移项得

$$(z\boldsymbol{I}-\boldsymbol{G})\boldsymbol{X}(z)=z\boldsymbol{X}(0)+\boldsymbol{H}\boldsymbol{U}(z)$$

故

$$\boldsymbol{X}(z)=(z\boldsymbol{I}-\boldsymbol{G})^{-1}z\boldsymbol{X}(0)+(z\boldsymbol{I}-\boldsymbol{G})^{-1}\boldsymbol{H}\boldsymbol{U}(z)$$

等式两边进行 Z 反变换，即有

$$\boldsymbol{x}(k)=Z^{-1}[(z\boldsymbol{I}-\boldsymbol{G})^{-1}z\boldsymbol{X}(0)]+Z^{-1}[(z\boldsymbol{I}-\boldsymbol{G})^{-1}\boldsymbol{H}\boldsymbol{U}(z)]$$

对比式（2.57）与式（2.62），可得

$$\boldsymbol{G}^k\boldsymbol{x}(0)=\boldsymbol{\Phi}(k)\boldsymbol{x}(0)=Z^{-1}[(z\boldsymbol{I}-\boldsymbol{G})^{-1}z\boldsymbol{X}(0)]$$

$$\sum_{j=0}^{k-1}\boldsymbol{G}^{k-j-1}\boldsymbol{H}u(j)=Z^{-1}[(z\boldsymbol{I}-\boldsymbol{G})^{-1}\boldsymbol{H}\boldsymbol{U}(z)]$$

【例 2.11】 已知线性定常离散系统状态方程为

$$\begin{cases}\boldsymbol{x}(k+1)=\begin{bmatrix}0 & 1\\-0.2 & -0.9\end{bmatrix}\boldsymbol{x}(k)+\begin{bmatrix}1\\1\end{bmatrix}u(k)\\ \boldsymbol{x}(k_0)=\boldsymbol{x}(0)=\begin{bmatrix}1\\-1\end{bmatrix}\end{cases}$$

1）分别使用迭代法、Z 变换法、规范型及线性变换法和凯莱-哈密顿定理法计算状态转移矩阵 $\boldsymbol{\Phi}(k)$。

2）当 $u(k)$ 为单位脉冲序列时，求状态方程的解。

解： 1）求解状态转移矩阵 $\boldsymbol{\Phi}(k)$。

① 迭代法

$$\boldsymbol{\Phi}(k)=\boldsymbol{G}^k=\begin{bmatrix}0 & 1\\-0.2 & -0.9\end{bmatrix}^k$$

由直接迭代法可求出各个采样时刻的解，但得不到其封闭形式的解析式，即

$$\boldsymbol{\Phi}(1)=\boldsymbol{G}^1=\begin{bmatrix}0 & 1\\-0.2 & -0.9\end{bmatrix},\quad \boldsymbol{\Phi}(2)=\boldsymbol{G}^2=\begin{bmatrix}-0.2 & -0.9\\0.18 & 0.61\end{bmatrix},$$

$$\boldsymbol{\Phi}(3)=\boldsymbol{G}^3=\begin{bmatrix}0.18 & 0.61\\-0.122 & -0.369\end{bmatrix},\ \cdots$$

② Z 变换法

$$\boldsymbol{\Phi}(k)=Z^{-1}[(z\boldsymbol{I}-\boldsymbol{G})^{-1}z]$$

$$(z\boldsymbol{I}-\boldsymbol{G})^{-1}=\begin{bmatrix}z & -1\\0.2 & z+0.9\end{bmatrix}^{-1}=\frac{1}{(z+0.5)(z+0.4)}\begin{bmatrix}z+0.9 & 1\\-0.2 & z\end{bmatrix}$$

$$=\begin{bmatrix}\dfrac{5}{z+0.4}-\dfrac{4}{z+0.5} & \dfrac{10}{z+0.4}-\dfrac{10}{z+0.5}\\ \dfrac{-2}{z+0.4}-\dfrac{2}{z+0.5} & \dfrac{-4}{z+0.4}+\dfrac{5}{z+0.5}\end{bmatrix}$$

$$\boldsymbol{\Phi}(k)=Z^{-1}[(z\boldsymbol{I}-\boldsymbol{G})^{-1}z]=\begin{bmatrix}5(-0.4)^k-4(-0.5)^k & 10(-0.4)^k-10(-0.5)^k\\-2(-0.4)^k+2(-0.5)^k & -4(-0.4)^k+5(-0.5)^k\end{bmatrix}$$

③ 规范型及线性变换计算法

计算矩阵 $\boldsymbol{G}$ 的特征值

$$|\lambda\boldsymbol{I}-\boldsymbol{G}|=0,\quad \lambda_1=-0.4,\quad \lambda_2=-0.5$$

$\boldsymbol{G}$ 为友矩阵，故其变换矩阵为

$$P=\begin{bmatrix}1 & 1\\ \lambda_1 & \lambda_2\end{bmatrix}=\begin{bmatrix}1 & 1\\ -0.4 & -0.5\end{bmatrix},\quad P^{-1}=\begin{bmatrix}5 & 10\\ -4 & -10\end{bmatrix}$$

$$P^{-1}GP=\begin{bmatrix}5 & 10\\ -4 & -10\end{bmatrix}\begin{bmatrix}0 & 1\\ -0.2 & -0.9\end{bmatrix}\begin{bmatrix}1 & 1\\ -0.4 & -0.5\end{bmatrix}=\begin{bmatrix}-0.4 & 0\\ 0 & -0.5\end{bmatrix}=\Lambda$$

$$\begin{aligned}\Phi(k)=P\Lambda^k P^{-1}&=\begin{bmatrix}1 & 1\\ -0.4 & -0.5\end{bmatrix}\begin{bmatrix}-0.4 & 0\\ 0 & -0.5\end{bmatrix}^k\begin{bmatrix}5 & 10\\ -4 & -10\end{bmatrix}\\&=\begin{bmatrix}1 & 1\\ -0.4 & -0.5\end{bmatrix}\begin{bmatrix}(-0.4)^k & 0\\ 0 & (-0.5)^k\end{bmatrix}\begin{bmatrix}5 & 10\\ -4 & -10\end{bmatrix}\\&=\begin{bmatrix}5(-0.4)^k-4(-0.5)^k & 10(-0.4)^k-10(-0.5)^k\\ -2(-0.4)^k+2(-0.5)^k & -4(-0.4)^k+5(-0.5)^k\end{bmatrix}\end{aligned}$$

④ 凯莱–哈密顿定理法

$$\begin{aligned}\begin{bmatrix}\alpha_0\\ \alpha_1\end{bmatrix}&=\begin{bmatrix}1 & \lambda_1\\ 1 & \lambda_2\end{bmatrix}^{-1}\begin{bmatrix}\lambda_1^k\\ \lambda_2^k\end{bmatrix}=\begin{bmatrix}1 & -0.4\\ 1 & -0.5\end{bmatrix}^{-1}\begin{bmatrix}(-0.4)^k\\ (-0.5)^k\end{bmatrix}\\&=\begin{bmatrix}5 & -4\\ 10 & -10\end{bmatrix}\begin{bmatrix}(-0.4)^k\\ (-0.5)^k\end{bmatrix}=\begin{bmatrix}5(-0.4)^k-4(-0.5)^k\\ 10(-0.4)^k-10(-0.5)^k\end{bmatrix}\end{aligned}$$

故有

$$\begin{aligned}G^k&=\alpha_0(k)I+\alpha_1(k)G\\&=[5(-0.4)^k-4(-0.5)^k]\begin{bmatrix}1 & 0\\ 0 & 1\end{bmatrix}+[10(-0.4)^k-10(-0.5)^k]\begin{bmatrix}0 & 1\\ -0.2 & -0.9\end{bmatrix}\\&=\begin{bmatrix}5(-0.4)^k-4(-0.5)^k & 10(-0.4)^k-10(-0.5)^k\\ -2(-0.4)^k+2(-0.5)^k & -4(-0.4)^k+5(-0.5)^k\end{bmatrix}\end{aligned}$$

2）当 $u(k)$ 为脉冲序列时，求状态方程的解。

由于 $u(k)=1(k)$，则有 $U(z)=\dfrac{z}{z-1}$。

$$\begin{aligned}x(z)&=(zI-G)^{-1}zX(0)+(zI-G)^{-1}HU(z)\\&=\frac{1}{(z+0.4)(z+0.5)}\begin{bmatrix}z+0.9 & 1\\ -0.2 & z\end{bmatrix}\times\left(\begin{bmatrix}z\\ -z\end{bmatrix}+\begin{bmatrix}\dfrac{z}{z-1}\\ \dfrac{z}{z-1}\end{bmatrix}\right)\\&=\frac{1}{(z+0.4)(z+0.5)(z-1)}\begin{bmatrix}z^3-0.1z^2+2z\\ -z^3+1.8z^2\end{bmatrix}=\begin{bmatrix}\dfrac{-\frac{110}{7}z}{z+0.4}+\dfrac{\frac{46}{3}z}{z+0.5}+\dfrac{\frac{29}{21}z}{z-1}\\ \dfrac{\frac{44}{7}z}{z+0.4}+\dfrac{-\frac{23}{3}z}{z+0.5}+\dfrac{\frac{8}{21}z}{z-1}\end{bmatrix}\end{aligned}$$

则

$$x(k)=Z^{-1}[X(z)]=\begin{bmatrix}-\dfrac{110}{7}(-0.4)^k+\dfrac{46}{3}(-0.5)^k+\dfrac{29}{21}\\ \dfrac{44}{7}(-0.4)^k-\dfrac{23}{3}(-0.5)^k+\dfrac{8}{21}\end{bmatrix}$$

2.4 线性连续系统的离散化

连续系统离散化

离散系统的工作状态可以分为以下两种情况：

（1）整个系统工作于单一的离散状态

对于这种系统，其状态变量、输入变量和输出变量全是离散量，如现在的全数字化设备、计算机集成制造系统等。

（2）系统工作在连续和离散两种状态的混合状态

在这种系统中，状态变量、输入变量和输出变量既有连续时间型的模拟量，又有离散时间型的离散量，如连续被控对象的采样控制系统就属于这种情况。

第二种情况的系统是本节重点讨论的对象，其状态方程既有一阶微分方程组，又有一阶差分方程组。为了能对这种系统运用离散系统的分析方法和设计方法，要求整个系统统一用离散状态方程来描述，为此，提出了连续系统离散化的问题。

众所周知，数字计算机只能处理数字信号，其在数值上是整量化的，在时间上是离散化的。因此，在计算机仿真、计算机辅助设计中利用数字计算机分析求解连续系统的状态方程，或者进行计算机控制时，都会遇到离散化问题。

2.4.1 线性定常连续系统的离散化

线性定常系统的状态空间表达式为

$$\begin{cases}\dot{\boldsymbol{x}}=\boldsymbol{A}\boldsymbol{x}+\boldsymbol{B}\boldsymbol{u}\\ \boldsymbol{y}=\boldsymbol{C}\boldsymbol{x}+\boldsymbol{D}\boldsymbol{u}\end{cases} \tag{2.63}$$

为了将上述连续系统离散化，需在系统的输入、输出端加入理想采样器，且为了使采样后的输入控制量 $\boldsymbol{u}(kT)$ 还原为原来的连续信号，还需在输入信号采样器后加入保持器，如图 2.2 所示。

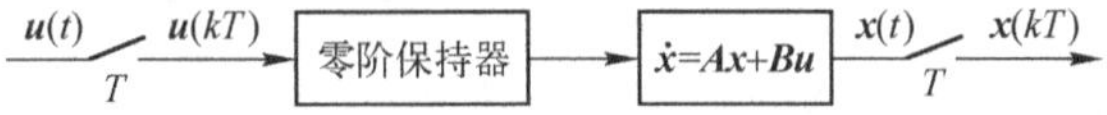

图 2.2 线性连续系统的离散化

若连续系统离散化时满足以下条件：

1）离散化按等采样周期 T 采样处理，采样时刻为 $kT, k=0,1,2,\cdots$；采样脉冲为理想采样脉冲。

2）保持器为零阶保持器，即输入向量 $\boldsymbol{u}(t)=\boldsymbol{u}(kT)$，$kT\leqslant t\leqslant(k+1)T$。

3）采样周期的选择满足香农（Shannon）采样定理。

则式（2.63）所示的连续系统离散化之后，得到的离散时间状态空间表达式为

$$\begin{cases}\boldsymbol{x}[(k+1)T]=\boldsymbol{G}(T)\boldsymbol{x}(kT)+\boldsymbol{H}(T)\boldsymbol{u}(kT)\\ \boldsymbol{y}(kT)=\boldsymbol{C}\boldsymbol{x}(kT)+\boldsymbol{D}\boldsymbol{u}(kT)\end{cases} \tag{2.64}$$

式中

$$\boldsymbol{G}(T)=\mathrm{e}^{\boldsymbol{A}T} \tag{2.65}$$

$$\boldsymbol{H}(T)=\int_0^T \mathrm{e}^{\boldsymbol{A}t}\boldsymbol{B}\mathrm{d}t \tag{2.66}$$

而 $\boldsymbol{C}$ 和 $\boldsymbol{D}$ 仍与式（2.63）中的一样。

证明：输出方程是状态向量和控制向量的某种线性组合，离散化之后，组合关系并不改变，故 $\boldsymbol{C}$ 和 $\boldsymbol{D}$ 不变。

根据式（2.29），连续定常系统状态方程的解为

$$\boldsymbol{x}(t)=\mathrm{e}^{\boldsymbol{A}(t-t_0)}\boldsymbol{x}(t_0)+\int_{t_0}^{t}\mathrm{e}^{\boldsymbol{A}(t-\tau)}\boldsymbol{Bu}(\tau)\mathrm{d}\tau \tag{2.67}$$

这里只考查从 $t_0=kT$ 到 $t=(k+1)T$ 这一段的响应，并考虑到在这一段时间间隔内 $\boldsymbol{u}(t)=\boldsymbol{u}(kT)=$ 常数，从而有

$$\boldsymbol{x}[(k+1)T]=\mathrm{e}^{\boldsymbol{A}T}\boldsymbol{x}(kT)+\left[\int_{kT}^{(k+1)T}\mathrm{e}^{\boldsymbol{A}[(k+1)T-\tau]}\boldsymbol{B}\mathrm{d}\tau\right]\boldsymbol{u}(kT) \tag{2.68}$$

比较式（2.67）与式（2.68），可得

$$\boldsymbol{G}(T)=\mathrm{e}^{\boldsymbol{A}T}$$

$$\boldsymbol{H}(T)=\int_{kT}^{(k+1)T}\mathrm{e}^{\boldsymbol{A}[(k+1)T-\tau]}\boldsymbol{B}\mathrm{d}\tau \tag{2.69}$$

在式（2.69）中，令 $t=(k+1)T-\tau$，则 $\mathrm{d}\tau=-\mathrm{d}t$，而积分下限 $\tau=kT$ 时，相应于 $t=T$；积分上限 $\tau=(k+1)T$ 相应于 $t=0$。故式（2.69）可以简化为

$$\boldsymbol{H}(T)=\int_0^T\mathrm{e}^{\boldsymbol{A}t}\boldsymbol{B}\mathrm{d}t$$

【例 2.12】 已知线性定常连续系统状态空间方程为

$$\begin{bmatrix}\dot{x}_1(t)\\ \dot{x}_2(t)\end{bmatrix}=\begin{bmatrix}0 & 1\\ 0 & 1\end{bmatrix}\begin{bmatrix}x_1(t)\\ x_1(t)\end{bmatrix}+\begin{bmatrix}0\\ 1\end{bmatrix}u$$

求其离散化方程。

解：首先求 $\boldsymbol{G}(T)$ 和 $\boldsymbol{H}(T)$。

$$\begin{aligned}\mathrm{e}^{\boldsymbol{A}t}&=L^{-1}[(s\boldsymbol{I}-\boldsymbol{A})^{-1}]\\ &=L^{-1}\left[\begin{bmatrix}s & -1\\ 0 & s-1\end{bmatrix}^{-1}\right]=\begin{bmatrix}1 & \mathrm{e}^t-1\\ 0 & \mathrm{e}^t\end{bmatrix}\end{aligned}$$

故

$$\boldsymbol{G}(T)=\mathrm{e}^{\boldsymbol{A}t}\big|_{t=T}=\begin{bmatrix}1 & \mathrm{e}^T-1\\ 0 & \mathrm{e}^T\end{bmatrix}$$

$$\boldsymbol{H}(T)=\int_0^T\mathrm{e}^{\boldsymbol{A}t}\boldsymbol{B}\mathrm{d}t=\int_0^T\begin{bmatrix}1 & \mathrm{e}^t-1\\ 0 & \mathrm{e}^t\end{bmatrix}\begin{bmatrix}0\\ 1\end{bmatrix}\mathrm{d}t=\begin{bmatrix}\mathrm{e}^T-T-1\\ \mathrm{e}^T-1\end{bmatrix}$$

离散化后的系统状态方程为

$$\begin{bmatrix}x_1[(k+1)T]\\ x_2[(k+1)T]\end{bmatrix}=\begin{bmatrix}1 & \mathrm{e}^T-1\\ 0 & \mathrm{e}^T\end{bmatrix}\begin{bmatrix}x_1(kT)\\ x_2(kT)\end{bmatrix}+\begin{bmatrix}\mathrm{e}^T-T-1\\ \mathrm{e}^T-1\end{bmatrix}u(kT)$$

【例 2.13】 已知系统如图 2.3 所示。试求：

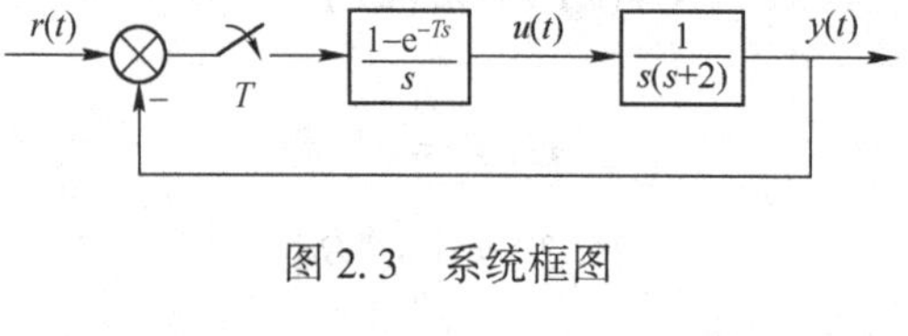

图 2.3　系统框图

1）系统离散化的状态空间表达式；

2）当采样周期 $T=0.1\,\text{s}$ 时，输入为单位阶跃函数，且初始状态为零时的离散输出 $y(kT)$。

解：将连续被控对象的状态空间表达式离散化。

连续被控对象的传递函数为

$$G(s)=\frac{1}{s(s+2)}$$

连续被控对象的状态空间表达式可按能控规范型列出，即

$$\begin{cases}\dot{\boldsymbol{x}}=\begin{bmatrix}0 & 1\\0 & -2\end{bmatrix}\boldsymbol{x}+\begin{bmatrix}0\\1\end{bmatrix}u\\ y=[1\quad 0]\boldsymbol{x}\end{cases}$$

可求得状态转移矩阵为

$$\mathrm{e}^{At}=\begin{bmatrix}1 & \frac{1}{2}-\frac{1}{2}\mathrm{e}^{-2t}\\0 & \mathrm{e}^{-2t}\end{bmatrix}$$

由结构图可知，连续被控对象的输入是零阶保持器的输出，则

$$\boldsymbol{G}(T)=\mathrm{e}^{AT}=\begin{bmatrix}1 & \frac{1}{2}-\frac{1}{2}\mathrm{e}^{-2T}\\0 & \mathrm{e}^{-2T}\end{bmatrix}$$

$$\boldsymbol{H}(T)=\int_0^T\mathrm{e}^{At}\boldsymbol{B}\mathrm{d}t=\int_0^T\begin{bmatrix}1 & \frac{1}{2}-\frac{1}{2}\mathrm{e}^{-2t}\\0 & \mathrm{e}^{-2t}\end{bmatrix}\begin{bmatrix}0\\1\end{bmatrix}\mathrm{d}t=\begin{bmatrix}\frac{1}{2}T+\frac{1}{4}\mathrm{e}^{-2T}-\frac{1}{4}\\-\frac{1}{2}\mathrm{e}^{-2T}+\frac{1}{2}\end{bmatrix}$$

故连续被控对象的离散化状态空间表达式为

$$\begin{cases}\begin{bmatrix}x_1[(k+1)T]\\x_2[(k+1)T]\end{bmatrix}=\begin{bmatrix}1 & \frac{1}{2}-\frac{1}{2}\mathrm{e}^{-2T}\\0 & \mathrm{e}^{-2T}\end{bmatrix}\begin{bmatrix}x_1(kT)\\x_2(kT)\end{bmatrix}+\begin{bmatrix}\frac{1}{2}T+\frac{1}{4}\mathrm{e}^{-2T}-\frac{1}{4}\\-\frac{1}{2}\mathrm{e}^{-2T}+\frac{1}{2}\end{bmatrix}u(kT)\\ y(kT)=[1,0]\begin{bmatrix}x_1(kT)\\x_2(kT)\end{bmatrix}=x_1(kT)\end{cases}$$

1）求闭环系统离散化的状态空间表达式。

由图 2.3 可见

$$u(kT)=r(kT)-y(kT)$$
$$y(kT)=x_1(kT)$$

则有

$$u(kT)=r(kT)-x_1(kT)$$

将其代入连续被控对象的离散化状态空间表达式，可得闭环系统离散化的状态空间表达式为

$$
\begin{cases}
\begin{bmatrix} x_1[(k+1)T] \\ x_2[(k+1)T] \end{bmatrix} = \begin{bmatrix} 1 & \dfrac{1}{2}-\dfrac{1}{2}\mathrm{e}^{-2T} \\ 0 & \mathrm{e}^{-2T} \end{bmatrix} \begin{bmatrix} x_1(kT) \\ x_2(kT) \end{bmatrix} + \\
\qquad \begin{bmatrix} \dfrac{1}{2}T+\dfrac{1}{4}\mathrm{e}^{-2T}-\dfrac{1}{4} \\ -\dfrac{1}{2}\mathrm{e}^{-2T}+\dfrac{1}{2} \end{bmatrix} [r(kT)-x_1(kT)] \\
\qquad = \begin{bmatrix} -\dfrac{1}{4}\mathrm{e}^{-2T}-\dfrac{1}{2}T+\dfrac{5}{4} & \dfrac{1}{2}-\dfrac{1}{2}\mathrm{e}^{-2T} \\ \dfrac{1}{2}\mathrm{e}^{-2T}-\dfrac{1}{2} & \mathrm{e}^{-2T} \end{bmatrix} \begin{bmatrix} x_1(kT) \\ x_2(kT) \end{bmatrix} + \\
\qquad \begin{bmatrix} \dfrac{1}{2}T+\dfrac{1}{4}\mathrm{e}^{-2T}-\dfrac{1}{4} \\ -\dfrac{1}{2}\mathrm{e}^{-2T}+\dfrac{1}{2} \end{bmatrix} r(kT) \\
y(kT) = [1,0] \begin{bmatrix} x_1(kT) \\ x_2(kT) \end{bmatrix} = x_1(kT)
\end{cases}
$$

2）$T=0.1\,\mathrm{s}$ 时，闭环系统离散化的状态空间表达式为

$$
\begin{cases}
\begin{bmatrix} x_1[(k+1)T] \\ x_2[(k+1)T] \end{bmatrix} = \begin{bmatrix} 0.9953 & 0.0906 \\ -0.0906 & 0.8187 \end{bmatrix} \begin{bmatrix} x_1(kT) \\ x_2(kT) \end{bmatrix} + \begin{bmatrix} 0.0047 \\ 0.0906 \end{bmatrix} r(kT) \\
y(kT) = [1,0] \begin{bmatrix} x_1(kT) \\ x_2(kT) \end{bmatrix} = x_1(kT)
\end{cases}
$$

由题意，$r(kT)$ 为单位阶跃序列 $1(k)$，初始状态为零，采用递推法求解状态方程的序列解为

$$
\begin{bmatrix} x_1(0.1) \\ x_2(0.1) \end{bmatrix} = \begin{bmatrix} 0.9953 & 0.0906 \\ -0.0906 & 0.8187 \end{bmatrix} \begin{bmatrix} 0 \\ 0 \end{bmatrix} + \begin{bmatrix} 0.0047 \\ 0.0906 \end{bmatrix} = \begin{bmatrix} 0.0047 \\ 0.0906 \end{bmatrix}
$$

$$
\begin{bmatrix} x_1(0.2) \\ x_2(0.2) \end{bmatrix} = \begin{bmatrix} 0.9953 & 0.0906 \\ -0.0906 & 0.8187 \end{bmatrix} \begin{bmatrix} 0.0047 \\ 0.0906 \end{bmatrix} + \begin{bmatrix} 0.0047 \\ 0.0906 \end{bmatrix} = \begin{bmatrix} 0.0176 \\ 0.1643 \end{bmatrix}
$$

$$
\begin{bmatrix} x_1(0.3) \\ x_2(0.3) \end{bmatrix} = \begin{bmatrix} 0.9953 & 0.0906 \\ -0.0906 & 0.8187 \end{bmatrix} \begin{bmatrix} 0.0176 \\ 0.1643 \end{bmatrix} + \begin{bmatrix} 0.0047 \\ 0.0906 \end{bmatrix} = \begin{bmatrix} 0.0371 \\ 0.2236 \end{bmatrix}
$$

$$
\begin{bmatrix} x_1(0.4) \\ x_2(0.4) \end{bmatrix} = \begin{bmatrix} 0.9953 & 0.0906 \\ -0.0906 & 0.8187 \end{bmatrix} \begin{bmatrix} 0.0371 \\ 0.2236 \end{bmatrix} + \begin{bmatrix} 0.0047 \\ 0.0906 \end{bmatrix} = \begin{bmatrix} 0.0619 \\ 0.2703 \end{bmatrix}
$$

$$
\vdots
$$

则离散输出 $y(kT)$ 为

$$
y(0)=x_1(0)=0,\ y(0.1)=x_1(0.1)=0.0047,\ y(0.2)=x_1(0.2)=0.0176,
$$
$$
y(0.3)=x_1(0.3)=0.0371,\ y(0.4)=x_1(0.4)=0.0619,\ \cdots
$$

2.4.2 线性时变连续系统的离散化

线性时变系统的状态空间表达式为

$$\begin{cases}\dot{\boldsymbol{x}}=\boldsymbol{A}(t)\boldsymbol{x}+\boldsymbol{B}(t)\boldsymbol{u}\\ \boldsymbol{y}=\boldsymbol{C}(t)\boldsymbol{x}+\boldsymbol{D}(t)\boldsymbol{u}\end{cases} \tag{2.70}$$

仿照线性定常系统，线性时变连续系统状态方程离散化仍满足以下条件：离散化按等采样周期 T 采样处理，且采样周期的选择满足香农采样定理，同时采用零阶保持器。

则式（2.70）所示的连续系统离散化之后，得到的离散系统状态空间表达式为

$$\begin{cases}\boldsymbol{x}[(k+1)T]=\boldsymbol{G}(kT)\boldsymbol{x}(kT)+\boldsymbol{H}(kT)\boldsymbol{u}(kT)\\ \boldsymbol{y}(kT)=\boldsymbol{C}(kT)\boldsymbol{x}(kT)+\boldsymbol{D}(kT)\boldsymbol{u}(kT)\end{cases} \tag{2.71}$$

式中

$$\boldsymbol{G}(kT)=\boldsymbol{\Phi}[(k+1)T,kT] \tag{2.72}$$

$$\boldsymbol{H}(kT)=\int_{kT}^{(k+1)T}\boldsymbol{\Phi}[(k+1)T,\tau]\boldsymbol{B}(\tau)\mathrm{d}\tau \tag{2.73}$$

证明：输出方程的离散化可用 $t=kT$ 代入式（2.70）中的连续输出方程直接得出

$$\boldsymbol{y}(kT)=\boldsymbol{C}(kT)\boldsymbol{x}(kT)+\boldsymbol{D}(kT)\boldsymbol{u}(kT)$$

根据式（2.52），连续时变系统状态方程的解为

$$\boldsymbol{x}(t)=\boldsymbol{\Phi}(t,t_0)\boldsymbol{x}(t_0)+\int_{t_0}^{t}\boldsymbol{\Phi}(t,\tau)\boldsymbol{B}(\tau)\boldsymbol{u}(\tau)\mathrm{d}\tau \tag{2.74}$$

考查从 $t_0=kT$ 到 $t=(k+1)T$ 这一段的响应，并考虑到在这一段时间间隔内 $\boldsymbol{u}(t)=\boldsymbol{u}(kT)=$ 常数，从而有

$$\begin{aligned}\boldsymbol{x}[(k+1)T]&=\boldsymbol{\Phi}[(k+1)T,kT]\boldsymbol{x}(kT)+\int_{kT}^{(k+1)T}[\boldsymbol{\Phi}(k+1)T,\tau]\boldsymbol{B}(\tau)\boldsymbol{u}(\tau)\mathrm{d}\tau\\ &=\boldsymbol{\Phi}[(k+1)T,kT]\boldsymbol{x}(kT)+\left[\int_{kT}^{(k+1)T}[\boldsymbol{\Phi}(k+1)T,\tau]\boldsymbol{B}(\tau)\mathrm{d}\tau\right]\boldsymbol{u}(kT)\\ &=\boldsymbol{G}(kT)\boldsymbol{x}(kT)+\boldsymbol{H}(kT)\boldsymbol{u}(kT)\end{aligned}$$

式中

$$\boldsymbol{G}(kT)=\boldsymbol{\Phi}[(k+1)T,kT]$$

$$\boldsymbol{H}(kT)=\int_{kT}^{(k+1)T}\boldsymbol{\Phi}[(k+1)T,\tau]\boldsymbol{B}(\tau)\mathrm{d}\tau$$

2.4.3 近似离散化

采样周期 T 较小时，一般当其为系统最小时间常数的 1/10 左右时，离散化的状态方程可近似表示为

$$\begin{cases}\boldsymbol{x}[(k+1)T]\approx(T\boldsymbol{A}+\boldsymbol{I})\boldsymbol{x}(kT)+T\boldsymbol{B}\boldsymbol{u}(kT)\\ \qquad\qquad\quad=\boldsymbol{G}(kT)\boldsymbol{x}(kT)+\boldsymbol{H}(kT)\boldsymbol{u}(kT)\\ \boldsymbol{y}(kT)=\boldsymbol{C}\boldsymbol{x}(kT)+\boldsymbol{D}\boldsymbol{u}(kT)\end{cases} \tag{2.75}$$

也就是说

$$\boldsymbol{G}(kT)=T\boldsymbol{A}(kT)+\boldsymbol{I} \tag{2.76}$$

$$\boldsymbol{H}(kT)=T\boldsymbol{B}(kT) \tag{2.77}$$

证明：用差分近似代替微分：

$$\dot{\boldsymbol{x}}(t)\big|_{t=kT}=\lim_{T\to0}\frac{\boldsymbol{x}[(k+1)T]-\boldsymbol{x}(kT)}{(k+1)T-kT}=\lim_{T\to0}\frac{\boldsymbol{x}[(k+1)T]-\boldsymbol{x}(kT)}{T}$$

假定采样周期很小，可以近似认为

$$\dot{\boldsymbol{x}}(t)\approx\frac{\boldsymbol{x}[(k+1)T]-\boldsymbol{x}(kT)}{T} \tag{2.78}$$

由线性连续系统状态方程有

$$\frac{\boldsymbol{x}[(k+1)T]-\boldsymbol{x}(kT)}{T}\approx \boldsymbol{A}(kT)\boldsymbol{x}(kT)+\boldsymbol{B}(kT)\boldsymbol{u}(kT)$$

整理后可得

$$\boldsymbol{G}(kT)=T\boldsymbol{A}(kT)+\boldsymbol{I}$$
$$\boldsymbol{H}(kT)=T\boldsymbol{B}(kT)$$

【例 2.14】 取 $\boldsymbol{x}(0)=\begin{bmatrix}0\\0\end{bmatrix}$，$u(t)=1(t)$。对例 2.12 中的系统采用近似离散化方法，并与例 2.12 中得到的结果做对比。

解：根据式（2.76）和式（2.77），有

$$\boldsymbol{G}(kT)=T\boldsymbol{A}(kT)+\boldsymbol{I}=T\begin{bmatrix}0&1\\0&1\end{bmatrix}+\boldsymbol{I}=\begin{bmatrix}1&T\\0&T+1\end{bmatrix}$$

$$\boldsymbol{H}(kT)=T\boldsymbol{B}(kT)=\begin{bmatrix}0\\T\end{bmatrix}$$

可得近似离散化系统状态方程为

$$\begin{bmatrix}x_1[(k+1)T]\\x_2[(k+1)T]\end{bmatrix}=\begin{bmatrix}1&T\\0&T+1\end{bmatrix}\begin{bmatrix}x_1(kT)\\x_2(kT)\end{bmatrix}+\begin{bmatrix}0\\T\end{bmatrix}u(kT)$$

可将近似离散化方法得到的系统状态方程与例 2.12 得到的结果在不同采样周期下做一个对比，发现其采样周期越小，近似的离散化状态方程越精确。采样周期对离散化方法的影响见表 2.1。

表 2.1 采样周期对离散化方法的影响

采样周期	$\boldsymbol{G}(kT)$		$\boldsymbol{H}(kT)$	
	精确离散化	近似离散化	精确离散化	近似离散化
T	$\begin{bmatrix}1&e^T-1\\0&e^T\end{bmatrix}$	$\begin{bmatrix}1&T\\0&T+1\end{bmatrix}$	$\begin{bmatrix}e^T-T-1\\e^T-1\end{bmatrix}$	$\begin{bmatrix}0\\T\end{bmatrix}$
$T=1\text{ s}$	$\begin{bmatrix}1&1.7183\\0&2.7183\end{bmatrix}$	$\begin{bmatrix}1&1\\0&2\end{bmatrix}$	$\begin{bmatrix}0.7183\\1.7183\end{bmatrix}$	$\begin{bmatrix}0\\1\end{bmatrix}$
$T=0.1\text{ s}$	$\begin{bmatrix}1&0.1052\\0&1.1052\end{bmatrix}$	$\begin{bmatrix}1&0.1\\0&1.1\end{bmatrix}$	$\begin{bmatrix}0.0052\\0.1052\end{bmatrix}$	$\begin{bmatrix}0\\0.1\end{bmatrix}$
$T=0.01\text{ s}$	$\begin{bmatrix}1&0.0101\\0&1.0101\end{bmatrix}$	$\begin{bmatrix}1&0.01\\0&1.01\end{bmatrix}$	$\begin{bmatrix}0.0001\\0.0101\end{bmatrix}$	$\begin{bmatrix}0\\0.01\end{bmatrix}$

2.5 MATLAB 在线性系统动态分析中的应用

2.5.1 MATLAB 求解线性定常系统的状态转移矩阵

1. expm( )函数

功能：求解状态转移矩阵 e^{At}。

调用格式：eAt=expm(A * t)

其中，A 为系统矩阵，t 为定义的符号标量。

2. ilaplace( )函数

功能：对于线性定常系统，求解矩阵的拉普拉斯反变换。

调用格式：eAt=ilaplace(FS,s,t)

其中，FS 为进行拉普拉斯反变换的矩阵，s、t 为定义的符号标量。

调用该函数求解线性定常系统的状态转移矩阵，需首先计算出$(s\boldsymbol{I}-\boldsymbol{A})^{-1}$，进而对其进行拉普拉斯反变换即可求得状态转移矩阵 e^{At}。

【例 2.15】 对于例 2.2 中的矩阵 $A=\begin{bmatrix}-3 & 1\\ 1 & -3\end{bmatrix}$，应用 MATLAB 求解状态转移矩阵 e^{At}。

解：方法一： 利用拉普拉斯反变换法求解，其 MATLAB 仿真程序如下：

```
clear all
syms s t                    %定义基本符号标量 s 和 t
A=[-3,1;1,-3];
FS=inv(s*eye(2)-A);         %求预解矩阵 FS=(sI-A)^-1,eye(2)为 2×2 单位矩阵
eAt=ilaplace(FS,s,t);       %求拉普拉斯反变换
eAt=simplify(eAt)           %化简表达式
```

其运行结果如下：

```
eAt =
[(exp(-4*t)*(exp(2*t) + 1))/2, (exp(-4*t)*(exp(2*t) - 1))/2]
[(exp(-4*t)*(exp(2*t) - 1))/2, (exp(-4*t)*(exp(2*t) + 1))/2]
```

说明：

1）inv( )为 MATLAB 中符号矩阵的求逆函数。

2）MATLAB 中，时域函数 FT 的拉普拉斯变换函数为 FS=laplace(FT,t,s)；相应地，频域函数 FS 的拉普拉斯反变换函数为 FT=ilaplace(FS,s,t)。需注意的是，在调用函数之前，必须正确定义符号变量 s、t 以及符号表达式 FS、FT。

3）MATLAB 中，simplify( )函数的作用是化简符号计算结果表达式。

方法二： 调用 expm( )函数，其 MATLAB 程序如下：

```
clear all
syms t                      %定义基本符号标量 t
A=[-3,1;1,-3];
eAt=expm(A*t)
eAt=simplify(eAt)           %化简表达式
```

其运行结果如下：

```
eAt =
[(exp(-4*t)*(exp(2*t) + 1))/2, (exp(-4*t)*(exp(2*t) - 1))/2]
[(exp(-4*t)*(exp(2*t) - 1))/2, (exp(-4*t)*(exp(2*t) + 1))/2]
```

说明： expm( )函数还可以求解 e^{At}对于于某一时刻 t（t 为某一常数）的值。如可求解上例中当 $t=0.2$ 时 e^{At}的值，其 MATLAB 仿真程序如下：

```
A=[-3 1;1 -3];
t=0.2;
eAt=expm(A*t)
```

其运行结果如下：

```
eAt =
0.5598    0.1105
 0.1105    0.5598
```

3. iztrans( )函数

功能：对于线性定常离散系统，求解矩阵的 Z 反变换。

调用格式：Fk=iztrans(Fz,z,k)

其中，Fz 为进行 Z 反变换的矩阵，z、k 为定义的符号标量。

应用 iztrans( )函数求解线性定常离散系统的状态转移矩阵时，需首先计算出$(z\boldsymbol{I}-\boldsymbol{G})^{-1}z$，进而对其进行 Z 反变换即可求得状态转移矩阵 $\boldsymbol{\Phi}(k)$。

【例 2.16】 对于例 2.11 中的矩阵$\boldsymbol{A}=\begin{bmatrix}0 & 1\\ -0.2 & -0.9\end{bmatrix}$，应用 MATLAB 求解状态转移矩阵 $\boldsymbol{\Phi}(k)$。

解：利用 Z 反变换法求解，其 MATLAB 程序如下：

```
clear all
syms z k                          %定义基本符号标量 z 和 k
G=[0,1;-0.2,-0.9];
Fz=(inv(z*eye(2)-G))*z;           %求(zI-G)^-1 z
Fk=iztrans(Fz,z,k);               %求 Z 反变换
Fk=simplify(Fk)                   %化简表达式
```

其运算结果与例 2-11 一致：

```
Fk =
[ 5*(-2/5)^k - 4*(-1/2)^k, 10*(-2/5)^k - 10*(-1/2)^k]
[ 2*(-1/2)^k - 2*(-2/5)^k,    5*(-1/2)^k - 4*(-2/5)^k]
```

2.5.2 MATLAB 求解定常系统的时间响应

1. dsolve( )函数

功能：求解线性定常齐次状态方程的解。

调用格式：r=dsolve('eq1, eq2', …, 'cond1, cond2', … , 'v')

其中，'eq1, eq2', …为输入参数，描述常微分方程，这些常微分方程以'v'作为自变量，如'v'不指定，则默认 t 为自变量。'cond1, cond2', …用以指定方程的边界条件或初始条件，同样以'v'作为自变量，r 为返回的存放符号微分方程解的架构数组。在方程中，常用大写字母 D 表示一次微分，D2、D3 表示二次、三次微分运算。以此类推，符号 D2y 表示$\frac{\mathrm{d}^2y}{\mathrm{d}t^2}$。

【例 2.17】 应用 MATLAB 求解例 2.8 中，无输入作用时状态方程的解。

$$\begin{cases}\dot{\boldsymbol{x}}=\begin{bmatrix}-3 & 1\\ 1 & -3\end{bmatrix}\boldsymbol{x}+\begin{bmatrix}0\\ 1\end{bmatrix}u\\ \boldsymbol{x}(0)=\begin{bmatrix}1\\ 0\end{bmatrix}\end{cases}$$

解：调用 dsolve( )函数求解，其 MATLAB 仿真程序如下：

```
clear all
r=dsolve('Dv=-3*v+w,Dw=v-3*w','v(0)=1,w(0)=0');   %默认 t 为自变量
x1=r.v                                            %返回 x1 的求解结果
x2=r.w                                            %返回 x2 的求解结果
```

其运行结果如下：

```
x1 =
exp(-4 * t) * (exp(2 * t)/2 + 1/2)
x2 =
exp(-4 * t) * (exp(2 * t)/2 - 1/2)
```

2. step( )函数，impulse( )函数，initial( )函数，lsim( )函数

功能：分别计算单位阶跃响应、单位脉冲响应、零输入响应以及任意输入（包括系统初始状态）响应。

调用格式：step(A,B,C,D,iu,t,x0)，impulse(A,B,C,D,iu,t,x0)，
initial(A,B,C,D,iu,t,x0)，lsim(A,B,C,D,iu,t,x0)

其中，A、B、C、D 为系统状态空间模型矩阵；iu 表示从第 *iu* 个输入到所有输出的单位阶跃响应数据；t 为用户指定时间向量，默认由 MATLAB 自动设定；x0 为系统初始状态，默认值为零。

相应地，对于线性定常离散系统，MATLAB Symbolic Math Toolbox 提供了 dstep( )、dimpulse( )、dinitial( )、dlsim( )函数来计算其单位阶跃响应、单位脉冲响应、零输入响应和任意输入响应。

MATLAB 中的时域响应分析函数功能非常强大，此处仅做简单的举例说明，其详情可查阅 MATLAB 帮助文档。

【例 2.18】 对于如下状态空间表达式：

$$\begin{cases} \dot{\boldsymbol{x}} = \begin{bmatrix} -3 & 1 \\ 1 & -3 \end{bmatrix}\boldsymbol{x} + \begin{bmatrix} 0 & 1 \\ 1 & 0 \end{bmatrix}\boldsymbol{u} \\ \boldsymbol{y} = \begin{bmatrix} 1 & 0 \\ 0 & 1 \end{bmatrix}\boldsymbol{x} \\ \boldsymbol{x}(0) = \begin{bmatrix} 1 \\ 1 \end{bmatrix} \end{cases}$$

应用 MATLAB 求解：1）输入 $u_1(t)=1(t)$，$u_2(t)=1(t)$单独作用下的系统输出响应。

2）输入 $u_1(t)=1(t)$，$u_2(t)=1(t)$共同作用下系统的输出响应。

解：1）调用 step( )函数求解，其 MATLAB 仿真程序如下：

```
clear all
A=[-3,1;1,-3];
B=[0,1;1,0];
C=[1,0;0,1];
D=[0,0;0,0];
x0=[1;1];
step(A,B,C,D,x0)
grid
```

运行结果如图 2.4 所示。

2）调用 lsim( )函数求解，其 MATLAB 仿真程序如下：

```
clear all
A=[-3,1;1,-3];
B=[0,1;1,0];
C=[1,0;0,1];
D=[0,0;0,0];
```

```
x0=[1;1];
t=0:0.01:2;                %设置时间向量
LT=length(t);              %求时间向量的长度
u1=ones(1,LT);             %生成单位阶跃信号对应于向量 t 的离散序列,且与 t 同维
u2=ones(1,LT);
u=[u1;u2];
lsim(A,B,C,D,u,t,x0)
grid
```

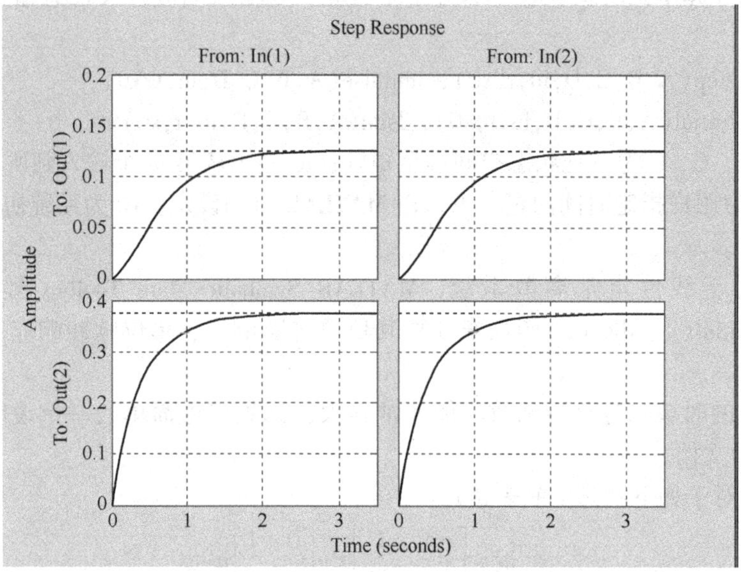

图 2.4　例 2.18 仿真结果图（1）

运行结果如图 2.5 所示。

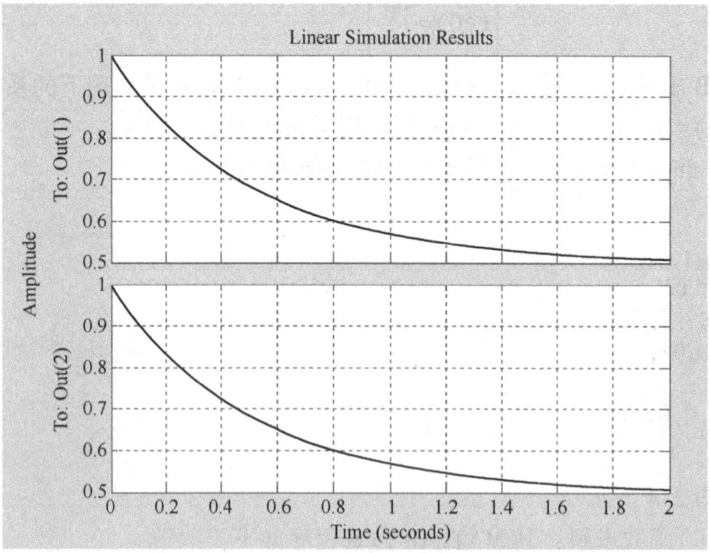

图 2.5　例 2.18 仿真结果图（2）

【例 2.19】 对于例 2.13 所示的离散状态方程，试用 MATLAB 求解当 $T=0.1\ \mathrm{s}$，输入为单位阶跃函数，且初始状态为零状态时的离散输出 $y(kT)$。

$$
\begin{cases}
\begin{bmatrix} x_1[(k+1)T] \\ x_2[(k+1)T] \end{bmatrix} = \begin{bmatrix} 1.0187 & 0.0906 \\ -0.1 & 1 \end{bmatrix} \begin{bmatrix} x_1(kT) \\ x_2(kT) \end{bmatrix} + \begin{bmatrix} 0.0047 \\ 0.1 \end{bmatrix} r(kT) \\
y(kT) = [1,0] \begin{bmatrix} x_1(kT) \\ x_2(kT) \end{bmatrix} = x_1(kT)
\end{cases}
$$

解：MATLAB 仿真程序如下：

```
clear all;
T=0.1;
G=[0.9953,0.0906;-0.0906,0.8187];
H=[0.0047;0.0906];
C=[1,0];
D=0;
[yd,x,n]=dstep(G,H,C,D);
for k=1:n
    plot([k-1,k-1],[0,yd(k)],'k')
    hold on
end
e=1-yd;
for k=1:n
    for j=1:100
        u(j+(k-1)*100)=e(k);
    end
end
t=(0:0.01:n-0.01)*T;
[yc]=lsim([0,1;0,-2],[0;1],[1,0],[0],u,t);
plot(t/T,yc,':k')
axis([0 80 0 1])
hold off
```

其运行结果如图 2.6 所示。

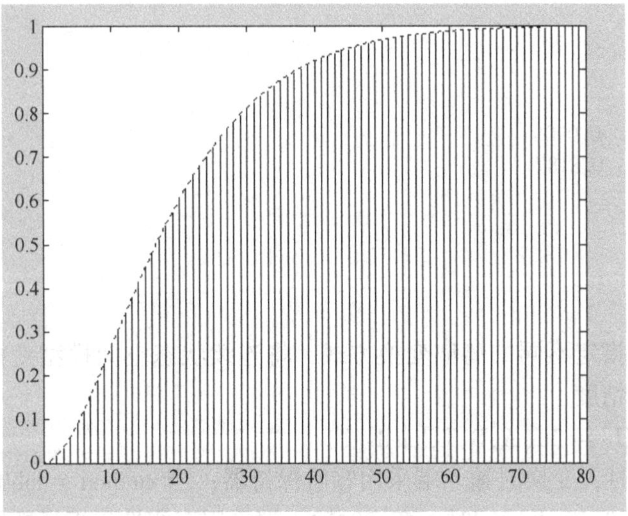

图 2.6　例 2.19 仿真结果图

2.5.3 MATLAB 变换连续状态空间模型为离散状态空间模型

1. c2d( )函数

功能：进行线性定常连续系统状态方程的离散化求解。

调用格式：[G,H]=c2d(A,B,T)

其中，A、B 为连续系统的系统矩阵和输入矩阵；G、H 分别对应离散化后的系统矩阵和输入矩阵；当输入端采用零阶保持器，T 为采样周期。

【例 2.20】 应用 MATLAB，将例 2.13 中连续被控对象进行离散化。

解：针对例 2.13 中的连续被控对象，设计 MATLAB 仿真程序如下：

```
clear all
syms T
A=[0,1;0,-2];
B=[0;1];
[G,H]=c2d(A,B,T)
```

其运行结果如下：

```
G =
[ 1, 1/2 - exp(-2*T)/2;
0,          exp(-2*T)]
H =
 T/2 + exp(-2*T)/4 - 1/4
       1/2 - exp(-2*T)/2
```

MATLAB 还可以求解指定采样周期的离散化状态方程。例如，$T=0.1$ s 时：

```
clear all
A=[0,1;0,-2];
B=[0;1];
T=0.1;
[G,H]=c2d(A,B,T)
```

运行结果如下：

```
G =
    1.0000    0.0906
         0    0.8187
H =
    0.0047
    0.0906
```

2. c2dm( )函数

功能：允许用户指定不同的离散变换方式，将连续状态空间模型变换为离散状态空间模型，以提高离散化的精度。

调用格式：[G,H]=c2d(A,B,T,'method')

当'method'='zoh'时，变换时输入端采用零阶保持器；当'method'='foh'时，变换时输入端采用一阶保持器；当'method'='tustin'时，变换时输入端采用双线性逼近导数等。

MATLAB Symbolic Math Toolbox 还提供了 d2c( )、d2cm( )函数，分别对应 c2d( )、c2dm( )的逆过程，完成从离散系统到连续系统的变换。关于这些函数的具体使用，用户可查阅 MATLAB 联机帮助文档，此处不再赘述。

2.6 本章要点

线性控制系统的运动分析就是对系统运动规律进行精确研究，即定量地确定线性控制系统在外部激励作用下所引起的响应，揭示系统状态变量的时域响应和系统的基本特性。本章的要点有：

1）系统运动分析是通过求解系统的状态方程来实现的，得出状态解 $\boldsymbol{x}(t)$ 或 $\boldsymbol{x}(k)$，进而也就得出输出响应 $\boldsymbol{y}(t)$ 或 $\boldsymbol{y}(k)$，这是一种定量分析方法。

2）齐次状态方程的解得出的系统的自由运动，仅有零输入响应；非齐次状态方程的解得出的是系统的强迫响应，它由零输入响应和零状态响应两部分组成。

3）状态转移矩阵在系统运动分析中起到了重要作用，掌握它的一系列性质及计算方法有助于系统的运动分析。

4）线性系统的特征值在系统运动分析中扮演重要的角色，它决定了系统的运动模态。因此，系统的特征值（或系统矩阵）描述了系统的动态行为。

5）连续系统离散化问题源于计算机应用于系统分析或作为控制器的需要，常用的离散化方法有近似离散化和由连续系统状态解离散化两种。

习题

2.1 试用 4 种方法求下列矩阵 $\boldsymbol{A}$ 对应的状态转移矩阵 $e^{\boldsymbol{A}t}$。

1）$\boldsymbol{A}=\begin{bmatrix}0 & 1\\-1 & -2\end{bmatrix}$ 2）$\boldsymbol{A}=\begin{bmatrix}-2 & 0\\0 & -3\end{bmatrix}$

3）$\boldsymbol{A}=\begin{bmatrix}-2 & 0 & 0\\0 & -3 & 1\\0 & 0 & -3\end{bmatrix}$ 4）$\boldsymbol{A}=\begin{bmatrix}-1 & 0 & 0\\0 & 0 & 1\\0 & -4 & 0\end{bmatrix}$

2.2 试判断下列矩阵是否满足状态转移矩阵的条件；如果满足，试求对应的矩阵 $\boldsymbol{A}$。

1）$\boldsymbol{\Phi}(t)=\begin{bmatrix}1 & 0 & 0\\0 & \sin t & \cos t\\0 & -\cos t & \sin t\end{bmatrix}\left(\dfrac{\pi}{2}-\theta\right)$

2）$\boldsymbol{\Phi}(t)=\begin{bmatrix}1 & \dfrac{1}{2}(1-e^{-2t})\\0 & e^{-2t}\end{bmatrix}$

3）$\boldsymbol{\Phi}(t)=\begin{bmatrix}2e^{-t}-e^{-2t} & -e^{-t}+e^{-2t}\\e^{-t}-e^{-2t} & -e^{-t}+2e^{-2t}\end{bmatrix}$

4）$\boldsymbol{\Phi}(t)=\begin{bmatrix}\dfrac{1}{2}(e^{-t}+e^{3t}) & \dfrac{1}{4}(-e^{-t}+e^{3t})\\(-e^{-t}+e^{3t}) & \dfrac{1}{2}(e^{-t}+e^{3t})\end{bmatrix}$

2.3 已知系统状态方程和初始条件如下，试求系统齐次状态方程的解。

$$\begin{bmatrix}\dot{x}_1\\ \dot{x}_2\\ \dot{x}_3\end{bmatrix}=\begin{bmatrix}1&0&0\\0&1&0\\0&1&2\end{bmatrix}\begin{bmatrix}x_1\\x_2\\x_3\end{bmatrix},\quad \boldsymbol{x}(0)=\begin{bmatrix}1\\0\\1\end{bmatrix}$$

2.4　已知线性定常系统的状态方程为

$$\begin{bmatrix}\dot{x}_1(t)\\ \dot{x}_2(t)\end{bmatrix}=\begin{bmatrix}0&1\\-2&-3\end{bmatrix}\begin{bmatrix}x_1(t)\\x_2(t)\end{bmatrix}+\begin{bmatrix}0\\1\end{bmatrix}u(t)$$

初始状态为$\begin{bmatrix}x_1(0)\\x_2(0)\end{bmatrix}=\begin{bmatrix}1\\-1\end{bmatrix}$，试求 $u(t)$ 为单位阶跃函数时系统状态方程的解。

2.5　已知线性定常系统的状态空间表达式为

$$\begin{cases}\dot{\boldsymbol{x}}(t)=\begin{bmatrix}0&1\\-5&-6\end{bmatrix}\boldsymbol{x}(t)+\begin{bmatrix}2\\0\end{bmatrix}u(t)\\ y(t)=[1,2]\boldsymbol{x}(t)\end{cases}$$

且初始状态 $\boldsymbol{x}(0)=[0,1]^{\mathrm{T}}$，输入量 $u(t)=\mathrm{e}^{-t}(t\geqslant 0)$，试求系统的输出响应。

2.6　计算下列线性时变系统的状态转移矩阵 $\boldsymbol{\Phi}(t,0)$。

1）$\boldsymbol{A}=\begin{bmatrix}t&0\\0&0\end{bmatrix}$

2）$\boldsymbol{A}=\begin{bmatrix}0&\mathrm{e}^{-t}\\-\mathrm{e}^{-t}&0\end{bmatrix}$

2.7　已知线性时变系统的状态方程与初始状态分别为

$$\dot{\boldsymbol{x}}(t)=\begin{bmatrix}0&1\\0&t\end{bmatrix}\boldsymbol{x}(t),\quad \boldsymbol{x}(0)=\begin{bmatrix}1\\-1\end{bmatrix}$$

试求系统状态方程的解。

2.8　试求下列连续系统的离散化状态方程，其中 $T=0.2\,\mathrm{s}$。

$$\begin{bmatrix}\dot{x}_1\\ \dot{x}_2\end{bmatrix}=\begin{bmatrix}0&1\\-2&-3\end{bmatrix}\begin{bmatrix}x_1\\x_2\end{bmatrix}+\begin{bmatrix}0\\1\end{bmatrix}u(t)$$

2.9　系统结构图如图 2.7 所示。

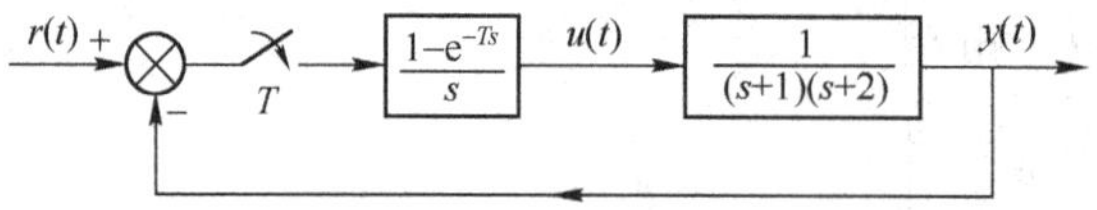

图 2.7　系统框图

试求：1）系统离散化的状态空间表达式；2）采样周期 $T=0.1\,\mathrm{s}$，输入为单位阶跃函数，且初始状态为 0 时的离散输出 $y(kT)$。

第3章　线性系统的能控性与能观性

学习目标

3.1　掌握线性系统能控性的数学定义及物理含义，能够使用能控性判据判断系统或某个状态是否能控。

3.2　掌握线性系统能观性的数学定义及物理含义，能够使用能观性判据判断系统或某个状态是否能观。

3.3　熟悉线性离散系统能控性和能观性的定义及判断方法。

3.4　掌握对偶系统的基本性质和对偶原理的基本概念，理解系统能控性和能观性之间的对偶关系。

3.5　掌握线性系统能控（能观）规范型的基本形式，能够通过线性变换将一个完全能控（能观）的系统变换为能控（能观）规范型。

3.6　掌握线性系统结构分解的基本原理，能够通过线性变换对线性系统按能控性、能观性和能控能观性进行结构分解。

3.7　掌握实现问题的基本概念，能够通过传递函数矩阵得到系统的规范型实现和最小实现，理解最小实现与系统能控性和能观性之间的关系。

3.8　能够理解与分析单输入单输出系统传递函数中零极点对消现象与系统能控性和能观性之间的关系。

3.9　了解 MATLAB 在系统能控性与能观性分析中的应用。

在系统的状态空间描述中，引入了状态变量表征系统运动的内部信息，在研究系统的时候一方面关注控制作用引起状态变量的运动过程，另一方面又往往需要测量状态变量并用来构建控制作用。因此，有两个问题必然引起人们的关注，其一是系统能否在合适的控制作用下在有限的时间间隔内从任意的初始状态运动到期望的终止状态；其二是根据有限时间间隔内的输出量的测量值得到系统的状态值。这就是系统的能控性和能观性问题。

经典控制理论中没有所谓的能控性和能观性的概念，这是因为经典控制理论所讨论的是单输入单输出系统的分析和综合问题，其输入和输出之间的动态关系可以唯一地由传递函数所确定。因此，给定输入则一定会存在唯一的输出与之对应。反之，对期望输出信号总可找到相应的输入信号（即控制量）使系统输出按要求进行控制，不存在能否控制的问题；此外，系统输出一般是可直接测量或应能间接测量的，否则就无从对其进行反馈控制和考核系统所达到的性能指标。因此，也不存在输出能否测量（观测）的问题。

本章首先介绍线性连续系统、线性离散系统的能控性、能观性的概念和判据，讨论能控性和能观性的对偶原理；进而研究如何通过线性非奇异变换将能控系统和能观系统的状态空间表达式化为能控规范型和能观规范型，讨论如何对不能控和不能观系统进行结构分解；随后学习线性连续系统传递函数（阵）的实现问题、最小实现问题以及与系统能控性和能观性之间的关系；最后介绍 MATLAB 在系统能控性与能观性分析中的应用。

3.1 线性连续系统的能控性

能控性和能观性基本概念

3.1.1 线性连续系统能控性定义

能控性考查系统在控制作用 $\boldsymbol{u}(t)$ 的控制下，状态向量 $\boldsymbol{x}(t)$ 的转移情况，而与输出 $\boldsymbol{y}(t)$ 无关。

首先通过几个例子直观地说明能控性的物理概念。

【例 3.1】 已知系统的状态空间表达式为

$$\begin{cases}\dot{\boldsymbol{x}}=\begin{bmatrix}-5 & 0\\ 0 & -1\end{bmatrix}\boldsymbol{x}+\begin{bmatrix}0\\1\end{bmatrix}u\\ y=\begin{bmatrix}3 & 2\end{bmatrix}\boldsymbol{x}\end{cases}$$

试说明控制作用 u 对状态变量的控制能力。

解：将状态方程展开得

$$\begin{cases}\dot{x}_1=-5x_1\\ \dot{x}_2=-x_2+u\end{cases}$$

这就表明系统中状态变量 x_2 与 u 有联系，有可能用 u 控制 x_2；而状态变量 x_1 与控制量 u 既没有直接联系又没有间接联系，故不可能用 u 控制 x_1，就是说状态变量 x_1 是不可控的。其模拟结构图如图 3.1 所示。

【例 3.2】 某电桥系统的模型如图 3.2 所示。该电桥系统中，电源电压 u 为输入变量，并选择两电容器两端的电压为状态变量 x_1 和 x_2。试分析电源电压 u 对两个状态变量的控制能力。

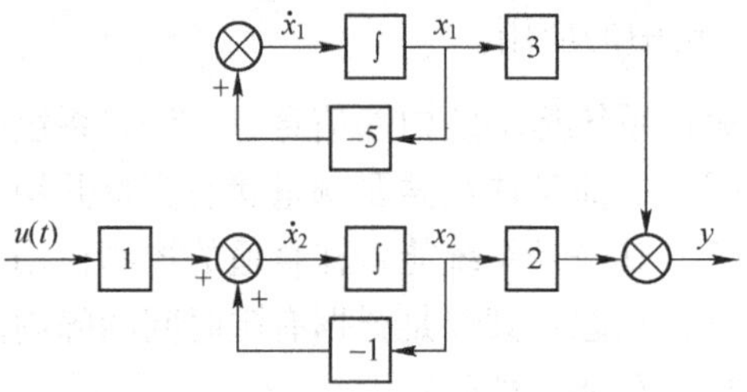

图 3.1　模拟结构图

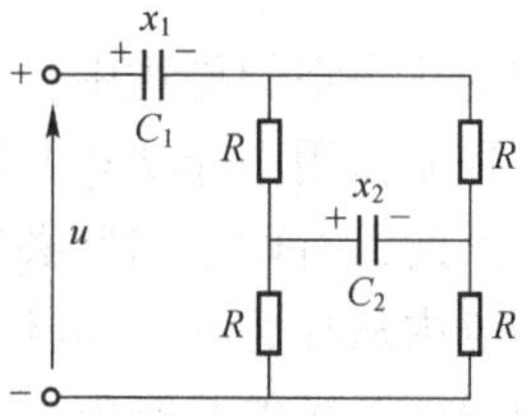

图 3.2　电桥系统模型

解：1）由电路基础知识可知：

若图 3.2 所示的电桥系统是平衡的，电容 C_2 的电压 x_2 是不能通过输入电压 u 改变的，即状态变量 x_2 是不能控的。

若图 3.2 所示的电桥系统是不平衡的，两电容的电压 x_1 和 x_2 可以通过输入电压 u 控制，此时系统是能控的。

2）由状态空间模型来看，电桥平衡时，当选择两电容的两端电压作为状态变量 x_1 和 x_2 时，可得如下状态方程

$$\begin{cases}\dot{x}_1=-\dfrac{1}{RC_1}x_1+\dfrac{1}{RC_1}u\\ \dot{x}_2=-\dfrac{1}{RC_2}x_2\end{cases}$$

由上述状态方程可知，状态变量 x_2 的值，即电桥中电容 C_2 的电压，是自由衰减的，并不受输入 u 的控制。因此，该电压值不能在有限时间内衰减至零，即该状态变量是不能由输入变量控制到原点的。具有这种特性的系统称为状态不能控系统。

由状态方程

$$\dot{\boldsymbol{x}}(t)=\boldsymbol{A}(t)\boldsymbol{x}(t)+\boldsymbol{B}(t)\boldsymbol{u}(t) \tag{3.1}$$

及第 2 章的状态方程求解公式可知，状态的变化主要取决于系统的初始状态和初始时刻之后的输入，与输出 $\boldsymbol{y}(t)$ 无关。因此研究讨论状态能控性问题，即输入 $\boldsymbol{u}(t)$ 对状态 $\boldsymbol{x}(t)$ 能否控制的问题，只需考虑系统输入 $\boldsymbol{u}(t)$ 的作用和状态方程的性质，与输出 $\boldsymbol{y}(t)$ 及输出方程无关。

对线性连续系统，有如下能控性定义。

1. 状态能控

对于式（3.1）所示的线性连续系统，如果存在一个无约束的允许控制 $\boldsymbol{u}(t)$，能在有限时间区间 $[t_0,t_f]$（$t_0<t_f,t_0\in T,t_f\in T$，其中 T 为时间定义区间）内，使系统由某一个初始状态 $\boldsymbol{x}(t_0)$，转移到指定的任一终端状态 $\boldsymbol{x}(t_f)$，则称此状态在 t_0 时刻是能控的。

上述说法可以用图 3.3 来说明。假定状态平面中的 P 点能在输入的作用下被驱动到任一指定状态 $P_1,P_2,P_3,\cdots,P_n$，那么 P 点是能控状态。

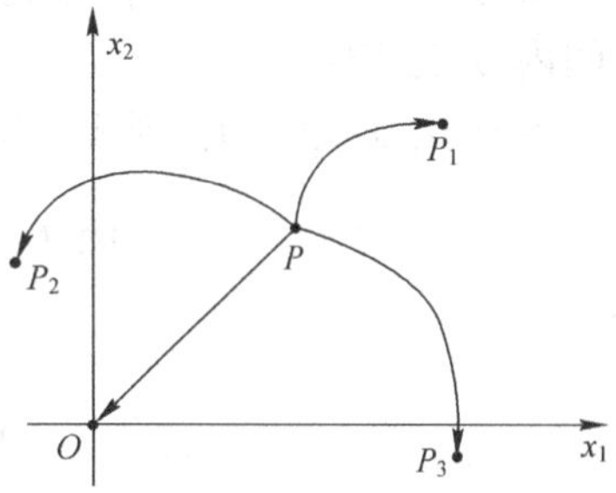

图 3.3　状态能控性示意图

2. 系统能控

若 t_0 时刻状态空间中的所有状态都能控，则称系统在 t_0 时刻是状态完全能控的，简称为系统在 t_0 时刻能控。

若系统在所有时刻的状态是完全能控的，则称系统状态完全能控，简称为系统能控；若存在某个状态 $\boldsymbol{x}(t_0)$ 不满足上述条件，称此系统是状态不完全能控的，简称系统状态不能控。

对于线性时变连续系统而言，其能控性和初始时刻 t_0 的选择有关，故其能控性是针对时间域 T 中的一个取定时刻 t_0 来定义的。而对于线性定常连续系统，其能控性与初始时刻 t_0 的选取无关，即状态或系统的能控性不从属于 t_0，故其系统能控性又可以定义为：对于任意初始时刻 $t_0\in T$（一般取 $t_0=0$），若存在一个有限时刻 $t_f\in T$ 和一个无约束的容许输入 $\boldsymbol{u}(t)$（$t_0\leqslant t\leqslant t_f$），可使得状态空间中的任意非零状态 $\boldsymbol{x}(t_0)$ 转移到 $\boldsymbol{x}(t_f)=0$，则称系统完全能控，简称系统能控。

3. 状态与系统能达

若存在一个无约束控制作用 $\boldsymbol{u}(t)$，在有限时间 $[t_0,t_f]$ 内，能将 $\boldsymbol{x}(t)$ 由零状态转移到任意状态 $\boldsymbol{x}(t_f)$，则称状态 $\boldsymbol{x}(t_f)$ 是 t_0 时刻能达的。

若 $\boldsymbol{x}(t_f)$ 对所有时刻都是能达的，则称状态 $\boldsymbol{x}(t_f)$ 为完全能达或者一致能达；若系统对于状态空间中的每一个状态都是 t_0 时刻能达的，则称系统是 t_0 时刻能达的。

在线性连续定常系统中，能控性和能达性是互逆的，即能控系统一定能达，能达系统一定能控。

能控性判据

3.1.2　线性定常连续系统的能控性判据

线性定常连续系统能控性判别准则有两种形式：一种直接根据状态矩阵 $\boldsymbol{A}$ 和输入矩阵 $\boldsymbol{B}$ 确定其能控性；另一种为通过线性非奇异变换，将系统状态方程转换为约当规范型，进而进行能控性判别。

1. 直接秩判据

线性连续定常系统为

$$\dot{\boldsymbol{x}}=\boldsymbol{A}\boldsymbol{x}+\boldsymbol{B}\boldsymbol{u} \tag{3.2}$$

式中，$\boldsymbol{x}\in\mathbf{R}^n$ 为系统状态向量；$\boldsymbol{u}\in\mathbf{R}^r$ 为系统输入向量；$\boldsymbol{A}\in\mathbf{R}^{n\times n}$ 为系统矩阵；$\boldsymbol{B}\in\mathbf{R}^{n\times r}$ 为控制输入矩阵。则式（3.2）所示系统状态完全能控的充分必要条件是能控性判别矩阵

$$\boldsymbol{Q}_{\mathrm{c}}=[\boldsymbol{B}\quad \boldsymbol{A}\boldsymbol{B}\quad \boldsymbol{A}^2\boldsymbol{B}\quad \cdots\quad \boldsymbol{A}^{n-1}\boldsymbol{B}]$$

满秩，即

$$\mathrm{rank}\boldsymbol{Q}_{\mathrm{c}}=\mathrm{rank}[\boldsymbol{B}\quad \boldsymbol{A}\boldsymbol{B}\quad \boldsymbol{A}^2\boldsymbol{B}\quad \cdots\quad \boldsymbol{A}^{n-1}\boldsymbol{B}]=n$$

1）对于单输入系统，式（3.2）可写为$\dot{\boldsymbol{x}}=\boldsymbol{A}\boldsymbol{x}+\boldsymbol{b}u$，此时系统能控的充分必要条件为

$$\mathrm{rank}\boldsymbol{Q}_{\mathrm{c}}=\mathrm{rank}[\boldsymbol{b}\quad \boldsymbol{A}\boldsymbol{b}\quad \boldsymbol{A}^2\boldsymbol{b}\quad \cdots\quad \boldsymbol{A}^{n-1}\boldsymbol{b}]=n \tag{3.3}$$

证明：线性连续定常单输入系统的解为

$$\boldsymbol{x}(t)=\boldsymbol{\Phi}(t-t_0)\boldsymbol{x}(t_0)+\int_{t_0}^{t}\boldsymbol{\Phi}(t-\tau)\boldsymbol{b}u(\tau)\mathrm{d}\tau,\quad t\geqslant t_0 \tag{3.4}$$

根据能控性定义，对任意的初始状态向量$\boldsymbol{x}(t_0)$，应能找到$u(t)$，使之在$[t_0,t_{\mathrm{f}}]$有限时间区间内转移到零。

令$t=t_{\mathrm{f}}$，$\boldsymbol{x}(t_{\mathrm{f}})=0$，则式（3.4）可写为

$$\boldsymbol{\Phi}(t_{\mathrm{f}}-t_0)\boldsymbol{x}(t_0)=-\int_{t_0}^{t_{\mathrm{f}}}\boldsymbol{\Phi}(t_{\mathrm{f}}-\tau)\boldsymbol{b}u(\tau)\mathrm{d}\tau$$

即

$$\boldsymbol{x}(t_0)=-\int_{t_0}^{t_{\mathrm{f}}}\boldsymbol{\Phi}(t_0-\tau)\boldsymbol{b}u(\tau)\mathrm{d}\tau \tag{3.5}$$

根据凯莱–哈密顿定理$\boldsymbol{A}^k=\sum\limits_{j=0}^{n-1}\alpha_{jk}\boldsymbol{A}^j$得

$$\boldsymbol{\Phi}(t)=\mathrm{e}^{\boldsymbol{A}t}=\sum_{k=0}^{\infty}\frac{1}{k!}\boldsymbol{A}^kt^k=\sum_{k=0}^{\infty}\frac{t^k}{k!}\cdot\sum_{j=0}^{n-1}\alpha_{jk}\boldsymbol{A}^j=\sum_{j=0}^{n-1}\boldsymbol{A}^j\sum_{k=0}^{\infty}\alpha_{jk}\frac{t^k}{k!}=\sum_{j=0}^{n-1}\beta_j(t)\boldsymbol{A}^j$$

其中

$$\beta_j(t)=\sum_{k=0}^{\infty}\alpha_{jk}\frac{t^k}{k!}$$

将上式代入式（3.5），得

$$\boldsymbol{x}(t_0)=-\sum_{j=0}^{n-1}\boldsymbol{A}^j\boldsymbol{b}\int_{t_0}^{t_f}\beta_j(t_0-\tau)u(\tau)\mathrm{d}\tau=-\sum_{j=0}^{n-1}\boldsymbol{A}^j\boldsymbol{b}\gamma_j \tag{3.6}$$

其中

$$\gamma_j=\int_{t_0}^{t_{\mathrm{f}}}\beta_j(t_0-\tau)u(\tau)\mathrm{d}\tau$$

将上式写成矩阵形式为

$$\boldsymbol{x}(t_0)=-\sum_{j=0}^{n-1}\boldsymbol{A}^j\boldsymbol{b}\gamma_j=-[\boldsymbol{b}\quad \boldsymbol{A}\boldsymbol{b}\quad \boldsymbol{A}^2\boldsymbol{b}\quad \cdots\quad \boldsymbol{A}^{n-1}\boldsymbol{b}]\begin{bmatrix}\gamma_0\\ \gamma_1\\ \vdots\\ \gamma_{n-1}\end{bmatrix} \tag{3.7}$$

要使系统能控，则对任意给定的初始状态$\boldsymbol{x}(t_0)$，应能从式（3.6）解出γ_j，即

$$\begin{bmatrix}\gamma_0\\ \gamma_1\\ \vdots\\ \gamma_{n-1}\end{bmatrix}=-[\boldsymbol{b}\quad \boldsymbol{A}\boldsymbol{b}\quad \boldsymbol{A}^2\boldsymbol{b}\quad \cdots\quad \boldsymbol{A}^{n-1}\boldsymbol{b}]^{-1}\begin{bmatrix}x_1(t_0)\\ x_2(t_0)\\ \vdots\\ x_n(t_0)\end{bmatrix}$$

因此，必须保证 $\boldsymbol{Q}_c=[\boldsymbol{b}\quad \boldsymbol{A}\boldsymbol{b}\quad \cdots\quad \boldsymbol{A}^{n-1}\boldsymbol{b}]$ 的逆存在，亦即其秩必须等于 n。判据得证。

【例 3.3】 已知某系统的状态方程为

$$\dot{\boldsymbol{x}}=\begin{bmatrix}-4 & 3\\ 1 & 0\end{bmatrix}\boldsymbol{x}+\begin{bmatrix}-5\\ 1\end{bmatrix}u$$

判断该系统的能控性。

解： 由题意知

$$\boldsymbol{A}=\begin{bmatrix}-4 & 3\\ 1 & 0\end{bmatrix},\quad \boldsymbol{b}=\begin{bmatrix}-5\\ 1\end{bmatrix}$$

则系统的能控性判别矩阵为

$$\boldsymbol{Q}_c=[\boldsymbol{b}\quad \boldsymbol{A}\boldsymbol{b}]=\begin{bmatrix}-5 & 23\\ 1 & -5\end{bmatrix}$$

$$\mathrm{rank}\boldsymbol{Q}_c=\mathrm{rank}[\boldsymbol{b}\quad \boldsymbol{A}\boldsymbol{b}]=2=n$$

故系统能控。

【例 3.4】 已知某系统的状态方程为

$$\dot{\boldsymbol{x}}=\begin{bmatrix}1 & 0 & 0 & 0\\ 2 & -3 & 0 & 0\\ 1 & 0 & -2 & 0\\ 4 & -1 & -2 & -4\end{bmatrix}\boldsymbol{x}+\begin{bmatrix}0\\ 0\\ 1\\ 2\end{bmatrix}u$$

判断该系统的能控性。

解： 系统的能控性判别矩阵为

$$\boldsymbol{Q}_c=[\boldsymbol{b}\quad \boldsymbol{A}\boldsymbol{b}\quad \boldsymbol{A}^2\boldsymbol{b}\quad \boldsymbol{A}^3\boldsymbol{b}]=\begin{bmatrix}0 & 0 & 0 & 0\\ 0 & 0 & 0 & 0\\ 1 & -2 & 4 & -8\\ 2 & -10 & 44 & -184\end{bmatrix}$$

$$\mathrm{rank}\boldsymbol{Q}_c=2<n=4$$

故系统不能控。

2）对于多输入系统，状态方程为 $\dot{\boldsymbol{x}}=\boldsymbol{A}\boldsymbol{x}+\boldsymbol{B}\boldsymbol{u}$，此时 $\boldsymbol{B}\in\mathbf{R}^{n\times r}$。

$$\mathrm{rank}\boldsymbol{Q}=\mathrm{rank}[\boldsymbol{B}\quad \boldsymbol{A}\boldsymbol{B}\quad \boldsymbol{A}^2\boldsymbol{B}\quad \cdots\quad \boldsymbol{A}^{n-1}\boldsymbol{B}]=n$$

证明： 可仿照单输入系统的方法进行证明，此处不再赘述。不同的是在式（3.6）中，由于控制输入 $\boldsymbol{u}$ 变为 r 维向量而不再是标量，则相应的 γ_j 也变为一个 r 维向量

$$\boldsymbol{\Gamma}_j=\int_{t_0}^{t_f}\beta_j(t_0-\tau)\boldsymbol{u}(\tau)\mathrm{d}\tau$$

故式（3.7）变为以下形式：

$$\boldsymbol{x}(t_0)=-\sum_{j=0}^{n-1}\boldsymbol{A}^j\boldsymbol{B}\boldsymbol{\Gamma}_j=-[\boldsymbol{B}\quad \boldsymbol{A}\boldsymbol{B}\quad \boldsymbol{A}^2\boldsymbol{B}\quad \cdots\quad \boldsymbol{A}^{n-1}\boldsymbol{B}]\begin{bmatrix}\boldsymbol{\Gamma}_0\\ \boldsymbol{\Gamma}_1\\ \vdots\\ \boldsymbol{\Gamma}_{n-1}\end{bmatrix}$$

此时它也相应地变为有 nr 个未知数的 n 个方程组，其有解的充要条件是它的系数矩阵 $\boldsymbol{Q}_c=[\boldsymbol{B}\quad \boldsymbol{AB}\quad \boldsymbol{A}^2\boldsymbol{B}\quad \cdots\quad \boldsymbol{A}^{n-1}\boldsymbol{B}]$ 和增广矩阵 $[\boldsymbol{Q}_c\quad \boldsymbol{x}(t_0)]$ 的秩相同，即

$$\mathrm{rank}\boldsymbol{Q}_c=\mathrm{rank}[\boldsymbol{Q}_c\quad \boldsymbol{x}(t_0)]$$

由于 $\boldsymbol{x}(t_0)$ 是任意给定的，则要让上式成立必须要求 $\boldsymbol{Q}_c$ 满秩。

注意：在多输入系统中 $\boldsymbol{Q}_c$ 是 $n\times nr$ 矩阵，不像单输入系统是方阵，其秩的确定比一般矩阵复杂。由于 $\boldsymbol{Q}_c\boldsymbol{Q}_c^{\mathrm{T}}$ 是方阵，而且非奇异性等价于 $\boldsymbol{Q}_c$ 的非奇异性，所以在计算多输入系统的能控性矩阵 $\boldsymbol{Q}_c$ 的秩时，常用

$$\mathrm{rank}\boldsymbol{Q}_c=\mathrm{rank}[\boldsymbol{Q}_c\boldsymbol{Q}_c^{\mathrm{T}}]$$

【例 3.5】 已知某多输入系统的状态方程为

$$\dot{\boldsymbol{x}}=\begin{bmatrix}1&2&1\\0&1&0\\1&0&3\end{bmatrix}\boldsymbol{x}+\begin{bmatrix}1&0\\0&1\\0&0\end{bmatrix}\begin{bmatrix}u_1\\u_2\end{bmatrix}$$

判断该系统的能控性。

解：由题意知

$$\boldsymbol{B}=\begin{bmatrix}1&0\\0&1\\0&0\end{bmatrix}$$

$$\boldsymbol{AB}=\begin{bmatrix}1&2&1\\0&1&0\\1&0&3\end{bmatrix}\times\begin{bmatrix}1&0\\0&1\\0&0\end{bmatrix}=\begin{bmatrix}1&2\\0&1\\1&0\end{bmatrix}$$

$$\boldsymbol{A}^2\boldsymbol{B}=\begin{bmatrix}1&2&1\\0&1&0\\1&0&3\end{bmatrix}\times\begin{bmatrix}1&2\\0&1\\1&0\end{bmatrix}=\begin{bmatrix}2&4\\0&1\\4&2\end{bmatrix}$$

则系统的能控性判别矩阵为

$$\boldsymbol{Q}_c=[\boldsymbol{B}\quad \boldsymbol{AB}\quad \boldsymbol{A}^2\boldsymbol{B}]=\begin{bmatrix}1&0&1&2&2&4\\0&1&0&1&0&1\\0&0&1&0&4&2\end{bmatrix}$$

$$\boldsymbol{Q}_c\boldsymbol{Q}_c^{\mathrm{T}}=\begin{bmatrix}26&6&17\\6&3&2\\17&2&21\end{bmatrix},\quad |\boldsymbol{Q}_c\boldsymbol{Q}_c^{\mathrm{T}}|\neq 0$$

$\mathrm{rank}\boldsymbol{Q}_c=3=n$，所以该系统是能控的。

2. 对角/约当规范型判据

定理 3.1 线性系统经线性非奇异变换后不会改变其能控性。

证明：设线性系统状态方程为

$$\dot{\boldsymbol{x}}=\boldsymbol{Ax}+\boldsymbol{Bu}\tag{3.8}$$

其能控性判别矩阵为

$$\boldsymbol{Q}_c=[\boldsymbol{B}\quad \boldsymbol{AB}\quad \boldsymbol{A}^2\boldsymbol{B}\quad \cdots\quad \boldsymbol{A}^{n-1}\boldsymbol{B}]\tag{3.9}$$

对式（3.8）做线性非奇异变换

$$\boldsymbol{x}=\boldsymbol{P}\bar{\boldsymbol{x}}\tag{3.10}$$

变换后的系统状态方程为

$$\dot{\bar{\boldsymbol{x}}}=\boldsymbol{P}^{-1}\boldsymbol{AP}\bar{\boldsymbol{x}}+\boldsymbol{P}^{-1}\boldsymbol{Bu}=\bar{\boldsymbol{A}}\bar{\boldsymbol{x}}+\bar{\boldsymbol{B}}\boldsymbol{u}\tag{3.11}$$

式中，$\bar{A}=P^{-1}AP$，$\bar{B}=P^{-1}B$。

式（3.11）的能控性判别矩阵为

$$\begin{aligned}\bar{Q}_c&=[\bar{B}\quad \bar{A}\bar{B}\quad \bar{A}^2\bar{B}\quad \cdots\quad \bar{A}^{n-1}\bar{B}]\\&=[P^{-1}B\quad P^{-1}APP^{-1}B\quad P^{-1}APP^{-1}APP^{-1}B\quad \cdots\quad P^{-1}A^{n-1}B]\\&=P^{-1}[B\quad AB\quad A^2B\quad \cdots\quad A^{n-1}B]\\&=P^{-1}Q_c\end{aligned}\tag{3.12}$$

因为 P^{-1} 非奇异，则有

$$\text{rank}\,\bar{Q}_c=\text{rank}(P^{-1}Q_c)=\text{rank}Q_c\tag{3.13}$$

由式（3.13）可知，线性变换前后系统能控性判别矩阵的秩并不发生变化，因此，线性非奇异变换不改变系统的能控性。

（1）状态矩阵 A 有互异特征值 $\lambda_1,\lambda_2,\cdots,\lambda_n$ 时的能控性判据

若线性定常系统为

$$\dot{x}=Ax+Bu\tag{3.14}$$

其状态矩阵 A 的特征值 $\lambda_1,\lambda_2,\cdots,\lambda_n$ 互异，由线性非奇异变换 $x=P\bar{x}$ 可将式（3.14）变换为如下的对角规范型

$$\dot{\bar{x}}=P^{-1}AP\bar{x}+P^{-1}Bu=\bar{A}\bar{x}+\bar{B}u=\begin{bmatrix}\lambda_1&0&\cdots&0\\0&\lambda_2&\cdots&0\\\vdots&\vdots&&\vdots\\0&0&\cdots&\lambda_n\end{bmatrix}\bar{x}+[\bar{b}_1\quad \bar{b}_2\quad \cdots\quad \bar{b}_n]u\tag{3.15}$$

此时系统对应的模拟结构图如图 3.4 所示。

显然，当 $\bar{b}_i\neq 0(i=1,\cdots,n)$ 时，对应的状态变量 x_i 能控。则式（3.14）所示系统状态完全能控的充要条件为：**经线性非奇异变换后得到的对角规范型式（3.15）中，矩阵 $\bar{B}$ 不含元素全为 0 的行。**

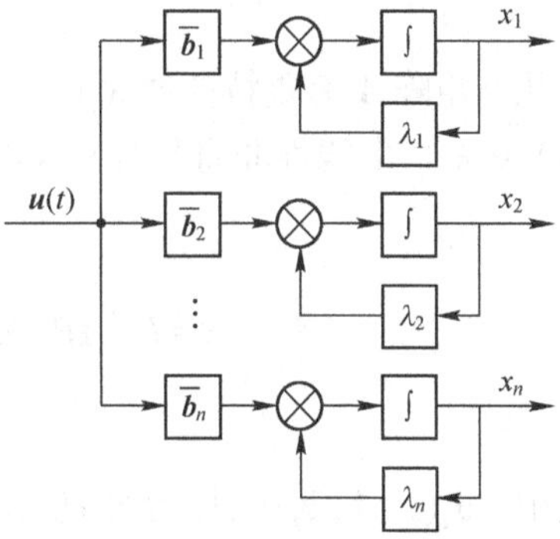

图 3.4　对角规范型系统的模拟结构图

【例 3.6】 判断以下系统的能控性。

1）$\dot{x}=\begin{bmatrix}-2&0\\0&-3\end{bmatrix}x+\begin{bmatrix}2\\1\end{bmatrix}u$

2）$\dot{x}=\begin{bmatrix}-1&0&0\\0&3&0\\0&0&-3\end{bmatrix}x+\begin{bmatrix}0\\1\\3\end{bmatrix}u$

3）$\dot{x}=\begin{bmatrix}-1&0&0\\0&-2&0\\0&0&-3\end{bmatrix}x+\begin{bmatrix}0&2\\5&0\\8&0\end{bmatrix}u$

4）$\dot{x}=\begin{bmatrix}-1&0&0\\0&3&0\\0&0&-4\end{bmatrix}x+\begin{bmatrix}0&0\\5&0\\6&3\end{bmatrix}u$

解： 1）A 为对角阵，含有不同的对角元素，并且矩阵 B 中不含有全为零的行，所有状态均能控，所以系统能控。

2）系统的状态矩阵 A 为对角阵，含有不同的对角元素，但是矩阵 B 中的第一行为零，说明状态 x_1 不能控，所以系统是不能控的。

3）该系统是一个两输入的系统，在矩阵 A 中含有不同的对角元素，矩阵 B 中不含有全为

零的行，所有状态均能控，所以该系统是能控的。

4）在该两输入系统中，状态矩阵 **A** 为对角阵，并且含有不同的值，但是矩阵 **B** 中的第一行全为零，说明状态 x_1 不能控，所以该系统是不能控的。

【例 3.7】 已知系统的状态空间表达式为

$$\dot{\boldsymbol{x}}=\begin{bmatrix}-4 & 5\\ 1 & 0\end{bmatrix}\boldsymbol{x}+\begin{bmatrix}-5\\ 1\end{bmatrix}u$$

试通过线性变换，判断下列系统是否能控。

解：求状态矩阵的特征值

$$|\lambda\boldsymbol{I}-\boldsymbol{A}|=\begin{vmatrix}\lambda+4 & -5\\ -1 & \lambda\end{vmatrix}=\lambda^2+4\lambda-5=(\lambda+5)(\lambda-1)=0$$

则 $\lambda_1=-5,\lambda_2=1$。

取变换矩阵为

$$\boldsymbol{P}=[\boldsymbol{p}_1\quad \boldsymbol{p}_2]=\begin{bmatrix}-5 & 1\\ 1 & 1\end{bmatrix}$$

$$\boldsymbol{P}^{-1}=\begin{bmatrix}-\dfrac{1}{6} & \dfrac{1}{6}\\ \dfrac{1}{6} & \dfrac{5}{6}\end{bmatrix},\quad \boldsymbol{P}^{-1}\boldsymbol{B}=\begin{bmatrix}-\dfrac{1}{6} & \dfrac{1}{6}\\ \dfrac{1}{6} & \dfrac{5}{6}\end{bmatrix}\begin{bmatrix}-5\\ 1\end{bmatrix}=\begin{bmatrix}1\\ 0\end{bmatrix}$$

$$\dot{\bar{\boldsymbol{x}}}=\boldsymbol{P}^{-1}\boldsymbol{A}\boldsymbol{P}\bar{\boldsymbol{x}}+\boldsymbol{P}^{-1}\boldsymbol{B}u=\begin{bmatrix}-5 & 0\\ 0 & 1\end{bmatrix}\bar{\boldsymbol{x}}+\begin{bmatrix}1\\ 0\end{bmatrix}u$$

由以上结果可得该系统含有不同的特征值，当变为对角规范型后，矩阵 **B** 的第二行为零，说明状态 x_2 不能控，所以该系统是不可控的。

（2）状态矩阵 **A** 有重特征值时的能控性判据

若线性定常系统为

$$\dot{\boldsymbol{x}}=\boldsymbol{A}\boldsymbol{x}+\boldsymbol{B}\boldsymbol{u}\tag{3.16}$$

其状态矩阵 **A** 有重特征值 λ_1(m_1 重)，λ_2(m_2 重)，…，λ_l(m_l 重)互异，其中，$m_1+m_2+\cdots+m_l=n,\lambda_i\neq\lambda_j$。由线性非奇异变换 $\boldsymbol{x}=\boldsymbol{P}\bar{\boldsymbol{x}}$ 可将式（3.16）变换为如下的约当规范型

$$\dot{\bar{\boldsymbol{x}}}=\boldsymbol{P}^{-1}\boldsymbol{A}\boldsymbol{P}\bar{\boldsymbol{x}}+\boldsymbol{P}^{-1}\boldsymbol{B}\boldsymbol{u}=\bar{\boldsymbol{A}}\bar{\boldsymbol{x}}+\bar{\boldsymbol{B}}\boldsymbol{u}=\begin{bmatrix}\boldsymbol{J}_1 & 0 & \cdots & 0\\ 0 & \boldsymbol{J}_2 & \cdots & 0\\ \vdots & \vdots & & \vdots\\ 0 & 0 & \cdots & \boldsymbol{J}_l\end{bmatrix}\bar{\boldsymbol{x}}+\bar{\boldsymbol{B}}\boldsymbol{u}\tag{3.17}$$

式中，$\boldsymbol{J}_i(i=1,2,\cdots,l)$ 为对应 m_i 重特征值 λ_i 的 m_i 阶约当块。为简便起见，以如下三阶约当块为例说明状态的能控性，即

$$\dot{\boldsymbol{x}}=\begin{bmatrix}\lambda_1 & 1 & \\ & \lambda_1 & 1\\ & & \lambda_1\end{bmatrix}\boldsymbol{x}+\begin{bmatrix}\boldsymbol{b}_{11}\\ \boldsymbol{b}_{12}\\ \boldsymbol{b}_{13}\end{bmatrix}u$$

该系统对应的模拟结构图如图 3.5 所示。

显然，当 $\boldsymbol{b}_{13}\neq\boldsymbol{0}$ 时，状态变量 x_1、x_2 和 x_3 均能控，该三阶约当块对应的系统能控。由此类推至一般情况，则式（3.17）所示系统状态完全能控的充要条件为：**经线性非奇异变换后得到的约当规范型式（3.17）中，矩阵 $\bar{\boldsymbol{B}}$ 中与每个约当块 $\boldsymbol{J}_i(i=1,2,\cdots,l)$ 最后一行对应的元**

素不全为 0。

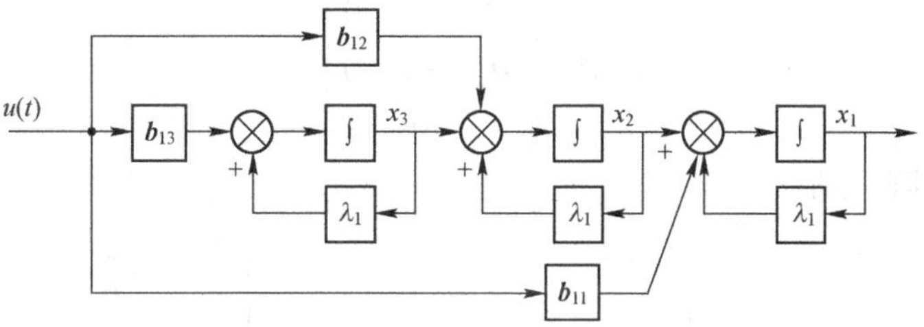

图 3.5　约当规范型系统的模拟结构图

注意：

1）约当规范型判据同样适用于线性定常离散系统；

2）该结论仅适用于同一特征根只有一个约当块的情况。

【**例 3.8**】判断以下系统的能控性。

1）$\dot{\boldsymbol{x}}=\begin{bmatrix}-2 & 1\\ 0 & -2\end{bmatrix}\boldsymbol{x}+\begin{bmatrix}2\\5\end{bmatrix}u$

2）$\dot{\boldsymbol{x}}=\begin{bmatrix}-2 & 1 & 0\\ 0 & -2 & 0\\ 0 & 0 & -3\end{bmatrix}\boldsymbol{x}+\begin{bmatrix}0\\1\\0\end{bmatrix}u$

3）$\dot{\boldsymbol{x}}=\begin{bmatrix}-1 & 1 & 0\\ 0 & -1 & 1\\ 0 & 0 & -1\end{bmatrix}\boldsymbol{x}+\begin{bmatrix}0 & 2\\ 5 & 0\\ 8 & 0\end{bmatrix}\boldsymbol{u}$

4）$\dot{\boldsymbol{x}}=\begin{bmatrix}-4 & 1 & 0 & 0\\ 0 & -4 & 0 & 0\\ 0 & 0 & -3 & 1\\ 0 & 0 & 0 & -3\end{bmatrix}\boldsymbol{x}+\begin{bmatrix}0 & 0\\ 0 & 1\\ 2 & 3\\ 0 & 0\end{bmatrix}\boldsymbol{u}$

解：1）系统有一个约当块，并且所对应的矩阵 $\boldsymbol{B}$ 中最后一行的元素不为零，所以该系统是能控的。

2）系统有两个约当块，第一个约当块对应的矩阵 $\boldsymbol{B}$ 中最后一行的元素不为零，第二个约当块对应的矩阵 $\boldsymbol{B}$ 中最后一行的元素为零，说明状态 x_3 不能控，所以该系统是不能控的。

3）系统有三重根，只有一个约当块，且矩阵 $\boldsymbol{B}$ 中与约当块最后一行对应的元素不全为零，故该系统是可控的。

4）系统有两个约当块，第一个约当块对应的矩阵 $\boldsymbol{B}$ 中最后一行的元素不全为零，第二个约当块对应的 $\boldsymbol{B}$ 阵中最后一行的元素为零，说明状态 x_4 不能控，所以该系统是不能控的。

【**例 3.9**】试通过线性变换，判断下列系统是否能控。

$$\dot{\boldsymbol{x}}=\begin{bmatrix}0 & 1 & 0\\ 0 & 0 & 1\\ 2 & 3 & 0\end{bmatrix}\boldsymbol{x}+\begin{bmatrix}0\\0\\1\end{bmatrix}u$$

解：由系统矩阵 $\boldsymbol{A}$ 的特征多项式

$$|\lambda\boldsymbol{I}-\boldsymbol{A}|=\begin{vmatrix}\lambda & -1 & 0\\ 0 & \lambda & -1\\ -2 & -3 & \lambda\end{vmatrix}=\lambda^3-3\lambda-2=0$$

可得 $\lambda_{1,2}=-1$，$\lambda_3=2$。则

$$\overline{A}=\begin{bmatrix}-1 & 1 & 0\\ 0 & -1 & 0\\ 0 & 0 & 2\end{bmatrix}$$

由于 A 为友矩阵，则

$$P=\begin{bmatrix}1 & 0 & 1\\ \lambda_1 & 1 & \lambda_3\\ \lambda_1^2 & 2\lambda_1 & \lambda_3^2\end{bmatrix}=\begin{bmatrix}1 & 0 & 1\\ -1 & 1 & 2\\ 1 & -2 & 4\end{bmatrix},\quad P^{-1}=\begin{bmatrix}\frac{8}{9} & -\frac{2}{9} & -\frac{1}{9}\\ \frac{2}{3} & \frac{1}{3} & -\frac{1}{3}\\ \frac{1}{9} & \frac{2}{9} & \frac{1}{9}\end{bmatrix}$$

$$P^{-1}b=\frac{1}{9}\begin{bmatrix}8 & -2 & -1\\ 6 & 3 & -3\\ 1 & 2 & 1\end{bmatrix}\begin{bmatrix}0\\ 0\\ 1\end{bmatrix}=\frac{1}{9}\begin{bmatrix}-1\\ -3\\ 1\end{bmatrix}$$

则上述系统化为约当规范型为

$$\dot{\overline{x}}=\begin{bmatrix}-1 & 1 & 0\\ 0 & -1 & 0\\ 0 & 0 & 2\end{bmatrix}\overline{x}+\frac{1}{9}\begin{bmatrix}-1\\ -3\\ 1\end{bmatrix}u$$

化解后可得该系统有两个约当块，每一个约当块对应的矩阵 b 中的最后一行都不是零，所以该系统是能控的。

3.1.3 线性时变连续系统的能控性判据

时变系统的状态矩阵 $A(t)$、控制矩阵 $B(t)$ 是时间 t 的函数，所以不能像定常系统那样，由状态矩阵、输入矩阵构成能控性判别矩阵，然后通过检验其秩来判别系统的能控性。这里介绍格拉姆（Gram）矩阵判据和秩判据两种线性时变系统的能控性判据。

1. 几点说明

1）定义中的允许控制 $u(t)$，在数学上要求其在 $[t_0,t_f]$ 区间是绝对平方可积的，即

$$\int_{t_0}^{t_f}\left|u_j\right|^2 dt<+\infty,\ j=1,2,\cdots,r$$

这个限制条件是为了保证系统状态方程的解存在且唯一。任何一个分段连续的时间函数都是绝对平方可积的，上述对 $u(t)$ 的要求在工程上是容易保证的。从物理上看，这样的控制作用实际上是无约束的。

2）定义中的 t_f 是系统在允许控制作用下，由初始状态 $x(t_0)$ 转移到目标状态（原点）的时刻。由于时变系统的状态转移与初始时刻 t_0 有关，所以对时变系统来说，t_f 和初始时刻 t_0 的选择有关。

3）根据能控性定义，可以导出能控状态和控制作用之间的关系式。

设状态空间中的某一个非零点 x_0 是能控状态，那么根据能控状态的定义必有

$$x(t_f)=\Phi(t_f,t_0)x_0+\int_{t_0}^{t_f}\Phi(t_f,\tau)B(\tau)u(\tau)\mathrm{d}\tau=0$$

即

$$
\begin{aligned}
\boldsymbol{x}_0 &= -\boldsymbol{\Phi}^{-1}(t_\mathrm{f},t_0)\int_{t_0}^{t_\mathrm{f}}\boldsymbol{\Phi}(t_\mathrm{f},\tau)\boldsymbol{B}(\tau)\boldsymbol{u}(\tau)\mathrm{d}\tau \\
&= -\int_{t_0}^{t_\mathrm{f}}\boldsymbol{\Phi}(t_0,\tau)\boldsymbol{B}(\tau)\boldsymbol{u}(\tau)\mathrm{d}\tau
\end{aligned}
\tag{3.18}
$$

式（3.18）说明，如果系统在 t_0 时刻是能控的，则对于某个任意指定的非零状态 $\boldsymbol{x}_0$，满足上述关系式的 $\boldsymbol{u}(t)$ 是存在的。或者说，如果系统在 t_0 时刻是能控的，那么由允许控制 $\boldsymbol{u}(t)$ 按上述关系式所导出的 $\boldsymbol{x}_0$ 为状态空间的任意非零有限点。

式（3.18）是一个很重要的关系式，下面一些关于能控性的推论都是用它推导出来的。

4）线性非奇异变换不改变系统的能控性。

证明：设系统在变换前是能控的，它必满足式（3.18）的关系式

$$\boldsymbol{x}_0 = -\int_{t_0}^{t_\mathrm{f}}\boldsymbol{\Phi}(t_0,\tau)\boldsymbol{B}(\tau)\boldsymbol{u}(\tau)\mathrm{d}\tau$$

若取变换矩阵为 $\boldsymbol{P}$，对 $\boldsymbol{x}$ 进行线性非奇异变换

$$\boldsymbol{x}=\boldsymbol{P}\widetilde{\boldsymbol{x}}$$

则

$$\widetilde{\boldsymbol{A}}=\boldsymbol{P}^{-1}\boldsymbol{A}\boldsymbol{P},\quad \widetilde{\boldsymbol{B}}=\boldsymbol{P}^{-1}\boldsymbol{B}$$

即

$$\boldsymbol{A}=\boldsymbol{P}\widetilde{\boldsymbol{A}}\boldsymbol{P}^{-1},\quad \boldsymbol{B}=\boldsymbol{P}\widetilde{\boldsymbol{B}}$$

将上述关系式代入式（3.18），有

$$
\begin{aligned}
\boldsymbol{P}\widetilde{\boldsymbol{x}}_0 &= -\int_{t_0}^{t_\mathrm{f}}\boldsymbol{\Phi}(t_0,\tau)\boldsymbol{P}\widetilde{\boldsymbol{B}}(\tau)\boldsymbol{u}(\tau)\mathrm{d}\tau \\
\widetilde{\boldsymbol{x}}_o &= -\int_{t_0}^{t_\mathrm{f}}\boldsymbol{P}^{-1}\boldsymbol{\Phi}(t_0,\tau)\boldsymbol{P}\widetilde{\boldsymbol{B}}(\tau)\boldsymbol{u}(\tau)\mathrm{d}\tau \\
\widetilde{\boldsymbol{x}}_0 &= -\int_{t_0}^{t_\mathrm{f}}\widetilde{\boldsymbol{\Phi}}(t_0,\tau)\widetilde{\boldsymbol{B}}(\tau)\boldsymbol{u}(\tau)\mathrm{d}\tau
\end{aligned}
$$

以上推导说明，如果 $\boldsymbol{x}_0$ 是能控状态，那么变换后的 $\widetilde{\boldsymbol{x}}_0$ 也满足能控状态的关系式，故 $\widetilde{\boldsymbol{x}}_0$ 也满足能控状态的关系式，故 $\widetilde{\boldsymbol{x}}_0$ 也是一个能控状态。从而证明了非奇异变换不改变系统的能控状态。

5）如果 $\boldsymbol{x}_0$ 是能控状态，则 $\alpha\boldsymbol{x}_0$ 也是能控状态，α 是任意非零实数。

证明：因为 $\boldsymbol{x}_0$ 是能控状态，所以必可构成允许控制 $\boldsymbol{u}$，使之满足

$$\boldsymbol{x}_0 = -\int_{t_0}^{t_\mathrm{f}}\boldsymbol{\Phi}(t_0,\tau)\boldsymbol{B}(\tau)\boldsymbol{u}(\tau)\mathrm{d}\tau$$

现选 $\boldsymbol{u}^*=\alpha\boldsymbol{u}$，因 α 时非零实数，故 $\boldsymbol{u}^*$ 也一定是允许控制。上式两端同乘以 α，并将 $\boldsymbol{u}^*=\alpha\boldsymbol{u}$ 代入，即有

$$-\int_{t_0}^{t_\mathrm{f}}\boldsymbol{\Phi}(t_0,\tau)\boldsymbol{B}(\tau)\boldsymbol{u}^*(\tau)\mathrm{d}\tau = \alpha\boldsymbol{x}_0$$

从而表明 $\alpha\boldsymbol{x}_0$ 也是能控状态。

6）如果 $\boldsymbol{x}_{01}$ 和 $\boldsymbol{x}_{02}$ 是能控状态，则 $\boldsymbol{x}_{01}+\boldsymbol{x}_{02}$ 也必定是能控状态。

证明：因为 $\boldsymbol{x}_{01}$ 和 $\boldsymbol{x}_{02}$ 是能控状态，所以必存在相应的允许控制 $\boldsymbol{u}_1$ 和 $\boldsymbol{u}_2$，且 $\boldsymbol{u}_1+\boldsymbol{u}_2$ 也是允许控制，若把 $\boldsymbol{u}_1+\boldsymbol{u}_2$ 代入式（3.18）中，有

$$- \int_{t_0}^{t_f} \boldsymbol{\Phi}(t_0,\tau)\boldsymbol{B}(\tau)[\boldsymbol{u}_1(\tau)+\boldsymbol{u}_2(\tau)]\mathrm{d}\tau$$

$$= -\left[\int_{t_0}^{t_f} \boldsymbol{\Phi}(t_0,\tau)\boldsymbol{B}(\tau)\boldsymbol{u}_1(\tau)\mathrm{d}\tau + \int_{t_0}^{t_f} \boldsymbol{\Phi}(t_0,\tau)\boldsymbol{B}(\tau)\boldsymbol{u}_2(\tau)\mathrm{d}\tau\right]$$

$$= \boldsymbol{x}_{01} + \boldsymbol{x}_{02}$$

从而表明 $\boldsymbol{x}_{01}+\boldsymbol{x}_{02}$ 满足式（3.18）的关系式，即 $\boldsymbol{x}_{01}+\boldsymbol{x}_{02}$ 亦为能控状态。

2. 格拉姆矩阵判据

线性时变连续系统的状态方程为

$$\dot{\boldsymbol{x}} = \boldsymbol{A}(t)\boldsymbol{x}+\boldsymbol{B}(t)\boldsymbol{u} \tag{3.19}$$

系统在 $[t_0,t_f]$ 上状态完全能控的充分必要条件是格拉姆矩阵

$$\boldsymbol{W}_c(t_0,t_f) = \int_{t_0}^{t_f} \boldsymbol{\Phi}(t_0,t)\boldsymbol{B}(t)\boldsymbol{B}^{\mathrm{T}}(t)\boldsymbol{\Phi}^{\mathrm{T}}(t_0,t)\mathrm{d}t \tag{3.20}$$

为非奇异的。

证明： 1）充分性证明。假定 $\boldsymbol{W}_c(t_0,t_f)$ 是非奇异的，则 $\boldsymbol{W}_c^{-1}(t_0,t_f)$ 存在。

选择控制作用

$$\boldsymbol{u}(t) = -\boldsymbol{B}^{\mathrm{T}}(t)\boldsymbol{\Phi}^{\mathrm{T}}(t_0,t)\boldsymbol{W}_c^{-1}(t_0,t_f)\boldsymbol{x}(t_0) \tag{3.21}$$

考查在它的作用下能否使 $\boldsymbol{x}(t_0)$ 在 $[t_0,t_f]$ 内转移到原点。若能实现，则说明存在式（3.21）的 $\boldsymbol{u}(t)$，而系统完全能控。

已知式（3.19）的解为

$$\boldsymbol{x}(t) = \boldsymbol{\Phi}(t,t_0)\boldsymbol{x}(t_0) + \int_{t_0}^{t} \boldsymbol{\Phi}(t,\tau)\boldsymbol{B}\boldsymbol{u}(\tau)\mathrm{d}\tau$$

令 $t=t_f$，τ 换成 t，并以式（3.21）的 $\boldsymbol{u}(t)$ 代入上式，得

$$\boldsymbol{x}(t_f) = \boldsymbol{\Phi}(t_f,t_0)\boldsymbol{x}(t_0) - \int_{t_0}^{t_f} \boldsymbol{\Phi}(t_f,t)\boldsymbol{B}(t)\boldsymbol{B}^{\mathrm{T}}(t)\boldsymbol{\Phi}^{\mathrm{T}}(t_0,t)\boldsymbol{W}_c^{-1}(t_0,t_f)\boldsymbol{x}(t_0)\mathrm{d}t$$

$$= \boldsymbol{\Phi}(t_f,t_0)\boldsymbol{x}(t_0) - \boldsymbol{\Phi}(t_f,t_0)\int_{t_0}^{t_f} \boldsymbol{\Phi}(t_0,t)\boldsymbol{B}(t)\boldsymbol{B}^{\mathrm{T}}(t)\boldsymbol{\Phi}^{\mathrm{T}}(t_0,t)\mathrm{d}t \cdot \boldsymbol{W}_c^{-1}(t_f,t_0)\boldsymbol{x}(t_0)$$

$$= \boldsymbol{\Phi}(t_f,t_0)\boldsymbol{x}(t_0) - \boldsymbol{\Phi}(t_f,t_0)\boldsymbol{W}_c(t_0,t_f)\boldsymbol{W}_c^{-1}(t_0,t_f)\boldsymbol{x}(t_0)$$

$$= \boldsymbol{\Phi}(t_f,t_0)\boldsymbol{x}(t_0) - \boldsymbol{\Phi}(t_f,t_0)\boldsymbol{x}(t_0)$$

$$= \boldsymbol{0}$$

所以只要 $\boldsymbol{W}_c(t_0,t_f)$ 非奇异，则系统完全能控，充分性得证。

2）必要性证明。假设系统完全能控，$\boldsymbol{W}_c(t_0,t_f)$ 却是奇异的。既然 $\boldsymbol{W}_c(t_0,t_f)$ 奇异，则存在某非零 $\boldsymbol{x}(t_0)$，使得 $\boldsymbol{x}^{\mathrm{T}}(t_0)\boldsymbol{W}_c(t_0,t_f)\boldsymbol{x}(t_0)=\boldsymbol{0}$。即有

$$\int_{t_0}^{t_f} \boldsymbol{x}^{\mathrm{T}}(t_0)\boldsymbol{\Phi}(t_0,t)\boldsymbol{B}(t)\boldsymbol{B}^{\mathrm{T}}(t)\boldsymbol{\Phi}^{\mathrm{T}}(t_0,t)\boldsymbol{x}(t_0)\mathrm{d}t = \boldsymbol{0}$$

即

$$\int_{t_0}^{t_f} [\boldsymbol{B}^{\mathrm{T}}(t)\boldsymbol{\Phi}^{\mathrm{T}}(t_0,t)\boldsymbol{x}(t_0)]^{\mathrm{T}}[\boldsymbol{B}^{\mathrm{T}}(t)\boldsymbol{\Phi}^{\mathrm{T}}(t_0,t)\boldsymbol{x}(t_0)]\mathrm{d}t = \boldsymbol{0}$$

亦即

$$\int_{t_0}^{t_f} \|\boldsymbol{B}^{\mathrm{T}}(t)\boldsymbol{\Phi}^{\mathrm{T}}(t_0,t)\boldsymbol{x}(t_0)\|^2\mathrm{d}t = \boldsymbol{0}$$

但 $\boldsymbol{B}^{\mathrm{T}}(t)\boldsymbol{\Phi}^{\mathrm{T}}(t_0,t)$ 对 t 是连续的，故从上式必有

$$\boldsymbol{B}^{\mathrm{T}}(t)\boldsymbol{\Phi}^{\mathrm{T}}(t_0,t)\boldsymbol{x}(t_0) = \boldsymbol{0}$$

又因已假定系统是能控的，因此上述 $\boldsymbol{x}_0$ 是能控状态，必能满足能控状态关系式(3.18)，即

$$\boldsymbol{x}(t_0)=-\int_{t_0}^{t_f}\boldsymbol{\Phi}(t_0,t)\boldsymbol{B}(t)\boldsymbol{u}(t)\mathrm{d}t$$

由于

$$\|\boldsymbol{x}(t_0)\|=\boldsymbol{x}^{\mathrm{T}}(t_0)\boldsymbol{x}(t_0)=\left[-\int_{t_0}^{t_f}\boldsymbol{\Phi}(t_0,t)\boldsymbol{B}(t)\boldsymbol{u}(t)\mathrm{d}t\right]^{\mathrm{T}}\boldsymbol{x}(t_0)$$

$$=-\int_{t_0}^{t_f}\boldsymbol{u}^{\mathrm{T}}(t)\boldsymbol{B}^{\mathrm{T}}(t)\boldsymbol{\Phi}^{\mathrm{T}}(t_0,t)\boldsymbol{x}(t_0)\mathrm{d}t$$

上式说明 $\boldsymbol{x}(t_0)$ 如果是能控的，它绝非是任意的，而只能是 $\boldsymbol{x}(t_0)=\boldsymbol{0}$，这与 $\boldsymbol{x}(t_0)$ 为非零的假设是矛盾的，此反设 $\boldsymbol{W}_{\mathrm{c}}(t_0,t_f)$ 奇异不成立，从而必要性得证。

3. 秩判据

$\boldsymbol{W}_{\mathrm{c}}(t_0,t_f)$ 的计算量一般很大，现在介绍一种实用的判别准则，可以仅利用 $\boldsymbol{A}(t)$ 和 $\boldsymbol{B}(t)$ 矩阵的信息直接判断能控性。

设系统状态方程为

$$\dot{\boldsymbol{x}}=\boldsymbol{A}(t)\boldsymbol{x}+\boldsymbol{B}(t)\boldsymbol{u}$$

$\boldsymbol{A}(t)$ 和 $\boldsymbol{B}(t)$ 的所有元素对时间 t 分别是 $(n-2)$ 次和 $(n-1)$ 次连续可微的，记为

$$\boldsymbol{B}_1(t)=\boldsymbol{B}(t)$$

$$\boldsymbol{B}_i(t)=-\boldsymbol{A}(t)\boldsymbol{B}_{i-1}(t)+\dot{\boldsymbol{B}}_{i-1}(t),i=2,3,\cdots,n$$

令

$$\boldsymbol{Q}_{\mathrm{c}}(t)=[\boldsymbol{B}_1(t)\quad \boldsymbol{B}_2(t)\quad \cdots\quad \boldsymbol{B}_n(t)]$$

如果存在某个时刻 $t_f>0$，使得

$$\mathrm{rank}\boldsymbol{Q}_{\mathrm{c}}(t_f)=n$$

则系统在 $[0,t_f]$ 上是状态完全能控的。

注意：秩判据仅是一个充分条件，而不是必要条件。即不满足这个条件的系统，也有可能是能控的。

【例 3.10】判断下列线性时变系统在 $t_0=0.5$ 时的能控性。

$$\dot{\boldsymbol{x}}=\begin{bmatrix}t & 1 & 0\\0 & 2t & 0\\0 & 0 & t^2+t\end{bmatrix}\boldsymbol{x}+\begin{bmatrix}0\\1\\1\end{bmatrix}u,\quad T\in[0,3]$$

解：取 $t_f=1\in T$，$t_f>0$，则

$$\boldsymbol{B}_1(t)=\begin{bmatrix}0\\1\\1\end{bmatrix}$$

$$\boldsymbol{B}_2(t)=[-\boldsymbol{A}(t)\boldsymbol{B}_1(t)+\dot{\boldsymbol{B}}_1(t)]_{t=t_f}=\begin{bmatrix}-1\\-2t\\-t-t^2\end{bmatrix}_{t=t_f}=\begin{bmatrix}-1\\-2\\-2\end{bmatrix}$$

$$\boldsymbol{B}_3(t)=[-\boldsymbol{A}(t)\boldsymbol{B}_2(t)+\dot{\boldsymbol{B}}_2(t)]_{t=t_f}=\begin{bmatrix}3\\2\\1\end{bmatrix}$$

$$\operatorname{rank}\boldsymbol{Q}_c(t_f)=\operatorname{rank}\begin{bmatrix}\boldsymbol{B}_1\\\boldsymbol{B}_2\\\boldsymbol{B}_3\end{bmatrix}^{\mathrm{T}}=\operatorname{rank}\begin{bmatrix}0&-1&3\\1&-2&2\\1&-2&1\end{bmatrix}=3$$

故系统在时刻 $t_0=0.5$ 时能控。

3.2 线性连续系统的能观性

3.2.1 线性连续系统能观性定义

控制系统大多采用反馈控制的形式。在现代控制理论中，其反馈信息是由系统的状态变量组合而成的。但并非所有的系统状态变量在物理上都可测，于是就有了是否能通过对输出的测量而获取全部状态变量信息的问题，即线性系统的能观性问题。

下面通过几个例子直观地说明能观性的物理概念。

【例 3.11】 给定系统的状态空间表达式为

$$\begin{cases}\dot{\boldsymbol{x}}=\begin{bmatrix}4&0\\0&-3\end{bmatrix}\boldsymbol{x}+\begin{bmatrix}2\\1\end{bmatrix}u\\y=[0\quad -1]\boldsymbol{x}\end{cases}$$

解： 将状态方程展开得

$$\begin{cases}\dot{x}_1=4x_1+2u\\\dot{x}_2=-3x_2+u\\y=-x_2\end{cases}$$

这表明系统中状态变量 x_1 和 x_2 都可以通过选择输入 u 来实现任意起点到终点的转移，故系统可控。但我们注意到，其输出 y 仅能反映状态变量 x_2，即只有状态变量 x_2 对输出 y 产生了影响，而状态 x_1 对输出 y 不产生任何影响，当然从输出 y 的信息中获取状态 x_1 的信息也是不可能的，因此说状态变量 x_1 是不可观测的。其模拟结构图如图 3.6 所示。

【例 3.12】 考虑图 3.7 所示的电网系统，若定义 $u(t)$ 为输入电压，通过两电感的电流 $i_1(t)$ 和 $i_2(t)$ 分别为状态变量 $x_1(t)$ 和 $x_2(t)$，通过电阻的电流 $i_3(t)$ 为输出变量 $y(t)$。讨论是否可以通过测量输出变量来确定状态变量的值。

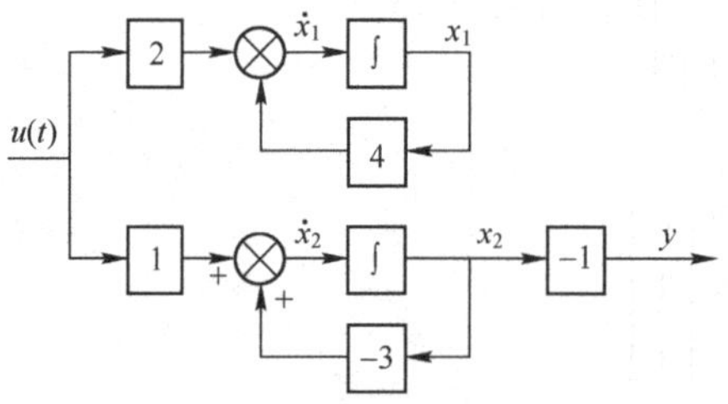

图 3.6 系统模拟结构图

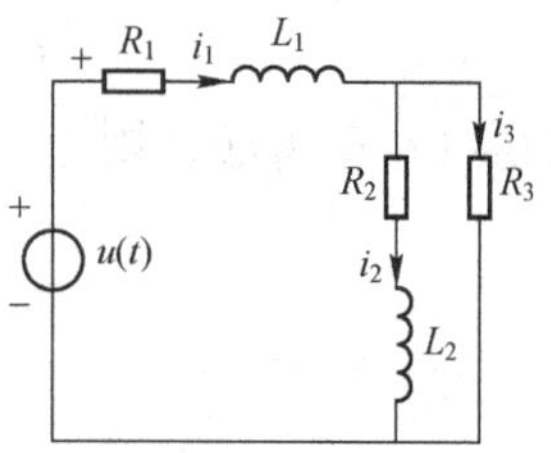

图 3.7 某电网系统模型

解： 1）由电路基础知识可知，当电阻 $R_1=R_2$，电感 $L_1=L_2$，输入电压 $u(t)=0$ 以及两个状态变量的初始状态 $x_1(t_0)=x_2(t_0)$ 且为任意值时，必定有 $i_3(t)=0$，即输出变量 $y(t)$ 恒为 0。

因此，显然不能由恒为 0 的输出 $y(t)$ 确定通过两个电感的电流值 $i_1(t)$ 和 $i_2(t)$，即由输出 $y(t)$ 不能确定状态变量 $x_1(t)$ 和 $x_2(t)$ 的值。

当电阻 $R_1 \neq R_2$ 或电感 $L_1 \neq L_2$ 时，上述不能由输出 $y(t)$ 确定状态变量 $x_1(t)$ 和 $x_2(t)$ 的值的特性可能不成立。这种能由输出变量值确定状态变量值的特性称为状态的能观性；若不能由输出变量值唯一确定状态变量值的特性则称为状态不能观。

2）由系统状态空间模型来看，可写出系统的状态方程为

$$\begin{cases} \dot{x}_1 = -\dfrac{R_1+R_3}{L_1}x_1 + \dfrac{R_3}{L_1}x_2 + \dfrac{1}{L_1}u \\ \dot{x}_2 = \dfrac{R_3}{L_2}x_1 - \dfrac{R_2+R_3}{L_2}x_2 \\ y = x_1 - x_2 \end{cases}$$

当电路中电阻值 $R_1 = R_2$，电感值 $L_1 = L_2$ 时，若输入电压 $u(t)$ 突然短路，即 $u(t)=0$，则状态方程为

$$\begin{cases} \dot{x}_1 = -\dfrac{R+R_3}{L}x_1 + \dfrac{R_3}{L}x_2 \\ \dot{x}_2 = \dfrac{R_3}{L}x_1 - \dfrac{R+R_3}{L}x_2 \end{cases}$$

显然，当状态变量的初始状态为 $x_1(t_0)=x_2(t_0)$ 且为任意值时，上述状态方程的解必有 $x_1(t)=x_2(t)$，故有 $y(t)=i_3(t)=0$，即输出变量 $y(t)$ 恒为 0。

因此，由观测到的恒为 0 的输出变量 $y(t)$ 不能确定状态变量 $x_1(t)$ 和 $x_2(t)$ 的值，即由输出 $i_3(t)$ 不能确定通过两个电感的电流值 $i_1(t)$ 和 $i_2(t)$。

当电阻 $R_1 \neq R_2$ 或电感 $L_1 \neq L_2$ 时，上述由输出 $y(t)$ 不能确定状态变量 $x_1(t)$ 和 $x_2(t)$ 的值的特性可能不成立，需另行讨论。这种由可测量的输出变量的值能唯一确定状态变量的值的特性称为状态能观，若不能唯一确定则称为状态不能观。

能观性表征状态可由输出完全反映的能力，故应考查系统的状态方程和输出方程。设线性时变系统为

$$\begin{cases} \dot{\boldsymbol{x}}(t) = \boldsymbol{A}(t)\boldsymbol{x}(t) + \boldsymbol{B}(t)\boldsymbol{u}(t) \\ \boldsymbol{y}(t) = \boldsymbol{C}(t)\boldsymbol{x}(t) + \boldsymbol{D}(t)\boldsymbol{u}(t) \\ \boldsymbol{x}(t_0) = \boldsymbol{x}_0, \quad t_0, t \in T \end{cases} \tag{3.22}$$

式中，$\boldsymbol{x} \in \mathbf{R}^n$ 为系统状态向量；$\boldsymbol{u} \in \mathbf{R}^r$ 为系统输入向量；$\boldsymbol{y} \in \mathbf{R}^m$ 为系统输出向量；$\boldsymbol{A}(t) \in \mathbf{R}^{n\times n}$ 为系统矩阵；$\boldsymbol{B}(t) \in \mathbf{R}^{n\times r}$ 为控制输入矩阵；$\boldsymbol{C}(t) \in \mathbf{R}^{m\times n}$ 为系统输出矩阵；$\boldsymbol{D}(t) \in \mathbf{R}^{m\times r}$ 为系统输入输出关联矩阵。式（3.22）状态方程的解为

$$\boldsymbol{x}(t) = \boldsymbol{\Phi}(t,t_0)\boldsymbol{x}(t_0) + \int_{t_0}^{t} \boldsymbol{\Phi}(t,\tau)\boldsymbol{B}(\tau)\boldsymbol{u}(\tau)\,\mathrm{d}\tau \tag{3.23}$$

式中，$\boldsymbol{\Phi}(t,t_0)$ 为系统的状态转移矩阵。则系统的输出响应为

$$\boldsymbol{y}(t) = \boldsymbol{C}(t)\boldsymbol{\Phi}(t,t_0)\boldsymbol{x}(t_0) + \boldsymbol{C}(t)\int_{t_0}^{t} \boldsymbol{\Phi}(t,\tau)\boldsymbol{B}(\tau)\boldsymbol{u}(\tau)\,\mathrm{d}\tau + \boldsymbol{D}(t)\boldsymbol{u}(t) \tag{3.24}$$

把由输入 $\boldsymbol{u}(t)$ 引起的等价状态记为

$$\boldsymbol{\xi}(t) = \int_{t_0}^{t} \boldsymbol{\Phi}(t,\tau)\boldsymbol{B}(\tau)\boldsymbol{u}(\tau)\,\mathrm{d}\tau \tag{3.25}$$

则

$$\boldsymbol{y}(t) = \boldsymbol{C}(t)\boldsymbol{\Phi}(t,t_0)\boldsymbol{x}(t_0) + \boldsymbol{C}(t)\boldsymbol{\xi}(t) + \boldsymbol{D}(t)\boldsymbol{u}(t) \tag{3.26}$$

令

$$\bar{\boldsymbol{y}}(t)=\boldsymbol{C}(t)\boldsymbol{\Phi}(t,t_0)\boldsymbol{\xi}(t)+\boldsymbol{D}(t)\boldsymbol{u}(t) \tag{3.27}$$

则

$$\boldsymbol{y}(t)-\bar{\boldsymbol{y}}(t)=\boldsymbol{C}(t)\boldsymbol{\Phi}(t,t_0)\boldsymbol{x}(t_0) \tag{3.28}$$

能观性研究输出 $\boldsymbol{y}(t)$ 反映状态向量 $\boldsymbol{x}(t)$ 的能力。在实际应用中，输出 $\boldsymbol{y}(t)$ 和输入 $\boldsymbol{u}(t)$ 已知，而初始状态 $\boldsymbol{x}(t_0)$ 未知。由于 $\boldsymbol{u}(t)$ 已知，则 $\bar{\boldsymbol{y}}(t)$ 可根据式（3.25）和式（3.27）计算得到，故可认为已知。因此，式（3.28）表明，能观性即是 $\boldsymbol{x}(t_0)$ 可由 $\boldsymbol{y}(t)-\bar{\boldsymbol{y}}(t)$ 完全估计的性能。由于 $\boldsymbol{x}(t)$ 可任意取值，为叙述简单，可取 $\boldsymbol{u}(t)=0$，则 $\bar{\boldsymbol{y}}(t)=0$，$\boldsymbol{x}(t)=\boldsymbol{\Phi}(t,t_0)\boldsymbol{x}(t_0)$，$\boldsymbol{y}(t)=\boldsymbol{C}(t)\boldsymbol{x}(t)=\boldsymbol{C}(t)\boldsymbol{\Phi}(t,t_0)\boldsymbol{x}(t_0)$。于是在分析系统能观性问题时，仅需从系统的齐次状态方程和输出方程出发，即

$$\begin{cases}\dot{\boldsymbol{x}}(t)=\boldsymbol{A}(t)\boldsymbol{x}(t)\\ \boldsymbol{y}(t)=\boldsymbol{C}(t)\boldsymbol{x}(t)\\ \boldsymbol{x}(t_0)=\boldsymbol{x}(t_0), \quad t_0,t\in T\end{cases}$$

对线性连续系统，有如下能观性定义。

1. 状态能观

对于式（3.22）所示的系统，如果给定初始时刻 $t_0\in T$，存在一个有限时刻 $t_{\mathrm{f}}\in T, t_{\mathrm{f}}>t_0$，对于所有的 $t\in[t_0,t_{\mathrm{f}}]$，系统的输出 $\boldsymbol{y}(t)$ 能唯一确定一个非零的初始状态向量 $\boldsymbol{x}_0$，则称此非零状态 $\boldsymbol{x}_0$ 在 t_0 时刻是能观的。

2. 系统能观

对于式（3.22）所示的系统，如果指定初始时刻 $t_0\in T$，存在一个有限时刻 $t_{\mathrm{f}}\in T, t_{\mathrm{f}}>t_0$，对于所有的 $t\in[t_0,t_{\mathrm{f}}]$，系统的输出 $\boldsymbol{y}(t)$ 能唯一确定 t_0 时刻的任意非零的初始状态向量 $\boldsymbol{x}_0$，则称系统在 t_0 时刻状态是完全能观的，简称为系统能观。如果系统对于任意 $t_0\in T$ 均是能观的（即系统的能观性与初始时刻的选择无关），则称系统是一致完全能观的。

但若系统的输出 $\boldsymbol{y}(t)$ 不能唯一确定 t_0 时刻的任意非零的初始状态向量 $\boldsymbol{x}(t_0)$（即至少有一个状态的初值不能被确定），则称系统在 t_0 时刻状态是不完全能观的，简称系统不能观。

在线性定常系统中，其能观性与初始时刻 t_0 的选择无关。

3.2.2 线性定常连续系统的能观性判据

能观性判据

与能控性判据类似，线性定常连续系统能观性判别准则也有两种形式，一种是直接根据状态矩阵 $\boldsymbol{A}$ 和输出矩阵 $\boldsymbol{C}$ 确定其能控性，另一种是通过线性非奇异变换，将系统状态方程转换为约当规范型，进而进行能观性判别。

1. 直接秩判据

线性连续定常系统

$$\begin{cases}\dot{\boldsymbol{x}}=\boldsymbol{A}\boldsymbol{x}+\boldsymbol{B}\boldsymbol{u}\\ \boldsymbol{y}=\boldsymbol{C}\boldsymbol{x}\end{cases} \tag{3.29}$$

式中，$\boldsymbol{x}\in\mathbf{R}^n$ 为系统状态向量；$\boldsymbol{u}\in\mathbf{R}^r$ 为系统输入向量；$\boldsymbol{y}\in\mathbf{R}^m$ 为系统输出向量；$\boldsymbol{A}\in\mathbf{R}^{n\times n}$ 为系统矩阵；$\boldsymbol{B}\in\mathbf{R}^{n\times r}$ 为控制输入矩阵；$\boldsymbol{C}\in\mathbf{R}^{m\times n}$ 为系统输出矩阵。则式（3.29）所示系统状态完全能观的充分必要条件是能观性判别矩阵

$$\boldsymbol{Q}_{\mathrm{o}}=\begin{bmatrix}\boldsymbol{C}\\ \boldsymbol{C}\boldsymbol{A}\\ \vdots\\ \boldsymbol{C}\boldsymbol{A}^{n-1}\end{bmatrix} \tag{3.30}$$

满秩，即

$$\mathrm{rank}\boldsymbol{Q}_{\mathrm{o}}=\mathrm{rank}\begin{bmatrix}\boldsymbol{C}\\ \boldsymbol{CA}\\ \vdots\\ \boldsymbol{CA}^{n-1}\end{bmatrix}=n \tag{3.31}$$

证明： 由前面的分析可知，分析系统能观性问题时，仅需从系统的齐次状态方程和输出方程出发，即

$$\begin{cases}\dot{\boldsymbol{x}}=\boldsymbol{Ax}\\ \boldsymbol{y}=\boldsymbol{Cx}\\ \boldsymbol{x}(0)=\boldsymbol{x}_0, \quad t\geqslant 0\end{cases} \tag{3.32}$$

求解状态方程式（3.32），得

$$\boldsymbol{x}(t)=\mathrm{e}^{\boldsymbol{A}t}\boldsymbol{x}(0)$$

即

$$\boldsymbol{y}(t)=\boldsymbol{C}\mathrm{e}^{\boldsymbol{A}t}\boldsymbol{x}(0) \tag{3.33}$$

应用凯莱-哈密顿定理，将 $\mathrm{e}^{\boldsymbol{A}t}=\sum_{i=0}^{n-1}a_i(t)\boldsymbol{A}^i$ 代入式（3.33），得

$$\boldsymbol{y}(t)=\sum_{i=0}^{n-1}a_i(t)\boldsymbol{CA}^i\boldsymbol{x}(0) \tag{3.34}$$

将式（3.34）写成向量的形式为

$$\boldsymbol{y}(t)=[a_0(t)\boldsymbol{I}_m \quad a_1(t)\boldsymbol{I}_m \quad \cdots \quad a_{n-1}(t)\boldsymbol{I}_m]\begin{bmatrix}\boldsymbol{C}\\ \boldsymbol{CA}\\ \vdots\\ \boldsymbol{CA}^{n-1}\end{bmatrix}\boldsymbol{x}(0) \tag{3.35}$$

因为 y 为 m 维输出向量，故式（3.35）为含有 n 个未知量的 m 个线性方程组，当 $m<n$ 时，方程无唯一解。如果要唯一地解出 n 维初始状态 $\boldsymbol{x}(0)$，则必须用不同时刻的输出值 $\boldsymbol{y}(t_1),\boldsymbol{y}(t_2),\cdots,\boldsymbol{y}(t_{\mathrm{f}})$ 构成具有 n 个独立方程式的线性方程组：

$$\begin{bmatrix}\boldsymbol{y}(t_1)\\ \boldsymbol{y}(t_2)\\ \vdots\\ \boldsymbol{y}(t_{\mathrm{f}})\end{bmatrix}=\begin{bmatrix}a_0(t_1)\boldsymbol{I}_m & a_1(t_1)\boldsymbol{I}_m & \cdots & a_{n-1}(t_1)\boldsymbol{I}_m\\ a_0(t_2)\boldsymbol{I}_m & a_1(t_2)\boldsymbol{I}_m & \cdots & a_{n-1}(t_2)\boldsymbol{I}_m\\ \vdots & \vdots & & \vdots\\ a_0(t_{\mathrm{f}})\boldsymbol{I}_m & a_1(t_{\mathrm{f}})\boldsymbol{I}_m & \cdots & a_{n-1}(t_{\mathrm{f}})\boldsymbol{I}_m\end{bmatrix}\begin{bmatrix}\boldsymbol{C}\\ \boldsymbol{CA}\\ \vdots\\ \boldsymbol{CA}^{n-1}\end{bmatrix}\boldsymbol{x}(0) \tag{3.36}$$

简记为

$$\boldsymbol{Mx}(0)=\bar{\boldsymbol{y}} \tag{3.37}$$

式中

$$\bar{\boldsymbol{y}}=\begin{bmatrix}\boldsymbol{y}(t_1)\\ \boldsymbol{y}(t_2)\\ \vdots\\ \boldsymbol{y}(t_{\mathrm{f}})\end{bmatrix}, \quad \boldsymbol{M}=\begin{bmatrix}a_0(t_1)\boldsymbol{I}_m & a_1(t_1)\boldsymbol{I}_m & \cdots & a_{n-1}(t_1)\boldsymbol{I}_m\\ a_0(t_2)\boldsymbol{I}_m & a_1(t_2)\boldsymbol{I}_m & \cdots & a_{n-1}(t_2)\boldsymbol{I}_m\\ \vdots & \vdots & & \vdots\\ a_0(t_{\mathrm{f}})\boldsymbol{I}_m & a_1(t_{\mathrm{f}})\boldsymbol{I}_m & \cdots & a_{n-1}(t_{\mathrm{f}})\boldsymbol{I}_m\end{bmatrix}\begin{bmatrix}\boldsymbol{C}\\ \boldsymbol{CA}\\ \vdots\\ \boldsymbol{CA}^{n-1}\end{bmatrix} \tag{3.38}$$

由线性代数知，欲使式（3.36）线性方程组的解存在且唯一，则系数矩阵 $\boldsymbol{M}$ 和增广矩阵 $[\boldsymbol{M} \quad \bar{\boldsymbol{y}}]$ 的秩应相同且为 n，即

$$\mathrm{rank}\boldsymbol{M}=\mathrm{rank}[\boldsymbol{M} \quad \bar{\boldsymbol{y}}]=n$$

由式（3.38）可以看出，欲使矩阵 $\boldsymbol{M}$ 的秩等于 n，则要求 $mn\times n$ 矩阵（即能观性判别矩阵）

$$\boldsymbol{Q}_o=\begin{bmatrix}\boldsymbol{C}\\ \boldsymbol{CA}\\ \vdots\\ \boldsymbol{CA}^{n-1}\end{bmatrix}$$

满秩，即

$$\mathrm{rank}\boldsymbol{Q}_o=\mathrm{rank}\begin{bmatrix}\boldsymbol{C}\\ \boldsymbol{CA}\\ \vdots\\ \boldsymbol{CA}^{n-1}\end{bmatrix}=n$$

注意：同能控性判据类似，在多输出系统中 $\boldsymbol{Q}_o\in\mathbf{R}^{nm\times n}$，不像单输出系统是方阵，其秩的确定比较复杂。由于 $\boldsymbol{Q}_o^{\mathrm{T}}\boldsymbol{Q}_o$ 是方阵，而且非奇异性等价于 $\boldsymbol{Q}_o$ 的非奇异性，所以在计算多输出系统的能观性判别矩阵 $\boldsymbol{Q}_o$ 的秩时，常用

$$\mathrm{rank}\boldsymbol{Q}_o=\mathrm{rank}[\boldsymbol{Q}_o^{\mathrm{T}}\boldsymbol{Q}_o]$$

【例 3.13】 试判断下列系统的能观性。

$$\begin{cases}\dot{\boldsymbol{x}}=\begin{bmatrix}-3 & 1 & 2\\ 0 & -4 & 1\\ 0 & 2 & 1\end{bmatrix}\boldsymbol{x}\\ y=[1\quad 1\quad 4]\boldsymbol{x}\end{cases}$$

解：系统的能观性判别矩阵为

$$\boldsymbol{Q}_o=\begin{bmatrix}\boldsymbol{C}\\ \boldsymbol{CA}\\ \boldsymbol{CA}^2\end{bmatrix}=\begin{bmatrix}1 & 1 & 4\\ -3 & 5 & 7\\ 9 & -9 & 6\end{bmatrix}$$

$\mathrm{rank}\boldsymbol{Q}_o=3=n$，所以系统能观。

【例 3.14】 判断下列系统的能观性。

$$\begin{cases}\dot{\boldsymbol{x}}=\begin{bmatrix}0 & 1 & 0\\ 0 & 0 & 1\\ -2 & -4 & -3\end{bmatrix}\boldsymbol{x}\\ \boldsymbol{y}=\begin{bmatrix}0 & 1 & -1\\ 1 & 2 & 1\end{bmatrix}\boldsymbol{x}\end{cases}$$

解：系统的能观性判别矩阵为

$$\boldsymbol{Q}_o=\begin{bmatrix}\boldsymbol{C}\\ \boldsymbol{CA}\\ \boldsymbol{CA}^2\end{bmatrix}=\begin{bmatrix}0 & 1 & -1\\ 1 & 2 & 1\\ 2 & 4 & 4\\ -2 & -3 & -1\\ -8 & -14 & -8\\ 2 & 2 & 0\end{bmatrix}$$

$\mathrm{rank}\boldsymbol{Q}_o=\mathrm{rank}[\boldsymbol{Q}_o^{\mathrm{T}}\boldsymbol{Q}_o]=3=n$，所以系统能观。

2. 对角/约当规范型判据

定理 3.2 线性系统经线性非奇异变换后不会改变其能观性。

证明：设系统状态空间表达式为

$$\begin{cases}\dot{\boldsymbol{x}}=\boldsymbol{A}\boldsymbol{x}+\boldsymbol{B}\boldsymbol{u}\\ \boldsymbol{y}=\boldsymbol{C}\boldsymbol{x}\end{cases} \tag{3.39}$$

其能观性判别矩阵为

$$\boldsymbol{Q}_{\mathrm{o}}=\begin{bmatrix}\boldsymbol{C}\\ \boldsymbol{C}\boldsymbol{A}\\ \vdots\\ \boldsymbol{C}\boldsymbol{A}^{n-1}\end{bmatrix}$$

对式（3.39）做线性非奇异变换

$$\boldsymbol{x}=\boldsymbol{P}\overline{\boldsymbol{x}} \tag{3.40}$$

变换后的系统状态方程为

$$\begin{cases}\dot{\overline{\boldsymbol{x}}}=\boldsymbol{P}^{-1}\boldsymbol{A}\boldsymbol{P}\overline{\boldsymbol{x}}+\boldsymbol{P}^{-1}\boldsymbol{B}\boldsymbol{u}=\overline{\boldsymbol{A}}\,\overline{\boldsymbol{x}}+\overline{\boldsymbol{B}}\boldsymbol{u}\\ \boldsymbol{y}=\boldsymbol{C}\boldsymbol{P}\overline{\boldsymbol{x}}=\overline{\boldsymbol{C}}\,\overline{\boldsymbol{x}}\end{cases} \tag{3.41}$$

式中，$\overline{\boldsymbol{A}}=\boldsymbol{P}^{-1}\boldsymbol{A}\boldsymbol{P}$；$\overline{\boldsymbol{B}}=\boldsymbol{P}^{-1}\boldsymbol{B}$；$\overline{\boldsymbol{C}}=\boldsymbol{C}\boldsymbol{P}$。

此时系统的能观性判别矩阵为

$$\overline{\boldsymbol{Q}}_{\mathrm{o}}=\begin{bmatrix}\overline{\boldsymbol{C}}\\ \overline{\boldsymbol{C}}\,\overline{\boldsymbol{A}}\\ \vdots\\ \overline{\boldsymbol{C}}\,\overline{\boldsymbol{A}}^{n-1}\end{bmatrix}=\begin{bmatrix}\boldsymbol{C}\boldsymbol{P}\\ \boldsymbol{C}\boldsymbol{P}(\boldsymbol{P}^{-1}\boldsymbol{A}\boldsymbol{P})\\ \vdots\\ \boldsymbol{C}\boldsymbol{P}(\boldsymbol{P}^{-1}\boldsymbol{A}\boldsymbol{P})^{n-1}\end{bmatrix}=\begin{bmatrix}\boldsymbol{C}\boldsymbol{P}\\ \boldsymbol{C}\boldsymbol{A}\boldsymbol{P}\\ \vdots\\ \boldsymbol{C}\boldsymbol{A}^{n-1}\boldsymbol{P}\end{bmatrix}=\begin{bmatrix}\boldsymbol{C}\\ \boldsymbol{C}\boldsymbol{A}\\ \vdots\\ \boldsymbol{C}\boldsymbol{A}^{n-1}\end{bmatrix}\boldsymbol{P}=\boldsymbol{Q}_{\mathrm{o}}\boldsymbol{P} \tag{3.42}$$

因为 $\boldsymbol{P}$ 非奇异，则有

$$\mathrm{rank}\overline{\boldsymbol{Q}}_{\mathrm{o}}=\mathrm{rank}(\boldsymbol{Q}_{\mathrm{o}}\boldsymbol{P})=\mathrm{rank}\boldsymbol{Q}_{\mathrm{o}}$$

可见，线性变换前后系统能观性判别矩阵的秩并不发生变化，因此，线性非奇异变换不改变系统的能观性。

（1）状态矩阵 $\boldsymbol{A}$ 有互异特征值 $\lambda_1,\lambda_2,\cdots,\lambda_n$ 时的能观性判据

若线性定常系统状态空间方程为

$$\begin{cases}\dot{\boldsymbol{x}}=\boldsymbol{A}\boldsymbol{x}+\boldsymbol{B}\boldsymbol{u}\\ \boldsymbol{y}=\boldsymbol{C}\boldsymbol{x}\end{cases} \tag{3.43}$$

系统矩阵 $\boldsymbol{A}$ 的特征值 $\lambda_1,\lambda_2,\cdots,\lambda_n$ 互异，由线性非奇异变换 $\boldsymbol{x}=\boldsymbol{P}\overline{\boldsymbol{x}}$可将式（3.43）变换为如下的对角规范型

$$\begin{cases}\dot{\overline{\boldsymbol{x}}}=\boldsymbol{P}^{-1}\boldsymbol{A}\boldsymbol{P}\overline{\boldsymbol{x}}+\boldsymbol{P}^{-1}\boldsymbol{B}\boldsymbol{u}=\overline{\boldsymbol{A}}\,\overline{\boldsymbol{x}}+\overline{\boldsymbol{B}}\boldsymbol{u}=\begin{bmatrix}\lambda_1 & 0 & \cdots & 0\\ 0 & \lambda_2 & \cdots & 0\\ \vdots & \vdots & & \vdots\\ 0 & 0 & \cdots & \lambda_n\end{bmatrix}\overline{\boldsymbol{x}}+\overline{\boldsymbol{B}}\boldsymbol{u}\\ \boldsymbol{y}=\boldsymbol{C}\boldsymbol{P}\overline{\boldsymbol{x}}=\overline{\boldsymbol{C}}\,\overline{\boldsymbol{x}}\end{cases} \tag{3.44}$$

不失一般性，以某三阶系统为例说明：

$$
\begin{cases}
\dot{\boldsymbol{x}}=\begin{bmatrix}\lambda_1 & & \\ & \lambda_2 & \\ & & \lambda_3\end{bmatrix}\boldsymbol{x}\\
\boldsymbol{y}=\begin{bmatrix}c_{11} & c_{12} & c_{13}\\ c_{21} & c_{22} & c_{23}\\ c_{31} & c_{32} & c_{33}\end{bmatrix}\boldsymbol{x}
\end{cases}
$$

此时对应的模拟结构图如图 3.8 所示。

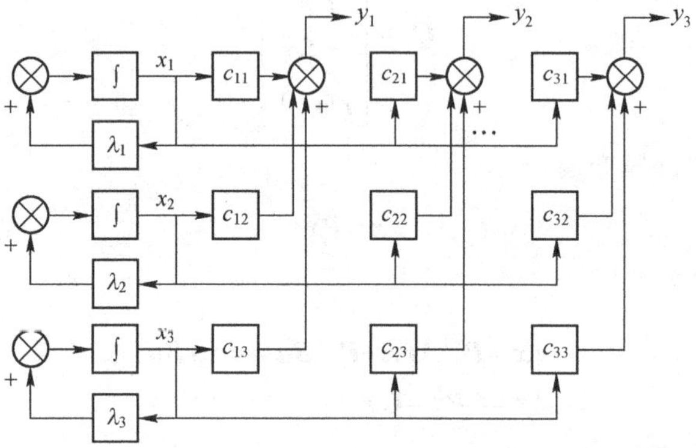

图 3.8　对角规范型系统的模拟结构图

显然，当 $c_{1i}, c_{2i}, c_{3i}(i=1,2,3)$ 不全为零时，状态变量 x_i 能观。推广至一般情况，式（3.39）所示系统状态完全能观的充要性条件为：**经线性非奇异变换后得到的对角规范型式（3.44）中，矩阵 $\bar{C}$ 不含元素全为零的列。**

【例 3.15】 判断以下系统的能观性。

1）$\dot{\boldsymbol{x}}=\begin{bmatrix}-7 & 0 & 0\\ 0 & -5 & 0\\ 0 & 0 & -3\end{bmatrix}\boldsymbol{x}$，　$y=[6\quad 4\quad 5]\boldsymbol{x}$

2）$\dot{\boldsymbol{x}}=\begin{bmatrix}6 & 0 & 0\\ 0 & -2 & 0\\ 0 & 0 & -3\end{bmatrix}\boldsymbol{x}$，　$y=[3\quad 2\quad 0]\boldsymbol{x}$

3）$\dot{\boldsymbol{x}}=\begin{bmatrix}-3 & 0 & 0\\ 0 & -5 & 0\\ 0 & 0 & 5\end{bmatrix}\boldsymbol{x}$，　$\boldsymbol{y}=\begin{bmatrix}1 & 2 & 3\\ 2 & 5 & 8\end{bmatrix}\boldsymbol{x}$

4）$\dot{\boldsymbol{x}}=\begin{bmatrix}-3 & 0 & 0\\ 0 & -7 & 0\\ 0 & 0 & 5\end{bmatrix}\boldsymbol{x}$，　$\boldsymbol{y}=\begin{bmatrix}1 & 0 & 3\\ 2 & 0 & 8\end{bmatrix}\boldsymbol{x}$

解： 1）状态矩阵 $\boldsymbol{A}$ 的三个特征值互异，且矩阵 $\boldsymbol{C}$ 中不含有全为零的列，系统能观。

2）状态矩阵 $\boldsymbol{A}$ 的三个特征值互异，矩阵 $\boldsymbol{C}$ 中含有全为零的列（第三列为零，状态 x_3 不能观），系统是不能观的。

3）系统是一个多输出的系统，矩阵 $\boldsymbol{A}$ 的三个特征值互异，矩阵 $\boldsymbol{C}$ 中有三列，并且不全为零，系统能观。

4）状态矩阵 $\boldsymbol{A}$ 含有三个不同的特征值，矩阵 $\boldsymbol{C}$ 含有全为零的列（第二列为零，状态 x_2 不能观），系统是不能观的。

【例 3.16】试通过线性变换，判断下列系统是否能观。

$$\dot{\boldsymbol{x}}=\begin{bmatrix}-4 & 5\\ 1 & 0\end{bmatrix}\boldsymbol{x}+\begin{bmatrix}1\\ 1\end{bmatrix}u,\quad y=[1\quad 0]\boldsymbol{x}$$

解：将其化为约当规范型为

$$|\lambda\boldsymbol{I}-\boldsymbol{A}|=\begin{vmatrix}\lambda+4 & -5\\ -1 & \lambda\end{vmatrix}=\lambda^2+4\lambda-5=(\lambda+5)(\lambda-1)=0$$

$$\lambda_1=-5,\quad \lambda_2=1$$

再求变换矩阵为

$$\boldsymbol{P}=[\boldsymbol{p}_1\quad \boldsymbol{p}_2]=\begin{bmatrix}-5 & 1\\ 1 & 1\end{bmatrix},\quad \boldsymbol{P}^{-1}=\begin{bmatrix}-\dfrac{1}{6} & \dfrac{1}{6}\\ \dfrac{1}{6} & \dfrac{5}{6}\end{bmatrix}$$

故

$$\boldsymbol{P}^{-1}\boldsymbol{b}=\begin{bmatrix}-\dfrac{1}{6} & \dfrac{1}{6}\\ \dfrac{1}{6} & \dfrac{5}{6}\end{bmatrix}\begin{bmatrix}1\\ 1\end{bmatrix}=\begin{bmatrix}0\\ 1\end{bmatrix},\quad \boldsymbol{cP}=[1\quad 0]\begin{bmatrix}-5 & 1\\ 1 & 1\end{bmatrix}=[-5\quad 1]$$

得变换后的状态方程为

$$\begin{cases}\dot{\bar{\boldsymbol{x}}}=\boldsymbol{P}^{-1}\boldsymbol{AP}\bar{\boldsymbol{x}}+\boldsymbol{P}^{-1}\boldsymbol{b}u=\begin{bmatrix}-5 & 0\\ 0 & 1\end{bmatrix}\bar{\boldsymbol{x}}+\begin{bmatrix}0\\ 1\end{bmatrix}u\\ y=[-5\quad 1]\bar{\boldsymbol{x}}\end{cases}$$

$\boldsymbol{cP}$ 中没有全为零的列，故系统完全能观。

（2）状态矩阵 $\boldsymbol{A}$ 有重特征值时的能观性判据

若线性定常系统为

$$\begin{cases}\dot{\boldsymbol{x}}=\boldsymbol{Ax}+\boldsymbol{Bu}\\ \boldsymbol{y}=\boldsymbol{Cx}\end{cases}\tag{3.45}$$

其状态矩阵 $\boldsymbol{A}$ 有重特征值 λ_1(m_1 重)，λ_2(m_2 重)，$\cdots$，λ_l(m_l 重)互异，其中，$m_1+m_2+\cdots+m_l=n$，$\lambda_i\neq\lambda_j$。由线性非奇异变换 $\boldsymbol{x}=\boldsymbol{T}\bar{\boldsymbol{x}}$ 可将式（3.45）变换为如下的约当规范型

$$\begin{cases}\dot{\bar{\boldsymbol{x}}}=\boldsymbol{P}^{-1}\boldsymbol{AP}\bar{\boldsymbol{x}}+\boldsymbol{P}^{-1}\boldsymbol{Bu}=\bar{\boldsymbol{A}}\bar{\boldsymbol{x}}+\bar{\boldsymbol{B}}\boldsymbol{u}=\begin{bmatrix}\boldsymbol{J}_1 & 0 & \cdots & 0\\ 0 & \boldsymbol{J}_2 & \cdots & 0\\ \vdots & \vdots & & \vdots\\ 0 & 0 & \cdots & \boldsymbol{J}_l\end{bmatrix}\bar{\boldsymbol{x}}+\bar{\boldsymbol{B}}\boldsymbol{u}\\ \boldsymbol{y}=\boldsymbol{CP}\bar{\boldsymbol{x}}=\bar{\boldsymbol{C}}\bar{\boldsymbol{x}}\end{cases}\tag{3.46}$$

式中，$\boldsymbol{J}_i(i=1,2,\cdots,l)$ 为对应 m_i 重特征值 λ_i 的 m_i 阶约当块。以如下三阶约当块为例说明状态的能观性。

$$\begin{cases}\dot{\boldsymbol{x}}=\begin{bmatrix}\lambda_1 & 1 & \\ & \lambda_1 & 1\\ & & \lambda_1\end{bmatrix}\boldsymbol{x}\\ \boldsymbol{y}=\begin{bmatrix}c_{11} & c_{12} & c_{13}\\ c_{21} & c_{22} & c_{23}\\ c_{31} & c_{32} & c_{33}\end{bmatrix}\boldsymbol{x}\end{cases}$$

该系统对应的模拟结构图如图 3.9 所示。

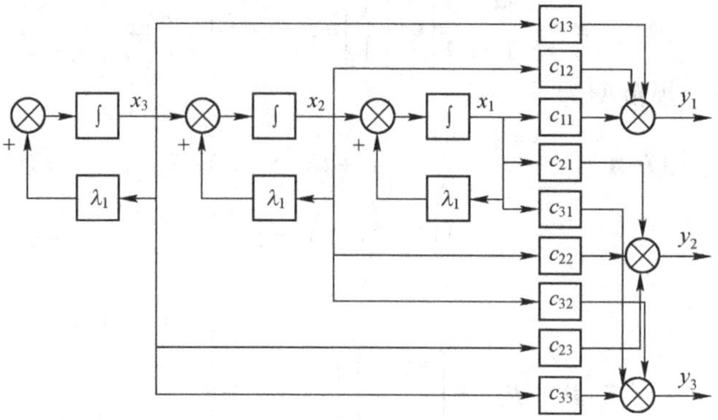

图 3.9　约当规范型系统的模拟结构图

显然，当 c_{11},c_{21},c_{31}不全为零时，状态变量 x_1，x_2 和 x_3 均能观，该三阶约当块对应的系统能观。由此类推至一般情况，则式（3.45）所示系统状态完全能观的充要性条件：**经线性非奇异变换后得到的约当规范型——式（3.46）中，矩阵$\overline{C}$中与每个约当块$J_i(i=1,2,\cdots,l)$的第一列元素不全为零**。

注意：

1）约当规范型判据同样适用于线性定常离散系统。

2）该结论仅适用于同一特征根只有一个约当块的情况。

【例 3.17】 判断以下系统的能观性。

1）$\dot{\boldsymbol{x}}=\begin{bmatrix}-4 & 1\\0 & -4\end{bmatrix}\boldsymbol{x}$，　$y=[1\quad 0]\boldsymbol{x}$

2）$\dot{\boldsymbol{x}}=\begin{bmatrix}-3 & 1\\0 & -3\end{bmatrix}\boldsymbol{x}$，　$y=[0\quad 5]\boldsymbol{x}$

3）$\dot{\boldsymbol{x}}=\begin{bmatrix}-7 & 1 & 0\\0 & -7 & 1\\0 & 0 & -7\end{bmatrix}\boldsymbol{x}$，　$\boldsymbol{y}=\begin{bmatrix}6 & 4 & 5\\0 & 2 & 1\end{bmatrix}\boldsymbol{x}$

4）$\dot{\boldsymbol{x}}=\begin{bmatrix}2 & 0 & 0 & 0\\0 & -3 & 0 & 0\\0 & 0 & -4 & 1\\0 & 0 & 0 & -4\end{bmatrix}\boldsymbol{x}$，　$\boldsymbol{y}=\begin{bmatrix}1 & 4 & 0 & 1\\3 & 7 & 0 & 0\end{bmatrix}\boldsymbol{x}$

解： 1）系统有一个约当块，并且所对应的矩阵 $\boldsymbol{c}$ 中第一列的元素不为零，所以该系统是能观的。

2）系统有一个约当块，约当块对应的矩阵 $\boldsymbol{c}$ 中第一列的元素全为零，此时状态 x_1 不能观，所以该系统是不能观的。

3）系统有三重根，只有一个约当块，矩阵 $\boldsymbol{C}$ 中与约当块对应的第一列的元素不为零，故该系统是能观的。

4）系统为四阶系统，有重根，共有三个约当块，第一个和第二个约当块对应的矩阵 $\boldsymbol{C}$ 中第一列的元素不全为零，第三个约当块对应的矩阵 $\boldsymbol{C}$ 中第一列的元素为零，此时状态 x_3 不能观，所以该系统是不能观的。

【例 3.18】 试通过线性变换，判断下列系统是否能观。

$$\begin{cases}\dot{\boldsymbol{x}}=\begin{bmatrix}0&1&0\\0&0&1\\2&3&0\end{bmatrix}\boldsymbol{x}\\ \boldsymbol{y}=\begin{bmatrix}2&3&4\end{bmatrix}\boldsymbol{x}\end{cases}$$

解：求 $\boldsymbol{A}$ 的特征值为

$$|\lambda\boldsymbol{I}-\boldsymbol{A}|=\begin{vmatrix}\lambda&-1&0\\0&\lambda&-1\\-2&-3&\lambda\end{vmatrix}=\lambda^3-3\lambda-2=0$$

可得

$$\lambda_{1,2}=-1,\quad \lambda_3=2$$

则

$$\overline{\boldsymbol{A}}=\begin{bmatrix}-1&1&0\\0&-1&0\\0&0&2\end{bmatrix},\quad \boldsymbol{P}=\begin{bmatrix}1&0&1\\-1&1&2\\1&-2&4\end{bmatrix}$$

$$\overline{\boldsymbol{c}}=\boldsymbol{cP}=\begin{bmatrix}2&3&4\end{bmatrix}\begin{bmatrix}1&0&1\\-1&1&2\\1&-2&4\end{bmatrix}=\begin{bmatrix}3&-5&24\end{bmatrix}$$

化解后可得该系统有两个约当块，每一个约当块对应的矩阵 $\overline{\boldsymbol{c}}$ 中的第一列的元素都不是零，所以该系统是能观的。

3.2.3 线性时变连续系统的能观性判据

与线性时变连续系统的能观性类似，时变系统的状态矩阵 $\boldsymbol{A}(t)$、控制矩阵 $\boldsymbol{B}(t)$、输出矩阵 $\boldsymbol{C}(t)$ 及关联矩阵 $\boldsymbol{D}(t)$ 是时间 t 的函数，故也不能像定常系统那样，由状态矩阵、输出矩阵构成能观性判别矩阵，然后检验其秩来判别系统的能观性，而必须由有关时变矩阵构成格拉姆（Gram）矩阵，并由其非奇异性来作为判别的依据。

1. 几点说明

1）时间区间 $[t_0,t_f]$ 是识别初始状态 $\boldsymbol{x}(t_0)$ 所需要的观测时间，对时变系统来说，这个区间的大小和初始时刻 t_0 的选择有关。

2）根据不能观的定义，可以写出不能观状态的数学表达式为

$$\boldsymbol{C}(t)\boldsymbol{\Phi}(t,t_0)\boldsymbol{x}(t_0)\equiv 0,\quad t\in[t_0,t_f] \tag{3.47}$$

3）对系统作线性非奇异变换，不改变其能观性。

4）如果 $\boldsymbol{x}(t_0)$ 是不能观的，α 为任意非零实数，则 $\alpha\boldsymbol{x}(t_0)$ 也是不能观的。

5）如果 $\boldsymbol{x}_{01}$ 和 $\boldsymbol{x}_{02}$ 都是不能观的，则 $\boldsymbol{x}_{01}+\boldsymbol{x}_{02}$ 也是不能观的。

其中，式（3.47）是线性时变系统一个非常重要的性质，第 2）~5）点说明均可由此公式推导证明。其证明过程与 3.1.3 节类似，这里不再详加说明。读者可自行证明。

2. 格拉姆矩阵判据

线性时变连续系统的状态方程为

$$\begin{cases}\dot{\boldsymbol{x}}(t)=\boldsymbol{A}(t)\boldsymbol{x}(t)+\boldsymbol{B}(t)\boldsymbol{u}(t)\\ \boldsymbol{y}(t)=\boldsymbol{C}(t)\boldsymbol{x}(t)\end{cases} \tag{3.48}$$

系统在 $[t_0,t_f]$ 上状态完全能观的充分必要条件是格拉姆矩阵

$$W_o(t_0,t_f)=\int_{t_0}^{t_f}\boldsymbol{\Phi}^T(t,t_0)\boldsymbol{C}^T(t)\boldsymbol{C}(t)\boldsymbol{\Phi}(t,t_0)\mathrm{d}t \tag{3.49}$$

为非奇异的。

证明：时变系统状态方程（3.48）的解为

$$\boldsymbol{x}(t)=\boldsymbol{\Phi}(t,t_0)\boldsymbol{x}(t_0)+\int_{t_0}^{t}\boldsymbol{\Phi}(t,\tau)\boldsymbol{B}(\tau)\boldsymbol{u}(\tau)\mathrm{d}\tau$$

其输出为

$$\boldsymbol{y}(t)=\boldsymbol{C}(t)\boldsymbol{\Phi}(t,t_0)\boldsymbol{x}(t_0)+\boldsymbol{C}(t)\int_{t_0}^{t}\boldsymbol{\Phi}(t,\tau)\boldsymbol{B}(\tau)\boldsymbol{u}(\tau)\mathrm{d}\tau$$

在确定能观性时，可以不考虑控制作用 $\boldsymbol{u}(t)$，这时上两式简化为

$$\boldsymbol{x}(t)=\boldsymbol{\Phi}(t,t_0)\boldsymbol{x}(t_0)$$
$$\boldsymbol{y}(t)=\boldsymbol{C}(t)\boldsymbol{\Phi}(t,t_0)\boldsymbol{x}(t_0)$$

两边左乘 $\boldsymbol{\Phi}^T(t,t_0)\boldsymbol{C}^T(t)$：

$$\boldsymbol{\Phi}^T(t,t_0)\boldsymbol{C}^T(t)\boldsymbol{y}(t)=\boldsymbol{\Phi}^T(t,t_0)\boldsymbol{C}^T(t)\boldsymbol{C}(t)\boldsymbol{\Phi}(t,t_0)\boldsymbol{x}(t_0)$$

两边在 $[t_0,t_f]$ 区间进行积分，得

$$\int_{t_0}^{t_f}\boldsymbol{\Phi}^T(t,t_0)\boldsymbol{C}^T(t)\boldsymbol{y}(t)\mathrm{d}t=\int_{t_0}^{t_f}\boldsymbol{\Phi}^T(t,t_0)\boldsymbol{C}^T(t)\boldsymbol{C}(t)\boldsymbol{\Phi}(t,t_0)\boldsymbol{x}(t_0)\mathrm{d}t=\boldsymbol{W}_o(t_0,t_f)\boldsymbol{x}(t_0)$$

显然，当且仅当 $\boldsymbol{W}_o(t_0,t_f)$ 为非奇异时，可根据 $[t_0,t_f]$ 上的 $\boldsymbol{y}(t)$ 唯一地确定出 $\boldsymbol{x}(t_0)$。判据得证。

3. 秩判据

与时变系统的能控性判据类似，计算 $\boldsymbol{W}_o(t_0,t_f)$ 的工作量很大。下面介绍一种判别能观性的简单方法。

设系统（3.48）中的 $\boldsymbol{A}(t)$ 和 $\boldsymbol{C}(t)$ 阵的元素对时间变量 t 分别是 $(n-2)$ 和 $(n-1)$ 次连续可微的，记

$$\boldsymbol{C}_1(t)=\boldsymbol{C}(t)$$
$$\boldsymbol{C}_i(t)=\boldsymbol{C}_{i-1}\boldsymbol{A}(t)+\dot{\boldsymbol{C}}_{i-1}(t),\quad i=2,3,\cdots,n$$

令

$$\boldsymbol{Q}_o(t)=\begin{bmatrix}\boldsymbol{C}_1(t)\\ \boldsymbol{C}_2(t)\\ \vdots\\ \boldsymbol{C}_n(t)\end{bmatrix}$$

如果在某个时刻 $t_f>0$，有 $\mathrm{rank}\boldsymbol{Q}_o(t_f)=n$，则系统在 $[0,t_f]$ 区间是能观的。

注意：该判据也仅是一个充分条件，而不是必要条件。

【例 3.19】 已知系统的矩阵 $\boldsymbol{A}(t)$ 和矩阵 $\boldsymbol{C}(t)$ 如下所示，判断其能观性。

$$\boldsymbol{A}(t)=\begin{bmatrix}t & 1 & 0\\ 0 & t & 0\\ 0 & 0 & t^2\end{bmatrix},\quad \boldsymbol{C}(t)=\begin{bmatrix}1 & 0 & 1\end{bmatrix}$$

解：已知

$$\boldsymbol{C}_1=\boldsymbol{C}=\begin{bmatrix}1 & 0 & 1\end{bmatrix}$$
$$\boldsymbol{C}_2=\boldsymbol{C}_1\boldsymbol{A}(t)+\dot{\boldsymbol{C}}_1=\begin{bmatrix}t & 1 & t^2\end{bmatrix}$$
$$\boldsymbol{C}_3=\boldsymbol{C}_2\boldsymbol{A}(t)+\dot{\boldsymbol{C}}_2=\begin{bmatrix}t^2+1 & 2t & t^4+2t\end{bmatrix}$$

$$\boldsymbol{R}(t)=\begin{bmatrix}\boldsymbol{C}_1(t)\\ \boldsymbol{C}_2(t)\\ \boldsymbol{C}_3(t)\end{bmatrix}=\begin{bmatrix}1 & 0 & 1\\ t & 1 & t^2\\ t^2+1 & 2t & t^4+2t\end{bmatrix}$$

当 $t>0$ 时，$\mathrm{rank}\boldsymbol{R}(t)=3=n$，所以系统在 $t>0$ 时间区间上是状态完全能观的。

3.3 线性离散系统的能控性和能观性

由于线性连续系统只是线性离散系统当采样周期趋于无穷小时的无限近似，所以，离散系统的能控性和能观性的定义和判据与线性连续系统极为相似，但也有区别。本节将具体讨论线性离散系统的能控性、能观性的定义和判据，及其与采样周期的关系。

3.3.1 线性离散系统能控性定义

设线性时变离散系统的状态方程为

$$\boldsymbol{x}(k+1)=\boldsymbol{G}(k)\boldsymbol{x}(k)+\boldsymbol{H}(k)\boldsymbol{u}(k),\quad k\in T_k \tag{3.50}$$

式中，$\boldsymbol{x}\in\mathbf{R}^n$ 为系统状态向量；$\boldsymbol{u}\in\mathbf{R}^r$ 为系统输入向量；$\boldsymbol{G}(k)\in\mathbf{R}^{n\times n}$ 为系统矩阵；$\boldsymbol{H}(k)\in\mathbf{R}^{n\times r}$ 为控制输入矩阵；T_k 为离散时间定义区间。

对线性离散系统，有如下能控性定义。

1. 系统能控

设系统的初始状态是任意的，其终态为状态空间的原点。对于离散初始时刻 $h\in T_k$ 和任意的非零初始状态 $\boldsymbol{x}(h)=\boldsymbol{x}_0$，如果存在时刻 $l\in T_k$，$l>h$ 和对应的输入 $\boldsymbol{u}(k)$，使得在输入作用下，系统从 h 时刻的状态 $\boldsymbol{x}(h)=\boldsymbol{x}_0$ 出发，能在 l 时刻到达原点，即 $\boldsymbol{x}(l)=0$，则称系统在时刻 h 是状态完全能控的，简称系统能控。

2. 系统能达

设系统的初始状态是状态空间的原点，即初始离散时刻 $h\in T_k$ 时系统状态为 $\boldsymbol{x}(h)=0$，如果存在时刻 $l\in T_k$，$l>h$ 和对应的输入 $\boldsymbol{u}(k)$，使得在输入作用下，系统从 h 时刻的状态 $\boldsymbol{x}(h)=0$ 出发，能在 l 时刻到达任意终端状态，则称系统在时刻 h 是状态完全能达的，简称系统能达。

注意：前面讨论过，在线性连续定常系统中，能控性和能达性是互逆的，即能控系统一定能达，能达系统一定能控。但在线性定常离散系统中，两者并不等价。这将在 3.3.2 节中详细说明。

3.3.2 线性定常离散系统能控性判据

线性定常离散系统

$$\boldsymbol{x}(k+1)=\boldsymbol{G}\boldsymbol{x}(k)+\boldsymbol{H}\boldsymbol{u}(k) \tag{3.51}$$

式中，$\boldsymbol{x}\in\mathbf{R}^n$ 为系统状态向量；$\boldsymbol{u}\in\mathbf{R}^r$ 为系统输入向量；$\boldsymbol{G}\in\mathbf{R}^{n\times n}$ 为系统矩阵；$\boldsymbol{H}\in\mathbf{R}^{n\times r}$ 为控制输入矩阵；则式（3.51）所示系统状态完全能达的充分必要条件是能达性判别矩阵

$$\boldsymbol{Q}_{\mathrm{ck}}=[\boldsymbol{H}\quad \boldsymbol{G}\boldsymbol{H}\quad \boldsymbol{G}^2\boldsymbol{H}\quad \cdots\quad \boldsymbol{G}^{n-1}\boldsymbol{H}]$$

是满秩的，即

$$\mathrm{rank}\boldsymbol{Q}_{\mathrm{ck}}=\mathrm{rank}[\boldsymbol{H}\quad \boldsymbol{G}\boldsymbol{H}\quad \boldsymbol{G}^2\boldsymbol{H}\quad \cdots\quad \boldsymbol{G}^{n-1}\boldsymbol{H}]=n \tag{3.52}$$

若 $\boldsymbol{G}$ 为非奇异矩阵，则判据式（3.52）是系统状态完全能控的充分必要条件；若 $\boldsymbol{G}$ 为奇异矩阵，则判据式（3.52）是系统状态完全能控的充分不必要条件。

证明：线性定常离散系统（3.51）的解为

$$\boldsymbol{x}(k)=\boldsymbol{G}^k\boldsymbol{x}(0)+\sum_{j=0}^{k-1}\boldsymbol{G}^{k-j-1}\boldsymbol{H}\boldsymbol{u}(j) \tag{3.53}$$

1）假设系统能达，则状态可在输入作用下，在有限时间内由原点状态转移至任意终端状态，若设初始时刻 $t_0=0$，则此时初始状态可表示为 $\boldsymbol{x}(0)=0$。此时：

$$\begin{aligned}\boldsymbol{x}(n)&=\sum_{j=0}^{n-1}\boldsymbol{G}^{n-j-1}\boldsymbol{H}\boldsymbol{u}(j)=\boldsymbol{G}^{n-1}\boldsymbol{H}\boldsymbol{u}(0)+\cdots+\boldsymbol{G}\boldsymbol{H}\boldsymbol{u}(n-2)+\boldsymbol{H}\boldsymbol{u}(n-1)\\&=[\boldsymbol{H}\quad \boldsymbol{G}\boldsymbol{H}\quad\cdots\quad \boldsymbol{G}^{n-1}\boldsymbol{H}]\begin{bmatrix}\boldsymbol{u}(n-1)\\ \boldsymbol{u}(n-2)\\ \vdots\\ \boldsymbol{u}(0)\end{bmatrix}=\boldsymbol{Q}_{\mathrm{ck}}\begin{bmatrix}\boldsymbol{u}(n-1)\\ \boldsymbol{u}(n-2)\\ \vdots\\ \boldsymbol{u}(0)\end{bmatrix}\end{aligned} \tag{3.54}$$

因为系统能达，则要求对于任意的 $x(n)$ 都有确定的输入序列与之对应，即方程式（3.54）有解的充要条件是它的系数矩阵 $\boldsymbol{Q}_{\mathrm{ck}}=[\boldsymbol{H}\quad \boldsymbol{G}\boldsymbol{H}\quad \boldsymbol{G}^2\boldsymbol{H}\quad\cdots\quad \boldsymbol{G}^{n-1}\boldsymbol{H}]$ 和增广矩阵 $[\boldsymbol{Q}_{\mathrm{ck}}\quad \boldsymbol{x}(0)]$ 的秩相同，由于 $\boldsymbol{x}(0)=0$，则式（3.54）有解的充分必要条件是 $\boldsymbol{Q}_{\mathrm{ck}}$ 满秩。即系统能达的充分必要条件为能控性判别矩阵 $\boldsymbol{Q}_{\mathrm{ck}}$ 满秩。

2）假设系统能控，则意味着对于任意的初始状态 $\boldsymbol{x}(t_0)$，均可在输入控制作用下实现终端状态为 $\boldsymbol{x}(n)=0$。代入式（3.53）得

$$\begin{aligned}-\boldsymbol{G}^n\boldsymbol{x}(t_0)&=\sum_{j=0}^{n-1}\boldsymbol{G}^{n-j-1}\boldsymbol{H}\boldsymbol{u}(j)=\boldsymbol{G}^{n-1}\boldsymbol{H}\boldsymbol{u}(0)+\cdots+\boldsymbol{G}\boldsymbol{H}\boldsymbol{u}(n-2)+\boldsymbol{H}\boldsymbol{u}(n-1)\\&=[\boldsymbol{H}\quad \boldsymbol{G}\boldsymbol{H}\quad\cdots\quad \boldsymbol{G}^{n-1}\boldsymbol{H}]\begin{bmatrix}\boldsymbol{u}(n-1)\\ \boldsymbol{u}(n-2)\\ \vdots\\ \boldsymbol{u}(0)\end{bmatrix}=\boldsymbol{Q}_{\mathrm{ck}}\begin{bmatrix}\boldsymbol{u}(n-1)\\ \boldsymbol{u}(n-2)\\ \vdots\\ \boldsymbol{u}(0)\end{bmatrix}\end{aligned} \tag{3.55}$$

此时，若 $\boldsymbol{G}$ 为非奇异矩阵，则 $\boldsymbol{G}^n$ 也为非奇异矩阵，使得式（3.55）有解的充分必要条件为 $\boldsymbol{Q}_{\mathrm{ck}}$ 满秩。

但是，若 $\boldsymbol{G}$ 为奇异矩阵，则 $\boldsymbol{G}^n$ 也为奇异矩阵，$\boldsymbol{G}^n\boldsymbol{x}(0)$ 不是 $\boldsymbol{x}(0)$ 的全映射，此时尽管 $\boldsymbol{x}(0)$ 可以任意取值，而 $\boldsymbol{G}^n\boldsymbol{x}(0)$ 的 n 个分量线性相关，此时即使 $\boldsymbol{Q}_{\mathrm{ck}}$ 不满秩，式（3.55）也可能有解。其中一个极端情况为 $\boldsymbol{G}=0$，此时对于任意的 $\boldsymbol{x}(0)$，均有 $\boldsymbol{G}^n\boldsymbol{x}(0)=0$，即无论 $\boldsymbol{Q}_{\mathrm{ck}}$ 是否满秩，均能找到 $\boldsymbol{u}=0$ 满足能控性定义。所以，当 $\boldsymbol{G}$ 为奇异矩阵，$\boldsymbol{Q}_{\mathrm{ck}}$ 满秩是判断能控性的充分条件，而不是必要条件。

注意：

1）连续系统能达性和能控性等价，而离散系统则不完全相同。离散系统，如果矩阵 $\boldsymbol{G}$ 非奇异，则系统的能控性和能达性等价。如果 $\boldsymbol{G}$ 奇异，则不能达的系统，也可能能控。所以，能达系统一定能控，能控系统不一定能达。

2）如果一个离散系统为连续线性时不变系统的时间离散化，由于不论 $\boldsymbol{A}$ 是否为非奇异阵，$\boldsymbol{G}=\mathrm{e}^{\boldsymbol{A}t}$ 必可逆，即是非奇异的。所以，连续系统离散后得到的系统，其能控性和能达性等价。

【例 3.20】 系统的状态方程如下，试判定系统的状态能控性。

$$\boldsymbol{x}(k+1)=\begin{bmatrix}3&2\\6&4\end{bmatrix}\boldsymbol{x}(k)+\begin{bmatrix}1\\2\end{bmatrix}u(k),\quad k=0,1,2,\cdots$$

解：$\det\boldsymbol{G}=0$，所以 $\boldsymbol{G}$ 是奇异矩阵，且有

$$\mathrm{rank}\boldsymbol{Q}_c=\mathrm{rank}[\boldsymbol{h}\quad \boldsymbol{Gh}]=\mathrm{rank}\begin{bmatrix}1 & 7\\ 2 & 14\end{bmatrix}=1<2=n$$

则系统不完全能达。由于 $\boldsymbol{G}$ 奇异，系统状态有可能能控。

$$\boldsymbol{x}(1)=\begin{bmatrix}3 & 2\\ 6 & 4\end{bmatrix}\boldsymbol{x}(0)+\begin{bmatrix}1\\ 2\end{bmatrix}u(0)=\begin{bmatrix}3x_1(0)+2x_2(0)\\ 6x_1(0)+4x_2(0)\end{bmatrix}+\begin{bmatrix}1\\ 2\end{bmatrix}u(0)$$

如果取 $u(0)=-[3x_1(0)-2x_2(0)]$，则 $\boldsymbol{x}$ 一步回零，即 $x(1)=0$。所以，系统状态完全能控。

3.3.3 线性离散系统能观性定义

设线性时变离散系统的状态方程为

$$\begin{cases}\boldsymbol{x}(k+1)=\boldsymbol{G}(k)\boldsymbol{x}(k)+\boldsymbol{H}(k)\boldsymbol{u}(k)\\ \boldsymbol{y}(k)=\boldsymbol{C}(k)\boldsymbol{x}(k)+\boldsymbol{D}(k)\boldsymbol{u}(k)\end{cases},\quad k\in T_k \tag{3.56}$$

式中，$\boldsymbol{x}\in\mathbf{R}^n$ 为系统状态向量；$\boldsymbol{u}\in\mathbf{R}^r$ 为系统输入向量；$\boldsymbol{y}\in\mathbf{R}^m$ 为系统输出向量；$\boldsymbol{G}(k)\in\mathbf{R}^{n\times n}$ 为系统矩阵；$\boldsymbol{H}(k)\in\mathbf{R}^{n\times r}$为控制输入矩阵；$\boldsymbol{C}(k)\in\mathbf{R}^{m\times n}$为系统输出矩阵；$\boldsymbol{D}(k)\in\mathbf{R}^{m\times r}$为系统输入输出关联矩阵；$T_k$ 为离散时间定义区间。

对线性离散系统，有如下能控性定义：

对于指定的离散初始时刻 $h\in T_k$ 和任意的非零初始状态 $\boldsymbol{x}(h)=\boldsymbol{x}_0$，如果存在时刻 $l\in T_k$，$l>h$，若能根据测量到的输出 $\boldsymbol{y}(h),\boldsymbol{y}(h+1),\cdots,\boldsymbol{y}(l)$唯一地确定 $\boldsymbol{x}_0$，则称系统在时刻 h 是状态完全能观的，简称系统能观。

3.3.4 线性定常离散系统能观性判据

线性定常离散系统为

$$\begin{cases}\boldsymbol{x}(k+1)=\boldsymbol{Gx}(k)+\boldsymbol{Hu}(k)\\ \boldsymbol{y}(k)=\boldsymbol{Cx}(k)+\boldsymbol{Du}(k)\\ \boldsymbol{x}(0)=\boldsymbol{x}_0\end{cases},\quad k=0,1,2,\cdots \tag{3.57}$$

式中，$\boldsymbol{x}\in\mathbf{R}^n$ 为系统状态向量；$\boldsymbol{u}\in\mathbf{R}^r$ 为系统输入向量；$\boldsymbol{y}\in\mathbf{R}^m$ 为系统输出向量；$\boldsymbol{G}(k)\in\mathbf{R}^{n\times n}$ 为系统矩阵；$\boldsymbol{H}(k)\in\mathbf{R}^{n\times r}$为控制输入矩阵；$\boldsymbol{C}(k)\in\mathbf{R}^{m\times n}$为系统输出矩阵；$\boldsymbol{D}(k)\in\mathbf{R}^{m\times r}$为系统输入输出关联矩阵。则式（3.51）所示系统状态完全能观的充分必要条件是能观性判别矩阵

$$\boldsymbol{Q}_{ok}=\begin{bmatrix}\boldsymbol{C}\\ \boldsymbol{CG}\\ \vdots\\ \boldsymbol{CG}^{n-1}\end{bmatrix} \tag{3.58}$$

满秩，即

$$\mathrm{rank}\boldsymbol{Q}_{ok}=\mathrm{rank}\begin{bmatrix}\boldsymbol{C}\\ \boldsymbol{CG}\\ \vdots\\ \boldsymbol{CG}^{n-1}\end{bmatrix}=n \tag{3.59}$$

证明：与连续系统相似，分析离散系统能观性问题时，仅需从系统的齐次状态方程和输出

方程出发，即

$$\begin{cases}\boldsymbol{x}(k+1)=\boldsymbol{G}\boldsymbol{x}(k)\\ \boldsymbol{y}(k)=\boldsymbol{C}\boldsymbol{x}(k)\end{cases} \tag{3.60}$$

状态方程式（3.60）的递推解可写为

$$\begin{aligned}&\boldsymbol{y}(0)=\boldsymbol{C}\boldsymbol{x}_0\\ &\boldsymbol{y}(1)=\boldsymbol{C}\boldsymbol{x}(1)=\boldsymbol{C}\boldsymbol{G}\boldsymbol{x}_0\\ &\qquad\vdots\\ &\boldsymbol{y}(n-1)=\boldsymbol{C}\boldsymbol{x}(n-1)=\boldsymbol{C}\boldsymbol{G}^{n-1}x_0\end{aligned}$$

将上述方程写成向量的形式为

$$\begin{bmatrix}\boldsymbol{y}(0)\\ \boldsymbol{y}(1)\\ \vdots\\ \boldsymbol{y}(n-1)\end{bmatrix}=\begin{bmatrix}\boldsymbol{C}\\ \boldsymbol{C}\boldsymbol{G}\\ \vdots\\ \boldsymbol{C}\boldsymbol{G}^{n-1}\end{bmatrix}\boldsymbol{x}_0$$

由线性代数知识可知，$\boldsymbol{x}_0$ 有唯一解的充分必要条件是其系数矩阵 $\boldsymbol{Q}_{\mathrm{ok}}=\begin{bmatrix}\boldsymbol{C}\\ \boldsymbol{C}\boldsymbol{G}\\ \vdots\\ \boldsymbol{C}\boldsymbol{G}^{n-1}\end{bmatrix}$ 满秩，即

$$\mathrm{rank}\boldsymbol{Q}_{\mathrm{ok}}=\mathrm{rank}\begin{bmatrix}\boldsymbol{C}\\ \boldsymbol{C}\boldsymbol{G}\\ \vdots\\ \boldsymbol{C}\boldsymbol{G}^{n-1}\end{bmatrix}=n$$

【例 3.21】 设线性定常系统为

$$\begin{cases}\boldsymbol{x}(k+1)=\begin{bmatrix}2&0&3\\1&-2&0\\2&1&2\end{bmatrix}\boldsymbol{x}(k)\\ \boldsymbol{y}(k)=\begin{bmatrix}1&0&0\\0&1&0\end{bmatrix}\boldsymbol{x}(k)\end{cases}$$

试判别系统的能观性。

解： 系统能观性判别矩阵为

$$\boldsymbol{Q}_{\mathrm{ok}}=\begin{bmatrix}\boldsymbol{C}\\ \boldsymbol{C}\boldsymbol{G}\\ \boldsymbol{C}\boldsymbol{G}^2\end{bmatrix}=\begin{bmatrix}1&0&0\\0&1&0\\2&0&3\\1&-2&0\\10&3&12\\0&4&3\end{bmatrix}$$

由于 $\mathrm{rank}\boldsymbol{Q}_{\mathrm{ok}}=\mathrm{rank}\boldsymbol{Q}_{\mathrm{ok}}^{\mathrm{T}}\boldsymbol{Q}_{\mathrm{ok}}=3=n$，故系统是能观的。

3.4 线性系统能控性和能观性的对偶关系

对偶原理

从前面的讨论中可以看出，线性系统的能控性和能观性，无论从定义或判

据方面来看，在形式和结构上都极为相似。这种相似关系可以汇总成表 3. 1。

表 3. 1 能控性和能观性的关系

	能 控 性	能 观 性
意义	输入 —控制→ 状态	输出 —估计→ 状态
代数判据	$\mathrm{rank}\boldsymbol{Q}_c=\mathrm{rank}[\boldsymbol{B}\quad \boldsymbol{AB}\quad \cdots\quad \boldsymbol{A}^{n-1}\boldsymbol{B}]=n$	$\mathrm{rank}\boldsymbol{Q}_o=\mathrm{rank}[\boldsymbol{C}\quad \boldsymbol{CA}\quad \cdots\quad \boldsymbol{CA}^{n-1}]^{\mathrm{T}}=n$
模态判据	同一特征值的约当块对应 $\boldsymbol{B}$ 的分块的最后一行是否相关	同一特征值的约当块对应 $\boldsymbol{C}$ 的分块的第一列是否相关

这种相似关系绝非巧合，而是系统内在结构上的必然联系，卡尔曼提出的对偶原理便揭示了这种内在的联系。

3. 4. 1 对偶系统

对于两个线性定常连续系统 $\Sigma_1(\boldsymbol{A}_1,\boldsymbol{B}_1,\boldsymbol{C}_1)$ 和 $\Sigma_2(\boldsymbol{A}_2,\boldsymbol{B}_2,\boldsymbol{C}_2)$，其状态空间表达式分别为

$$\Sigma_1(\boldsymbol{A}_1,\boldsymbol{B}_1,\boldsymbol{C}_1):\begin{cases}\dot{\boldsymbol{x}}_1=\boldsymbol{A}_1\boldsymbol{x}_1+\boldsymbol{B}_1\boldsymbol{u}_1\\ \boldsymbol{y}_1=\boldsymbol{C}_1\boldsymbol{x}_1\end{cases}$$

式中，$\boldsymbol{x}_1\in\mathbf{R}^n$ 为状态向量；$\boldsymbol{u}_1\in\mathbf{R}^r$ 为系统输入向量；$\boldsymbol{y}_1\in\mathbf{R}^m$ 为系统输出向量；$\boldsymbol{A}_1\in\mathbf{R}^{n\times n}$ 为系统矩阵；$\boldsymbol{B}_1\in\mathbf{R}^{n\times r}$ 为控制输入矩阵；$\boldsymbol{C}_1\in\mathbf{R}^{m\times n}$ 为系统输出矩阵。

$$\Sigma_2(\boldsymbol{A}_2,\boldsymbol{B}_2,\boldsymbol{C}_2):\begin{cases}\dot{\boldsymbol{x}}_2=\boldsymbol{A}_2\boldsymbol{x}_2+\boldsymbol{B}_2\boldsymbol{u}_2\\ \boldsymbol{y}_2=\boldsymbol{C}_2\boldsymbol{x}_2\end{cases}$$

式中，$\boldsymbol{x}_2\in\mathbf{R}^n$ 为状态向量；$\boldsymbol{u}_2\in\mathbf{R}^m$ 为系统输入向量；$\boldsymbol{y}_2\in\mathbf{R}^r$ 为系统输出向量；$\boldsymbol{A}_2\in\mathbf{R}^{n\times n}$ 为系统矩阵；$\boldsymbol{B}_2\in\mathbf{R}^{n\times r}$ 为控制输入矩阵；$\boldsymbol{C}_2\in\mathbf{R}^{m\times n}$ 为系统输出矩阵。

若满足下述条件

$$\boldsymbol{A}_2=\boldsymbol{A}_1^{\mathrm{T}},\quad \boldsymbol{B}_2=\boldsymbol{C}_1^{\mathrm{T}},\quad \boldsymbol{C}_2=\boldsymbol{B}_1^{\mathrm{T}} \tag{3.61}$$

则称 $\Sigma_1(\boldsymbol{A}_1,\boldsymbol{B}_1,\boldsymbol{C}_1)$ 和 $\Sigma_2(\boldsymbol{A}_2,\boldsymbol{B}_2,\boldsymbol{C}_2)$ 互为对偶系统。

显然，系统 $\Sigma_1(\boldsymbol{A}_1,\boldsymbol{B}_1,\boldsymbol{C}_1)$ 是一个 r 维输入 m 维输出的 n 阶系统，其对偶系统 $\Sigma_2(\boldsymbol{A}_2,\boldsymbol{B}_2,\boldsymbol{C}_2)$ 是一个 m 维输入 r 维输出的 n 阶系统，图 3. 10 是对偶系统 $\Sigma_1(\boldsymbol{A}_1,\boldsymbol{B}_1,\boldsymbol{C}_1)$ 和 $\Sigma_2(\boldsymbol{A}_2,\boldsymbol{B}_2,\boldsymbol{C}_2)$ 的结构图。

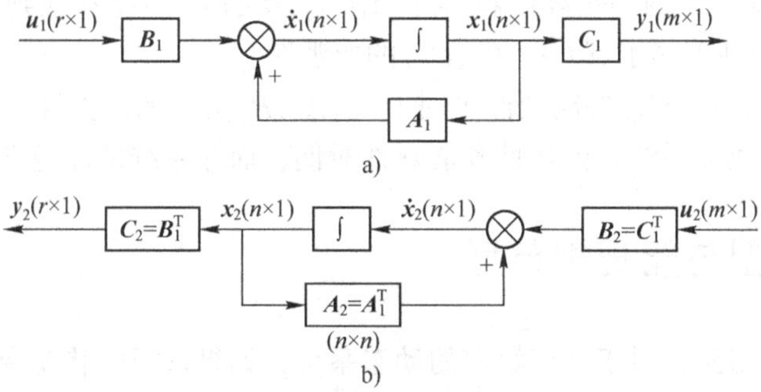

图 3. 10 对偶系统的结构框图

a) 系统 $\Sigma_1(\boldsymbol{A}_1,\boldsymbol{B}_1,\boldsymbol{C}_1)$ 模拟结构图 b) 系统 $\Sigma_2(\boldsymbol{A}_2,\boldsymbol{B}_2,\boldsymbol{C}_2)$ 模拟结构图

从图 3.10 中可以看出，互为对偶的两系统，输入端与输出端互换，信号传递方向相反。信号引出点和综合点互换，对应矩阵转置。

注意：根据对偶系统的关系式可以推导出对偶系统的特征值相同，且传递函数矩阵互为转置。

证明：根据图 3.10a，其传递函数矩阵 $\boldsymbol{W}_1(s)$ 为 $m\times r$ 矩阵

$$\boldsymbol{W}_1(s)=\boldsymbol{C}_1(s\boldsymbol{I}-\boldsymbol{A}_1)^{-1}\boldsymbol{B}_1$$

对于图 3.10b，其传递函数矩阵 $\boldsymbol{W}_2(s)$ 为 $r\times m$ 矩阵

$$\begin{aligned}\boldsymbol{W}_2(s)&=\boldsymbol{C}_2(s\boldsymbol{I}-\boldsymbol{A}_2)^{-1}\boldsymbol{B}_2\\&=\boldsymbol{B}_1^{\mathrm{T}}(s\boldsymbol{I}-\boldsymbol{A}_1^{\mathrm{T}})^{-1}\boldsymbol{C}_1^{\mathrm{T}}\\&=\boldsymbol{B}_1^{\mathrm{T}}[(s\boldsymbol{I}-\boldsymbol{A}_1)^{-1}]^{\mathrm{T}}\boldsymbol{C}_1^{\mathrm{T}}\\&=\boldsymbol{W}_1^{\mathrm{T}}(s)\end{aligned}$$

由此还可以得出，互为对偶的系统其特征方程是相同的，即

$$|s\boldsymbol{I}-\boldsymbol{A}_2|=|s\boldsymbol{I}-\boldsymbol{A}_1^{\mathrm{T}}|=|s\boldsymbol{I}-\boldsymbol{A}_1|$$

故对偶系统的特征值相同。

3.4.2 对偶原理

系统 $\boldsymbol{\Sigma}_1(\boldsymbol{A}_1,\boldsymbol{B}_1,\boldsymbol{C}_1)$ 和 $\boldsymbol{\Sigma}_2(\boldsymbol{A}_2,\boldsymbol{B}_2,\boldsymbol{C}_2)$ 是互为对偶的两个线性定常连续系统，则 $\boldsymbol{\Sigma}_1(\boldsymbol{A}_1,\boldsymbol{B}_1,\boldsymbol{C}_1)$ 能控性等价于 $\boldsymbol{\Sigma}_2(\boldsymbol{A}_2,\boldsymbol{B}_2,\boldsymbol{C}_2)$ 的能观性，$\boldsymbol{\Sigma}_1(\boldsymbol{A}_1,\boldsymbol{B}_1,\boldsymbol{C}_1)$ 的能观性等价于 $\boldsymbol{\Sigma}_2(\boldsymbol{A}_2,\boldsymbol{B}_2,\boldsymbol{C}_2)$ 的能控性。或者说，若 $\boldsymbol{\Sigma}_1(\boldsymbol{A}_1,\boldsymbol{B}_1,\boldsymbol{C}_1)$ 是状态完全能控的（完全能观的），则 $\boldsymbol{\Sigma}_2(\boldsymbol{A}_2,\boldsymbol{B}_2,\boldsymbol{C}_2)$ 是状态完全能观的（完全能控的）。

证明：对于系统 $\boldsymbol{\Sigma}_2(\boldsymbol{A}_2,\boldsymbol{B}_2,\boldsymbol{C}_2)$，其能控性判别矩阵为

$$\boldsymbol{Q}_{\mathrm{c2}}=[\boldsymbol{B}_2\quad \boldsymbol{A}_2\boldsymbol{B}_2\quad \boldsymbol{A}_2^2\boldsymbol{B}_2\quad \cdots\quad \boldsymbol{A}_2^{n-1}\boldsymbol{B}_2]$$

因为两个系统互为对偶，代入式（3.61）得

$$\boldsymbol{Q}_{\mathrm{c2}}=[\boldsymbol{C}_1^{\mathrm{T}}\quad \boldsymbol{A}_1^{\mathrm{T}}\boldsymbol{C}_1^{\mathrm{T}}\quad \cdots\quad (\boldsymbol{A}_1^{\mathrm{T}})^{n-1}\boldsymbol{C}_1^{\mathrm{T}}]=\begin{bmatrix}\boldsymbol{C}_1\\ \boldsymbol{C}_1\boldsymbol{A}_1\\ \vdots\\ \boldsymbol{C}_1\boldsymbol{A}_1^{n-1}\end{bmatrix}^{\mathrm{T}}=\boldsymbol{Q}_{\mathrm{o1}}^{\mathrm{T}}$$

故

$$\mathrm{rank}\boldsymbol{Q}_{\mathrm{c2}}=\mathrm{rank}\boldsymbol{Q}_{\mathrm{o1}}^{\mathrm{T}}=\mathrm{rank}\boldsymbol{Q}_{\mathrm{o1}}$$

即 $\boldsymbol{\Sigma}_2(\boldsymbol{A}_2,\boldsymbol{B}_2,\boldsymbol{C}_2)$ 的能控性判别矩阵的秩等于 $\boldsymbol{\Sigma}_1(\boldsymbol{A}_1,\boldsymbol{B}_1,\boldsymbol{C}_1)$ 的能观性判别矩阵的秩。因此，$\boldsymbol{\Sigma}_2(\boldsymbol{A}_2,\boldsymbol{B}_2,\boldsymbol{C}_2)$ 的能控性等同于 $\boldsymbol{\Sigma}_1(\boldsymbol{A}_1,\boldsymbol{B}_1,\boldsymbol{C}_1)$ 的能观性。

同理可证，$\boldsymbol{\Sigma}_2(\boldsymbol{A}_2,\boldsymbol{B}_2,\boldsymbol{C}_2)$ 的能观性等同于 $\boldsymbol{\Sigma}_1(\boldsymbol{A}_1,\boldsymbol{B}_1,\boldsymbol{C}_1)$ 的能控性。

注意：线性定常离散系统是能达性和能观性对偶，而非系统的能控性和能观性对偶。

3.5 能控规范型与能观规范型

在第 1 章已经学习到，对于一个给定的动态系统，如果选择的状态变量非唯一，则其状态空间表达式也非唯一。因此，在使用状态空间法对动态系统进行分析时，往往会根据研究问题的需要，采用线性非奇异变换将状态空间表达式变换为某种特定的规范形式。例如，约当规范型便于状态转移矩阵的计算、能控性和能观性的分析；能控规范型便于状态反馈控制器的设

计；能观规范型则便于状态观测器的设计及系统辨识。

状态空间表达式的变换主要是利用线性非奇异变换，因为系统经线性非奇异变换后，系统的特征值、传递函数矩阵、能控性、能观性等重要性质均保持不变。因此，只有状态完全能控的系统才能化为能控规范型，只有状态完全能观的系统才能化为能观规范型。

本书仅讨论单输入系统的能控规范型和单输出系统的能观规范型问题，有关多输入多输出系统的能控规范型及能观规范型，读者可自行参阅有关文献。

3.5.1 单输入系统的能控规范型

能控规范型

对于一般的线性定常系统

$$\begin{cases}\dot{\boldsymbol{x}}=\boldsymbol{A}\boldsymbol{x}+\boldsymbol{B}u\\ \boldsymbol{y}=\boldsymbol{C}\boldsymbol{x}\end{cases} \tag{3.62}$$

如果系统能控，则满足

$$\mathrm{rank}\boldsymbol{Q}_{\mathrm{c}}=\mathrm{rank}[\boldsymbol{B}\quad \boldsymbol{A}\boldsymbol{B}\quad \boldsymbol{A}^2\boldsymbol{B}\quad \cdots\quad \boldsymbol{A}^{n-1}\boldsymbol{B}]=n$$

这说明能控性判别矩阵 $\boldsymbol{Q}_{\mathrm{c}}$ 中至少有 n 个线性无关的 n 维列向量。因此，便可以从 $\boldsymbol{Q}_{\mathrm{c}}$ 中的 nr 个列向量中找到一组 n 个线性无关的列向量，它们的线性组合仍然线性无关，进而可以推导出状态空间表达式的某种能控规范型。

对于单输入单输出系统，在能控性判别矩阵中只有唯一的一组线性无关向量，因此一旦组合规律确定，其能控规范型的形式是唯一的。

对于多输入系统，在能控性判别矩阵中，从 nr 个列向量中选出 n 个独立的列向量的取法是不唯一的，因而其能控规范型的形式也是不唯一的。

显然，当且仅当系统是状态完全能控的，才能满足上述条件。

若线性定常单输入单输出系统

$$\begin{cases}\dot{\boldsymbol{x}}=\boldsymbol{A}\boldsymbol{x}+\boldsymbol{b}u\\ y=\boldsymbol{c}\boldsymbol{x}\end{cases} \tag{3.63}$$

是能控的，则存在线性非奇异变换为

$$\boldsymbol{x}=\boldsymbol{P}_{\mathrm{c}}\bar{\boldsymbol{x}} \tag{3.64}$$

$$\boldsymbol{P}_{\mathrm{c}}=[\boldsymbol{A}^{n-1}\boldsymbol{b}\quad \boldsymbol{A}^{n-2}\boldsymbol{b}\quad \cdots\quad \boldsymbol{b}]\begin{bmatrix}1 & 0 & \cdots & 0 & 0\\ a_{n-1} & 1 & \cdots & 0 & 0\\ \vdots & \vdots & & \vdots & \vdots\\ a_2 & a_3 & \cdots & 1 & 0\\ a_1 & a_2 & \cdots & a_{n-1} & 1\end{bmatrix} \tag{3.65}$$

使其状态空间表达式化为

$$\begin{cases}\dot{\bar{\boldsymbol{x}}}=\bar{\boldsymbol{A}}\bar{\boldsymbol{x}}+\bar{\boldsymbol{b}}u\\ y=\bar{\boldsymbol{c}}\bar{\boldsymbol{x}}\end{cases} \tag{3.66}$$

式中

$$\bar{\boldsymbol{A}}=\boldsymbol{P}_{\mathrm{c}}^{-1}\boldsymbol{A}\boldsymbol{P}_{\mathrm{c}}=\begin{bmatrix}0 & 1 & \cdots & 0 & 0\\ 0 & 0 & \cdots & 0 & 0\\ \vdots & \vdots & & \vdots & \vdots\\ 0 & 0 & \cdots & 0 & 1\\ -a_0 & -a_1 & \cdots & -a_{n-2} & -a_{n-1}\end{bmatrix}$$

$$\bar{\boldsymbol{b}}=\boldsymbol{P}_c^{-1}\boldsymbol{b}=\begin{bmatrix}0\\0\\\vdots\\0\\1\end{bmatrix}$$

$$\bar{\boldsymbol{c}}=\boldsymbol{c}\boldsymbol{P}_c=[\beta_0\quad\beta_1\quad\cdots\quad\beta_{n-1}]$$

称形如式（3.66）的状态空间表达式为**能控规范型**。其中，$a_i(i=0,1,\cdots,n-1)$为特征多项式

$$|\lambda\boldsymbol{I}-\boldsymbol{A}|=\lambda^n+a_{n-1}\lambda^{n-1}+\cdots+a_1\lambda_1+a_0$$

的各项系数。

$\beta_i(i=0,1,\cdots,n-1)$是$\boldsymbol{c}\boldsymbol{P}_c$相乘的结果，即

$$\begin{aligned}\beta_0&=\boldsymbol{c}(\boldsymbol{A}^{n-1}\boldsymbol{b}+a_{n-1}\boldsymbol{A}^{n-2}\boldsymbol{b}+\cdots+a_1\boldsymbol{b})\\&\vdots\\\beta_{n-2}&=\boldsymbol{c}(\boldsymbol{A}\boldsymbol{b}+a_{n-1}\boldsymbol{b})\\\beta_{n-1}&=\boldsymbol{c}\boldsymbol{b}\end{aligned}$$

证明：

1）证明$\bar{\boldsymbol{A}}$为式（3.66）能控标准型中的矩阵。

因为系统能控，故n个维向量$\boldsymbol{b},\boldsymbol{A}\boldsymbol{b},\cdots,\boldsymbol{A}^{n-1}\boldsymbol{b}$线性无关。按下列组合方式构成的$n$个新向量$\boldsymbol{e}_1,\boldsymbol{e}_2,\cdots,\boldsymbol{e}_n$也是线性无关的，即

$$\begin{cases}\boldsymbol{e}_1=\boldsymbol{A}^{n-1}\boldsymbol{b}+a_{n-1}\boldsymbol{A}^{n-2}\boldsymbol{b}+a_{n-2}\boldsymbol{A}^{n-3}\boldsymbol{b}+\cdots a_1\boldsymbol{b}\\\boldsymbol{e}_2=\boldsymbol{A}^{n-2}\boldsymbol{b}+a_{n-1}\boldsymbol{A}^{n-3}\boldsymbol{b}+\cdots a_2\boldsymbol{b}\\\quad\vdots\\\boldsymbol{e}_{n-1}=\boldsymbol{A}\boldsymbol{b}+a_{n-1}\boldsymbol{b}\\\boldsymbol{e}_n=\boldsymbol{b}\end{cases}\tag{3.67}$$

式中，$a_i(i=0,1,\cdots,n-1)$是特征多项式各项系数。

由$\boldsymbol{e}_1,\boldsymbol{e}_2,\cdots,\boldsymbol{e}_n$组成变换矩阵$\boldsymbol{P}_c$为

$$\boldsymbol{P}_c=[\boldsymbol{e}_1,\boldsymbol{e}_2,\cdots,\boldsymbol{e}_n]$$

令$\bar{\boldsymbol{A}}=\boldsymbol{P}_c^{-1}\boldsymbol{A}\boldsymbol{P}_c$，有

$$\boldsymbol{P}_c\bar{\boldsymbol{A}}=\boldsymbol{A}\boldsymbol{P}_c=A[\boldsymbol{e}_1,\boldsymbol{e}_2,\cdots,\boldsymbol{e}_n]=[\boldsymbol{A}\boldsymbol{e}_1,\boldsymbol{A}\boldsymbol{e}_2,\cdots,\boldsymbol{A}\boldsymbol{e}_n]\tag{3.68}$$

利用凯莱-哈密顿定理，有

$$\boldsymbol{A}^n+a_{n-1}\boldsymbol{A}^{n-1}+a_{n-2}\boldsymbol{A}^{n-2}+\cdots+a_1\boldsymbol{A}+a_0\boldsymbol{I}=0$$

把式（3.67）分别代入式（3.68），有

$$\begin{aligned}\boldsymbol{A}\boldsymbol{e}_1&=\boldsymbol{A}(\boldsymbol{A}^{n-1}\boldsymbol{b}+a_{n-1}\boldsymbol{A}^{n-2}\boldsymbol{b}+\cdots+a_1\boldsymbol{b})\\&=(\boldsymbol{A}^n\boldsymbol{b}+a_{n-1}\boldsymbol{A}^{n-1}\boldsymbol{b}+\cdots a_1\boldsymbol{A}\boldsymbol{b}+a_0\boldsymbol{b})-a_0\boldsymbol{b}=-a_0\boldsymbol{b}\\&=-a_0\boldsymbol{e}_n\\\boldsymbol{A}\boldsymbol{e}_2&=\boldsymbol{A}(\boldsymbol{A}^{n-2}\boldsymbol{b}+a_{n-1}\boldsymbol{A}^{n-3}\boldsymbol{b}+\cdots+a_2\boldsymbol{b})\\&=(\boldsymbol{A}^{n-1}\boldsymbol{b}+a_{n-1}\boldsymbol{A}^{n-2}\boldsymbol{b}+\cdots+a_2\boldsymbol{A}\boldsymbol{b}+a_1\boldsymbol{b})-a_1\boldsymbol{b}\\&=\boldsymbol{e}_1-a_1\boldsymbol{e}_n\\&\vdots\\\boldsymbol{A}\boldsymbol{e}_{n-1}&=\boldsymbol{A}(\boldsymbol{A}\boldsymbol{b}+a_{n-1}\boldsymbol{b})\end{aligned}$$

$$
\begin{aligned}
&= (\boldsymbol{A}^2\boldsymbol{b}+a_{n-1}\boldsymbol{A}\boldsymbol{b}+a_{n-2}\boldsymbol{b})-a_{n-2}\boldsymbol{b} \\
&= \boldsymbol{e}_{n-2}-a_{n-2}\boldsymbol{e}_n \\
\boldsymbol{A}\boldsymbol{e}_n &= \boldsymbol{A}\boldsymbol{b} = (\boldsymbol{A}\boldsymbol{b}+a_{n-1}\boldsymbol{b})-a_{n-1}\boldsymbol{b} \\
&= \boldsymbol{e}_{n-1}-a_{n-1}\boldsymbol{e}_n
\end{aligned}
$$

把上述 $\boldsymbol{A}\boldsymbol{e}_1, \boldsymbol{A}\boldsymbol{e}_2, \cdots, \boldsymbol{A}\boldsymbol{e}_n$ 代入式（3.68），有

$$
\begin{aligned}
\boldsymbol{P}_c \overline{\boldsymbol{A}} &= (\boldsymbol{A}\boldsymbol{e}_1, \boldsymbol{A}\boldsymbol{e}_2, \cdots, \boldsymbol{A}\boldsymbol{e}_n) \\
&= (-a_0\boldsymbol{e}_n, (\boldsymbol{e}_1-a_1\boldsymbol{e}_n), \cdots, (\boldsymbol{e}_{n-1}-a_{n-1}\boldsymbol{e}_n)) \\
&= (\boldsymbol{e}_1, \boldsymbol{e}_2, \cdots, \boldsymbol{e}_n)\begin{bmatrix} 0 & 1 & 0 & \cdots & 0 & 0 \\ 0 & 0 & 1 & \cdots & 0 & 0 \\ \vdots & \vdots & \vdots & \cdots & \vdots & \vdots \\ 0 & 0 & 0 & & 0 & 1 \\ -a_0 & -a_1 & -a_2 & \cdots & -a_{n-2} & -a_{n-1} \end{bmatrix}
\end{aligned}
$$

从而证得

$$
\overline{\boldsymbol{A}} = \begin{bmatrix} 0 & 1 & \cdots & 0 & 0 \\ 0 & 0 & \cdots & 0 & 0 \\ \vdots & \vdots & & \vdots & \vdots \\ 0 & 0 & \cdots & 0 & 1 \\ -a_0 & -a_1 & \cdots & -a_{n-2} & -a_{n-1} \end{bmatrix}
$$

2）证明$\overline{\boldsymbol{b}}$为式（3.66）能控标准型中的矩阵。

因为

$$
\overline{\boldsymbol{b}} = \boldsymbol{P}_c^{-1}\boldsymbol{b}
$$

故

$$
\boldsymbol{P}_c \overline{\boldsymbol{b}} = \boldsymbol{b}
$$

把式（3.67）中 $\boldsymbol{b}=\boldsymbol{e}_n$ 代入上式，有

$$
\boldsymbol{P}_c \overline{\boldsymbol{b}} = \boldsymbol{e}_n = (\boldsymbol{e}_1, \boldsymbol{e}_2, \cdots, \boldsymbol{e}_n)\begin{bmatrix} 0 \\ 0 \\ \vdots \\ 1 \end{bmatrix}
$$

从而证得

$$
\overline{\boldsymbol{b}} = \begin{bmatrix} 0 \\ 0 \\ \vdots \\ 1 \end{bmatrix}
$$

3）证明$\overline{\boldsymbol{c}}$为式（3.66）能控标准型中的矩阵。

$$
\overline{\boldsymbol{c}} = \boldsymbol{c}\boldsymbol{P}_c = [\beta_0 \quad \beta_1 \quad \cdots \quad \beta_{n-1}]
$$

把式（3.67）中 $\boldsymbol{e}_1, \boldsymbol{e}_2, \cdots, \boldsymbol{e}_n$ 的表达式代入上式，有

$$
\begin{aligned}
\overline{\boldsymbol{c}} &= \boldsymbol{c}[(\boldsymbol{A}^{n-1}\boldsymbol{b}+a_{n-1}\boldsymbol{A}^{n-2}\boldsymbol{b}+\cdots+a_1\boldsymbol{b}), \quad \cdots, \quad (\boldsymbol{A}\boldsymbol{b}+a_{n-1}\boldsymbol{b}), \quad \boldsymbol{b}] \\
&= [\beta_0 \quad \beta_1 \quad \cdots \quad \beta_{n-1}]
\end{aligned}
$$

其中

$$\beta_0=\boldsymbol{c}(\boldsymbol{A}^{n-1}\boldsymbol{b}+a_{n-1}\boldsymbol{A}^{n-2}\boldsymbol{b}+\cdots+a_1\boldsymbol{b})$$
$$\vdots$$
$$\beta_{n-2}=\boldsymbol{c}(\boldsymbol{Ab}+a_{n-1}\boldsymbol{b})$$
$$\beta_{n-1}=\boldsymbol{cb}$$

或者写成

$$\bar{\boldsymbol{c}}=\boldsymbol{c}(\boldsymbol{A}^{n-1}\boldsymbol{b},\boldsymbol{A}^{n-2}\boldsymbol{b},\cdots,\boldsymbol{b})\begin{bmatrix}1 & & & 0\\ a_{n-1} & \ddots & & \\ \vdots & \ddots & \ddots & \\ a_1 & \cdots & a_{n-1} & 1\end{bmatrix}$$

显然

$$\boldsymbol{P}_{\mathrm{c}}=(\boldsymbol{A}^{n-1}\boldsymbol{b},\boldsymbol{A}^{n-2}\boldsymbol{b},\cdots,\boldsymbol{b})\begin{bmatrix}1 & & & 0\\ a_{n-1} & \ddots & & \\ \vdots & \ddots & \ddots & \\ a_1 & \cdots & a_{n-1} & 1\end{bmatrix}$$

通过能控规范型，可以得到系统的传递函数：

$$W(s)=\bar{\boldsymbol{c}}(s\boldsymbol{I}-\bar{\boldsymbol{A}})^{-1}\bar{\boldsymbol{b}}=\frac{\beta_{n-1}s^{n-1}+\beta_{n-2}s^{n-2}+\cdots+\beta_1 s+\beta_0}{s^n+a_{n-1}s^{n-1}+a_{n-2}s^{n-2}+\cdots+a_1 s+a_0} \tag{3.69}$$

从式（3.69）可以看出，传递函数分母多项式的各项系数是$\bar{\boldsymbol{A}}$的最后一行元素的相反数，分子多项式的各项系数是矩阵$\bar{\boldsymbol{c}}$的元素。那么根据传递函数的分母多项式和分子多项式的系数，便可以直接写出能控规范型的$\bar{\boldsymbol{A}}$、$\bar{\boldsymbol{b}}$和$\bar{\boldsymbol{c}}$。

【例 3.22】将下列系统空间表达式变换成能控规范型。

$$\begin{cases}\dot{\boldsymbol{x}}=\begin{bmatrix}1 & 2 & 0\\ 3 & -1 & 1\\ 0 & 2 & 0\end{bmatrix}\boldsymbol{x}+\begin{bmatrix}2\\ 1\\ 1\end{bmatrix}u\\ y=[0\quad 0\quad 1]\boldsymbol{x}\end{cases}$$

解：能控性矩阵 $\boldsymbol{Q}_{\mathrm{c}}=[\boldsymbol{b}\quad \boldsymbol{Ab}\quad \boldsymbol{A}^2\boldsymbol{b}]=\begin{bmatrix}2 & 4 & 16\\ 1 & 6 & 8\\ 1 & 2 & 12\end{bmatrix}$满秩，所以系统是能控的。

系统的特征方程$|\lambda\boldsymbol{I}-\boldsymbol{A}|=\lambda^3-9\lambda+2=0$，则 $a_2=0$，$a_1=-9$，$a_0=2$。

方法一：定义法。

变换矩阵 $\boldsymbol{P}_{\mathrm{c}}=[\boldsymbol{A}^2\boldsymbol{b}\quad \boldsymbol{Ab}\quad \boldsymbol{b}]\begin{bmatrix}1 & 0 & 0\\ a_2 & 1 & 0\\ a_1 & a_2 & 1\end{bmatrix}=\begin{bmatrix}-2 & 4 & 2\\ -1 & 6 & 1\\ 3 & 2 & 1\end{bmatrix}$

$$\bar{\boldsymbol{A}}=\boldsymbol{P}_{\mathrm{c}}^{-1}\boldsymbol{A}\boldsymbol{P}_{\mathrm{c}}=\begin{bmatrix}0 & 1 & 0\\ 0 & 0 & 1\\ -2 & 9 & 0\end{bmatrix}$$

$$\bar{\boldsymbol{b}}=\boldsymbol{P}_{\mathrm{c}}^{-1}\boldsymbol{b}=\begin{bmatrix}0\\ 0\\ 1\end{bmatrix},\quad \bar{\boldsymbol{c}}=\boldsymbol{c}\boldsymbol{P}_{\mathrm{c}}=[3\quad 2\quad 1]$$

系统状态空间表达式的能控规范型为

$$\begin{cases}\dot{\bar{\boldsymbol{x}}}=\begin{bmatrix}0 & 1 & 0\\ 0 & 0 & 1\\ -2 & 9 & 0\end{bmatrix}\bar{\boldsymbol{x}}+\begin{bmatrix}0\\ 0\\ 1\end{bmatrix}u\\ \bar{y}=\begin{bmatrix}3 & 2 & 1\end{bmatrix}\bar{\boldsymbol{x}}\end{cases}$$

方法二：传递函数法。

系统的传递函数为

$$W(s)=\boldsymbol{c}(s\boldsymbol{I}-\boldsymbol{A})^{-1}\boldsymbol{b}=\frac{s^2+2s+3}{s^3-9s+2}$$

$$a_2=0,a_1=-9,a_0=2,\quad \beta_2=1,\beta_1=2,\beta_0=3$$

系统状态空间表达式的能控规范型为

$$\begin{cases}\dot{\bar{\boldsymbol{x}}}=\begin{bmatrix}0 & 1 & 0\\ 0 & 0 & 1\\ -2 & 9 & 0\end{bmatrix}\bar{\boldsymbol{x}}+\begin{bmatrix}0\\ 0\\ 1\end{bmatrix}u\\ \bar{y}=\begin{bmatrix}3 & 2 & 1\end{bmatrix}\bar{\boldsymbol{x}}\end{cases}$$

3.5.2 单输出系统的能观规范型

能观规范型

同单输入系统的能控规范型类似，若线性定常系统

$$\begin{cases}\dot{\boldsymbol{x}}=\boldsymbol{Ax}+\boldsymbol{b}u\\ y=\boldsymbol{cx}\end{cases}\tag{3.70}$$

是能观的，即

$$\mathrm{rank}\boldsymbol{Q}_{\mathrm{o}}=\mathrm{rank}\begin{bmatrix}\boldsymbol{c}\\ \boldsymbol{cA}\\ \vdots\\ \boldsymbol{cA}^{n-1}\end{bmatrix}=n$$

则系统的状态空间表达式才能变换成能观规范型。

若线性定常单输出系统

$$\begin{cases}\dot{\boldsymbol{x}}=\boldsymbol{Ax}+\boldsymbol{b}u\\ y=\boldsymbol{cx}\end{cases}\tag{3.71}$$

是能观的，则存在线性非奇异变换为

$$\boldsymbol{x}=\boldsymbol{P}_{\mathrm{o}}\tilde{\boldsymbol{x}}$$

$$\boldsymbol{P}_{\mathrm{o}}^{-1}=\begin{bmatrix}1 & a_{n-1} & \cdots & a_2 & a_1\\ 0 & 1 & \cdots & a_3 & a_2\\ \vdots & \vdots & & \vdots & \vdots\\ 0 & 0 & \cdots & 1 & a_{n-1}\\ 0 & 0 & \cdots & 0 & 1\end{bmatrix}\begin{bmatrix}\boldsymbol{cA}^{n-1}\\ \boldsymbol{cA}^{n-2}\\ \vdots\\ \boldsymbol{c}\end{bmatrix}\tag{3.72}$$

使其状态空间表达式化成

$$\begin{cases}\dot{\tilde{\boldsymbol{x}}}=\widetilde{\boldsymbol{A}}\tilde{\boldsymbol{x}}+\tilde{\boldsymbol{b}}u\\ y=\tilde{\boldsymbol{c}}\tilde{\boldsymbol{x}}\end{cases}\tag{3.73}$$

式中

$$\widetilde{A}=P_o^{-1}AP_o=\begin{bmatrix}0 & 0 & \cdots & 0 & -a_0\\ 1 & 0 & \cdots & 0 & -a_1\\ 0 & 1 & \cdots & 0 & -a_2\\ \vdots & \vdots & & \vdots & \vdots\\ 0 & 0 & \cdots & 1 & -a_{n-1}\end{bmatrix}$$

$$\widetilde{b}=P_o^{-1}b=\begin{bmatrix}\beta_0\\ \beta_1\\ \vdots\\ \beta_{n-1}\end{bmatrix}$$

$$\widetilde{c}=cP_o=[0\quad 0\quad \cdots\quad 1]$$

称形如式（3.73）的状态空间表达式为**能观规范型**。其中，$a_i(i=0,1,\cdots,n-1)$为特征多项式

$$|\lambda I-A|=\lambda^n+a_{n-1}\lambda^{n-1}+\cdots+a_1\lambda_1+a_0$$

的各项系数。

其证明过程与能控规范型类似，这里不再重复介绍。

可见，状态空间表达式的能观规范型和能控规范型相对偶。

和能控规范型类似，根据能观规范型，也可以得到系统的传递函数：

$$W(s)=\frac{\beta_{n-1}s^{n-1}+\beta_{n-2}s^{n-2}+\cdots+\beta_1 s+\beta_0}{s^n+a_{n-1}s^{n-1}+a_{n-2}s^{n-2}+\cdots+a_1 s+a_0}\tag{3.74}$$

其中，传递函数分母多项式的各项系数是$\widetilde{A}$的最后一列元素的负值，分子多项式的各项系数是矩阵$\widetilde{b}$的元素。

【例 3.23】 试求例 3.22 中的系统空间表达式变换成能观规范型。

解： 系统的能观性判别矩阵为

$$Q_o=\begin{bmatrix}c\\ cA\\ cA^2\end{bmatrix}=\begin{bmatrix}0 & 0 & 1\\ 0 & 2 & 0\\ 6 & -2 & 2\end{bmatrix}$$

$\text{rank}Q_o=3=n$，所以系统能观，可以转换为能观规范型。

根据对偶关系得系统的能控规范型和能观规范型对偶，在例 3.22 中已经求出系统的能控规范型，所以系统的能观规范型为

$$\begin{cases}\dot{\widetilde{x}}=\begin{bmatrix}0 & 0 & -2\\ 1 & 0 & 9\\ 0 & 1 & 0\end{bmatrix}\widetilde{x}+\begin{bmatrix}3\\ 2\\ 1\end{bmatrix}u\\ y=[0\quad 0\quad 1]\widetilde{x}\end{cases}$$

3.6 线性系统的结构分解

如果一个系统是不完全能控的，则其状态空间中所有的能控状态构成一个能控子空间，其余不能控部分构成一个不能控子空间；相似的，如果一个系统是不完全能观的，则其状态空间中所有的能观状态构成一个能观子空间，其余部分构成一个不能观子空间。但是，在一般形式下，这个子空间不能明显地分解出来。由于线性非奇异变换不改变系统的能控、能观性，因

此，可以通过线性非奇异变换来达到这个目的。

将线性系统的状态空间按能控性、能观性进行结构分解是状态空间分析的一个重要内容，这为后面将要学习的最小实现问题、状态反馈和系统镇定等的提出提供了理论依据。

3.6.1 按约当规范型分解

在学习线性系统能控、能观性判据时已经知道，可以通过将状态空间经过线性非奇异变换为约当规范型，进而判断其系统的能控、能观性。同理，也可以根据约当规范型来确定系统不能控、不能观的部分。

【例 3.24】 试判断以下线性定常系统是否能控、能观，若不完全能控、能观，试分别找出不能控、不能观的状态。

$$\begin{cases}\dot{\boldsymbol{x}}=\begin{bmatrix}0&1&0\\0&0&1\\-6&-11&-6\end{bmatrix}\boldsymbol{x}+\begin{bmatrix}0\\1\\-3\end{bmatrix}u\\ y=\begin{bmatrix}4&5&1\end{bmatrix}\boldsymbol{x}\end{cases}$$

解： 求解状态矩阵 $\boldsymbol{A}$ 的特征值

$$|\lambda\boldsymbol{I}-\boldsymbol{A}|=0\Rightarrow\lambda_1=-1,\lambda_2=-2,\lambda_3=-3$$

即

$$\boldsymbol{\Lambda}=\boldsymbol{P}^{-1}\boldsymbol{A}\boldsymbol{P}=\begin{bmatrix}-1&&\\&-2&\\&&-3\end{bmatrix}$$

因为 $\boldsymbol{A}$ 为友矩阵，其变换矩阵为范德蒙矩阵，故

$$\boldsymbol{P}=\begin{bmatrix}1&1&1\\-1&-2&-3\\1&4&9\end{bmatrix},\quad \boldsymbol{P}^{-1}=\frac{1}{2}\begin{bmatrix}6&5&1\\-6&-8&-2\\2&3&1\end{bmatrix}$$

故

$$\boldsymbol{P}^{-1}\boldsymbol{b}=\begin{bmatrix}1\\-1\\0\end{bmatrix},\quad \boldsymbol{c}\boldsymbol{P}=\begin{bmatrix}0&-2&-2\end{bmatrix}$$

经线性非奇异变换后的状态空间表达式为约当规范型

$$\begin{cases}\begin{bmatrix}\dot{z}_1\\\dot{z}_2\\\dot{z}_3\end{bmatrix}=\begin{bmatrix}-1&&\\&-2&\\&&-3\end{bmatrix}\begin{bmatrix}z_1\\z_2\\z_3\end{bmatrix}+\begin{bmatrix}1\\-1\\0\end{bmatrix}u\\ y=\begin{bmatrix}0&-2&-2\end{bmatrix}\begin{bmatrix}z_1\\z_2\\z_3\end{bmatrix}\end{cases}$$

从以上状态空间表达式可以看出，状态变量 z_1、z_2 能控，z_3 不能控；状态变量 z_2、z_3 能观，z_1 不能观。

综上，原系统按约当规范型结构分解的结果为：能控且能观的状态变量为 z_2，能控不能观的状态变量为 z_1，不能控能观的状态变量为 z_3。系统没有既不能控也不能观的状态变量。

3.6.2 按能控性分解

能控性分解

若状态不完全能控的线性定常系统为

$$\begin{cases}\dot{\boldsymbol{x}}=\boldsymbol{A}\boldsymbol{x}+\boldsymbol{B}\boldsymbol{u}\\ \boldsymbol{y}=\boldsymbol{C}\boldsymbol{x}\end{cases}\tag{3.75}$$

式中，$\boldsymbol{x}\in\mathbf{R}^n$ 为系统状态向量；$\boldsymbol{u}\in\mathbf{R}^r$ 为系统输入向量；$\boldsymbol{y}\in\mathbf{R}^m$ 为系统输出向量；$\boldsymbol{A}\in\mathbf{R}^{n\times n}$ 为系统矩阵；$\boldsymbol{B}\in\mathbf{R}^{n\times r}$ 为控制输入矩阵；$\boldsymbol{C}\in\mathbf{R}^{m\times n}$ 为系统输出矩阵。

其能控判别矩阵 $\boldsymbol{Q}_c$ 的秩为

$$\operatorname{rank}\boldsymbol{Q}_c=\operatorname{rank}[\boldsymbol{B}\quad \boldsymbol{A}\boldsymbol{B}\quad \boldsymbol{A}^2\boldsymbol{B}\quad \cdots\quad \boldsymbol{A}^{n-1}\boldsymbol{B}]=n_1<n$$

则系统存在非奇异变换为

$$\boldsymbol{x}=\boldsymbol{P}_c\hat{\boldsymbol{x}}$$

将空间状态表达式变换为

$$\begin{cases}\dot{\hat{\boldsymbol{x}}}=\hat{\boldsymbol{A}}\hat{\boldsymbol{x}}+\hat{\boldsymbol{B}}\boldsymbol{u}\\ \boldsymbol{y}=\hat{\boldsymbol{C}}\hat{\boldsymbol{x}}\end{cases}\tag{3.76}$$

式中

$$\hat{\boldsymbol{x}}=\begin{bmatrix}\hat{\boldsymbol{x}}_c\\ \hat{\boldsymbol{x}}_{\bar{c}}\end{bmatrix}\begin{matrix}\}n_1\\ \}n-n_1\end{matrix}$$

$$\hat{\boldsymbol{A}}=\boldsymbol{P}_c^{-1}\boldsymbol{A}\boldsymbol{P}_c=\begin{bmatrix}\hat{\boldsymbol{A}}_{11} & \hat{\boldsymbol{A}}_{12}\\ \boldsymbol{0} & \hat{\boldsymbol{A}}_{22}\end{bmatrix}\begin{matrix}\}n_1\\ \}n-n_1\end{matrix}$$
$$\qquad\qquad\qquad\underbrace{\ }_{n_1}\ \ \underbrace{\ }_{n-n_1}$$

$$\boldsymbol{B}=\boldsymbol{P}^{-1}\boldsymbol{B}=\begin{bmatrix}\hat{\boldsymbol{B}}_1\\ \boldsymbol{0}\end{bmatrix}\begin{matrix}\}n_1\\ \}n-n_1\end{matrix}$$

$$\hat{\boldsymbol{C}}=\boldsymbol{C}\boldsymbol{P}_c=[\underbrace{\hat{\boldsymbol{C}}_1}_{n_1}\ \vdots\ \underbrace{\hat{\boldsymbol{C}}_2}_{n-n_1}]$$

式中，$\hat{\boldsymbol{x}}_c\in\mathbf{R}^{n_1}$ 为 n_1 维能控状态子向量空间，$\hat{\boldsymbol{x}}_{\bar{c}}\in\mathbf{R}^{n-n_1}$ 为 $n-n_1$ 维不能控状态子向量空间；$\hat{\boldsymbol{A}}_{11}\in\mathbf{R}^{n_1\times n_1}$、$\hat{\boldsymbol{A}}_{12}\in\mathbf{R}^{n_1\times(n-n_1)}$、$\hat{\boldsymbol{A}}_{22}\in\mathbf{R}^{(n-n_1)\times(n-n_1)}$ 分别为 $n_1\times n_1$、$n_1\times(n-n_1)$、$(n-n_1)\times(n-n_1)$ 子矩阵；$\hat{\boldsymbol{B}}_1\in\mathbf{R}^{n_1\times r}$ 为 $n_1\times r$ 子矩阵；$\hat{\boldsymbol{C}}_1\in\mathbf{R}^{m\times n_1}$、$\hat{\boldsymbol{C}}_2\in\mathbf{R}^{m\times(n-n_1)}$ 为 $m\times n_1$、$m\times(n-n_1)$ 子矩阵。

可以看出系统的状态空间被分成能控和不能控两部分，其中能控的 n_1 维子系统状态空间表达式为

$$\begin{cases}\dot{\hat{\boldsymbol{x}}}_c=\hat{\boldsymbol{A}}_{11}\hat{\boldsymbol{x}}_c+\hat{\boldsymbol{A}}_{12}\hat{\boldsymbol{x}}_{\bar{c}}+\hat{\boldsymbol{B}}_1\boldsymbol{u}\\ \boldsymbol{y}_1=\hat{\boldsymbol{C}}_1\hat{\boldsymbol{x}}_c\end{cases}$$

不能控的 $n-n_1$ 维子系统状态空间表达式为

$$\begin{cases}\dot{\hat{\boldsymbol{x}}}_{\bar{c}}=\hat{\boldsymbol{A}}_{22}\hat{\boldsymbol{x}}_{\bar{c}}\\ \boldsymbol{y}_2=\hat{\boldsymbol{C}}_2\hat{\boldsymbol{x}}_{\bar{c}}\end{cases}$$

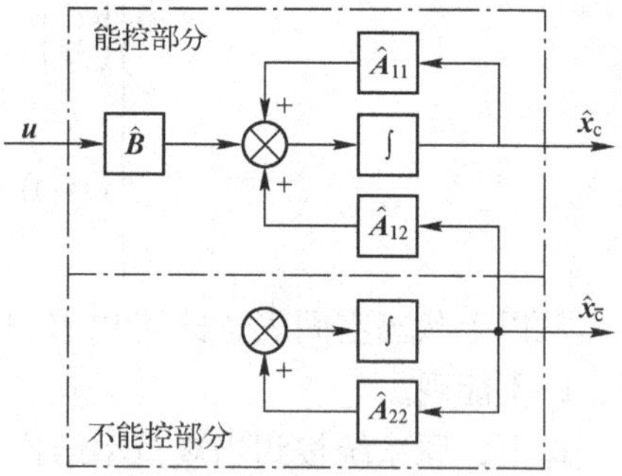

图 3.11 系统按能控性分解的模拟结构图

系统按上述能控性分解的模拟结构图如图 3.11 所示。由图可知，不能控子系统到能控子系统存在信息

传递；但由能控子系统到不能控子系统没有信息传递，控制 $\boldsymbol{u}$ 只能通过能控子系统传递到输出，不能控子系统与控制 $\boldsymbol{u}$ 毫无联系。

下面讨论非奇异变换矩阵的设计方法。

非奇异变换矩阵为

$$\boldsymbol{P}_c=[\boldsymbol{p}_1 \quad \boldsymbol{p}_2 \quad \cdots \quad \boldsymbol{p}_{n_1} \quad \boldsymbol{p}_{n_1+1} \quad \cdots \quad \boldsymbol{p}_n] \tag{3.77}$$

其中，前 n_1 个列向量 $\boldsymbol{p}_1,\boldsymbol{p}_2,\cdots,\boldsymbol{p}_{n_1}$ 是能控矩阵 $\boldsymbol{Q}_c$ 中 n_1 个线性无关的列；$\boldsymbol{p}_{n_1+1},\cdots,\boldsymbol{p}_n$ 是确保变换矩阵 $\boldsymbol{P}_c$ 非奇异性的任意列向量。

注意：选取非奇异变换矩阵 $\boldsymbol{P}_c$ 的列向量 $\boldsymbol{p}_1,\boldsymbol{p}_2,\cdots,\boldsymbol{p}_{n_1}$ 以及 $\boldsymbol{p}_{n_1+1},\cdots,\boldsymbol{p}_n$ 的方法并不唯一，因此系统的能控性分解也不唯一。对于不同的能控性分解，虽然状态空间表达式不同，但能控因子和不能控因子是相同的。

【例 3.25】 若系统状态空间表达式为

$$\begin{cases}\dot{\boldsymbol{x}}=\begin{bmatrix}0 & 0 & -1\\ 1 & 0 & -3\\ 0 & 1 & -3\end{bmatrix}\boldsymbol{x}+\begin{bmatrix}1\\ 1\\ 0\end{bmatrix}u\\ y=[0 \quad 1 \quad -2]\boldsymbol{x}\end{cases}$$

试判断系统是否能控，若不能控则将系统按能控性分解。

解：1）判断系统是否能控

系统能控性判别矩阵为

$$\operatorname{rank}\boldsymbol{Q}_c=\operatorname{rank}[\boldsymbol{b} \quad \boldsymbol{Ab} \quad \boldsymbol{A}^2\boldsymbol{b}]=\operatorname{rank}\begin{bmatrix}1 & 0 & -1\\ 1 & 1 & -3\\ 0 & 1 & -2\end{bmatrix}=2<3=n$$

故系统不能控。

2）按能控性分解

构造非奇异变换矩阵 $\boldsymbol{P}_c$，取

$$\boldsymbol{p}_1=\begin{bmatrix}1\\ 1\\ 0\end{bmatrix}, \quad \boldsymbol{p}_2=\begin{bmatrix}0\\ 1\\ 1\end{bmatrix}$$

在保证 $\boldsymbol{P}_c$ 非奇异的前提下，任意选取 $\boldsymbol{p}_3=\begin{bmatrix}0\\ 0\\ 1\end{bmatrix}$

则

$$\boldsymbol{P}_c=\begin{bmatrix}1 & 0 & 0\\ 1 & 1 & 0\\ 0 & 1 & 1\end{bmatrix}$$

$$\hat{\boldsymbol{A}}=\boldsymbol{P}_c^{-1}\boldsymbol{A}\boldsymbol{P}_c=\begin{bmatrix}0 & -1 & -1\\ 1 & -2 & -2\\ 0 & 0 & -1\end{bmatrix}$$

$$\hat{\boldsymbol{b}}=\boldsymbol{P}_c^{-1}\boldsymbol{b}=\begin{bmatrix}1\\ 0\\ 0\end{bmatrix}$$

$$\hat{\boldsymbol{c}}=\boldsymbol{c}\boldsymbol{P}_c=[1 \quad -1 \quad -2]$$

则系统按能控性分解后的状态空间表达式为

$$\begin{cases}\dot{\hat{\boldsymbol{x}}}=\begin{bmatrix}0 & -1 & -1\\ 1 & -2 & -2\\ 0 & 0 & -1\end{bmatrix}\hat{\boldsymbol{x}}+\begin{bmatrix}1\\ 0\\ 0\end{bmatrix}u\\ y=\begin{bmatrix}1 & -1 & -2\end{bmatrix}\hat{\boldsymbol{x}}\end{cases}$$

能控的二维子系统状态空间表达式为

$$\begin{cases}\dot{\hat{\boldsymbol{x}}}_{\mathrm{c}}=\begin{bmatrix}0 & -1\\ 1 & -2\end{bmatrix}\hat{\boldsymbol{x}}_{\mathrm{c}}+\begin{bmatrix}-1\\ -2\end{bmatrix}\hat{x}_{\bar{\mathrm{c}}}+\begin{bmatrix}1\\ 0\end{bmatrix}u\\ y_1=\begin{bmatrix}1 & -1\end{bmatrix}\hat{\boldsymbol{x}}_{\mathrm{c}}\end{cases}$$

3.6.3 按能观性分解

能观性分解

若状态不完全能观的线性定常系统为

$$\begin{cases}\dot{\boldsymbol{x}}=\boldsymbol{A}\boldsymbol{x}+\boldsymbol{B}\boldsymbol{u}\\ \boldsymbol{y}=\boldsymbol{C}\boldsymbol{x}\end{cases}\tag{3.78}$$

式中，$\boldsymbol{x}\in\mathbf{R}^{n}$ 为系统状态向量；$\boldsymbol{u}\in\mathbf{R}^{r}$ 为系统输入向量；$\boldsymbol{y}\in\mathbf{R}^{m}$ 为系统输出向量；$\boldsymbol{A}\in\mathbf{R}^{n\times n}$ 为系统矩阵；$\boldsymbol{B}\in\mathbf{R}^{n\times r}$ 为控制输入矩阵；$\boldsymbol{C}\in\mathbf{R}^{m\times n}$ 为系统输出矩阵。

其能观判别矩阵 $\boldsymbol{Q}_{\mathrm{o}}$ 的秩为

$$\operatorname{rank}\boldsymbol{Q}_{\mathrm{o}}=\operatorname{rank}\begin{bmatrix}\boldsymbol{C}\\ \boldsymbol{C}\boldsymbol{A}\\ \vdots\\ \boldsymbol{C}\boldsymbol{A}^{n-1}\end{bmatrix}=n_2<n$$

则系统存在非奇异变换

$$\boldsymbol{x}=\boldsymbol{P}_{\mathrm{o}}\hat{\boldsymbol{x}}$$

将空间状态表达式变换为

$$\begin{cases}\dot{\hat{\boldsymbol{x}}}=\hat{\boldsymbol{A}}\hat{\boldsymbol{x}}+\hat{\boldsymbol{B}}\boldsymbol{u}\\ \boldsymbol{y}=\hat{\boldsymbol{C}}\hat{\boldsymbol{x}}\end{cases}\tag{3.79}$$

式中

$$\hat{\boldsymbol{x}}=\begin{bmatrix}\hat{\boldsymbol{x}}_{\mathrm{o}}\\ \hdashline \hat{\boldsymbol{x}}_{\bar{\mathrm{o}}}\end{bmatrix}\begin{matrix}\}\,n_2\\ \}\,n-n_2\end{matrix}$$

$$\hat{\boldsymbol{A}}=\boldsymbol{P}_{\mathrm{o}}^{-1}\boldsymbol{A}\boldsymbol{P}_{\mathrm{o}}=\begin{bmatrix}\hat{\boldsymbol{A}}_{11} & \boldsymbol{0}\\ \hat{\boldsymbol{A}}_{21} & \hat{\boldsymbol{A}}_{22}\end{bmatrix}\begin{matrix}\}\,n_2\\ \}\,n-n_2\end{matrix}\quad(\text{列：}\underbrace{\ }_{n_2}\ \underbrace{\ }_{n-n_2})$$

$$\hat{\boldsymbol{B}}=\boldsymbol{P}_{\mathrm{o}}^{-1}\boldsymbol{B}=\begin{bmatrix}\hat{\boldsymbol{B}}_1\\ \hdashline \hat{\boldsymbol{B}}_2\end{bmatrix}\begin{matrix}\}\,n_2\\ \}\,n-n_2\end{matrix}$$

$$\hat{\boldsymbol{C}}=\boldsymbol{C}\boldsymbol{P}_{\mathrm{o}}=[\underbrace{\hat{\boldsymbol{C}}_1}_{n_2}\ \vdots\ \underbrace{\boldsymbol{0}}_{n-n_2}]$$

其中，$\hat{\boldsymbol{x}}_{\mathrm{o}}\in\mathbf{R}^{n_2}$ 为 n_2 维能观状态子向量空间，$\hat{\boldsymbol{x}}_{\bar{\mathrm{o}}}\in\mathbf{R}^{n-n_2}$ 为 $n-n_2$ 维不能观状态子向量空间；$\hat{\boldsymbol{A}}_{11}\in\mathbf{R}^{n_2\times n_2}$、$\hat{\boldsymbol{A}}_{21}\in\mathbf{R}^{(n-n_2)\times n_2}$、$\hat{\boldsymbol{A}}_{22}\in\mathbf{R}^{(n-n_2)\times(n-n_2)}$ 分别为 $n_2\times n_2$、$(n-n_2)\times n_2$、$(n-n_2)\times(n-n_2)$ 子

矩阵；$\hat{\boldsymbol{B}}_1 \in \mathbf{R}^{n_2 \times r}$、$\hat{\boldsymbol{B}}_2 \in \mathbf{R}^{(n-n_2)\times r}$为 $n_2 \times r$、$(n-n_2)\times r$ 子矩阵；$\hat{\boldsymbol{C}}_1 \in \mathbf{R}^{m \times n_2}$为 $m \times n_2$ 子矩阵。

可以看出系统的状态空间被分成能观和不能观两部分，其中能观的 n_2 维子系统状态空间表达式为

$$\begin{cases}\dot{\hat{\boldsymbol{x}}}_{\mathrm{o}} = \hat{\boldsymbol{A}}_{11}\hat{\boldsymbol{x}}_{\mathrm{o}} + \hat{\boldsymbol{B}}_1 \boldsymbol{u} \\ \boldsymbol{y}_1 = \boldsymbol{y} = \hat{\boldsymbol{C}}_1 \hat{\boldsymbol{x}}_{\mathrm{o}}\end{cases}$$

不能观的 $n-n_2$ 维子系统状态空间表达式为

$$\begin{cases}\dot{\hat{\boldsymbol{x}}}_{\bar{\mathrm{o}}} = \hat{\boldsymbol{A}}_{21}\hat{\boldsymbol{x}}_{\mathrm{o}} + \hat{\boldsymbol{A}}_{22}\hat{\boldsymbol{x}}_{\bar{\mathrm{o}}} + \hat{\boldsymbol{B}}_2 \boldsymbol{u} \\ \boldsymbol{y}_2 = \boldsymbol{0}\end{cases}$$

系统按上述能观性分解的模拟结构图如图 3.12 所示。由图可知，不能观子系统到能观子系统不存在信息传递，且不能观子系统向输出量也无信息传递，因此，不能观子系统是与输出量没有任何联系的孤立部分。

下面讨论非奇异变换矩阵的设计方法。

非奇异变换矩阵为

$$\boldsymbol{P}_{\mathrm{o}}^{-1} = \begin{bmatrix} \boldsymbol{p}_1 \\ \vdots \\ \boldsymbol{p}_{n_2} \\ \boldsymbol{p}_{n_2+1} \\ \vdots \\ \boldsymbol{p}_n \end{bmatrix} \tag{3.80}$$

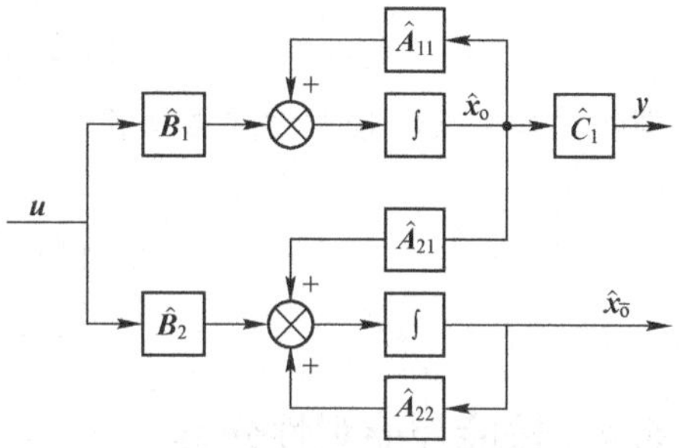

图 3.12　系统按能观性分解的模拟结构图

其中，前 n_2 个行向量 $\boldsymbol{p}_1,\cdots,\boldsymbol{p}_{n_2}$是能观矩阵 $\boldsymbol{Q}_{\mathrm{o}}$ 中 n_2 个线性无关的行；$\boldsymbol{p}_{n_2+1},\cdots,\boldsymbol{p}_n$ 是确保变换矩阵 $\boldsymbol{P}_{\mathrm{o}}^{-1}$ 非奇异性的任意行向量。

注意：选取非奇异变换矩阵 $\boldsymbol{P}_{\mathrm{o}}^{-1}$ 的行向量 $\boldsymbol{p}_1,\cdots,\boldsymbol{p}_{n_2}$ 以及 $\boldsymbol{p}_{n_2+1},\cdots,\boldsymbol{p}_n$ 的方法并不唯一，因此系统的能观性分解也不唯一。对于不同的能观性分解，虽然状态空间表达式不同，但能观因子和不能观因子是相同的。

【例 3.26】 若系统状态空间表达式为

$$\begin{cases}\dot{\boldsymbol{x}} = \begin{bmatrix} 0 & 0 & -1 \\ 1 & 0 & -3 \\ 0 & 1 & -3 \end{bmatrix}\boldsymbol{x} + \begin{bmatrix} 1 \\ 1 \\ 0 \end{bmatrix} u \\ y = \begin{bmatrix} 0 & 1 & -2 \end{bmatrix}\boldsymbol{x}\end{cases}$$

试判断系统是否能观，若不能观则将系统按能观性分解。

解：(1) 判断系统是否能观

系统能控性判别矩阵为

$$\operatorname{rank}\boldsymbol{Q}_{\mathrm{o}} = \operatorname{rank}\begin{bmatrix} \boldsymbol{c} \\ \boldsymbol{cA} \\ \boldsymbol{cA}^2 \end{bmatrix} = \operatorname{rank}\begin{bmatrix} 0 & 1 & -2 \\ 1 & -2 & 3 \\ -2 & 3 & -4 \end{bmatrix} = 2 < 3 = n$$

故系统不能观。

(2) 按能观性分解

构造非奇异变换矩阵 $\boldsymbol{P}_{\mathrm{o}}^{-1}$，取

$$\boldsymbol{p}_1=[0\quad 1\quad -2],\quad \boldsymbol{p}_2=[1\quad -2\quad 3]$$

在保证 $\boldsymbol{P}_{\mathrm{o}}^{-1}$ 非奇异的前提下，任意选取 $\boldsymbol{p}_3=[0\quad 0\quad 1]$，则有

$$\boldsymbol{P}_{\mathrm{o}}^{-1}=\begin{bmatrix}0 & 1 & -2\\ 1 & -2 & 3\\ 0 & 0 & 1\end{bmatrix},\quad \boldsymbol{P}_{\mathrm{o}}=\begin{bmatrix}2 & 1 & 1\\ 1 & 0 & 2\\ 0 & 0 & 1\end{bmatrix}$$

$$\hat{\boldsymbol{A}}=\boldsymbol{P}_{\mathrm{o}}^{-1}\boldsymbol{A}\boldsymbol{P}_{\mathrm{o}}=\begin{bmatrix}0 & 1 & 0\\ -1 & -2 & 0\\ 1 & 0 & -1\end{bmatrix},\quad \hat{\boldsymbol{b}}=\boldsymbol{P}_{\mathrm{o}}^{-1}\boldsymbol{b}=\begin{bmatrix}1\\ -1\\ 0\end{bmatrix},\quad \hat{\boldsymbol{c}}=\boldsymbol{c}\boldsymbol{P}_{\mathrm{o}}=[1\quad 0\quad 0]$$

系统按能观性分解后的状态空间表达式为

$$\begin{cases}\dot{\hat{\boldsymbol{x}}}=\begin{bmatrix}0 & 1 & 0\\ -1 & -2 & 0\\ 1 & 0 & -1\end{bmatrix}\hat{\boldsymbol{x}}+\begin{bmatrix}1\\ -1\\ 0\end{bmatrix}u\\ y=[1\quad 0\quad 0]\hat{\boldsymbol{x}}\end{cases}$$

能观的二维子系统状态空间表达式为

$$\begin{cases}\dot{\hat{\boldsymbol{x}}}_{\mathrm{o}}=\begin{bmatrix}0 & 1\\ -1 & -2\end{bmatrix}\hat{\boldsymbol{x}}_{\mathrm{o}}+\begin{bmatrix}1\\ -1\end{bmatrix}u\\ y_1=[1\quad 0]\hat{\boldsymbol{x}}_{\mathrm{o}}\end{cases}$$

3.6.4　按能控能观性分解

能控能观性分解

如果线性系统是不完全能控的和不完全能观的，若对该系统同时按能控性和能观性进行分解，则可以把系统分解成能控且能观、能控不能观、不能控能观、不能控不能观四部分。

若状态不完全能控、不完全能观的线性定常系统为

$$\begin{cases}\dot{\boldsymbol{x}}=\boldsymbol{A}\boldsymbol{x}+\boldsymbol{B}\boldsymbol{u}\\ \boldsymbol{y}=\boldsymbol{C}\boldsymbol{x}\end{cases}\tag{3.81}$$

式中，$\boldsymbol{x}\in\mathbf{R}^n$ 为系统状态向量；$\boldsymbol{u}\in\mathbf{R}^r$ 为系统输入向量；$\boldsymbol{y}\in\mathbf{R}^m$ 为系统输出向量；$\boldsymbol{A}\in\mathbf{R}^{n\times n}$ 为系统矩阵；$\boldsymbol{B}\in\mathbf{R}^{n\times r}$ 为控制输入矩阵；$\boldsymbol{C}\in\mathbf{R}^{m\times n}$ 为系统输出矩阵。

则系统存在非奇异变换为

$$\boldsymbol{x}=\boldsymbol{P}\hat{\boldsymbol{x}}$$

将空间状态表达式变换为

$$\begin{cases}\dot{\hat{\boldsymbol{x}}}=\hat{\boldsymbol{A}}\hat{\boldsymbol{x}}+\hat{\boldsymbol{B}}\boldsymbol{u}\\ \boldsymbol{y}=\hat{\boldsymbol{C}}\hat{\boldsymbol{x}}\end{cases}\tag{3.82}$$

式中

$$\hat{\boldsymbol{x}}=\begin{bmatrix}\hat{\boldsymbol{x}}_{\mathrm{co}}\\ \hat{\boldsymbol{x}}_{\mathrm{c}\bar{\mathrm{o}}}\\ \hat{\boldsymbol{x}}_{\bar{\mathrm{c}}\mathrm{o}}\\ \hat{\boldsymbol{x}}_{\bar{\mathrm{c}}\bar{\mathrm{o}}}\end{bmatrix}$$

$$\hat{\boldsymbol{A}}=\boldsymbol{P}^{-1}\boldsymbol{A}\boldsymbol{P}=\begin{bmatrix}\hat{\boldsymbol{A}}_{11} & \boldsymbol{0} & \hat{\boldsymbol{A}}_{13} & \boldsymbol{0}\\ \hat{\boldsymbol{A}}_{21} & \hat{\boldsymbol{A}}_{22} & \hat{\boldsymbol{A}}_{23} & \hat{\boldsymbol{A}}_{24}\\ \boldsymbol{0} & \boldsymbol{0} & \hat{\boldsymbol{A}}_{33} & \boldsymbol{0}\\ \boldsymbol{0} & \boldsymbol{0} & \hat{\boldsymbol{A}}_{43} & \hat{\boldsymbol{A}}_{44}\end{bmatrix}$$

$$\hat{\boldsymbol{B}}=\boldsymbol{P}^{-1}\boldsymbol{B}=\begin{bmatrix}\hat{\boldsymbol{B}}_{1}\\ \hat{\boldsymbol{B}}_{2}\\ \boldsymbol{0}\\ \boldsymbol{0}\end{bmatrix}$$

$$\hat{\boldsymbol{C}}=\boldsymbol{C}\boldsymbol{P}=[\hat{\boldsymbol{C}}_{1}\quad \boldsymbol{0}\quad \hat{\boldsymbol{C}}_{3}\quad \boldsymbol{0}]$$

$\hat{\boldsymbol{x}}_{co}$、$\hat{\boldsymbol{x}}_{c\bar{o}}$、$\hat{\boldsymbol{x}}_{\bar{c}o}$、$\hat{\boldsymbol{x}}_{\bar{c}\bar{o}}$分别表示能控能观子系统的状态向量、能控不能观子系统的状态向量、不能控能观子系统的状态向量、不能控不能观子系统的状态向量。从$\hat{\boldsymbol{A}}$、$\hat{\boldsymbol{B}}$、$\hat{\boldsymbol{C}}$的结构可以看出，系统相应地被分为 4 个部分：能控能观子系统 $\Sigma\hat{\boldsymbol{x}}_{co}$、能控不能观子系统 $\Sigma\hat{\boldsymbol{x}}_{c\bar{o}}$、不能控能观子系统 $\Sigma\hat{\boldsymbol{x}}_{\bar{c}o}$、不能控不能观子系统 $\Sigma\hat{\boldsymbol{x}}_{\bar{c}\bar{o}}$。可写出它们的状态空间按表达式为

$$\begin{aligned}&\Sigma\hat{\boldsymbol{x}}_{co}:\begin{cases}\dot{\hat{\boldsymbol{x}}}_{co}=\hat{\boldsymbol{A}}_{11}\hat{\boldsymbol{x}}_{co}+\hat{\boldsymbol{A}}_{13}\hat{\boldsymbol{x}}_{c\bar{o}}+\hat{\boldsymbol{B}}_{1}\boldsymbol{u}\\ \boldsymbol{y}_{co}=\hat{\boldsymbol{C}}_{1}\hat{\boldsymbol{x}}_{co}\end{cases}\\ &\Sigma\hat{\boldsymbol{x}}_{c\bar{o}}:\begin{cases}\dot{\hat{\boldsymbol{x}}}_{c\bar{o}}=\hat{\boldsymbol{A}}_{21}\hat{\boldsymbol{x}}_{co}+\hat{\boldsymbol{A}}_{22}\hat{\boldsymbol{x}}_{c\bar{o}}+\hat{\boldsymbol{A}}_{23}\hat{\boldsymbol{x}}_{\bar{c}o}+\hat{\boldsymbol{A}}_{24}\hat{\boldsymbol{x}}_{\bar{c}\bar{o}}+\hat{\boldsymbol{B}}_{2}\boldsymbol{u}\\ \boldsymbol{y}_{c\bar{o}}=\boldsymbol{0}\end{cases}\\ &\Sigma\hat{\boldsymbol{x}}_{\bar{c}o}:\begin{cases}\dot{\hat{\boldsymbol{x}}}_{\bar{c}o}=\hat{\boldsymbol{A}}_{33}\hat{\boldsymbol{x}}_{\bar{c}o}\\ \boldsymbol{y}_{\bar{c}o}=\hat{\boldsymbol{C}}_{3}\hat{\boldsymbol{x}}_{\bar{c}o}\end{cases}\\ &\Sigma\hat{\boldsymbol{x}}_{\bar{c}\bar{o}}:\begin{cases}\dot{\hat{\boldsymbol{x}}}_{c\bar{o}}=\hat{\boldsymbol{A}}_{43}\hat{\boldsymbol{x}}_{\bar{c}o}+\hat{\boldsymbol{A}}_{44}\hat{\boldsymbol{x}}_{\bar{c}\bar{o}}\\ \boldsymbol{y}_{c\bar{o}}=\boldsymbol{0}\end{cases}\end{aligned}\tag{3.83}$$

系统按上述能控能观性分解的结构图如图 3.13 所示。由图可见，在系统的输入、输出之间只存在一条唯一的单向信号传递通道，即 $\boldsymbol{u}\rightarrow\hat{\boldsymbol{B}}_{1}\rightarrow\Sigma\hat{\boldsymbol{x}}_{co}\rightarrow\hat{\boldsymbol{C}}_{1}\rightarrow\boldsymbol{y}$，它是系统的能控能观部分，因此，反映系统输入/输出特性的传递函数矩阵 $\boldsymbol{W}(s)$ 只能反映系统中能控能观子系统的动力学特性，即整个线性定常系统（3.81）的传递函数矩阵 $\boldsymbol{W}(s)$ 与其能控能观子系统 $\Sigma\hat{\boldsymbol{x}}_{co}$ 的传递函数矩阵相同，即

$$\boldsymbol{W}(s)=\boldsymbol{C}(s\boldsymbol{I}-\boldsymbol{A})^{-1}\boldsymbol{B}=\hat{\boldsymbol{C}}_{1}(s\boldsymbol{I}-\hat{\boldsymbol{A}}_{11})^{-1}\hat{\boldsymbol{B}}_{1}\tag{3.84}$$

式（3.84）表明，对于不能控系统、不能观系统、不能控不能观系统，其输入/输出描述即传递函数矩阵只是对系统结构的一种不完全描述。只有当系统能控能观时，传递函数矩阵才是系统的完全描述。因而根据给定的传递函数矩阵求解对应的状态空间表达式时，其解有无穷多个，但是其中维数最小的那个状态空间应为能控能观系统，这就是后面将要讨论到的最小实现问题。

对式（3.81）所示的不完全能控、不完全能观系统进行能控能观性分解可采用逐步分解的步骤：

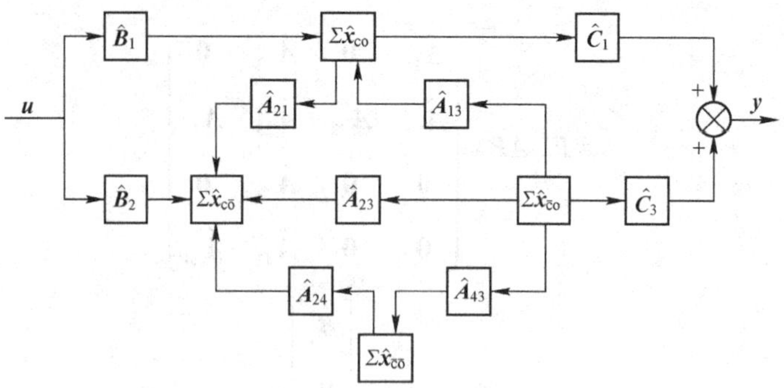

图 3.13　系统按能控能观分解的结构图

1）将系统 $\Sigma(\boldsymbol{A},\boldsymbol{B},\boldsymbol{C})$ 按能控性分解。

取状态变换矩阵

$$\boldsymbol{x}=\boldsymbol{P}_c\begin{bmatrix}\hat{\boldsymbol{x}}_c\\ \hat{\boldsymbol{x}}_{\bar{c}}\end{bmatrix}$$

将系统变换为

$$\begin{cases}\begin{bmatrix}\dot{\hat{\boldsymbol{x}}}_c\\ \dot{\hat{\boldsymbol{x}}}_{\bar{c}}\end{bmatrix}=\boldsymbol{P}_c^{-1}\boldsymbol{A}\boldsymbol{P}_c\begin{bmatrix}\hat{\boldsymbol{x}}_c\\ \hat{\boldsymbol{x}}_{\bar{c}}\end{bmatrix}+\boldsymbol{P}_c^{-1}\boldsymbol{B}\boldsymbol{u}\\ \qquad=\begin{bmatrix}\boldsymbol{A}_1 & \boldsymbol{A}_2\\ \boldsymbol{0} & \boldsymbol{A}_4\end{bmatrix}\begin{bmatrix}\hat{\boldsymbol{x}}_c\\ \hat{\boldsymbol{x}}_{\bar{c}}\end{bmatrix}+\begin{bmatrix}\boldsymbol{B}_1\\ \boldsymbol{0}\end{bmatrix}\boldsymbol{u}\\ \boldsymbol{y}=\boldsymbol{C}\boldsymbol{P}_c\begin{bmatrix}\hat{\boldsymbol{x}}_c\\ \hat{\boldsymbol{x}}_{\bar{c}}\end{bmatrix}=[\boldsymbol{C}_1\quad \boldsymbol{C}_2]\begin{bmatrix}\hat{\boldsymbol{x}}_c\\ \hat{\boldsymbol{x}}_{\bar{c}}\end{bmatrix}\end{cases}$$

式中，$\hat{\boldsymbol{x}}_c$ 为能控状态，$\hat{\boldsymbol{x}}_{\bar{c}}$为不能控状态，$\boldsymbol{P}_c$ 为按能控性分解构造的变换矩阵。

2）将不能控子系统 $\Sigma_{\bar{c}}(\boldsymbol{A}_4,\boldsymbol{0},\boldsymbol{C}_2)$ 按能观性分解。

取状态变换为

$$\hat{\boldsymbol{x}}_{\bar{c}}=\boldsymbol{P}_{o2}\begin{bmatrix}\hat{\boldsymbol{x}}_{\bar{c}o}\\ \hat{\boldsymbol{x}}_{\bar{c}\bar{o}}\end{bmatrix}\tag{3.85}$$

将其代入不能控子系统 $\Sigma_{\bar{c}}(\boldsymbol{A}_4,\boldsymbol{0},\boldsymbol{C}_2)$，得

$$\Sigma\hat{\boldsymbol{x}}_{\bar{c}}:\begin{cases}\dot{\hat{\boldsymbol{x}}}_{\bar{c}}=\boldsymbol{A}_4\hat{\boldsymbol{x}}_{\bar{c}}\\ \boldsymbol{y}_2=\boldsymbol{C}_2\hat{\boldsymbol{x}}_{\bar{c}}\end{cases}$$

将 $\Sigma_{\bar{c}}(\boldsymbol{A}_4,\boldsymbol{0},\boldsymbol{C}_2)$ 分解为

$$\begin{cases}\begin{bmatrix}\dot{\hat{\boldsymbol{x}}}_{\bar{c}o}\\ \dot{\hat{\boldsymbol{x}}}_{\bar{c}\bar{o}}\end{bmatrix}=\boldsymbol{P}_{o2}^{-1}\boldsymbol{A}_4\boldsymbol{P}_{o2}\begin{bmatrix}\hat{\boldsymbol{x}}_{\bar{c}o}\\ \hat{\boldsymbol{x}}_{\bar{c}\bar{o}}\end{bmatrix}=\begin{bmatrix}\hat{\boldsymbol{A}}_{33} & \boldsymbol{0}\\ \hat{\boldsymbol{A}}_{43} & \hat{\boldsymbol{A}}_{44}\end{bmatrix}\begin{bmatrix}\hat{\boldsymbol{x}}_{\bar{c}o}\\ \hat{\boldsymbol{x}}_{\bar{c}\bar{o}}\end{bmatrix}\\ \boldsymbol{y}_2=\boldsymbol{C}_2\boldsymbol{P}_{o2}=[\hat{\boldsymbol{C}}_3\quad \boldsymbol{0}]\begin{bmatrix}\hat{\boldsymbol{x}}_{\bar{c}o}\\ \hat{\boldsymbol{x}}_{\bar{c}\bar{o}}\end{bmatrix}\end{cases}$$

式中，$\hat{\boldsymbol{x}}_{\bar{c}o}$为不能控但能观的状态；$\hat{\boldsymbol{x}}_{\bar{c}\bar{o}}$为不能控且不能观的状态；$\boldsymbol{P}_{o2}$为按能观性分解构造的变

换矩阵。

3）将能控子系统 $\Sigma_c(\boldsymbol{A}_1,\boldsymbol{B}_1,\boldsymbol{C}_1)$ 按能观性分解。

取状态变换矩阵为

$$\hat{\boldsymbol{x}}_c=\boldsymbol{P}_{o1}\begin{bmatrix}\hat{\boldsymbol{x}}_{co}\\\hat{\boldsymbol{x}}_{c\bar{o}}\end{bmatrix}\tag{3.86}$$

将式（3.85）、式（3.86）代入能控子系统 $\Sigma_c(\boldsymbol{A}_1,\boldsymbol{B}_1,\boldsymbol{C}_1)$，得

$$\begin{cases}\dot{\hat{\boldsymbol{x}}}_c=\boldsymbol{A}_1\hat{\boldsymbol{x}}_c+\boldsymbol{A}_2\hat{\boldsymbol{x}}_{\bar{c}}+\boldsymbol{B}_1\boldsymbol{u}\\\boldsymbol{y}_1=\boldsymbol{C}_1\hat{\boldsymbol{x}}_c\end{cases}$$

整理后得

$$\begin{cases}\begin{bmatrix}\dot{\hat{\boldsymbol{x}}}_{co}\\\dot{\hat{\boldsymbol{x}}}_{c\bar{o}}\end{bmatrix}=\boldsymbol{P}_{o1}^{-1}\boldsymbol{A}_1\boldsymbol{P}_{o1}\begin{bmatrix}\hat{\boldsymbol{x}}_{co}\\\hat{\boldsymbol{x}}_{c\bar{o}}\end{bmatrix}+\boldsymbol{P}_{o1}^{-1}\boldsymbol{A}_2\boldsymbol{P}_{o2}\begin{bmatrix}\hat{\boldsymbol{x}}_{\bar{c}o}\\\hat{\boldsymbol{x}}_{\bar{c}\bar{o}}\end{bmatrix}+\boldsymbol{P}_{o1}^{-1}\boldsymbol{B}_1u\\\qquad=\begin{bmatrix}\hat{\boldsymbol{A}}_{11}&\boldsymbol{0}\\\hat{\boldsymbol{A}}_{21}&\hat{\boldsymbol{A}}_{22}\end{bmatrix}\begin{bmatrix}\hat{\boldsymbol{x}}_{co}\\\hat{\boldsymbol{x}}_{c\bar{o}}\end{bmatrix}+\begin{bmatrix}\hat{\boldsymbol{A}}_{13}&\boldsymbol{0}\\\hat{\boldsymbol{A}}_{23}&\hat{\boldsymbol{A}}_{24}\end{bmatrix}\begin{bmatrix}\hat{\boldsymbol{x}}_{\bar{c}o}\\\hat{\boldsymbol{x}}_{\bar{c}\bar{o}}\end{bmatrix}+\begin{bmatrix}\hat{\boldsymbol{B}}_1\\\hat{\boldsymbol{B}}_2\end{bmatrix}\boldsymbol{u}\\\boldsymbol{y}=\boldsymbol{C}_1\boldsymbol{P}_{o1}\begin{bmatrix}\hat{\boldsymbol{x}}_{co}\\\hat{\boldsymbol{x}}_{c\bar{o}}\end{bmatrix}=[\hat{\boldsymbol{C}}_1\quad\boldsymbol{0}]\begin{bmatrix}\hat{\boldsymbol{x}}_{co}\\\hat{\boldsymbol{x}}_{c\bar{o}}\end{bmatrix}\end{cases}$$

式中，$\hat{\boldsymbol{x}}_{co}$ 为能控能观状态；$\hat{\boldsymbol{x}}_{c\bar{o}}$ 为能控不能观状态；$\boldsymbol{P}_{o1}$ 为按能观性分解的变换矩阵。综合上面三次变换，即得出系统按能控能观进行结构分解的表达式：

$$\begin{cases}\begin{bmatrix}\dot{\hat{\boldsymbol{x}}}_{co}\\\dot{\hat{\boldsymbol{x}}}_{c\bar{o}}\\\dot{\hat{\boldsymbol{x}}}_{\bar{c}o}\\\dot{\hat{\boldsymbol{x}}}_{\bar{c}\bar{o}}\end{bmatrix}=\begin{bmatrix}\hat{\boldsymbol{A}}_{11}&\boldsymbol{0}&\hat{\boldsymbol{A}}_{13}&\boldsymbol{0}\\\hat{\boldsymbol{A}}_{21}&\hat{\boldsymbol{A}}_{22}&\hat{\boldsymbol{A}}_{23}&\hat{\boldsymbol{A}}_{24}\\\boldsymbol{0}&\boldsymbol{0}&\hat{\boldsymbol{A}}_{33}&\boldsymbol{0}\\\boldsymbol{0}&\boldsymbol{0}&\hat{\boldsymbol{A}}_{43}&\hat{\boldsymbol{A}}_{44}\end{bmatrix}\begin{bmatrix}\hat{\boldsymbol{x}}_{co}\\\hat{\boldsymbol{x}}_{c\bar{o}}\\\hat{\boldsymbol{x}}_{\bar{c}o}\\\hat{\boldsymbol{x}}_{\bar{c}\bar{o}}\end{bmatrix}+\begin{bmatrix}\hat{\boldsymbol{B}}_1\\\hat{\boldsymbol{B}}_2\\\boldsymbol{0}\\\boldsymbol{0}\end{bmatrix}\boldsymbol{u}\\\boldsymbol{y}=[\hat{\boldsymbol{C}}_1\quad\boldsymbol{0}\quad\hat{\boldsymbol{C}}_3\quad\boldsymbol{0}]\begin{bmatrix}\hat{\boldsymbol{x}}_{co}\\\hat{\boldsymbol{x}}_{c\bar{o}}\\\hat{\boldsymbol{x}}_{\bar{c}o}\\\hat{\boldsymbol{x}}_{\bar{c}\bar{o}}\end{bmatrix}\end{cases}$$

【例 3.27】若系统状态空间表达式为

$$\begin{cases}\dot{\boldsymbol{x}}=\begin{bmatrix}0&0&-1\\1&0&-3\\0&1&-3\end{bmatrix}\boldsymbol{x}+\begin{bmatrix}1\\1\\0\end{bmatrix}u,\\\boldsymbol{y}=[0\quad1\quad-2]\boldsymbol{x}\end{cases}$$

试判断系统是否能控、能观，若不能则将系统按能控、能观性分解。

解：1）由例 3.25、例 3.26 知

$$\operatorname{rank}\boldsymbol{Q}_{c}=\operatorname{rank}[\boldsymbol{b}\quad \boldsymbol{A}\boldsymbol{b}\quad \boldsymbol{A}^{2}\boldsymbol{b}]=\operatorname{rank}\begin{bmatrix}1&0&-1\\1&1&-3\\0&1&-2\end{bmatrix}=2<3=n$$

$$\operatorname{rank}\boldsymbol{Q}_{o}=\operatorname{rank}\begin{bmatrix}\boldsymbol{c}\\\boldsymbol{cA}\\\boldsymbol{cA}^{2}\end{bmatrix}=\operatorname{rank}\begin{bmatrix}0&1&-2\\1&-2&3\\-2&3&-4\end{bmatrix}=2<3=n$$

所以该系统是既不能控也不能观的。

2）将系统 $\Sigma(\boldsymbol{A},\boldsymbol{B},\boldsymbol{C})$ 按能控性分解。

由例 3.25，可得系统按能控性分解后的状态空间表达式为

$$\begin{cases}\dot{\hat{\boldsymbol{x}}}=\begin{bmatrix}0&-1&-1\\1&-2&-2\\0&0&-1\end{bmatrix}\hat{\boldsymbol{x}}+\begin{bmatrix}1\\0\\0\end{bmatrix}u\\ y=[1\quad -1\quad -2]\hat{\boldsymbol{x}}\end{cases}$$

能控的二维子系统状态空间表达式为

$$\begin{cases}\dot{\hat{\boldsymbol{x}}}_{c}=\begin{bmatrix}0&-1\\1&-2\end{bmatrix}\hat{\boldsymbol{x}}_{c}+\begin{bmatrix}-1\\-2\end{bmatrix}\hat{\boldsymbol{x}}_{\bar{c}}+\begin{bmatrix}1\\0\end{bmatrix}u\\ y_{1}=[1\quad -1]\hat{\boldsymbol{x}}_{c}\end{cases}$$

分析可知，此系统的不能控子系统 $\boldsymbol{\Sigma}_{\bar{c}}$ 是一维的，且容易看出，它是能观的，故无须再进行能观性分解，可直接选取 $\hat{\boldsymbol{x}}_{\bar{c}}=\hat{\boldsymbol{x}}_{\bar{c}o}$。

3）将能控子系统 $\boldsymbol{\Sigma}_{c}$ 按能观性分解。

已知能控的二维子系统状态空间表达式为

$$\begin{cases}\dot{\hat{\boldsymbol{x}}}_{c}=\begin{bmatrix}0&-1\\1&-2\end{bmatrix}\hat{\boldsymbol{x}}_{c}+\begin{bmatrix}-1\\-2\end{bmatrix}\hat{\boldsymbol{x}}_{\bar{c}}+\begin{bmatrix}1\\0\end{bmatrix}u\\ y_{1}=[1\quad -1]\hat{\boldsymbol{x}}_{c}\end{cases}$$

构造非奇异变换矩阵为

$$\boldsymbol{P}_{o1}^{-1}=\begin{bmatrix}1&-1\\0&1\end{bmatrix}$$

将线性变换 $\hat{\boldsymbol{x}}_{c}=\boldsymbol{P}_{o1}\begin{bmatrix}\hat{\boldsymbol{x}}_{co}\\\hat{\boldsymbol{x}}_{c\bar{o}}\end{bmatrix}$ 代入能控子系统 $\boldsymbol{\Sigma}_{c}$，得

$$\begin{cases}\begin{bmatrix}\dot{\hat{\boldsymbol{x}}}_{co}\\\dot{\hat{\boldsymbol{x}}}_{c\bar{o}}\end{bmatrix}=\boldsymbol{P}_{o1}^{-1}\begin{bmatrix}0&-1\\1&-2\end{bmatrix}\boldsymbol{P}_{o1}\begin{bmatrix}\hat{\boldsymbol{x}}_{co}\\\hat{\boldsymbol{x}}_{c\bar{o}}\end{bmatrix}+\boldsymbol{P}_{o1}^{-1}\begin{bmatrix}-1\\-2\end{bmatrix}\hat{\boldsymbol{x}}_{\bar{c}o}+\boldsymbol{P}_{o1}^{-1}\begin{bmatrix}1\\0\end{bmatrix}u\\ \qquad=\begin{bmatrix}-1&0\\1&-1\end{bmatrix}\begin{bmatrix}\hat{\boldsymbol{x}}_{co}\\\hat{\boldsymbol{x}}_{c\bar{o}}\end{bmatrix}+\begin{bmatrix}1\\-2\end{bmatrix}\hat{\boldsymbol{x}}_{\bar{c}o}+\begin{bmatrix}1\\0\end{bmatrix}u\\ y=[1\quad -1]\boldsymbol{P}_{o1}\begin{bmatrix}\hat{\boldsymbol{x}}_{co}\\\hat{\boldsymbol{x}}_{c\bar{o}}\end{bmatrix}=[1\quad 0]\begin{bmatrix}\hat{\boldsymbol{x}}_{co}\\\hat{\boldsymbol{x}}_{c\bar{o}}\end{bmatrix}\end{cases}$$

4）综合以上结果，系统按能控能观性分解后的状态空间表达式为

$$
\begin{cases}
\begin{bmatrix} \dot{\hat{\boldsymbol{x}}}_{\mathrm{co}} \\ \dot{\hat{\boldsymbol{x}}}_{\mathrm{c\bar{o}}} \\ \dot{\hat{\boldsymbol{x}}}_{\mathrm{\bar{c}o}} \end{bmatrix} = \begin{bmatrix} -1 & 0 & 1 \\ 1 & -1 & -2 \\ 0 & 0 & -1 \end{bmatrix} \begin{bmatrix} \hat{\boldsymbol{x}}_{\mathrm{co}} \\ \hat{\boldsymbol{x}}_{\mathrm{c\bar{o}}} \\ \hat{\boldsymbol{x}}_{\mathrm{\bar{c}o}} \end{bmatrix} + \begin{bmatrix} 1 \\ 0 \\ 0 \end{bmatrix} u \\
y = \begin{bmatrix} 1 & 0 & -2 \end{bmatrix} \begin{bmatrix} \hat{\boldsymbol{x}}_{\mathrm{co}} \\ \hat{\boldsymbol{x}}_{\mathrm{c\bar{o}}} \\ \hat{\boldsymbol{x}}_{\mathrm{\bar{c}o}} \end{bmatrix}
\end{cases}
$$

3.7 传递函数矩阵的实现问题

对于一个线性定常系统，可以用状态空间方程来描述

$$
\begin{cases}
\dot{\boldsymbol{x}} = \boldsymbol{A}\boldsymbol{x} + \boldsymbol{B}\boldsymbol{u} \\
\boldsymbol{y} = \boldsymbol{C}\boldsymbol{x} + \boldsymbol{D}\boldsymbol{u}
\end{cases}
$$

根据状态空间方程式，则可求出相应的传递函数矩阵为

$$
\boldsymbol{W}(s) = \boldsymbol{C}(s\boldsymbol{I} - \boldsymbol{A})^{-1}\boldsymbol{B} + \boldsymbol{D} \tag{3.87}
$$

这样求出的传递函数矩阵式（3.87）是唯一的。现在，我们研究它的反问题，即由给定的传递函数矩阵来求状态空间方程，这就是所谓的实现问题。

这里，仅讨论线性定常系统的状态空间实现问题，事实上，时变系统也有实现问题，只是它的输入输出描述不再是传递函数。

3.7.1 实现问题的基本概念

基本实现

对于给定的传递函数矩阵 $\boldsymbol{W}(s)$，若有一状态空间表达式 $\boldsymbol{\Sigma}(\boldsymbol{A},\boldsymbol{B},\boldsymbol{C},\boldsymbol{D})$ 为

$$
\begin{cases}
\dot{\boldsymbol{x}} = \boldsymbol{A}\boldsymbol{x} + \boldsymbol{B}\boldsymbol{u} \\
\boldsymbol{y} = \boldsymbol{C}\boldsymbol{x} + \boldsymbol{D}\boldsymbol{u}
\end{cases}
$$

使

$$
\boldsymbol{W}(s) = \boldsymbol{C}(s\boldsymbol{I} - \boldsymbol{A})^{-1}\boldsymbol{B} + \boldsymbol{D}
$$

成立，则称该状态空间表达式 $\boldsymbol{\Sigma}(\boldsymbol{A},\boldsymbol{B},\boldsymbol{C},\boldsymbol{D})$ 是传递函数矩阵 $\boldsymbol{W}(s)$ 的一个实现。

实现的本质是对采用传递函数矩阵描述的实际系统，在状态空间中寻找一个与其零状态外部等价的内部假象结构（状态空间描述）。研究实现问题需注意以下几点：

1）不是所有传递函数矩阵 $\boldsymbol{W}(s)$ 都可以找到其实现，通常它必须满足物理可实现性条件，即

① 传递函数矩阵 $\boldsymbol{W}(s)$ 中的每一个元素 $w_{ik}(s)$，$i=1,2,\cdots,m$；$k=1,2,\cdots,r$ 的分子分母多项式均为实常数。

② $w_{ik}(s)$ 是 s 的真有理分式函数，即 $w_{ik}(s)$ 的分子多项式的次数低于或等于分母多项式的次数。当 $w_{ik}(s)$ 的分子多项式的次数低于分母多项式的次数时，称 $w_{ik}(s)$ 为严格真有理分式，若 $\boldsymbol{W}(s)$ 中的每一个元素均为严格真有理分式，则其实现具有 $\boldsymbol{\Sigma}(\boldsymbol{A},\boldsymbol{B},\boldsymbol{C})$ 的形式；当 $\boldsymbol{W}(s)$ 中含有任意一个元素 $w_{ik}(s)$ 的分子多项式的次数等于分母多项式的次数时，实现就具有 $\boldsymbol{\Sigma}(\boldsymbol{A},\boldsymbol{B},\boldsymbol{C},\boldsymbol{D})$ 的形式，且有

$$
\lim_{s\to\infty} \boldsymbol{W}(s) = \boldsymbol{D} \tag{3.88}
$$

③ 对于其元素不是严格真有理分式的传递函数矩阵，应先按照式（3.88）计算出 $\boldsymbol{D}$ 矩

阵，使 $\boldsymbol{W}(s)-\boldsymbol{D}$ 为严格的真有理分式函数矩阵，即 $\boldsymbol{C}(s\boldsymbol{I}-\boldsymbol{A})^{-1}\boldsymbol{B}=\boldsymbol{W}(s)-\boldsymbol{D}$，再寻求形式为 $\Sigma(\boldsymbol{A},\boldsymbol{B},\boldsymbol{C})$ 的实现问题。

2）如果 $\boldsymbol{W}(s)$ 是能实现的，则其有无穷多个实现，且不一定具有相同的维数。每一种实现的状态矩阵 $\boldsymbol{A}$ 的阶数，即相应状态空间的维数标志着实现的规模大小及结构的复杂程度。如式（3.84）所示，线性定常系统 $\Sigma(\boldsymbol{A},\boldsymbol{B},\boldsymbol{C})$ 的能控能观子系统 $\Sigma(\hat{\boldsymbol{A}}_{11},\hat{\boldsymbol{B}}_1,\hat{\boldsymbol{C}}_1)$ 与 $\Sigma(\boldsymbol{A},\boldsymbol{B},\boldsymbol{C})$ 有相同的传递函数矩阵。因此，对于传递函数矩阵 $\boldsymbol{W}(s)$，不仅实现结果不唯一，且实现维数也不唯一。

3.7.2 系统的规范型实现

1. 单输入单输出系统的规范型实现

对于单输入单输出系统，一旦给出系统的传递函数，便可以直接写出其能控规范型和能观规范型。

单输入单输出系统传递函数的一般形式

$$W(s)=\frac{ds^n+d_{n-1}s^{n-1}+\cdots+d_1s+d_0}{s^n+a_{n-1}s^{n-1}+\cdots+a_1s+a_0} \tag{3.89}$$

式（3.89）可以写成

$$W(s)=d+\frac{b_{n-1}s^{n-1}+\cdots+b_1s+b_0}{s^n+a_{n-1}s^{n-1}+\cdots+a_1s+a_0} \tag{3.90}$$

式（3.90）中的 d 表示输入与输出之间的直接耦合系数，其中

$$d=D=\lim_{s\to\infty}W(s) \tag{3.91}$$

因此，在这里只讨论严格真分式传递函数。即

$$W(s)=\frac{b_{n-1}s^{n-1}+\cdots+b_1s+b_0}{s^n+a_{n-1}s^{n-1}+\cdots+a_1s+a_0}$$

（1）能控规范型实现

其能控规范型实现的各系数矩阵为

$$\boldsymbol{A}=\begin{bmatrix}0&1&0&\cdots&0\\0&0&1&\cdots&0\\\vdots&\vdots&\vdots&&\vdots\\0&0&0&\cdots&1\\-a_0&-a_1&-a_2&\cdots&-a_{n-1}\end{bmatrix},\quad \boldsymbol{b}=\begin{bmatrix}0\\0\\\vdots\\0\\1\end{bmatrix}$$

$$\boldsymbol{c}=[b_0\quad b_1\quad\cdots\quad b_{n-1}],\qquad \boldsymbol{D}=d$$

它是传递函数式（3.90）的实现。这是很容易证明的。因为

$$\boldsymbol{c}(s\boldsymbol{I}-\boldsymbol{A})^{-1}\boldsymbol{b}+d=\boldsymbol{c}\frac{\mathrm{adj}(s\boldsymbol{I}-\boldsymbol{A})}{|s\boldsymbol{I}-\boldsymbol{A}|}\boldsymbol{b}+d=\frac{b_{n-1}s^{n-1}+\cdots+b_1s+b_0}{s^n+a_{n-1}s^{n-1}+\cdots+a_1s+a_0}+d=W(s)+d$$

（2）能观规范型实现

根据对偶原理，可得能观规范型实现的各系数矩阵为

$$\boldsymbol{A}=\begin{bmatrix}0&0&\cdots&0&-a_0\\1&0&\cdots&0&-a_1\\0&1&\cdots&0&-a_2\\\vdots&\vdots&&\vdots&\vdots\\0&0&\cdots&1&-a_{n-1}\end{bmatrix},\quad \boldsymbol{b}=\begin{bmatrix}b_0\\b_1\\\vdots\\b_{n-1}\end{bmatrix}$$

$$c=[0 \quad 0 \quad \cdots \quad 0 \quad 1], \qquad D=d$$

这个结论的证明也很容易得到，读者可以自行证之。

【例 3.28】 已知系统传递函数为 $W(s)=\dfrac{s^3-1}{s^3+5s^2+4s+1}$，试求其能控规范型和能观规范型。

解： 首先将传递函数化为严格真分式传递函数

$$W(s)=\frac{s^3-1}{s^3+5s^2+4s+1}=\frac{-5s^2-4s-2}{s^3+5s^2+4s+1}+1=W_0(s)+d$$

对于 $W_0(s)$，根据式（3.90），写出相应的系数为

$$a_0=1,\quad a_1=4,\quad a_2=5,\quad b_0=-2,\quad b_1=-4,\quad b_2=-5$$

将上述系数代入规范型实现的状态矩阵中，可得

1）能控规范型实现

$$\boldsymbol{A}=\begin{bmatrix}0 & 1 & 0\\ 0 & 0 & 1\\ -1 & -4 & -5\end{bmatrix},\quad \boldsymbol{b}=\begin{bmatrix}0\\0\\1\end{bmatrix}$$

$$\boldsymbol{c}=[-2 \quad -4 \quad -5],\quad d=1$$

2）能观规范型实现

$$\boldsymbol{A}=\begin{bmatrix}0 & 0 & -1\\ 1 & 0 & -4\\ 0 & 1 & -5\end{bmatrix},\quad \boldsymbol{b}=\begin{bmatrix}-2\\-4\\-5\end{bmatrix}$$

$$\boldsymbol{c}=[0 \quad 0 \quad 1],\quad d=1$$

2. 多输入多输出系统的规范型实现

对于具有 r 个输入和 m 个输出的多输入多输出系统，可把 $m\times r$ 的传递函数矩阵 $\boldsymbol{W}(s)$ 写成和单变量系统传递函数类似的形式，即

$$\boldsymbol{W}(s)=\frac{\boldsymbol{\beta}_{n-1}s^{n-1}+\cdots+\boldsymbol{\beta}_1 s+\boldsymbol{\beta}_0}{s^n+a_{n-1}s^{n-1}+\cdots+a_1 s+a_0} \tag{3.92}$$

式中，$\boldsymbol{\beta}_{n-1},\cdots,\boldsymbol{\beta}_1,\boldsymbol{\beta}_0$ 均为 $m\times r$ 的实常数矩阵，分母多项式为该传递函数的特征多项式。显然，$\boldsymbol{W}(s)$是一个严格真有理分式的矩阵，且当 $m=r=1$ 时，$\boldsymbol{W}(s)$对应的就是单变量系统的传递函数。

（1）能控规范型实现

能控规范型实现的各系数矩阵为

$$\boldsymbol{A}=\begin{bmatrix}\boldsymbol{0}_r & \boldsymbol{I}_r & \boldsymbol{0}_r & \cdots & \boldsymbol{0}_r\\ \boldsymbol{0}_r & \boldsymbol{0}_r & \boldsymbol{I}_r & \cdots & \boldsymbol{0}_r\\ \vdots & \vdots & \vdots & & \vdots\\ \boldsymbol{0}_r & \boldsymbol{0}_r & \boldsymbol{0}_r & \cdots & \boldsymbol{I}_r\\ -a_0\boldsymbol{I}_r & -a_1\boldsymbol{I}_r & -a_2\boldsymbol{I}_r & \cdots & -a_{n-1}\boldsymbol{I}_r\end{bmatrix},\quad \boldsymbol{B}=\begin{bmatrix}\boldsymbol{0}_r\\ \boldsymbol{0}_r\\ \vdots\\ \boldsymbol{0}_r\\ \boldsymbol{I}_r\end{bmatrix}$$

$$\boldsymbol{C}=[\boldsymbol{\beta}_0 \quad \boldsymbol{\beta}_1 \quad \cdots \quad \boldsymbol{\beta}_{n-1}]$$

式中，$\boldsymbol{0}_r$ 和 $\boldsymbol{I}_r$ 分别为 $r\times r$ 的零矩阵和单位矩阵。

（2）能观规范型实现

能观规范型实现的各系数矩阵为

$$A=\begin{bmatrix}\mathbf{0}_m & \mathbf{0}_m & \cdots & \mathbf{0}_m & -a_0\boldsymbol{I}_m\\ \boldsymbol{I}_m & \mathbf{0}_m & \cdots & \mathbf{0}_m & -a_1\boldsymbol{I}_m\\ \mathbf{0}_m & \boldsymbol{I}_m & \cdots & \mathbf{0}_m & -a_2\boldsymbol{I}_m\\ \vdots & \vdots & & \vdots & \vdots\\ \mathbf{0}_m & \mathbf{0}_m & \cdots & \boldsymbol{I}_m & -a_{n-1}\boldsymbol{I}_m\end{bmatrix},\quad \boldsymbol{B}=\begin{bmatrix}\boldsymbol{\beta}_0\\ \boldsymbol{\beta}_1\\ \vdots\\ \boldsymbol{\beta}_{n-1}\end{bmatrix}$$

$$\boldsymbol{C}=[\mathbf{0}_m \quad \mathbf{0}_m \quad \cdots \quad \mathbf{0}_m \quad \boldsymbol{I}_m]$$

式中，$\mathbf{0}_m$ 和 $\boldsymbol{I}_m$ 分别为 $m\times m$ 的零矩阵和单位矩阵。

注意：显然，能控规范型实现的维数是 $n\times r$，能观规范型实现的维数是 $n\times m$。为了保证实现的维数较小，当 $m\geqslant r$ 时（即输出的维数大于输入的维数时），应采用能控规范型实现；当 $m\leqslant r$ 时，应采用能观规范型实现。

【例 3.29】 试求如下传递函数矩阵的能控规范型实现和能观规范型实现。

$$\boldsymbol{W}(s)=\begin{bmatrix}\dfrac{1}{s+1} & \dfrac{1}{s+3}\\ -\dfrac{1}{s+1} & -\dfrac{1}{s+2}\end{bmatrix}$$

解：将 $\boldsymbol{W}(s)$ 写成按 s 降幂排列的标准形式，即

$$\begin{aligned}\boldsymbol{W}(s)&=\begin{bmatrix}\dfrac{1}{s+1} & \dfrac{1}{s+3}\\ -\dfrac{1}{s+1} & -\dfrac{1}{s+2}\end{bmatrix}\\ &=\frac{1}{s^3+6s^2+11s+6}\begin{bmatrix}s^2+5s+6 & s^2+3s+2\\ -(s^2+5s+6) & -(s^2+4s+3)\end{bmatrix}\\ &=\frac{1}{s^3+6s^2+11s+6}\left\{\begin{bmatrix}1 & 1\\ -1 & -1\end{bmatrix}s^2+\begin{bmatrix}5 & 3\\ -5 & -4\end{bmatrix}s+\begin{bmatrix}6 & 2\\ -6 & -3\end{bmatrix}\right\}\end{aligned}$$

根据式（3.92），写出相应的系数为

$$a_0=6,\quad a_1=11,\quad a_2=6$$

$$\boldsymbol{\beta}_0=\begin{bmatrix}6 & 2\\ -6 & -3\end{bmatrix},\quad \boldsymbol{\beta}_1=\begin{bmatrix}5 & 3\\ -5 & -4\end{bmatrix},\quad \boldsymbol{\beta}_2=\begin{bmatrix}1 & 1\\ -1 & -1\end{bmatrix}$$

能控规范型实现的各系数矩阵为

$$\boldsymbol{A}=\begin{bmatrix}\mathbf{0}_2 & \boldsymbol{I}_2 & \mathbf{0}_2\\ \mathbf{0}_2 & \mathbf{0}_2 & \boldsymbol{I}_2\\ -a_0\boldsymbol{I}_2 & -a_1\boldsymbol{I}_2 & -a_2\boldsymbol{I}_2\end{bmatrix}=\begin{bmatrix}0 & 0 & 1 & 0 & 0 & 0\\ 0 & 0 & 0 & 1 & 0 & 0\\ 0 & 0 & 0 & 0 & 1 & 0\\ 0 & 0 & 0 & 0 & 0 & 1\\ -6 & 0 & -11 & 0 & -6 & 0\\ 0 & -6 & 0 & -11 & 0 & -6\end{bmatrix}$$

$$\boldsymbol{B}=\begin{bmatrix}\mathbf{0}_2\\ \mathbf{0}_2\\ \boldsymbol{I}_2\end{bmatrix}=\begin{bmatrix}0 & 0\\ 0 & 0\\ 0 & 0\\ 0 & 0\\ 1 & 0\\ 0 & 1\end{bmatrix}$$

$$C=[\boldsymbol{\beta}_0 \quad \boldsymbol{\beta}_1 \quad \cdots \quad \boldsymbol{\beta}_{n-1}]=\begin{bmatrix} 6 & 2 & 5 & 3 & 1 & 1 \\ -6 & -3 & -5 & -4 & -1 & -1 \end{bmatrix}$$

能观规范型实现的各系数矩阵为

$$A=\begin{bmatrix} \mathbf{0}_2 & \mathbf{0}_2 & -a_0\boldsymbol{I}_2 \\ \boldsymbol{I}_2 & \mathbf{0}_2 & -a_1\boldsymbol{I}_2 \\ \mathbf{0}_2 & \boldsymbol{I}_2 & -a_2\boldsymbol{I}_2 \end{bmatrix}=\begin{bmatrix} 0 & 0 & 0 & 0 & -6 & 0 \\ 0 & 0 & 0 & 0 & 0 & -6 \\ 1 & 0 & 0 & 0 & -11 & 0 \\ 0 & 1 & 0 & 0 & 0 & -11 \\ 0 & 0 & 1 & 0 & -6 & 0 \\ 0 & 0 & 0 & 1 & 0 & -6 \end{bmatrix}$$

$$B=\begin{bmatrix} \boldsymbol{\beta}_0 \\ \boldsymbol{\beta}_1 \\ \boldsymbol{\beta}_2 \end{bmatrix}=\begin{bmatrix} 6 & 2 \\ -6 & -3 \\ 5 & 3 \\ -5 & -4 \\ 1 & 1 \\ -1 & -1 \end{bmatrix}$$

$$C=[\mathbf{0}_2 \quad \mathbf{0}_2 \quad \boldsymbol{I}_2]=\begin{bmatrix} 0 & 0 & 0 & 0 & 1 & 0 \\ 0 & 0 & 0 & 0 & 0 & 1 \end{bmatrix}$$

3.7.3 传递函数矩阵的最小实现

最小实现

尽管每一个传递函数矩阵可以有无限多个实现，但我们感兴趣的是这些实现中维数最小的实现，即所谓最小实现，也叫不可约实现、最小维实现和最小阶实现。因为在实际应用中，最小实现阶数最低，在进行运放模拟和系统仿真时，所用到的元件和积分器最少，从经济性和可靠性等角度来看也是必要的。

最小实现的定义如下。

传递函数 $\boldsymbol{W}(s)$ 的一个实现为

$$\begin{cases} \dot{\boldsymbol{x}}=\boldsymbol{A}\boldsymbol{x}+\boldsymbol{B}\boldsymbol{u} \\ \boldsymbol{y}=\boldsymbol{C}\boldsymbol{x} \end{cases} \tag{3.93}$$

如果 $\boldsymbol{W}(s)$ 不存在其他的实现

$$\begin{cases} \dot{\tilde{\boldsymbol{x}}}=\tilde{\boldsymbol{A}}\tilde{\boldsymbol{x}}+\tilde{\boldsymbol{B}}\boldsymbol{u} \\ \boldsymbol{y}=\tilde{\boldsymbol{C}}\tilde{\boldsymbol{x}} \end{cases} \tag{3.94}$$

使 $\tilde{\boldsymbol{x}}$ 的维数小于 $\boldsymbol{x}$ 的维数，则称式（3.93）的实现为最小实现。

注意：最小实现也是不唯一的，但不同的最小实现是代数等价的，即两个不同的最小实现之间是线性非奇异变换关系。

由于传递函数矩阵只能表征系统中能控且能观子系统的动力学行为，故由严格真有理分式构成的传递函数矩阵的一个实现为最小实现的充分必要条件是：$\boldsymbol{\Sigma}(\boldsymbol{A},\boldsymbol{B},\boldsymbol{C})$ **能控且能观**。

根据传递函数矩阵的这个性质，可以方便地确定任何一个具有严格真有理分式的传递函数矩阵 $\boldsymbol{W}(s)$ 的最小实现，其步骤如下：

1）先找出 $\boldsymbol{W}(s)$ 的能控规范型实现或能观规范型实现（当输出的维数大于输入的维数时，采用能控规范型实现；当输出的维数小于输入的维数时，采用能观规范型实现），再检查其能控性或者能观性，若实现是能控且能观的，即为最小实现；

2）否则，对于能控规范型实现（或能观规范型实现）按能观性（或能控性）进行结构分解，找出能控且能观子系统即为最小实现。

【例 3.30】 求传递函数矩阵

$$\boldsymbol{W}(s)=\begin{bmatrix}\dfrac{1}{(s+1)(s+2)} & \dfrac{1}{(s+2)(s+3)}\end{bmatrix}$$

的最小实现。

解： $\boldsymbol{W}(s)$ 是严格的真有理分式，直接将它写成 s 降幂排列的标准格式

$$\begin{aligned}\boldsymbol{W}(s)&=\begin{bmatrix}\dfrac{(s+3)}{(s+1)(s+2)(s+3)} & \dfrac{(s+1)}{(s+1)(s+2)(s+3)}\end{bmatrix}\\&=\frac{1}{(s+1)(s+2)(s+3)}[(s+3)\quad(s+1)]\\&=\frac{1}{s^3+6s^2+11s+6}\{[1\quad 1]s+[3\quad 1]\}\end{aligned}$$

所以对照式（3.92），得

$$a_0=6,\quad a_1=11,\quad a_2=6$$

$$\boldsymbol{\beta}_0=[3\quad 1],\quad \boldsymbol{\beta}_1=[1\quad 1],\quad \boldsymbol{\beta}_2=[0\quad 0]$$

采用能观规范型实现，得

$$\boldsymbol{A}_\mathrm{o}=\begin{bmatrix}\boldsymbol{0}_m & \boldsymbol{0}_m & -a_0\boldsymbol{I}_m\\ \boldsymbol{I}_m & \boldsymbol{0}_m & -a_1\boldsymbol{I}_m\\ \boldsymbol{0}_m & \boldsymbol{I}_m & -a_2\boldsymbol{I}_m\end{bmatrix}=\begin{bmatrix}0 & 0 & -6\\ 1 & 0 & -11\\ 0 & 1 & -6\end{bmatrix}$$

$$\boldsymbol{B}_\mathrm{o}=\begin{bmatrix}\boldsymbol{\beta}_0\\ \boldsymbol{\beta}_1\\ \boldsymbol{\beta}_2\end{bmatrix}=\begin{bmatrix}3 & 1\\ 1 & 1\\ 0 & 0\end{bmatrix}$$

$$\boldsymbol{C}_\mathrm{o}=[\boldsymbol{0}_m\quad \boldsymbol{0}_m\quad \boldsymbol{I}_m]=[0\quad 0\quad 1]$$

检验所求能观规范型实现 $\boldsymbol{\Sigma}(\boldsymbol{A}_\mathrm{o},\boldsymbol{B}_\mathrm{o},\boldsymbol{C}_\mathrm{o})$ 是否能控，有

$$\boldsymbol{Q}_\mathrm{c}=[\boldsymbol{B}_\mathrm{o}\quad \boldsymbol{A}_\mathrm{o}\boldsymbol{B}_\mathrm{o}\quad \boldsymbol{A}_\mathrm{o}^2\boldsymbol{B}_\mathrm{o}]=\begin{bmatrix}3 & 1 & 0 & 0 & -6 & -6\\ 1 & 1 & 3 & 1 & -11 & -11\\ 0 & 0 & 1 & 1 & -3 & -5\end{bmatrix}$$

$$\mathrm{rank}\boldsymbol{Q}_\mathrm{c}=3=n$$

所以 $\boldsymbol{\Sigma}(\boldsymbol{A}_\mathrm{o},\boldsymbol{B}_\mathrm{o},\boldsymbol{C}_\mathrm{o})$ 是既能控又能观的，即为最小实现。

【例 3.31】 求下列传递函数的最小实现。

$$\boldsymbol{W}(s)=\begin{bmatrix}\dfrac{s+2}{s+1} & \dfrac{1}{s+3}\\ \dfrac{s}{s+1} & \dfrac{s+1}{s+2}\end{bmatrix}$$

解： 1）将 $\boldsymbol{W}(s)$ 化成严格真有理分式，并写出能控规范型

$$\boldsymbol{W}(s)=\begin{bmatrix}\dfrac{s+2}{s+1} & \dfrac{1}{s+3}\\ \dfrac{s}{s+1} & \dfrac{s+1}{s+2}\end{bmatrix}=\begin{bmatrix}\dfrac{1}{s+1} & \dfrac{1}{s+3}\\ \dfrac{-1}{s+1} & \dfrac{-1}{s+2}\end{bmatrix}+\begin{bmatrix}1 & 0\\ 1 & 1\end{bmatrix}=\boldsymbol{W}_0(s)+\boldsymbol{D}$$

可得

$$\boldsymbol{A}_{\mathrm{c}}=\begin{bmatrix}\boldsymbol{0}_r & \boldsymbol{I}_r & \boldsymbol{0}_r\\ \boldsymbol{0}_r & \boldsymbol{0}_r & \boldsymbol{I}_r\\ -a_0\boldsymbol{I}_r & -a_1\boldsymbol{I}_r & -a_2\boldsymbol{I}_r\end{bmatrix}=\begin{bmatrix}0&0&1&0&0&0\\0&0&0&1&0&0\\0&0&0&0&1&0\\0&0&0&0&0&1\\-6&0&-11&0&-6&0\\0&-6&0&-11&0&-6\end{bmatrix}$$

$$\boldsymbol{B}_{\mathrm{c}}=\begin{bmatrix}\boldsymbol{0}_r\\ \boldsymbol{0}_r\\ \boldsymbol{I}_r\end{bmatrix}=\begin{bmatrix}0&0&0&0&1&0\\0&0&0&0&0&1\end{bmatrix}^{\mathrm{T}},\quad \boldsymbol{D}=\begin{bmatrix}1&0\\1&1\end{bmatrix}$$

$$\boldsymbol{C}_{\mathrm{c}}=[\boldsymbol{\beta}_0\quad \boldsymbol{\beta}_1\quad \boldsymbol{\beta}_2]=\begin{bmatrix}6&2&5&3&1&1\\-6&-3&-5&-4&-1&-1\end{bmatrix}$$

2）判别该能控规范型实现的状态是否完全能观。

$$\boldsymbol{Q}_{\mathrm{o}}=\begin{bmatrix}\boldsymbol{C}\\ \boldsymbol{CA}\\ \boldsymbol{CA}^2\end{bmatrix}=\begin{bmatrix}6&2&5&3&1&1\\-6&-3&-5&-4&-1&-1\\-6&-6&-5&-9&-1&-3\\6&6&5&8&1&2\\6&18&5&27&1&9\\-6&-12&-5&-16&-1&-4\end{bmatrix}$$

因为 $\mathrm{rank}\boldsymbol{Q}_{\mathrm{o}}=3<n=6$，所以该能控规范型实现不是最小实现。为此必须按能观性进行结构分解。

3）构造变换矩阵 $\boldsymbol{P}_{\mathrm{o}}^{-1}$，将系统按能观性进行分解。

$$\boldsymbol{P}_{\mathrm{o}}^{-1}=\begin{bmatrix}6&2&5&3&1&1\\-6&-3&-5&-4&-1&-1\\-6&-6&-5&-9&-1&-3\\1&0&0&0&0&0\\0&1&0&0&0&0\\0&0&1&0&0&0\end{bmatrix}$$

所以

$$\boldsymbol{P}_{\mathrm{o}}=\begin{bmatrix}0&0&0&1&0&0\\0&0&0&0&1&0\\0&0&0&0&0&1\\-1&-1&0&0&-1&0\\\frac{3}{2}&0&\frac{1}{2}&-6&0&-5\\\frac{5}{2}&3&-\frac{1}{2}&0&1&0\end{bmatrix}$$

于是

$$\dot{\boldsymbol{x}}=\hat{\boldsymbol{A}}\hat{\boldsymbol{x}}+\hat{\boldsymbol{B}}\boldsymbol{u}=\boldsymbol{P}_{\mathrm{o}}^{-1}\boldsymbol{A}\boldsymbol{P}_{\mathrm{o}}\hat{\boldsymbol{x}}+\boldsymbol{P}_{\mathrm{o}}^{-1}\boldsymbol{B}\boldsymbol{u}=\begin{bmatrix}\hat{\boldsymbol{A}}_{11}&\boldsymbol{0}\\\hat{\boldsymbol{A}}_{21}&\hat{\boldsymbol{A}}_{22}\end{bmatrix}\hat{\boldsymbol{x}}+\begin{bmatrix}\hat{\boldsymbol{B}}_1\\\boldsymbol{0}\end{bmatrix}\boldsymbol{u}$$

$$y=\hat{C}\hat{x}+Du=CP_o\hat{x}+Du=[\hat{C}_1 \quad 0]\hat{x}+Du$$

根据上式，可以得出 $\Sigma(\hat{A}_{11},\hat{B}_1,\hat{C}_1)$ 是状态完全能控且能观的。因此，$W(s)$ 的最小实现为

$$A_m=\hat{A}_{11}=\begin{bmatrix}0 & 0 & 1\\ -\dfrac{3}{2} & -2 & -\dfrac{1}{2}\\ -3 & 0 & -4\end{bmatrix},\quad B_m=\hat{B}_1=\begin{bmatrix}1 & 1\\ -1 & -1\\ -1 & -3\end{bmatrix}$$

$$C_m=\hat{C}_1=\begin{bmatrix}1 & 0 & 0\\ 0 & 1 & 0\end{bmatrix},\quad D_m=D=\begin{bmatrix}1 & 0\\ 1 & 1\end{bmatrix}$$

若根据 $\Sigma(A_m,B_m,C_m,D_m)$ 求系统传递函数，则可检验所得结果：

$$C_m(sI-A_m)^{-1}B_m+D_m=\begin{bmatrix}1 & 0 & 0\\ 0 & 1 & 0\end{bmatrix}\begin{bmatrix}s & 0 & -1\\ \dfrac{3}{2} & s+2 & \dfrac{1}{2}\\ 3 & 0 & s+4\end{bmatrix}^{-1}\begin{bmatrix}1 & 1\\ -1 & -1\\ -1 & -3\end{bmatrix}+\begin{bmatrix}1 & 0\\ 1 & 1\end{bmatrix}$$

$$=\begin{bmatrix}\dfrac{s+2}{s+1} & \dfrac{1}{s+3}\\ \dfrac{s}{s+1} & \dfrac{s+1}{s+2}\end{bmatrix}$$

3.8 传递函数矩阵与能控性和能观性的关系

传递函数与能控能观性的关系

由前面的学习可知，系统的传递函数（矩阵）只能反映其能控能观子系统的特性，只有当系统能控能观时，传递函数（矩阵）的外部描述方法和状态空间的内部描述法对系统的描述才是等价的。实际上，系统状态的能控性和能观性也可以用其传递函数（矩阵）来研究。可是对于多输入多输出系统而言，这一问题的讨论比较复杂，为此，本节仅限于讨论单输入单输出系统的传递函数（矩阵）与系统能控性和能观性的关系。

对于 n 维单输入单输出线性定常系统 $\Sigma(A,b,c)$：

$$\begin{cases}\dot{x}=Ax+bu\\ y=cx\end{cases}$$

其状态完全能控且能观的充分必要条件是传递函数

$$w(s)=c(sI-A)^{-1}b$$

的分子分母间没有零极点对消。

证明：1）证明必要性。

如果 $\Sigma(A,b,c)$ 不是 $w(s)$ 的最小实现，则必存在另一系统 $\Sigma(\widetilde{A},\widetilde{b},\widetilde{c})$

$$\begin{cases}\dot{\widetilde{x}}=\widetilde{A}\widetilde{x}+\widetilde{b}u\\ y=\widetilde{c}\widetilde{x}\end{cases}$$

有更小的维数，使得

$$\widetilde{c}(sI-\widetilde{A})^{-1}\widetilde{b}=W(s)=c(sI-A)^{-1}b \tag{3.95}$$

由于 $\widetilde{A}$ 的阶数比 A 低，于是多项式 $\det(sI-\widetilde{A})$ 的阶数也一定比多项式 $\det(sI-A)$ 的阶数低。但是要使得式（3.95）成立，必然是 $c(sI-A)^{-1}b$ 的分子分母间出现了零极点对消的情况。则

假设不成立。必要性得证。

2）证明充分性。

如果 $\boldsymbol{c}(s\boldsymbol{I}-\boldsymbol{A})^{-1}\boldsymbol{b}$ 的分子分母不出现零极点对消，$\boldsymbol{\Sigma}(\boldsymbol{A},\boldsymbol{b},\boldsymbol{c})$ 一定是能控且能观的。

假设 $\boldsymbol{c}(s\boldsymbol{I}-\boldsymbol{A})^{-1}\boldsymbol{b}$ 的分子分母出现零极点对消，那么 $\boldsymbol{c}(s\boldsymbol{I}-\boldsymbol{A})^{-1}\boldsymbol{b}$ 将退化为一个降阶的传递函数，根据这个降阶的传递函数，必然可以找到一个更小维数的实现。现已知 $\boldsymbol{c}(s\boldsymbol{I}-\boldsymbol{A})^{-1}\boldsymbol{b}$ 的分子分母不出现零极点对消，于是对应的 $\boldsymbol{\Sigma}(\boldsymbol{A},\boldsymbol{b},\boldsymbol{c})$ 一定是最小实现，即 $\boldsymbol{\Sigma}(\boldsymbol{A},\boldsymbol{b},\boldsymbol{c})$ 是能控且能观的。充分性得证。

利用这个结论，对于单输入单输出线性定常系统 $\boldsymbol{\Sigma}(\boldsymbol{A},\boldsymbol{b},\boldsymbol{c})$，可以根据其传递函数是否出现零极点对消，来判别相应的实现是否能控且能观。但是，若单输入单输出线性定常系统 $\boldsymbol{\Sigma}(\boldsymbol{A},\boldsymbol{b},\boldsymbol{c})$ 的传递函数出现了零极点对消，还不能确定系统是不能控、不能观或不能控且不能观的。

【例 3.32】 设系统的传递函数如下，判断系统的能控性和能观性。

$$W(s)=\frac{s+2}{s^2+s-2}$$

解：1）因为

$$W(s)=\frac{s+2}{s^2+s-2}=\frac{s+2}{(s+2)(s-1)}=\frac{1}{s-1}$$

存在零极点对消，故系统是不能控或不能观的，或者是既不能控也不能观的。这要视状态变量的选取而定。

2）若采用能控规范型实现：

$$\begin{cases}\dot{\boldsymbol{x}}=\begin{bmatrix}0 & 1\\ 2 & -1\end{bmatrix}\boldsymbol{x}+\begin{bmatrix}0\\ 1\end{bmatrix}u\\ y=\begin{bmatrix}2 & 1\end{bmatrix}\boldsymbol{x}\end{cases}$$

显然，状态完全能控。但能观性判别矩阵的秩

$$\text{rank}\boldsymbol{Q}_{\text{o}}=\text{rank}\begin{bmatrix}\boldsymbol{c}\\ \boldsymbol{cA}\end{bmatrix}=\text{rank}\begin{bmatrix}2 & 1\\ 2 & 1\end{bmatrix}=1<2=n$$

故系统能控但不能观。

3）若采用能观规范型实现：

$$\begin{cases}\dot{\boldsymbol{x}}=\begin{bmatrix}0 & 2\\ 1 & -1\end{bmatrix}\boldsymbol{x}+\begin{bmatrix}2\\ 1\end{bmatrix}u\\ y=\begin{bmatrix}0 & 1\end{bmatrix}\boldsymbol{x}\end{cases}$$

显然，状态完全能观。但能控性判别矩阵的秩

$$\text{rank}\boldsymbol{Q}_{\text{c}}=\text{rank}\begin{bmatrix}\boldsymbol{b} & \boldsymbol{Ab}\end{bmatrix}=\text{rank}\begin{bmatrix}2 & 2\\ 1 & 1\end{bmatrix}=1<2=n$$

故系统能观但不能控。

4）上述传递函数还可以对应如下的状态空间描述：

$$\begin{cases}\dot{\boldsymbol{x}}=\begin{bmatrix}-2 & 0\\ 0 & 1\end{bmatrix}\boldsymbol{x}+\begin{bmatrix}0\\ 1\end{bmatrix}u\\ y=\begin{bmatrix}0 & 1\end{bmatrix}\boldsymbol{x}\end{cases}$$

显然，状态 x_1 既不能控也不能观，因此，系统的状态既不能控也不能观。

3.9 MATLAB 在系统能控性和能观性分析中的应用

MATLAB 控制工具箱为系统能控性、能观性分析提供了专用函数。

1. ctrb( )函数

功能：根据动态系统 $\boldsymbol{\Sigma}(\boldsymbol{A},\boldsymbol{B},\boldsymbol{C})$ 生成能控性判别矩阵 $\boldsymbol{Q}_c=[\boldsymbol{B}\quad \boldsymbol{AB}\quad \boldsymbol{A}^2\boldsymbol{B}\quad \cdots\quad \boldsymbol{A}^{n-1}\boldsymbol{B}]$。

调用格式：Qc=ctrb(A,B)

2. obsv( )函数

功能：根据动态系统 $\boldsymbol{\Sigma}(\boldsymbol{A},\boldsymbol{B},\boldsymbol{C})$ 生成能观性判别矩阵 $\boldsymbol{Q}_o=\begin{bmatrix}\boldsymbol{C}\\ \boldsymbol{CA}\\ \vdots\\ \boldsymbol{CA}^{n-1}\end{bmatrix}$。

调用格式：Qo=obsv(A,C)

3. ctrbf( )函数

功能：将不能控子系统 $\boldsymbol{\Sigma}(\boldsymbol{A},\boldsymbol{B},\boldsymbol{C})$ 按能控性分解。

调用格式：[Ahat,Bhat,Chat,P,K]=ctrbf(A,B,C)

其中

$$\hat{\boldsymbol{A}}=\boldsymbol{PAP}^{-1}=\begin{bmatrix}\boldsymbol{A}_{\bar{c}} & \boldsymbol{0}\\ \boldsymbol{A}_{21} & \boldsymbol{A}_c\end{bmatrix},\quad \hat{\boldsymbol{B}}=\boldsymbol{PB}=\begin{bmatrix}\boldsymbol{0}\\ \boldsymbol{B}_c\end{bmatrix},\quad \hat{\boldsymbol{C}}=\boldsymbol{CP}^{-1}=[\boldsymbol{C}_{\bar{c}}\quad \boldsymbol{C}_c]$$

式中，$\boldsymbol{P}$ 为变换矩阵。K 为包含状态能控个数信息的行向量，执行 sum(K)语句即可得到能控状态数。$\boldsymbol{\Sigma}(\boldsymbol{A}_c,\boldsymbol{B}_c,\boldsymbol{C}_c)$ 为能控子系统，与 $\boldsymbol{\Sigma}(\boldsymbol{A},\boldsymbol{B},\boldsymbol{C})$ 具有相同的传递函数矩阵。

4. obsvf( )函数

功能：将不能观子系统 $\boldsymbol{\Sigma}(\boldsymbol{A},\boldsymbol{B},\boldsymbol{C})$ 按能观性分解。

调用格式：[Ahat,Bhat,Chat,P,K]=obsvf(A,B,C)

其中

$$\hat{\boldsymbol{A}}=\boldsymbol{PAP}^{-1}=\begin{bmatrix}\boldsymbol{A}_{\bar{o}} & \boldsymbol{A}_{12}\\ \boldsymbol{0} & \boldsymbol{A}_o\end{bmatrix},\quad \hat{\boldsymbol{B}}=\boldsymbol{PB}=\begin{bmatrix}\boldsymbol{B}_{\bar{o}}\\ \boldsymbol{B}_o\end{bmatrix},\quad \hat{\boldsymbol{C}}=\boldsymbol{CP}^{-1}=[\boldsymbol{0}\quad \boldsymbol{C}_o]$$

式中，$\boldsymbol{P}$ 为变换矩阵。K 为包含状态能观个数信息的行向量，执行 sum(K)语句即可得到能控状态数。$\boldsymbol{\Sigma}(\boldsymbol{A}_o,\boldsymbol{B}_o,\boldsymbol{C}_o)$ 为能控子系统，与 $\boldsymbol{\Sigma}(\boldsymbol{A},\boldsymbol{B},\boldsymbol{C})$ 具有相同的传递函数矩阵。

【例 3.33】 系统的状态空间表达式为

$$\begin{cases}\dot{\boldsymbol{x}}=\begin{bmatrix}4&1&0&0\\0&4&1&0\\0&0&4&1\\0&0&0&4\end{bmatrix}\boldsymbol{x}+\begin{bmatrix}0&0\\1&2\\0&0\\2&1\end{bmatrix}\boldsymbol{u}\\ \boldsymbol{y}=\begin{bmatrix}1&0&2&0\\2&0&4&2\end{bmatrix}\boldsymbol{x}\end{cases}$$

判断系统的能控性与能观性。

解：应用 MATLAB 秩判据求解，MATLAB 程序如下：

```
A=[4,1,0,0;0,4,1,0;0,0,4,1;0,0,0,4];
B=[0,0;1,2;0,0;2,1];
```

```
C=[1,0,2,0;2,0,4,2];
Qc=ctrb(A,B);
Qo=obsv(A,C);
rc=rank(Qc);
ro=rank(Qo);
L=size(A);
if rc==L
    str='系统能控'
else
    str='系统不能控'
end
if ro==L
    str='系统能观'
else
    str='系统不能观'
end
```

运行结果如下：

```
str =
系统能控
str =
系统能观
```

关于控制系统能控性和能观性的处理，MATLAB 并不限于上面介绍的函数及方法，有兴趣的读者可以参考有关资料获得更多更方便的方法。

3.10 本章要点

能控性和能观性分析对于系统综合和状态估计问题的研究有着极重要的意义。

1）线性系统的能控性和能观性是线性系统的结构特性。它们分别揭示了线性系统的控制量对状态变量支配能力和输出量对状态量的测辨能力，是系统实现状态反馈控制或进行状态观测的前提。

2）针对不同的线性系统，应用不同判据进行系统能控性和能观性分析。对于线性定常系统，最常用的是代数判据（秩判据）和对角/约当规范型判据。

3）满足互为对偶系统条件的两个系统的能控性、能观性互为对偶关系。对偶原理给研究系统的能控性、能观性带来了很大方便，可以通过讨论原系统的能控性（能观性）来研究对偶系统的能观性（能控性）。

4）系统状态空间表达式的能控规范型和能观规范型是显式反映系统完全能控和完全能观特性的规范形式，它们在控制器和观测器的综合中具有重要应用。它们可以通过对一般状态空间表达式的线性非奇异变换得出。多输入多输出系统的能控规范型和能观规范型在形式上和构造上都是比较复杂的，常用的有采用“列向搜索”的旺纳姆规范型和采用“行向搜索”的龙伯格规范型。

5）能控（能观）状态充满整个状态空间的系统是能控（能观）系统，但一个不能控（不能观）的系统包含了能控（能观）和不能控（不能观）两部分，线性系统的结构分解能显式地把这些部分分开表示，从而更深刻地揭示系统的结构特性。线性系统的结构分解是通过合适的非奇异变换来实现的。

6）线性系统结构的规范分解表明，系统的输入-输出表达式（如传递函数矩阵）只是对系统中既能控又能观部分的描述，是一种不完全的系统描述形式，而状态空间表达式是一种完全的系统描述形式，完全包括了系统的能控能观、能控不能观、能观不能控和不能控不能观部分。

习题

3.1　试用两种方法判断下列系统的能控性。

1）$\dot{\boldsymbol{x}}=\begin{bmatrix}1 & 1\\ 0 & -1\end{bmatrix}\boldsymbol{x}+\begin{bmatrix}1\\ 0\end{bmatrix}u$

2）$\dot{\boldsymbol{x}}=\begin{bmatrix}1 & 2 & -1\\ 0 & 1 & 0\\ 1 & -4 & 3\end{bmatrix}\boldsymbol{x}+\begin{bmatrix}1 & 0\\ 0 & -1\\ -1 & 1\end{bmatrix}\boldsymbol{u}$

3）$\dot{\boldsymbol{x}}=\begin{bmatrix}1 & 0 & 0 & 0\\ 2 & -3 & 0 & 0\\ 1 & 0 & -2 & 0\\ 4 & -1 & -2 & -4\end{bmatrix}\boldsymbol{x}+\begin{bmatrix}0\\ 0\\ 1\\ 2\end{bmatrix}u$

3.2　试用两种方法判断下列系统的能观性。

1）$\dot{\boldsymbol{x}}=\begin{bmatrix}0 & 1\\ -2 & -3\end{bmatrix}\boldsymbol{x},\quad y=[1\quad 0]\boldsymbol{x}$

2）$\dot{\boldsymbol{x}}=\begin{bmatrix}1 & 2 & -1\\ 0 & 1 & 0\\ 1 & -4 & 3\end{bmatrix}\boldsymbol{x},\quad y=[1\quad -1\quad 1]\boldsymbol{x}$

3）$\dot{\boldsymbol{x}}=\begin{bmatrix}1 & 3 & 2\\ 1 & 4 & 6\\ 2 & 1 & 7\end{bmatrix}\boldsymbol{x},\quad \boldsymbol{y}=\begin{bmatrix}1 & 0 & 0\\ 2 & 1 & 0\end{bmatrix}\boldsymbol{x}$

3.3　试确定当 p 与 q 为何值时下列系统不能控，为何值时不能观测？

$$\dot{\boldsymbol{x}}=\begin{bmatrix}1 & 12\\ 1 & 0\end{bmatrix}\boldsymbol{x}+\begin{bmatrix}p\\ -1\end{bmatrix}u$$

$$y=[q\quad 1]\boldsymbol{x}$$

3.4　已知系统的微分方程为

$$\dddot{y}+10\ddot{y}+27\dot{y}+18y=8u$$

试写出其对偶系统的状态空间表达式及其传递函数。

3.5　已知能控系统的状态方程系数矩阵 $\boldsymbol{A}$、$\boldsymbol{b}$ 和 $\boldsymbol{c}$ 为

$$\boldsymbol{A}=\begin{bmatrix}3 & 1 & 4\\ 2 & 3 & 2\\ 1 & 4 & 1\end{bmatrix},\quad \boldsymbol{b}=\begin{bmatrix}1\\ 1\\ 1\end{bmatrix},\quad \boldsymbol{c}=[1\quad 0\quad 0]$$

试将其状态方程变换为能控规范型和能观规范型。

3.6　已知系统的状态空间表达式系数矩阵 $\boldsymbol{A}$、$\boldsymbol{b}$ 和 $\boldsymbol{c}$ 分别为

$$\boldsymbol{A}=\begin{bmatrix}1 & 3\\ -2 & 4\end{bmatrix},\quad \boldsymbol{b}=\begin{bmatrix}2\\ 1\end{bmatrix},\quad \boldsymbol{c}=[-1\quad 1]$$

试将其状态空间表达式变换为能控规范型和能观规范型。

3.7 将下列系统按能控性或能观性进行结构分解：

1）$\boldsymbol{A}=\begin{bmatrix}1 & 2 & -1\\0 & 1 & 0\\0 & -4 & 3\end{bmatrix}$，$\boldsymbol{b}=\begin{bmatrix}0\\0\\1\end{bmatrix}$，$\boldsymbol{c}=[1\quad 1\quad -1]$

2）$\boldsymbol{A}=\begin{bmatrix}1 & 0 & 0\\2 & 2 & 3\\-2 & 0 & 1\end{bmatrix}$，$\boldsymbol{b}=\begin{bmatrix}1\\2\\2\end{bmatrix}$，$\boldsymbol{c}=[1\quad 1\quad 2]$

3.8 已知系统的传递函数为

$$W(s)=\frac{s^2+6s+8}{s^3+4s^2+3s+5}$$

试求其能控规范型实现、能观规范型实现和最小实现。

3.9 求下列传递函数矩阵的最小实现：

1）$\boldsymbol{W}(s)=\begin{bmatrix}\dfrac{s+3}{(s+1)(s+2)} & \dfrac{s+4}{s+1}\end{bmatrix}$　　2）$\boldsymbol{W}(s)=\begin{bmatrix}\dfrac{s+3}{(s+1)(s+2)}\\ \dfrac{s+4}{s+1}\end{bmatrix}$

3.10 线性系统的传递函数为

$$\frac{Y(s)}{U(s)}=\frac{s+\alpha}{s^3+6s^2+11s+6}$$

试求：1）求 α 的取值，使系统成为不能控或不能观的；2）在上述 α 的取值下，写出系统能控时的状态空间表达式；3）在上述 α 的取值下，写出系统能观时的状态空间表达式。

第4章　稳定性理论与李雅普诺夫方法

学习目标

4.1　掌握稳定性的基本概念，能够判断线性系统的内部稳定性和外部稳定性，并理解两者之间的相互联系。

4.2　掌握关于李雅普诺夫稳定性的相关概念，理解李雅普诺夫意义下的稳定、渐进稳定、大范围渐进稳定和不稳定等的数学定义和物理含义。

4.3　掌握李雅普诺夫间接法（第一法），能利用李雅普诺夫间接法分析系统的稳定性。

4.4　掌握李雅普诺夫直接法（第二法），能利用李雅普诺夫直接法分析系统的稳定性。

4.5　应用李雅普诺夫方程分析线性时不变系统的稳定性。

4.6　应用李雅普诺夫直接法分析线性时变系统的稳定性。

4.7　应用雅可比矩阵法和变量梯度法分析非线性系统的稳定性。

4.8　了解 MATLAB 在稳定性分析中的应用。

稳定性是自动控制系统能否正常工作的先决条件。因此，系统稳定性判别及如何改善其稳定性是控制系统分析和综合的首要问题。从实用的观点看，可以认为只有稳定系统才有用，一个不稳定的控制系统不但无法完成预期控制任务，而且还存在一定的潜在危险。通常，可按两种方式来定义系统运动的稳定性。一种是通过输入-输出关系来表征系统的外部稳定性，另一种是通过零输入下状态运动的响应来表征系统的内部稳定性。只有在满足一定的条件时，系统的内部稳定性和外部稳定性之间才存在等价关系。

在经典控制理论中，对于传递函数描述的单输入-单输出线性定常系统，应用劳斯-赫尔维茨（Routh-Hurwitz）判据等代数方法判断系统的稳定性，非常方便有效。至于频域中的奈奎斯特（Nyquist）判据则是更为通用的方法，它不仅能用于判定系统是否稳定，而且还能指明改善系统稳定性的方向。上述方法都是以分析系统的特征根在复平面上的分布为基础。但对于非线性系统和时变系统，这些稳定性判据就不适用了。早在 1892 年，俄国数学家李雅普诺夫（A. M. Lyapunov）就提出将判定系统稳定性的问题归纳为两种方法（间接法和直接法），该方法已成为研究非线性控制系统稳定性的最有效且较实用的方法。

本章主要讨论系统稳定性与李雅普诺夫方法，重点介绍在稳定性分析中最为重要和应用最广的李雅普诺夫方法，并把其应用领域扩展到包括线性系统和非线性系统、定常系统和时变系统、连续系统和离散系统等。

4.1　稳定性基本概念

外部稳定性与内部稳定性

4.1.1　外部稳定性

对于初始状态为零的因果系统，其输入-输出描述可表示为

$$\boldsymbol{y}(t)=\int_{t_0}^{t}\boldsymbol{G}(t,\tau)\boldsymbol{u}(\tau)\mathrm{d}\tau \tag{4.1}$$

式中，$\boldsymbol{G}(t,\tau)$为系统相应的脉冲函数矩阵。在根据系统的输入和输出研究系统稳定性时，针对输入$\boldsymbol{u}(t)$的不同性质可以引出系统的各种不同的稳定性定义。

外部稳定也称为有界输入-有界输出稳定（简称 BIBO 稳定），它是基于系统的输入、输出描述的。因为在零初始条件下定义系统的输入、输出描述才能保证其唯一性，故讨论外部稳定性也以系统零初始条件为前提，其定义如下。

定义 4.1 对于零初始条件的因果系统，如果存在一个固定的有限常数 k 及一个标量 α，使得对于任意的 $t\in[t_0,\infty)$，当系统的控制输入 $\boldsymbol{u}(t)$满足$\|\boldsymbol{u}(t)\|\leqslant k$ 时，所产生的输出 $\boldsymbol{y}(t)$满足$\|\boldsymbol{y}(t)\|\leqslant ak$，则该系统是外部稳定的，也就是有界输入-有界输出稳定的，简记为 BIBO 稳定。

定理 4.1 ［时变情况］对于零初始条件的线性时变系统，设 $\boldsymbol{G}(t,\tau)$为其脉冲响应矩阵，该矩阵的阶数为 $m\times r$，则系统为 BIBO 稳定的充分必要条件为：存在一个有限常数 k，使得对于一切 $t\in[t_0,\infty)$，$\boldsymbol{G}(t,\tau)$的每一个元素 $g_{ij}(t,\tau)(i=1,2,\cdots,m;j=1,2,\cdots,r)$满足

$$\int_{t_0}^{t}|g_{ij}(t,\tau)|\mathrm{d}\tau\leqslant k<\infty \tag{4.2}$$

证明： 为了方便，先证单输入-单输出情况，然后推广到多输入-多输出情况。在单输入单输出条件下，输入-输出满足关系

$$y(t)=\int_{t_0}^{t}g(t,\tau)u(\tau)\mathrm{d}\tau \tag{4.3}$$

先证充分性。已知式（4.2）成立，且对任意控制输入 $u(t)$满足$|u(t)|\leqslant k_1<\infty,t\in[t_0,\infty]$，要证明输出 $y(t)$有界。由式（4.3）可以方便得到

$$\begin{aligned}|y(t)|&=\left|\int_{t_0}^{t}g(t,\tau)u(\tau)\mathrm{d}\tau\right|\leqslant\int_{t_0}^{t}|g(t,\tau)||u(\tau)|\mathrm{d}\tau\\&\leqslant k_1\int_{t_0}^{t}|g(t,\tau)|\mathrm{d}\tau\leqslant kk_1<\infty\end{aligned}$$

从而根据定义 4.1 可知，系统是 BIBO 稳定的。

再证必要性（采用反证法）。假设存在某个 $t_1\in[t_0,\infty]$使得

$$\int_{t_0}^{t_1}|g(t,\tau)|\mathrm{d}\tau=\infty \tag{4.4}$$

定义有界控制输入函数 $u(t)$为

$$u(t)=\operatorname{sgn}g(t_1,t)=\begin{cases}+1, & g(t_1,t)>0\\0, & g(t_1,t)=0\\-1, & g(t_1,t)<0\end{cases}$$

在上述控制输入激励下，系统的输出为

$$y(t_1)=\int_{t_0}^{t_1}g(t_1,\tau)u(\tau)\mathrm{d}\tau=\int_{t_0}^{t_1}|g(t_1,\tau)|\mathrm{d}\tau=\infty$$

这表明系统输出是无界的，同系统是 BIBO 稳定的已知条件矛盾。因此，式（4.4）的假设不成立，即必定有

$$\int_{t_0}^{t_1}|g(t_1,\tau)|\mathrm{d}\tau\leqslant k<\infty,\quad\forall t_1\in[t_0,\infty]$$

现在将上述定理推广到多输入-输出的情况。考查系统输出 $\boldsymbol{y}(t)$的任一分量 $y_i(t)$。

$$|y_i(t)|=\left|\int_{t_0}^{t}g_{i1}(t,\tau)u_1(\tau)\mathrm{d}\tau+\cdots+\int_{t_0}^{t}g_{ir}(t,\tau)u_r(\tau)\mathrm{d}\tau\right|$$

$$\leqslant \left|\int_{t_0}^{t} g_{i1}(t,\tau)u_1(\tau)\mathrm{d}\tau\right| + \cdots + \left|\int_{t_0}^{t} g_{ir}(t,\tau)u_r(\tau)\mathrm{d}\tau\right|$$

$$\leqslant \int_{t_0}^{t} |g_{i1}(t,\tau)||u_1(\tau)|\mathrm{d}\tau + \cdots + \int_{t_0}^{t} |g_{ir}(t,\tau)||u_r(\tau)|\mathrm{d}\tau$$

$$i = 1,2,\cdots,m$$

由于有限个有界函数之和仍为有界函数，利用单输入-输出系统的结果，即可证明定理 4.1 的结论。

BIBO 稳定性研究的是传递函数矩阵 $\boldsymbol{W}(s)$ 的极点是否具有负实部，这正是经典控制理论中研究的稳定性，广泛采用的方法有劳斯-赫尔维茨判据，即由 $\boldsymbol{W}(s)$ 特征多项式的系数直接判断 BIBO 稳定性。

4.1.2 内部稳定性

内部稳定性揭示系统零输入时内部状态自由运动的稳定性，是基于系统的状态空间描述。因此，内部稳定性是指系统状态运动的稳定性，其实质上等同于李雅普诺夫意义下的渐进稳定。对于线性定常系统，其定义如下：

对于线性定常系统

$$\begin{cases}\dot{\boldsymbol{x}} = \boldsymbol{A}\boldsymbol{x}+\boldsymbol{B}\boldsymbol{u} \\ \boldsymbol{y} = \boldsymbol{C}\boldsymbol{x} \\ \boldsymbol{x}(t)\mid_{t=t_0} = \boldsymbol{x}(t_0)\end{cases} \tag{4.5}$$

如果系统的外部控制输入 $\boldsymbol{u}(t)\equiv\boldsymbol{0}$，对于任意初始状态 $\boldsymbol{x}(t_0)$，由初始状态 $\boldsymbol{x}(t_0)$ 引起的零输入响应 $\boldsymbol{x}(t)=\boldsymbol{\Phi}(t,t_0)\boldsymbol{x}(t_0)$ 满足

$$\lim_{t\to\infty}\boldsymbol{\Phi}(t,t_0)\boldsymbol{x}(t_0)=\boldsymbol{0} \tag{4.6}$$

则称系统是内部稳定的，或称为是渐进稳定的。

对于式（4.5）描述的线性定常系统，其为渐进稳定的充分必要条件是矩阵 $\boldsymbol{A}$ 的所有特征值均具有负实部，即

$$\mathrm{Re}\{\lambda_i(\boldsymbol{A})\}<0, \quad i=1,2,\cdots,n \tag{4.7}$$

当系统矩阵 $\boldsymbol{A}$ 给定后，可导出其特征多项式

$$\alpha(\lambda)=\det(\lambda\boldsymbol{I}-\boldsymbol{A})=\lambda^n+a_{n-1}\lambda^{n-1}+\cdots+a_1\lambda+a_0 \tag{4.8}$$

对于式（4.8），就可以利用劳斯-霍尔维茨判据，直接由系数 $a_i(i=0,1,\cdots,n-1)$ 来判断系统的稳定性。

4.1.3 外部稳定性与内部稳定性的关系

内部稳定性描述了系统状态自由运动的稳定性，这种运动必须满足渐进稳定条件，而外部稳定性是对系统输入量和输出量的约束，这两个稳定性之间的联系必然通过系统的内部状态表现出来。由上述论证可知，一个内部稳定的系统必定是外部稳定的。但这个结论反过来就未必成立。这里仅就线性定常系统加以讨论。

定理 4.2 线性定常系统如果是内部稳定的，则系统一定是 BIBO 稳定的。

证明：对于线性定常系统，其脉冲响应矩阵 $\boldsymbol{G}(t)$ 为

$$\boldsymbol{G}(t)=\boldsymbol{\Phi}(t)\boldsymbol{B}+\boldsymbol{D}\delta(t) \tag{4.9}$$

式中，$\boldsymbol{\Phi}(t)=\mathrm{e}^{\boldsymbol{A}t}$。当系统满足内部稳定时，由式（4.7）可得

$$\lim_{t\to\infty}\boldsymbol{\Phi}(t)=\lim_{t\to\infty}\mathrm{e}^{\boldsymbol{A}t}=\boldsymbol{0} \tag{4.10}$$

这样，$\boldsymbol{G}(t)$的每一个元素 $g_{ij}(t)$（$i=1,2,\cdots,m;j=1,2,\cdots,r$）均是由一些指数衰减项构成的，故满足

$$\int_0^{\infty} |g_{ij}(t)| \mathrm{d}t \leqslant k < \infty$$

这里 k 为有限常数，说明系统是 BIBO 稳定的。

定理 4.3 线性定常系统如果是 BIBO 稳定的，则系统未必是内部稳定的。

证明： 根据线性系统的结构分解可知，任意线性定常系统通过线性变换，总可以分解为四个子系统，这就是能控能观子系统、能控不能观子系统、不能控能观子系统和不能控不能观子系统。系统的输入-输出特性仅能反映系统的能控能观部分，系统的其余三个部分的运动状态并不能反映出来。BIBO 稳定性仅意味着能控能观子系统是渐进稳定的，而其余子系统，如不能控不能观子系统是发散的，在 BIBO 稳定性中并不能表现出来。因此定理的结论成立。

线性定常系统内部稳定性与外部稳定性等价的充要条件是完全能控能观。

定理 4.4 线性定常系统如果是完全能控、完全能观的，则内部稳定性与外部稳定性是等价的。或者说，线性定常系统内部稳定性与外部稳定性等价的充要条件是系统完全能控能观。

证明： 利用定理 4.2 和定理 4.3 容易推出该结论。定理 4.2 指出，内部稳定性可推出外部稳定性。定理 4.4 指出，外部稳定性在定理 4.4 的条件下即意味着内部稳定性。

【例 4.1】 设系统的状态空间表达式为

$$\begin{cases} \dot{\boldsymbol{x}} = \begin{bmatrix} -1 & 0 \\ 0 & 1 \end{bmatrix} \boldsymbol{x} + \begin{bmatrix} 1 \\ 1 \end{bmatrix} u \\ y = \begin{bmatrix} 1 & 0 \end{bmatrix} \boldsymbol{x} \end{cases}$$

试分析系统的内部稳定性与外部稳定性。

1）由矩阵 $\boldsymbol{A}$ 的特征方程

$$\det(\lambda \boldsymbol{I} - \boldsymbol{A}) = (\lambda+1)(\lambda-1) = 0$$

可得特征值 $\lambda_1=-1, \lambda_2=1$。故系统是内部不稳定的。

2）由系统的传递函数

$$\begin{aligned} W(s) &= \boldsymbol{c}(s\boldsymbol{I}-\boldsymbol{A})^{-1}\boldsymbol{b} \\ &= \begin{bmatrix} 1 & 0 \end{bmatrix} \begin{bmatrix} s+1 & 0 \\ 0 & s-1 \end{bmatrix}^{-1} \begin{bmatrix} 1 \\ 1 \end{bmatrix} = \frac{s-1}{(s+1)(s-1)} = \frac{1}{s+1} \end{aligned}$$

可见传递函数的极点 $s=-1$ 位于 s 的左半平面，故系统外部稳定。这里，具有正实部的特征值 $\lambda_2=1$ 被系统的零点 $s=1$ 对消了，所以在系统的输入输出特性中没有表现出来。只有当系统的传递函数不出现零、极点对消现象，即矩阵 $\boldsymbol{A}$ 的特征值与系统传递函数的极点相同时，内部稳定性和外部稳定性等价。从而验证了定理 4.4。

4.2 李雅普诺夫稳定性的基本概念

李雅普诺夫稳定性定义

4.2.1 平衡状态

如果 $\boldsymbol{x}(t)$ 一旦处于某个状态 $\boldsymbol{x}_e$，且在未来时间内状态永远停留在 $\boldsymbol{x}_e$，那么状态 $\boldsymbol{x}_e$ 称为系统的一个平衡状态（或平衡点）。

稳定性实质上是系统在平衡状态下受到扰动后，系统自由运动的性质，与外部输入无关。对于系统自由运动，令输入 $\boldsymbol{u}=\boldsymbol{0}$，系统的齐次状态方程为

$$\dot{\boldsymbol{x}}=\boldsymbol{f}(\boldsymbol{x},t) \tag{4.11}$$

式中，$\boldsymbol{x}\in\mathbf{R}^n$ 为状态向量，且含有时间变量 t；$\boldsymbol{f}(\boldsymbol{x},t)$ 为线性或非线性，定常或时变的 n 维向量函数，即 $\dot{x}_i=f_i(x_1,x_2,\cdots,x_n,t)$，$i=1,2,\cdots,n$。则式（4.11）的解为

$$\boldsymbol{x}(t)=\boldsymbol{\Phi}(t,\boldsymbol{x}_0,t_0) \tag{4.12}$$

式中，t_0 为初始时刻，$\boldsymbol{x}(t_0)=\boldsymbol{x}_0$ 为初始状态。

若在式（4.11）所描述的系统中，存在状态点 $\boldsymbol{x}_{\mathrm{e}}$，当系统运动到该点时，系统状态各分量维持平衡，不再随时间变化，即

$$\dot{\boldsymbol{x}}\big|_{\boldsymbol{x}=\boldsymbol{x}_{\mathrm{e}}}=\boldsymbol{0}$$

则该类状态点 $\boldsymbol{x}_{\mathrm{e}}$ 称为系统的平衡状态。即：若式（4.11）所描述系统存在状态向量 $\boldsymbol{x}_{\mathrm{e}}$，对所有的时间 t 都满足

$$\boldsymbol{f}(\boldsymbol{x}_{\mathrm{e}},t)\equiv\boldsymbol{0} \tag{4.13}$$

则称 $\boldsymbol{x}_{\mathrm{e}}$ 为系统的平衡状态。由平衡状态在状态空间中所确定的点，称为平衡状态。式（4.13）为式（4.11）所描述系统平衡状态的方程。

对于一个任意系统，不一定都存在平衡状态，有时即使存在也未必是唯一的，例如对于线性定常系统

$$\dot{\boldsymbol{x}}=\boldsymbol{f}(\boldsymbol{x})=\boldsymbol{A}\boldsymbol{x}$$

当 $\boldsymbol{A}$ 为非奇异矩阵时，满足 $\boldsymbol{A}\boldsymbol{x}_{\mathrm{e}}\equiv\boldsymbol{0}$ 的解 $\boldsymbol{x}_{\mathrm{e}}=\boldsymbol{0}$ 是系统唯一存在的一个平衡状态，但当 $\boldsymbol{A}$ 为奇异矩阵时，则系统将具有无穷多个平衡状态。

对于非线性系统，通常可能有一个或多个平衡状态，它们是由式（4.13）所确定的常值解，下面给出两个例子。

【例 4.2】 考虑非线性系统

$$\begin{cases}\dot{x}_1=-x_1\\ \dot{x}_2=x_1+x_2-x_2^3\end{cases}$$

就有三个平衡状态

$$\boldsymbol{x}_{\mathrm{e}1}=\begin{bmatrix}0\\0\end{bmatrix},\quad \boldsymbol{x}_{\mathrm{e}2}=\begin{bmatrix}0\\-1\end{bmatrix},\quad \boldsymbol{x}_{\mathrm{e}3}=\begin{bmatrix}0\\1\end{bmatrix}$$

【例 4.3】 实际物理系统——单摆

考虑图 4.1 所示的单摆，它的动态特性由下列非线性自治方程描述

$$ML^2\ddot{\theta}+b\dot{\theta}+MgL\sin\theta=0 \tag{4.14}$$

其中，L 为单摆长度，M 为单摆质量，b 为铰链的摩擦系数，g 是重力加速度（常数）。记 $x_1=\theta$，$x_2=\dot{\theta}$，则相应的状态空间方程为

$$\begin{cases}\dot{x}_1=x_2\\ \dot{x}_2=-\dfrac{b}{ML^2}x_2-\dfrac{g}{L}\sin x_1\end{cases} \tag{4.15}$$

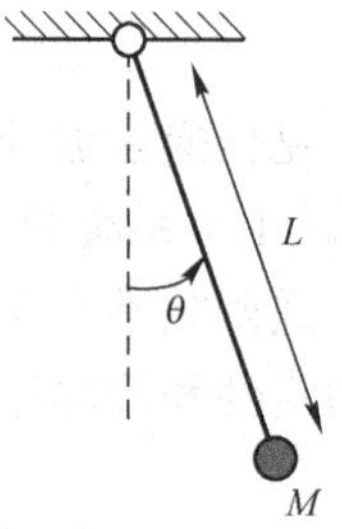

图 4.1 单摆

于是，平衡状态满足

$$x_2=0,\quad \sin x_1=0$$

因此，平衡状态为 $(k\pi,0)$，$k=0,1,2,\cdots$。从物理意义上来讲，这些点分别对应于单摆垂直位置的底端和顶端。

在线性系统的分析和设计中，为了记号和分析的方便，常常将线性系统进行变换，使得其平衡状态转换成状态空间原点。对非线性系统，也可以针对某个特定的平衡状态进行这样的变换，

将某个特定的平衡状态 $\boldsymbol{x}_e$ 转换成状态空间原点来分析非线性系统在状态空间原点附近的特性。

由于任意一个已知的平衡状态，都可以通过坐标变换将其移到状态空间原点 $\boldsymbol{x}_e=\boldsymbol{0}$ 处，所以今后将只讨论系统在状态空间原点处的稳定性。

需要注意的是，稳定性问题都是相对于某个平衡状态而言的。线性定常系统由于只有唯一的平衡状态，所以才笼统地讲所谓的系统稳定性问题，对非线性系统则由于可能存在多个平衡状态，而不同平衡状态可能表现出不同的稳定性，因此必须分别加以讨论。

4.2.2 范数

n 维状态空间中，向量 $\boldsymbol{x}$ 的长度，即 $\boldsymbol{x}$ 到坐标原点的距离，称为向量 $\boldsymbol{x}$ 的范数，并用 $\|\boldsymbol{x}\|$表示，即

$$\|\boldsymbol{x}\|=\sqrt{x_1^2+x_2^2+\cdots+x_n^2}=\sqrt{\boldsymbol{x}^{\mathrm{T}}\boldsymbol{x}} \tag{4.16}$$

同理，向量$(\boldsymbol{x}-\boldsymbol{x}_e)$的长度，即向量 $\boldsymbol{x}$ 到向量 $\boldsymbol{x}_e$ 的距离，称为向量$(\boldsymbol{x}-\boldsymbol{x}_e)$的范数，用 $\|\boldsymbol{x}-\boldsymbol{x}_e\|$表示，即

$$\|\boldsymbol{x}-\boldsymbol{x}_e\|=\sqrt{(x_1-x_{e_1})^2+(x_2-x_{e_2})^2+\cdots+(x_n-x_{e_n})^2} \tag{4.17}$$

在 n 维状态空间中，若用点集 $S(\varepsilon)$ 表示以 $\boldsymbol{x}_e$ 为中心、ε 为半径的超球体，则 $\boldsymbol{x}\in S(\varepsilon)$ 表示为

$$\|\boldsymbol{x}-\boldsymbol{x}_e\|\leqslant\varepsilon \tag{4.18}$$

当 ε 很小时，称 $S(\varepsilon)$ 为 $\boldsymbol{x}_e$ 的邻域。

因此，若系统的平衡状态为 $\boldsymbol{x}_e$，若有扰动使系统在 $t=t_0$ 时的状态为 $\boldsymbol{x}(t_0)=\boldsymbol{x}_0$，$\boldsymbol{x}_0\in S(\delta)$，则意味着$\|\boldsymbol{x}_0-\boldsymbol{x}_e\|\leqslant\delta$。

同理，若方程式（4.11）的解 $\boldsymbol{x}(t)=\boldsymbol{\Phi}(t,\boldsymbol{x}_0,t_0)$位于球域 $S(\varepsilon)$内，则有

$$\|\boldsymbol{\Phi}(t,\boldsymbol{x}_0,t_0)-\boldsymbol{x}_e\|\leqslant\varepsilon,t\geqslant t_0 \tag{4.19}$$

式（4.19）表明齐次方程式（4.11）由初始状态 $\boldsymbol{x}_0$ 或短暂扰动所引起的自由响应是有界的。

4.2.3 李雅普诺夫稳定性的定义

1. 李雅普诺夫意义下的稳定

如果式（4.11）描述的系统对于任一给定的实数 $\varepsilon>0$，都存在另一与 ε 有关的实数 $\delta(\varepsilon,t_0)>0$，使得

$$\|\boldsymbol{x}(t_0)-\boldsymbol{x}_e\|\leqslant\delta(\varepsilon,t_0) \tag{4.20}$$

成立，那么一定存在从任意初始状态 $\boldsymbol{x}(t_0)$出发的解 $\boldsymbol{x}(t)=\boldsymbol{\Phi}(t,\boldsymbol{x}_0,t_0)$满足：

$$\|\boldsymbol{\Phi}(t,\boldsymbol{x}_0,t_0)-\boldsymbol{x}_e\|\leqslant\varepsilon,\quad t_0\leqslant t<\infty \tag{4.21}$$

则称平衡状态 $\boldsymbol{x}_e$ 是在李雅普诺夫意义下稳定的。通常 δ 的取值与 ε 和 t_0 有关。若 δ 的取值和 t_0 无关，则称这种平衡状态 $\boldsymbol{x}_e$ 是一致稳定的。对于定常系统而言，δ 与 t_0 无关，稳定的平衡状态一定为一致稳定。

稳定性（也叫李雅普诺夫意义下稳定性）在本质上意味着，若系统在足够靠近状态空间原点 $\boldsymbol{x}_e=\boldsymbol{0}$ 处开始运动，则该系统轨线就可以保持在任意接近原点的一个邻域内。更正式地说，该定义指出，假若让状态轨线 $\boldsymbol{x}(t)$在任意指定半径的球域 $S(\varepsilon)$以内，就能够求得一个值 $\delta(\varepsilon,t_0)$，使得在时间 t_0 时在球域 $S(\delta)$内开始运动的状态将一直维持在球域 $S(\varepsilon)$内。图 4.2 表示二阶系统稳定的平衡状态 $\boldsymbol{x}_e=\boldsymbol{0}$ 以及从初始条件 $\boldsymbol{x}_0\in S(\delta)$出发的轨线 $\boldsymbol{x}\in S(\varepsilon)$。从图可

知，相对于每一个 $S(\varepsilon)$，都对应存在 $S(\delta)$，使得当 t 趋于无穷时，从 $S(\delta)$ 出发的状态轨线（系统响应）总是在 $S(\varepsilon)$ 以内，即系统响应的幅值是有界的，则称平衡状态 $\boldsymbol{x}_e=\boldsymbol{0}$ 是李雅普诺夫意义下稳定，简称为稳定。

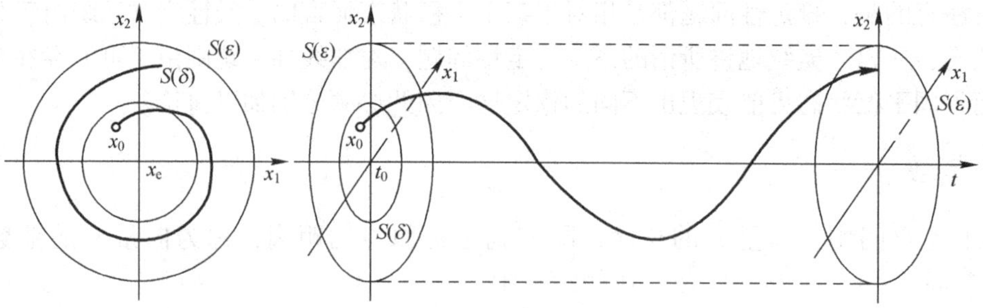

图 4.2　稳定的平衡状态及其状态轨线

2. 渐进稳定

在许多工程应用中，仅有李雅普诺夫意义下稳定是不够的。例如，当一个卫星的姿态在它的标称位置受到扰动时，我们不仅想让卫星的姿态保持在由扰动大小决定的某一个范围之内（即李雅普诺夫稳定性），而且要求该姿态逐渐地恢复到它原来的值。这类工程要求由渐进稳定性概念来表达。

如果式（4.11）描述的系统对于任一给定的实数 $\varepsilon>0$，都存在另一与 ε 有关的实数 $\delta(\varepsilon, t_0)>0$，使当 $\|\boldsymbol{x}_0-\boldsymbol{x}_e\|\leqslant\delta(\varepsilon,t_0)$ 时，从任意初始状态 $\boldsymbol{x}(t_0)=\boldsymbol{x}_0$ 出发的解都满足：

$$\|\boldsymbol{\Phi}(t,\boldsymbol{x}_0,t_0)-\boldsymbol{x}_e\|\leqslant\varepsilon,t\geqslant t_0 \tag{4.22}$$

且总有

$$\lim_{t\to\infty}\|\boldsymbol{x}(t)\|=0 \tag{4.23}$$

则称平衡状态 $\boldsymbol{x}_e$ 是渐进稳定的。若 δ 的取值和 t_0 无关，则称这种平衡状态 $\boldsymbol{x}_e$ 是一致渐进稳定的。

渐进稳定性意味着平衡状态 $\boldsymbol{x}_e=\boldsymbol{0}$ 不仅是稳定的，而且从靠近 $\boldsymbol{x}_e=\boldsymbol{0}$ 处出发的状态轨线，当 $t\to\infty$ 时将收敛于 $\boldsymbol{x}_e=\boldsymbol{0}$。图 4.3 说明了渐进稳定在二维平面中的几何解释，出发于球域 $S(\delta)$ 内的系统轨线收敛于平衡状态 $\boldsymbol{x}_e=\boldsymbol{0}$。球域 $S(\delta)$ 被称为平衡状态 $\boldsymbol{x}_e$ 的吸引域或吸引范围。（平衡状态的吸引域是指最大的一个区域，使得从此区域出发的一切轨线均收敛于平衡状态 $\boldsymbol{x}_e=\boldsymbol{0}$）。一个李雅普诺夫稳定而又不是渐进稳定的平衡状态称为临界平衡状态。

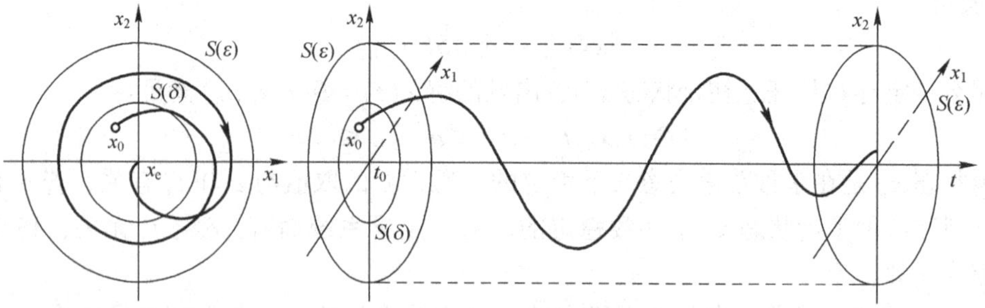

图 4.3　渐进稳定的平衡状态及其状态轨线

3. 大范围渐进稳定

若初始条件扩展至整个状态空间，即 $\delta\to\infty$，$S(\delta)\to\infty$，且平衡状态 $\boldsymbol{x}_e$ 均渐进稳定时，则称该平衡状态 $\boldsymbol{x}_e$ 为大范围渐进稳定的。若 $\boldsymbol{x}_e$ 大范围渐进稳定，当 $t\to\infty$ 时，由状态空间中

任一初始状态 $\boldsymbol{x}_0$ 出发的状态轨迹［即式（4.11）的解］都收敛于 $\boldsymbol{x}_e$。显然，大范围渐进稳定的必要条件是在整个状态空间只有唯一的平衡状态。

在实际的工程应用中，大范围渐进稳定性的范围十分重要。对于严格线性的系统，如果平衡状态是渐进稳定的，那必定是大范围渐进稳定的，因为线性系统的稳定性只取决于系统的结构和参数，而与初始条件的大小无关，因此，线性系统的稳定性是全局性的。而对于非线性系统，稳定性与初始条件的大小密切相关，使平衡状态 $\boldsymbol{x}_e$ 为渐进稳定的闭球域 $S(\delta)$ 一般是不大的，对多个平衡状态的情况更是如此，故通常只能在小范围内渐进稳定。因此，非线性系统的稳定性一般是局部性的。一般来说，渐进稳定性是个局部的性质，知道渐进稳定性的范围，才能了解这一系统的抗干扰能力，从而可以设法抑制干扰，使它满足系统稳定性的要求。

4. 不稳定

对于式（4.11）描述的系统，如果对于某个实数 $\varepsilon>0$ 和任一实数 $\delta>0$，当 $\|\boldsymbol{x}_0-\boldsymbol{x}_e\|\leqslant\delta$ 时，总存在一个初始状态 $\boldsymbol{x}(t_0)=\boldsymbol{x}_0$，使得

$$\|\boldsymbol{\Phi}(t,\boldsymbol{x}_0,t_0)-\boldsymbol{x}_e\|>\varepsilon,\quad t\geqslant t_0$$

则称该平衡状态 $\boldsymbol{x}_e$ 是不稳定的。

无论 δ 这个实数多么小，由 $s(\delta)$ 内出发的状态轨线，至少有一条越过 $S(\varepsilon)$，则称这种平衡状态 $\boldsymbol{x}_e$ 不稳定。

图 4.4 给出了不稳定性的二维空间几何解释：对于某个给定的球域 $S(\varepsilon)$，无论球域 $S(\delta)$ 取得多么小，内部总存在一个初始状态 $\boldsymbol{x}(t_0)=\boldsymbol{x}_0$，使得从这一状态出发的状态轨线，至少有一条越过 $S(\varepsilon)$。

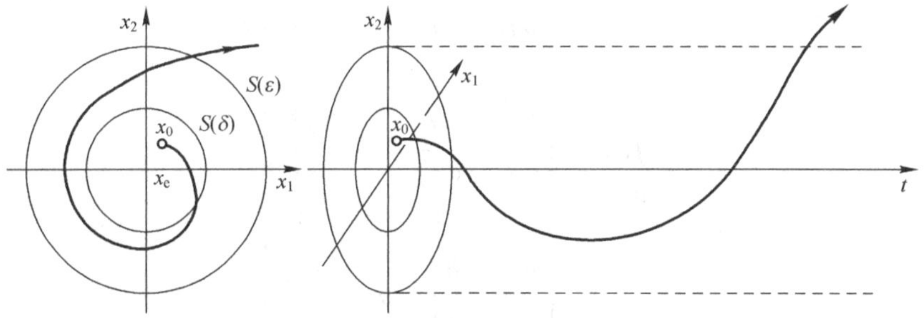

图 4.4　不稳定的平衡状态及其状态轨线

从上述定义可以看出，球域 $S(\delta)$ 限制着初始状态 $\boldsymbol{x}(t_0)=\boldsymbol{x}_0$ 的取值，球域 $S(\varepsilon)$ 规定了系统自由响应 $\boldsymbol{x}(t)=\boldsymbol{\Phi}(t,\boldsymbol{x}_0,t_0)$ 的边界。简单地说，如果 $\boldsymbol{x}(t)=\boldsymbol{\Phi}(t,\boldsymbol{x}_0,t_0)$ 有界，则称 $\boldsymbol{x}_e$ 稳定。如果 $\boldsymbol{x}(t)=\boldsymbol{\Phi}(t,\boldsymbol{x}_0,t_0)$ 不仅有界，且 $\lim\limits_{t\to\infty}\|\boldsymbol{x}(t)\|=0$，收敛于原点，则称 $\boldsymbol{x}_e$ 渐进稳定。如果 $\boldsymbol{x}(t)=\boldsymbol{\Phi}(t,\boldsymbol{x}_0,t_0)$ 无界，则称 $\boldsymbol{x}_e$ 不稳定。在经典控制理论中，只有渐进稳定的系统才称为稳定系统。只在李雅普诺夫意义下稳定，但不是渐进稳定的系统则称为临界稳定系统，这在工程上属于不稳定系统。

4.3　李雅普诺夫间接法

李雅普诺夫间接法

李雅普诺夫间接法又称李雅普诺夫第一法，它的基本思路是通过系统状态方程解的特性来判断系统稳定性的方法，适用于线性定常、线性时变及非线性函数可线性化的情况。经典控制理论中关于线性定常系统稳定性的各种判据，均可看作李雅普诺夫第一法在线性系统中的应用。而对于非线性不很严重的系统，可以通过线性化处理，取其

一次近似得到线性化方程，然后再根据其特征根来判断系统的稳定性。

4.3.1 线性系统的稳定判据

定理 4.5 设线性定常连续系统自由的状态方程为

$$\dot{\boldsymbol{x}}=\boldsymbol{A}\boldsymbol{x} \tag{4.24}$$

则系统在平衡状态 $\boldsymbol{x}_e=\boldsymbol{0}$ 渐进稳定的充要条件是系统矩阵 $\boldsymbol{A}$ 的所有特征值均具有负实部。

如前所述，对于由非奇异矩阵 $\boldsymbol{A}$ 描述的线性定常连续系统，因为其只有唯一的平衡状态 $\boldsymbol{x}_e=\boldsymbol{0}$，故关于平衡状态 $\boldsymbol{x}_e=\boldsymbol{0}$ 的渐进稳定性和系统的渐进稳定性完全一致。同时，当平衡状态 $\boldsymbol{x}_e=\boldsymbol{0}$ 渐进稳定时，必定是大范围一致渐进稳定。

4.3.2 非线性系统的稳定判据

设系统的状态方程为

$$\dot{\boldsymbol{x}}=\boldsymbol{f}(\boldsymbol{x}) \tag{4.25}$$

式中，$\boldsymbol{x}_e$ 为其平衡状态，$\boldsymbol{f}(\boldsymbol{x})$ 为与 $\boldsymbol{x}$ 同维的向量函数，且对 $\boldsymbol{x}$ 有连续的偏导数。

为讨论系统在平衡状态 $\boldsymbol{x}_e$ 处的稳定性，可将非线性向量函数 $\boldsymbol{f}(\boldsymbol{x})$ 在 $\boldsymbol{x}_e$ 的邻域内展开成泰勒级数为

$$\dot{\boldsymbol{x}}=\boldsymbol{f}(\boldsymbol{x})\big|_{\boldsymbol{x}=\boldsymbol{x}_e}+\frac{\partial \boldsymbol{f}(\boldsymbol{x})}{\partial \boldsymbol{x}^{\mathrm{T}}}\bigg|_{\boldsymbol{x}=\boldsymbol{x}_e}(\boldsymbol{x}-\boldsymbol{x}_e)+\boldsymbol{R}(\boldsymbol{x}) \tag{4.26}$$

式中，$\boldsymbol{R}(\boldsymbol{x})$ 为级数展开式中的高阶导数项。而

$$\frac{\partial \boldsymbol{f}(\boldsymbol{x})}{\partial \boldsymbol{x}^{\mathrm{T}}}=\begin{bmatrix} \dfrac{\partial f_1}{\partial x_1} & \dfrac{\partial f_1}{\partial x_2} & \cdots & \dfrac{\partial f_1}{\partial x_n} \\ \dfrac{\partial f_2}{\partial x_1} & \dfrac{\partial f_2}{\partial x_2} & \cdots & \dfrac{\partial f_2}{\partial x_n} \\ \vdots & \vdots & & \vdots \\ \dfrac{\partial f_n}{\partial x_1} & \dfrac{\partial f_n}{\partial x_2} & \cdots & \dfrac{\partial f_n}{\partial x_n} \end{bmatrix} \tag{4.27}$$

称为雅可比（Jacobian）矩阵。

若令 $\Delta\boldsymbol{x}=\boldsymbol{x}-\boldsymbol{x}_e$，并取式（4.26）的一次近似式，则得原非线性系统（4.25）的线性化方程为

$$\Delta\dot{\boldsymbol{x}}=\boldsymbol{A}\Delta\boldsymbol{x} \tag{4.28}$$

式中

$$\boldsymbol{A}=\frac{\partial \boldsymbol{f}(\boldsymbol{x})}{\partial \boldsymbol{x}^{\mathrm{T}}}\bigg|_{\boldsymbol{x}=\boldsymbol{x}_e} \tag{4.29}$$

在一次近似的基础上，李雅普诺夫给出以下定理：

定理 4.6 李雅普诺夫间接法（线性化）

1）如果式（4.29）中的系数矩阵 $\boldsymbol{A}$ 的所有特征值都具有负实部（或所有特征值严格位于左半复平面内），则原非线性系统（4.25）在平衡状态是渐进稳定的，而且系统的稳定性与 $\boldsymbol{R}(\boldsymbol{x})$ 无关。

2）如果系数矩阵 $\boldsymbol{A}$ 的特征值，至少有一个具有正实部，则原非线性系统（4.25）在平衡状态是不稳定的。

3）如果系数矩阵 $\boldsymbol{A}$ 的特征值，至少有一个实部为零（即如果 $\boldsymbol{A}$ 的所有特征值都在左半复平面内，但至少有一个在 $\mathrm{j}\omega$ 轴上），系统处于临界情况，那么原非线性系统的平衡状态的稳定性不能由矩阵 $\boldsymbol{A}$ 的特征值符号决定，其平衡状态对于非线性系统可能是稳定的、渐进稳定的或者是不稳定的。原非线性系统的稳定性取决于系统中存在的高阶非线性项 $\boldsymbol{R}(\boldsymbol{x})$。对于这种情况，采用李雅普诺夫第一法不能对非线性系统的稳定性进行分析，可采用李雅普诺夫第二法。

【例 4.4】 考查系统

$$\begin{cases}\dot{x}_1=x_2^2+x_1\cos x_2\\ \dot{x}_2=x_2+(x_1+1)x_1+x_1\sin x_2\end{cases}$$

在平衡状态处的稳定性。

解：系统仅有一个平衡状态 $\boldsymbol{x}_{\mathrm{e}}=\boldsymbol{0}$。在 $\boldsymbol{x}_{\mathrm{e}}=\boldsymbol{0}$ 处将其线性化为

$$\boldsymbol{A}=\frac{\partial \boldsymbol{f}(\boldsymbol{x})}{\partial \boldsymbol{x}^{\mathrm{T}}}\bigg|_{\boldsymbol{x}=\boldsymbol{x}_{\mathrm{e}}}=\begin{bmatrix}\cos x_2 & 2x_2-x_1\sin x_2\\ 2x_1+1+\sin x_2 & 1+x_1\cos x_2\end{bmatrix}\bigg|_{\boldsymbol{x}=\boldsymbol{x}_{\mathrm{e}}}=\begin{bmatrix}1 & 0\\ 1 & 1\end{bmatrix}$$

其特征值 $\lambda_1=1$，$\lambda_2=1$，因而该线性系统近似是不稳定的，可见原非线性系统在平衡状态处也是不稳定的。

【例 4.5】 设系统状态方程为

$$\begin{cases}\dot{x}_1=x_1-x_1x_2\\ \dot{x}_2=-x_2+x_1x_2\end{cases}$$

试分析系统在平衡状态处的稳定性。

解：由题意可知

$$f_1=x_1-x_1x_2,\quad f_2=-x_2+x_1x_2$$

则系统雅可比矩阵为

$$\frac{\partial \boldsymbol{f}(\boldsymbol{x})}{\partial \boldsymbol{x}^{\mathrm{T}}}=\begin{bmatrix}\dfrac{\partial f_1}{\partial x_1} & \dfrac{\partial f_1}{\partial x_2}\\ \dfrac{\partial f_2}{\partial x_1} & \dfrac{\partial f_2}{\partial x_2}\end{bmatrix}=\begin{bmatrix}1-x_2 & -x_1\\ x_2 & -1+x_1\end{bmatrix}$$

系统有两个平衡状态 $\boldsymbol{x}_{\mathrm{e}1}=[0\quad 0]^{\mathrm{T}}$，$\boldsymbol{x}_{\mathrm{e}2}=[1\quad 1]^{\mathrm{T}}$。

在 $\boldsymbol{x}_{\mathrm{e}1}=[0\quad 0]^{\mathrm{T}}$ 处将其线性化得

$$\boldsymbol{A}_1=\frac{\partial \boldsymbol{f}(\boldsymbol{x})}{\partial \boldsymbol{x}^{\mathrm{T}}}\bigg|_{\boldsymbol{x}=\boldsymbol{x}_{\mathrm{e}1}}=\begin{bmatrix}1 & 0\\ 0 & -1\end{bmatrix}$$

其特性值为 $\lambda_1=-1$，$\lambda_2=1$，可见原非线性系统在 $\boldsymbol{x}_{\mathrm{e}1}$ 处是不稳定的。

在 $\boldsymbol{x}_{\mathrm{e}2}=[1\quad 1]^{\mathrm{T}}$ 处将其线性化得

$$\boldsymbol{A}_2=\frac{\partial \boldsymbol{f}(\boldsymbol{x})}{\partial \boldsymbol{x}^{\mathrm{T}}}\bigg|_{\boldsymbol{x}=\boldsymbol{x}_{\mathrm{e}2}}=\begin{bmatrix}0 & -1\\ 1 & 0\end{bmatrix}$$

其特征值为 $\pm\mathrm{j}1$，实部为零，因而不能由线性化方程得出原系统在 $\boldsymbol{x}_{\mathrm{e}2}$ 处稳定性的结论。这种情况要应用下一节将要讨论的李雅普诺夫直接法进行判定。

4.4 李雅普诺夫直接法

李雅普诺夫直接法预备知识

4.4.1 李雅普诺夫直接法的基本思想

李雅普诺夫直接法又称李雅普诺夫第二法。它的基本思路是借助于一个李

雅普诺夫函数来直接对系统平衡状态的稳定性做出判断，而不求解系统的运动方程。它是从能量的观点进行稳定性的分析。如果一个系统被激励后，其存储的能量随着时间的推移逐渐衰减，到达平衡状态时能量将达到最小值，那么，这个平衡状态是渐进稳定的。反之，如果系统不断地从外界吸收能量，储能越来越大，那么这个平衡状态就是不稳定的。如果系统的储能既不增加也不消耗，那么这个平衡状态就是李雅普诺夫意义下稳定的。这样就可以通过检查某个标量函数的变化情况而对一个系统的稳定性做出结论。

【例 4.6】 考虑图 4.5 所示曲面上的小球 B，受到扰动作用后，偏离平衡状态 A 到达状态 C，获得一定的能量，（能量是系统状态的函数）然后便开始围绕平衡状态 A 来回振荡。如果曲面表面绝对光滑，运动过程不消耗能量，也不再从外界吸引能量，储能对时间便没有变化，那么，振荡将等幅地一直维持下去，这就是李雅普诺夫意义下的稳定。如果曲面表面有摩擦，振荡过程将消耗能量，储能对时间的变化率为负值。那么振荡幅值将越来越小，直至最后小球又回复到平衡状态 A。根据定义，这个平衡状态便是渐进稳定的。由此可见，按照系统运动过程中能量变化趋势的观点来分析系统的稳定性是直观而方便的。

【例 4.7】 考虑图 4.6 所示的非线性质量-阻尼器-弹簧系统，它的动态方程是

$$m\ddot{x}+b\dot{x}\,|\dot{x}|+k_0x+k_1x^3=0 \tag{4.30}$$

式中，$b\dot{x}\,|\dot{x}|$表示非线性消耗或阻尼，$(k_0x+k_1x^3)$表示非线性弹力项。假设将质量从弹簧的自然长度处拉开一段较长的距离，然后放开，试观察其运动是否稳定。这里，用稳定性的定义很难回答这个问题。因为该非线性方程的通解是得不到的，而且，也不能使用线性化方法，因为运动的起始点离开了线性范围。但是，考虑这个系统的能量却能告诉我们许多有关运动模式的信息。

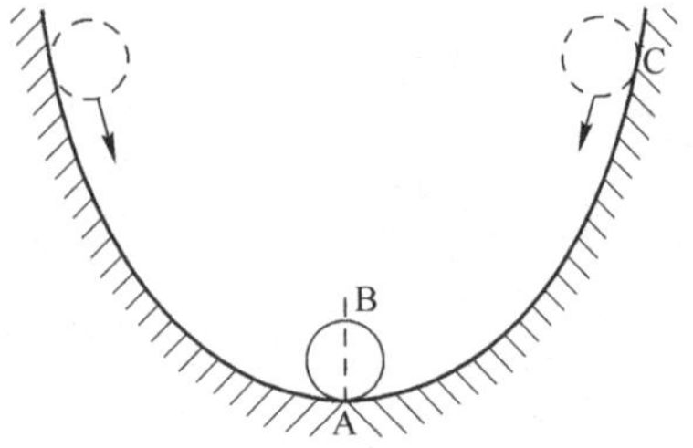

图 4.5　稳定的平衡状态及其状态轨线

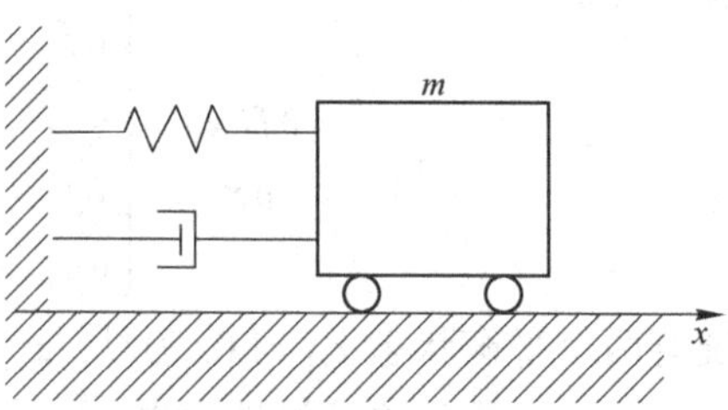

图 4.6　一个非线性质量-阻尼器-弹簧系统

整个机械系统的能量是它的动能和势能的和，即

$$V(\boldsymbol{x})=\frac{1}{2}m\dot{x}^2+\int_0^x(k_0x+k_1x^3)\,\mathrm{d}x=\frac{1}{2}m\dot{x}^2+\frac{1}{2}k_0x^2+\frac{1}{4}k_1x^4 \tag{4.31}$$

对稳定性概念和机械能量进行比较，可以很容易看出机械系统的能量和前面描述的稳定性概念之间的某些关系：

1）机械系统的零能量对应于平衡状态（$x=0$，$\dot{x}=0$）；

2）渐进稳定性意味着机械系统的能量收敛于 0；

3）不稳定与机械系统的能量增长有关。

这些关系指出，一个标量的机械系统能量大小间接地反映了状态向量的大小，且系统的稳定性可以用机械系统能量的变化来表征。

在系统运动过程中，机械系统能量的变化速率很容易通过对式（4.31）求微分并利用式（4.30）获得：

$$\dot{V}(\boldsymbol{x})=m\dot{x}\ddot{x}+(k_0x+k_1x^3)\dot{x}=\dot{x}(-b\dot{x}\,|\dot{x}|)=-b\,|\dot{x}|^3 \tag{4.32}$$

式（4.32）意味着，机械系统的能量从某个初始值开始，被阻尼器不断消耗直到物体稳定下来，即直到 $\dot{x}=0$ 为止。物理上，容易看到物体最终必然稳定于弹簧的自然长度处，因为除了自然长度之外，任何位置都会受到一个非零弹簧力的作用。

但是，由于系统的复杂性和多样性，往往不能直观地找到一个能量函数来描述系统的能量关系，于是李雅普诺夫定义了一个正定的标量函数 $V(\boldsymbol{x})$，作为虚构的广义能量函数，然后，根据$\dot{V}(\boldsymbol{x})=\dfrac{\mathrm{d}V(\boldsymbol{x})}{\mathrm{d}t}$的符号特征来判别系统的稳定性。对于一个给定系统，如果能找到一个正定的标量函数 $V(\boldsymbol{x})$，而$\dot{V}(\boldsymbol{x})$是负定的，则这个系统是渐进稳定的。

4.4.2 二次型函数及其定号性

1. 标量函数的符号性质

设 $V(\boldsymbol{x})$是由 n 维向量 $\boldsymbol{x}$ 所定义的标量函数，$\boldsymbol{x}\in\Omega$ 且在 $\boldsymbol{x}=\boldsymbol{0}$ 处，恒有 $V(\boldsymbol{x})=0$。所有在域 Ω 中的任何非零向量 $\boldsymbol{x}$，如果

1）$V(\boldsymbol{x})>0$，则称 $V(\boldsymbol{x})$是正定的。例如，$V(\boldsymbol{x})=x_1^2+x_2^2$。

2）$V(\boldsymbol{x})\geqslant0$，则称 $V(\boldsymbol{x})$是半正定的。例如，$V(\boldsymbol{x})=(x_1+x_2)^2$。

3）$V(\boldsymbol{x})<0$，则称 $V(\boldsymbol{x})$是负定的。例如，$V(\boldsymbol{x})=-(x_1^2+2x_2^2)$。

4）$V(\boldsymbol{x})\leqslant0$，则称 $V(\boldsymbol{x})$是半负定的。例如，$V(\boldsymbol{x})=-(x_1+x_2)^2$。

5）$V(\boldsymbol{x})>0$ 或 $V(\boldsymbol{x})<0$，则称 $V(\boldsymbol{x})$为不定的。例如，$V(\boldsymbol{x})=x_1+x_2$。

2. 二次型标量函数

设 $\boldsymbol{x}=[x_1 \quad x_2 \quad \cdots \quad x_n]^{\mathrm{T}}\in\mathbf{R}^n$ 为状态向量，定义二次型标量函数为

$$V(\boldsymbol{x})=\boldsymbol{x}^{\mathrm{T}}\boldsymbol{P}\boldsymbol{x}=[x_1 \quad x_2 \quad \cdots \quad x_n]\begin{bmatrix} p_{11} & p_{12} & \cdots & p_{1n} \\ p_{21} & p_{22} & \cdots & p_{2n} \\ \vdots & \vdots & & \vdots \\ p_{n1} & p_{n2} & \cdots & p_{nn} \end{bmatrix}\begin{bmatrix} x_1 \\ x_2 \\ \vdots \\ x_n \end{bmatrix} \tag{4.33}$$

如果 $p_{ij}=p_{ji}$，则称 $\boldsymbol{P}$ 为实对称阵。例如

$$V(\boldsymbol{x})=x_1^2+2x_1x_2+x_1^2+x_3^2=[x_1 \quad x_2 \quad x_3]\begin{bmatrix} 1 & 1 & 0 \\ 1 & 1 & 0 \\ 0 & 0 & 1 \end{bmatrix}\begin{bmatrix} x_1 \\ x_2 \\ x_3 \end{bmatrix}$$

对二次型函数 $V(\boldsymbol{x})=\boldsymbol{x}^{\mathrm{T}}\boldsymbol{P}\boldsymbol{x}$，若 $\boldsymbol{P}$ 为实对称阵，则必存在正交矩阵 $\boldsymbol{T}$，通过变换 $\boldsymbol{x}=\boldsymbol{T}\bar{\boldsymbol{x}}$，使之转化为

$$\begin{aligned} V(\boldsymbol{x}) &= \boldsymbol{x}^{\mathrm{T}}\boldsymbol{P}\boldsymbol{x} = \bar{\boldsymbol{x}}^{\mathrm{T}}\boldsymbol{T}^{\mathrm{T}}\boldsymbol{P}\boldsymbol{T}\bar{\boldsymbol{x}} = \bar{\boldsymbol{x}}^{\mathrm{T}}(\boldsymbol{T}^{\mathrm{T}}\boldsymbol{P}\boldsymbol{T})\bar{\boldsymbol{x}} \\ &= \bar{\boldsymbol{x}}^{\mathrm{T}}\bar{\boldsymbol{P}}\bar{\boldsymbol{x}} = \bar{\boldsymbol{x}}^{\mathrm{T}}\begin{bmatrix} \lambda_1 & 0 & \cdots & 0 \\ 0 & \lambda_2 & \cdots & 0 \\ \vdots & \vdots & & \vdots \\ 0 & 0 & \cdots & 0 \\ 0 & 0 & \cdots & \lambda_n \end{bmatrix}\bar{\boldsymbol{x}} = \sum_{i=1}^{n}\lambda_i\bar{x}_i^2 \end{aligned} \tag{4.34}$$

则式（4.34）称为二次型函数的规范型。它只包含变量的平方项，其中，$\lambda_i,(i=1,2,\cdots,n)$为对称矩阵 $\boldsymbol{P}$ 的互异特征值，且均为实数。则 $V(\boldsymbol{x})$正定的充要条件是对称阵 $\boldsymbol{P}$ 的所有特征值 λ_i 均大于零。

3. 希尔维斯特（Sylvester）判据

设实对称矩阵

$$P=\begin{bmatrix} p_{11} & p_{12} & \cdots & p_{1n} \\ p_{21} & p_{22} & \cdots & p_{2n} \\ \vdots & \vdots & & \vdots \\ p_{n1} & p_{n2} & \cdots & p_{nn} \end{bmatrix}, p_{ij}=p_{ji} \tag{4.35}$$

$\Delta_i(i=1,2,\cdots,n)$为其各阶主子行列式，即

$$\Delta_1=p_{11}, \Delta_2=\begin{vmatrix} p_{11} & p_{12} \\ p_{21} & p_{22} \end{vmatrix}, \cdots, \Delta_n=|P| \tag{4.36}$$

矩阵 P（或 $V(x)$）定号性的充要条件是：

1）若 $\Delta_i>0(i=1,2,\cdots,n)$，则 P（或 $V(x)$）为正定的。

2）若 $\Delta_i\begin{cases} >0 & i \text{ 为偶数} \\ <0 & i \text{ 为奇数} \end{cases}$，则 P（或 $V(x)$）为负定的。

3）若 $\Delta_i\begin{cases} \geqslant 0 & i=1,2,\cdots,n-1 \\ =0 & i=n \end{cases}$，则 P（或 $V(x)$）为半正定的。

4）$\Delta_i\begin{cases} \geqslant 0 & i \text{ 为偶数} \\ \leqslant 0 & i \text{ 为奇数} \\ =0 & i=n \end{cases}$，则 P（或 $V(x)$）为半负定的。

矩阵 P 的符号性质定义为，设 P 为 $n\times n$ 实对称方阵，$V(x)=x^{\mathrm{T}}Px$ 为由 P 所决定的二次型函数。

1）若 $V(x)$正定，则称 P 为正定，记作 $P>0$。

2）若 $V(x)$负定，则称 P 为负定，记作 $P<0$。

3）若 $V(x)$半正定（非负定），则称 P 为半正定（非负定），记作 $P\geqslant 0$。

4）若 $V(x)$半负定（非正定），则称 P 为半负定（非正定），记作 $P\leqslant 0$。

由上可见，矩阵 P 的符号性质与由其所决定的二次型函数 $V(x)=x^{\mathrm{T}}Px$ 的符号性质完全一致。因此，要判别 $V(x)$的符号只要判别 P 的符号即可。而后者可由希尔维斯特（Sylvester）判据进行判定。

【例 4.8】 已知 $V(x)=10x_1^2+4x_2^2+x_3^2+2x_1x_2-2x_2x_3-4x_1x_3$，试判断 $V(x)$是否正定。

解： 二次型函数 $V(x)$可写成矩阵形式，即

$$V(x)=x^{\mathrm{T}}Px=[x_1 \quad x_2 \quad x_3]\begin{bmatrix} 10 & 1 & -2 \\ 1 & 4 & -1 \\ -2 & -1 & 1 \end{bmatrix}\begin{bmatrix} x_1 \\ x_2 \\ x_3 \end{bmatrix}$$

各阶主子行列式为

$$\Delta_1=10>0,\ \Delta_2=\begin{vmatrix} 10 & 1 \\ 1 & 4 \end{vmatrix}=39>0,\quad \Delta_3=\begin{vmatrix} 10 & 1 & -2 \\ 1 & 4 & -1 \\ -2 & -1 & 1 \end{vmatrix}=17>0$$

可见，矩阵 P 的各阶主子行列式均大于零，由希尔维斯特判据可确定该二次型函数 $V(x)$正定。

4.4.3 李雅普诺夫稳定性定理

李雅普诺夫直接法定理

定理 4.7 设系统的状态方程为

$$\dot{\boldsymbol{x}}=\boldsymbol{f}(\boldsymbol{x})$$

平衡状态为 $\boldsymbol{x}_e=\boldsymbol{0}$，满足 $\boldsymbol{f}(\boldsymbol{x}_e)=\boldsymbol{0}$。

如果存在一个标量函数 $V(\boldsymbol{x})$，它满足：

1）$V(\boldsymbol{x})$ 对所有 x 都具有连续的一阶偏导数。

2）$V(\boldsymbol{x})$ 是正定的，即当 $\boldsymbol{x}=\boldsymbol{0}$，$V(\boldsymbol{x})=0$；$\boldsymbol{x}\neq\boldsymbol{0}$，$V(\boldsymbol{x})>0$。

3）$V(\boldsymbol{x})$ 沿状态轨线方向计算的时间导数 $\dot{V}(\boldsymbol{x})=\dfrac{\mathrm{d}V(\boldsymbol{x})}{\mathrm{d}t}$ 负定。

则系统的平衡状态 $\boldsymbol{x}_e=\boldsymbol{0}$ 是渐进稳定的，并称 $V(\boldsymbol{x})$ 是系统的一个李雅普诺夫函数。进一步，若 $V(\boldsymbol{x})$ 还满足 $\lim\limits_{\|\boldsymbol{x}\|\to\infty}V(\boldsymbol{x})=\infty$，则系统在平衡状态 $\boldsymbol{x}_e=\boldsymbol{0}$ 是大范围渐进稳定的。

【例 4.9】 已知非线性系统的状态方程式为

$$\begin{cases}\dot{x}_1=x_2-x_1(x_1^2+x_2^2)\\ \dot{x}_2=-x_1-x_2(x_1^2+x_2^2)\end{cases}$$

试判断其平衡状态的稳定性。

解： 取李雅普诺夫函数为

$$V(\boldsymbol{x})=x_1^2+x_2^2$$

显然，$V(\boldsymbol{x})$ 是正定的。

$$\dot{V}(\boldsymbol{x})=\frac{\mathrm{d}V}{\mathrm{d}t}=\frac{\partial V}{\partial x_1}\cdot\frac{\mathrm{d}x_1}{\mathrm{d}t}+\frac{\partial V}{\partial x_2}\cdot\frac{\mathrm{d}x_2}{\mathrm{d}t}=2x_1\dot{x}_1+2x_2\dot{x}_2$$

将系统状态方程代入上式，得

$$\dot{V}(\boldsymbol{x})=-2\,(x_1^2+x_2^2)^2$$

显然，$\boldsymbol{x}=\boldsymbol{0}$，$\dot{V}(\boldsymbol{x})=0$；$\boldsymbol{x}\neq\boldsymbol{0}$，$\dot{V}(\boldsymbol{x})<0$，故 $\dot{V}(\boldsymbol{x})$ 为负定的。根据定理 4.7，该系统在平衡状态（$x_1=0$，$x_2=0$）是渐进稳定的。而且，当 $\|\boldsymbol{x}\|\to\infty$ 时，$V(\boldsymbol{x})\to\infty$。根据定理 4.7，该系统在平衡状态 $\boldsymbol{x}_e=\boldsymbol{0}$ 处是大范围渐进稳定的。

上述定理的正确性可由图 4.7 得到几何解释。因为 $V(\boldsymbol{x})=x_1^2+x_2^2=C$ 的几何图形是在 x_1Ox_2 平面上以原点为中心，以 $\sqrt{C}$ 为半径的一簇圆。它表示系统存储的能量。储能越多，圆的半径越大，表示相应状态向量到原点之间的距离越远。而 $\dot{V}(\boldsymbol{x})$ 为负定，表示系统的状态在沿状态轨线从圆的外侧趋向内侧的运动过程中，能量将随时间的推移而逐渐衰减，并最终收敛于原点。由此可见，如果 $V(\boldsymbol{x})$ 表示状态 $\boldsymbol{x}$ 与坐标原点间的距离，那么 $\dot{V}(\boldsymbol{x})$ 就表示状态 $\boldsymbol{x}$ 沿轨线趋向坐标原点的速度。也就是状态从 $\boldsymbol{x}_0$ 向 $\boldsymbol{x}_e$ 趋近的速度。

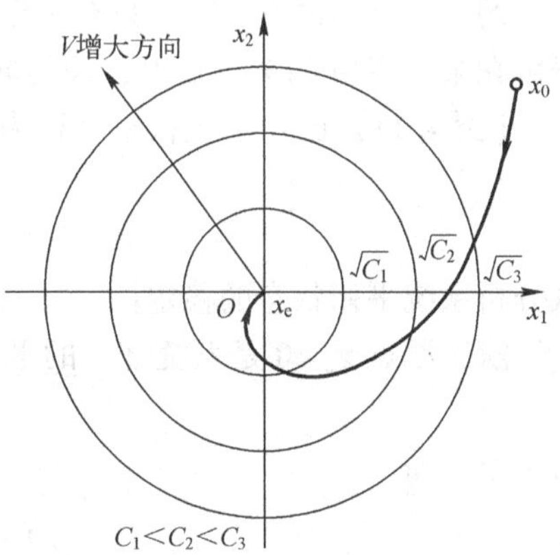

图 4.7 渐进稳定示意图

【例 4.10】 已知系统状态方程

$$\dot{\boldsymbol{x}}=\begin{bmatrix}0&1\\-1&-1\end{bmatrix}\boldsymbol{x}$$

试分析系统平衡状态的稳定性。

解：原点 $\boldsymbol{x}_e=\boldsymbol{0}$ 是系统唯一的平衡状态。选取李雅普诺夫函数

$$V(\boldsymbol{x})=\frac{1}{2}[(x_1+x_2)^2+2x_1^2+x_2^2]$$

为正定，而

$$\dot{V}(\boldsymbol{x})=(x_1+x_2)(\dot{x}_1+\dot{x}_2)+2x_1\dot{x}_1+x_2\dot{x}_2=-(x_1^2+x_2^2)$$

为负定，且当 $\|\boldsymbol{x}\|\to\infty$ 时，有 $V(\boldsymbol{x})\to\infty$，故系统在平衡状态 $\boldsymbol{x}_e=\boldsymbol{0}$ 处是大范围渐进稳定的。

应用定理 4.7 判断系统稳定性的主要难度在于构造系统的李雅普诺夫函数，其主要依靠经验和技巧，并无一般规律可循。事实上，对相当一部分系统，要构造一个正定的李雅普诺夫函数 $V(\boldsymbol{x})$，使其满足定理 4.7 中所要求的 $\dot{V}(\boldsymbol{x})$ 负定这一条件，非常不易做到。为此，李雅普诺夫给出定理 4.8 的形式，将定理 4.7 中 $\dot{V}(\boldsymbol{x})$ 负定这一条件放宽到要求 $\dot{V}(\boldsymbol{x})$ 半负定，在此基础上再附加限制条件，来判断系统的渐进稳定性。

定理 4.8 设系统的状态方程为

$$\dot{\boldsymbol{x}}=\boldsymbol{f}(\boldsymbol{x})$$

平衡状态为 $\boldsymbol{x}_e=\boldsymbol{0}$，满足 $\boldsymbol{f}(\boldsymbol{x}_e)=\boldsymbol{0}$。

如果存在一个标量函数 $V(\boldsymbol{x})$，它满足：

1）$V(\boldsymbol{x})$ 对所有 $\boldsymbol{x}$ 都具有连续的一阶偏导数。

2）$V(\boldsymbol{x})$ 是正定的，即当 $\boldsymbol{x}=\boldsymbol{0}$，$V(\boldsymbol{x})=0$；$\boldsymbol{x}\neq\boldsymbol{0}$，$V(\boldsymbol{x})>0$。

3）$V(\boldsymbol{x})$ 沿状态轨线方向计算的时间导数 $\dot{V}(\boldsymbol{x})=\dfrac{\mathrm{d}V(\boldsymbol{x})}{\mathrm{d}t}$ 半负定。

则平衡状态 $\boldsymbol{x}_e$ 为在李雅普诺夫意义下稳定。

4）但若对任意初始状态 $\boldsymbol{x}(t_0)\neq\boldsymbol{0}$ 来说，除去 $\boldsymbol{x}=\boldsymbol{0}$ 外，对 $\boldsymbol{x}\neq\boldsymbol{0}$，$\dot{V}(\boldsymbol{x})$ 不恒为零。则系统的平衡状态 $\boldsymbol{x}_e=\boldsymbol{0}$ 是渐进稳定的，并称 $V(\boldsymbol{x})$ 是系统的一个李雅普诺夫函数。进一步，若 $V(\boldsymbol{x})$ 还满足 $\lim\limits_{\|\boldsymbol{x}\|\to\infty}V(\boldsymbol{x})=\infty$，则系统在平衡状态 $\boldsymbol{x}_e=\boldsymbol{0}$ 是大范围渐进稳定的。

下面对定理中当 $\dot{V}(\boldsymbol{x})$ 半负定时的附加条件 $\dot{V}(\boldsymbol{x})$ 不恒为零做些说明。由于 $\dot{V}(\boldsymbol{x})$ 为半负定，所以在 $\boldsymbol{x}\neq\boldsymbol{0}$ 时可能会出现 $\dot{V}(\boldsymbol{x})=0$。这时系统可能有两种运动情况：

1）$\dot{V}(\boldsymbol{x})\equiv 0$，则 $V(\boldsymbol{x})\equiv C$，即状态运动轨迹将落在某个特定的曲面 $V(\boldsymbol{x})\equiv C$ 上，而不会收敛于 $\boldsymbol{x}_e=\boldsymbol{0}$ 的平衡状态，这可能对应于非线性系统中出现的极限环或线性系统中的临界稳定，系统在原点处的平衡状态为在李雅普诺夫意义下稳定，但非渐进稳定。

2）$\dot{V}(\boldsymbol{x})$ 不恒等于零，只在某个时间段暂时为零，而其他时刻均为负值，则运动轨迹不会停留在某一定值 $V(\boldsymbol{x})=C$ 上，而是向原点收敛，系统在原点处的平衡状态为渐进稳定。

【例 4.11】 已知系统状态方程为

$$\dot{\boldsymbol{x}}=\begin{bmatrix}0 & 1\\ -1 & -1\end{bmatrix}\boldsymbol{x}$$

试分析系统平衡状态的稳定性。

解：原点 $\boldsymbol{x}_e=\boldsymbol{0}$ 是系统唯一的平衡状态。选取李雅普诺夫函数

$$V(\boldsymbol{x})=x_1^2+x_2^2$$

为正定，而

$$\dot{V}(\boldsymbol{x})=2x_1\dot{x}_1+2x_2\dot{x}_2=-2x_2^2$$

当 $x_1=0$，$x_2=0$ 时，$\dot{V}(\boldsymbol{x})=0$；当 $x_1\neq 0$，$x_2=0$ 时，$\dot{V}(\boldsymbol{x})=0$，因此 $\dot{V}(\boldsymbol{x})$ 半负定。根据定

理 4.8，可知该系统在平衡状态处为李雅普诺夫意义下稳定。为了判断系统是否渐进稳定，还需进一步分析 $x_1\neq0$，$x_2=0$ 时，$\dot{V}(\boldsymbol{x})$ 是否恒为零。

假设 $\dot{V}(\boldsymbol{x})=-2x_2^2$ 恒为零，则必然有 x_2 在 $t>t_0$ 时恒等于零；x_2 恒等于零又要求 $\dot{x}_2$ 恒等于零。但从状态方程 $\dot{x}_2=-x_1-x_2$ 可知，在 $t>t_0$ 时，若要求 $\dot{x}_2=0$ 和 $x_2=0$，必须满足 $x_1=0$ 的条件。这与初始条件 $x_1\neq0$，$x_2=0$ 相违背。这就表明，$x_1\neq0$，$x_2=0$ 时，$\dot{V}(\boldsymbol{x})$ 不可能恒为零。因此，系统在平衡状态 $\boldsymbol{x}_e=\boldsymbol{0}$ 处是渐进稳定的。

当 $\|\boldsymbol{x}\|\to\infty$ 时，有 $V(\boldsymbol{x})\to\infty$，故系统在平衡状态 $\boldsymbol{x}_e=\boldsymbol{0}$ 处是大范围渐进稳定的。

定理 4.9 设系统的状态方程为

$$\dot{\boldsymbol{x}}=\boldsymbol{f}(\boldsymbol{x})$$

平衡状态为 $\boldsymbol{x}_e=\boldsymbol{0}$，满足 $\boldsymbol{f}(\boldsymbol{x}_e)=\boldsymbol{0}$。

如果存在一个标量函数 $V(\boldsymbol{x})$，它满足：

1）$V(\boldsymbol{x})$ 对所有 $\boldsymbol{x}$ 都具有连续的一阶偏导数。

2）$V(\boldsymbol{x})$ 是正定的，即当 $\boldsymbol{x}=\boldsymbol{0}$，$V(\boldsymbol{x})=0$；$\boldsymbol{x}\neq\boldsymbol{0}$，$V(\boldsymbol{x})>0$。

3）$V(\boldsymbol{x})$ 沿状态轨线方向计算的时间导数 $\dot{V}(\boldsymbol{x})=\dfrac{\mathrm{d}V(\boldsymbol{x})}{\mathrm{d}t}$ 正定。

则系统在平衡状态处不稳定。

【例 4.12】 设系统的状态方程为

$$\begin{cases}\dot{x}_1=x_2\\ \dot{x}_2=-(1-|x_1|)x_2-x_1\end{cases}$$

试确定平衡状态的稳定性。

解：原点是唯一的平衡状态。选择李雅普诺夫函数为

$$V(\boldsymbol{x})=x_1^2+x_2^2>0$$

则有

$$\dot{V}(\boldsymbol{x})=-2x_2^2(1-|x_1|)$$

当 $|x_1|=1$ 时，$\dot{V}(\boldsymbol{x})=0$；当 $|x_1|>1$ 时，$\dot{V}(\boldsymbol{x})>0$，可见该系统在单位圆外是不稳定的。但在单位圆 $x_1^2+x_2^2=1$ 内，由于 $|x_1|<1$，$\dot{V}(\boldsymbol{x})$ 是负定的。因此在这个范围内系统平衡状态是渐进稳定的。如图 4.8 所示，这个单位圆称作不稳定的极限环。

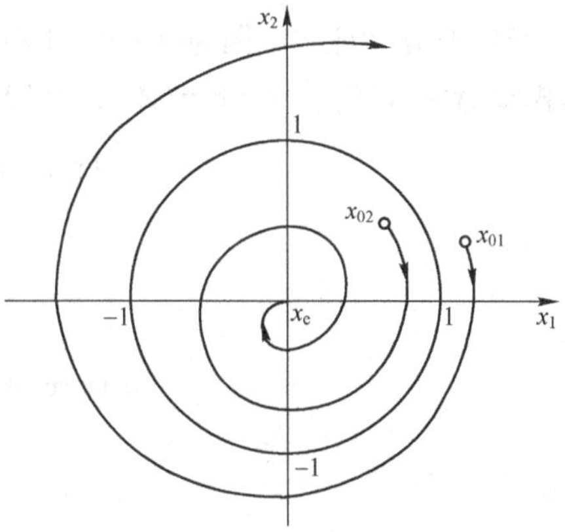

图 4.8 不稳定的极限环

【例 4.13】 设系统的状态方程为

$$\begin{cases}\dot{x}_1=x_1+x_2\\ \dot{x}_2=-x_1+x_2\end{cases}$$

试分析其平衡状态的稳定性。

解：原点 $x_1=0$，$x_2=0$ 是系统唯一的平衡状态。选择李雅普诺夫函数为

$$V(\boldsymbol{x})=x_1^2+x_2^2>0$$

同时有

$$\dot{V}(\boldsymbol{x})=2x_1\dot{x}_1+2x_2\dot{x}_2=2(x_1^2+x_2^2)>0$$

故系统在原点处是不稳定的。

实际上，该线性定常系统，根据李雅普诺夫间接法，根据特征值的符号也可以推断处该系统在原点处不稳定。

4.5　李雅普诺夫直接法在线性时不变系统中的应用

李雅普诺夫直接法应用-线性系统

4.5.1　连续系统的李雅普诺夫稳定性分析

设线性定常连续系统为

$$\dot{\boldsymbol{x}}=\boldsymbol{A}\boldsymbol{x} \tag{4.37}$$

则平衡状态 $\boldsymbol{x}_e=\boldsymbol{0}$ 处渐进稳定的充分必要条件为：$\boldsymbol{A}$ 的所有特征根均具有负实部。

定理 4.10　矩阵 $\boldsymbol{A}\in\mathbf{R}^{n\times n}$ 的所有特征根均具有负实部，即 $\sigma(\boldsymbol{A})\subset\mathbf{C}^-$，等价于存在正定对称矩阵 $\boldsymbol{P}>0$，使得 $\boldsymbol{A}^{\mathrm{T}}\boldsymbol{P}+\boldsymbol{P}\boldsymbol{A}<0$。

证明：1）必要性证明。设实对称矩阵 $\boldsymbol{Q}>0$，令 $\boldsymbol{P}=\int_0^{+\infty}\mathrm{e}^{\boldsymbol{A}^{\mathrm{T}}t}\boldsymbol{Q}\mathrm{e}^{\boldsymbol{A}t}\mathrm{d}t$，显然有 $\boldsymbol{P}>0$，且

$$\begin{aligned}\boldsymbol{A}^{\mathrm{T}}\boldsymbol{P}+\boldsymbol{P}\boldsymbol{A}&=\boldsymbol{A}^{\mathrm{T}}\int_0^{+\infty}\mathrm{e}^{\boldsymbol{A}^{\mathrm{T}}t}\boldsymbol{Q}\mathrm{e}^{\boldsymbol{A}t}\mathrm{d}t+\int_0^{+\infty}\mathrm{e}^{\boldsymbol{A}^{\mathrm{T}}t}\boldsymbol{Q}\mathrm{e}^{\boldsymbol{A}t}\boldsymbol{A}\mathrm{d}t\\&=\int_0^{+\infty}(\boldsymbol{A}^{\mathrm{T}}\mathrm{e}^{\boldsymbol{A}^{\mathrm{T}}t}\boldsymbol{Q}\mathrm{e}^{\boldsymbol{A}t}+\mathrm{e}^{\boldsymbol{A}^{\mathrm{T}}t}\boldsymbol{Q}\mathrm{e}^{\boldsymbol{A}t}\boldsymbol{A})\mathrm{d}t\\&=\int_0^{+\infty}\mathrm{d}(\mathrm{e}^{\boldsymbol{A}^{\mathrm{T}}t}\boldsymbol{Q}\mathrm{e}^{\boldsymbol{A}t})\\&=\mathrm{e}^{\boldsymbol{A}^{\mathrm{T}}t}\boldsymbol{Q}\mathrm{e}^{\boldsymbol{A}t}\Big|_0^{+\infty}\end{aligned}$$

因为 $\sigma(\boldsymbol{A})\subset\mathbf{C}^-$，则 $\lim\limits_{t\to+\infty}\mathrm{e}^{\boldsymbol{A}t}=\lim\limits_{t\to+\infty}\mathrm{e}^{\boldsymbol{A}^{\mathrm{T}}t}=0$，因此有

$$\boldsymbol{A}^{\mathrm{T}}\boldsymbol{P}+\boldsymbol{P}\boldsymbol{A}=-\boldsymbol{Q}<0$$

2）充分性证明。因为 $\boldsymbol{A}$ 的特征根可能有复数，不妨在复数域上讨论，在 $\mathbf{C}^n$ 中定义新的内积 $<\boldsymbol{x},\boldsymbol{y}>=\boldsymbol{x}^{\mathrm{T}}\boldsymbol{P}\bar{\boldsymbol{y}}$。$\forall\lambda\in\sigma(\boldsymbol{A})$，$\boldsymbol{x}\neq\boldsymbol{0}$ 为 $\boldsymbol{A}$ 的对应于 λ 的特征向量，即 $\boldsymbol{A}\boldsymbol{x}=\lambda\boldsymbol{x}$，则

$$\begin{aligned}<\boldsymbol{A}\boldsymbol{x},\boldsymbol{x}>+<\boldsymbol{x},\boldsymbol{A}\boldsymbol{x}>&=\boldsymbol{x}^{\mathrm{T}}\boldsymbol{A}^{\mathrm{T}}\boldsymbol{P}\bar{\boldsymbol{x}}+\boldsymbol{x}^{\mathrm{T}}\boldsymbol{P}\,\overline{\boldsymbol{A}\boldsymbol{x}}\\&=\boldsymbol{x}^{\mathrm{T}}(\boldsymbol{A}^{\mathrm{T}}\boldsymbol{P}+\boldsymbol{P}\boldsymbol{A})\bar{\boldsymbol{x}}\\&=-\boldsymbol{x}^{\mathrm{T}}\boldsymbol{Q}\bar{\boldsymbol{x}}<0\end{aligned}$$

又

$$\begin{aligned}<\boldsymbol{A}\boldsymbol{x},\boldsymbol{x}>+<\boldsymbol{x},\boldsymbol{A}\boldsymbol{x}>&=<\lambda\boldsymbol{x},\boldsymbol{x}>+<\boldsymbol{x},\lambda\boldsymbol{x}>\\&=\lambda\boldsymbol{x}^{\mathrm{T}}\boldsymbol{P}\bar{\boldsymbol{x}}+\boldsymbol{x}^{\mathrm{T}}\boldsymbol{P}\overline{\lambda\boldsymbol{x}}\\&=(\lambda+\bar{\lambda})\boldsymbol{x}^{\mathrm{T}}\boldsymbol{P}\bar{\boldsymbol{x}}\\&=2\mathrm{Re}(\lambda)\cdot\boldsymbol{x}^{\mathrm{T}}\boldsymbol{P}\bar{\boldsymbol{x}}\end{aligned}$$

所以 $2\mathrm{Re}(\lambda)\cdot\boldsymbol{x}^{\mathrm{T}}\boldsymbol{P}\bar{\boldsymbol{x}}=-\boldsymbol{x}^{\mathrm{T}}\boldsymbol{Q}\bar{\boldsymbol{x}}<0$，则 $2\mathrm{Re}(\lambda)<0$，即 $\lambda\in\mathbf{C}^-$。证毕。

对于任意给定的正定实对称矩阵 $\boldsymbol{Q}$，若存在正定的实对称矩阵 $\boldsymbol{P}$，满足 Lyapunov 方程：

$$\boldsymbol{A}^{\mathrm{T}}\boldsymbol{P}+\boldsymbol{P}\boldsymbol{A}=-\boldsymbol{Q} \tag{4.38}$$

则选择系统的李雅普诺夫函数为

$$V(\boldsymbol{x})=\boldsymbol{x}^{\mathrm{T}}\boldsymbol{P}\boldsymbol{x} \tag{4.39}$$

此时，李雅普诺夫函数 $V(\boldsymbol{x})$ 是正定的，其时间导数为

$$\dot{V}(\boldsymbol{x})=\boldsymbol{x}^{\mathrm{T}}\boldsymbol{P}\dot{\boldsymbol{x}}+\dot{\boldsymbol{x}}^{\mathrm{T}}\boldsymbol{P}\boldsymbol{x} \tag{4.40}$$

将式（4.37）代入式（4.40）可得

$$\dot{V}(\boldsymbol{x})=\boldsymbol{x}^{\mathrm{T}}\boldsymbol{PAx}+(\boldsymbol{Ax})^{\mathrm{T}}\boldsymbol{Px}=\boldsymbol{x}^{\mathrm{T}}(\boldsymbol{PA}+\boldsymbol{A}^{\mathrm{T}}\boldsymbol{P})\boldsymbol{x}$$

欲使系统在平衡状态渐进稳定，则要求$\dot{V}(\boldsymbol{x})$必须是负定的，即

$$\dot{V}(\boldsymbol{x})=-\boldsymbol{x}^{\mathrm{T}}\boldsymbol{Qx} \tag{4.41}$$

其中，$\boldsymbol{Q}=-(\boldsymbol{PA}+\boldsymbol{A}^{\mathrm{T}}\boldsymbol{P})$为正定的。

在应用该判据时，应注意以下几点：

1）实际应用时，通常是先选取一个正定矩阵 $\boldsymbol{Q}$ 代入李雅普诺夫方程式（4.38）解出矩阵 $\boldsymbol{P}$，然后按照希尔维斯特判据判断 $\boldsymbol{P}$ 的正定性，进而做出系统渐进稳定的结论。

2）为了方便计算，常取 $\boldsymbol{Q}=\boldsymbol{I}$，这时 $\boldsymbol{P}$ 应满足

$$\boldsymbol{A}^{\mathrm{T}}\boldsymbol{P}+\boldsymbol{PA}=-\boldsymbol{I} \tag{4.42}$$

式中，$\boldsymbol{I}$ 为单位矩阵。

3）若$\dot{V}(\boldsymbol{x})$沿任一轨迹不恒等于零，那么 $\boldsymbol{Q}$ 可取为半正定的。

4）上述判据所确定的条件与矩阵 $\boldsymbol{A}$ 的特征值具有负实部的条件等价，因而判据所给出的条件是充分必要的。因为设 $\boldsymbol{A}=\boldsymbol{\Lambda}$（或通过变换），若取 $V(\boldsymbol{x})=\|\boldsymbol{x}\|=\boldsymbol{x}^{\mathrm{T}}\boldsymbol{x}$，则 $\boldsymbol{Q}=-(\boldsymbol{A}^{\mathrm{T}}+\boldsymbol{A})=-2\boldsymbol{A}=-2\boldsymbol{\Lambda}$，显然只有当 $\boldsymbol{\Lambda}$ 全为负值时，$\boldsymbol{Q}$ 才是正定的。

【例 4.14】考查一个二阶线性系统，其系统矩阵为

$$\boldsymbol{A}=\begin{bmatrix}0 & 1\\ -2 & -3\end{bmatrix}$$

试分析平衡状态的稳定性。

解：设

$$\boldsymbol{P}=\begin{bmatrix}p_{11} & p_{12}\\ p_{21} & p_{22}\end{bmatrix},\quad \boldsymbol{Q}=\boldsymbol{I}$$

代入式（4.42）得

$$\begin{bmatrix}0 & -2\\ 1 & -3\end{bmatrix}\begin{bmatrix}p_{11} & p_{12}\\ p_{21} & p_{22}\end{bmatrix}+\begin{bmatrix}p_{11} & p_{12}\\ p_{21} & p_{22}\end{bmatrix}\begin{bmatrix}0 & 1\\ -2 & -3\end{bmatrix}=-\begin{bmatrix}1 & 0\\ 0 & 1\end{bmatrix}$$

展开并求解得

$$\boldsymbol{P}=\begin{bmatrix}\dfrac{5}{4} & \dfrac{1}{4}\\[2mm] \dfrac{1}{4} & \dfrac{1}{4}\end{bmatrix}$$

根据希尔维斯特判据知

$$\Delta_1=\frac{5}{4}>0,\quad \Delta_2=\begin{vmatrix}\dfrac{5}{4} & \dfrac{1}{4}\\[2mm] \dfrac{1}{4} & \dfrac{1}{4}\end{vmatrix}=\frac{1}{4}>0$$

故矩阵 $\boldsymbol{P}$ 是正定的，因而系统的平衡状态是大范围渐进稳定的。或者由于

$$V(\boldsymbol{x})=\boldsymbol{x}^{\mathrm{T}}\boldsymbol{Px}=\frac{1}{4}(5x_1^2+2x_1x_2+x_2^2)$$

是正定的，而

$$\dot{V}(\boldsymbol{x})=-\boldsymbol{x}^{\mathrm{T}}\boldsymbol{Qx}=-(x_1^2+x_2^2)$$

是负定的。也可得出系统的平衡状态是大范围渐进稳定的。

【例 4.15】线性定常系统的框图如图 4.9 所示。若要求系统渐进稳定，试确定 K 的取值范围。

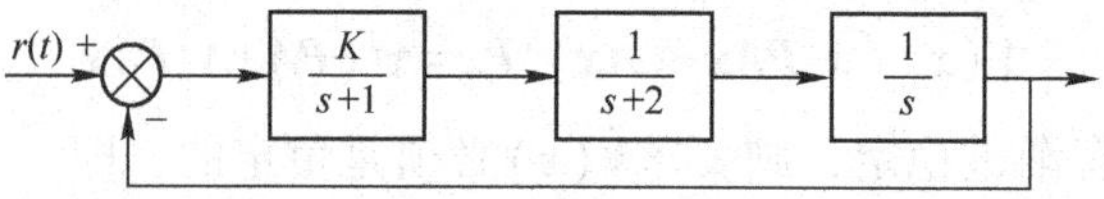

图 4.9 线性定常系统框图

解：系统的状态空间表达式为

$$\dot{\boldsymbol{x}}=\begin{bmatrix}0&1&0\\0&-2&1\\-K&0&-1\end{bmatrix}\boldsymbol{x}+\begin{bmatrix}0\\0\\K\end{bmatrix}r$$

由状态空间表达式可知，$\boldsymbol{x}_e=\boldsymbol{0}$ 为系统的平衡状态。为计算方便，取 $\boldsymbol{Q}$ 为半正定，即

$$\boldsymbol{Q}=\begin{bmatrix}0&0&0\\0&0&0\\0&0&1\end{bmatrix}$$

则有 $\dot{V}(\boldsymbol{x})=-\boldsymbol{x}^{\mathrm{T}}\boldsymbol{Q}\boldsymbol{x}=-x_3^2$ 半负定。进一步分析会发现，$\dot{V}(\boldsymbol{x})$ 只在原点处恒为零，在状态空间除原点外的其他状态均为负，所以系统在平衡状态 $\boldsymbol{x}_e=\boldsymbol{0}$ 是渐进稳定的。

设

$$\boldsymbol{P}=\begin{bmatrix}p_{11}&p_{12}&p_{13}\\p_{21}&p_{22}&p_{23}\\p_{31}&p_{32}&p_{33}\end{bmatrix}$$

由 $\boldsymbol{A}^{\mathrm{T}}\boldsymbol{P}+\boldsymbol{P}\boldsymbol{A}=-\boldsymbol{Q}$ 可得

$$\boldsymbol{P}=\begin{bmatrix}\dfrac{K^2+12K}{12-2K}&\dfrac{6K}{12-2K}&0\\\dfrac{6K}{12-2K}&\dfrac{3K}{12-2K}&\dfrac{K}{12-2K}\\0&\dfrac{K}{12-2K}&\dfrac{6}{12-2K}\end{bmatrix}$$

为使矩阵 $\boldsymbol{P}$ 为正定，其充要条件是

$$\begin{cases}12-2K>0\\K>0\end{cases}$$

这表明当 $0<K<6$ 时，系统平衡状态是大范围渐进稳定的。

4.5.2 离散系统的李雅普诺夫稳定性分析

设线性定常离散系统的状态方程为

$$\boldsymbol{x}(k+1)=\boldsymbol{G}\boldsymbol{x}(k) \tag{4.43}$$

则系统在平衡状态 $\boldsymbol{x}_e=\boldsymbol{0}$ 处渐进稳定的充分必要条件为：$\boldsymbol{G}$ 的所有特征根均在单位圆内。

定理 4.11 矩阵 $\boldsymbol{G}\in\boldsymbol{R}^{n\times n}$ 的所有特征根均在单位圆内，即 $\sigma(\boldsymbol{G})\subset\boldsymbol{B}(0,1)$。等价于存在正定对称矩阵 $\boldsymbol{P}>0$，使得 $\boldsymbol{G}^{\mathrm{T}}\boldsymbol{P}\boldsymbol{G}-\boldsymbol{P}<0$。

证明：1）必要性证明。设对称矩阵 $\boldsymbol{Q}>0$，使 $\boldsymbol{P}$ 满足 $\boldsymbol{G}^{\mathrm{T}}\boldsymbol{P}\boldsymbol{G}-\boldsymbol{P}=-\boldsymbol{Q}$，则有

$$\begin{gathered}\boldsymbol{G}^{\mathrm{T}}\boldsymbol{P}\boldsymbol{G}-\boldsymbol{P}=-\boldsymbol{Q}\\(\boldsymbol{G}^{\mathrm{T}})^2\boldsymbol{P}\boldsymbol{G}^2-\boldsymbol{G}^{\mathrm{T}}\boldsymbol{P}\boldsymbol{G}=-\boldsymbol{G}^{\mathrm{T}}\boldsymbol{Q}\boldsymbol{G}\\(\boldsymbol{G}^{\mathrm{T}})^3\boldsymbol{P}\boldsymbol{G}^3-(\boldsymbol{G}^{\mathrm{T}})^2\boldsymbol{P}\boldsymbol{G}^2=-(\boldsymbol{G}^{\mathrm{T}})^2\boldsymbol{Q}\boldsymbol{G}^2\\\vdots\end{gathered} \tag{4.44}$$

$$(\boldsymbol{G}^{\mathrm{T}})^{n}\boldsymbol{P}\boldsymbol{G}^{n}-(\boldsymbol{G}^{\mathrm{T}})^{n-1}\boldsymbol{P}\boldsymbol{G}^{n-1}=-(\boldsymbol{G}^{\mathrm{T}})^{n-1}\boldsymbol{Q}\boldsymbol{G}^{n-1}$$

$$(\boldsymbol{G}^{\mathrm{T}})^{n+1}\boldsymbol{P}\boldsymbol{G}^{n+1}-(\boldsymbol{G}^{\mathrm{T}})^{n}\boldsymbol{P}\boldsymbol{G}^{n}=-(\boldsymbol{G}^{\mathrm{T}})^{n}\boldsymbol{Q}\boldsymbol{G}^{n}$$

式（4.44）等号两边相加可得

$$-\sum_{k=0}^{n}(\boldsymbol{G}^{\mathrm{T}})^{k}\boldsymbol{Q}\boldsymbol{G}^{k}=(\boldsymbol{G}^{\mathrm{T}})^{n+1}\boldsymbol{P}\boldsymbol{G}^{n+1}-\boldsymbol{P} \quad 或 \quad -\sum_{k=0}^{n}(\boldsymbol{G}^{k})^{\mathrm{T}}\boldsymbol{Q}\boldsymbol{G}^{k}=(\boldsymbol{G}^{n+1})^{\mathrm{T}}\boldsymbol{P}\boldsymbol{G}^{n+1}-\boldsymbol{P}$$

因为$\sigma(\boldsymbol{G})\subset\boldsymbol{B}(0,1)$，有

$$\lim_{n\to+\infty}(\boldsymbol{G}^{n+1})^{\mathrm{T}}\boldsymbol{P}\boldsymbol{G}^{n+1}=\boldsymbol{0}$$

则有

$$\boldsymbol{P}=\sum_{k=0}^{n}(\boldsymbol{G}^{k})^{\mathrm{T}}\boldsymbol{Q}\boldsymbol{G}^{k}>0$$

2）充分性证明。同连续系统的情况一样，在 $\mathbf{C}^{n}$ 中定义新的内积$<\boldsymbol{x},\boldsymbol{y}>=\boldsymbol{x}^{\mathrm{T}}\boldsymbol{P}\overline{\boldsymbol{y}}$。$\forall\lambda\in\sigma(\boldsymbol{G})$，$\boldsymbol{x}\neq\boldsymbol{0}$ 为 $\boldsymbol{G}$ 的对应于 λ 的特征向量，即 $\boldsymbol{G}\boldsymbol{x}=\lambda\boldsymbol{x}$，则

$$<\boldsymbol{G}\boldsymbol{x},\boldsymbol{G}\boldsymbol{x}>=<\lambda\boldsymbol{x},\lambda\boldsymbol{x}>=\lambda\overline{\lambda}<\boldsymbol{x},\boldsymbol{x}>=|\lambda|^{2}\boldsymbol{x}^{\mathrm{T}}\boldsymbol{P}\overline{\boldsymbol{x}}$$

又

$$<\boldsymbol{G}\boldsymbol{x},\boldsymbol{G}\boldsymbol{x}>=\boldsymbol{x}^{\mathrm{T}}\boldsymbol{G}^{\mathrm{T}}\boldsymbol{P}\overline{\boldsymbol{G}\boldsymbol{x}}=\boldsymbol{x}^{\mathrm{T}}\boldsymbol{G}^{\mathrm{T}}\boldsymbol{P}\boldsymbol{G}\overline{\boldsymbol{x}}$$

$$\boldsymbol{x}^{\mathrm{T}}\boldsymbol{G}^{\mathrm{T}}\boldsymbol{P}\boldsymbol{G}\overline{\boldsymbol{x}}-\boldsymbol{x}^{\mathrm{T}}\boldsymbol{P}\overline{\boldsymbol{x}}=-\boldsymbol{x}^{\mathrm{T}}\boldsymbol{Q}\overline{\boldsymbol{x}}<0, \qquad 即\ \boldsymbol{x}^{\mathrm{T}}\boldsymbol{G}^{\mathrm{T}}\boldsymbol{P}\boldsymbol{G}\overline{\boldsymbol{x}}<\boldsymbol{x}^{\mathrm{T}}\boldsymbol{P}\overline{\boldsymbol{x}}$$

所以$|\lambda|^{2}\boldsymbol{x}^{\mathrm{T}}\boldsymbol{P}\overline{\boldsymbol{x}}<\boldsymbol{x}^{\mathrm{T}}\boldsymbol{P}\overline{\boldsymbol{x}}$，从而$|\lambda|^{2}<1$，即 $\lambda\in\boldsymbol{B}(0,1)$。证毕。

对于任意给定的正定实对称矩阵 $\boldsymbol{Q}$，若存在一个正定实对称矩阵 $\boldsymbol{P}$，满足：

$$\boldsymbol{G}^{\mathrm{T}}\boldsymbol{P}\boldsymbol{G}-\boldsymbol{P}=-\boldsymbol{Q} \tag{4.45}$$

则系统的李雅普诺夫函数可取为

$$V[\boldsymbol{x}(k)]=\boldsymbol{x}^{\mathrm{T}}(k)\boldsymbol{P}\boldsymbol{x}(k) \tag{4.46}$$

将连续系统中的$\dot{V}(\boldsymbol{x})$，代之以 $V[\boldsymbol{x}(k+1)]$与 $V[\boldsymbol{x}(k)]$之差，即

$$\Delta V[\boldsymbol{x}(k)]=V[\boldsymbol{x}(k+1)]-V[\boldsymbol{x}(k)] \tag{4.47}$$

若选取李雅普诺夫函数为

$$V[\boldsymbol{x}(k)]=\boldsymbol{x}^{\mathrm{T}}(k)\boldsymbol{P}\boldsymbol{x}(k)$$

其中，$\boldsymbol{P}$ 为正定实对称矩阵。则

$$\begin{aligned}\Delta V[\boldsymbol{x}(k)]&=V[\boldsymbol{x}(k+1)]-V[\boldsymbol{x}(k)]\\&=\boldsymbol{x}^{\mathrm{T}}(k+1)\boldsymbol{P}\boldsymbol{x}(k+1)-\boldsymbol{x}^{\mathrm{T}}(k)\boldsymbol{P}\boldsymbol{x}(k)\\&=[\boldsymbol{G}\boldsymbol{x}(k)]^{\mathrm{T}}\boldsymbol{P}[\boldsymbol{G}\boldsymbol{x}(k)]-\boldsymbol{x}^{\mathrm{T}}(k)\boldsymbol{P}\boldsymbol{x}(k)\\&=\boldsymbol{x}^{\mathrm{T}}(k)\boldsymbol{G}^{\mathrm{T}}\boldsymbol{P}\boldsymbol{G}\boldsymbol{x}(k)-\boldsymbol{x}^{\mathrm{T}}(k)\boldsymbol{P}\boldsymbol{x}(k)\\&=\boldsymbol{x}^{\mathrm{T}}(k)[\boldsymbol{G}^{\mathrm{T}}\boldsymbol{P}\boldsymbol{G}-\boldsymbol{P}]\boldsymbol{x}(k)\end{aligned}$$

由于 $V[\boldsymbol{x}(k)]$选为正定的，根据渐进稳定判据必要求

$$\Delta V[\boldsymbol{x}(k)]=-\boldsymbol{x}^{\mathrm{T}}(k)\boldsymbol{Q}\boldsymbol{x}(k) \tag{4.48}$$

为负定的，因此矩阵

$$\boldsymbol{Q}=-(\boldsymbol{G}^{\mathrm{T}}\boldsymbol{P}\boldsymbol{G}-\boldsymbol{P})$$

必须是正定的。

如果 $\Delta V[\boldsymbol{x}(k)]=-\boldsymbol{x}^{\mathrm{T}}(k)\boldsymbol{Q}\boldsymbol{x}(k)$沿任一解的序列不恒为零，那么 $\boldsymbol{Q}$ 亦可取成半正定矩阵。实际上，$\boldsymbol{P}$、$\boldsymbol{Q}$ 矩阵满足上述条件与矩阵 $\boldsymbol{G}$ 的特征根的模小于 1 的条件完全等价。

与线性定常连续系统类似，在具体应用判据时，可先给定一个正定实对称矩阵 $\boldsymbol{Q}$，然后由

$$\boldsymbol{G}^{\mathrm{T}}\boldsymbol{P}\boldsymbol{G}-\boldsymbol{P}=-\boldsymbol{I} \tag{4.49}$$

判断所确定的实对称矩阵 $\boldsymbol{P}$ 是否正定，从而做出稳定性的结论。

【**例 4.16**】设线性离散系统状态方程为

$$\boldsymbol{x}(k+1)=\begin{bmatrix}\lambda_1 & 0\\ 0 & \lambda_2\end{bmatrix}\boldsymbol{x}(k)$$

试确定系统在平衡状态处渐进稳定的条件。

解：由式（4.49）得

$$\begin{bmatrix}\lambda_1 & 0\\ 0 & \lambda_2\end{bmatrix}\begin{bmatrix}p_{11} & p_{12}\\ p_{21} & p_{22}\end{bmatrix}\begin{bmatrix}\lambda_1 & 0\\ 0 & \lambda_2\end{bmatrix}-\begin{bmatrix}p_{11} & p_{12}\\ p_{21} & p_{22}\end{bmatrix}=\begin{bmatrix}-1 & 0\\ 0 & -1\end{bmatrix}$$

展开化简整理得

$$p_{11}(1-\lambda_1^2)=1$$
$$p_{12}(1-\lambda_1\lambda_2)=0$$
$$p_{22}(1-\lambda_2^2)=1$$

可解得

$$\boldsymbol{P}=\begin{bmatrix}\dfrac{1}{1-\lambda_1^2} & 0\\ 0 & \dfrac{1}{1-\lambda_2^2}\end{bmatrix}$$

要使 $\boldsymbol{P}$ 为正定的实对称矩阵，必须满足：$|\lambda_1|<1, |\lambda_2|<1$。

可见，只有当系统的极点落在单位圆内时，系统在平衡状态处才是大范围渐进稳定的，这个结论与由采样控制系统稳定判据分析的结论是一致的。

4.6 李雅普诺夫直接法在线性时变系统中的应用

4.6.1 连续系统的李雅普诺夫稳定性分析

任何一个线性时不变系统的标准分析方法都不能用于线性时变系统，因此，利用李雅普诺夫直接法研究线性时变系统的稳定性是一个很有趣的问题。考虑如下线性时变系统

$$\dot{\boldsymbol{x}}=\boldsymbol{A}(t)\boldsymbol{x} \tag{4.50}$$

不能简单地根据 $\boldsymbol{A}(t)$ 的特征值在任意时刻 $t\geqslant 0$ 具有负实部，就判断系统是稳定的。下面给出线性时变系统的稳定性判据。

定理 4.12 系统（4.50）在平衡状态 $\boldsymbol{x}_e=\boldsymbol{0}$ 处大范围渐进稳定的充要条件是：对于任意给定的连续正定对称矩阵 $\boldsymbol{Q}(t)$，必存在一个连续正定对称矩阵 $\boldsymbol{P}(t)$，满足

$$\dot{\boldsymbol{P}}(t)=-\boldsymbol{A}^{\mathrm{T}}(t)\boldsymbol{P}(t)-\boldsymbol{P}(t)\boldsymbol{A}(t)-\boldsymbol{Q}(t) \tag{4.51}$$

则系统的李雅普诺夫函数为

$$V(\boldsymbol{x},t)=\boldsymbol{x}^{\mathrm{T}}(t)\boldsymbol{P}(t)\boldsymbol{x}(t) \tag{4.52}$$

证明：设李雅普诺夫函数为

$$V(\boldsymbol{x},t)=\boldsymbol{x}^{\mathrm{T}}(t)\boldsymbol{P}(t)\boldsymbol{x}(t)$$

式中，$\boldsymbol{P}(t)$ 为连续的正定对称矩阵。取 $V(\boldsymbol{x},t)$ 对时间的全导数，得

$$\begin{aligned}\dot{V}(\boldsymbol{x},t)&=\dot{\boldsymbol{x}}^{\mathrm{T}}(t)\boldsymbol{P}(t)\boldsymbol{x}(t)+\boldsymbol{x}^{\mathrm{T}}(t)\frac{\mathrm{d}}{\mathrm{d}t}[\boldsymbol{P}(t)\boldsymbol{x}(t)]\\ &=\dot{\boldsymbol{x}}^{\mathrm{T}}(t)\boldsymbol{P}(t)\boldsymbol{x}(t)+\boldsymbol{x}^{\mathrm{T}}(t)\dot{\boldsymbol{P}}(t)\boldsymbol{x}(t)+\boldsymbol{x}^{\mathrm{T}}(t)\boldsymbol{P}(t)\dot{\boldsymbol{x}}(t)\end{aligned}$$

$$= \boldsymbol{x}^{\mathrm{T}}(t)\boldsymbol{A}^{\mathrm{T}}(t)\boldsymbol{P}(t)\boldsymbol{x}(t)+\boldsymbol{x}^{\mathrm{T}}(t)\dot{\boldsymbol{P}}(t)\boldsymbol{x}(t)+\boldsymbol{x}^{\mathrm{T}}(t)\boldsymbol{P}(t)\boldsymbol{A}(t)\boldsymbol{x}(t)$$
$$= \boldsymbol{x}^{\mathrm{T}}(t)[\boldsymbol{A}^{\mathrm{T}}(t)\boldsymbol{P}(t)+\dot{\boldsymbol{P}}(t)+\boldsymbol{P}(t)\boldsymbol{A}(t)]\boldsymbol{x}(t)$$

即

$$\dot{V}(\boldsymbol{x},t) = -\boldsymbol{x}^{\mathrm{T}}(t)\boldsymbol{Q}(t)\boldsymbol{x}(t)$$

其中，$\boldsymbol{Q}(t) = -\boldsymbol{A}^{\mathrm{T}}(t)\boldsymbol{P}(t)-\dot{\boldsymbol{P}}(t)-\boldsymbol{P}(t)\boldsymbol{A}(t)$。

由稳定性判据可知，当 $\boldsymbol{P}(t)$ 为正定对称矩阵时，若 $\boldsymbol{Q}(t)$ 也为正定对称矩阵，则 $\dot{V}(\boldsymbol{x},t)$ 是负定的，于是系统的平衡状态是渐进稳定的。

为了确定某些类型的时变系统的稳定性，还有一些比较特殊的结论。如考虑线性时变系统

$$\dot{\boldsymbol{x}} = [\boldsymbol{A}_1+\boldsymbol{A}_2(t)]\boldsymbol{x} \tag{4.53}$$

式中，矩阵 $\boldsymbol{A}_1$ 是常矩阵，且是赫尔维茨（Hurwitz）的（即它的所有特征值严格地位于左半平面），而时变矩阵 $\boldsymbol{A}_2(t)$ 满足 $t\to\infty$ 时，$\boldsymbol{A}_2(t)\to 0$，且 $\int_0^{\infty}\|\boldsymbol{A}_2(t)\|\mathrm{d}t < \infty$（即积分存在且为有限值），则系统（4.53）是局部指数稳定的。

4.6.2 离散系统的李雅普诺夫稳定性分析

设线性时变离散系统的状态方程为

$$\boldsymbol{x}(k+1) = \boldsymbol{G}(k+1,k)\boldsymbol{x}(k) \tag{4.54}$$

定理 4.13 系统（4.54）在平衡状态 $\boldsymbol{x}_e = \boldsymbol{0}$ 处大范围渐进稳定的充要条件是：对于任意给定的正实对称矩阵 $\boldsymbol{Q}(k)$，必存在一个正定的实对称矩阵 $\boldsymbol{P}(k+1)$，使得

$$\boldsymbol{G}^{\mathrm{T}}(k+1,k)\boldsymbol{P}(k+1)\boldsymbol{G}(k+1,k)-\boldsymbol{P}(k) = -\boldsymbol{Q}(k) \tag{4.55}$$

成立。并且

$$V[\boldsymbol{x}(k),k] = \boldsymbol{x}^{\mathrm{T}}(k)\boldsymbol{P}(k)\boldsymbol{x}(k) \tag{4.56}$$

是系统的李雅普诺夫函数。

证明： 假设选取李雅普诺夫函数为

$$V[\boldsymbol{x}(k),k] = \boldsymbol{x}^{\mathrm{T}}(k)\boldsymbol{P}(k)\boldsymbol{x}(k)$$

式中，$\boldsymbol{P}(k)$ 为正定实对称矩阵。

类似地，用

$$\Delta V[\boldsymbol{x}(k),k] = V[\boldsymbol{x}(k+1),k+1]-V[\boldsymbol{x}(k),k] \tag{4.57}$$

代替 $\dot{V}[\boldsymbol{x}(k),k]$，得

$$\begin{aligned}\Delta V[\boldsymbol{x}(k),k] &= V[\boldsymbol{x}(k+1),k+1]-V[\boldsymbol{x}(k),k]\\ &= \boldsymbol{x}^{\mathrm{T}}(k+1)\boldsymbol{P}(k+1)\boldsymbol{x}(k+1)-\boldsymbol{x}^{\mathrm{T}}(k)\boldsymbol{P}(k)\boldsymbol{x}(k)\\ &= \boldsymbol{x}^{\mathrm{T}}(k)\boldsymbol{G}^{\mathrm{T}}(k+1,k)\boldsymbol{P}(k+1)\boldsymbol{G}(k+1,k)\boldsymbol{x}(k)-\boldsymbol{x}^{\mathrm{T}}(k)\boldsymbol{P}(k)\boldsymbol{x}(k)\\ &= \boldsymbol{x}^{\mathrm{T}}(k)[\boldsymbol{G}^{\mathrm{T}}(k+1,k)\boldsymbol{P}(k+1)\boldsymbol{G}(k+1,k)-\boldsymbol{P}(k)]x(k)\end{aligned}$$

由于 $V[\boldsymbol{x}(k),k]$ 已选为正定的，根据渐进稳定的条件，要求

$$\Delta V[\boldsymbol{x}(k),k] = -\boldsymbol{x}^{\mathrm{T}}(k)\boldsymbol{Q}(k)\boldsymbol{x}(k) \tag{4.58}$$

为负定，即

$$\boldsymbol{Q}(k) = -[\boldsymbol{G}^{\mathrm{T}}(k+1,k)\boldsymbol{P}(k+1)\boldsymbol{G}(k+1,k)-\boldsymbol{P}(k)]$$

必须是正定的。

在具体运用时，与线性连续系统情况相类似，可先给定一个正定的实对称矩阵 $\boldsymbol{Q}(k)$，然后验算由

$$G^{\mathrm{T}}(k+1,k)P(k+1)G(k+1,k)-P(k)=-Q(k)$$

所确定的矩阵 $P(k)$ 是否正定。

差分方程式（4.55）的解为

$$P(k+1)=G^{\mathrm{T}}(0,k+1)P(0)G(0,k+1)-\sum_{i=0}^{k}G^{\mathrm{T}}(i,k+1)Q(i)G(i,k+1) \tag{4.59}$$

式中，$P(0)$ 为初始条件。

当取 $Q(i)=I$ 时，则有

$$P(k+1)=G^{\mathrm{T}}(0,k+1)P(0)G(0,k+1)-\sum_{i=0}^{k}G^{\mathrm{T}}(i,k+1)G(i,k+1) \tag{4.60}$$

4.7 李雅普诺夫直接法在非线性系统中的应用

李雅普诺夫直接法应用-非线性系统

4.7.1 雅可比（Jacobian）矩阵法

雅可比（Jacobian）矩阵法也称为克拉索夫斯基（Krasovski）法，二者虽表达形式略有不同，但基本思路是一致的。实际上，它们都是寻找线性系统李雅普诺夫函数方法的一种推广。

设 n 维非线性系统为

$$\dot{x}=f(x) \tag{4.61}$$

式中，$x\in\mathbf{R}^n$ 为状态向量，$f(x)$ 为与 x 同维的向量函数，且对 x 有连续的偏导数，x_e 为其平衡状态。系统的雅可比矩阵为

$$J(x)=\frac{\partial f(x)}{\partial x^{\mathrm{T}}}=\begin{bmatrix}\frac{\partial f_1}{\partial x_1} & \frac{\partial f_1}{\partial x_2} & \cdots & \frac{\partial f_1}{\partial x_n}\\ \frac{\partial f_2}{\partial x_1} & \frac{\partial f_2}{\partial x_2} & \cdots & \frac{\partial f_2}{\partial x_n}\\ \vdots & \vdots & & \vdots\\ \frac{\partial f_n}{\partial x_1} & \frac{\partial f_n}{\partial x_2} & \cdots & \frac{\partial f_n}{\partial x_n}\end{bmatrix} \tag{4.62}$$

则系统在平衡状态处渐进稳定的充分条件是：任给正定实对称矩阵 P，使下列矩阵

$$Q(x)=-[J^{\mathrm{T}}(x)P+PJ(x)] \tag{4.63}$$

为正定的。并且

$$V(x)=\dot{x}^{\mathrm{T}}P\dot{x}=f^{\mathrm{T}}(x)Pf(x) \tag{4.64}$$

是系统的一个李雅普诺夫函数。

如果当 $\|x\|\to\infty$ 时，$V(x)\to\infty$，那么该平衡状态是大范围渐进稳定的。

证明： 取二次型函数

$$V(x)=\dot{x}^{\mathrm{T}}P\dot{x}=f^{\mathrm{T}}(x)Pf(x)$$

为李雅普诺夫函数，其中 P 为正定对称矩阵，因而 $V(x)$ 正定。

考虑到 $f(x)$ 是 x 的显函数，不是时间 t 的显函数，于是有下列关系

$$\frac{\mathrm{d}f(x)}{\mathrm{d}t}=\dot{f}(x)=\frac{\partial f(x)}{\partial x^{\mathrm{T}}}\frac{\mathrm{d}x}{\mathrm{d}t}=\frac{\partial f(x)}{\partial x^{\mathrm{T}}}\dot{x}=J(x)f(x)$$

将 $V(x)$ 沿状态轨迹对时间 t 求导数，可得

$$\dot{V}(x)=f^{\mathrm{T}}(x)P\dot{f}(x)+\dot{f}^{\mathrm{T}}(x)Pf(x)$$

$$=\boldsymbol{f}^{\mathrm{T}}(\boldsymbol{x})\boldsymbol{P}\boldsymbol{J}(\boldsymbol{x})\boldsymbol{f}(\boldsymbol{x})+[\boldsymbol{J}(\boldsymbol{x})\boldsymbol{f}(\boldsymbol{x})]^{\mathrm{T}}\boldsymbol{P}\boldsymbol{f}(\boldsymbol{x})$$
$$=\boldsymbol{f}^{\mathrm{T}}(\boldsymbol{x})[\boldsymbol{J}^{\mathrm{T}}(\boldsymbol{x})\boldsymbol{P}+\boldsymbol{P}\boldsymbol{J}(\boldsymbol{x})]\boldsymbol{f}(\boldsymbol{x})$$

或

$$\dot{V}(\boldsymbol{x})=-\boldsymbol{f}^{\mathrm{T}}(\boldsymbol{x})\boldsymbol{Q}(\boldsymbol{x})\boldsymbol{f}(\boldsymbol{x})$$

其中

$$\boldsymbol{Q}(\boldsymbol{x})=-[\boldsymbol{J}^{\mathrm{T}}(\boldsymbol{x})\boldsymbol{P}+\boldsymbol{P}\boldsymbol{J}(\boldsymbol{x})] \tag{4.65}$$

式（4.65）表明，要使系统渐进稳定，$\dot{V}(\boldsymbol{x})$必须是负定的，因此$\boldsymbol{Q}(\boldsymbol{x})$必须是正定的。

若当$\|\boldsymbol{x}\|\to\infty$时，$V(\boldsymbol{x})\to\infty$，则系统在原点是大范围渐进稳定的。

若取$\boldsymbol{P}=\boldsymbol{I}$，则

$$\boldsymbol{Q}(\boldsymbol{x})=-[\boldsymbol{J}^{\mathrm{T}}(\boldsymbol{x})\boldsymbol{P}+\boldsymbol{P}\boldsymbol{J}(\boldsymbol{x})] \tag{4.66}$$

式（4.66）为克拉索夫斯基表达式。这时有

$$V(\boldsymbol{x})=\boldsymbol{f}^{\mathrm{T}}(\boldsymbol{x})\boldsymbol{f}(\boldsymbol{x}) \tag{4.67}$$

$$\dot{V}(\boldsymbol{x})=\boldsymbol{f}^{\mathrm{T}}(\boldsymbol{x})[\boldsymbol{J}^{\mathrm{T}}(\boldsymbol{x})+\boldsymbol{J}(\boldsymbol{x})]\boldsymbol{f}(\boldsymbol{x}) \tag{4.68}$$

上述两种方法是等价的。

【例 4.17】设系统状态方程为

$$\dot{x}_1=-6x_1+2x_2$$
$$\dot{x}_2=2x_1-6x_2-2x_2^3$$

试用雅可比矩阵法或克拉索夫斯基法分析$\boldsymbol{x}_{\mathrm{e}}=\boldsymbol{0}$处的稳定性。

解：计算雅可比矩阵

$$\boldsymbol{J}(\boldsymbol{x})=\frac{\partial\boldsymbol{f}(\boldsymbol{x})}{\partial\boldsymbol{x}^{\mathrm{T}}}=\begin{bmatrix}-6 & 2\\ 2 & -6-6x_2^2\end{bmatrix}$$

取$\boldsymbol{P}=\boldsymbol{I}$，得

$$-\boldsymbol{Q}(\boldsymbol{x})=\boldsymbol{J}^{\mathrm{T}}(\boldsymbol{x})+\boldsymbol{J}(\boldsymbol{x})=\begin{bmatrix}-12 & 4\\ 4 & -12-12x_2^2\end{bmatrix}=-\begin{bmatrix}12 & -4\\ -4 & 12+12x_2^2\end{bmatrix}$$

根据希尔维斯特判据，有

$$\Delta_1=12>0,\quad \Delta_2=128+144x_2^2>0$$

表明$\boldsymbol{Q}(\boldsymbol{x})$正定。因而平衡状态$\boldsymbol{x}_{\mathrm{e}}=\boldsymbol{0}$是渐进稳定的。相应的李雅普诺夫函数是

$$V(\boldsymbol{x})=\boldsymbol{f}^{\mathrm{T}}(\boldsymbol{x})\boldsymbol{f}(\boldsymbol{x})=(-6x_1+2x_2)^2+(2x_1-6x_2-2x_2^3)^2$$

因为当$\|\boldsymbol{x}\|\to\infty$时，$V(\boldsymbol{x})\to\infty$，所以平衡状态$\boldsymbol{x}_{\mathrm{e}}=\boldsymbol{0}$是大范围渐进稳定的。

4.7.2 变量梯度法

变量梯度法是舒尔茨（D. G. Shultz）和吉布森（J. E. Gibson）在 1962 年提出的一种较为实用的构造李雅普诺夫函数的方法。

设非线性系统为

$$\dot{\boldsymbol{x}}=\boldsymbol{f}(\boldsymbol{x},t) \tag{4.69}$$

式中，$\boldsymbol{x}\in\mathbf{R}^n$为系统状态向量，$\boldsymbol{f}(\boldsymbol{x},t)$为与$\boldsymbol{x}$同维的向量函数，它的元素是$x_1,x_2,\cdots,x_n,t$的非线性函数。假设$\boldsymbol{x}_{\mathrm{e}}=\boldsymbol{0}$为其平衡状态。先假设找到了判断其渐进稳定的李雅普诺夫函数为$V(\boldsymbol{x})$，其为状态$\boldsymbol{x}$的显函数，而不是时间t的显函数。则$V(\boldsymbol{x})$的梯度

$$\nabla V(\boldsymbol{x})=\frac{\partial V}{\partial \boldsymbol{x}}=\begin{bmatrix}\frac{\partial V}{\partial x_1}\\ \frac{\partial V}{\partial x_2}\\ \vdots\\ \frac{\partial V}{\partial x_n}\end{bmatrix} \tag{4.70}$$

存在且唯一。则 $V(\boldsymbol{x})$ 对时间的导数为

$$\dot{V}(\boldsymbol{x})=\frac{\partial V}{\partial x_1}\dot{x}_1+\frac{\partial V}{\partial x_2}\dot{x}_2+\cdots+\frac{\partial V}{\partial x_n}\dot{x}_n=\begin{bmatrix}\frac{\partial V}{\partial x_1} & \frac{\partial V}{\partial x_2} & \cdots & \frac{\partial V}{\partial x_n}\end{bmatrix}\begin{bmatrix}\dot{x}_1\\ \dot{x}_2\\ \vdots\\ \dot{x}_n\end{bmatrix}=[\nabla V(\boldsymbol{x})]^{\mathrm{T}}\dot{\boldsymbol{x}} \tag{4.71}$$

舒尔茨和吉布森提出，先把 $V(\boldsymbol{x})$ 的梯度 $\nabla V(\boldsymbol{x})$ 假设为某种形式，例如一个带待定系数的 n 维列向量，即

$$\nabla V(\boldsymbol{x})=\begin{bmatrix}\frac{\partial V}{\partial x_1}\\ \frac{\partial V}{\partial x_2}\\ \vdots\\ \frac{\partial V}{\partial x_n}\end{bmatrix}=\begin{bmatrix}a_{11}x_1+a_{12}x_2+\cdots+a_{1n}x_n\\ a_{21}x_1+a_{22}x_2+\cdots+a_{2n}x_n\\ \vdots\\ a_{n1}x_1+a_{n2}x_2+\cdots+a_{nn}x_n\end{bmatrix}=\begin{bmatrix}a_{11} & a_{12} & \cdots & a_{1n}\\ a_{21} & a_{22} & \cdots & a_{2n}\\ \vdots & \vdots & & \vdots\\ a_{n1} & a_{n2} & \cdots & a_{nn}\end{bmatrix}\begin{bmatrix}x_1\\ x_2\\ \vdots\\ x_n\end{bmatrix} \tag{4.72}$$

然后根据 $\dot{V}(\boldsymbol{x})$ 为负定或至少为半负定等约束条件确定待定系数，并由此求出符合李雅普诺夫定理要求的 $V(\boldsymbol{x})$ 和 $\dot{V}(\boldsymbol{x})$。由式（4.71）可知，$V(\boldsymbol{x})$ 可由其梯度 $\nabla V(\boldsymbol{x})$ 做线积分求解，即

$$V(\boldsymbol{x})=\int_0^t\dot{V}(\boldsymbol{x})\mathrm{d}t=\int_0^t[\nabla V(\boldsymbol{x})]^{\mathrm{T}}\dot{\boldsymbol{x}}\mathrm{d}t=\int_0^x[\nabla V(\boldsymbol{x})]^{\mathrm{T}}\mathrm{d}\boldsymbol{x} \tag{4.73}$$

这里的积分上限 $\boldsymbol{x}$ 是整个状态空间中的任意一点。

由场论知识，若向量 $\nabla V(\boldsymbol{x})$ 的 n 维旋度 $\mathrm{rot}[\nabla V(\boldsymbol{x})]$ 等于零，则式（4.73）的线积分与积分路径无关。而 $\mathrm{rot}[\nabla V(\boldsymbol{x})]=0$ 的充要条件是向量 $\nabla V(\boldsymbol{x})$ 的雅可比矩阵

$$\frac{\partial[\nabla V(\boldsymbol{x})]}{\partial \boldsymbol{x}^{\mathrm{T}}}=\begin{bmatrix}\frac{\partial\left(\frac{\partial V}{\partial x_1}\right)}{\partial x_1} & \frac{\partial\left(\frac{\partial V}{\partial x_1}\right)}{\partial x_2} & \cdots & \frac{\partial\left(\frac{\partial V}{\partial x_1}\right)}{\partial x_n}\\ \frac{\partial\left(\frac{\partial V}{\partial x_2}\right)}{\partial x_1} & \frac{\partial\left(\frac{\partial V}{\partial x_2}\right)}{\partial x_2} & \cdots & \frac{\partial\left(\frac{\partial V}{\partial x_2}\right)}{\partial x_n}\\ \vdots & \vdots & & \vdots\\ \frac{\partial\left(\frac{\partial V}{\partial x_n}\right)}{\partial x_1} & \frac{\partial\left(\frac{\partial V}{\partial x_n}\right)}{\partial x_2} & \cdots & \frac{\partial\left(\frac{\partial V}{\partial x_n}\right)}{\partial x_n}\end{bmatrix} \tag{4.74}$$

是对称矩阵，即满足如下$\dfrac{n(n-1)}{2}$个旋度方程

$$\frac{\partial\left(\dfrac{\partial V}{\partial x_i}\right)}{\partial x_j}=\frac{\partial\left(\dfrac{\partial V}{\partial x_j}\right)}{\partial x_i},\quad i,j=1,2,\cdots,n \tag{4.75}$$

当式（4.75）所示的条件满足时，式（4.73）所示求$V(\boldsymbol{x})$的线积分与积分路径无关，这时可选择一条使线积分计算最简便的路径，即依序沿各坐标轴$x_i(i=1,2,\cdots,n)$方向逐点分段积分，即

$$\begin{aligned}V(\boldsymbol{x})=&\int_0^{x_1(x_2=x_3=\cdots=x_n=0)}\frac{\partial V}{\partial x_1}\mathrm{d}x_1+\int_0^{x_2(x_1=x_1,x_3=x_4=\cdots=x_n=0)}\frac{\partial V}{\partial x_2}\mathrm{d}x_2+\cdots\\&+\int_0^{x_n(x_1=x_1,x_2=x_2,\cdots,x_{n-1}=x_{n-1})}\frac{\partial V}{\partial x_n}\mathrm{d}x_n\end{aligned} \tag{4.76}$$

综上所述，按变量梯度法构造李雅普诺夫函数$V(\boldsymbol{x})$的步骤如下：

1）将李雅普诺夫函数$V(\boldsymbol{x})$的梯度$\nabla V(\boldsymbol{x})$设为如式（4.72）所示的带待定系数的n维列向量的形式，其中$a_{ij}(i=1,2,\cdots,n,j=1,2,\cdots,n)$为待定系数，其可为常数，也可为$t$的函数或（和）状态变量的函数。实际应用中，为了简化计算，一般将a_{nn}选择为常数或带t的函数，一些待定系数a_{ij}也可以选择为零。

2）根据式（4.71）由$\nabla V(\boldsymbol{x})$写出$\dot{V}(\boldsymbol{x})$。由$\dot{V}(\boldsymbol{x})$是负定的或至少是半负定的约束条件，确定一部分待定系数a_{ij}。

3）由$\nabla V(\boldsymbol{x})$的n维旋度等于零的约束条件，即式（4.75）确定其余待定系数a_{ij}。

4）根据第3）步所得结果可能改变$\dot{V}(\boldsymbol{x})$，故应按照所得结果重新校核$\dot{V}(\boldsymbol{x})$的符号性质。

5）按式（4.76）由$\nabla V(\boldsymbol{x})$的线积分求出$V(\boldsymbol{x})$，并验证其正定性。

6）确定渐进稳定的范围。

应该指出，若采用上述变量梯度法求不出合适的李雅普诺夫函数，并不意味着平衡状态是不稳定的，这时不能得出关于给定非线性系统平衡状态稳定性的任何结论。

另外，由于非线性系统的稳定性具有局部的性质，因此，如果非线性系统的平衡状态是渐进稳定的，则希望找出在平衡状态周围最大邻域内满足稳定条件的李雅普诺夫函数，以确定平衡状态渐进稳定的最大范围。

【例 4.18】设时变系统状态方程为

$$\dot{\boldsymbol{x}}_t=\boldsymbol{A}(t)\boldsymbol{x}=\begin{bmatrix}0&1\\-\dfrac{1}{t+1}&-10\end{bmatrix}\boldsymbol{x},\quad t\geqslant 0$$

试分析平衡状态$\boldsymbol{x}_{\mathrm{e}}=\boldsymbol{0}$的稳定性。

解：设$V(\boldsymbol{x})$的梯度为

$$\nabla V_1=a_{11}x_1+a_{12}x_2$$
$$\nabla V_2=a_{21}x_1+a_{22}x_2$$

则

$$\dot{V}(\boldsymbol{x})=(\nabla V)^{\mathrm{T}}\dot{\boldsymbol{x}}=\frac{\partial V}{\partial x_1}\dot{x}_1+\frac{\partial V}{\partial x_2}\dot{x}_2$$

$$=[a_{11}x_1+a_{12}x_2 \quad a_{21}x_1+a_{22}x_2]\begin{bmatrix} x_2 \\ -\frac{x_1}{t+1}-10x_2 \end{bmatrix}$$

$$=(a_{11}x_1+a_{12}x_2)x_2+(a_{21}x_1+a_{22}x_2)\left(-\frac{1}{t+1}x_1-10x_2\right)$$

若取 $a_{12}=a_{21}=0$，可满足旋度方程。因为

$$\nabla V=\begin{bmatrix} a_{11}x_1 \\ a_{22}x_2 \end{bmatrix}, \quad \frac{\partial \nabla V_1}{\partial x_2}=0, \quad \frac{\partial \nabla V_2}{\partial x_1}=0$$

于是得

$$\dot{V}(\boldsymbol{x})=a_{11}x_1x_2+a_{22}x_2\left(-\frac{1}{t+1}x_1-10x_2\right)$$

再取 $a_{11}=1, a_{22}=t+1$。即得梯度

$$\nabla V=\begin{bmatrix} x_1 \\ (t+1)x_2 \end{bmatrix}$$

积分得

$$V(\boldsymbol{x})=\int_0^{x_1(x_2=0)} x_1\mathrm{d}x_1+\int_0^{x_2(x_1=x_1)}(t+1)x_2\mathrm{d}x_2=\frac{1}{2}[x_1^2+(t+1)x_2^2]$$

$V(\boldsymbol{x})$是正定的，其导数

$$\dot{V}(\boldsymbol{x})=\dot{x}_1x_1+\frac{x_2^2}{2}+(t+1)\dot{x}_2x_2=-(10t+10)x_2^2$$

显然$\dot{V}(\boldsymbol{x})$是半负定的。但当 $\boldsymbol{x}\neq\boldsymbol{0}$ 时，$\dot{V}(\boldsymbol{x})\neq 0$，故系统在原点是大范围渐进稳定的。

4.8 MATLAB 在系统稳定性分析中的应用

1. poly( )函数和 roots( )函数

功能：poly( )函数用来求矩阵的特征多项式系数，roots( )函数用来求特征值。

调用格式：P=poly(A),V=roots(P)

其中，P 为矩阵 A 的特征多项式系数；V 为根据特征多项式系数 P 计算出的特征值。故可以根据矩阵 A 的特征值判断系统是否稳定。

【例 4.19】 已知线性时不变系统的状态方程为

$$\begin{bmatrix} \dot{x}_1 \\ \dot{x}_2 \\ \dot{x}_3 \\ \dot{x}_4 \end{bmatrix}=\begin{bmatrix} -3 & -6 & -2 & -1 \\ 1 & 0 & 0 & 0 \\ 0 & 1 & 0 & 0 \\ 0 & 0 & 1 & 0 \end{bmatrix}\begin{bmatrix} x_1 \\ x_2 \\ x_3 \\ x_4 \end{bmatrix}$$

试用特征值判据判断系统的稳定性。

解：

$$A=\begin{bmatrix}-3 & -6 & -2 & -1\\ 1 & 0 & 0 & 0\\ 0 & 1 & 0 & 0\\ 0 & 0 & 1 & 0\end{bmatrix}$$

MATLAB 程序如下：

```
% ex1_1.m
  A=[-3 -6 -2 -1;1 0 0 0;0 1 0 0;0 0 1 0];
P=poly(A),V=roots(P)
```

运行以上程序得

```
P =

    1.0000      3.0000      6.0000      2.0000      1.0000
V =

    -1.3544 + 1.7825i
    -1.3544 - 1.7825i
    -0.1456 + 0.4223i
    -0.1456 - 0.4223i
```

特征值的实部都小于 0，故系统稳定。

2. lyap( )函数

功能：lyap( )函数用来求解系统的李雅普诺夫方程。

调用格式：P=lyap(A,Q)

【例 4.20】 已知线性定常系统如图 4.10 所示。试求系统的状态方程；选择正定的实对称矩阵 $\boldsymbol{Q}$ 后计算李雅普诺夫方程的解并利用李雅普诺夫函数确定系统的稳定性。

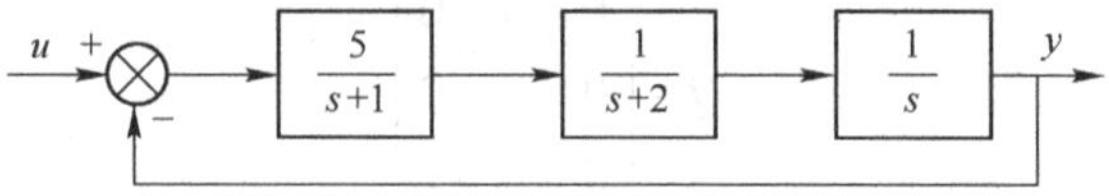

图 4.10　系统框图

解： 讨论系统的稳定性时可令给定输入 $u=0$。根据题目要求，因为需要调用函数 lyap( )，故首先将系统转换成状态空间模型。选择半正定矩阵 $\boldsymbol{Q}$ 为

$$\boldsymbol{Q}=\begin{bmatrix}0 & 0 & 0\\ 0 & 0 & 0\\ 0 & 0 & 1\end{bmatrix}$$

为了确定系统的稳定性，需验证 $\boldsymbol{P}$ 阵的正定性，这可以对各主子式行列式进行校验。综合以上考虑，给出调用函数 lyap( )的程序：

```
%ex4_2.m
n1=5;d1=[1 1];s1=tf(n1,d1);
n2=1;d2=[1 2];s2?  =tf(n2,d2);
n3=1;d3=[1 0];s3=tf(n3,d3);
s123=s1 * s2 * s3;sb=feedback(s123,1);
a=tf2ss(sb.num{1},sb.den{1});
q=[0 0 0;0 0 0;0 0 1];
```

```
if det(a) ~ =0
    P = lyap(a,q)
    det1 = det(P(1,1))
    det2 = det(P(2,2))
    detp = det(P)
end
```

运行程序后可得

```
P =
     12.5000    0.0000   -7.5000
      0.0000    7.5000   -0.5000
     -7.5000   -0.5000    4.7000
det1 =
     12.5000
det2 =
     7.5000
detp =
     15.6250
```

即系统的状态方程为

$$\begin{bmatrix}\dot{x}_1\\ \dot{x}_2\\ \dot{x}_3\end{bmatrix}=\begin{bmatrix}-3 & -2 & -5\\ 1 & 0 & 0\\ 0 & 1 & 0\end{bmatrix}\begin{bmatrix}x_1\\ x_2\\ x_3\end{bmatrix}$$

李雅普诺夫函数为

$$\boldsymbol{P}=\begin{bmatrix}12.5 & 0 & -7.5\\ 0 & 7.5 & -0.5\\ -7.5 & -0.5 & 4.7\end{bmatrix}$$

因为

$$\boldsymbol{Q}=\begin{bmatrix}0 & 0 & 0\\ 0 & 0 & 0\\ 0 & 0 & 1\end{bmatrix}$$

是正半定矩阵，由式

$$\dot{V}(\boldsymbol{x})=-\boldsymbol{x}^{\mathrm{T}}\boldsymbol{Q}\boldsymbol{x}=-x_3^2$$

可知，$\dot{V}(x)$是负半定的，最后，对各主子式行列式(det1,det2,detp)进行校验，说明矩阵 $\boldsymbol{P}$ 确实是正定矩阵，因此本系统在坐标原点的平衡状态是稳定的，而且是大范围渐进稳定的。

【例 4.21】已知线性系统动态方程为

$$\begin{bmatrix}\dot{x}_1\\ \dot{x}_2\end{bmatrix}=\begin{bmatrix}0 & 1\\ -1 & -1\end{bmatrix}\begin{bmatrix}x_1\\ x_2\end{bmatrix}$$

试计算李雅普诺夫方程的解，并利用李雅普诺夫函数确定系统的稳定性并求李雅普诺夫函数。

解：首先选择正定实对称 $\boldsymbol{Q}$ 为单位矩阵，即

$$\boldsymbol{Q}=\begin{bmatrix}1 & 0\\ 0 & 1\end{bmatrix}$$

根据题意，给出调用 lyap( ) 函数的程序：

```
%ex4_3.m
a = [0 1;-1 -1];q=[1 0;0 1];
if det (a) ~ = 0
     P = lyap(a,q)
     det1 = det(P(1,1))
     detp = det(P)
end
```

运行程序可得

```
P =
       1.5000   -0.5000
      -0.5000    1.0000
det1 =
      1.5000
detp =
      1.2500
```

即李雅普诺夫方程的解为

$$\boldsymbol{P}=\begin{bmatrix}1.5 & -0.5\\ -0.5 & 1\end{bmatrix}$$

程序已对各主子式行列式(det1,detp)进行计算，计算结果说明矩阵 $\boldsymbol{P}$ 确实是正定矩阵。李雅普诺夫函数为

$$\boldsymbol{V}(\boldsymbol{x})=\boldsymbol{x}^{\mathrm{T}}\boldsymbol{P}\boldsymbol{x}=[x_1\quad x_2]\begin{bmatrix}1.5 & -0.5\\ -0.5 & 1\end{bmatrix}\begin{bmatrix}x_1\\ x_2\end{bmatrix}=\frac{1}{2}(3x_1^2-2x_1x_2+2x_2^2)$$

在状态空间内，$V(x)$是正定的，而

$$\dot{\boldsymbol{V}}(\boldsymbol{x}) = \boldsymbol{x}^{\mathrm{T}}(\boldsymbol{A}^{\mathrm{T}}\boldsymbol{P}+\boldsymbol{P}\boldsymbol{A})\boldsymbol{x}=\boldsymbol{x}(-\boldsymbol{I})\boldsymbol{x}=[x_1\quad x_2]\begin{bmatrix}-1 & 0\\ 0 & -1\end{bmatrix}\begin{bmatrix}x_1\\ x_2\end{bmatrix}=-(x_1^2+x_2^2)$$

在状态空间内，$\dot{\boldsymbol{V}}(x)$是负定的。另有，当$\|\boldsymbol{x}\|\to\infty$时，有 $\boldsymbol{V}(\boldsymbol{x})\to\infty$，因此系统原点处的平衡状态是大范围渐进稳定的。

对于稳定性与李雅普诺夫方法，MATLAB 并不限于上面介绍的函数及方法，有兴趣的读者可以参考有关资料获得更多更方便的方法。

4.9 本章要点

控制系统最重要的特性莫过于它的稳定性，因为一个不稳定的系统是无法完成预期控制任务的，还存在潜在的危险。因此，如何判别一个系统是否稳定以及怎样改善其稳定性是系统分析与设计的首要问题。

1）李雅普诺夫稳定性理论从系统状态运动的角度给出了系统在平衡点的稳定、渐进稳定、大范围渐进稳定和不稳定的定义。它所描述的是系统的内部稳定性，更深刻地揭示了系统稳定性的本质属性。

2）李雅普诺夫间接法（第一法）对于非本质非线性系统，可以通过线性化处理，取其一次近似得到线性化方程，然后根据其特征根来判断系统的稳定性。

3）李雅普诺夫直接法（第二法）给出了一系列判别系统在平衡点稳定性的基本定理，它是一种普适性的系统稳定性分析方法，但这些定理所提出的判别条件都是充分条件，其核心是

能找到一个满足条件的李雅普诺夫函数。

4）针对线性系统，李雅普诺夫函数一般选为二次型函数，进而可得出针对不同线性系统（包括定常连续、时变连续、定常离散和时变离散）的李雅普诺夫方程。这时定理所提出的判别条件是充分条件，而结论为系统在平衡点是否渐进稳定。

5）针对非线性系统，克拉索夫斯基法和变量梯度法是两种相对简单、实用的分析方法，它们的出发点在于设法构造能给出非线性系统稳定性判别的李雅普诺夫函数。它们都是建立在李雅普诺夫直接法基础之上的方法，也仅提供了充分条件。

习题

4.1 什么是系统的 BIBO 稳定性？什么是系统的内部稳定性？两者之间有什么关系？

4.2 试判断下列二次型函数的定号性。

1） $V(\boldsymbol{x})=-x_1^2-10x_2^2-4x_3^2+6x_1x_2+2x_2x_3$

2） $V(\boldsymbol{x})=[x_1\quad x_2\quad x_3]\begin{bmatrix}1&1&1\\1&2&0\\1&0&2\end{bmatrix}\begin{bmatrix}x_1\\x_2\\x_3\end{bmatrix}$

3） $V(\boldsymbol{x})=x_1^2+2x_2^2+8x_3^2+2x_1x_2+2x_2x_3-2x_1x_3$

4） $V(\boldsymbol{x})=x_1^2+\dfrac{x_2^2}{1+x_2^2}$

4.3 设系统的状态空间方程为

$$\begin{cases}\dot{\boldsymbol{x}}=\begin{bmatrix}0&6\\1&-1\end{bmatrix}\boldsymbol{x}+\begin{bmatrix}-2\\1\end{bmatrix}u\\ y=[0\quad 1]\boldsymbol{x}\end{cases}$$

试确定系统的 BIBO 稳定性和渐进稳定性。

4.4 试判断下列线性定常系统的稳定性。

1） $\dot{\boldsymbol{x}}=\begin{bmatrix}0&1\\-2&-2\end{bmatrix}\boldsymbol{x}$ 2） $\dot{\boldsymbol{x}}=\begin{bmatrix}-1&1\\2&-4\end{bmatrix}\boldsymbol{x}$ 3） $\dot{\boldsymbol{x}}=\begin{bmatrix}1&0&-1\\0&1&0\\0&0&-2\end{bmatrix}\boldsymbol{x}$

4.5 设线性定常离散系统的状态方程为

$$\boldsymbol{x}(k+1)=\begin{bmatrix}0&1\\\dfrac{1}{2}&0\end{bmatrix}\boldsymbol{x}(k)$$

试确定平衡状态 $\boldsymbol{x}_e=\boldsymbol{0}$ 的稳定性。

4.6 试求下列非线性微分方程

$$\begin{cases}\dot{x}_1=x_2\\ \dot{x}_2=-\sin x_1-x_2\end{cases}$$

的平衡状态，利用李雅普诺夫第一法确定其平衡状态的稳定性。

4.7 设系统的非线性微分方程为

$$\begin{cases}\dot{x}_1=-x_2+x_1x_2\\ \dot{x}_2=x_1-x_1x_2\end{cases}$$

试求系统的平衡状态，然后在各平衡状态对非线性系统进行线性化，并讨论各平衡状态的稳定性。

4.8　设非线性系统的状态方程为

$$\begin{cases}\dot{x}_1=x_2\\ \dot{x}_2=-x_1^5-x_2\end{cases}$$

试用李雅普诺夫第二法确定其平衡状态的稳定性。

4.9　设非线性系统的状态方程为

$$\begin{cases}\dot{x}_1=x_2\\ \dot{x}_2=-\dfrac{1}{a+1}x_2(1+x_2)^2-10x_1, \quad a>0\end{cases}$$

试用李雅普诺夫第二法确定其平衡状态的稳定性。

4.10　设非线性系统的状态方程为

$$\begin{cases}\dot{x}_1=x_2\\ \dot{x}_2=-\left(\dfrac{1}{a_1}x_1+\dfrac{a_2}{a_1}x_1^2x_2\right)\end{cases}$$

试证明在 $a_1>0$，$a_2>0$ 时系统是大范围渐进稳定的。

4.11　设非线性系统的状态方程为

$$\begin{cases}\dot{x}_1=-x_1+x_2+x_1(x_1^2+x_2^2)\\ \dot{x}_2=-x_1-x_2+x_2(x_1^2+x_2^2)\end{cases}$$

试用李雅普诺夫第二法确定其平衡状态的稳定性。

4.12　设系统状态方程为

$$\dot{\boldsymbol{x}}=\begin{bmatrix}1 & 1\\ -1 & 1\end{bmatrix}\boldsymbol{x}$$

试用李雅普诺夫第二法确定系统平衡状态的稳定性。

4.13　设某系统的状态空间表达式为

$$\dot{\boldsymbol{x}}=\begin{bmatrix}K-2 & 0\\ 0 & -3\end{bmatrix}\boldsymbol{x}+\begin{bmatrix}2\\ 1\end{bmatrix}u, \quad \boldsymbol{y}=\begin{bmatrix}0 & 1\end{bmatrix}\boldsymbol{x}$$

试用李雅普诺夫第二法求系统平衡状态大范围渐进稳定 K 的取值范围。

4.14　设离散系统的状态方程为

$$\boldsymbol{x}(k+1)=\begin{bmatrix}1 & 4 & 0\\ -3 & -2 & -3\\ 2 & 0 & 0\end{bmatrix}\boldsymbol{x}(k)$$

试用两种方法判断系统的稳定性。

4.15　设离散系统的状态方程为

$$\boldsymbol{x}(k+1)=\begin{bmatrix}0 & 1 & 0\\ 0 & 0 & 1\\ 0 & a & 0\end{bmatrix}\boldsymbol{x}(k), \quad a>0$$

试用两种方法求平衡状态 $\boldsymbol{x}_e=\boldsymbol{0}$ 渐进稳定时 a 的取值范围。

4.16　设线性时变系统的状态方程为

$$\dot{\boldsymbol{x}}(t)=\begin{bmatrix}0 & 1\\ -\dfrac{1}{t+1} & -10\end{bmatrix}\boldsymbol{x}(t),\quad t\geqslant 0$$

试确定系统平衡状态的大范围渐进稳定性$\left(\text{提示：}V(\boldsymbol{x},t)=\dfrac{1}{2}[x_1^2+(t+1)x_2^2]\right)$。

4.17 设非线性自治系统$\dot{\boldsymbol{x}}=f(\boldsymbol{x})$， $f(\boldsymbol{0})=0$，系统的雅可比矩阵为

$$\boldsymbol{F}(\boldsymbol{x})=\frac{\partial f(\boldsymbol{x})}{\partial x^{\mathrm{T}}}=\begin{bmatrix}\dfrac{\partial f_1(\boldsymbol{x})}{\partial x_1} & \dfrac{\partial f_1(\boldsymbol{x})}{\partial x_2} & \cdots & \dfrac{\partial f_1(\boldsymbol{x})}{\partial x_n}\\ \dfrac{\partial f_2(\boldsymbol{x})}{\partial x_1} & \dfrac{\partial f_2(\boldsymbol{x})}{\partial x_2} & \cdots & \dfrac{\partial f_2(\boldsymbol{x})}{\partial x_n}\\ \vdots & \vdots & & \vdots\\ \dfrac{\partial f_n(\boldsymbol{x})}{\partial x_1} & \dfrac{\partial f_n(\boldsymbol{x})}{\partial x_2} & \cdots & \dfrac{\partial f_n(\boldsymbol{x})}{\partial x_n}\end{bmatrix}$$

证明：当$\boldsymbol{F}(\boldsymbol{x})+\boldsymbol{F}^{\mathrm{T}}(\boldsymbol{x})$为负定时，系统的平衡状态$\boldsymbol{x}_{\mathrm{e}}=\boldsymbol{0}$是大范围渐进稳定的。

4.18 设系统状态方程为

$$\begin{cases}\dot{x}_1=ax_1+x_2\\ \dot{x}_2=x_1-x_2+bx_2^5\end{cases}$$

若要求系统在平衡状态$\boldsymbol{x}_{\mathrm{e}}=\boldsymbol{0}$全局渐进稳定，试用克拉索夫斯基法确定参数 a 和 b 的取值范围。

第 5 章　线性时不变系统的综合

学习目标

5.1　掌握线性时不变系统反馈控制的结构及特性，理解不同结构的反馈控制对系统能控性和能观性的影响。

5.2　掌握闭环极点配置定理，针对单输入单输出系统，能够在已知期望极点的情况下，完成基于状态反馈的增益矩阵设计。

5.3　掌握系统镇定的基本概念，能够推导和证明线性时不变系统状态反馈能镇定的充要条件。

5.4　理解渐进跟踪与干扰抑制问题，能够通过设计带有输入变换的状态反馈系统实现渐进跟踪，通过状态反馈加积分器校正的输出反馈系统实现干扰抑制。

5.5　掌握状态观测器概念、存在条件以及全（降）维观测器的设计方法，能够设计线性时不变系统的全（降）维观测器。

5.6　针对带状态观测器的状态反馈系统，掌握闭环系统的结构和状态空间表达式，理解分离原理。

5.7　了解 MATLAB 在线性时不变系统中的应用。

5.8　依托车载倒立摆系统和 Truck-Trailer 系统，了解现代控制理论的分析和设计方法。

控制系统的分析和综合是自动控制理论研究的两大课题。控制系统分析是在建立系统数学模型（状态空间表达式）的基础上，主要讨论系统的运动分析、动态响应、能控性、能观性和稳定性等，以及与系统结构、参数和输入控制信号之间的关系。控制系统综合的主要任务是设计自动控制系统，寻求改善系统性能的各种控制律，使其运动满足给定的各项性能指标和特征要求。

在经典控制理论中，常采用带有串联校正装置、并联校正装置、反馈校正装置的输出反馈控制方式，系统综合的方法为频域响应法和根轨迹法，综合的实质是闭环系统极点配置。现代控制理论采用状态空间法描述系统运动，状态反馈控制可以实现闭环极点配置，使闭环控制系统稳定且具有良好的动态响应。状态反馈包含系统的全部状态信息，是较输出反馈更全面的反馈。但并非所有被控系统的全部状态变量都可直接测量，这就提出了状态重构问题，即能否通过可测量的输出及输入重新构造在一定指标下与系统真实状态等价的状态估计值。1964 年，龙柏格提出的状态观测器理论有效解决了这一问题。

本章主要讨论以下几个问题：线性反馈控制系统的基本结构及其特性、闭环极点配置、系统镇定问题、渐进跟踪与干扰抑制、解耦控制、状态观测器以及利用状态观测器实现状态反馈的系统等，还对 MATLAB 在闭环极点配置、状态观测器设计中的应用做了介绍，给出了线性控制系统综合的工程应用举例。

5.1　线性时不变系统反馈控制的结构及特性

反馈系统的结构和特点

无论是在经典控制理论中，还是在现代控制理论中，反馈都是自动控制系统中一种重要的并被广泛应用的控制方式。由于经典控制理论采用传递函数来描述动态系统的输入输出特性，只能从输出引出信号作为反馈量。而现代控制理论使用状态空间表达式描述动态系统的内部特性，除了可以从输出引出反馈信号外，还可以从系统的状态引出信号作为反馈量以实现状态反馈。状态反馈能提供更丰富的状态信息和可供选择的自由度，因而使系统容易获得更为优异的性能。

5.1.1 状态反馈

状态反馈是将系统状态向量乘以相应的反馈矩阵 $\boldsymbol{K}$，然后反馈到输入端与参考输入进行比较后产生控制作用，作为被控系统的控制输入，形成闭环系统。图 5.1 是一个多输入多输出（MIMO）系统的状态反馈结构图。

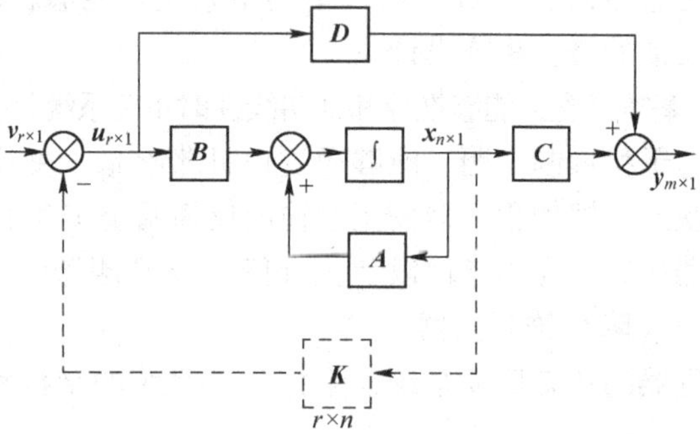

图 5.1 多输入多输出（MIMO）系统的状态反馈结构图

图 5.1 中被控系统 $\Sigma_0(\boldsymbol{A},\boldsymbol{B},\boldsymbol{C},\boldsymbol{D})$ 的状态空间表达式为

$$\begin{cases}\dot{\boldsymbol{x}}=\boldsymbol{A}\boldsymbol{x}+\boldsymbol{B}\boldsymbol{u}\\ \boldsymbol{y}=\boldsymbol{C}\boldsymbol{x}+\boldsymbol{D}\boldsymbol{u}\end{cases} \tag{5.1}$$

式中，$\boldsymbol{x}\in\mathbf{R}^n$ 为系统状态向量；$\boldsymbol{u}\in\mathbf{R}^r$ 为系统输入向量；$\boldsymbol{y}\in\mathbf{R}^m$ 为系统输出向量；$\boldsymbol{A}\in\mathbf{R}^{n\times n}$ 为系统矩阵；$\boldsymbol{B}\in\mathbf{R}^{n\times r}$ 为控制输入矩阵；$\boldsymbol{C}\in\mathbf{R}^{m\times n}$ 为系统输出矩阵；$\boldsymbol{D}\in\mathbf{R}^{m\times r}$ 为系统输入输出关联矩阵。

若 $\boldsymbol{D}=\mathbf{0}$，则被控系统为

$$\begin{cases}\dot{\boldsymbol{x}}=\boldsymbol{A}\boldsymbol{x}+\boldsymbol{B}\boldsymbol{u}\\ \boldsymbol{y}=\boldsymbol{C}\boldsymbol{x}\end{cases} \tag{5.2}$$

状态反馈控制律 $\boldsymbol{u}$ 为

$$\boldsymbol{u}=-\boldsymbol{K}\boldsymbol{x}+\boldsymbol{v} \tag{5.3}$$

式中，$\boldsymbol{v}\in\mathbf{R}^{r\times1}$ 为参考输入向量；$\boldsymbol{K}\in\mathbf{R}^{r\times n}$ 是状态反馈增益矩阵。

把式（5.3）代入式（5.1）整理可得状态反馈闭环系统的状态空间表达式为

$$\begin{cases}\dot{\boldsymbol{x}}=(\boldsymbol{A}-\boldsymbol{B}\boldsymbol{K})\boldsymbol{x}+\boldsymbol{B}\boldsymbol{v}\\ \boldsymbol{y}=(\boldsymbol{C}-\boldsymbol{D}\boldsymbol{K})\boldsymbol{x}+\boldsymbol{D}\boldsymbol{v}\end{cases} \tag{5.4}$$

若 $\boldsymbol{D}=\mathbf{0}$，则

$$\begin{cases}\dot{\boldsymbol{x}}=(\boldsymbol{A}-\boldsymbol{B}\boldsymbol{K})\boldsymbol{x}+\boldsymbol{B}\boldsymbol{v}\\ \boldsymbol{y}=\boldsymbol{C}\boldsymbol{x}\end{cases} \tag{5.5}$$

简记为 $\Sigma_K[(\boldsymbol{A}-\boldsymbol{B}\boldsymbol{K}),\boldsymbol{B},\boldsymbol{C}]$。

经过状态反馈后，闭环系统的传递函数矩阵为

$$W_K(s)=C[sI-(A-BK)]^{-1}B \tag{5.6}$$

由此可见，状态反馈矩阵 K 的引入，没有引入新的状态变量，也不增加系统的维数，但可以通过选择状态反馈矩阵 K 改变系统的特征值，从而使系统获得所要求的性能。

5.1.2 输出反馈

输出反馈就是将系统的输出向量乘以相应的反馈矩阵 H，然后反馈到输入端与参考输入进行比较后产生控制作用，作为被控系统的控制输入，形成闭环控制系统。经典控制理论中所讨论的反馈就是这种反馈。图 5.2 是一个多输入多输出（MIMO）系统的输出反馈结构图。

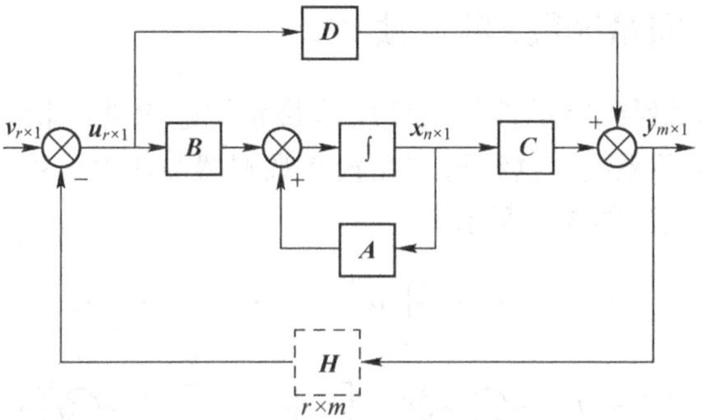

图 5.2　多输入多输出（MIMO）系统的输出反馈结构图

输出线性反馈控制律为

$$u=-Hy+v \tag{5.7}$$

式中，$v\in \mathbf{R}^{r\times1}$ 为参考输入向量，$H\in \mathbf{R}^{r\times m}$ 为输出反馈增益矩阵。

将式（5.1）的输出方程代入式（5.7）后可得

$$u=-H(Cx+Du)+v=-HCx-HDu+v$$

整理后可得

$$u=(I+HD)^{-1}(-HCx+v) \tag{5.8}$$

再将式（5.8）代入式（5.1），可得输出反馈闭环系统的状态空间表达式为

$$\begin{cases}\dot{x}=[A-B(I+HD)^{-1}HC]x+B(I+HD)^{-1}v\\ y=[C-D(I+HD)^{-1}HC]x+D(I+HD)^{-1}v\end{cases} \tag{5.9}$$

若 $D=0$，则

$$\begin{cases}\dot{x}=(A-BHC)x+Bv\\ y=Cx\end{cases} \tag{5.10}$$

简记为 $\Sigma_H[(A-BHC),B,C]$。

由式（5.10）可知，通过选择输出反馈增益矩阵 H 也可改变闭环系统的特征值，从而改变系统的控制特性。输出反馈闭环系统的传递函数矩阵为

$$W_H(s)=C[sI-(A-BHC)]^{-1}B \tag{5.11}$$

被控系统的传递函数矩阵为

$$W(s)=C(sI-A)^{-1}B$$

则输出反馈系统的传递函数矩阵和被控系统之间的关系为

$$W_H(s)=W(s)[I+HW(s)]^{-1} \tag{5.12}$$

或

$$W_H(s)=[I+W(s)H]^{-1}W(s) \tag{5.13}$$

由式（5.10）可知，经过输出反馈后，输入矩阵 $\boldsymbol{B}$ 和输出矩阵 $\boldsymbol{C}$ 没有变化，仅仅是系统矩阵 $\boldsymbol{A}$ 变化为 $\boldsymbol{A-BHC}$；闭环控制系统同样没有引入新的状态变量，输出反馈矩阵 $\boldsymbol{H}$ 的引入并不增加系统的维数，并且可以通过改变输出反馈矩阵 $\boldsymbol{H}$ 改变系统的特征值，从而使系统获得所要求性能。

但由于输出反馈所包含的信息不是系统的全部信息，即 $m<n$，因此输出反馈只能看成是一种部分状态反馈。只有当 $m=n$，即 $\boldsymbol{C}=\boldsymbol{I}$，$\boldsymbol{HC}=\boldsymbol{K}$ 时，才能等同于状态反馈。通过对状态反馈与输出反馈的对比可知，在不增加补偿器的条件下，输出反馈的效果不如状态反馈系统好。但输出反馈在技术实现上的方便性则是其突出优点。

5.1.3　从输出到状态向量导数 $\dot{\boldsymbol{x}}$ 的反馈

从系统输出到状态向量导数 $\dot{\boldsymbol{x}}$ 的线性反馈就是将系统输出乘以相应的反馈矩阵 $\boldsymbol{G}$，反馈到状态向量导数 $\dot{\boldsymbol{x}}$，形成闭环系统。这种形式在状态观测器中获得应用。多输入多输出系统从输出到状态向量导数 $\dot{\boldsymbol{x}}$ 的反馈如图 5.3 所示。

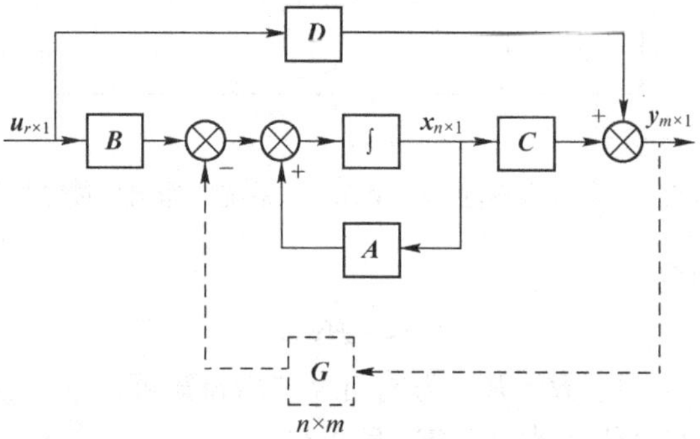

图 5.3　多输入多输出系统从输出到状态向量导数 $\dot{\boldsymbol{x}}$ 反馈的结构图

加入从输出 $\boldsymbol{y}$ 到状态向量导数 $\dot{\boldsymbol{x}}$ 的线性反馈 $\boldsymbol{Gy}$ 可得闭环系统的状态空间表达式为

$$\begin{cases}\dot{\boldsymbol{x}}=\boldsymbol{Ax}-\boldsymbol{Gy}+\boldsymbol{Bu}\\ \boldsymbol{y}=\boldsymbol{Cx}+\boldsymbol{Du}\end{cases} \tag{5.14}$$

将式（5.1）的输出方程代入式（5.14）后整理得

$$\begin{cases}\dot{\boldsymbol{x}}=(\boldsymbol{A}-\boldsymbol{GC})\boldsymbol{x}+(\boldsymbol{B}-\boldsymbol{GD})\boldsymbol{u}\\ \boldsymbol{y}=\boldsymbol{Cx}+\boldsymbol{Du}\end{cases} \tag{5.15}$$

若 $\boldsymbol{D}=\boldsymbol{0}$，则

$$\begin{cases}\dot{\boldsymbol{x}}=(\boldsymbol{A}-\boldsymbol{GC})\boldsymbol{x}+\boldsymbol{Bu}\\ \boldsymbol{y}=\boldsymbol{Cx}\end{cases} \tag{5.16}$$

简记 $\boldsymbol{\Sigma}_G[(\boldsymbol{A}-\boldsymbol{GC}),\boldsymbol{B},\boldsymbol{C}]$。

闭环系统的传递函数矩阵为

$$\boldsymbol{W}_G(s)=\boldsymbol{C}[s\boldsymbol{I}-(\boldsymbol{A}-\boldsymbol{GC})]^{-1}\boldsymbol{B} \tag{5.17}$$

5.1.4　动态补偿器

上述三种反馈控制结构的共同点是不增加新的状态变量，开环系统和闭环控制系统的维数相同；反馈矩阵都是常矩阵，反馈为线性反馈。在复杂情况下，常常需要引入一个动态子系统来改善系统性能，这种动态子系统称为动态补偿器。图 5.4 是带动态补偿器的闭环控制系统结构图，其中图 5.4a 为串联连接，图 5.4b 为反馈连接。

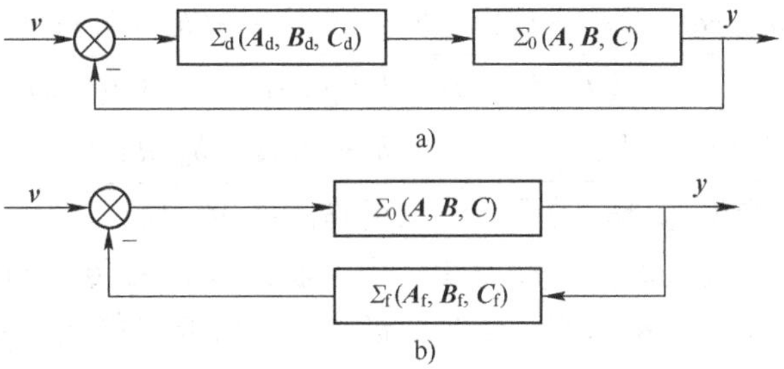

图 5.4　带动态补偿器的闭环控制系统结构

这类系统的典型例子就是用状态观测器实现状态反馈的闭环控制系统，系统的维数等于被控系统与动态补偿器二者维数之和。一般来说，采用反馈连接比采用串联连接容易获得更好的性能。

5.1.5　反馈控制对系统能控性和能观性的影响

反馈系统与能控性能观性

引入各种反馈构成闭环后，系统的能控性与能观性是否受到影响，关系到系统能否实现状态控制与状态观测。

定理 5.1　状态反馈不改变被控系统 $\boldsymbol{\Sigma}_0(\boldsymbol{A},\boldsymbol{B},\boldsymbol{C})$ 的能控性。但不能保证系统的能观性不变。

证明：

$$\boldsymbol{Q}_{\mathrm{c}}=[\boldsymbol{B}\quad \boldsymbol{AB}\quad \boldsymbol{A}^2B\quad \cdots\quad \boldsymbol{A}^{n-1}\boldsymbol{B}] \tag{5.18}$$

$$\boldsymbol{Q}_{\mathrm{ck}}=[\boldsymbol{B}\quad (\boldsymbol{A}-\boldsymbol{BK})\boldsymbol{B}\quad (\boldsymbol{A}-\boldsymbol{BK})^2\boldsymbol{B}\quad \cdots\quad (\boldsymbol{A}-\boldsymbol{BK})^{n-1}\boldsymbol{B}] \tag{5.19}$$

比较式（5.18）与式（5.19）两个矩阵的各对应分块，可以看到：

第一分块 $\boldsymbol{B}$ 相同。

第二分块 $(\boldsymbol{A}-\boldsymbol{BK})\boldsymbol{B}=\boldsymbol{AB}-\boldsymbol{B}(\boldsymbol{KB})$，其中 $\boldsymbol{KB}$ 是常数矩阵，因此 $(\boldsymbol{A}-\boldsymbol{BK})\boldsymbol{B}$ 的列向量可表示成 $[\boldsymbol{B}\quad \boldsymbol{AB}]$ 的线性组合。

第三分块 $(\boldsymbol{A}-\boldsymbol{BK})^2\boldsymbol{B}=\boldsymbol{A}^2\boldsymbol{B}-\boldsymbol{AB}(\boldsymbol{KB})-\boldsymbol{B}(\boldsymbol{KAB})+\boldsymbol{B}(\boldsymbol{KBKB})$ 的列向量可表示成 $[\boldsymbol{B}\quad \boldsymbol{AB}\quad \boldsymbol{A}^2\boldsymbol{B}]$ 的线性组合。

其余各分块类同。因此 $\boldsymbol{Q}_{\mathrm{ck}}$ 可看作是 $\boldsymbol{Q}_{\mathrm{c}}$ 经初等变换得到的，而矩阵做初等变换并不改变矩阵的秩。所以 $\boldsymbol{Q}_{\mathrm{ck}}$ 与 $\boldsymbol{Q}_{\mathrm{c}}$ 的秩相同，定理得证。

对于一个 SISO 系统，状态反馈会改变系统的极点，但不会影响系统的零点。那么当出现零极点对消时，就会破坏系统的能观性。所以，状态反馈不能保证系统的能观性。

SISO 系统 $\boldsymbol{\Sigma}_0(\boldsymbol{A},\boldsymbol{b},\boldsymbol{c},d)$ 的传递函数为

$$W_0(s)=\boldsymbol{c}\,(s\boldsymbol{I}-\boldsymbol{A})^{-1}\boldsymbol{b}+d \tag{5.20}$$

将 $\boldsymbol{\Sigma}_0(\boldsymbol{A},\boldsymbol{b},\boldsymbol{c},d)$ 的能控规范型代入式（5.20）可得

$$\begin{aligned}W_0(s)&=\boldsymbol{c}(s\boldsymbol{I}-\boldsymbol{A})^{-1}\boldsymbol{b}+d\\&=\frac{b_{n-1}s^{n-1}+b_{n-2}s^{n-2}+\cdots+b_1s+b_0}{s^n+a_{n-1}s^{n-1}+\cdots+a_1s+a_0}+d\\&=\frac{ds^n+(b_{n-1}+da_{n-1})s^{n-1}+\cdots+(b_1+da_1)s+(b_0+da_0)}{s^n+a_{n-1}s^{n-1}+\cdots+a_1s+a_0}\end{aligned} \tag{5.21}$$

引入状态反馈后闭环控制系统的传递函数为

$$W_k(s)=(\boldsymbol{c}-d\boldsymbol{K})[s\boldsymbol{I}-(\boldsymbol{A}-\boldsymbol{bK})]^{-1}\boldsymbol{b}+d$$
$$=\frac{(b_{n-1}-dk_{n-1})s^{n-1}+(b_{n-2}-dk_{n-2})s^{n-2}+\cdots+(b_1-dk_1)s+(b_0-dk_0)}{s^n+(a_{n-1}+k_{n-1})s^{n-1}+\cdots+(a_1+k_1)s+(a_0+k_0)}+d \tag{5.22}$$
$$=\frac{ds^n+(b_{n-1}+da_{n-1})s^{n-1}+\cdots+(b_1+da_1)s+(b_0+da_0)}{s^n+(a_{n-1}+k_{n-1})s^{n-1}+\cdots+(a_1+k_1)s+(a_0+k_0)}$$

比较式（5.21）和式（5.22）可以看出，引入状态反馈后传递函数的分子多项式不变，即零点保持不变。可通过改变 $\boldsymbol{K}$ 来改变系统的极点。这就有可能出现零极点对消情况，以至于破坏系统的能观性。

【例 5.1】 试分析系统引入状态反馈 $\boldsymbol{K}=[3\quad 1]$后的能控性与能观性。

$$\begin{cases}\dot{\boldsymbol{x}}=\begin{bmatrix}1 & 2\\ 3 & 1\end{bmatrix}\boldsymbol{x}+\begin{bmatrix}0\\ 1\end{bmatrix}u\\ y=[1\quad 2]\boldsymbol{x}\end{cases}$$

解：由于

$$\boldsymbol{Q}_c=[\boldsymbol{b}\quad \boldsymbol{Ab}]=\begin{bmatrix}0 & 2\\ 1 & 1\end{bmatrix},\quad \text{rank}\boldsymbol{Q}_c=2=n$$
$$\boldsymbol{Q}_o=\begin{bmatrix}\boldsymbol{c}\\ \boldsymbol{cA}\end{bmatrix}=\begin{bmatrix}1 & 2\\ 7 & 4\end{bmatrix},\quad \text{rank}\boldsymbol{Q}_o=2=n$$

故原系统能控且能观。

加入 $\boldsymbol{K}=[3\quad 1]$后，得闭环控制系统 $\Sigma_k[(\boldsymbol{A}-\boldsymbol{bK}),\boldsymbol{b},\boldsymbol{c}]$的状态空间表达式为

$$\begin{cases}\dot{\boldsymbol{x}}=\begin{bmatrix}1 & 2\\ 0 & 0\end{bmatrix}\boldsymbol{x}+\begin{bmatrix}0\\ 1\end{bmatrix}\boldsymbol{u}\\ y=[1\quad 2]\boldsymbol{x}\end{cases}$$

$$\boldsymbol{Q}_{ck}=[\boldsymbol{b}\quad (\boldsymbol{A}-\boldsymbol{bK})\boldsymbol{b}]=\begin{bmatrix}0 & 2\\ 1 & 0\end{bmatrix},\quad \text{rank}\boldsymbol{Q}_{ck}=2=n$$
$$\boldsymbol{Q}_{ok}=\begin{bmatrix}\boldsymbol{c}\\ \boldsymbol{c}(\boldsymbol{A}-\boldsymbol{bK})\end{bmatrix}=\begin{bmatrix}1 & 2\\ 1 & 2\end{bmatrix},\quad \text{rank}\boldsymbol{Q}_{ok}=1<n$$

此时，系统 $\Sigma_k[(\boldsymbol{A}-\boldsymbol{bK}),\boldsymbol{b},\boldsymbol{c}]$能控不能观。可见引入状态反馈 $\boldsymbol{K}=[3\quad 1]$后，闭环控制系统的能控性保持不变，却破坏了系统的能观性。这实际上反映出状态反馈后闭环控制系统的传递函数出现了零极点对消现象。因为

$$W_0(s)=\boldsymbol{c}\ (s\boldsymbol{I}-\boldsymbol{A})^{-1}\boldsymbol{b}=[1\quad 2]\begin{bmatrix}s-1 & -2\\ -3 & s-1\end{bmatrix}^{-1}\begin{bmatrix}0\\ 1\end{bmatrix}=\frac{2s}{s^2-2s-5}$$
$$W_k(s)=\boldsymbol{c}[s\boldsymbol{I}-(\boldsymbol{A}-\boldsymbol{bK})]^{-1}\boldsymbol{b}=[1\quad 2]\begin{bmatrix}s-1 & -2\\ 0 & s\end{bmatrix}^{-1}\begin{bmatrix}0\\ 1\end{bmatrix}=\frac{2s}{s(s-1)}=\frac{2}{s-1}$$

闭环控制系统的极点发生了变化，出现了零极点对消的情况，影响了系统的能观性。

定理 5.2 输出反馈不改变被控系统 $\Sigma_0(\boldsymbol{A},\boldsymbol{B},\boldsymbol{C})$的能控性和能观性。

证明：关于能控性不变，则

$$\begin{cases}\dot{\boldsymbol{x}}=(\boldsymbol{A}-\boldsymbol{BHC})\boldsymbol{x}+\boldsymbol{Bv}\\ \boldsymbol{y}=\boldsymbol{Cx}\end{cases}$$

若把 $\boldsymbol{HC}$ 看成等效的状态反馈 $\boldsymbol{K}$，那么状态反馈能保持被控系统的能控性不变。

开环控制系统和闭环控制系统的能观判别矩阵分别为

$$\boldsymbol{Q}_{\mathrm{o}}=\begin{bmatrix}\boldsymbol{C}\\ \boldsymbol{CA}\\ \vdots\\ \boldsymbol{CA}^{n-1}\end{bmatrix} \tag{5.23}$$

和

$$\boldsymbol{Q}_{\mathrm{oh}}=\begin{bmatrix}\boldsymbol{C}\\ \boldsymbol{C}(\boldsymbol{A}-\boldsymbol{BHC})\\ \vdots\\ \boldsymbol{C}(\boldsymbol{A}-\boldsymbol{BHC})^{n-1}\end{bmatrix} \tag{5.24}$$

仿照定理 5.1 的证明方法，同样可以把 $\boldsymbol{Q}_{\mathrm{oh}}$ 看作是 $\boldsymbol{Q}_{\mathrm{o}}$ 经初等变换的结果。而初等变换不改变矩阵的秩，因此能观性保持不变。

定理 5.3 从输出到状态向量导数 $\dot{\boldsymbol{x}}$ 的反馈不改变被控系统 $\Sigma_0(\boldsymbol{A},\boldsymbol{B},\boldsymbol{C})$ 的能观性，但不能保证系统的能控性不变。

关于定理 5.3 的证明根据对偶原理，仿照定理 5.1 的证明完成。

【例 5.2】 系统的状态空间表达式为

$$\begin{cases}\dot{\boldsymbol{x}}=\begin{bmatrix}1 & 2\\ 3 & 1\end{bmatrix}\boldsymbol{x}+\begin{bmatrix}0\\ 1\end{bmatrix}u\\ y=\begin{bmatrix}1 & 2\end{bmatrix}\boldsymbol{x}\end{cases}$$

试分析系统引入从输出到状态向量导数 $\dot{\boldsymbol{x}}$ 的反馈 $\boldsymbol{G}=\begin{bmatrix}-1\\ 2\end{bmatrix}$ 后的能控性与能观性。

解： 由例 5.1 知原系统是能控且能观的。引入从输出到状态向量导数 $\dot{\boldsymbol{x}}$ 的反馈 $\boldsymbol{G}y$ 后，闭环系统 $\Sigma_k[(\boldsymbol{A}-\boldsymbol{Gc}),\boldsymbol{b},\boldsymbol{c}]$ 的状态空间表达式根据式（5.16）可得

$$\begin{cases}\dot{\boldsymbol{x}}=\begin{bmatrix}0 & 0\\ 5 & 5\end{bmatrix}\boldsymbol{x}+\begin{bmatrix}0\\ 1\end{bmatrix}u\\ y=\begin{bmatrix}1 & 2\end{bmatrix}\boldsymbol{x}\end{cases}$$

其能控性和能观性矩阵为

$$\boldsymbol{Q}_{\mathrm{cg}}=[\boldsymbol{b}\quad(\boldsymbol{A}-\boldsymbol{Gc})\boldsymbol{b}]=\begin{bmatrix}0 & 0\\ 1 & 5\end{bmatrix},\quad \mathrm{rank}\boldsymbol{Q}_{\mathrm{cg}}=1<n$$

$$\boldsymbol{Q}_{\mathrm{og}}=\begin{bmatrix}\boldsymbol{c}\\ \boldsymbol{c}(\boldsymbol{A}-\boldsymbol{Gc})\end{bmatrix}=\begin{bmatrix}1 & 2\\ 10 & 10\end{bmatrix},\quad \mathrm{rank}\boldsymbol{Q}_{\mathrm{og}}=2=n$$

由此可见，引入从输出到状态向量导数 $\dot{\boldsymbol{x}}$ 的反馈后，闭环系统保持能观性不变，但不能保持能控性。这实际上反映出闭环系统的传递函数出现了零极点对消的现象。

5.2 闭环极点配置

闭环极点配置

控制系统的稳定性和各种性能指标在很大程度上取决于闭环控制系统极点在 s 平面上的分布。在设计控制系统时，为了保证闭环控制系统具有期望的特性，常常给定一组期望的极点，或根据时域指标转换一组等价的期望极点，然后进行极点配置。所谓极点配置，就是通过选择反馈增益矩阵，将闭环控制系统的极点恰好配置到根平面上所期望的位置，以获得期望的动态特性和性能指标要求。本节重点讨论单输入单输出系统在已知期望极点的情况下，如何设计反馈增益矩阵。

5.2.1 采用状态反馈

单输入单输出线性时不变系统通过状态反馈，其闭环控制系统的状态空间表达式为

$$\begin{cases}\dot{\boldsymbol{x}}=(\boldsymbol{A}-\boldsymbol{bK})\boldsymbol{x}+\boldsymbol{b}v\\ y=\boldsymbol{cx}\end{cases} \tag{5.25}$$

式中，$\boldsymbol{K}\in\mathbf{R}^{1\times n}$为反馈矩阵。

为了求得期望极点配置的状态反馈矩阵 $\boldsymbol{K}$，有下面的极点配置定理。

定理 5.4 采用状态反馈对被控系统 $\Sigma_0(\boldsymbol{A},\boldsymbol{b},\boldsymbol{c})$ 任意配置极点的充分必要条件是 Σ_0 的状态是完全能控的。

证明： 1）充分性证明。若被控系统 Σ_0 的状态是完全能控的，则闭环控制系统必能任意极点配置。

若 Σ_0 完全能控，则必存在非奇异变换

$$\boldsymbol{x}=\boldsymbol{P}_{\mathrm{c}}\bar{\boldsymbol{x}}$$

能将被控系统 Σ_0 化成能控规范 I 型为

$$\begin{cases}\dot{\bar{\boldsymbol{x}}}=\bar{\boldsymbol{A}}\bar{\boldsymbol{x}}+\bar{\boldsymbol{b}}u\\ y=\bar{\boldsymbol{c}}\bar{\boldsymbol{x}}\end{cases} \tag{5.26}$$

式中

$$\bar{\boldsymbol{A}}=\boldsymbol{P}_{\mathrm{c}}^{-1}\boldsymbol{A}\boldsymbol{P}_{\mathrm{c}}=\begin{bmatrix}0&1&\cdots&0&0\\0&0&\cdots&0&0\\\vdots&\vdots&&\vdots&\vdots\\0&0&\cdots&0&1\\-a_0&-a_1&\cdots&-a_{n-2}&-a_{n-1}\end{bmatrix}$$

$$\bar{\boldsymbol{b}}=\boldsymbol{P}_{\mathrm{c}}^{-1}\boldsymbol{b}=\begin{bmatrix}0\\0\\\vdots\\0\\1\end{bmatrix}$$

$$\bar{\boldsymbol{c}}=\boldsymbol{c}\boldsymbol{P}_{\mathrm{c}}=[b_0\quad b_1\quad\cdots\quad b_{n-1}]$$

由于线性变换不改变系统的特征值，故被控系统 Σ_0 的传递函数为

$$W(s)=\boldsymbol{c}(s\boldsymbol{I}-\boldsymbol{A})^{-1}\boldsymbol{b}=\bar{\boldsymbol{c}}(s\boldsymbol{I}-\bar{\boldsymbol{A}})^{-1}\bar{\boldsymbol{b}}=\frac{b_{n-1}s^{n-1}+b_{n-2}s^{n-2}+\cdots+b_1s+b_0}{s^n+a_{n-1}s^{n-1}+\cdots+a_1s+a_0} \tag{5.27}$$

针对能控规范型（5.26），引入线性状态反馈

$$u=v-\bar{\boldsymbol{K}}\bar{\boldsymbol{x}} \tag{5.28}$$

式中

$$\bar{\boldsymbol{K}}=[\bar{k}_0\quad\bar{k}_1\quad\cdots\quad\bar{k}_{n-1}]$$

将式（5.28）代入式（5.26）中，可求得对$\bar{\boldsymbol{x}}$的闭环控制系统状态空间表达式为

$$\begin{cases}\dot{\boldsymbol{x}}=(\bar{\boldsymbol{A}}-\bar{\boldsymbol{b}}\bar{\boldsymbol{K}})\bar{\boldsymbol{x}}+\bar{\boldsymbol{b}}v\\ y=\bar{\boldsymbol{c}}\bar{\boldsymbol{x}}\end{cases} \tag{5.29}$$

式中

$$(\overline{\boldsymbol{A}}-\overline{\boldsymbol{b}}\,\overline{\boldsymbol{K}})=\begin{bmatrix} 0 & 1 & 0 & \cdots & 0 \\ 0 & 0 & 1 & \cdots & 0 \\ \vdots & \vdots & \vdots & & 0 \\ 0 & 0 & 0 & \cdots & 1 \\ -(a_0+\bar{k}_0) & -(a_1+\bar{k}_1) & -(a_2+\bar{k}_2) & \cdots & -(a_{n-1}+\bar{k}_{n-1}) \end{bmatrix} \tag{5.30}$$

矩阵$\overline{\boldsymbol{b}}$和$\overline{\boldsymbol{c}}$不变。矩阵$\overline{\boldsymbol{c}}$不变表明引入线性状态反馈后，仅能改变闭环控制系统传递函数的极点，不改变传递函数的零点。式（5.29）对应的特征多项式为

$$f(\lambda)=|\lambda\boldsymbol{I}-(\overline{\boldsymbol{A}}-\overline{\boldsymbol{b}}\,\overline{\boldsymbol{K}})|=\lambda^n+(a_{n-1}+\bar{k}_{n-1})\lambda^{n-1}+\cdots+(a_1+\bar{k}_1)\lambda+(a_0+\bar{k}_0) \tag{5.31}$$

闭环控制系统的传递函数为

$$W_k(s)=\overline{\boldsymbol{c}}[s\boldsymbol{I}-(\overline{\boldsymbol{A}}-\overline{\boldsymbol{b}}\,\overline{\boldsymbol{K}})]^{-1}\overline{\boldsymbol{b}}=\frac{b_{n-1}s^{n-1}+b_{n-2}s^{n-2}+\cdots+b_1s+b_0}{s^n+(a_{n-1}+\bar{k}_{n-1})s^{n-1}+\cdots+(a_1+\bar{k}_1)s+(a_0+\bar{k}_0)} \tag{5.32}$$

闭环控制系统的期望特征多项式为

$$f^*(\lambda)=\prod_{i=1}^{n}(\lambda-\lambda_i^*)=\lambda^n+a_{n-1}^*\lambda^{n-1}+\cdots+a_1^*\lambda+a_0^* \tag{5.33}$$

式中，$\lambda_i^*(i=1,2,\cdots,n)$为期望的闭环极点（实数极点或共轭复数极点）。

比较式（5.31）和式（5.33），由等式两边λ同次幂系数对应相等，得

$$\bar{k}_i=a_i^*-a_i,\quad i=0,1,\cdots,n-1 \tag{5.34}$$

则

$$\overline{\boldsymbol{K}}=[a_0^*-a_0,a_1^*-a_1,\cdots,a_{n-1}^*-a_{n-1}] \tag{5.35}$$

又根据线性变换前后的状态反馈控制律$\boldsymbol{u}=\boldsymbol{v}-\boldsymbol{K}\boldsymbol{x}$和$\boldsymbol{u}=\boldsymbol{v}-\overline{\boldsymbol{K}}\,\overline{\boldsymbol{x}}=\boldsymbol{v}-\overline{\boldsymbol{K}}\boldsymbol{P}_{\mathrm{c}}^{-1}\boldsymbol{x}$可得

$$\boldsymbol{K}=\overline{\boldsymbol{K}}\boldsymbol{P}_{\mathrm{c}}^{-1} \tag{5.36}$$

由于$\boldsymbol{P}_{\mathrm{c}}^{-1}$存在，所以矩阵$\boldsymbol{K}$是存在的，表明当被控系统的状态是完全能控时，可以实现闭环控制系统极点的任意配置。充分性得证。

2）必要性证明。如果被控系统通过线性状态反馈可实现极点的任意配置，则被控系统是完全能控的。

采用反证法，假设被控系统可实现极点的任意配置，但被控系统的状态不完全能控，必定存在非奇异线性变换，将系统分解为能控和不能控两部分，即

$$\begin{cases} \dot{\overline{\boldsymbol{x}}}=\begin{bmatrix} \overline{\boldsymbol{A}}_{11} & \overline{\boldsymbol{A}}_{12} \\ \boldsymbol{0} & \overline{\boldsymbol{A}}_{22} \end{bmatrix}\overline{\boldsymbol{x}}+\begin{bmatrix} \overline{\boldsymbol{b}}_1 \\ \boldsymbol{0} \end{bmatrix}\boldsymbol{u} \\ \boldsymbol{y}=[\overline{\boldsymbol{c}}_1 \quad \overline{\boldsymbol{c}}_2]\overline{\boldsymbol{x}} \end{cases} \tag{5.37}$$

引入状态反馈

$$\boldsymbol{u}=\boldsymbol{v}-\overline{\boldsymbol{K}}\,\overline{\boldsymbol{x}}=\boldsymbol{v}-[\overline{\boldsymbol{K}}_1 \quad \overline{\boldsymbol{K}}_2]\overline{\boldsymbol{x}} \tag{5.38}$$

将式（5.38）代入式（5.37）可得

$$\begin{cases} \dot{\overline{\boldsymbol{x}}}=\begin{bmatrix} \overline{\boldsymbol{A}}_{11}-\overline{\boldsymbol{b}}_1\overline{\boldsymbol{K}}_1 & \overline{\boldsymbol{A}}_{12}-\overline{\boldsymbol{b}}_1\overline{\boldsymbol{K}}_2 \\ \boldsymbol{0} & \overline{\boldsymbol{A}}_{22} \end{bmatrix}\overline{\boldsymbol{x}}+\begin{bmatrix} \overline{\boldsymbol{b}}_1 \\ \boldsymbol{0} \end{bmatrix}\boldsymbol{u} \\ \boldsymbol{y}=[\overline{\boldsymbol{c}}_1 \quad \overline{\boldsymbol{c}}_2]\overline{\boldsymbol{x}} \end{cases}$$

相应的特征多项式为

$$\begin{aligned} |s\boldsymbol{I}-(\overline{\boldsymbol{A}}-\overline{\boldsymbol{b}}\,\overline{\boldsymbol{K}})| &= \begin{vmatrix} s\boldsymbol{I}-(\overline{\boldsymbol{A}}_{11}-\overline{\boldsymbol{b}}_1\overline{\boldsymbol{K}}_1) & -(\overline{\boldsymbol{A}}_{12}-\overline{\boldsymbol{b}}_1\overline{\boldsymbol{K}}_2) \\ \boldsymbol{0} & s\boldsymbol{I}-\overline{\boldsymbol{A}}_{22} \end{vmatrix} \\ &= |s\boldsymbol{I}-(\overline{\boldsymbol{A}}_{11}-\overline{\boldsymbol{b}}_1\overline{\boldsymbol{K}}_1)|\,|s\boldsymbol{I}-\overline{\boldsymbol{A}}_{22}| \end{aligned}$$

由此可见，利用状态变量的线性反馈只能改变系统能控部分的极点，不能改变系统不能控部分的极点，也就是说，在这种情况下不可能任意配置系统的全部极点。这与假设相矛盾，于是系统是完全能控的。必要性得证。

下面对状态反馈极点配置做几点说明。

1）求取状态反馈矩阵 $\boldsymbol{K}$ 的方法有两种。

方法一：适用于低阶系统。

根据

$$f(\lambda)=|\lambda\boldsymbol{I}-(\boldsymbol{A}-\boldsymbol{bK})|=\lambda^n+a_{n-1}(\boldsymbol{K})\lambda^{n-1}+\cdots+a_1(\boldsymbol{K})\lambda+a_0(\boldsymbol{K})$$

和

$$f^*(\lambda)=\prod_{i=1}^{n}(\lambda-\lambda_i^*)=\lambda^n+a_{n-1}^*\lambda^{n-1}+\cdots+a_1^*\lambda+a_0^*$$

使两个等式的右边多项式 λ 同次幂系数对应相等，得到 n 个代数方程，即可求出

$$\boldsymbol{K}=[k_0\quad k_1\quad\cdots\quad k_{n-1}]$$

方法二：在充分性证明的过程中，已得到

$$\boldsymbol{K}=\overline{\boldsymbol{K}}\boldsymbol{P}_c^{-1}$$

式中，$\overline{\boldsymbol{K}}$由式（5.35）确定；$\boldsymbol{P}_c$ 为系统 $\Sigma_0(\boldsymbol{A},\boldsymbol{b},\boldsymbol{c})$ 转换为能控规范型的非奇异变换阵，即

$$\boldsymbol{P}_c=[\boldsymbol{A}^{n-1}\boldsymbol{b}\quad\boldsymbol{A}^{n-2}\boldsymbol{b}\quad\cdots\quad\boldsymbol{b}]\begin{bmatrix}1&0&\cdots&0&0\\a_{n-1}&1&\cdots&0&0\\\vdots&\vdots&&\vdots&\vdots\\a_2&a_3&\cdots&1&0\\a_1&a_2&\cdots&a_{n-1}&1\end{bmatrix}$$

其中，$a_i(i=0,1,\cdots,n-1)$为特征多项式$|\lambda\boldsymbol{I}-\boldsymbol{A}|=\lambda^n+a_{n-1}\lambda^{n-1}+\cdots+a_1\lambda+a_0$ 的各项系数。

2）对于状态完全能控的单输入单输出系统，线性状态反馈只能配置系统的极点，不能配置系统的零点。

3）当系统不完全能控时，线性状态反馈只能改变系统能控部分的极点，不能影响不能控部分的极点。

【例 5.3】 已知线性定常系统的状态方程为

$$\begin{cases}\dot{\boldsymbol{x}}=\begin{bmatrix}0&1&0\\0&-1&1\\0&-1&-10\end{bmatrix}\boldsymbol{x}+\begin{bmatrix}0\\0\\1\end{bmatrix}u\\y=[10\quad 0\quad 0]\boldsymbol{x}\end{cases}$$

试设计状态反馈矩阵 $\boldsymbol{K}$，使闭环系统极点配置为−5、−2+2j、−2−2j。

解：1）$\mathrm{rank}\boldsymbol{Q}_c=3=n$，原系统完全能控，故可通过状态反馈对系统进行任意的极点配置。

2）加入状态反馈矩阵 $\boldsymbol{K}=[k_0\quad k_1\quad k_2]$，闭环控制系统的特征根多项式为

$$f(\lambda)=\det[\lambda\boldsymbol{I}-(\boldsymbol{A}-\boldsymbol{bK})]=\lambda^3+(11+k_2)\lambda^2+(11+k_2+k_1)\lambda+k_0$$

3）根据给定的期望极点，得期望特征多项式为

$$f^*(\lambda)=(\lambda+5)(\lambda+2-2\mathrm{j})(\lambda+2+2\mathrm{j})=\lambda^3+9\lambda^2+28\lambda+40$$

4）比较$f(\lambda)$与$f^*(\lambda)$各对应阶次项的系数，可解得

$$k_0=40,\quad k_1=19,\quad k_2=-2$$

闭环控制系统的模拟结构图如图 5.5 所示。

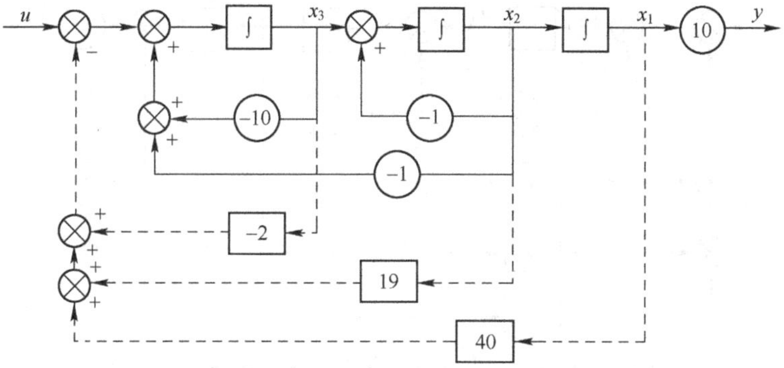

图 5.5　例 5.3 中闭环控制系统的模拟结构图

应当指出，当系统阶数较低时，根据原系统状态方程直接计算反馈增益阵 $\boldsymbol{K}$ 的代数方程还比较简单，无须将它转换成能控规范型。但随着系统阶数的增高，直接计算 $\boldsymbol{K}$ 的方程将非常复杂。就不如将其化成能控规范型，用式（5.34）直接求出在$\bar{\boldsymbol{x}}$下的$\bar{\boldsymbol{K}}$，然后按式（5.36）把$\bar{\boldsymbol{K}}$变换为原状态 $\boldsymbol{x}$ 下的 $\boldsymbol{K}$。

【例 5.4】 设系统的传递函数为

$$W(s)=\frac{10}{s(s+1)(s+2)}$$

试设计状态反馈控制律，使闭环控制系统的极点为−2、−1±j。

解：方法一： 按串联分解法来选择状态变量，那么实现起来要方便得多。其结构如图 5.6 所示。

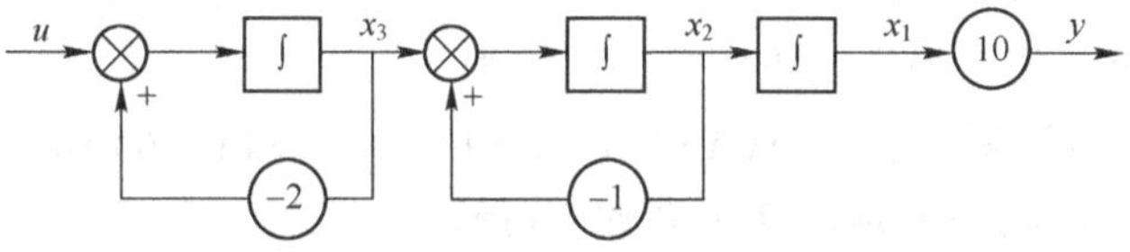

图 5.6　例 5.4 中按串联分解的开环模拟结构图

对图 5.6 有

$$\begin{cases}\dot{\boldsymbol{x}}=\begin{bmatrix}0 & 1 & 0\\0 & -1 & 1\\0 & 0 & -2\end{bmatrix}\boldsymbol{x}+\begin{bmatrix}0\\0\\1\end{bmatrix}u\\y=\begin{bmatrix}10 & 0 & 0\end{bmatrix}\boldsymbol{x}\end{cases}$$

各状态变量 x_1、x_2、x_3 实际上就是各子系统$\frac{1}{s}$、$\frac{1}{s+1}$和$\frac{1}{s+2}$的输出，因而是易于检测的。引出状态反馈阵：

$$\boldsymbol{K}=[k_0\quad k_1\quad k_2]$$

形成闭环控制系统，闭环控制系统模拟结构图如图 5.7 所示。闭环特征多项式为

$$f(\lambda)=\det[\lambda\boldsymbol{I}-(\boldsymbol{A}-\boldsymbol{bK})]=\lambda^3+(3+k_2)\lambda^2+(2+k_1+k_2)\lambda+k_0$$

根据给定的期望极点，得期望特征多项式：

$$f^*(\lambda)=(\lambda+2)(\lambda+1-\mathrm{j})(\lambda+1+\mathrm{j})=\lambda^3+4\lambda^2+6\lambda+4$$

将$f(\lambda)$与$f^*(\lambda)$比较，得

$$k_0=4,\quad k_1=3,\quad k_2=1$$

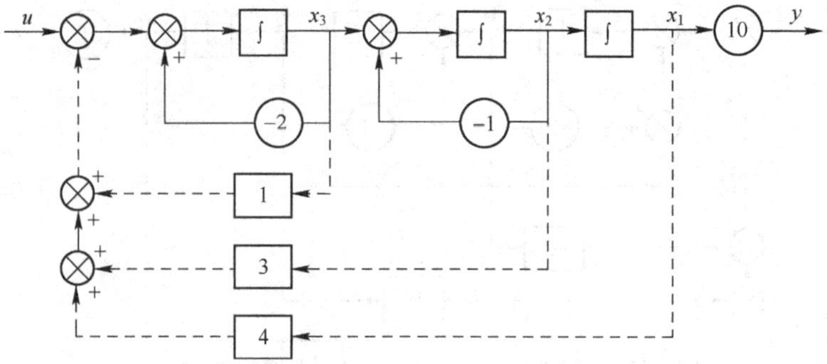

图 5.7　例 5.4 中按串联实现的闭环系统模拟结构图

即

$$K=[4 \quad 3 \quad 1]$$

方法二：

1）因为传递函数没有零极点对消现象，所以原系统能控且能观。可直接写出它的能控规范型实现

$$\begin{cases}\dot{x}=\begin{bmatrix}0 & 1 & 0\\0 & 0 & 1\\0 & -2 & -3\end{bmatrix}x+\begin{bmatrix}0\\0\\1\end{bmatrix}u\\ y=[10 \quad 0 \quad 0]x\end{cases}$$

2）加入状态反馈阵$\bar{K}=[\bar{k}_0 \quad \bar{k}_1 \quad \bar{k}_2]$。闭环控制系统特征多项式为

$$f(\lambda)=\det[\lambda I-(\bar{A}-\bar{b}\bar{K})]=\lambda^3+(3+\bar{k}_2)\lambda^2+(2+\bar{k}_1)\lambda+\bar{k}_0$$

3）根据给定的极点值，得到期望特征多项式为

$$f^*(\lambda)=(\lambda+2)(\lambda+1-j)(\lambda+1+j)=\lambda^3+4\lambda^2+6\lambda+4$$

4）比较$f(\lambda)$与$f^*(\lambda)$各对应阶次项系数，可解得

$$\bar{k}_0=4,\quad \bar{k}_1=4,\quad \bar{k}_2=1$$

即

$$\bar{K}=[4 \quad 4 \quad 1]$$

闭环控制系统的模拟结构图如图 5.8 所示，虚线表示状态反馈。

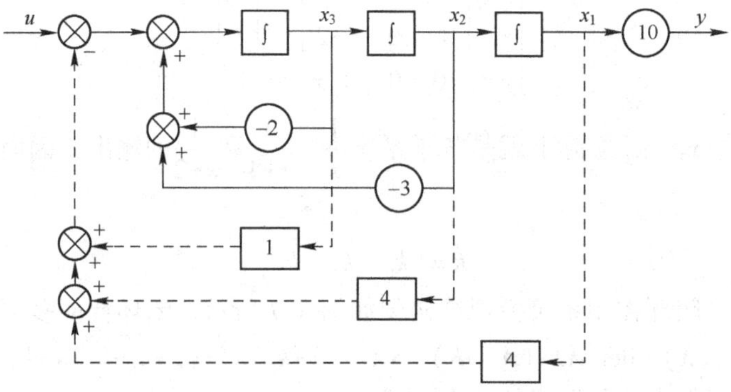

图 5.8　例 5.4 中闭环控制系统的模拟结构图

计算 P_c^{-1}，可根据系统方程与能控规范型之间的代数等价关系，即

$$\bar{A}P_c^{-1}=P_c^{-1}A,\quad \bar{b}=P_c^{-1}b,\quad \bar{c}P_c^{-1}=c$$

设 $\boldsymbol{P}_{\mathrm{c}}^{-1}=\begin{bmatrix} p_{11} & p_{12} & p_{13} \\ p_{21} & p_{22} & p_{23} \\ p_{31} & p_{32} & p_{33} \end{bmatrix}$，将其代入上式可解得

$$\boldsymbol{P}_{\mathrm{c}}^{-1}=\begin{bmatrix} 1 & 0 & 0 \\ 0 & 1 & 0 \\ 0 & -1 & 1 \end{bmatrix}$$

于是

$$\boldsymbol{K}=\overline{\boldsymbol{K}}\boldsymbol{P}_{\mathrm{c}}^{-1}=[4 \quad 4 \quad 1]\begin{bmatrix} 1 & 0 & 0 \\ 0 & 1 & 0 \\ 0 & -1 & 1 \end{bmatrix}=[4 \quad 3 \quad 1]$$

显然，结果与方法一的计算结果相同。但有几点讨论：

1）选择期望极点是一个确定综合指标的复杂问题。一般应注意以下两点：①对一个 n 维系统，必须指定 n 个实极点或共轭复极点；②极点位置的确定，要充分考虑它们对系统性能的主导影响及其与系统零点分布状况的关系，同时还要兼顾系统抗干扰的能力和对参数漂移低敏感性的要求。

2）对于单输入系统，只要系统能控必能通过状态反演实现闭环极点的任意配置，而且不影响原系统零点的分布。但如果故意制造零极点对消，则闭环系统是不能观的。

3）上述原理同样适用于多输入系统，但具体设计要困难得多。因为将综合指标化为期望极点需要凭借工程处理，而且将被控系统化为能控规范型相当麻烦，状态反馈矩阵 $\boldsymbol{K}$ 的解也非唯一。此外，还可能改变系统零点的形态等。

5.2.2 采用输出反馈

定理 5.5 对完全能控的单输入单输出系统 $\Sigma_0(\boldsymbol{A},\boldsymbol{b},\boldsymbol{c})$，不能采用输出线性反馈来实现闭环控制系统极点的任意配置。

证明： 对单输入单输出反馈系统 $\Sigma_h[(\boldsymbol{A}-\boldsymbol{b}h\boldsymbol{c}),\boldsymbol{b},\boldsymbol{c}]$，其闭环传递函数为

$$W_h(s)=\boldsymbol{c}[s\boldsymbol{I}-(\boldsymbol{A}-\boldsymbol{b}h\boldsymbol{c})]^{-1}\boldsymbol{b}=\frac{W(s)}{1+hW(s)} \tag{5.39}$$

其中，$W(s)=\boldsymbol{c}(s\boldsymbol{I}-\boldsymbol{A})^{-1}\boldsymbol{b}$ 为被控系统 $\Sigma_0(\boldsymbol{A},\boldsymbol{b},\boldsymbol{c})$ 的传递函数。

由闭环控制系统特征方程可得闭环根轨迹方程：

$$hW(s)=-1$$

当 $W(s)$ 已知时，以 h（从 0 到∞）为参变量，可求得闭环系统的一组根轨迹。很显然，无论怎样选择 h，也不能使根轨迹落在那些不属于根轨迹的期望极点位置上。定理得证。

不能任意配置极点，正是输出反馈的弱点。为了克服这个弱点，在经典控制理论中，往往采取引入附加校正网络，通过增加开环零、极点的方法改变根轨迹的走向，从而使其落在指定的期望位置上。现代控制理论中有如下定理。

定理 5.6 对完全能控的单输入单输出系统 $\Sigma_0(\boldsymbol{A},\boldsymbol{b},\boldsymbol{c})$，通过带动态补偿器的输出反馈实现极点任意配置的充分必要条件是：

1）Σ_0 完全能观。

2）动态补偿器的阶数为 $n-1$。

证明： 略。

下面对定理 5.6 进行说明。

1）动态补偿器的阶数为 $n-1$ 是任意配置极点的条件之一。但在处理具体问题时，如果并不要求“任意配置极点”，那么所选补偿器的阶数可以进一步降低。

2）这种闭环系统的零点，在串联连接的情况下，是被控系统零点与动态补偿器零点的总和；在反馈连接的情况下，则是被控系统零点与动态补偿器的总和。

5.2.3 采用从输出到状态向量导数$\dot{x}$的反馈

单输入单输出线性时不变系统引入从输出到状态向量导数$\dot{\boldsymbol{x}}$的反馈后，闭环控制系统的状态空间表达式为

$$\begin{cases}\dot{\boldsymbol{x}}=(\boldsymbol{A}-\boldsymbol{G}\boldsymbol{c})\boldsymbol{x}+\boldsymbol{b}u\\ y=\boldsymbol{c}\boldsymbol{x}\end{cases}\tag{5.40}$$

式中，$\boldsymbol{G}\in\mathbf{R}^{n\times1}$为反馈矩阵。

定理 5.7 对单输入单输出系统 $\Sigma_0(\boldsymbol{A},\boldsymbol{b},\boldsymbol{c})$采用从输出到状态向量导数$\dot{\boldsymbol{x}}$的线性反馈实现闭环极点任意配置的充要条件是 Σ_0 完全能观。

证明：根据对偶原理，如果$\Sigma_0(\boldsymbol{A},\boldsymbol{b},\boldsymbol{c})$能观，则$\widetilde{\Sigma}_0(\boldsymbol{A}^{\mathrm{T}},\boldsymbol{c}^{\mathrm{T}},\boldsymbol{b}^{\mathrm{T}})$必定能控，因而可以任意配置$(\boldsymbol{A}^{\mathrm{T}}-\boldsymbol{c}^{\mathrm{T}}\boldsymbol{G}^{\mathrm{T}})$的特征值。而$(\boldsymbol{A}^{\mathrm{T}}-\boldsymbol{c}^{\mathrm{T}}\boldsymbol{G}^{\mathrm{T}})$和$(\boldsymbol{A}^{\mathrm{T}}-\boldsymbol{c}^{\mathrm{T}}\boldsymbol{G}^{\mathrm{T}})^{\mathrm{T}}$的特征值相同。又因为

$$(\boldsymbol{A}^{\mathrm{T}}-\boldsymbol{c}^{\mathrm{T}}\boldsymbol{G}^{\mathrm{T}})^{\mathrm{T}}=(\boldsymbol{A}-\boldsymbol{G}\boldsymbol{c})$$

所以，对$(\boldsymbol{A}^{\mathrm{T}}-\boldsymbol{c}^{\mathrm{T}}\boldsymbol{G}^{\mathrm{T}})^{\mathrm{T}}$任意配置极点等价于对$(\boldsymbol{A}-\boldsymbol{G}\boldsymbol{c})$任意配置极点。定理得证。

设计 $\Sigma_0(\boldsymbol{A},\boldsymbol{b},\boldsymbol{c})$输出反馈阵 $\boldsymbol{G}$ 的问题转化成其对偶系统$\widetilde{\Sigma}_0$ 设计状态反馈阵 $\boldsymbol{K}$ 的问题，具体步骤如下：

若 Σ_0 完全能观，则必存在非奇异变换

$$\boldsymbol{x}=\boldsymbol{P}_{\mathrm{o}}\widetilde{\boldsymbol{x}}$$

能将被控系统 Σ_0 化成能观规范型为

$$\begin{cases}\dot{\widetilde{\boldsymbol{x}}}=\widetilde{\boldsymbol{A}}\widetilde{\boldsymbol{x}}+\widetilde{\boldsymbol{b}}u\\ y=\widetilde{\boldsymbol{c}}\widetilde{\boldsymbol{x}}\end{cases}\tag{5.41}$$

式中

$$\widetilde{\boldsymbol{A}}=\boldsymbol{P}_{\mathrm{o}}^{-1}\boldsymbol{A}\boldsymbol{P}_{\mathrm{o}}=\begin{bmatrix}0&0&\cdots&0&-a_0\\1&0&\cdots&0&-a_1\\0&1&\cdots&0&-a_2\\\vdots&\vdots&&\vdots&\vdots\\0&0&\cdots&1&-a_{n-1}\end{bmatrix}$$

$$\widetilde{\boldsymbol{b}}=\boldsymbol{P}_{\mathrm{o}}^{-1}\boldsymbol{b}=\begin{bmatrix}b_0\\b_1\\\vdots\\b_{n-1}\end{bmatrix}$$

$$\widetilde{\boldsymbol{c}}=\boldsymbol{c}\boldsymbol{P}_{\mathrm{o}}=[0\quad0\quad\cdots\quad1]$$

由于线性变换不改变系统的特征值，故被控系统 Σ_0 的传递函数为

$$W(s)=\boldsymbol{c}(s\boldsymbol{I}-\boldsymbol{A})^{-1}\boldsymbol{b}=\widetilde{\boldsymbol{c}}(s\boldsymbol{I}-\widetilde{\boldsymbol{A}})^{-1}\widetilde{\boldsymbol{b}}=\frac{b_{n-1}s^{n-1}+b_{n-2}s^{n-2}+\cdots+b_1s+b_0}{s^n+a_{n-1}s^{n-1}+\cdots+a_1s+a_0}\tag{5.42}$$

引入反馈矩阵$\widetilde{\boldsymbol{G}}=[\widetilde{g}_0\quad\widetilde{g}_1\quad\cdots\quad\widetilde{g}_{n-1}]^{\mathrm{T}}$后，得闭环控制系统矩阵为

$$
(\widetilde{A}-\widetilde{G}\widetilde{c})=\begin{bmatrix} 0 & 0 & \cdots & 0 & -(a_0+\widetilde{g}_0) \\ 1 & 0 & \cdots & 0 & -(a_1+\widetilde{g}_1) \\ \vdots & \vdots & & \vdots & \vdots \\ 0 & 0 & \cdots & 0 & -(a_{n-2}+\widetilde{g}_{n-2}) \\ 0 & 0 & \cdots & 1 & -(a_{n-1}+\widetilde{g}_{n-1}) \end{bmatrix} \tag{5.43}
$$

式（5.43）对应的特征多项式为

$$
f(\lambda)=|\lambda I-(\widetilde{A}-\widetilde{G}\widetilde{c})|=\lambda^n+(a_{n-1}+\widetilde{g}_{n-1})\lambda^{n-1}+\cdots+(a_1+\widetilde{g}_1)\lambda+(a_0+\widetilde{g}_0) \tag{5.44}
$$

由期望极点得到的特征多项式为

$$
f^*(\lambda)=\prod_{i=1}^{n}(\lambda-\lambda_i^*)=\lambda^n+a_{n-1}^*\lambda^{n-1}+\cdots+a_1^*\lambda+a_0^* \tag{5.45}
$$

比较式（5.44）和式（5.45），由等式两边 λ 同次幂系数对应相等，则有

$$
\widetilde{g}_i=a_i^*-a_i,\quad i=0,1,\cdots,n-1 \tag{5.46}
$$

得

$$
\widetilde{G}=[a_0^*-a_0,a_1^*-a_1,\cdots,a_{n-1}^*-a_{n-1}]^{\mathrm{T}} \tag{5.47}
$$

将在$\widetilde{x}$下求得的$\widetilde{G}$变换到 x 状态下可得

$$
G=P_o\widetilde{G} \tag{5.48}
$$

表明当被控系统的状态时完全能观时，采用从输出到状态向量导数$\dot{x}$的线性反馈可以实现闭环极点任意配置。当系统的维数较低时，只要系统能观，也可以不转化为能观规范型，通过直接比较特征多项式系数来确定矩阵 G。

【例 5.5】 设被控系统的状态空间表达式为

$$
\begin{cases} \dot{x}=\begin{bmatrix} 0 & \omega_s^2 \\ -1 & 0 \end{bmatrix}x+\begin{bmatrix} 1 & 0 \\ 0 & 1 \end{bmatrix}u \\ y=[1 \quad 0]x \end{cases}
$$

试设计反馈增益矩阵 G，将闭环极点配置为−5 和−8。

解： 1）判断能观性。因为

$$
\operatorname{rank}Q_o=\operatorname{rank}\begin{bmatrix} c \\ cA \end{bmatrix}=\operatorname{rank}\begin{bmatrix} 1 & 0 \\ 0 & \omega_s^2 \end{bmatrix}=2
$$

则系统是能观的。

2）设 $G=\begin{bmatrix} g_0 \\ g_1 \end{bmatrix}$，闭环控制系统的特征多项式为

$$
f(\lambda)=|\lambda I-(A-Gc)|=\lambda^2+g_0\lambda+\omega_s^2(1+g_1)
$$

3）闭环控制系统期望的特征多项式为

$$
f^*(\lambda)=(\lambda+5)(\lambda+8)=\lambda^2+13\lambda+40
$$

4）比较系数得

$$
G=\begin{bmatrix} 13 \\ \dfrac{40}{\omega_s^2}-1 \end{bmatrix}
$$

闭环控制系统的模拟结构图如图 5.9 所示。

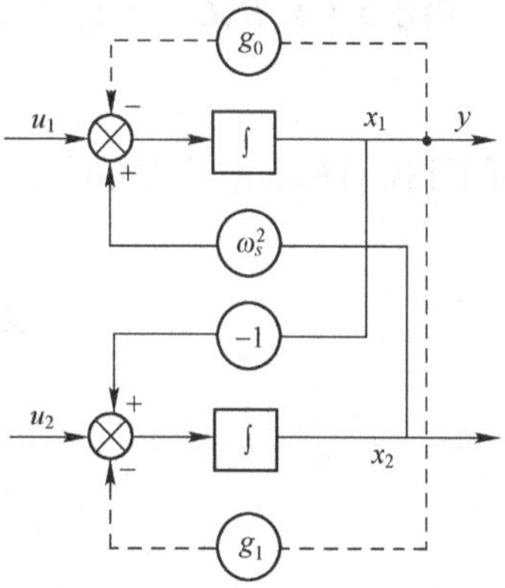

图 5.9　例 5.5 中闭环控制系统的模拟结构图

5.3 系统镇定问题

系统镇定问题

系统镇定是指一个非渐进稳定的系统通过反馈使系统的特征值均具有负实部，实现渐进稳定。一个系统如果能通过状态反馈使其渐进稳定，则称系统是状态反馈能镇定的。同理，也可定义输出反馈镇定的概念。

如果被控系统 $\Sigma_0(\boldsymbol{A},\boldsymbol{B},\boldsymbol{C})$ 是状态完全能控的，可以采用状态反馈任意配置 $(\boldsymbol{A}-\boldsymbol{BK})$ 的 n 个极点。对于完全能控的不稳定系统，总可以求得线性状态反馈阵 $\boldsymbol{K}$，使闭环系统渐进稳定，即 $(\boldsymbol{A}-\boldsymbol{BK})$ 的特征值均具有负实部。这就说明，镇定是系统状态反馈综合的一类特殊情况，它只要求将极点配置到左半平面，而不要求严格地配置到特定的位置上。

假如被控系统 $\Sigma_0(\boldsymbol{A},\boldsymbol{B},\boldsymbol{C})$ 不是状态完全能控的，那么有多少个特征值可以配置？哪些特征值可以配置呢？系统在什么条件下是可以镇定的？

定理 5.8 对系统 $\Sigma_0(\boldsymbol{A},\boldsymbol{B},\boldsymbol{C})$，采用状态反馈能镇定的充要条件是 Σ_0 的不能控子系统为渐进稳定的。

证明： 设被控系统 $\Sigma_0(\boldsymbol{A},\boldsymbol{B},\boldsymbol{C})$ 不完全能控，因此通过线性变换将其按能控性分解为

$$\hat{\boldsymbol{A}}=\boldsymbol{P}_{\mathrm{c}}^{-1}\boldsymbol{A}\boldsymbol{P}_{\mathrm{c}}=\begin{bmatrix}\hat{\boldsymbol{A}}_{11} & \hat{\boldsymbol{A}}_{12}\\ \boldsymbol{0} & \hat{\boldsymbol{A}}_{22}\end{bmatrix}$$

$$\hat{\boldsymbol{B}}=\boldsymbol{P}_{\mathrm{c}}^{-1}\boldsymbol{B}=\begin{bmatrix}\hat{\boldsymbol{B}}_{1}\\ \boldsymbol{0}\end{bmatrix}$$

$$\hat{\boldsymbol{C}}=\boldsymbol{C}\boldsymbol{P}_{\mathrm{c}}=[\hat{\boldsymbol{C}}_{1}\quad \hat{\boldsymbol{C}}_{2}]$$

其中，$\hat{\Sigma}_{\mathrm{c}}(\hat{\boldsymbol{A}}_{11},\hat{\boldsymbol{B}}_{1},\hat{\boldsymbol{C}}_{1})$ 为能控子系统；$\hat{\Sigma}_{\bar{\mathrm{c}}}(\hat{\boldsymbol{A}}_{22},\boldsymbol{0},\hat{\boldsymbol{C}}_{2})$ 为不能控子系统。

由于线性变换不改变系统的特征值，所以有

$$\det(s\boldsymbol{I}-\boldsymbol{A})=\det(s\boldsymbol{I}-\hat{\boldsymbol{A}})=\det\begin{bmatrix}s\boldsymbol{I}-\hat{\boldsymbol{A}}_{11} & -\hat{\boldsymbol{A}}_{12}\\ \boldsymbol{0} & s\boldsymbol{I}-\hat{\boldsymbol{A}}_{22}\end{bmatrix}$$

$$=\det(s\boldsymbol{I}-\hat{\boldsymbol{A}}_{11})\cdot\det(s\boldsymbol{I}-\hat{\boldsymbol{A}}_{22})$$

由于 $\hat{\Sigma}_0(\hat{\boldsymbol{A}},\hat{\boldsymbol{B}},\hat{\boldsymbol{C}})$ 与 $\Sigma_0(\boldsymbol{A},\boldsymbol{B},\boldsymbol{C})$ 在能控性和能观性上等价。引入状态反馈阵

$$\hat{\boldsymbol{K}}=[\hat{\boldsymbol{K}}_{1}\quad \hat{\boldsymbol{K}}_{2}]$$

得闭环控制系统的状态矩阵为

$$\begin{aligned}\hat{\boldsymbol{A}}-\hat{\boldsymbol{B}}\hat{\boldsymbol{K}}&=\begin{bmatrix}\hat{\boldsymbol{A}}_{11} & \hat{\boldsymbol{A}}_{12}\\ \boldsymbol{0} & \hat{\boldsymbol{A}}_{22}\end{bmatrix}-\begin{bmatrix}\hat{\boldsymbol{B}}_{1}\\ \boldsymbol{0}\end{bmatrix}[\hat{\boldsymbol{K}}_{1}\quad \hat{\boldsymbol{K}}_{2}]\\ &=\begin{bmatrix}\hat{\boldsymbol{A}}_{11}-\hat{\boldsymbol{B}}_{1}\hat{\boldsymbol{K}}_{1} & \hat{\boldsymbol{A}}_{12}-\hat{\boldsymbol{B}}_{1}\hat{\boldsymbol{K}}_{2}\\ \boldsymbol{0} & \hat{\boldsymbol{A}}_{22}\end{bmatrix}\end{aligned}\tag{5.49}$$

和闭环特征多项式为

$$\det[s\boldsymbol{I}-(\hat{\boldsymbol{A}}-\hat{\boldsymbol{B}}\hat{\boldsymbol{K}})]=\det[s\boldsymbol{I}-(\hat{\boldsymbol{A}}_{11}-\hat{\boldsymbol{B}}_{1}\hat{\boldsymbol{K}}_{1})]\cdot\det(s\boldsymbol{I}-\hat{\boldsymbol{A}}_{22})\tag{5.50}$$

比较式（5.49）和式（5.50）可见，只能通过选择$\hat{\boldsymbol{K}}_1$ 使$(\hat{\boldsymbol{A}}_{11}-\hat{\boldsymbol{B}}_1\hat{\boldsymbol{K}}_1)$的特征值均具有负实部，从而使子系统$\hat{\Sigma}_c(\hat{\boldsymbol{A}}_{11},\hat{\boldsymbol{B}}_1,\hat{\boldsymbol{C}}_1)$为渐进稳定。但$\hat{\boldsymbol{K}}$的选择并不能影响$\hat{\Sigma}_{\bar{c}}(\hat{\boldsymbol{A}}_{22},\boldsymbol{0},\hat{\boldsymbol{C}}_2)$的特征值分布。因此，仅当$\hat{\boldsymbol{A}}_{22}$的特征值均具有负实部，即不能控子系统$\hat{\Sigma}_{\bar{c}}(\hat{\boldsymbol{A}}_{22},\boldsymbol{0},\hat{\boldsymbol{C}}_2)$为渐进稳定，此时整个系统 Σ_0 才是状态反馈能镇定的。

定理 5.9 系统 $\Sigma_0(\boldsymbol{A},\boldsymbol{B},\boldsymbol{C})$通过输出反馈能镇定的充要条件是结构分解中能控且能观子系统是输出反馈能镇定的，其余子系统是渐进稳定的。

证明：对 $\Sigma_0(\boldsymbol{A},\boldsymbol{B},\boldsymbol{C})$按能控能观性进行分解，有

$$\hat{\boldsymbol{A}}=\boldsymbol{P}^{-1}\boldsymbol{A}\boldsymbol{P}=\begin{bmatrix}\hat{\boldsymbol{A}}_{11} & \boldsymbol{0} & \hat{\boldsymbol{A}}_{13} & \boldsymbol{0}\\ \hat{\boldsymbol{A}}_{21} & \hat{\boldsymbol{A}}_{22} & \hat{\boldsymbol{A}}_{23} & \hat{\boldsymbol{A}}_{24}\\ \boldsymbol{0} & \boldsymbol{0} & \hat{\boldsymbol{A}}_{33} & \boldsymbol{0}\\ \boldsymbol{0} & \boldsymbol{0} & \hat{\boldsymbol{A}}_{43} & \hat{\boldsymbol{A}}_{44}\end{bmatrix}$$

$$\hat{\boldsymbol{B}}=\boldsymbol{P}^{-1}\boldsymbol{B}=\begin{bmatrix}\hat{\boldsymbol{B}}_1\\ \hat{\boldsymbol{B}}_2\\ \boldsymbol{0}\\ \boldsymbol{0}\end{bmatrix}$$

$$\hat{\boldsymbol{C}}=\boldsymbol{C}\boldsymbol{P}=[\hat{\boldsymbol{C}}_1\quad \boldsymbol{0}\quad \hat{\boldsymbol{C}}_3\quad \boldsymbol{0}]$$

引入输出反馈阵后，可得闭环控制系统的状态矩阵为

$$\hat{\boldsymbol{A}}-\hat{\boldsymbol{B}}\hat{\boldsymbol{H}}\hat{\boldsymbol{C}}=\begin{bmatrix}\hat{\boldsymbol{A}}_{11} & \boldsymbol{0} & \hat{\boldsymbol{A}}_{13} & \boldsymbol{0}\\ \hat{\boldsymbol{A}}_{21} & \hat{\boldsymbol{A}}_{22} & \hat{\boldsymbol{A}}_{23} & \hat{\boldsymbol{A}}_{24}\\ \boldsymbol{0} & \boldsymbol{0} & \hat{\boldsymbol{A}}_{33} & \boldsymbol{0}\\ \boldsymbol{0} & \boldsymbol{0} & \hat{\boldsymbol{A}}_{43} & \hat{\boldsymbol{A}}_{44}\end{bmatrix}+\begin{bmatrix}\hat{\boldsymbol{B}}_1\\ \hat{\boldsymbol{B}}_2\\ \boldsymbol{0}\\ \boldsymbol{0}\end{bmatrix}\hat{\boldsymbol{H}}\begin{bmatrix}\hat{\boldsymbol{C}}_1 & \boldsymbol{0} & \hat{\boldsymbol{C}}_3 & \boldsymbol{0}\end{bmatrix}$$

$$=\begin{bmatrix}\hat{\boldsymbol{A}}_{11}-\hat{\boldsymbol{B}}_1\hat{\boldsymbol{H}}\hat{\boldsymbol{C}}_1 & \boldsymbol{0} & \hat{\boldsymbol{A}}_{13}-\hat{\boldsymbol{B}}_1\hat{\boldsymbol{H}}\hat{\boldsymbol{C}}_3 & \boldsymbol{0}\\ \hat{\boldsymbol{A}}_{21}-\hat{\boldsymbol{B}}_2\hat{\boldsymbol{H}}\hat{\boldsymbol{C}}_1 & \hat{\boldsymbol{A}}_{22} & \hat{\boldsymbol{A}}_{23}-\hat{\boldsymbol{B}}_2\hat{\boldsymbol{H}}\hat{\boldsymbol{C}}_3 & \hat{\boldsymbol{A}}_{24}\\ \boldsymbol{0} & \boldsymbol{0} & \hat{\boldsymbol{A}}_{33} & \boldsymbol{0}\\ \boldsymbol{0} & \boldsymbol{0} & \hat{\boldsymbol{A}}_{43} & \hat{\boldsymbol{A}}_{44}\end{bmatrix}$$

闭环特征多项式为

$$\begin{aligned}&\det[s\boldsymbol{I}-(\hat{\boldsymbol{A}}-\hat{\boldsymbol{B}}\hat{\boldsymbol{H}}\hat{\boldsymbol{C}})]\\ &=\det[s\boldsymbol{I}-(\hat{\boldsymbol{A}}_{11}-\hat{\boldsymbol{B}}_1\hat{\boldsymbol{H}}\hat{\boldsymbol{C}}_1)]\cdot\det(s\boldsymbol{I}-\hat{\boldsymbol{A}}_{22})\cdot\det(s\boldsymbol{I}-\hat{\boldsymbol{A}}_{33})\cdot\det(s\boldsymbol{I}-\hat{\boldsymbol{A}}_{44})\end{aligned}\tag{5.51}$$

式（5.51）表明，当且仅当$(\hat{\boldsymbol{A}}_{11}-\hat{\boldsymbol{B}}_1\hat{\boldsymbol{H}}\hat{\boldsymbol{C}}_1)$、$\hat{\boldsymbol{A}}_{22}$、$\hat{\boldsymbol{A}}_{33}$和$\hat{\boldsymbol{A}}_{44}$的特征值均具有负实部，闭环系统才为渐进稳定。定理得证。

应当指出，对于一个能控且能观的系统，既然不能通过输出反馈任意配置极点，自然也不能保证这类系统一定具有输出反馈的能镇定性。

【**例 5.6**】设系统的状态空间表达式为

$$\begin{cases}\dot{\boldsymbol{x}}=\begin{bmatrix}0 & 1 & 0\\ 0 & 0 & -1\\ -1 & 0 & 0\end{bmatrix}\boldsymbol{x}+\begin{bmatrix}0\\ 1\\ 0\end{bmatrix}u\\ \boldsymbol{y}=\begin{bmatrix}1 & 0 & 0\\ 0 & 0 & 1\end{bmatrix}\boldsymbol{x}\end{cases}$$

试证明不能通过输出反馈使之镇定。

解：经检验系统能控且能观，但从特征多项式

$$\det(s\boldsymbol{I}-\boldsymbol{A})=\begin{vmatrix}s & -1 & 0\\ 0 & s & 1\\ 1 & 0 & s\end{vmatrix}=s^3-1$$

看出各系数异号且缺项，故系统是不稳定的。

若引入输出反馈阵 $\boldsymbol{H}=[h_0 \quad h_1]$，则有

$$\boldsymbol{A}-\boldsymbol{bHc}=\begin{bmatrix}0 & 1 & 0\\ 0 & 0 & -1\\ -1 & 0 & 0\end{bmatrix}-\begin{bmatrix}0\\ 1\\ 0\end{bmatrix}[h_0 \quad h_1]\begin{bmatrix}1 & 0 & 0\\ 0 & 0 & 1\end{bmatrix}=\begin{bmatrix}0 & 1 & 0\\ -h_0 & 0 & -1-h_1\\ -1 & 0 & 0\end{bmatrix}$$

和

$$\det[s\boldsymbol{I}-(\boldsymbol{A}-\boldsymbol{bHc})]=\begin{vmatrix}s & -1 & 0\\ h_0 & s & 1+h_1\\ 1 & 0 & s\end{vmatrix}=s^3+h_0s-(h_1+1)$$

由上式可见，经 $\boldsymbol{H}$ 反馈闭环后的特征式仍缺少 s^2 项，因此无论怎样选择 $\boldsymbol{H}$，也不能使系统获得镇定。这个例子表明，利用输出反馈未必能使能控且能观的系统得到镇定。

定理 5.10　对于系统 $\Sigma_0(\boldsymbol{A},\boldsymbol{B},\boldsymbol{C})$，采用从输出到状态向量导数 $\dot{\boldsymbol{x}}$ 反馈实现镇定的充要条件是 Σ_0 的不能观子系统为渐进稳定。

证明：对被控系统 $\Sigma_0(\boldsymbol{A},\boldsymbol{B},\boldsymbol{C})$ 进行能观性分解可得

$$\hat{\boldsymbol{A}}=\boldsymbol{P}_{\mathrm{o}}^{-1}\boldsymbol{A}\boldsymbol{P}_{\mathrm{o}}=\begin{bmatrix}\hat{\boldsymbol{A}}_{11} & \boldsymbol{0}\\ \hat{\boldsymbol{A}}_{21} & \hat{\boldsymbol{A}}_{22}\end{bmatrix}$$

$$\hat{\boldsymbol{B}}=\boldsymbol{P}_{\mathrm{o}}^{-1}\boldsymbol{B}=\begin{bmatrix}\hat{\boldsymbol{B}}_1\\ \hat{\boldsymbol{B}}_2\end{bmatrix}$$

$$\hat{\boldsymbol{C}}=\boldsymbol{C}\boldsymbol{P}_{\mathrm{o}}=[\hat{\boldsymbol{C}}_1 \quad \boldsymbol{0}]$$

其中，$\hat{\boldsymbol{\Sigma}}_{\mathrm{o}}(\hat{\boldsymbol{A}}_{11},\hat{\boldsymbol{B}}_1,\hat{\boldsymbol{C}}_1)$ 为能观子系统；$\hat{\boldsymbol{\Sigma}}_{\bar{\mathrm{o}}}(\hat{\boldsymbol{A}}_{22},\hat{\boldsymbol{B}}_2,\boldsymbol{0})$ 为不能观子系统。

由于线性变换不改变系统的特征值，所以有

$$\det(s\boldsymbol{I}-\hat{\boldsymbol{A}})=\det\begin{bmatrix}s\boldsymbol{I}-\hat{\boldsymbol{A}}_{11} & \boldsymbol{0}\\ -\hat{\boldsymbol{A}}_{21} & s\boldsymbol{I}-\hat{\boldsymbol{A}}_{22}\end{bmatrix}$$

$$=\det(s\boldsymbol{I}-\hat{\boldsymbol{A}}_{11})\cdot\det(s\boldsymbol{I}-\hat{\boldsymbol{A}}_{22})$$

由于$\hat{\Sigma}_0(\hat{A},\hat{B},\hat{C})$与$\Sigma_0(A,B,C)$在能控性和稳定性上等价，对$\hat{\Sigma}_0(\hat{A},\hat{B},\hat{C})$引入从输出到状态向量导数$\dot{x}$的反馈阵

$$\hat{G}=[\hat{G}_1 \quad \hat{G}_2]^{\mathrm{T}}$$

得闭环控控制系统的状态矩阵为

$$\hat{A}-\hat{G}\hat{C}=\begin{bmatrix}\hat{A}_{11} & 0\\ \hat{A}_{21} & \hat{A}_{22}\end{bmatrix}-\begin{bmatrix}\hat{G}_1\\ \hat{G}_2\end{bmatrix}[\hat{C}_1 \quad 0]=\begin{bmatrix}\hat{A}_{11}-\hat{G}_1\hat{C}_1 & 0\\ \hat{A}_{21}-\hat{G}_2\hat{C}_1 & \hat{A}_{22}\end{bmatrix}$$

闭环控制系统的特征多项式为

$$\begin{aligned}\det[sI-(\hat{A}-\hat{G}\hat{C})]&=\det\begin{bmatrix}sI-(\hat{A}_{11}-\hat{G}_1\hat{C}_1) & 0\\ -(\hat{A}_{21}-\hat{G}_2\hat{C}_1) & sI-\hat{A}_{22}\end{bmatrix}\\ &=\det[sI-(\hat{A}_{11}-\hat{G}_1\hat{C}_1)]\cdot\det(sI-\hat{A}_{22})\end{aligned} \tag{5.52}$$

从式（5.52）可知，引入反馈矩阵$\hat{G}$只能使$\hat{\Sigma}_o(\hat{A}_{11},\hat{B}_1,\hat{C}_1)$的特征值改变并具有负实部，从而使子系统$\hat{\Sigma}_o(\hat{A}_{11},\hat{B}_1,\hat{C}_1)$为渐进稳定。因此，仅当子系统$\hat{\Sigma}_{\bar{o}}(\hat{A}_{22},\hat{B}_2,0)$为渐进稳定时，整个系统 $\Sigma_0(A,B,C)$才是能镇定的。

5.4 渐进跟踪与干扰抑制问题

渐进跟踪和干扰抑制是工程实践中存在的另一类基本控制问题，其控制目标是保证系统的输出量无静差地跟踪外部给定的参考信号，同时还要抑制外部干扰信号对系统性能的影响。

5.4.1 具有输入变换的跟踪控制

当外部给定参考信号为定值，仅以消除输出量对外部给定参考信号的静态误差为控制目标，即要求系统具有良好的稳态性能时，可以在一些假设条件下通过状态反馈加上输入变换来实现跟踪控制。

考虑线性定常系统为

$$\begin{cases}\dot{x}=Ax+Bu\\ y=Cx\end{cases} \tag{5.53}$$

式中，$x\in\mathbf{R}^n$ 为系统状态向量；$u\in\mathbf{R}^r$ 为系统输入向量；$y\in\mathbf{R}^m$ 为系统输出向量；$A\in\mathbf{R}^{n\times n}$为系统矩阵；$B\in\mathbf{R}^{n\times r}$为控制输入矩阵；$C\in\mathbf{R}^{m\times n}$为系统输出矩阵。

设系统能控且能观，令系统输出 y 跟踪外部给定参考信号 y_r，跟踪误差为

$$e=y-y_r \tag{5.54}$$

控制目标是寻求控制作用 u 使系统的跟踪误差（5.56）满足

$$\lim_{t\to\infty}e(t)=\lim_{t\to\infty}[y_r(t)-y(t)]=0 \tag{5.55}$$

这就是渐进跟踪问题。

取系统的跟踪控制律为

$$u=-Kx+Fy_r \tag{5.56}$$

式中，$K\in\mathbf{R}^{r\times n}$为系统状态反馈矩阵，它将 n 维状态向量 x 反馈至 r 维输入向量 u 处；$y_r\in\mathbf{R}^m$

为定值参考输入向量，在跟踪控制中通常应与输出向量维数相同；$\boldsymbol{F}\in\mathbf{R}^{r\times m}$为输入变换矩阵。

具有输入变换的跟踪控制系统如图 5.10 所示。

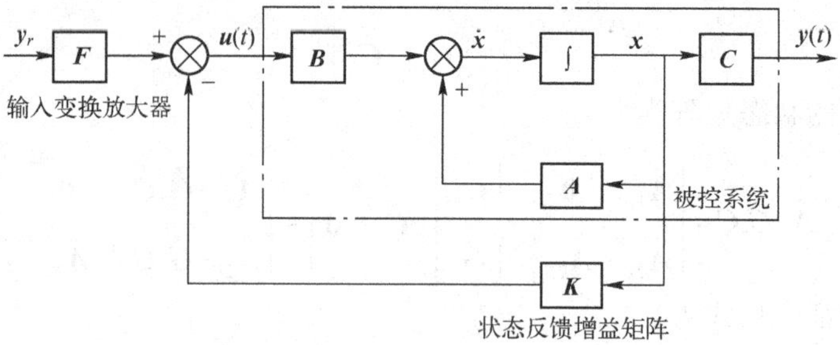

图 5.10　具有输入变换的状态反馈系统

从图 5.10 可见，系统的控制量 $\boldsymbol{u}(t)$ 由两部分组成：一部分为状态量反馈，记为 $\boldsymbol{u}_x(t)$，即 $\boldsymbol{u}_x(t)=-\boldsymbol{Kx}$；另一部分由输入变换得到，记为 $\boldsymbol{u}_F(t)$，即 $\boldsymbol{u}_F(t)=\boldsymbol{Fy}_r$。

下面介绍状态反馈矩阵 $\boldsymbol{K}$ 和输入变换矩阵 $\boldsymbol{F}$ 的确定。式（5.56）中，状态反馈矩阵 $\boldsymbol{K}$ 由闭环极点配置算法确定，这里主要讨论输入变换矩阵 $\boldsymbol{F}$ 的确定算法。

当系统稳态运行（即 $t\to\infty$）时，由式（5.53）可得

$$\begin{cases}\dot{\boldsymbol{x}}_\infty=\boldsymbol{Ax}(\infty)+\boldsymbol{Bu}(\infty)\\ \boldsymbol{y}_\infty=\boldsymbol{Cx}(\infty)\end{cases}\tag{5.57}$$

系统稳态时$\dot{\boldsymbol{x}}_\infty=0$，故有

$$\dot{\boldsymbol{x}}_\infty=\boldsymbol{Ax}(\infty)+\boldsymbol{Bu}(\infty)=0\tag{5.58}$$

又由式（5.56）可得，$\boldsymbol{u}(\infty)=-\boldsymbol{Kx}(\infty)+\boldsymbol{Fy}_r(\infty)$。将其代入式（5.57）可得

$$\boldsymbol{Ax}(\infty)+\boldsymbol{B}[-\boldsymbol{Kx}(\infty)+\boldsymbol{Fy}_r(\infty)]=0\tag{5.59}$$

即

$$\boldsymbol{x}(\infty)=(\boldsymbol{BK}-\boldsymbol{A})^{-1}\boldsymbol{BFy}_r(\infty)\tag{5.60}$$

将式（5.60）代入式（5.53）的输出方程可得

$$\boldsymbol{y}(\infty)=\boldsymbol{Cx}(\infty)=\boldsymbol{C}(\boldsymbol{BK}-\boldsymbol{A})^{-1}\boldsymbol{BFy}_r(\infty)\tag{5.61}$$

考虑到系统的跟踪精度，被控系统 $\Sigma_0(\boldsymbol{A},\boldsymbol{B},\boldsymbol{C})$ 稳态时系统的输出量 $\boldsymbol{y}(\infty)$ 与给定参考输入应相等的要求，即 $\boldsymbol{y}(\infty)=\boldsymbol{v}(\infty)$，故得到

$$\boldsymbol{C}(\boldsymbol{BK}-\boldsymbol{A})^{-1}\boldsymbol{BF}=\boldsymbol{I}\tag{5.62}$$

从而解得

$$\boldsymbol{F}=[\boldsymbol{C}(\boldsymbol{BK}-\boldsymbol{A})^{-1}\boldsymbol{B}]^{-1}\tag{5.63}$$

可见，输入变换矩阵 $\boldsymbol{F}$ 不仅与系统的系统矩阵 $\boldsymbol{A}$、输入矩阵 $\boldsymbol{B}$ 和输出矩阵 $\boldsymbol{C}$ 有关，还与状态反馈矩阵 $\boldsymbol{K}$ 有关。因此在计算矩阵 $\boldsymbol{F}$ 之前，应先确定状态反馈矩阵 $\boldsymbol{K}$。

对于单输入单输出系统，显然有 $r=m=1$，式（5.63）变为

$$f=\frac{1}{\boldsymbol{c}(\boldsymbol{bk}-\boldsymbol{A})^{-1}\boldsymbol{b}}\tag{5.64}$$

式中，$\boldsymbol{A}\in\mathbf{R}^{n\times n}$为系统矩阵；$\boldsymbol{b}\in\mathbf{R}^{n\times 1}$为控制输入矩阵；$\boldsymbol{c}\in\mathbf{R}^{1\times n}$为系统输出矩阵；$\boldsymbol{k}\in\mathbf{R}^{1\times n}$为状态反馈矩阵；输入变换矩阵$f$退化为标量。

【例 5.7】 给定线性时不变系统为

$$\begin{cases}\dot{\boldsymbol{x}}=\begin{bmatrix}0&1&0&0\\0&0&-1&0\\0&0&0&1\\0&0&7&0\end{bmatrix}\boldsymbol{x}+\begin{bmatrix}0\\1\\0\\-1\end{bmatrix}u\\ y=[1\quad 0\quad 0\quad 0]\boldsymbol{x}\end{cases}$$

试设计具有输入变换的状态反馈控制系统，使系统输出对给定的单位阶跃参考信号 y_r 实现跟踪控制。

解：1）先按极点配置算法设计状态反馈控制。$\text{rank}\boldsymbol{Q}_c=4=n$，原被控系统完全能控，故可通过状态反馈对系统进行任意的极点配置。假设期望的闭环极点为

$$\lambda_1^*=-1,\quad \lambda_2^*=-1,\quad \lambda_{3,4}^*=-1\pm \mathrm{j}$$

则期望的闭环特征多项式为

$$\varphi^*(s)=(s+1)^2(s+1+\mathrm{j})(s+1-\mathrm{j})=s^4+4s^3+7s^2+6s+2$$

状态反馈闭环控制系统的系统矩阵为

$$\boldsymbol{A}-\boldsymbol{bK}=\begin{bmatrix}0&1&0&0\\0&0&-1&0\\0&0&0&1\\0&0&7&0\end{bmatrix}-\begin{bmatrix}0\\1\\0\\-1\end{bmatrix}[k_1\quad k_2\quad k_3\quad k_4]=\begin{bmatrix}0&1&0&0\\-k_1&-k_2&-1-k_3&-k_4\\0&0&0&1\\k_1&k_2&7+k_3&k_4\end{bmatrix}$$

对应的特征多项式为

$$\varphi(s)=\det(s\boldsymbol{I}-\boldsymbol{A}+\boldsymbol{bK})=s^4+(k_2-k_4)s^3+(k_1-k_3-7)s^2-10k_2s-10k_1$$

由 $\varphi^*(s)=\varphi(s)$ 可计算得到

$$k_1=-0.2,\quad k_2=-0.6,\quad k_3=-14.2,\quad k_4=-4.6$$

2）由于系统为单输入单输出系统，由式（5.64）可求出输入变换系数为

$$f=\frac{1}{\boldsymbol{c}(\boldsymbol{bK}-\boldsymbol{A})^{-1}\boldsymbol{b}}=-0.2$$

可画出具有输入变换的跟踪控制系统模拟结构图如图 5.11 所示。

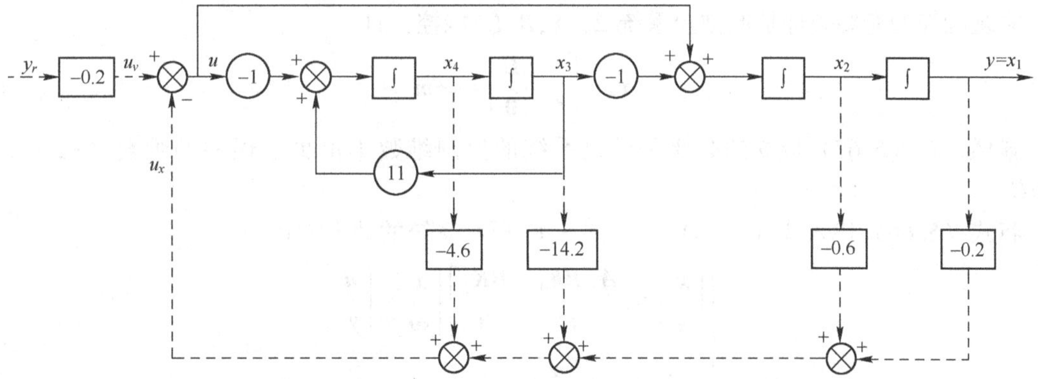

图 5.11　例 5.7 中具有输入变换的跟踪控制系统模拟结构图

5.4.2　具有干扰抑制的渐进跟踪控制

实际系统的外部干扰影响是难免的，致使系统稳态时不能理想跟踪给定参考输入而产生稳态误差。由经典控制理论可知，单输入单输出系统可采用在系统偏差后面串入积分器作为控制

器的一部分来抑制与消除稳态误差，将这一思想应用到多输入多输出系统中，可让 m 维误差向量 $\boldsymbol{e}$ 的每一分量后面均串入积分器，构造如图 5.12 所示的状态反馈加积分器校正的输出反馈系统。

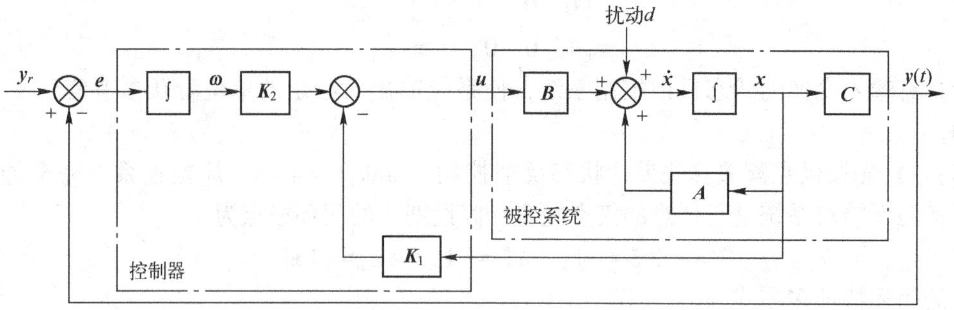

图 5.12　状态反馈加积分器校正的输出反馈系统

图 5.12 中，n 维列向量 $\boldsymbol{d}$ 为扰动输入；$\boldsymbol{x}$、$\boldsymbol{u}$、$\boldsymbol{y}$ 分别为 n、r、m 列向量；$\boldsymbol{x}\in\mathbf{R}^n$ 为系统状态向量；$\boldsymbol{u}\in\mathbf{R}^r$ 为系统输入向量；$\boldsymbol{y}\in\mathbf{R}^m$ 为系统输出向量；$\boldsymbol{K}_1$、$\boldsymbol{K}_2$ 分别为 $n\times r$、$r\times m$ 维实数矩阵。将 m 个积分器生成的 $\boldsymbol{\omega}$ 作为附加状态向量，与原被控系统可构成被控系统增广的动态方程为

$$\begin{cases}\begin{bmatrix}\dot{\boldsymbol{x}}\\ \dot{\boldsymbol{\omega}}\end{bmatrix}=\begin{bmatrix}\boldsymbol{A} & \boldsymbol{0}\\ -\boldsymbol{C} & \boldsymbol{0}\end{bmatrix}\begin{bmatrix}\boldsymbol{x}\\ \boldsymbol{\omega}\end{bmatrix}+\begin{bmatrix}\boldsymbol{B}\\ \boldsymbol{0}\end{bmatrix}\boldsymbol{u}+\begin{bmatrix}\boldsymbol{d}\\ \boldsymbol{y}_r\end{bmatrix}\\ \boldsymbol{y}=[\boldsymbol{C}\quad \boldsymbol{0}]\begin{bmatrix}\boldsymbol{x}\\ \boldsymbol{\omega}\end{bmatrix}\end{cases}\tag{5.65}$$

增广系统的状态线性反馈控制律为

$$\boldsymbol{u}=[-\boldsymbol{K}_1\quad \boldsymbol{K}_2]\begin{bmatrix}\boldsymbol{x}\\ \boldsymbol{\omega}\end{bmatrix}=-\boldsymbol{K}_1\boldsymbol{x}+\boldsymbol{K}_2\boldsymbol{\omega}\tag{5.66}$$

式（5.66）中的第一项$(-\boldsymbol{K}_1\boldsymbol{x})$为被控系统的普通状态负反馈，第二项 $\boldsymbol{K}_2\boldsymbol{\omega}$ 是为了改善稳态性能而引入的误差的积分信号。应该指出，只有当式（5.65）所描述的 $n+m$ 维增广系统状态完全能控时，才可采用式（5.66）所示的状态反馈改善系统的动态和稳态性能。容易证明，增广系统能控的充要条件是原被控系统 $\Sigma_0(\boldsymbol{A},\boldsymbol{B},\boldsymbol{C})$ 能控，且

$$\operatorname{rank}\begin{bmatrix}\boldsymbol{A} & \boldsymbol{B}\\ \boldsymbol{C} & \boldsymbol{0}\end{bmatrix}=n+m\tag{5.67}$$

显然，式（5.67）成立的必要条件是系统的控制维数不得少于误差的维数（$r\geqslant m$）且 $\operatorname{rank}\boldsymbol{C}=m$。

将式（5.66）代入式（5.65）可得图 5.12 所示系统的动态方程为

$$\begin{cases}\begin{bmatrix}\dot{\boldsymbol{x}}\\ \dot{\boldsymbol{\omega}}\end{bmatrix}=\begin{bmatrix}\boldsymbol{A}-\boldsymbol{B}\boldsymbol{K}_1 & \boldsymbol{B}\boldsymbol{K}_2\\ -\boldsymbol{C} & \boldsymbol{0}\end{bmatrix}\begin{bmatrix}\boldsymbol{x}\\ \boldsymbol{\omega}\end{bmatrix}+\begin{bmatrix}\boldsymbol{d}\\ \boldsymbol{y}_r\end{bmatrix}\\ \boldsymbol{y}=[\boldsymbol{C}\quad \boldsymbol{0}]\begin{bmatrix}\boldsymbol{x}\\ \boldsymbol{\omega}\end{bmatrix}\end{cases}\tag{5.68}$$

式中，$\boldsymbol{K}_1$ 和 $\boldsymbol{K}_2$ 由期望的闭环极点配置决定，而且只要式（5.65）所示的增广系统能控，就能实现式（5.68）描述的闭环系统的系统矩阵特征值的任意配置。可以证明，若设计 $\boldsymbol{K}_1$ 和 $\boldsymbol{K}_2$ 使式（5.68）的特征值均具有负实部，则图 5.12 所示的闭环系统可消除阶跃扰动及阶跃参考输入下的稳态误差。

应该指出，当扰动和（或）给定参考输入为斜坡信号时，需引入重积分器，这时增广系

统动态方程随之变化。

5.5 状态观测器

状态反馈是改善系统性能的重要方法，在系统综合中充分显示其优越性。系统的极点配置、镇定、解耦、无静差跟踪或最优控制等，都有赖于引入适当的状态反馈才能实现。然而，或者由于不易直接测量甚至根本无法检测；或者由于测量设备在经济性或使用性的限制，工程实践中获得系统的全部状态变量难以实现，从而使得状态反馈的物理实现遇到困难。解决这一困难的途径就是状态观测或者状态重构问题。龙伯格（Luenberger）提出的状态观测器理论解决了确定性条件下系统的状态重构问题，从而使状态反馈成为一种可实现的控制律。至于在噪声环境下的状态观测将涉及最优估计理论与卡尔曼滤波方法，相关内容在第 6 章介绍。本节只介绍无噪声干扰下单输入单输出系统状态观测器的设计原理与方法。

5.5.1 状态观测器定义

状态观测器基本概念

定义 5.1 设线性时不变系统 $\Sigma_0(\boldsymbol{A},\boldsymbol{B},\boldsymbol{C})$ 的状态向量 $\boldsymbol{x}$ 不能直接检测。如果动态系统 $\hat{\Sigma}$ 以 Σ_0 的输入 $\boldsymbol{u}$ 和输出 $\boldsymbol{y}$ 作为其输入量，能产生一组输出量 $\hat{\boldsymbol{x}}$ 渐近于 $\boldsymbol{x}$，即 $\lim\limits_{t\to\infty}|\boldsymbol{x}-\hat{\boldsymbol{x}}|=0$，则称 $\hat{\Sigma}$ 为 Σ_0 的一个状态观测器。

定理 5.11 若线性定常系统 $\Sigma_0(\boldsymbol{A},\boldsymbol{B},\boldsymbol{C})$ 完全能观，则其状态向量 $\boldsymbol{x}$ 可由输入 $\boldsymbol{u}$ 和输出 $\boldsymbol{y}$ 进行重构。

证明：线性定常系统 $\Sigma_0(\boldsymbol{A},\boldsymbol{B},\boldsymbol{C})$ 的状态空间表达式为

$$\begin{cases}\dot{\boldsymbol{x}}=\boldsymbol{A}\boldsymbol{x}+\boldsymbol{B}\boldsymbol{u}\\ \boldsymbol{y}=\boldsymbol{C}\boldsymbol{x}\end{cases} \tag{5.69}$$

将式（5.69）的输出方程对 t 逐次求导，代入状态方程并整理可得

$$\begin{cases}\boldsymbol{y}=\boldsymbol{C}\boldsymbol{x}\\ \dot{\boldsymbol{y}}=\boldsymbol{C}\dot{\boldsymbol{x}}=\boldsymbol{C}\boldsymbol{A}\boldsymbol{x}+\boldsymbol{C}\boldsymbol{B}\boldsymbol{u}\\ \ddot{\boldsymbol{y}}=\boldsymbol{C}\boldsymbol{A}\dot{\boldsymbol{x}}+\boldsymbol{C}\boldsymbol{B}\dot{\boldsymbol{u}}=\boldsymbol{C}\boldsymbol{A}^2\boldsymbol{x}+\boldsymbol{C}\boldsymbol{A}\boldsymbol{B}\boldsymbol{u}+\boldsymbol{C}\boldsymbol{B}\dot{\boldsymbol{u}}\\ \qquad\vdots\\ \boldsymbol{y}^{(n-1)}=\boldsymbol{C}\boldsymbol{A}^{(n-1)}\boldsymbol{x}+\boldsymbol{C}\boldsymbol{B}\boldsymbol{u}^{(n-2)}+\boldsymbol{C}\boldsymbol{A}\boldsymbol{B}\boldsymbol{u}^{(n-3)}+\cdots+\boldsymbol{C}\boldsymbol{A}^{(n-2)}\boldsymbol{B}\boldsymbol{u}\end{cases}$$

将各式等号左边减去右边的控制输入项并用向量 $\boldsymbol{z}$ 表示，则有

$$\boldsymbol{z}=\begin{bmatrix}z_1\\ z_2\\ \vdots\\ z_n\end{bmatrix}=\begin{bmatrix}\boldsymbol{y}\\ \dot{\boldsymbol{y}}-\boldsymbol{C}\boldsymbol{B}\boldsymbol{u}\\ \vdots\\ \boldsymbol{y}^{(n-1)}-\boldsymbol{C}\boldsymbol{B}\boldsymbol{u}^{(n-2)}-\cdots-\boldsymbol{C}\boldsymbol{A}^{(n-2)}\boldsymbol{B}\boldsymbol{u}\end{bmatrix}=\begin{bmatrix}\boldsymbol{C}\\ \boldsymbol{C}\boldsymbol{A}\\ \vdots\\ \boldsymbol{C}\boldsymbol{A}^{n-1}\end{bmatrix}\boldsymbol{x}=\boldsymbol{Q}_{\mathrm{c}}\boldsymbol{x} \tag{5.70}$$

若系统完全能观，$\mathrm{rank}\boldsymbol{Q}_{\mathrm{c}}=n$，式（5.70）有唯一解：

$$\boldsymbol{x}=(\boldsymbol{Q}_{\mathrm{c}}^{\mathrm{T}}\boldsymbol{Q}_{\mathrm{c}})^{-1}\boldsymbol{Q}_{\mathrm{c}}^{\mathrm{T}}\boldsymbol{z} \tag{5.71}$$

因此，只有当系统是完全能观时，状态向量 $\boldsymbol{x}$ 才能由原系统的输入 $\boldsymbol{u}$ 和输出 $\boldsymbol{y}$ 以及它们各阶导数的线性组合构造出来。定理得证。

根据式（5.71）变换后可得到状态向量 $\boldsymbol{x}$，其结构如图 5.13 所示。向量 $\boldsymbol{z}$ 采用纯微分求取 $\boldsymbol{u}$ 和 $\boldsymbol{y}$ 的各阶导数而组合可得状态向量 $\boldsymbol{x}$，这些微分器将大大加剧测量噪声对于状态估值的

影响，所以实际的观测器不采用这种方法构造。

为避免使用微分器，状态观测器的重构就是利用可直接测量的 $\boldsymbol{u}$、$\boldsymbol{y}$ 以及 $\boldsymbol{A}$、$\boldsymbol{B}$、$\boldsymbol{C}$，构造一个结构与原系统相同的系统，确定状态向量 $\boldsymbol{x}$ 的估计值 $\hat{\boldsymbol{x}}$。

一种很直观的方法是构造一个结构和参数与原系统完全相同的系统，如图 5.14 所示。

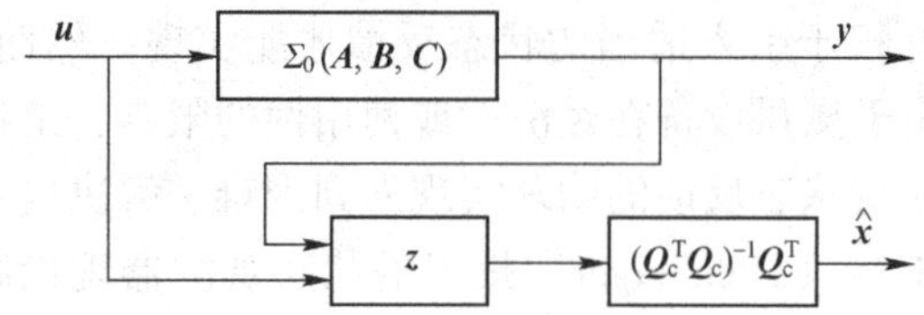

图 5.13　利用 $\boldsymbol{u}$ 和 $\boldsymbol{y}$ 重构状态 $\boldsymbol{x}$

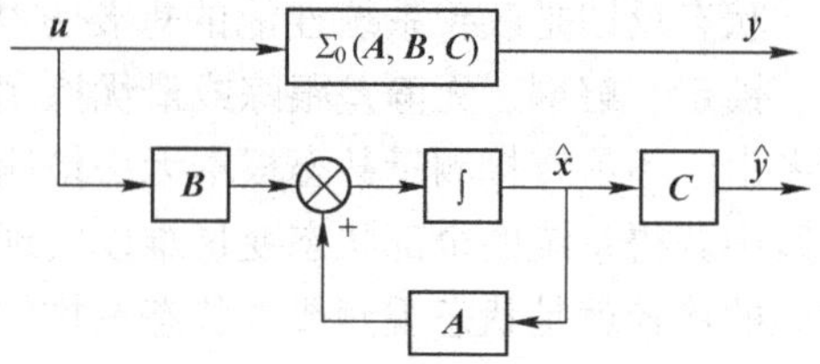

图 5.14　开环观测器的结构图

图 5.14 中估计系统的状态空间表达式为

$$\begin{cases}\dot{\hat{\boldsymbol{x}}}=\boldsymbol{A}\hat{\boldsymbol{x}}+\boldsymbol{B}\boldsymbol{u}\\ \boldsymbol{y}=\boldsymbol{C}\hat{\boldsymbol{x}}\end{cases} \tag{5.72}$$

式（5.72）称为开环观测器，可以直接估计状态向量 $\boldsymbol{x}$ 的观测值 $\hat{\boldsymbol{x}}$。比较式（5.69）和式（5.72）可得

$$\dot{\boldsymbol{x}}-\dot{\hat{\boldsymbol{x}}}=\boldsymbol{A}(\boldsymbol{x}-\hat{\boldsymbol{x}})$$

其解为

$$\boldsymbol{x}-\hat{\boldsymbol{x}}=\mathrm{e}^{\boldsymbol{A}t}[\boldsymbol{x}(0)-\hat{\boldsymbol{x}}(0)]$$

开环观测器只有当状态观测器的初始状态与系统初始状态完全相同时，观测器的输出 $\hat{\boldsymbol{x}}$ 才严格等于系统的实际状态 $\boldsymbol{x}$。否则，二者相差可能很大。但要严格保持系统的初态与观测器初态完全一致，在实际工程中是不可能的。此外，干扰和系统参数变化的不一致性也将加大它们之间的差别，所以这种开环观测器是没有实用意义的。

如果利用输出信息对状态误差进行校正，便可构成渐进稳定的状态观测器，其原理结构如图 5.15 所示。它与开环观测器的差别在于增加了反馈校正通道。当观测器的状态 $\hat{\boldsymbol{x}}$ 与系统实际状态 $\boldsymbol{x}$ 不相等时，反映到它们的输出 $\hat{\boldsymbol{y}}$ 与 $\boldsymbol{y}$ 也不相等，于是产生误差信号 $\boldsymbol{y}-\hat{\boldsymbol{y}}=\boldsymbol{y}-\boldsymbol{C}\hat{\boldsymbol{x}}$，经反馈矩阵 $\boldsymbol{G}_{n\times m}$ 馈送到观测器每个积分器的输入端，参与调整观测器的状态 $\hat{\boldsymbol{x}}$，使其以一定的精度和速度趋近于系统的真实状态 $\boldsymbol{x}$。

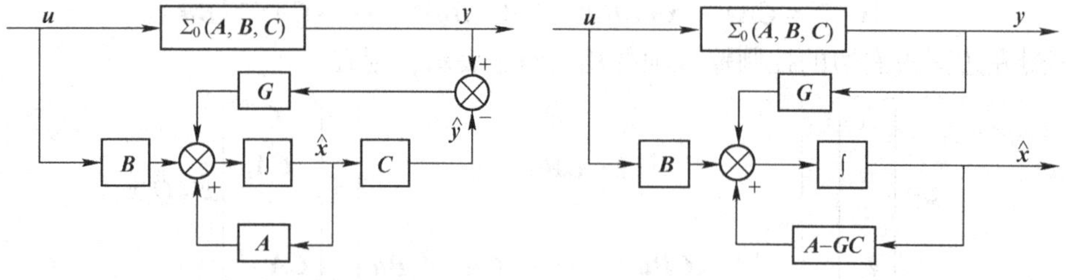

a)　b)

图 5.15　渐进稳定的状态观测器结构图

根据图 5.15 可得状态观测器的状态空间表达式为

$$\begin{aligned}\dot{\hat{\boldsymbol{x}}}&=\boldsymbol{A}\hat{\boldsymbol{x}}+\boldsymbol{B}\boldsymbol{u}+\boldsymbol{G}(\boldsymbol{y}-\hat{\boldsymbol{y}})\\&=\boldsymbol{A}\hat{\boldsymbol{x}}+\boldsymbol{B}\boldsymbol{u}+\boldsymbol{G}\boldsymbol{y}-\boldsymbol{G}\boldsymbol{C}\hat{\boldsymbol{x}}\\&=(\boldsymbol{A}-\boldsymbol{G}\boldsymbol{C})\hat{\boldsymbol{x}}+\boldsymbol{G}\boldsymbol{y}+\boldsymbol{B}\boldsymbol{u}\end{aligned} \tag{5.73}$$

式中，$\hat{\boldsymbol{x}}$为状态观测器的状态向量；是状态 $\boldsymbol{x}$ 的估值；$\hat{\boldsymbol{y}}$为状态观测器的输出向量；$\boldsymbol{G}$ 为状态观测器的输出误差反馈矩阵。

由式（5.73）可知，状态观测器是通过原系统的控制作用 $\boldsymbol{u}$ 和输出 $\boldsymbol{y}$ 作为输入，它的一个输出就是状态估值$\hat{\boldsymbol{x}}$。

5.5.2 状态观测器存在条件

定理 5.12 对线性定常系统 $\Sigma_0(\boldsymbol{A},\boldsymbol{B},\boldsymbol{C})$，状态观测器存在的充要条件是 Σ_0 的不能观子系统为渐进稳定。

证明：1）假设系统 $\Sigma_0(\boldsymbol{A},\boldsymbol{B},\boldsymbol{C})$ 是不完全能观，按能观性分解。这里不妨设 Σ_0 已具有能观性分解形式。即

$$\boldsymbol{x}=\begin{bmatrix}\boldsymbol{x}_{o}\\ \boldsymbol{x}_{\bar{o}}\end{bmatrix},\quad \boldsymbol{A}=\begin{bmatrix}\boldsymbol{A}_{11} & \boldsymbol{0}\\ \boldsymbol{A}_{21} & \boldsymbol{A}_{22}\end{bmatrix},\quad \boldsymbol{B}=\begin{bmatrix}\boldsymbol{B}_1\\ \boldsymbol{B}_2\end{bmatrix},\quad \boldsymbol{C}=[\boldsymbol{C}_1 \quad \boldsymbol{0}]$$

式中，$\Sigma_1(\boldsymbol{A}_{11},\boldsymbol{B}_1,\boldsymbol{C}_1)$为能观子系统；$\Sigma_2(\boldsymbol{A}_{22},\boldsymbol{B}_2,\boldsymbol{0})$为不能观子系统。

2）构造状态观测器。设$\hat{\boldsymbol{x}}=[\hat{\boldsymbol{x}}_{o},\hat{\boldsymbol{x}}_{\bar{o}}]^{\mathrm{T}}$ 为状态 $\boldsymbol{x}$ 的估值，$\boldsymbol{G}=[\boldsymbol{G}_1,\boldsymbol{G}_2]^{\mathrm{T}}$ 为调节$\hat{\boldsymbol{x}}$渐近于 $\boldsymbol{x}$ 的速度的反馈增益矩阵。于是得观测器方程为

$$\dot{\hat{\boldsymbol{x}}}=\boldsymbol{A}\hat{\boldsymbol{x}}+\boldsymbol{B}\boldsymbol{u}+\boldsymbol{G}(\boldsymbol{y}-\hat{\boldsymbol{y}}) \tag{5.74}$$

或

$$\dot{\hat{\boldsymbol{x}}}=(\boldsymbol{A}-\boldsymbol{G}\boldsymbol{C})\hat{\boldsymbol{x}}+\boldsymbol{G}\boldsymbol{y}+\boldsymbol{B}\boldsymbol{u} \tag{5.75}$$

定义误差向量为$\tilde{\boldsymbol{x}}=\boldsymbol{x}-\hat{\boldsymbol{x}}$，可导出状态误差方程为

$$\begin{aligned}\dot{\tilde{\boldsymbol{x}}}&=\dot{\boldsymbol{x}}-\dot{\hat{\boldsymbol{x}}}=\begin{bmatrix}\dot{\boldsymbol{x}}_{o}-\dot{\hat{\boldsymbol{x}}}_{o}\\ \dot{\boldsymbol{x}}_{\bar{o}}-\dot{\hat{\boldsymbol{x}}}_{\bar{o}}\end{bmatrix}\\ &=\left\{\begin{bmatrix}\boldsymbol{A}_{11}\boldsymbol{x}_{o}+\boldsymbol{B}_1\boldsymbol{u}\\ \boldsymbol{A}_{21}\boldsymbol{x}_{o}+\boldsymbol{A}_{22}\boldsymbol{x}_{\bar{o}}+\boldsymbol{B}_2\boldsymbol{u}\end{bmatrix}-\begin{bmatrix}(\boldsymbol{A}_{11}-\boldsymbol{G}_1\boldsymbol{C}_1)\hat{\boldsymbol{x}}_{o}+\boldsymbol{B}_1\boldsymbol{u}+\boldsymbol{G}_1\boldsymbol{C}_1\boldsymbol{x}_{o}\\ (\boldsymbol{A}_{21}-\boldsymbol{G}_2\boldsymbol{C}_1)\hat{\boldsymbol{x}}_{o}+\boldsymbol{A}_{22}\hat{\boldsymbol{x}}_{\bar{o}}+\boldsymbol{B}_2\boldsymbol{u}+\boldsymbol{G}_2\boldsymbol{C}_1\boldsymbol{x}_{o}\end{bmatrix}\right\}\\ &=\begin{bmatrix}(\boldsymbol{A}_{11}-\boldsymbol{G}_1\boldsymbol{C}_1)(\boldsymbol{x}_{o}-\hat{\boldsymbol{x}}_{o})\\ (\boldsymbol{A}_{21}-\boldsymbol{G}_2\boldsymbol{C}_1)(\boldsymbol{x}_{o}-\hat{\boldsymbol{x}}_{o})+\boldsymbol{A}_{22}(\boldsymbol{x}_{\bar{o}}-\hat{\boldsymbol{x}}_{\bar{o}})\end{bmatrix}\end{aligned} \tag{5.76}$$

3）确定使$\hat{\boldsymbol{x}}$渐近于 $\boldsymbol{x}$ 的条件。

由式（5.76）可得

$$\dot{\boldsymbol{x}}_{o}-\dot{\hat{\boldsymbol{x}}}_{o}=(\boldsymbol{A}_{11}-\boldsymbol{G}_1\boldsymbol{C}_1)(\boldsymbol{x}_{o}-\hat{\boldsymbol{x}}_{o})$$

$$\boldsymbol{x}_{o}-\hat{\boldsymbol{x}}_{o}=\mathrm{e}^{(\boldsymbol{A}_{11}-\boldsymbol{G}_1\boldsymbol{C}_1)t}[\boldsymbol{x}_{o}(0)-\hat{\boldsymbol{x}}_{o}(0)]$$

通过选择合适的 $\boldsymbol{G}_1$，可使$(\boldsymbol{A}_{11}-\boldsymbol{G}_1\boldsymbol{C}_1)$的特征值均具有负实部，因而有

$$\lim_{t\to\infty}|\boldsymbol{x}_{o}-\hat{\boldsymbol{x}}_{o}|=0 \tag{5.77}$$

同理可得

$$\dot{\boldsymbol{x}}_{\bar{o}}-\dot{\hat{\boldsymbol{x}}}_{\bar{o}}=(\boldsymbol{A}_{21}-\boldsymbol{G}_2\boldsymbol{C}_1)(\boldsymbol{x}_{o}-\hat{\boldsymbol{x}}_{o})+\boldsymbol{A}_{22}(\boldsymbol{x}_{\bar{o}}-\hat{\boldsymbol{x}}_{\bar{o}})$$

$$\boldsymbol{x}_{\bar{o}}-\hat{\boldsymbol{x}}_{\bar{o}}=\mathrm{e}^{\boldsymbol{A}_{22}t}[\boldsymbol{x}_{\bar{o}}(0)-\hat{\boldsymbol{x}}_{\bar{o}}(0)]+\int_0^t\mathrm{e}^{\boldsymbol{A}_{22}(t-\tau)}(\boldsymbol{A}_{21}-\boldsymbol{G}_1\boldsymbol{C}_1)\mathrm{e}^{(\boldsymbol{A}_{11}-\boldsymbol{G}_1\boldsymbol{C}_1)\tau}[\boldsymbol{x}_{o}(0)-\hat{\boldsymbol{x}}_{o}(0)]\mathrm{d}\tau$$

因此仅当

$$\lim_{t\to\infty} \mathrm{e}^{\boldsymbol{A}_{22}t} = \boldsymbol{0}$$

成立时，有

$$\lim_{t\to\infty} |\boldsymbol{x}_{\bar{o}} - \hat{\boldsymbol{x}}_{\bar{o}}| = \boldsymbol{0}$$

而$\lim\limits_{t\to\infty} \mathrm{e}^{\boldsymbol{A}_{22}t} = \boldsymbol{0}$与$\boldsymbol{A}_{22}$的特征值均具有负实部等价。只有当受控系统的不能观子系统渐进稳定时，才能使$\lim\limits_{t\to\infty} |\boldsymbol{x}-\hat{\boldsymbol{x}}| = \boldsymbol{0}$。定理得证。

5.5.3 全维观测器设计

全维状态观测器

为讨论状态估值$\hat{\boldsymbol{x}}$趋近于状态真值$\boldsymbol{x}$的收敛速度，引入状态误差向量

$$\tilde{\boldsymbol{x}} = \boldsymbol{x} - \hat{\boldsymbol{x}}$$

可得状态误差的动态方程为

$$\begin{aligned}\dot{\tilde{\boldsymbol{x}}} &= \dot{\boldsymbol{x}} - \dot{\hat{\boldsymbol{x}}} = \boldsymbol{A}\boldsymbol{x} + \boldsymbol{B}\boldsymbol{u} - (\boldsymbol{A}-\boldsymbol{G}\boldsymbol{C})\hat{\boldsymbol{x}} - \boldsymbol{G}\boldsymbol{y} - \boldsymbol{B}\boldsymbol{u} \\ &= \boldsymbol{A}\boldsymbol{x} - (\boldsymbol{A}-\boldsymbol{G}\boldsymbol{C})\hat{\boldsymbol{x}} - \boldsymbol{G}\boldsymbol{C}\boldsymbol{x} \\ &= (\boldsymbol{A}-\boldsymbol{G}\boldsymbol{C})(\boldsymbol{x}-\hat{\boldsymbol{x}})\end{aligned} \tag{5.78}$$

即

$$\dot{\tilde{\boldsymbol{x}}} = (\boldsymbol{A}-\boldsymbol{G}\boldsymbol{C})\tilde{\boldsymbol{x}} \tag{5.79}$$

式（5.79）的解为

$$\tilde{\boldsymbol{x}} = \mathrm{e}^{(\boldsymbol{A}-\boldsymbol{G}\boldsymbol{C})t}\tilde{\boldsymbol{x}}(0), \quad t \geqslant 0 \tag{5.80}$$

由式（5.80）可以看出，只要选择状态观测器的系数矩阵$(\boldsymbol{A}-\boldsymbol{G}\boldsymbol{C})$的特征值均具有负实部，观测器就是稳定的。若$\tilde{\boldsymbol{x}}(0)=\boldsymbol{0}$，则在$t\geqslant 0$的所有时间内，$\tilde{\boldsymbol{x}}\equiv\boldsymbol{0}$，即状态估值$\tilde{\boldsymbol{x}}$与状态真值$\boldsymbol{x}$严格相等。若$\tilde{\boldsymbol{x}}(0)\neq\boldsymbol{0}$，二者初值不相等，但$(\boldsymbol{A}-\boldsymbol{G}\boldsymbol{C})$的特征值均具有负实部，$\tilde{\boldsymbol{x}}$将渐进衰减到零，即过渡过程结束后状态估值$\hat{\boldsymbol{x}}$和状态真值相等。这就要求通过矩阵$\boldsymbol{G}$的选择使得矩阵$(\boldsymbol{A}-\boldsymbol{G}\boldsymbol{C})$的特征值（观测器的闭环极点）实现任意配置。

应当指出，观测器极点任意配置的条件是原系统的状态必须是完全能观的。当系统不完全能观，但其不能观子系统是渐进稳定的，则仍可构造状态观测器。但此时，$\tilde{\boldsymbol{x}}$趋近于$\boldsymbol{x}$的速度将不能由$\boldsymbol{G}$任意选择，而要受到不能观子系统极点位置的限制。

根据前面的分析，构造状态观测器的原则如下。

1）观测器$\hat{\Sigma}_G(\boldsymbol{A}-\boldsymbol{G}\boldsymbol{C},\boldsymbol{B},\boldsymbol{C})$应以$\Sigma_0(\boldsymbol{A},\boldsymbol{B},\boldsymbol{C})$的输入$\boldsymbol{u}$和输出$\boldsymbol{y}$为其输入量。

2）为满足$\lim\limits_{t\to\infty}|\boldsymbol{x}-\hat{\boldsymbol{x}}|=\boldsymbol{0}$，$\Sigma_0(\boldsymbol{A},\boldsymbol{B},\boldsymbol{C})$必须是状态完全能观的，或者其不能观子系统是渐进稳定的。

3）$\hat{\Sigma}_G(\boldsymbol{A}-\boldsymbol{G}\boldsymbol{C},\boldsymbol{B},\boldsymbol{C})$的输出$\hat{\boldsymbol{x}}$应以足够快的速度渐近收敛于$\boldsymbol{x}$，即$\hat{\Sigma}$应有足够宽的频带。

4）$\hat{\Sigma}_G(\boldsymbol{A}-\boldsymbol{G}\boldsymbol{C},\boldsymbol{B},\boldsymbol{C})$在结构上应尽量简单。即具有尽可能低的维数，便于物理实现。

全维状态观测器就是对原系统的所有状态进行估计。全维状态观测器设计就是$\boldsymbol{G}$阵的确定，当观测器的极点给定之后，依据前面从输出$\hat{\boldsymbol{y}}$到状态向量$\dot{\hat{\boldsymbol{x}}}$的反馈配置极点的方法，即可确定矩阵$\boldsymbol{G}$。

另一种比较实用的求矩阵$\boldsymbol{G}$的方法是根据观测器的特征多项式

$$f_G(\lambda) = |\lambda\boldsymbol{I} - (\boldsymbol{A}-\boldsymbol{G}\boldsymbol{C})|$$

和期望的特征多项式

$$f_G^*(\lambda)=\prod_{i=1}^{n}(\lambda-\lambda_i^*)=\lambda^n+a_{n-1}^*\lambda^{n-1}+\cdots+a_1^*\lambda+a_0^*$$

使两个等式的右边多项式 λ 同次幂系数对应相等，得到 n 个代数方程，即可求出

$$\boldsymbol{G}=[g_1\quad g_2\quad \cdots\quad g_n]^{\mathrm{T}}$$

【例 5.8】 已知被控系统的状态空间表达式为

$$\begin{cases}\dot{\boldsymbol{x}}=\begin{bmatrix}-2 & 1\\ 0 & -1\end{bmatrix}\boldsymbol{x}+\begin{bmatrix}0\\1\end{bmatrix}u\\ y=[1\quad 0]\boldsymbol{x}\end{cases}$$

设状态变量 x_2 不可测量，试设计全维状态观测器，使观测器极点为-3、-3。

解：1）进行能观性判别。因为

$$\mathrm{rank}\boldsymbol{Q}_\mathrm{o}=\mathrm{rank}\begin{bmatrix}1 & 0\\ -2 & 1\end{bmatrix}=2$$

故系统是完全能观。

2）求状态观测器。令 $\boldsymbol{G}=\begin{bmatrix}g_0\\g_1\end{bmatrix}$，得闭环系统的特性多项式为

$$\boldsymbol{A}-\boldsymbol{G}\boldsymbol{c}=\begin{bmatrix}-2 & 1\\ 0 & -1\end{bmatrix}-\begin{bmatrix}g_0\\g_1\end{bmatrix}[1\quad 0]=\begin{bmatrix}-2-g_0 & 1\\ -g_1 & -1\end{bmatrix}$$

$$\det[\lambda\boldsymbol{I}-(\boldsymbol{A}-\boldsymbol{G}\boldsymbol{c})]=\det\begin{bmatrix}\lambda+2+g_0 & -1\\ g_1 & \lambda+1\end{bmatrix}=\lambda^2+(g_0+3)\lambda+g_0+g_1+2$$

3）期望的特征多项式为

$$f_G^*(\lambda)=(\lambda+3)(\lambda+3)=\lambda^2+6\lambda+9$$

4）比较系数得

$$\boldsymbol{g}=\begin{bmatrix}3\\4\end{bmatrix}$$

$$\dot{\hat{\boldsymbol{x}}}=(\boldsymbol{A}-\boldsymbol{G}\boldsymbol{c})\hat{\boldsymbol{x}}+\boldsymbol{G}\boldsymbol{y}+\boldsymbol{b}\boldsymbol{u}=\begin{bmatrix}-5 & 1\\ -4 & -1\end{bmatrix}\hat{\boldsymbol{x}}+\begin{bmatrix}3\\4\end{bmatrix}\boldsymbol{y}+\begin{bmatrix}0\\1\end{bmatrix}u$$

或者

$$\begin{aligned}\dot{\hat{\boldsymbol{x}}}&=\boldsymbol{A}\hat{\boldsymbol{x}}+\boldsymbol{G}(\boldsymbol{y}-\hat{\boldsymbol{y}})+\boldsymbol{b}u\\ &=\begin{bmatrix}-2 & 1\\ 0 & -1\end{bmatrix}\hat{\boldsymbol{x}}+\begin{bmatrix}3\\4\end{bmatrix}(\boldsymbol{y}-\hat{\boldsymbol{y}})+\begin{bmatrix}0\\1\end{bmatrix}u\end{aligned}$$

系统的状态观测器如图 5.16 所示。

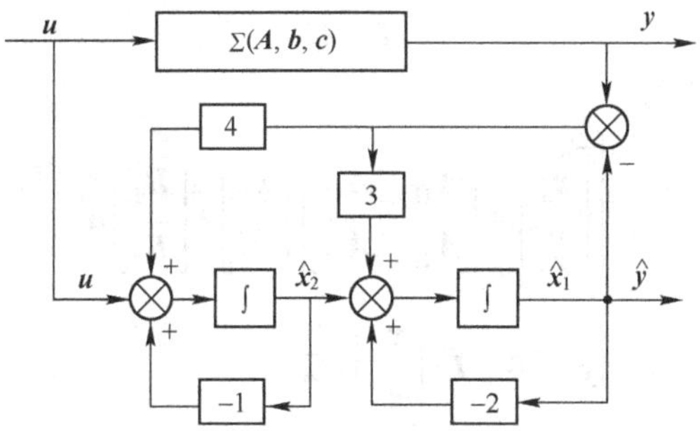

图 5.16　例 5.8 中状态观测器的模拟结构图

5.5.4 降维观测器设计

降维状态观测器

事实上，系统的输出向量 $\boldsymbol{y}$ 总是能够直接测量的。因此可以利用它直接产生部分状态变量，从而降低观测器的维数。可以证明，若系统能观，输出矩阵 $\boldsymbol{C}$ 的秩是 m，则它的 m 个状态分量可由 y 直接获得，那么，其余的 $(n-m)$ 个状态分量只需用 $(n-m)$ 维的降维观测器进行重构即可。降维观测器的设计方法很多，下面介绍其一般的设计方法。

降维观测器的设计分为两步。

第一步，通过线性变换把状态按能测量性分解为 $\bar{\boldsymbol{x}}_1$ 和 $\bar{\boldsymbol{x}}_2$，其中 $(n-m)$ 维 $\bar{\boldsymbol{x}}_1$ 需要重构，而 m 维 $\bar{\boldsymbol{x}}_2$ 可由 $\boldsymbol{y}$ 直接获得。

第二步，对 $\bar{\boldsymbol{x}}_1$ 构造 $(n-m)$ 维观测器。

首先，设系统 $\boldsymbol{\Sigma}_0(\boldsymbol{A},\boldsymbol{B},\boldsymbol{C})$ 为

$$\begin{cases}\dot{\boldsymbol{x}}=\boldsymbol{A}\boldsymbol{x}+\boldsymbol{B}\boldsymbol{u}\\ \boldsymbol{y}=\boldsymbol{C}\boldsymbol{x}\end{cases}\tag{5.81}$$

能观，且 $\mathrm{rank}\boldsymbol{C}=m$，则必存在线性变换 $\boldsymbol{x}=\boldsymbol{P}\bar{\boldsymbol{x}}$，使

$$\bar{\boldsymbol{A}}=\boldsymbol{P}^{-1}\boldsymbol{A}\boldsymbol{P}=\begin{bmatrix}\bar{\boldsymbol{A}}_{11} & \bar{\boldsymbol{A}}_{12}\\ \bar{\boldsymbol{A}}_{21} & \bar{\boldsymbol{A}}_{22}\end{bmatrix}\begin{matrix}\}n-m\\ \}m\end{matrix}$$

$$\bar{\boldsymbol{B}}=\boldsymbol{P}^{-1}\boldsymbol{B}=\begin{bmatrix}\bar{\boldsymbol{B}}_1\\ \bar{\boldsymbol{B}}_2\end{bmatrix}\begin{matrix}\}n-m\\ \}m\end{matrix}$$

$$\bar{\boldsymbol{C}}=\boldsymbol{C}\boldsymbol{P}=[0\quad \boldsymbol{I}]\}m$$

选择转换阵 $\boldsymbol{P}$ 为

$$\boldsymbol{P}^{-1}=\begin{bmatrix}\boldsymbol{C}_0\\ \boldsymbol{C}\end{bmatrix}\boldsymbol{P}=\begin{bmatrix}\boldsymbol{C}_0\\ \boldsymbol{C}\end{bmatrix}^{-1}$$

其中，$\boldsymbol{C}_0$ 是保证 $\boldsymbol{P}$ 为非奇异的任意 $(n-m)\times n$ 矩阵。

容易证明：

$$\boldsymbol{C}\boldsymbol{P}=\boldsymbol{C}\begin{bmatrix}\boldsymbol{C}_0\\ \boldsymbol{C}\end{bmatrix}^{-1}=[\boldsymbol{0}\quad \boldsymbol{I}]$$

两边同时右乘 $\begin{bmatrix}\boldsymbol{C}_0\\ \boldsymbol{C}\end{bmatrix}$，则有

$$\boldsymbol{C}\begin{bmatrix}\boldsymbol{C}_0\\ \boldsymbol{C}\end{bmatrix}^{-1}\begin{bmatrix}\boldsymbol{C}_0\\ \boldsymbol{C}\end{bmatrix}=[\boldsymbol{0}\quad \boldsymbol{I}]\begin{bmatrix}\boldsymbol{C}_0\\ \boldsymbol{C}\end{bmatrix}$$

故

$$\boldsymbol{C}=\boldsymbol{C}$$

变换之后的状态空间表达式为

$$\begin{cases}\begin{bmatrix}\dot{\bar{\boldsymbol{x}}}_1\\ \dot{\bar{\boldsymbol{x}}}_2\end{bmatrix}=\begin{bmatrix}\bar{\boldsymbol{A}}_{11} & \bar{\boldsymbol{A}}_{12}\\ \bar{\boldsymbol{A}}_{21} & \bar{\boldsymbol{A}}_{22}\end{bmatrix}\begin{bmatrix}\bar{\boldsymbol{x}}_1\\ \bar{\boldsymbol{x}}_2\end{bmatrix}+\begin{bmatrix}\bar{\boldsymbol{B}}_1\\ \bar{\boldsymbol{B}}_2\end{bmatrix}\boldsymbol{u}\\ \bar{\boldsymbol{y}}=[\boldsymbol{0}\quad \boldsymbol{I}]\begin{bmatrix}\bar{\boldsymbol{x}}_1\\ \bar{\boldsymbol{x}}_2\end{bmatrix}=\bar{\boldsymbol{x}}_2\end{cases}\tag{5.82}$$

由式（5.82）可见，在 $\bar{\boldsymbol{x}}$ 坐标系中，后 m 个状态分量 $\bar{\boldsymbol{x}}_2$ 可由输出 $\bar{\boldsymbol{y}}$ 直接检测取得。前

$(n-m)$个状态分量$\bar{\boldsymbol{x}}_1$ 则通过构造$(n-m)$维状态观测器进行估计。经变换分解后的系统结构如图 5.17 所示。

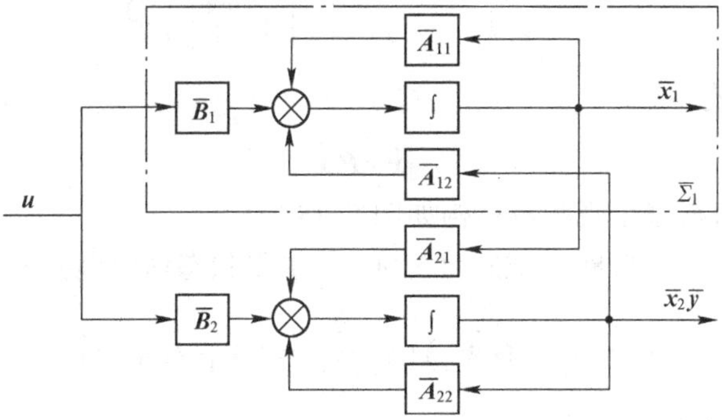

图 5.17　将系统按能检测性分解的结构图

现在设计降维观测器。由式（5.82）得

$$\dot{\bar{\boldsymbol{x}}}_1=\bar{\boldsymbol{A}}_{11}\bar{\boldsymbol{x}}_1+\bar{\boldsymbol{A}}_{12}\bar{\boldsymbol{x}}_2+\bar{\boldsymbol{B}}_1\boldsymbol{u}=\bar{\boldsymbol{A}}_{11}\bar{\boldsymbol{x}}_1+\boldsymbol{M} \tag{5.83}$$

取 $\boldsymbol{z}=\bar{\boldsymbol{A}}_{21}\bar{\boldsymbol{x}}_1$，因为 $\boldsymbol{u}$ 已知，$\bar{\boldsymbol{y}}$可直接测出，所以可把

$$\begin{aligned}\boldsymbol{M}&=\bar{\boldsymbol{A}}_{12}\bar{\boldsymbol{x}}_2+\bar{\boldsymbol{B}}_1\boldsymbol{u}=\bar{\boldsymbol{A}}_{12}\bar{\boldsymbol{y}}+\bar{\boldsymbol{B}}_1\boldsymbol{u}\\ \boldsymbol{z}&=\dot{\bar{\boldsymbol{x}}}_2-\bar{\boldsymbol{A}}_{22}\bar{\boldsymbol{x}}_2-\bar{\boldsymbol{B}}_2\boldsymbol{u}\end{aligned} \tag{5.84}$$

作为待观测子系统已知的输入量和输出量处理。

此时，待观测子系统的状态空间表达式可写为

$$\begin{cases}\dot{\bar{\boldsymbol{x}}}_1=\bar{\boldsymbol{A}}_{11}\bar{\boldsymbol{x}}_1+\boldsymbol{M}\\ \boldsymbol{z}=\bar{\boldsymbol{A}}_{21}\bar{\boldsymbol{x}}_1\end{cases} \tag{5.85}$$

参照式（5.75）便得观测器方程为

$$\dot{\hat{\bar{\boldsymbol{x}}}}_1=(\bar{\boldsymbol{A}}_{11}-\bar{\boldsymbol{G}}\bar{\boldsymbol{A}}_{21})\hat{\bar{\boldsymbol{x}}}_1+\boldsymbol{M}+\bar{\boldsymbol{G}}\boldsymbol{z} \tag{5.86}$$

类似地，通过选择$(n-m)\times m$ 矩阵 $\boldsymbol{G}$，可将矩阵$(\bar{\boldsymbol{A}}_{11}-\bar{\boldsymbol{G}}\bar{\boldsymbol{A}}_{21})$的特征值配置在期望的位置上。

将式（5.84）代入式（5.86），整理得

$$\dot{\hat{\bar{\boldsymbol{x}}}}_1=(\bar{\boldsymbol{A}}_{11}-\bar{\boldsymbol{G}}\bar{\boldsymbol{A}}_{21})\hat{\bar{\boldsymbol{x}}}_1+(\bar{\boldsymbol{A}}_{12}-\bar{\boldsymbol{G}}\bar{\boldsymbol{A}}_{22})\bar{\boldsymbol{y}}+(\bar{\boldsymbol{B}}_1-\bar{\boldsymbol{G}}\bar{\boldsymbol{B}}_2)\boldsymbol{u}+\bar{\boldsymbol{G}}\dot{\bar{\boldsymbol{y}}} \tag{5.87}$$

方程中出现$\dot{\bar{\boldsymbol{y}}}$，增加了实现上的困难。为消去$\dot{\bar{\boldsymbol{y}}}$，引入变量

$$\hat{\bar{\boldsymbol{w}}}=\hat{\bar{\boldsymbol{x}}}_1-\bar{\boldsymbol{G}}\bar{\boldsymbol{y}} \tag{5.88}$$

于是观测器方程变为

$$\begin{aligned}\dot{\hat{\bar{\boldsymbol{w}}}}&=(\bar{\boldsymbol{A}}_{11}-\bar{\boldsymbol{G}}\bar{\boldsymbol{A}}_{21})\hat{\bar{\boldsymbol{x}}}_1+(\bar{\boldsymbol{A}}_{12}-\bar{\boldsymbol{G}}\bar{\boldsymbol{A}}_{22})\bar{\boldsymbol{y}}+(\bar{\boldsymbol{B}}_1-\bar{\boldsymbol{G}}\bar{\boldsymbol{B}}_2)\boldsymbol{u}\\ \hat{\bar{\boldsymbol{x}}}_1&=\hat{\bar{\boldsymbol{w}}}+\bar{\boldsymbol{G}}\bar{\boldsymbol{y}}\end{aligned} \tag{5.89}$$

或者将$\hat{\bar{\boldsymbol{x}}}_1$ 代入式（5.89）的第一个式子，得

$$\begin{aligned}\dot{\hat{\bar{\boldsymbol{w}}}}&=(\bar{\boldsymbol{A}}_{11}-\bar{\boldsymbol{G}}\bar{\boldsymbol{A}}_{21})\hat{\bar{\boldsymbol{w}}}+[(\bar{\boldsymbol{A}}_{11}-\bar{\boldsymbol{G}}\bar{\boldsymbol{A}}_{21})\bar{\boldsymbol{G}}+(\bar{\boldsymbol{A}}_{12}-\bar{\boldsymbol{G}}\bar{\boldsymbol{A}}_{22})]\bar{\boldsymbol{y}}+(\bar{\boldsymbol{B}}_1-\bar{\boldsymbol{G}}\bar{\boldsymbol{B}}_2)\boldsymbol{u}\\ \hat{\bar{\boldsymbol{x}}}_1&=\hat{\bar{\boldsymbol{w}}}+\bar{\boldsymbol{G}}\bar{\boldsymbol{y}}\end{aligned} \tag{5.90}$$

整个状态向量$\bar{x}$的估值为

$$\hat{\bar{x}}=\begin{bmatrix}\hat{\bar{x}}_1\\ \bar{x}_2\end{bmatrix}=\begin{bmatrix}\hat{\bar{w}}+\bar{G}\bar{y}\\ \bar{y}\end{bmatrix}=\begin{bmatrix}I\\ \mathbf{0}\end{bmatrix}\hat{\bar{w}}+\begin{bmatrix}\bar{G}\\ I\end{bmatrix}\bar{y} \tag{5.91}$$

再变换到$\hat{x}$状态下，则有

$$\hat{x}=P\hat{\bar{x}} \tag{5.92}$$

根据式（5.91）可得整个观测器结构如图 5.18 所示。

将式（5.83）减去式（5.89）或式（5.90），求得状态估值误差方程为

$$\dot{\tilde{\bar{x}}}_1=(\bar{A}_{11}-\bar{G}\bar{A}_{21})(\bar{x}_1-\hat{\bar{x}}_1)=(\bar{A}_{11}-\bar{G}\bar{A}_{21})\tilde{\bar{x}}_1 \tag{5.93}$$

式中，$\tilde{\bar{x}}_1=\bar{x}_1-\hat{\bar{x}}_1$ 为状态估计误差。

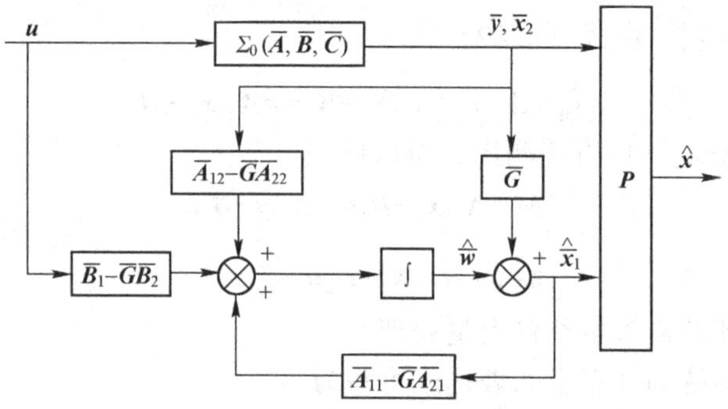

图 5.18　降维观测器结构图

【**例 5.9**】设系统的状态空间表达式为

$$\begin{cases}\dot{x}=\begin{bmatrix}4&4&4\\-11&-12&-12\\13&14&13\end{bmatrix}x+\begin{bmatrix}1\\-1\\0\end{bmatrix}u\\ y=\begin{bmatrix}1&1&1\end{bmatrix}x\end{cases}$$

试判断系统能观性并设计降维观测器，使它的极点位于−3、−4 处。

解：因 rank$c=m=1$，$n=3$，$n-m=2$，所以只要设计一个二维观测器即可。

1）按能测量性进行结构分解

$$P^{-1}=\begin{bmatrix}C_0\\ C\end{bmatrix}=\begin{bmatrix}1&0&0\\0&1&0\\1&1&1\end{bmatrix},\quad P=\begin{bmatrix}1&0&0\\0&1&0\\-1&-1&1\end{bmatrix}$$

故有

$$\bar{A}=P^{-1}AP=\begin{bmatrix}0&0&4\\1&0&-12\\1&1&5\end{bmatrix},\quad \bar{b}=P^{-1}b=\begin{bmatrix}1\\-1\\0\end{bmatrix}$$

$$\bar{c}=cP=\begin{bmatrix}0&0&1\end{bmatrix}$$

将$\bar{A}$和$\bar{B}$分块得

$$\overline{A}_{11}=\begin{bmatrix}0&0\\1&0\end{bmatrix},\overline{A}_{12}=\begin{bmatrix}4\\-12\end{bmatrix},\overline{A}_{21}=\begin{bmatrix}1&1\end{bmatrix}$$

$$\overline{A}_{22}=\begin{bmatrix}5\end{bmatrix},B_1=\begin{bmatrix}1\\-1\end{bmatrix},B_2=\begin{bmatrix}0\end{bmatrix}$$

2）求观测矩阵 $\overline{G}$，令 $\overline{G}=\begin{bmatrix}\overline{g}_0&\overline{g}_1\end{bmatrix}^\mathrm{T}$，降维观测器的特征多项式为

$$\begin{aligned}f_G(\lambda)&=\det\begin{bmatrix}\lambda I-(\overline{A}_{11}-\overline{G}\,\overline{A}_{21})\end{bmatrix}\\&=\det\begin{bmatrix}\begin{pmatrix}\lambda&0\\0&\lambda\end{pmatrix}-\begin{pmatrix}0&0\\1&0\end{pmatrix}+\begin{pmatrix}\overline{g}_0\\\overline{g}_1\end{pmatrix}(1\quad1)\end{bmatrix}\\&=\lambda^2+(\overline{g}_0+\overline{g}_1)\lambda+\overline{g}_0\end{aligned}$$

期望的特征多项式为

$$f_G^*(\lambda)=(\lambda+3)(\lambda+4)=\lambda^2+7\lambda+12$$

比较以上两式的 λ 同次幂得

$$\overline{g}_0=12,\overline{g}_1=-5$$

$$\overline{G}=\begin{bmatrix}\overline{g}_0&\overline{g}_1\end{bmatrix}^\mathrm{T}=\begin{bmatrix}12&-5\end{bmatrix}^\mathrm{T}$$

3）求降维观测器方程。根据式（5.89），可得降维观测器的状态方程为

$$\begin{cases}\dot{\overline{w}}=\begin{bmatrix}-12&-12\\6&5\end{bmatrix}\hat{\overline{x}}_1+\begin{bmatrix}-56\\13\end{bmatrix}\overline{y}+\begin{bmatrix}1\\-1\end{bmatrix}u\\\hat{\overline{x}}_1=\hat{\overline{w}}+\begin{bmatrix}12\\-5\end{bmatrix}\overline{y}\end{cases}$$

或由式（5.90）得

$$\begin{cases}\dot{\overline{w}}=\begin{bmatrix}-12&-12\\6&5\end{bmatrix}\hat{\overline{w}}+\begin{bmatrix}-140\\60\end{bmatrix}\overline{y}+\begin{bmatrix}1\\-1\end{bmatrix}u\\\hat{\overline{x}}_1=\hat{\overline{w}}+\begin{bmatrix}12\\-5\end{bmatrix}\overline{y}\end{cases}$$

观测器方程为

$$\hat{\overline{x}}=\begin{bmatrix}\hat{\overline{x}}_1\\\overline{x}_2\end{bmatrix}=\begin{bmatrix}\hat{\overline{w}}+\overline{G}\,\overline{y}\\\overline{y}\end{bmatrix}=\begin{bmatrix}1&0\\0&1\\0&0\end{bmatrix}\begin{bmatrix}\hat{\overline{w}}_1\\\hat{\overline{w}}_2\end{bmatrix}+\begin{bmatrix}12\\-5\\1\end{bmatrix}\overline{y}=\begin{bmatrix}\hat{\overline{w}}_1+12\,\overline{y}\\\hat{\overline{w}}_2-5\,\overline{y}\\\overline{y}\end{bmatrix}$$

4）为得到原系统的状态估计，还要进行如下变换：

$$\hat{x}=P\hat{\overline{x}}=\begin{bmatrix}1&0&0\\0&1&0\\-1&-1&1\end{bmatrix}\begin{bmatrix}\hat{\overline{w}}_1+12\,\overline{y}\\\hat{\overline{w}}_2-5\,\overline{y}\\\overline{y}\end{bmatrix}=\begin{bmatrix}\hat{\overline{w}}_1+12\,\overline{y}\\\hat{\overline{w}}_2-5\,\overline{y}\\-\hat{\overline{w}}_1-\hat{\overline{w}}_2-6\,\overline{y}\end{bmatrix}$$

5）降维观测器的模拟结构图如图 5.19 所示。

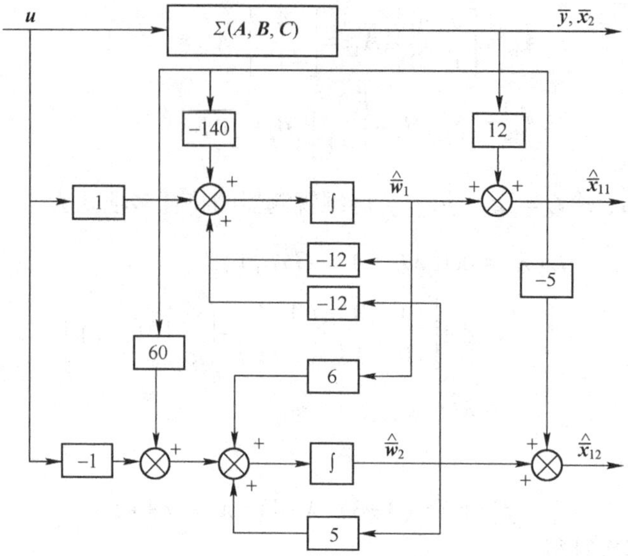

图 5.19　例 5.9 中降维观测器的模拟结构图

5.6　带状态观测器的状态反馈系统

带状态观测器的反馈系统

状态观测器解决了被控系统的状态重构问题，使部分或全部状态向量不直接量测系统的状态反馈的工程实现成为可能。那就是当状态向量不便或不能直接量测时，可通过状态观测器获取状态估值，利用状态估值进行反馈所构成的闭环系统和直接状态反馈闭环系统之间究竟有何异同，正是本节主要讨论的问题。

5.6.1　闭环控制系统的结构与状态空间表达式

图 5.20 是一个带有全维状态观测器的状态反馈系统，能控且能观被控系统的状态空间表达式为

$$\begin{cases}\dot{\boldsymbol{x}}=\boldsymbol{A}\boldsymbol{x}+\boldsymbol{B}\boldsymbol{u}\\ \boldsymbol{y}=\boldsymbol{C}\boldsymbol{x}\end{cases} \tag{5.94}$$

状态观测器为

$$\begin{cases}\dot{\hat{\boldsymbol{x}}}=(\boldsymbol{A}-\boldsymbol{G}\boldsymbol{C})\hat{\boldsymbol{x}}+\boldsymbol{G}\boldsymbol{y}+\boldsymbol{B}\boldsymbol{u}\\ \hat{\boldsymbol{y}}=\boldsymbol{C}\hat{\boldsymbol{x}}\end{cases} \tag{5.95}$$

反馈控制律为

$$\boldsymbol{u}=-\boldsymbol{K}\hat{\boldsymbol{x}}+\boldsymbol{v} \tag{5.96}$$

将式（5.96）代入式（5.94）和式（5.95）整理或直接由结构图得到整个闭环控制系统的状态空间表达式为

$$\begin{cases}\dot{\boldsymbol{x}}=\boldsymbol{A}\boldsymbol{x}-\boldsymbol{B}\boldsymbol{K}\hat{\boldsymbol{x}}+\boldsymbol{B}\boldsymbol{v}\\ \dot{\hat{\boldsymbol{x}}}=\boldsymbol{G}\boldsymbol{C}\boldsymbol{x}+(\boldsymbol{A}-\boldsymbol{G}\boldsymbol{C}-\boldsymbol{B}\boldsymbol{K})\hat{\boldsymbol{x}}+\boldsymbol{B}\boldsymbol{v}\\ \boldsymbol{y}=\boldsymbol{C}\boldsymbol{x}\end{cases} \tag{5.97}$$

写成矩阵形式为

$$
\begin{cases}
\begin{bmatrix}\dot{x}\\ \dot{\hat{x}}\end{bmatrix}=\begin{bmatrix}A & -BK\\ GC & A-GC-BK\end{bmatrix}\begin{bmatrix}x\\ \hat{x}\end{bmatrix}+\begin{bmatrix}B\\ B\end{bmatrix}v=\overline{A}\begin{bmatrix}x\\ \hat{x}\end{bmatrix}+\overline{B}v\\
y=[C\quad 0]\begin{bmatrix}x\\ \hat{x}\end{bmatrix}=\overline{C}\begin{bmatrix}x\\ \hat{x}\end{bmatrix}
\end{cases}
\tag{5.98}
$$

这是一个 $2n$ 维的闭环控制系统。

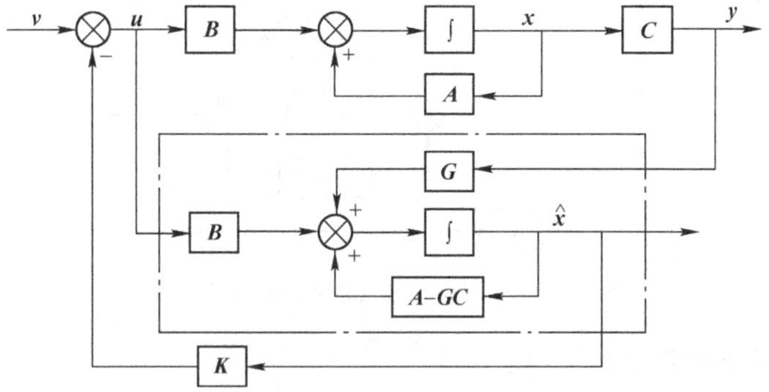

图 5.20　带全维状态观测器的状态反馈系统

5.6.2　闭环控制系统的基本特性

1. 闭环极点设计的分离性

闭环系统的极点包括直接反馈系统 $\Sigma_K(A-BK,B,C)$ 的极点和状态观测器 $\Sigma_G(A-GC,B,C)$ 的极点两部分。但二者独立，相互分离。

假设状态估计误差为$\tilde{x}=x-\hat{x}$，引入等效转换

$$
\begin{bmatrix}x\\ \tilde{x}\end{bmatrix}=\begin{bmatrix}I & 0\\ I & -I\end{bmatrix}\begin{bmatrix}x\\ \hat{x}\end{bmatrix}=\begin{bmatrix}x\\ x-\hat{x}\end{bmatrix}
\tag{5.99}
$$

令变换矩阵为

$$
\begin{cases}
P=\begin{bmatrix}I & 0\\ I & -I\end{bmatrix}\\
P^{-1}=\begin{bmatrix}I & 0\\ I & -I\end{bmatrix}^{-1}=\begin{bmatrix}I & 0\\ I & -I\end{bmatrix}=P
\end{cases}
\tag{5.100}
$$

经线性变换后的系统$(\overline{\overline{A}},\overline{\overline{B}},\overline{\overline{C}})$为

$$
\begin{cases}
\overline{\overline{A}}=P^{-1}\overline{A}P=\begin{bmatrix}I & 0\\ I & -I\end{bmatrix}\begin{bmatrix}A & -BK\\ GC & A-GC-BK\end{bmatrix}\begin{bmatrix}I & 0\\ I & -I\end{bmatrix}\\
\quad=\begin{bmatrix}A-BK & BK\\ 0 & A-GC\end{bmatrix}\\
\overline{\overline{B}}=P^{-1}\overline{B}=\begin{bmatrix}I & 0\\ I & -I\end{bmatrix}\begin{bmatrix}B\\ B\end{bmatrix}=\begin{bmatrix}B\\ 0\end{bmatrix}\\
\overline{\overline{C}}=\overline{C}P=[C\quad 0]\begin{bmatrix}I & 0\\ I & -I\end{bmatrix}=[C\quad 0]
\end{cases}
\tag{5.101}
$$

或者展开成

$$
\begin{cases}\dot{x}=(A-BK)x+BK\tilde{x}+Bv\\ \dot{\tilde{x}}=(A-GC)\tilde{x}\\ y=Cx\end{cases} \tag{5.102}
$$

其等效结构如图 5.21 所示。

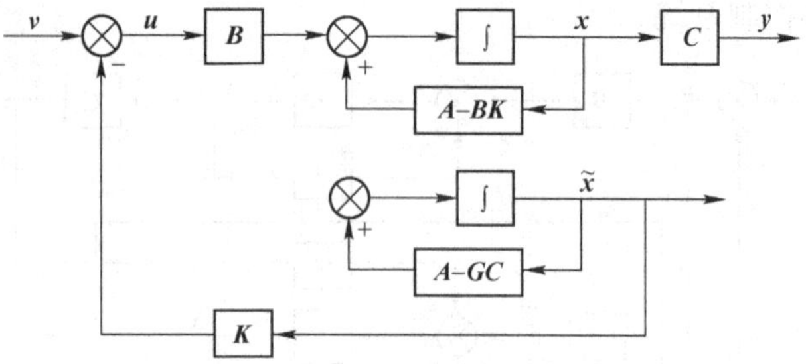

图 5.21　带观测器状态反馈系统的等效结构图

由于线性变换不改变系统的极点，故有

$$
\begin{aligned}\det(sI-\bar{\bar{A}})&=\det\begin{bmatrix}sI-(A-BK) & -BK\\ 0 & sI-(A-GC)\end{bmatrix}\\ &=\det[sI-(A-BK)]\cdot\det[sI-(A-GC)]\end{aligned} \tag{5.103}
$$

式（5.103）表明，由观测器构成状态反馈的闭环系统，其特征多项式等于$(A-BK)$矩阵与$(A-GC)$的特征多项式的乘积。也就是闭环系统的极点等于直接状态反馈$(A-BK)$的极点和状态观测器$(A-GC)$的极点之和，而且两者相互独立。因此，只要系统能控能观，则系统的状态反馈矩阵 K 和观测器反馈矩阵 G 可分别进行设计。这个性质称为闭环极点设计的分离性。

2. 传递函数矩阵的不变性

这个不变性表示用观测器构成的状态反馈系统和状态直接反馈系统具有相同的传递函数矩阵。

根据分块矩阵的性质可知，对于一个分块矩阵：

$$
Q=\begin{bmatrix}R & S\\ 0 & T\end{bmatrix} \tag{5.104}
$$

若分块 R 和 T 均可逆，则下式成立：

$$
Q^{-1}=\begin{bmatrix}R & S\\ 0 & T\end{bmatrix}^{-1}=\begin{bmatrix}R^{-1} & -R^{-1}ST^{-1}\\ 0 & T^{-1}\end{bmatrix} \tag{5.105}
$$

利用上式计算$[sI-\bar{\bar{A}}]^{-1}$，可求得$(\bar{\bar{A}},\bar{\bar{B}},\bar{\bar{C}})$的传递函数矩阵。

$$
\begin{aligned}W(s)&=\bar{\bar{C}}[sI-\bar{\bar{A}}]^{-1}\bar{\bar{B}}\\ &=[C\quad 0]\begin{bmatrix}sI-(A-BK) & -BK\\ 0 & sI-(A-GC)\end{bmatrix}^{-1}\begin{bmatrix}B\\ 0\end{bmatrix}\\ &=C[sI-(A-BK)]^{-1}B\end{aligned} \tag{5.106}
$$

式（5.106）表明，带观测器状态反馈闭环系统的传递函数矩阵等于直接状态反馈闭环系统的传递函数矩阵。实际上，由于观测器的极点已全部被闭环系统的零点对消了，因此这类闭环系统是不完全能控的。但由于不能控的分状态是估计误差$\tilde{x}$，所以这种不完全能控性并不影响系统正常工作。

3. 观测器反馈与直接状态反馈的等效性

由式（5.102）看出，通过选择 G 可使$(A-GC)$特征值均具有负实部，所以必有

$$\lim_{t\to\infty}\tilde{\boldsymbol{x}}=\lim_{t\to\infty}|\boldsymbol{x}-\hat{\boldsymbol{x}}|=\boldsymbol{0}$$

因此当 $t\to\infty$ 时，必有

$$\begin{cases}\dot{\boldsymbol{x}}=(\boldsymbol{A}-\boldsymbol{BK})\boldsymbol{x}+\boldsymbol{Bv}\\ \boldsymbol{y}=\boldsymbol{Cx}\end{cases} \tag{5.107}$$

成立。这就表明，带观测器的状态反馈系统只有当 $t\to\infty$，进入稳态时，才会与直接状态反馈系统完全等价。但是，可通过选择 $\boldsymbol{G}$ 来加速 $\tilde{\boldsymbol{x}}\to\boldsymbol{0}$，即 $\hat{\boldsymbol{x}}$ 渐近于 $\boldsymbol{x}$ 的速度。

5.6.3 带观测器的状态反馈系统与带补偿器的输出反馈系统的等价性

在实际工程中，往往更关心系统输入和输出之间的控制特性，即传递特性。可以证明，仅就传递特性而言，带观测器的状态反馈系统完全等效于同时带有串联补偿器和反馈补偿器的输出反馈系统。或者说用补偿器可以构成完全等效于观测器反馈的系统。

设带观测器的状态反馈系统如图 5.22 所示。

图 5.22 中，$\hat{\boldsymbol{W}}_0(s)$ 为受控系统 $\boldsymbol{\Sigma}_0$ 的传递函数矩阵；$\boldsymbol{\Sigma}_G^*$ 为带反馈矩阵 $\boldsymbol{K}$ 的观测器系统。系统 $\boldsymbol{\Sigma}_G^*$ 的状态空间表达式为

$$\begin{cases}\dot{\hat{\boldsymbol{x}}}=(\boldsymbol{A}-\boldsymbol{GC})\hat{\boldsymbol{x}}+\boldsymbol{Gy}+\boldsymbol{Bu}\\ \hat{\boldsymbol{y}}=\boldsymbol{K}\hat{\boldsymbol{x}}\end{cases} \tag{5.108}$$

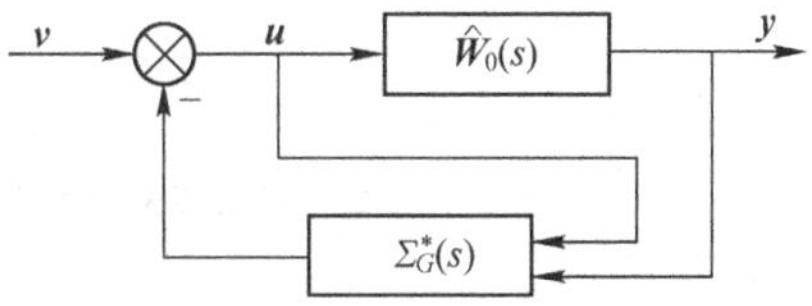

图 5.22　带观测器的状态反馈系统

式中，$\boldsymbol{A}$、$\boldsymbol{B}$、$\boldsymbol{C}$ 为被控系统 $\boldsymbol{\Sigma}_0$ 传递函数矩阵；$(\boldsymbol{A}-\boldsymbol{GC})$ 为状态观测器的系数矩阵，其特征值均具有负实部，但与 $\boldsymbol{A}$ 的特征值不相等；$\boldsymbol{K}$ 为状态反馈矩阵。

将式（5.108）取拉普拉斯变换，可导出的传递特性为

$$\begin{aligned}\hat{\boldsymbol{Y}}(s)&=\boldsymbol{K}[s\boldsymbol{I}-(\boldsymbol{A}-\boldsymbol{GC})]^{-1}[\boldsymbol{GY}(s)+\boldsymbol{BU}(s)]\\&=\boldsymbol{K}[s\boldsymbol{I}-(\boldsymbol{A}-\boldsymbol{GC})]^{-1}\boldsymbol{GY}(s)+\boldsymbol{K}[s\boldsymbol{I}-(\boldsymbol{A}-\boldsymbol{GC})]^{-1}\boldsymbol{BU}(s)\\&=\boldsymbol{W}_{G1}^*\boldsymbol{U}(s)+\boldsymbol{W}_{G2}(s)\boldsymbol{Y}(s)\end{aligned} \tag{5.109}$$

式中

$$\begin{aligned}\boldsymbol{W}_{G1}^*(s)&=\boldsymbol{K}[s\boldsymbol{I}-(\boldsymbol{A}-\boldsymbol{GC})]^{-1}\boldsymbol{B}\\ \boldsymbol{W}_{G2}(s)&=\boldsymbol{K}[s\boldsymbol{I}-(\boldsymbol{A}-\boldsymbol{GC})]^{-1}\boldsymbol{G}\end{aligned} \tag{5.110}$$

式（5.110）表明，从传递特性的角度看，观测器等效于两个子系统的并联：一个子系统以 $\boldsymbol{u}$ 为输入，以 $\boldsymbol{W}_{G1}^*(s)$ 为传递函数矩阵；另一子系统以 $\boldsymbol{y}$ 为输入，以 $\boldsymbol{W}_{G2}(s)$ 为传递函数矩阵。由这两个子系统构成的闭环结构如图 5.23a 所示。将其变换又可等效于图 5.23b 和 图 5.23c，并且有下式成立：

$$\boldsymbol{W}_{G1}(s)=[\boldsymbol{I}+\boldsymbol{W}_{G1}^*(s)]^{-1} \tag{5.111}$$

现在证明 $\boldsymbol{W}_{G1}(s)$ 是物理可实现的。由于

$$\begin{aligned}&[\boldsymbol{I}+\boldsymbol{W}_{G1}^*(s)]\{\boldsymbol{I}-\boldsymbol{K}[s\boldsymbol{I}-(\boldsymbol{A}-\boldsymbol{GC})+\boldsymbol{BK}]^{-1}\boldsymbol{B}\}\\&=\boldsymbol{I}+\boldsymbol{K}[s\boldsymbol{I}-(\boldsymbol{A}-\boldsymbol{GC})]^{-1}\boldsymbol{B}-\boldsymbol{K}[s\boldsymbol{I}-(\boldsymbol{A}-\boldsymbol{GC})+\boldsymbol{BK}]^{-1}\boldsymbol{B}\\&\quad-\boldsymbol{K}[s\boldsymbol{I}-(\boldsymbol{A}-\boldsymbol{GC})]^{-1}\boldsymbol{BK}[s\boldsymbol{I}-(\boldsymbol{A}-\boldsymbol{GC})+\boldsymbol{BK}]^{-1}\boldsymbol{B}\end{aligned} \tag{5.112}$$

及

$$\boldsymbol{I}+[s\boldsymbol{I}-(\boldsymbol{A}-\boldsymbol{GC})]^{-1}\boldsymbol{BK}=[s\boldsymbol{I}-(\boldsymbol{A}-\boldsymbol{GC})]^{-1}[s\boldsymbol{I}-(\boldsymbol{A}-\boldsymbol{GC})+\boldsymbol{BK}] \tag{5.113}$$

得

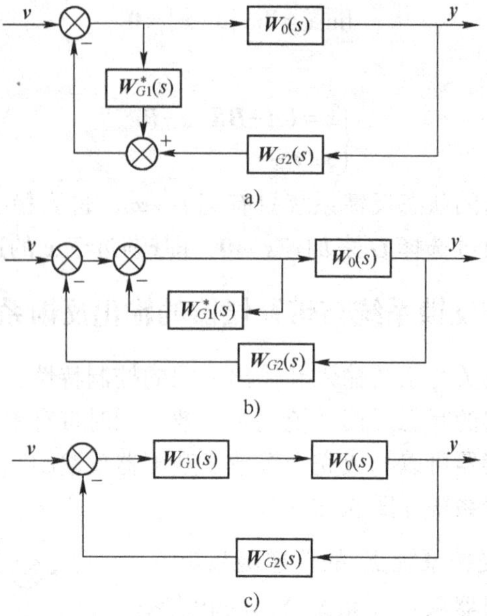

图 5.23　带观测器状态反馈系统传递特性的等效变换

$$[s\boldsymbol{I}-(\boldsymbol{A}-\boldsymbol{GC})]^{-1}\boldsymbol{BK}=-\boldsymbol{I}+[s\boldsymbol{I}+(\boldsymbol{A}-\boldsymbol{GC})]^{-1}[s\boldsymbol{I}-(\boldsymbol{A}-\boldsymbol{GC})+\boldsymbol{BK}] \tag{5.114}$$

将式（5.114）代入式（5.112）可得

$$[\boldsymbol{I}+\boldsymbol{W}_{G1}^*(s)]\{\boldsymbol{I}-\boldsymbol{K}[s\boldsymbol{I}-(\boldsymbol{A}-\boldsymbol{GC})+\boldsymbol{BK}]^{-1}\boldsymbol{B}\}=\boldsymbol{I} \tag{5.115}$$

于是

$$\boldsymbol{W}_{G1}(s)=[\boldsymbol{I}+\boldsymbol{W}_{G1}^*(s)]^{-1}=\boldsymbol{I}-\boldsymbol{K}[s\boldsymbol{I}-(\boldsymbol{A}-\boldsymbol{GC})+\boldsymbol{BK}]^{-1}\boldsymbol{B} \tag{5.116}$$

式（5.116）表明，$\boldsymbol{W}_{G1}(s)$是物理上可实现的。因而证明了一个带观测器的状态反馈系统在传递特性意义下，完全等效于一个带串联补偿器和反馈补偿器的输出反馈系统。

根据式（5.110）和式（5.116）得到两个补偿器的状态空间表达式

$$\begin{cases}\dot{\boldsymbol{z}}_{(2)}=(\boldsymbol{A}-\boldsymbol{GC})\boldsymbol{z}_{(2)}+\boldsymbol{Gu}_{(2)}\\ \boldsymbol{W}_{(2)}=\boldsymbol{Kz}_{(2)}\end{cases} \tag{5.117}$$

和

$$\begin{cases}\dot{\boldsymbol{z}}_{(1)}=(\boldsymbol{A}-\boldsymbol{GC}-\boldsymbol{BK})\boldsymbol{z}_{(1)}+\boldsymbol{Bu}_{(1)}\\ \boldsymbol{W}_{(1)}=-\boldsymbol{Kz}_{(1)}+\boldsymbol{u}_{(1)}\end{cases} \tag{5.118}$$

两个补偿器和 $\boldsymbol{\Sigma}(\boldsymbol{A},\boldsymbol{B},\boldsymbol{C})$ 构成的闭环系统如图 5.24 所示。

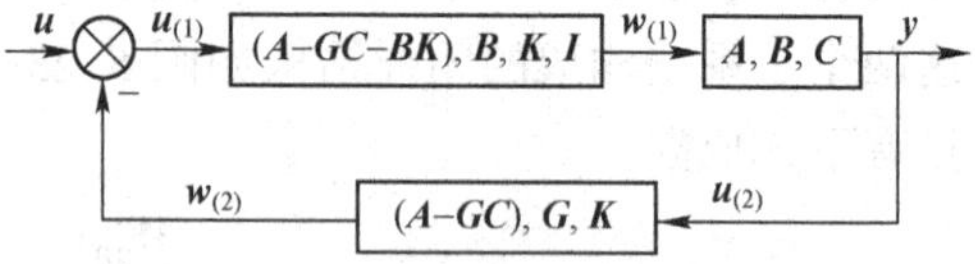

图 5.24　由补偿器构成的闭环系统结构图

闭环控制系统的状态空间表达式为

$$\begin{cases}\dot{\boldsymbol{x}}=\boldsymbol{Ax}+\boldsymbol{Bw}_{(1)}=\boldsymbol{Ax}-\boldsymbol{BKz}_{(1)}+\boldsymbol{Bu}_{(1)}\\ \dot{\boldsymbol{z}}_{(2)}=(\boldsymbol{A}-\boldsymbol{GC})\boldsymbol{z}_{(2)}+\boldsymbol{Gu}_{(2)}\\ \dot{\boldsymbol{z}}_{(1)}=(\boldsymbol{A}-\boldsymbol{GC}-\boldsymbol{BK})\boldsymbol{z}_{(1)}+\boldsymbol{Bu}_{(1)}\\ \boldsymbol{u}_{(2)}=\boldsymbol{y}=\boldsymbol{Cx}\\ \boldsymbol{u}_{(1)}=\boldsymbol{u}+\boldsymbol{w}_{(2)}=\boldsymbol{u}-\boldsymbol{Kz}_{(2)}\\ \boldsymbol{y}=\boldsymbol{Cx}\end{cases} \tag{5.119}$$

或写成矩阵形式为

$$
\begin{cases}
\begin{bmatrix} \dot{z}_{(2)} \\ \dot{x} \\ \dot{z}_{(1)} \end{bmatrix} = \begin{bmatrix} (A-GC) & GC & 0 \\ -BK & A & -BK \\ -BK & 0 & (A-GC-BK) \end{bmatrix} \begin{bmatrix} z_{(2)} \\ x \\ z_{(1)} \end{bmatrix} + \begin{bmatrix} 0 \\ B \\ B \end{bmatrix} u \\
y = \begin{bmatrix} 0 & C & 0 \end{bmatrix} \begin{bmatrix} z_{(2)} \\ x \\ z_{(1)} \end{bmatrix}
\end{cases}
\tag{5.120}
$$

令

$$
P = \begin{bmatrix} I & 0 & 0 \\ 0 & I & 0 \\ -I & I & -I \end{bmatrix}, \quad P^{-1} = P
\tag{5.121}
$$

进行线性变换得

$$
\begin{cases}
\begin{bmatrix} \dot{\tilde{z}}_{(2)} \\ \dot{x} \\ \dot{\tilde{z}}_{(1)} \end{bmatrix} = \begin{bmatrix} (A-GC) & GC & 0 \\ 0 & (A-BK) & BK \\ 0 & 0 & (A-GC) \end{bmatrix} \begin{bmatrix} \tilde{z}_{(2)} \\ x \\ \tilde{z}_{(1)} \end{bmatrix} + \begin{bmatrix} 0 \\ B \\ 0 \end{bmatrix} u \\
y = \begin{bmatrix} 0 & C & 0 \end{bmatrix} \begin{bmatrix} \tilde{z}_{(2)} \\ x \\ \tilde{z}_{(1)} \end{bmatrix}
\end{cases}
\tag{5.122}
$$

它的传递函数矩阵为

$$
W_z(s) = C[sI-(A-BK)]^{-1}B = W_K(s)
\tag{5.123}
$$

可见，从传递特性上看，补偿器和观测器完全等效。

【例 5.10】 设被控系统的传递函数为 $W(s)=\dfrac{1}{s(s+6)}$，用状态反馈将闭环系统的极点配置到$-4\pm j6$。并设计实现上述反馈的全维和降维观测器（期望极点为-10、-10）。

解： 1）由传递函数可知，系统能控能观，因而存在状态反馈及状态观测器。根据分离特性可分别设计。

2）求状态反馈阵 $\boldsymbol{K}$。为方便观测器设计，可直接写出系统的能观规范型实现为

$$
\dot{\boldsymbol{x}} = \begin{bmatrix} 0 & 0 \\ 1 & -6 \end{bmatrix} \boldsymbol{x} + \begin{bmatrix} 1 \\ 0 \end{bmatrix} u, \quad y = \begin{bmatrix} 0 & 1 \end{bmatrix} \boldsymbol{x}
$$

令 $\boldsymbol{K}=[k_0 \quad k_1]$，得闭环控制系统矩阵为

$$
\boldsymbol{A}-\boldsymbol{bK} = \begin{bmatrix} 0 & 0 \\ 1 & -6 \end{bmatrix} - \begin{bmatrix} 1 \\ 0 \end{bmatrix} [k_0 \quad k_1] = \begin{bmatrix} -k_0 & -k_1 \\ 1 & -6 \end{bmatrix}
$$

及闭环特征多项式为

$$
f(\lambda) = \det[\lambda \boldsymbol{I} - (\boldsymbol{A}-\boldsymbol{bK})] = \det \begin{bmatrix} \lambda+k_0 & k_1 \\ -1 & \lambda+6 \end{bmatrix} = \lambda^2 + (6+k_0)\lambda + (6k_0+k_1)
$$

与期望的特征多项式

$$
f^*(\lambda) = (\lambda+4-j6)(\lambda+4+j6) = \lambda^2+8\lambda+52
$$

比较得

$$K=[2 \quad 40]$$

3）求全维观测器。令 $G=\begin{bmatrix} g_0 \\ g_1 \end{bmatrix}$，得

$$A-Gc=\begin{bmatrix} 0 & 0 \\ 1 & -6 \end{bmatrix}-\begin{bmatrix} g_0 \\ g_1 \end{bmatrix}[0 \quad 1]=\begin{bmatrix} 0 & -g_0 \\ 1 & -6-g_1 \end{bmatrix}$$

及

$$\det[\lambda I-(A-Gc)]=\det\begin{bmatrix} \lambda & g_0 \\ -1 & \lambda+(6+g_1) \end{bmatrix}=\lambda^2+(6+g_1)\lambda+g_0$$

期望的特征多项式为

$$f_G^*(\lambda)=(\lambda+10)(\lambda+10)=\lambda^2+20\lambda+100$$

比较得

$$G=\begin{bmatrix} 100 \\ 14 \end{bmatrix}$$

全维观测器方程为

$$\begin{aligned} \dot{\hat{x}}&=(A-Gc)\hat{x}+Gy+bu \\ &=\begin{bmatrix} 0 & -100 \\ 1 & -20 \end{bmatrix}\hat{x}+\begin{bmatrix} 100 \\ 14 \end{bmatrix}y+\begin{bmatrix} 1 \\ 0 \end{bmatrix}u \end{aligned}$$

闭环控制系统模拟结构如图 5.25 所示。

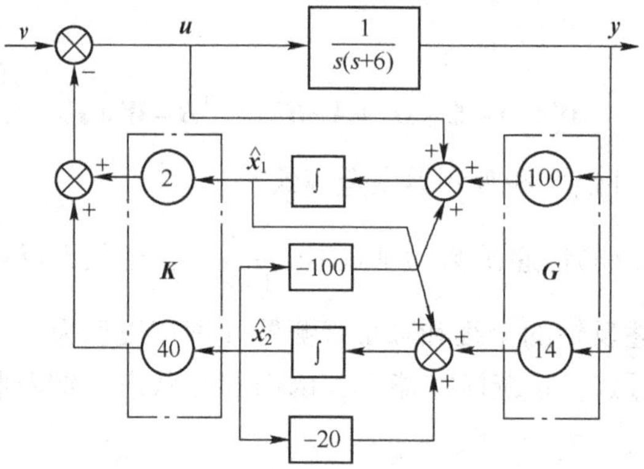

图 5.25　例 5.10 中利用全维观测器反馈的闭环控制系统模拟结构图

4）求降维观测器。降维观测器方程为

$$\begin{cases} \dot{\hat{\bar{w}}}=(\bar{A}_{11}-\bar{g}\bar{A}_{21})\hat{\bar{x}}_1+(\bar{A}_{12}-\bar{g}\bar{A}_{22})\bar{y}+(\bar{B}_1-\bar{g}\bar{B}_2)u \\ \hat{\bar{x}}_1=\hat{\bar{w}}+\bar{g}\,\bar{y} \end{cases}$$

对照本例，有

$$\bar{A}_{11}=a_{11}=0,\bar{A}_{12}=a_{12}=0,\bar{A}_{21}=a_{21}=1$$

$$\bar{A}_{22}=a_{22}=-6,\bar{B}_1=b_1=1,\bar{B}_2=b_2=0$$

$$\bar{g}=g,\bar{y}=y,\bar{x}_1=x_1,\hat{\bar{w}}=\hat{w}$$

代入上式，得

$$\begin{cases}\dot{\hat{\bar{w}}}=-\boldsymbol{G}\hat{\bar{x}}_1+6\boldsymbol{G}y+u\\ \hat{\bar{\boldsymbol{x}}}_1=\hat{\bar{w}}+\boldsymbol{G}y\end{cases}$$

即

$$\dot{\hat{\bar{w}}}+g\hat{\bar{w}}=(6g-g^2)y+u$$

特征多项式$f_G(\lambda)=\lambda+g$与$f_G^*(\lambda)=\lambda+10$，比较得$g=10$。

由于$\bar{x}_1=x_1$和$\hat{\bar{w}}=\hat{w}$，故降维观测器的方程为

$$\begin{cases}\dot{\hat{w}}=-10\hat{w}+(6\times10-100)y+u=-10\hat{w}-40y+u\\ \hat{\boldsymbol{x}}_1=\hat{w}+10y\end{cases}$$

闭环控制系统模拟结构如图 5.26 所示。

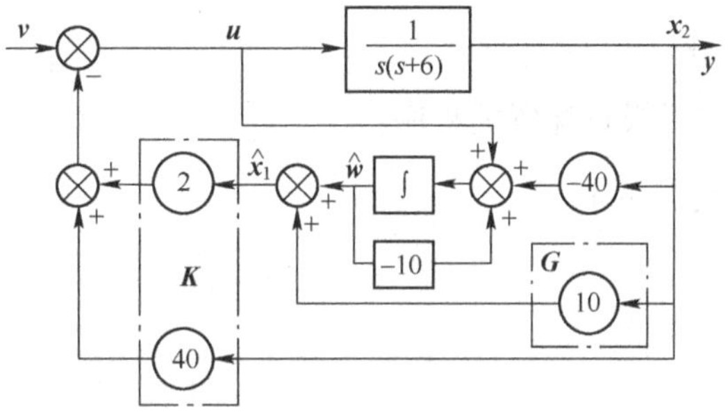

图 5.26　例 5.10 中利用降维观测器反馈的闭环控制系统模拟结构图

5.7　MATLAB 在线性时不变系统综合中的应用

MATLAB 控制系统工具箱为极点配置、状态观测器、系统解耦等系统综合提供了专用函数。

1. acker( )函数

功能：配置单输入系统$\Sigma(\boldsymbol{A},\boldsymbol{B},\boldsymbol{C})$的极点。

调用格式：K=acker(A,B,P)

其中，P 为配置极点，K 为反馈增益矩阵。

2. place( )函数

功能：配置单输入或多输入系统$\Sigma(\boldsymbol{A},\boldsymbol{B},\boldsymbol{C})$的极点。

调用格式：K=place(A,B,P)

5.7.1　利用 MATLAB 实现极点配置

当系统完全能控时，通过状态反馈可实现闭环系统极点的任意配置。关键是求解状态反馈矩阵 $\boldsymbol{K}$，当系统的阶数大于 3，或为多输入多输出系统时，具体设计要困难得多。如果采用 MATLAB 控制系统工具箱的专用函数，具体设计问题就简单多了。

【例 5.11】 已知系统的状态方程为

$$\dot{\boldsymbol{x}}=\begin{bmatrix}-2 & -1 & 1\\ 1 & 0 & 1\\ -1 & 0 & 1\end{bmatrix}\boldsymbol{x}+\begin{bmatrix}1\\1\\1\end{bmatrix}u$$

试用状态反馈将闭环系统的极点配置为-1、-2、-3，求状态反馈矩阵 $\boldsymbol{K}$。

解：(1) MATLAB 仿真程序：

```
A=[-2,-1,1;1,0,1;-1,0,1];
b=[1;1;1];
Qc=ctrb(A,b);
rc=rank(Qc);
f=conv([1,1],conv([1,2],[1,3]));
K=[zeros(1,length(A)-1) 1] * inv(Qc) * polyvalm(f,A)
```

运行结果如下：

```
K =    -1     2     4
```

(2) 用函数 ackcr( )进行极点配置的程序：

```
A=[-2,-1,1;1,0,1;-1,0,1];
b=[1;1;1];
Qc=ctrb(A,b);
rc=rank(Qc);
P=[-1,-2,-3];
K=acker(A,b,P)
```

运行结果如下：

```
K =    -1     2     4
```

(3) 用函数 place( )进行极点配置的仿真程序：

```
A=[-2,-1,1;1,0,1;-1,0,1];
b=[1;1;1];
Qc=ctrb(A,b);
rc=rank(Qc);
P=[-1,-2,-3];
K=place(A,b,P)
```

运行结果如下：

```
K =-1.0000     2.0000     4.0000
```

5.7.2 利用 MATLAB 设计全维状态观测器

极点配置要求系统的状态向量必须全部可测量，当状态向量全部或部分不可直接测量时，则应设计状态观测器进行状态重构。

对于被控系统 $\Sigma(\boldsymbol{A},\boldsymbol{B},\boldsymbol{C})$，其状态空间表达式为

$$\begin{cases}\dot{\boldsymbol{x}}=\boldsymbol{A}\boldsymbol{x}+\boldsymbol{B}\boldsymbol{u}\\ \boldsymbol{y}=\boldsymbol{C}\boldsymbol{x}\end{cases}$$

若系统完全能观测，则可构造状态观测器。在 MATLAB 控制系统工具箱中，利用对偶原理，可使设计问题大为简化。首先构造被控系统 $\Sigma(\boldsymbol{A},\boldsymbol{B},\boldsymbol{C})$ 的对偶系统为

$$\begin{cases}\dot{z}=A^{T}z+C^{T}u\\ y=B^{T}z\end{cases}$$

然后，对偶系统按极点配置求状态反馈矩阵 $\boldsymbol{K}$ 为

K=acker(A^{T} ,C^{T},P)

或

K=place(A^{T} ,C^{T},P)

其中，P 为状态观测器的给定期望极点。

原系统的状态观测器的反馈矩阵 $\boldsymbol{G}$ 就是其对偶系统的状态反馈矩阵 $\boldsymbol{K}$ 的转置，即

$$\boldsymbol{G}=\boldsymbol{K}^{T}$$

【例 5.12】 设系统的状态空间表达式为

$$\begin{cases}\dot{\boldsymbol{x}}=\begin{bmatrix}0 & 0 & -2\\ 1 & 0 & 9\\ 0 & 1 & 0\end{bmatrix}\boldsymbol{x}+\begin{bmatrix}3\\ 2\\ 1\end{bmatrix}u\\ y=\begin{bmatrix}0 & 0 & 1\end{bmatrix}\boldsymbol{x}\end{cases}$$

试设计全维状态观测器，使状态观器的闭环极点为-3、-4、-5。

解：MATLAB 仿真程序：

```
A=[0 0 2;1 0 9;0 1 0];
B=[3;2;1];
C=[0 0 1];
n=3
Qo=obsv(A,C);
ro=rank(Qo);
if (ro==n)
    disp('系统是能观的')
    P=[-3 -4 -5];%状态观测器的设计
    A1=A';
B1=C';
    K=acker(A1,B1,P);
        G=K'
    AGC=A-G*C
elseif (ro~=n)
    disp('系统是不能观的,不能进行观测器的设计')
end
```

运行结果如下：

```
n=
  3
```

系统是能观的

```
G =
    62
    56
    12
AGC =
     0     0   -60
     1     0   -47
     0     1   -12
```

被控系统的全维状态观测器为

$$\dot{\hat{x}}=\begin{bmatrix}0&0&-60\\1&0&-47\\0&1&-12\end{bmatrix}\hat{x}+\begin{bmatrix}3\\2\\1\end{bmatrix}u+\begin{bmatrix}62\\56\\12\end{bmatrix}y$$

5.7.3 利用MATLAB设计降维状态观测器

已知线性时不变系统为

$$\begin{cases}\dot{\boldsymbol{x}}=\boldsymbol{A}\boldsymbol{x}+\boldsymbol{B}\boldsymbol{u}\\ \boldsymbol{y}=\boldsymbol{C}\boldsymbol{x}\end{cases}$$

若系统完全能观测，则可将状态向量 $\boldsymbol{x}$ 分为可量测和不可量测两部分，通过特定线性非奇异变换可导出相应的系统方程为分块矩阵形式

$$\begin{cases}\begin{bmatrix}\dot{\bar{\boldsymbol{x}}}_1\\ \dot{\bar{\boldsymbol{x}}}_2\end{bmatrix}=\begin{bmatrix}\bar{\boldsymbol{A}}_{11}&\bar{\boldsymbol{A}}_{12}\\ \bar{\boldsymbol{A}}_{21}&\bar{\boldsymbol{A}}_{22}\end{bmatrix}\begin{bmatrix}\bar{\boldsymbol{x}}_1\\ \bar{\boldsymbol{x}}_2\end{bmatrix}+\begin{bmatrix}\bar{\boldsymbol{B}}_1\\ \bar{\boldsymbol{B}}_2\end{bmatrix}\boldsymbol{u}\\ \bar{\boldsymbol{y}}=[0\quad \boldsymbol{I}]\begin{bmatrix}\bar{\boldsymbol{x}}_1\\ \bar{\boldsymbol{x}}_2\end{bmatrix}=\bar{\boldsymbol{x}}_2\end{cases}\tag{5.124}$$

由式（5.124）可以看出，m 维状态$\bar{\boldsymbol{x}}_2$ 能够直接由输出量$\bar{\boldsymbol{y}}$获得，不必再通过观测器进行重构；$(n-m)$维状态变量$\bar{\boldsymbol{x}}_1$ 由观测器进行重构。由式（5.124）可得关于$\bar{\boldsymbol{x}}_1$ 的状态方程

$$\begin{cases}\dot{\bar{\boldsymbol{x}}}_1=\bar{\boldsymbol{A}}_{11}\bar{\boldsymbol{x}}_1+\bar{\boldsymbol{A}}_{12}\bar{\boldsymbol{x}}_2+\bar{\boldsymbol{B}}_1\boldsymbol{u}=\bar{\boldsymbol{A}}_{11}\bar{\boldsymbol{x}}_1+\boldsymbol{M}\\ \dot{\bar{\boldsymbol{y}}}-\bar{\boldsymbol{A}}_{22}\bar{\boldsymbol{y}}-\bar{\boldsymbol{B}}_2\boldsymbol{u}=\bar{\boldsymbol{A}}_{21}\bar{\boldsymbol{x}}_2\end{cases}$$

它与全维状态观测方程进行对比，可得到两者之间的对应关系，见表5.1。

表5.1 全维观测器与降维观测器对比

全维观测器	降维观测器	全维观测器	降维观测器
$\boldsymbol{x}$	$\bar{\boldsymbol{x}}_1$	$\boldsymbol{y}$	$\dot{\bar{\boldsymbol{y}}}-\bar{\boldsymbol{A}}_{22}\bar{\boldsymbol{y}}-\bar{\boldsymbol{B}}_2\boldsymbol{u}$
$\boldsymbol{A}$	$\bar{\boldsymbol{A}}_{11}$	$\boldsymbol{C}$	$\bar{\boldsymbol{A}}_{21}$
$\boldsymbol{Bu}$	$\bar{\boldsymbol{A}}_{12}\boldsymbol{y}+\bar{\boldsymbol{B}}_1\boldsymbol{u}$	$\boldsymbol{G}_{n\times 1}$	$\boldsymbol{G}_{(n-m)\times 1}$

降维观测器的方程为

$$\dot{\hat{\boldsymbol{w}}}=(\bar{\boldsymbol{A}}_{11}-\bar{\boldsymbol{G}}\bar{\boldsymbol{A}}_{21})\hat{\bar{\boldsymbol{x}}}_1+(\bar{\boldsymbol{A}}_{12}-\bar{\boldsymbol{G}}\bar{\boldsymbol{A}}_{22})\bar{\boldsymbol{y}}+(\bar{\boldsymbol{B}}_1-\bar{\boldsymbol{G}}\bar{\boldsymbol{B}}_2)\boldsymbol{u}$$

$$\hat{\bar{\boldsymbol{x}}}_1=\hat{\boldsymbol{w}}+\bar{\boldsymbol{G}}\bar{\boldsymbol{y}}$$

或

$$\dot{\hat{\boldsymbol{w}}}=(\bar{\boldsymbol{A}}_{11}-\bar{\boldsymbol{G}}\bar{\boldsymbol{A}}_{21})\hat{\boldsymbol{w}}+[(\bar{\boldsymbol{A}}_{11}-\bar{\boldsymbol{G}}\bar{\boldsymbol{A}}_{21})\bar{\boldsymbol{G}}+(\bar{\boldsymbol{A}}_{12}-\bar{\boldsymbol{G}}\bar{\boldsymbol{A}}_{22})]\bar{\boldsymbol{y}}+(\bar{\boldsymbol{B}}_1-\bar{\boldsymbol{G}}\bar{\boldsymbol{B}}_2)\boldsymbol{u}$$

$$\hat{\bar{\boldsymbol{x}}}_1=\hat{\boldsymbol{w}}+\bar{\boldsymbol{G}}\bar{\boldsymbol{y}}$$

然后，使用MATLAB的place()或acker()函数，根据全维状态观测的设计方法求解反馈矩阵$\bar{\boldsymbol{G}}$。

【例5.13】设系统的状态空间表达式为

$$\begin{cases}\dot{\boldsymbol{x}}=\begin{bmatrix}0 & 1 & 0\\0 & 0 & 1\\-6 & -11 & -6\end{bmatrix}\boldsymbol{x}+\begin{bmatrix}0\\0\\1\end{bmatrix}u\\ y=\begin{bmatrix}1 & 0 & 0\end{bmatrix}\boldsymbol{x}\end{cases}$$

试设计一个降维状态观测器，使得观测器的期望极点为-2、-3。

解：由于 x_1 可量测，因此只需设计 x_2 和 x_3 的状态观测器，故根据原系统可得不可量测部分的状态空间表达式为

$$\begin{cases}\dot{\bar{\boldsymbol{x}}}_1=\bar{\boldsymbol{A}}_{11}\bar{\boldsymbol{x}}_1+\bar{\boldsymbol{A}}_{12}\bar{\boldsymbol{x}}_2+\bar{\boldsymbol{B}}_1\boldsymbol{u}=\bar{\boldsymbol{A}}_{11}\bar{\boldsymbol{x}}_1+\boldsymbol{M}\\ \dot{\bar{\boldsymbol{y}}}-\bar{\boldsymbol{A}}_{22}\bar{\boldsymbol{y}}-\bar{\boldsymbol{B}}_2\boldsymbol{u}=\bar{\boldsymbol{A}}_{21}\bar{\boldsymbol{x}}_2\end{cases}$$

其中，$\bar{\boldsymbol{A}}_{11}=\begin{bmatrix}0 & 1\\-11 & -6\end{bmatrix}$，$\bar{\boldsymbol{A}}_{12}=\begin{bmatrix}0\\-6\end{bmatrix}$，$\bar{\boldsymbol{A}}_{21}=\begin{bmatrix}1 & 0\end{bmatrix}$，$\bar{\boldsymbol{A}}_{22}=0$，$\bar{\boldsymbol{B}}_1=\begin{bmatrix}0\\1\end{bmatrix}$，$\bar{\boldsymbol{B}}_2=[0]$。

MATLAB 仿真程序：

```
A=[0 1 0;0 0 1;-6 -11 -6];
B=[0;0;1];
C=[1 0 0];
T_inv=[0 1 0; 0 0 1;1 0 0];
T=inv(T_inv);
A_bar=T_inv * A * T;
B_bar= T_inv  * B;
C_bar=C * T;
A11_bar =[A_bar(1:2,1:2)];
A12_bar =[A_bar(1:2,3)];
A21_bar =[A_bar(3,1:2)];
A22_bar =[A_bar(3,3)];
B1_bar =B(1:2,1);
B2_bar =B(3,1);
A1= A11_bar;
C1=A21_bar;
AX=(A11_bar)';
BX=(C1)';
P=[-2 -3];
K=acker(AX, BX, P);
G=K'
AGAZ=(A11_bar -G * A21_bar)
AGAY=(A11_bar -G *  A21_bar) * G+A12_bar-G * A22_bar
BGBU=B1_bar-G * B2_bar
```

运行结果为

```
G=
        -1
         1
AGAZ =
         1      1
       -12     -6
AGAY =
           0
           0
BGBU =
          1
         -1
```

即降维状态观测器为

$$\begin{cases}\dot{\hat{\boldsymbol{w}}}=\begin{bmatrix}1 & 1\\ -12 & -6\end{bmatrix}\hat{\boldsymbol{w}}+\begin{bmatrix}0\\ 1\end{bmatrix}u+\begin{bmatrix}0\\ 0\end{bmatrix}\bar{y}\\ \hat{\boldsymbol{x}}_1=\hat{w}+\begin{bmatrix}-1\\ 1\end{bmatrix}y\end{cases}$$

5.7.4 带状态观测器的系统极点配置

状态观测器解决了受控系统的状态重构问题，为那些状态变量不能直接量测的系统实现状态反馈创造了条件。带状态观测器的状态反馈系统由三部分组成，即被控系统、观测器和状态反馈。

设能控能观测的被控系统为

$$\begin{cases}\dot{\boldsymbol{x}}=\boldsymbol{Ax}+\boldsymbol{Bu}\\ \boldsymbol{y}=\boldsymbol{Cx}\end{cases} \tag{5.125}$$

状态反馈控制律为

$$\boldsymbol{u}=\boldsymbol{v}+\boldsymbol{K}\hat{\boldsymbol{x}} \tag{5.126}$$

状态观测器方程为

$$\dot{\hat{\boldsymbol{x}}}=(\boldsymbol{A}-\boldsymbol{GC})\hat{\boldsymbol{x}}+\boldsymbol{Bu}+\boldsymbol{Gy} \tag{5.127}$$

由式（5.125）~式（5.127）可得闭环系统的状态空间表达式为

$$\begin{cases}\dot{\boldsymbol{x}}=\boldsymbol{Ax}+\boldsymbol{BK}\hat{\boldsymbol{x}}+\boldsymbol{Bv}\\ \dot{\hat{\boldsymbol{x}}}=\boldsymbol{GCx}+(\boldsymbol{A}-\boldsymbol{GC}-\boldsymbol{BK})\hat{\boldsymbol{x}}+\boldsymbol{Bv}\\ \boldsymbol{y}=\boldsymbol{Cx}\end{cases} \tag{5.128}$$

根据分离原理，系统的状态反馈矩阵 $\boldsymbol{K}$ 和观测器反馈矩阵 $\boldsymbol{G}$ 可分别设计。

【例 5.14】 已知开环系统

$$\begin{cases}\dot{\boldsymbol{x}}=\begin{bmatrix}0 & 1\\ 20.6 & 0\end{bmatrix}\boldsymbol{x}+\begin{bmatrix}0\\ 1\end{bmatrix}u\\ y=\begin{bmatrix}1 & 0\end{bmatrix}\boldsymbol{x}\end{cases}$$

设计状态反馈使闭环极点为 $-1.8\pm j2.4$，设计状态观测器使其闭环极点为 -8 和 -8。

解：状态反馈和状态观测器的设计分开进行，状态观测器的设计借助于对偶原理。在设计之前，应先判别系统的能控性和能观测性，MATLAB 仿真程序如下：

```
A = [0 1;20.6 0];b=[0;1];C=[1 0];
% 判别系统的能控性和能观性
disp('The rank of Controllability Matrix')
rc = rank(ctrb(A,b))
disp('The rank of Observability Matrix')
ro = rank(obsv(A,C))
% 设计状态反馈控制器
P = [-1.8+2.4*j -1.8-2.4*j];
K = acker(A,b,P)
% 设计状态观测器
A1 = A';b1 = C';C1 = b';
P1 = [-8 -8];
K1 = acker(A1,b1,P1);
G = K1'
```

运行结果如下：

```
The rank of Controllability Matrix
rc =
     2
  The rank of Observability Matrix
ro =
     2
K =
   29.6000     3.6000
G =
   16.0000
   84.6000
```

对于线性时不变系统的综合，MATLAB 并不限于上面介绍的函数及方法，有兴趣的读者可以参考有关资料获得更多更方便的方法。

5.8 现代控制理论的应用举例

现代控制理论对系统的研究是从系统的模型、分析和综合三个方面展开的，这体现了实际系统控制问题的需求。本节先给出现代控制理论应用的问题解析，再以车载倒立摆系统和 Truck-Trailer 系统为例，介绍实际工程系统的分析与综合。

5.8.1 现代控制理论的应用问题解析

1. 系统数学模型的建立

现代控制理论的系统分析与控制律设计都严格地建立在系统数学模型基础之上，系统数学模型的建立是研究系统最基本、最首要的任务。现代控制理论的状态空间描述形式为系统模型的建立提供了广阔的空间，它能适用于各种系统的数学描述。

1）系统状态空间模型的建立。系统的状态空间描述是一种完全的描述，除了单输入单输出的线性定常系统外，还可用于描述多输入多输出系统、非线性系统和时变系统。同时，状态空间法还可方便地使用向量、矩阵等数学工具，极大地简化系统的数学表达式。一般情况下，状态空间表达式主要可以通过三个渠道获得：

① 由系统的运动机理出发建立系统的状态空间表达式。这是一种最基本的系统数学模型建立方法。由于各个领域的系统都要遵循本领域的运动规律，而这些运动规律大多在领域内得到了较充分的研究和认识，所以一般情况下都能用数学方程式描述系统的运动。只要按一定规则选取系统的输入量、状态量和输出量，就能得出系统的状态空间表达式。

② 在系统已知的其他数学模型基础上通过模型转换得到。系统的数学模型已经按其他形式得以建立，这时，系统的状态空间表达式只要通过模型形式的转换就能得到。本书的第 1 章中介绍了由经典控制理论的运动方程式（高阶微分方程、传递函数等）转换成状态空间表达式的方法，提出了几种系统实现的形式。

③ 通过系统辨识得到。当系统较复杂或者系统的物理机理不甚明了时，可以通过采用实验研究的方法获得系统的状态空间模型。这就是系统辨识。它把系统看作一个“黑箱”，不理会系统真正的运动规律，只是由系统的输入/输出实验数据，建立一个与系统外部运动特性等

价或接近的数学表达式代替系统的状态空间表达式。系统辨识是现代控制理论的一个重要分支，读者在进一步的学习中将会接触到。

2）模型的简化处理。按上面方法得到的系统数学模型有时是很复杂的，往往还要经过进一步的处理，才能成为适用于系统分析和系统控制规律设计的模型。处理的原则有两条，一是要保持系统的本质特性基本不变，二是要使模型尽量简单。简化系统模型是模型处理的目的，因为一个过于复杂的系统模型会使系统分析和设计工作非常困难甚至无法进行，或者得出非常复杂甚至难以实施的控制器。但是模型简化要在不改变系统本质特性的前提下进行，否则简化了的系统模型已经不符合原系统的运动规律，就不能作为系统分析和设计的依据了。从前面对于系统的基本研究可知，线性定常系统是所有系统中最简单、最易分析设计的系统。所以，模型处理通常从以下两个方面入手：

① 非线性特性的线性化处理。线性系统的分析和设计已有一套成熟易行的理论基础，所以尽量地将系统元件、部件等所含有的非线性特性做线性化处理，使系统模型成为线性表达式。

② 系统模型的降阶。当系统模型阶次很高时即使是线性系统也会带来“维数灾难”，使系统分析与综合的工作量很大，有时甚至难以进行，因此往往需要经过降阶处理得到阶次合适的模型。多高的阶次算是合适的呢？这要视具体系统需解决的问题及采用的解决方法而定。

此外，系统中一些时变的参数在允许的情况下当作定常参数处理，也能给系统的分析与综合工作带来便利，因为时变系统的研究要比定常系统麻烦得多。

3）系统模型降阶处理方法。为降低系统的阶次，最简单的方法是在利用系统运动规律时略去一些次要因素，建立起低阶的简化模型。这种方法有时不能满足问题的要求，因为这种简化无法考查简化模型对原系统模型的近似的精度。比较有效的方法是先将原系统的 n 维状态变量 $\boldsymbol{x}$ 分为两部分，一部分取自系统中起重要作用的状态变量（记为 $\boldsymbol{x}$，并设有 m 个），它应包含：①被调量，即系统研究的目的所确定的那些状态变量，它们应具有我们所需要的动态变化特性；②可测量，即无须太大花费就可测量状态变量，它们可以方便地用来实行反馈控制；③对系统运行至关重要的状态变量，即必须随时进行监控的状态变量，它们的变化将影响系统运行状况，能导致系统处于不正常运行状态。其余的状态变量则作为另一部分（记为 $\boldsymbol{x}_2$，有 $n-m$ 个）。如将 m 个重要状态变量视为系统的输出量，则原系统的状态空间表达式为

$$\begin{cases}\dot{\boldsymbol{x}}=\boldsymbol{A}\boldsymbol{x}+\boldsymbol{B}\boldsymbol{u}\\ \boldsymbol{y}=\boldsymbol{C}\boldsymbol{x}=[\boldsymbol{I}_m \quad \boldsymbol{0}]\boldsymbol{x}\end{cases} \tag{5.129}$$

其中，$\boldsymbol{x}=\begin{bmatrix}\boldsymbol{x}_1\\ \boldsymbol{x}_2\end{bmatrix}$。而降阶处理后的系统状态空间表达式可表示为

$$\begin{cases}\dot{\widetilde{\boldsymbol{x}}}_1=\widetilde{\boldsymbol{A}}\widetilde{\boldsymbol{x}}_1+\widetilde{\boldsymbol{B}}\boldsymbol{u}\\ \boldsymbol{y}=\widetilde{\boldsymbol{C}}\widetilde{\boldsymbol{x}}_1\end{cases} \tag{5.130}$$

系统的降阶模型合理的原则是：式（5.130）的状态变量 $\widetilde{\boldsymbol{x}}_1$ 的动态特性尽可能高精度地近似于原系统［式（5.129）］中 $\boldsymbol{x}_1$ 的动态特性。

2. 系统分析

控制系统的稳定性、能控性和能观性等特性是系统固有的结构特征，其分析方法是现代控

制理论的主要研究课题之一。系统分析是在系统数学模型的基础上通过数学处理以获得对系统特性的认识，包括系统运动的定量分析和系统结构特性的定性分析。通过系统分析，才能了解系统的动态特性，判断所研究的系统是否满足预期的特定要求，也才能判断能否在不满足预期性能指标时进一步设计控制律。因此，系统分析工作应贯穿系统研究的始终。现代控制理论的系统分析方法除了本书及一般教科书所介绍的运动分析、稳定性、能控性和能观性等常用方法外，针对不同的系统还有一些专门的方法，可查阅有关专著。近年来，随着计算机技术的飞速发展，基于计算机的数字仿真技术已经成为系统分析的有力工具，如 MATLAB 提供的 Simulink 仿真软件可用于控制系统的仿真分析，对线性、非线性、连续和离散等多种动态系统都方便加以使用。但值得注意的是，仿真环境应尽量符合实际系统，过于理想化的仿真环境会使分析结果与实际系统有很大的差距，导致得不到对系统特性正确的认识。在条件允许的情况下，还应尽量通过实际物理系统的实验来达到认识系统特性的目的。

3. 反馈控制系统综合/设计

所谓综合/设计，是指为使系统运动满足给定的各项性能指标和特征要求而构思或创建系统的结构、组成和技术细节的过程。对于控制系统来说，第一步的工作是构思能达到预期控制性能的系统结构配置，即确定包括被控对象、检测装置、执行机构、控制器等的控制系统结构框架，明确采用开环控制还是闭环控制，采用状态反馈控制还是输出反馈控制，采用单闭环控制还是多闭环控制等；第二步是选定合适的执行机构和传感器，保证被控对象工作性能的有效调节及所需检测量的精确测量；第三步就是确定合适的控制器，使系统在控制器的作用下满足预期控制性能的要求。完成以上工作后，还需要通过构建实际系统，调试系统以检验设计工作的正确性，如果通过调试系统确实稳定地达到了期望的性能指标，则设计工作可告结束，否则就需要重复上面设计步骤的几步或全部，直到系统达到了设计指标的要求。必要的时候，也可以先通过计算机仿真对系统设计工作进行验证，这又等同于基于计算机数字仿真技术的系统分析。

上面的设计过程中，确定控制器是核心工作，而完成这一工作也需要经过总体构思、理论研究、具体实现等一系列步骤。

第一步是根据被控量的特点、性能指标要求及系统运行的环境等因素，考虑拟采用什么类型的控制器，即选择何种控制理论意义下的控制规律。控制理论的极大发展，针对不同的控制对象及运行特点，提出了许多不同的控制策略和技术。从大类看，有以 PID 控制为代表的经典控制，以状态反馈和优化控制为代表的现代控制，还有以模糊控制、神经网络控制、专家控制为代表的智能控制等，每一类又包括了许多种类的控制技术。以现代控制理论意义下的控制技术为例，它包括了状态反馈极点配置、输出反馈极点配置、二次型最优控制、最小时间控制、最少能量控制、鲁棒控制、自适应控制、预测控制、变结构控制、解耦控制、随机控制等，不胜枚举。而每一种控制技术又可分为不同的控制方法，如预测控制技术包括了模型算法控制（MAC）、动态矩阵控制（DMC）、广义预测控制（GPC）等。不同的控制技术之间还互相渗透和结合，产生新的控制方法，如以 PID 为基础的有自适应 PID 控制、预测 PID 控制、模糊 PID 控制、神经网络 PID 控制、专家 PID 控制等。往往一个问题可以有多个解，即分别采用几种不同的控制策略都能实现使控制系统达到预期性能指标的目的。可见，选择控制器类型工作有赖于对各种控制方法的了解，对所设计系统的深刻理解，以及对控制系统研究、设计的经验积累。

第二步是在选定控制技术类型的基础上应用相关控制理论提供的方法求取针对具体问题的控制律，即确定控制器的数学描述。这一步主要是理论研究或理论层面上的设计，被称为系统

"综合"。

第三步是将控制器的数学描述转化为具体实现，构成真正意义上的控制器，通常可分为硬件实现和软件实现。硬件实现包括电路设计、结构设计、工艺设计等；软件实现则通过编制对应的计算机程序完成。

综上所述，控制系统的设计是一个较复杂的过程，往往需经过多次反复的理论研究和实际试验才能很好地完成，关键是通过物理实验和工程化研究才能真正解决工程实际问题。其中，控制理论的应用主要体现在控制律的综合上。

5.8.2 车载倒立摆控制系统设计实例

1. 模型描述

倒立摆是日常生活中许多"中心在上、支点在下"的控制问题的抽象模型，本身是一种自然不稳定体，它在控制过程中能有效地反映控制中许多抽象而关键的问题，如系统的非线性、能控性、鲁棒性等问题。倒立摆的研究具有广泛的工程背景，如机器人行走、空间飞行器和各类伺服云台的稳定、海上钻井平台的稳定控制、卫星发射架的稳定控制、火箭姿态控制和飞机安全着陆等。

图 5.27 所示为一简单的倒立摆系统：一倒立摆用铰链安装在伺服电动机驱动的小车上。在无外力作用时，倒立摆不能保持在垂直位置而会左右倾倒，为此需给小车在水平方向上施加适当的作用力 u。为简化问题，一般忽略摆杆质量、伺服电动机惯性、摆轴、轮轴与接触面之间的摩擦力和风力。控制目标为保持倒立摆垂直于地面且使小车可停留在任意给定但可变更的位置上。

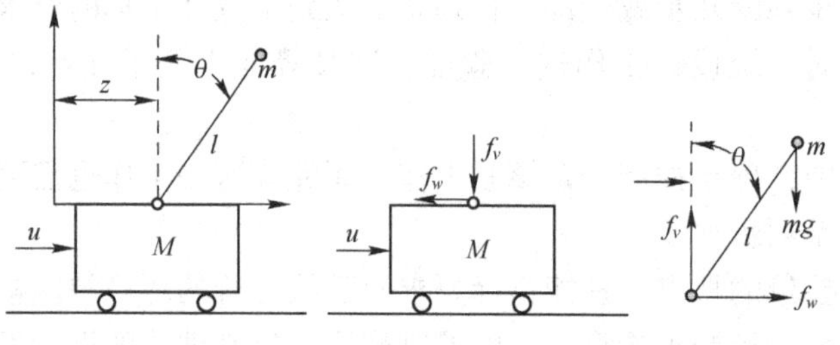

图 5.27 简单倒立摆系统

2. 建立状态空间模型

定义以下变量。

θ：摆杆偏离垂线的角度（rad）。

z：小车水平方向的瞬时位置坐标。

f_w：小车通过铰链作用于摆杆的力的水平分量。

f_v：小车通过铰链作用于摆杆的力的垂直分量。

则摆锤重心的水平、垂直坐标分别为$(z+l\sin\theta)$、$l\cos\theta$。忽略摆杆质量，则其系统的重心近似位于摆锤重心，且系统围绕其重心的转动惯量 $J\approx 0$。此时倒立摆系统的运动可分解为重心的水平运动、重心的垂直运动及绕重心的转动这 3 个运动。根据牛顿动力学，可得

$$f_w=m\frac{\mathrm{d}^2}{\mathrm{d}t^2}(z+l\sin\theta) \tag{5.131}$$

$$f_v-mg=m\frac{\mathrm{d}^2}{\mathrm{d}t^2}(l\cos\theta) \tag{5.132}$$

$$f_v l\sin\theta - f_w l\cos\theta = J\frac{d^2\theta}{dt^2} \approx 0 \tag{5.133}$$

小车的动力学方程为

$$u - f_w = M\frac{d^2 z}{dt^2} \tag{5.134}$$

将式（5.131）代入式（5.134）有

$$u = m\frac{d^2}{dt^2}(z + l\sin\theta) + M\frac{d^2 z}{dt^2} \tag{5.135}$$

将式（5.131）和式（5.132）代入式（5.133）有

$$\left(m\frac{d^2}{dt^2}(l\cos\theta) + mg\right)l\sin\theta - \left(m\frac{d^2}{dt^2}(z + l\sin\theta)\right)l\cos\theta = J\frac{d^2\theta}{dt^2} \approx 0 \tag{5.136}$$

式（5.135）、式（5.136）因存在 $\sin\theta$、$\cos\theta$ 项，为非线性方程，需进行近似线性化处理。当 θ 很小时，有 $\sin\theta \approx \theta$，$\cos\theta \approx 1$。则式（5.135）、式（5.136）近似线性化为

$$(M+m)\ddot{z} + ml\ddot{\theta} = u$$
$$ml\ddot{z} + ml^2\ddot{\theta} = mgl\theta$$

整理可得

$$Ml\ddot{\theta} = (M+m)g\theta - u$$
$$M\ddot{z} = u - mg\theta$$

定义状态变量为

$$\begin{cases} x_1 = z \\ x_2 = \dot{z} \\ x_3 = \theta \\ x_4 = \dot{\theta} \end{cases}$$

则倒立摆系统的状态空间表达式为

$$\begin{cases} \dot{\boldsymbol{x}} = \begin{bmatrix} 0 & 1 & 0 & 0 \\ 0 & 0 & \dfrac{-mg}{M} & 0 \\ 0 & 0 & 0 & 1 \\ 0 & 0 & \dfrac{(M+m)g}{Ml} & 0 \end{bmatrix}\boldsymbol{x} + \begin{bmatrix} 0 \\ \dfrac{1}{M} \\ 0 \\ -\dfrac{1}{Ml} \end{bmatrix}\boldsymbol{u} \\ \boldsymbol{y} = \begin{bmatrix} 1 & 0 & 0 & 0 \end{bmatrix}\boldsymbol{x} \end{cases} \tag{5.137}$$

已知小车质量为 $M = 1$ kg，摆杆的质量 $m = 0.1$ kg，摆杆的长度 $l = 0.5$ m，将数据代入式（5.137）可以得到

$$\begin{cases} \dot{\boldsymbol{x}} = \begin{bmatrix} 0 & 1 & 0 & 0 \\ 0 & 0 & -1 & 0 \\ 0 & 0 & 0 & 1 \\ 0 & 0 & 22 & 0 \end{bmatrix}\boldsymbol{x} + \begin{bmatrix} 0 \\ 1 \\ 0 \\ -2 \end{bmatrix}\boldsymbol{u} \\ \boldsymbol{y} = \begin{bmatrix} 1 & 0 & 0 & 0 \end{bmatrix}\boldsymbol{x} \end{cases} \tag{5.138}$$

3. 系统能控性、能观性和稳定性分析

（1）能控性分析

根据能控性的秩判据，并将式（5.138）的数据代入该判据中，可得到能控性矩阵为

$$Q_c=[\boldsymbol{b}\quad \boldsymbol{Ab}\quad \boldsymbol{A}^2\boldsymbol{b}\quad \boldsymbol{A}^3\boldsymbol{b}]=\begin{bmatrix}0&1&0&2\\1&0&2&0\\0&-2&0&-44\\-2&0&-44&0\end{bmatrix}$$

$\mathrm{rank}\boldsymbol{Q}_c=4$，所以倒立摆是可控的，即存在着一控制作用 $\boldsymbol{u}$，将非零状态的 $\boldsymbol{x}$ 转移到零状态。

MATLAB 仿真程序如下：

```
m=0.1;M=1;g=10;l=0.5;
A=[0 1 0 0;0 0 -m*g/M 0;0 0 0 1;0 0 (m+M)*g/(M*l) 0];
b=[0;1/M;0;-1/(M*l)];
c=[1 0 0 0];
d=0;
M=ctrb(A,b);
P=rank(M);
N=size(A);
if N==P
    disp('该系统能控')
else
    disp('该系统不能控')
end
```

MATLAB 运行结果如下：

```
该系统能控
```

（2）能观性分析

将式（5.138）的数据代入系统的能观测性秩判据中可以得到能观测矩阵 $\boldsymbol{N}$ 为

$$\boldsymbol{N}=\mathrm{rank}\boldsymbol{Q}_o=\mathrm{rank}\begin{bmatrix}\boldsymbol{c}\\\boldsymbol{cA}\\\boldsymbol{cA}^2\\\boldsymbol{cA}^3\end{bmatrix}=\begin{bmatrix}1&0&0&0\\0&1&0&0\\0&0&-1&0\\0&0&0&-1\end{bmatrix}$$

$\mathrm{rank}\boldsymbol{Q}_o=4$，所以该倒立摆是能观的。

MATLAB 仿真程序如下：

```
m=0.1;M=1;g=10;l=0.5;
A=[0 1 0 0;0 0 -m*g/M 0;0 0 0 1;0 0 (m+M)*g/(M*l) 0];
b=[0;1/M;0;-1/(M*l)];
c=[1 0 0 0];
d=0;
N=obsv(A,c);
P=rank(N);
n=size(A);
if n==P
    disp('该系统能观')
else
    disp('该系统不能观')
end
```

MATLAB 运行结果如下：

```
该系统能观
```

(3) 稳定性分析

由系统的状态方程，可以求得系统的特征方程为

$$|\lambda \boldsymbol{I}-\boldsymbol{A}|=\lambda^2(\lambda^2-22)=0$$

解得特征值为 $\lambda_1=\lambda_2=0$，$\lambda_3=\sqrt{22}$，$\lambda_4=-\sqrt{22}$。

四个特征值中存在一个正根、两个零根和一个负根，这说明该倒立摆系统，即被控系统是不稳定的。

采用 MATLAB 对被控对象进行仿真，图 5.28 为车载倒立摆没有在控制器作用下产生四个状态变量的单位阶跃响应。由图 5.28 可知，系统不稳定。

MATLAB 仿真程序如下：

```
m=0.1;M=1;g=10;l=0.5;
A=[0 1 0 0;0 0 -m*g/M 0;0 0 0 1;0 0 (m+M)*g/(M*l) 0]
b=[0;1/M;0;-1/(M*l)];
c=[1 0 0 0];
d=0;
sys0=ss(A,b,c,d);
t=0:0.01:5;
[y,t,x]=step(sys0,t);
subplot(2,2,1);
plot(t,x(:,1));grid
xlabel('t(s)');ylabel('$x_1$');
subplot(2,2,2);
plot(t,x(:,2));grid
xlabel('t(s)');ylabel('$x_2$');
subplot(2,2,3);
plot(t,x(:,3));grid
xlabel('t(s)');ylabel('$x_3$');
subplot(2,2,4);
plot(t,x(:,4));grid
xlabel('t(s)');ylabel('$x_4$');
```

MATLAB 运行结果如图 5.28 所示。

4. 反馈控制系统设计

由上面三个方面对系统模型进行分析，可知被控系统是具有能控性和能观性的，但是被控系统是不稳定的，需对被控系统进行反馈综合，使四个特征值全部位于根平面 S 左半平面的适当位置，以满足系统的稳定工作达到良好、静态性能的要求，因此需要设计两种控制器方案来使系统达到控制的目的。分别为全状态反馈的设计和全维观测器的设计。

(1) 全状态反馈控制器设计

为实现倒立摆稳定且控制小车位置的任务，采用状态反馈加积分器校正的输出反馈系统，如图 5.29 所示。

因为被控系统 $\boldsymbol{\Sigma}_0(\boldsymbol{A},\boldsymbol{b},\boldsymbol{c})$ 能控，又控制维数($r=1$)不小于误差的维数($m=1$) 且rank$\boldsymbol{C}=1=m$，故满足式 (5.67)，即增广系统状态完全能控，因此，可采用线性状态反馈控制律：

$$u=-\boldsymbol{K}_1\boldsymbol{x}+K_2\boldsymbol{\omega}$$

改善系统的动态和稳态性能，式中，$\boldsymbol{K}_1=[k_{10}\quad k_{11}\quad k_{12}\quad k_{13}]$。则由式 (5.68)，图 5.29 所示

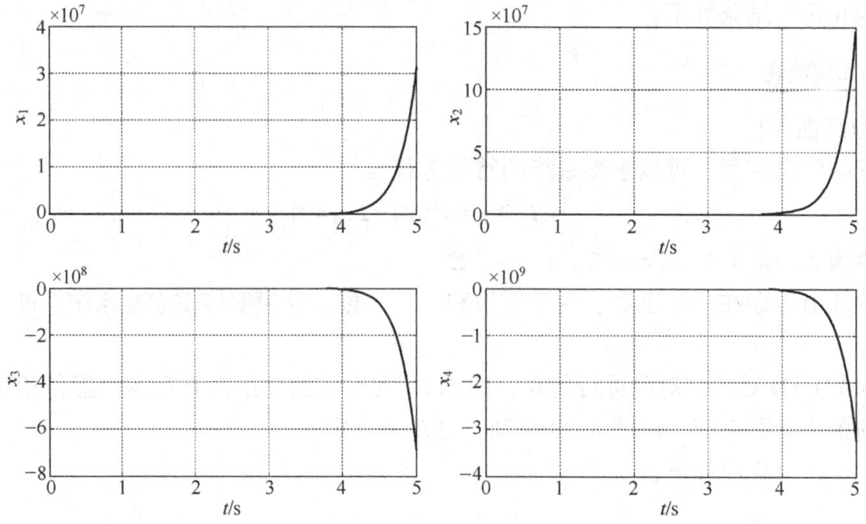

图 5.28　倒立摆开环系统的各个变量的阶跃响应曲线

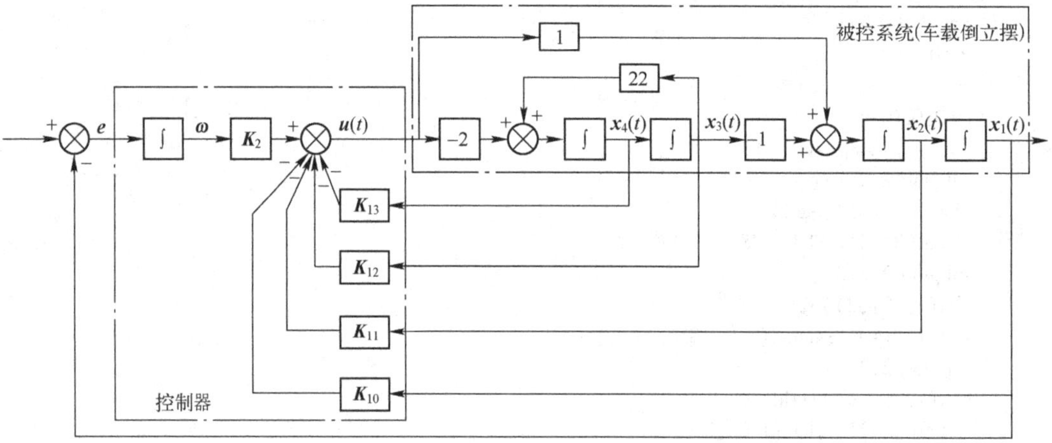

图 5.29　车载倒立摆的无静差位置跟踪系统

闭环控制系统的特征多项式为

$$
\begin{aligned}
f(\lambda) &= \det\left|\lambda \boldsymbol{I}-\begin{bmatrix} \boldsymbol{A}-\boldsymbol{b}\boldsymbol{K}_1 & \boldsymbol{b}K_2 \\ -\boldsymbol{c} & \boldsymbol{0} \end{bmatrix}\right| \\
&= \lambda^5+(k_{11}-2k_{13})\lambda^4+(k_{10}-2k_{12}-22)\lambda^3+(K_2-20k_{11})\lambda^2-20k_{10}\lambda-20K_2
\end{aligned}
\tag{5.139}
$$

设期望闭环极点为一对共轭主导极点和 3 个非主导实数极点。应从所设计的控制系统具有适当的响应速度和阻尼出发选取期望主导极点对，例如，若本例希望在小车的单位阶跃响应中，调节时间为 4~5 s，超调量不超过 17%，据经典控制理论中二阶系统单位阶跃响应性能指标计算公式，则期望的闭环主导极点对可选为

$$\lambda_{1,2}^* = -1 \pm \mathrm{j}\sqrt{3}$$

选择 3 个期望的闭环非主导极点离虚轴为主导极点的 5 倍以上，取为−6，即

$$\lambda_3^* = \lambda_4^* = \lambda_5^* = -6$$

则期望的闭环特征多项式为

$$f^*(\lambda) = \lambda^5+20\lambda^4+148\lambda^3+504\lambda^2+864\lambda+864 \tag{5.140}$$

令式（5.139）与式（5.140）相等，并比较等式的对应项系数，联立方程求解得

$$K_1=[-43.2\quad -27.36\quad -106.6\quad -23.68],\quad K_2=-43.2$$

在未考虑扰动作用时（设 $d=0$），闭环系统对给定输入 $v(t)$ 为阶跃信号的响应可以通过求解下式获取，即

$$\begin{cases}\begin{bmatrix}\dot{\boldsymbol{x}}\\ \dot{\omega}\end{bmatrix}=\begin{bmatrix}\boldsymbol{A}-\boldsymbol{b}\boldsymbol{K}_1 & \boldsymbol{b}K_2\\ -\boldsymbol{c} & 0\end{bmatrix}\begin{bmatrix}\boldsymbol{x}\\ \omega\end{bmatrix}+\begin{bmatrix}\boldsymbol{0}\\ 1\end{bmatrix}v\\ y=[\boldsymbol{c}\quad 0]\begin{bmatrix}\boldsymbol{x}\\ \omega\end{bmatrix}=x_1\end{cases}$$

MATLAB 仿真程序如下：

```
m=0.1;M=1;g=10;l=0.5;
A=[0 1 0 0;0 0 -m*g/M 0;0 0 0 1;0 0 (m+M)*g/(M*l) 0];
b=[0;1/M;0;-1/(M*l)];
c=[1 0 0 0];
d=0;
K1=[-43.2 -27.36 -106.6 -23.68];
K2=-43.2;
AA=[A-b*K1 b*K2;-c 0];
BB=[zeros(4,1);1];
CC=[c 0];
DD=0;
t=0:0.01:10;
[y,X,t]=step(AA,BB,CC,DD,1,t);
x1=X(:,1);
x2=X(:,2);
x3=X(:,3);
x4=X(:,4);
w=X(:,5);
subplot(2,2,1)
plot(t,x1,'k'),grid
xlabel('t(s)'),ylabel('$x_1$')
subplot(2,2,2)
plot(t,x2,'k'),grid
xlabel('t(s)'),ylabel('$x_2$')
subplot(2,2,3)
plot(t,x3,'k'),grid
xlabel('t(s)'),ylabel('$x_3$')
subplot(2,2,4)
plot(t,x4,'k'),grid
xlabel('t(s)'),ylabel('$x_4$')
```

MATLAB 运行结果如图 5.30 所示。

$y(t)=x_1(t)$ 的阶跃响应仿真曲线表明 $x_1(\infty)$ 趋于给定输入 $v(t)=1(t)$，即当给定输入 $v(t)$ 为阶跃信号时，小车的位置 $x_1(t)$ 无稳态误差，而且其动态特性（调节时间及超调量）正如期望。由此可见，小车的位置可以较好地跟踪慢变的输入信号。而 $x_2(\infty)=0$，$x_3(\infty)=0$，$x_4(\infty)=0$，$\omega(\infty)=1$，可见全状态反馈保证了系统稳定。

（2）全维观测器的设计

为实现单倒置摆控制系统的全状态反馈，必须获取系统的全部状态，即 z、$\dot{z}$、θ、$\dot{\theta}$ 的信息。因此，需要设置 z、$\dot{z}$、θ、$\dot{\theta}$ 的四个传感器。在实际的工程系统中往往并不是所有的状态信息都能检测到的，或者，虽有些可以检测，但也可能由于检测装置昂贵或安装上的困难造成难以获取信息，从而使状态反馈在实际中难以实现，甚至不能实现。在这种情况下可设计全维

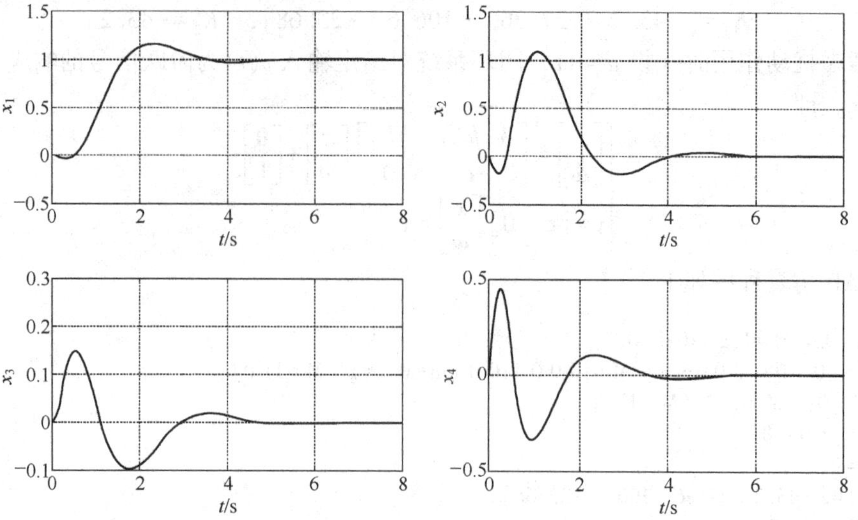

图 5.30 状态反馈控制作用下各状态变量的阶跃响应仿真曲线

状态观测器来解决全维状态反馈的实现问题。

通过前面的计算，可以得到被控系统的 4 个状态均是可观测的，即意味着其状态可由一个全维（四维）状态观测器给出估值。

全维观测器的运动方程为

$$\dot{\hat{\boldsymbol{x}}}=(\boldsymbol{A}-\boldsymbol{G}\boldsymbol{c})\hat{\boldsymbol{x}}+\boldsymbol{b}u+\boldsymbol{G}y$$

式中，$\boldsymbol{G}=[g_0 \quad g_1 \quad g_2 \quad g_3]^{\mathrm{T}}$。全维观测器以 $\boldsymbol{G}$ 配置极点，决定状态向量估计误差衰减的速率。

设置状态观测器的期望闭环极点为-2、-3、-2+j、-2-j。由于最靠近虚轴的期望闭环极点为-2，这意味着任一状态变量估计值至少以 e^{-2t} 规律衰减。

由 MATLAB 可求得 $\boldsymbol{G}$：

$$g_0=9, \quad g_1=53, \quad g_2=-247, \quad g_3=-1196$$

利用全维状态观测器实现全状态反馈的车载倒立摆控制系统运动方程为

$$\begin{cases}\begin{bmatrix}\dot{\boldsymbol{x}}\\ \dot{\hat{\boldsymbol{x}}}\\ \dot{\boldsymbol{\omega}}\end{bmatrix}=\begin{bmatrix}\boldsymbol{A} & -\boldsymbol{b}\boldsymbol{K}_1 & \boldsymbol{b}K_2\\ \boldsymbol{G}\boldsymbol{c} & \boldsymbol{A}-\boldsymbol{G}\boldsymbol{c}-\boldsymbol{b}\boldsymbol{K}_1 & \boldsymbol{b}K_2\\ -\boldsymbol{c} & 0 & 0\end{bmatrix}\begin{bmatrix}\boldsymbol{x}\\ \hat{\boldsymbol{x}}\\ \boldsymbol{\omega}\end{bmatrix}+\begin{bmatrix}0\\0\\1\end{bmatrix}\boldsymbol{v}\\ \boldsymbol{y}=[\boldsymbol{c} \quad 0 \quad 0]\begin{bmatrix}\boldsymbol{x}\\ \hat{\boldsymbol{x}}\\ \boldsymbol{\omega}\end{bmatrix}\end{cases}$$

MATLAB 仿真程序如下：

```
m=0.1;M=1;g=10;l=0.5;
A=[0 1 0 0;0 0 -m*g/M 0;0 0 0 1;0 0 (m+M)*g/(M*l) 0];
b=[0;1/M;0;-1/(M*l)];
c=[1 0 0 0];
d=0;
N=size(A);n=N(1);
P_o=[-2,-3,-2+i,-2-i];
g=(acker(A',c',P_o))'
```

```
K1=[-43.2 -27.36 -106.6 -23.68];
K2=-43.2;
AA=[A -b*K1 b*K2;g*c A-g*c-b*K1 b*K2;-c 0 0 0 0 0];
BB=[zeros(4,1);zeros(4,1);1];
CC=[c 0 0 0 0 0];
DD=0;
t=0:0.01:10
[y,X,t]=step(AA,BB,CC,DD,1,t);
x1=X(:,1);
x2=X(:,2);
x3=X(:,3);
x4=X(:,4);
x5=X(:,5);
x6=X(:,6);
x7=X(:,7);
x8=X(:,8);
w=X(:,9);
e1=X(:,1)-X(:,5);
e2=X(:,2)-X(:,6);
e3=X(:,3)-X(:,7);
e4=X(:,4)-X(:,8);

figure(1)
subplot(2,2,1)
plot(t,x1,'k'),grid
xlabel('t(s)'),ylabel('$x_1$')
subplot(2,2,2)
plot(t,x2,'k'),grid
xlabel('t(s)'),ylabel('$x_2$')
subplot(2,2,3)
plot(t,x3,'k'),grid
xlabel('t(s)'),ylabel('$x_3$')
subplot(2,2,4)
plot(t,x4,'k'),grid
xlabel('t(s)'),ylabel('$x_4$')

figure(2)
subplot(2,2,1)
plot(t,x5,'k'),grid
xlabel('t(s)'),ylabel('$\hat{x}_1$')
subplot(2,2,2)
plot(t,x6,'k'),grid
xlabel('t(s)'),ylabel('$\hat{x}_2$')
subplot(2,2,3)
plot(t,x7,'k'),grid
xlabel('t(s)'),ylabel('$\hat{x}_3$')
subplot(2,2,4)
plot(t,x8,'k'),grid
xlabel('t(s)'),ylabel('$\hat{x}_4$')

figure(3)
subplot(2,2,1)
plot(t,e1,'k'),grid
xlabel('t(s)'),ylabel('$\tilde{x}_1$')
subplot(2,2,2)
plot(t,e2,'k'),grid
```

```
xlabel('t(s)'),ylabel('$\tilde{x}_2$')
subplot(2,2,3)
plot(t,e3,'k'),grid
xlabel('t(s)'),ylabel('$\tilde{x}_3$')
subplot(2,2,4)
plot(t,e4,'k'),grid
xlabel('t(s)'),ylabel('$\tilde{x}_4$')
```

MATLAB 运行结果如下：

```
g=
   9
   53
   -247
   -1196
```

MATLAB 运行结果如图 5.31~图 5.33 所示。

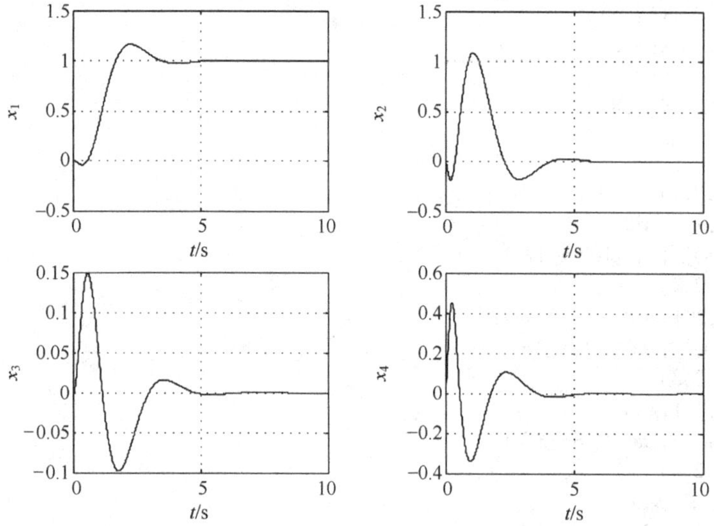

图 5.31　状态反馈下的状态变量的阶跃响应曲线

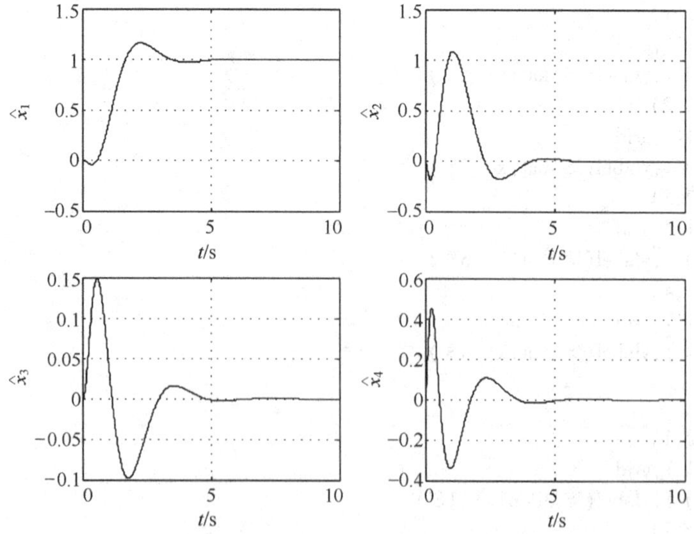

图 5.32　带全维观测器的状态反馈下的状态变量的阶跃响应曲线

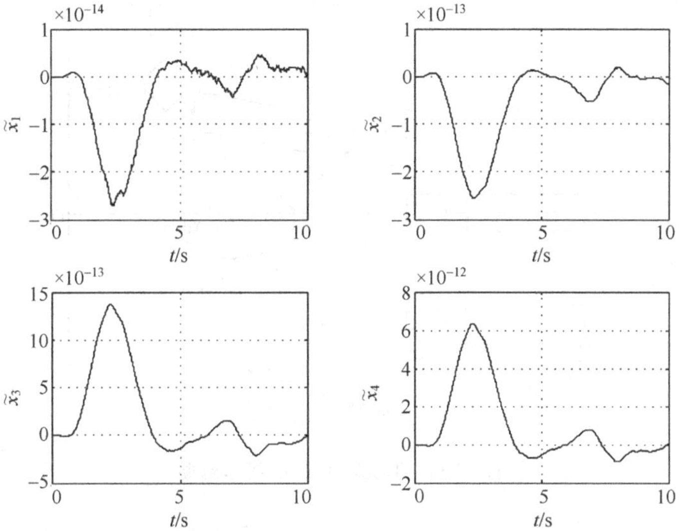

图 5.33　系统状态与全维观测器得到的估计状态之间的误差曲线

由图 5.31~图 5.33 可知，全维状态观测器观测到的 4 个变量的阶跃响应曲线与全状态反馈时的阶跃响应曲线基本相似（见图 5.31 与图 5.32），但是二者还是有误差的，只不过误差很小，如系统状态与全维观测器得到的估计状态之间的误差曲线图 5.33 所示，它们的误差都在级别在10^{-10}。全维状态观测器的性能基本满足要求（系统能控且稳定）。

5.8.3　Truck-Trailer 控制系统设计

1. 模型描述

1992 年，Ichihashi 等人在研究非线性多变量系统的最优控制时，首次提出了 Truck-Trailer 倒车模型。由于该模型的新颖性和复杂性，目前已经成为控制领域中的一个典型问题，被用来检验各种控制方案的有效性。至今为止，国际上已有很多不同领域的专家和学者投入了对 Truck-Trailer 倒车问题的研究。

Truck-Trailer 倒车模型如图 5.34 所示。在停车场上有一辆拖车挂车 Truck-Trailer，拖车（有动力部分 Truck）和挂车（无动力部分 Trailer）用枢轴连接。现令 Truck-Trailer 在停车场中匀速倒退，在倒车过程中，只允许后退，不允许前进。其控制目标为在倒车过程中 Truck-Trailer 沿着水平线直线运动($x_3=0$)，即

$$x_1(t)\to 0,\quad x_2(t)\to 0,\quad x_3(t)\to 0$$

式中，变量 $x_1(t)$，$x_2(t)$，$x_3(t)$的含义见下文。

2. 建立状态空间模型

根据图 5.34，建立 Truck-Trailer 倒车模型的运动学方程为

$$x_0(k+1)=x_0(k)+\frac{vt}{l}\tan[u(k)] \tag{5.141}$$

$$x_1(k)=x_0(k)-x_2(k) \tag{5.142}$$

$$x_2(k+1)=x_2(k)+\frac{vt}{L}\sin[x_1(k)] \tag{5.143}$$

$$x_3(k+1)=x_3(k)+vt\cos[x_1(k)]\sin\left[\frac{x_2(k+1)+x_2(k)}{2}\right] \tag{5.144}$$

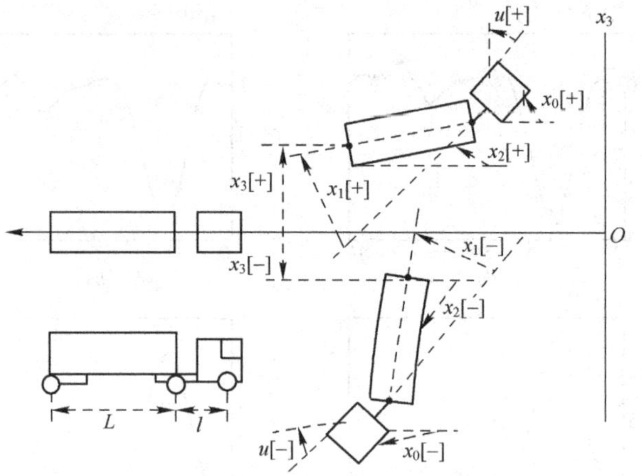

图 5.34　Truck-Trailer 倒车模型

$$x_4(k+1)=x_4(k)+vt\cos[x_1(k)]\cos\left[\frac{x_2(k+1)+x_2(k)}{2}\right] \tag{5.145}$$

式中，$x_0(k)$为 Truck 的倾斜角度；$x_1(k)$为 Truck 和 Trailer 之间的角度差；$x_2(k)$为 Trailer 的倾斜角度；$x_3(k)$为 Trailer 后端的垂直位置坐标；$x_4(k)$为 Trailer 后端的水平位置坐标；$u(k)$为转向角；l 为 Truck 的长度；L 为 Trailer 的长度；v 为倒车速度；t 为采样周期。

首先将其运动方程进行化简。一般来说，在倒车控制系统中，$x_1(k)$、$u(k)$的值很小，故可做以下化简：

$$\tan[u(k)]=u(k)$$
$$\sin[x_1(k)]=x_1(k)$$
$$\cos[x_1(k)]=1$$

则式（5.141）~式（5.145）可简化为

$$x_0(k+1)=x_0(k)+\frac{vt}{l}u(k) \tag{5.146}$$

$$x_1(k)=x_0(k)-x_2(k) \tag{5.147}$$

$$x_2(k+1)=x_2(k)+\frac{vt}{L}x_1(k) \tag{5.148}$$

$$x_3(k+1)=x_3(k)+vt\sin\left[\frac{x_2(k+1)+x_2(k)}{2}\right] \tag{5.149}$$

$$x_4(k+1)=x_4(k)+vt\cos\left[\frac{x_2(k+1)+x_2(k)}{2}\right] \tag{5.150}$$

在该倒车控制系统中，因为控制目标为使倒车系统始终沿水平运动，即 $x_3=0$，故变量 $x_4(k)$可不予考虑，也就是说，该系统通过操作转向角 $u(k)$来实现对 $x_1(k)$、$x_2(k)$、$x_3(k)$的调整。

由式（5.146）、式（5.147）和式（5.148）可得

$$x_1(k+1)=\left(1-\frac{vt}{L}\right)x_1(k)+\frac{vt}{L}u(k) \tag{5.151}$$

由式（5.149）和式（5.150）可得

$$x_3(k+1)=x_3(k)+vt\sin\left[x_2(k)+\frac{vt}{2L}x_1(k)\right] \tag{5.152}$$

则化简后的 Truck-Trailer 倒车模型的状态空间表达式为

$$\begin{cases} x_1(k+1)=\left(1-\dfrac{vt}{L}\right)x_1(k)+\dfrac{vt}{L}u(k) \\ x_2(k+1)=x_2(k)+\dfrac{vt}{L}x_1(k) \\ x_3(k+1)=x_3(k)+vt\sin\left[x_2(k)+\dfrac{vt}{2L}x_1(k)\right] \\ y(k)=x_3(k) \end{cases} \tag{5.153}$$

为方便分析，采用连续时间的 Truck-Trailer 模型如下：

$$\begin{cases} \dot{x}_1(t)=-\dfrac{vt}{Lt_0}x_1(t)+\dfrac{vt}{L}u(t) \\ \dot{x}_2(t)=\dfrac{vt}{Lt_0}x_1(t) \\ \dot{x}_3(t)=\dfrac{vt}{t_0}\sin\left[x_2(t)+\dfrac{vt}{2L}x_1(t)\right] \\ y(t)=x_3(t) \end{cases} \tag{5.154}$$

注意到，式（5.154）中因为含有 $\sin\left[x_2(t)+\dfrac{vt}{2L}x_1(t)\right]$项，故系统为非线性的。因此要进行系统的分析和设计，必须要对非线性部分进行近似线性化。实际上，该线性化问题是一个非常复杂的问题，这里主要讨论线性系统的分析综合，因此本节仅通过两个点进行线性化说明。

我们知道，对于 sin 函数，以下不等式成立：

$$0\leqslant\sin x\leqslant x,\quad -\pi\leqslant x\leqslant\pi \tag{5.155}$$

故有

$$0\leqslant\sin\left[x_2(t)+\frac{vt}{2L}x_1(t)\right]\leqslant x_2(t)+\frac{vt}{2L}x_1(t) \tag{5.156}$$

不等式（5.156）左右两边分别对应于 $x_2(t)+\dfrac{vt}{2L}x_1(t)=0$ 和 $x_2(t)+\dfrac{vt}{2L}x_1(t)=\pm\pi$ 的情况。

已知 $l=2.8\,\mathrm{m}$，$L=5.5\,\mathrm{m}$，$v=-1.0\,\mathrm{m/s}$，$t=2.0\,\mathrm{s}$，$t_0=0.5\,\mathrm{s}$，代入得

1）当 $x_2(t)+\dfrac{vt}{2L}x_1(t)\approx 0$ 时，系统状态空间表达式可写为

$$\begin{cases} \begin{bmatrix}\dot{x}_1(t)\\ \dot{x}_2(t)\\ \dot{x}_3(t)\end{bmatrix}=\begin{bmatrix}-\dfrac{vt}{Lt_0} & 0 & 0\\ \dfrac{vt}{Lt_0} & 0 & 0\\ \dfrac{v^2t^2}{2Lt_0} & \dfrac{vt}{t_0} & 0\end{bmatrix}\begin{bmatrix}x_1(t)\\ x_2(t)\\ x_3(t)\end{bmatrix}+\begin{bmatrix}\dfrac{vt}{lt_0}\\ 0\\ 0\end{bmatrix}u(t) \\ y(t)=[0\quad 0\quad 1]x(t) \end{cases} \tag{5.157}$$

$$\begin{cases} \begin{bmatrix}\dot{x}_1(t)\\ \dot{x}_2(t)\\ \dot{x}_3(t)\end{bmatrix}=\begin{bmatrix}0.7273 & 0 & 0\\ -0.7273 & 0 & 0\\ 0.7273 & -4 & 0\end{bmatrix}\begin{bmatrix}x_1(t)\\ x_2(t)\\ x_3(t)\end{bmatrix}+\begin{bmatrix}-1.4286\\ 0\\ 0\end{bmatrix}u(t) \\ y(t)=[0\quad 0\quad 1]x(t) \end{cases}$$

2）当 $x_2(t)+\frac{vt}{2L}x_1(t)=\pm\pi$ 时，系统状态空间表达式可写为

$$\begin{cases}\begin{bmatrix}\dot{x}_1(t)\\\dot{x}_2(t)\\\dot{x}_3(t)\end{bmatrix}=\begin{bmatrix}-\frac{vt}{Lt_0} & 0 & 0\\\frac{vt}{Lt_0} & 0 & 0\\0 & 0 & 0\end{bmatrix}\begin{bmatrix}x_1(t)\\x_2(t)\\x_3(t)\end{bmatrix}+\begin{bmatrix}\frac{vt}{lt_0}\\0\\0\end{bmatrix}u(t)\\y(t)=\begin{bmatrix}0 & 0 & 1\end{bmatrix}x(t)\end{cases}\tag{5.158}$$

$$\begin{cases}\begin{bmatrix}\dot{x}_1(t)\\\dot{x}_2(t)\\\dot{x}_3(t)\end{bmatrix}=\begin{bmatrix}0.7273 & 0 & 0\\-0.7273 & 0 & 0\\0 & 0 & 0\end{bmatrix}\begin{bmatrix}x_1(t)\\x_2(t)\\x_3(t)\end{bmatrix}+\begin{bmatrix}-1.4286\\0\\0\end{bmatrix}u(t)\\y(t)=\begin{bmatrix}0 & 0 & 1\end{bmatrix}x(t)\end{cases}$$

3. 系统能控性、能观性、稳定性分析

（1）能控性、能观性分析

1）当 $x_2(t)+\frac{vt}{2L}x_1(t)\approx 0$ 时，根据能控性、能观性的秩判据，并将式（5.157）的有关数据代入该判据中，可得到能控性、能观性矩阵：

$$\boldsymbol{Q}_c=[\boldsymbol{b}\quad \boldsymbol{Ab}\quad \boldsymbol{A}^2\boldsymbol{b}]=\begin{bmatrix}-1.4286 & -1.0390 & -0.7556\\0 & 1.0390 & 0.7556\\0 & -1.0390 & -4.9115\end{bmatrix}$$

$$\boldsymbol{Q}_o=\begin{bmatrix}\boldsymbol{c}\\\boldsymbol{cA}\\\boldsymbol{cA}^2\end{bmatrix}=\begin{bmatrix}0 & 0 & 1\\0.7273 & -4 & 0\\3.4380 & 0 & 0\end{bmatrix}$$

$\text{rank}\boldsymbol{Q}_c=3$，$\text{rank}\boldsymbol{Q}_o=3$，所以该系统是能控能观的。

MATLAB 仿真程序如下：

```
l=2.8;L=5.5;v=-1.0;t=2.0; t0=0.5;
A=[-v*t/(L*t0) 0 0; v*t/(L*t0) 0 0;v*v*t*t/(2*L*t0) v*t/t0 0];
b=[v*t/(l*t0);0; 0];
c=[0 0 1];
Qc=ctrb(A,b);
Qo=obsv(A,c);
M=rank(Qc);
N=rank(Qo);
P=size(A);
if M==P
    disp('该系统能控')
else
    disp('该系统不能控')
end
if N==P
    disp('该系统能观')
else
    disp('该系统不能观')
end
```

MATLAB 运行结果：

```
该系统能控
该系统能观
```

2）当 $x_2(t)+\frac{vt}{2L}x_1(t)=\pm\pi$ 时，MATLAB 仿真程序如下：

根据能控性、能观性的秩判据，并将式（5.158）的有关数据代入该判据中，可得到能控性、能观性矩阵：

$$Q_c=[b \quad Ab \quad A^2b]=\begin{bmatrix}-1.4286 & -1.0390 & -0.7556\\ 0 & 1.0390 & 0.7556\\ 0 & 0 & 0\end{bmatrix}$$

$$Q_o=\begin{bmatrix}c\\ cA\\ cA^2\end{bmatrix}=\begin{bmatrix}0 & 0 & 1\\ 0 & 0 & 0\\ 0 & 0 & 0\end{bmatrix}$$

$\text{rank}Q_c=2$，$\text{rank}Q_o=1$，所以该系统是不能控、不能观的。

```
l=2.8;L=5.5;v=-1.0;t=2.0; t0=0.5;
A= [-v*t/(L*t0) 0 0; v*t/(L*t0) 0 0;0 0 0];
b= [v*t/(l*t0);0; 0];
c=[0 0 1];
Qc=ctrb(A,b);
Qo=obsv(A,c);
M=rank(Qc);
N=rank(Qo);
P=size(A);
if M==P
    disp('该系统能控')
else
    disp('该系统不能控')
end
if N==P
    disp('该系统能观')
else
    disp('该系统不能观')
end
```

MATLAB 运行结果：

```
该系统不能控
该系统不能观
```

（2）稳定性分析

1）当 $x_2(t)+\frac{vt}{2L}x_1(t)\approx 0$ 时，由系统的状态方程，可以求的系统的特征方程为

$$|\lambda I-A|=(\lambda-1)^2(\lambda-1.3636)=0$$

解得特征值为 $\lambda_1=\lambda_2=0$，$\lambda_3=0.7273$。

有位于虚轴上的特征根，这说明 Truck-Trailer 倒车过程是不稳定的。

针对 Truck-Trailer 倒车过程的初始状态 $x(t)=[0.5\pi, 0.75\pi, -20]$，Truck-Trailer 倒车过程不施加任何控制作用，采用 MATLAB 对 Truck-Trailer 倒车过程进行仿真，Truck-Trailer 倒车过程无控制作用下的状态变量响应曲线的仿真结果如图 5.35 所示。

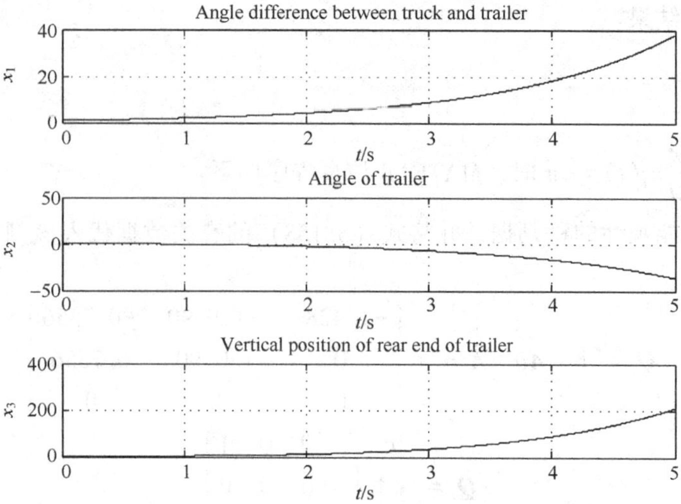

图 5.35 Truck-Trailer 倒车过程无控制作用的状态响应曲线

MATLAB 仿真程序如下：

```
clear all
close all
l=2.8;L=5.5;v=-1.0;t=2.0;t0=0.5;
A=[-v*t/(L*t0) 0 0; v*t/(L*t0) 0 0;v*v*t*t/(2*L*t0) v*t/t0 0];
b=[v*t/(l*t0);0; 0];
c=[0 0 1];
d=0;
x=[1;0.8;5];
u=0;
sys1=ss(A,b,c,d);
ddt=[];
dx1=[];
dx2=[];
dx3=[];
dt=0.001;
for t=0:0.001:5
x_dot=A*x+b*u;
x=x+x_dot*dt;
ddt=[ddt t];
dx1=[dx1 x(1)];
dx2=[dx2 x(2)];
dx3=[dx3 x(3)];
end
subplot(3,1,1);
plot(ddt,dx1);grid
xlabel('t(s)');ylabel('$x_1$');
title('Angle difference between truck and trailer')
subplot(3,1,2);
plot(ddt,dx2);grid
xlabel('t(s)');ylabel('$x_2$');
title('Angle of trailer')
subplot(3,1,3);
plot(ddt,dx3);grid
xlabel('t(s)');ylabel('$x_3$');
title('Vertical position of rear end of trailer')
```

由图 5.35 可知，系统不稳定。

2）当 $x_2(t)+\frac{vt}{2L}x_1(t)=\pm\pi$ 时，由系统的状态方程，可以求得系统的特征方程为

$$|\lambda \boldsymbol{I}-\boldsymbol{A}|=(\lambda-1)^2(\lambda-1.3636)=0$$

解得特征值为 $\lambda_1=\lambda_2=0$，$\lambda_3=0.7273$。

有位于虚轴上的特征根，这说明 Truck-Trailer 倒车过程是不稳定的。

其 MATLAB 仿真程序与运行结果与 $x_2(t)+\frac{vt}{2L}x_1(t)\approx0$ 时类似，此处不再累述。

4. 反馈控制系统设计

由第 3 小节的分析可知，当 $x_2(t)+\frac{vt}{2L}x_1(t)=\pm\pi$ 时，系统既不能控也不能观，故针对这种情况，无法进行反馈控制系统的设计。因此，此处仅讨论 $x_2(t)+\frac{vt}{2L}x_1(t)\approx0$ 时的情况。

（1）状态反馈控制器设计

如 5.2.1 节所述，采用线性状态反馈控制律的极点配置方法。采用线性状态反馈控制律

$$u=-\boldsymbol{K}\boldsymbol{x}$$

改善系统的动态和稳态特性。式中，$\boldsymbol{K}=[k_0\quad k_1\quad k_2]$。

设期望闭环极点为一对共轭主导极点和一个非主导实数极点。本例希望在 Truck-Trailer 倒车过程的闭环控制系统响应中，调节时间约为 1 s，据经典控制理论中二阶系统性能指标的计算公式，则期望的闭环主导极点对可选为

$$\lambda_{1,2}^*=-4\pm j4$$

选择一个期望的闭环非主导极点离虚轴为主导极点的 5 倍以上，取为-23，即

$$\lambda_3^*=-23$$

使用 MATLAB 设计状态反馈控制器仿真程序如下：

```
clear all
close all
l=2.8;L=5.5;v=-1.0;t=2.0;t0=0.5;
A= [-v*t/(L*t0) 0 0; v*t/(L*t0) 0 0;v*v*t*t/(2*L*t0) v*t/t0 0];
b= [v*t/(l*t0);0; 0];
c=[0 0 1];
d=0;
P=[-4+4j, -4-4j, -23];
K=acker(A,b,P)
x=[0.5*pi;0.75*pi;-20];
u=0;
ddt=[ ];
dx1=[ ];
dx2=[ ];
dx3=[ ];
dt=0.001;
for t=0:0.001:10
u=-K*x;
x_dot=A*x+b*u;
x=x+x_dot*dt;
ddt=[ddt  t];
dx1=[dx1 x(1)];
```

```
dx2=[dx2 x(2)];
dx3=[dx3 x(3)];
end
subplot(3,1,1);
plot(ddt,dx1);grid
xlabel('t(s)');ylabel('$x_1$');
title('Angle difference between truck and trailer')
subplot(3,1,2);
plot(ddt,dx2);grid
xlabel('t(s)');ylabel('$x_2$');
title('Angle of trailer')
subplot(3,1,3);
plot(ddt,dx3);grid
xlabel('t(s)');ylabel('$x_3$');
title('Vertical position of rear end of trailer')
```

MATLAB 运行结果：

```
K = -22.2091      30.8000      -177.1000
```

Truck-Trailer 倒车过程在全状态反馈控制作用下，从初始状态 $\boldsymbol{x}(t)=[0.5\pi;0.75\pi;-20]$ 出发的状态变量响应曲线的仿真结果如图 5.36 所示。由此可见，Truck-Trailer 系统的全状态反馈控制保证了系统稳定，即 $x_1(t)\to0$，$x_2(t)\to0$，$x_3(t)\to0$，且其动态特性（调节时间及超调量）满足要求的期望特性。

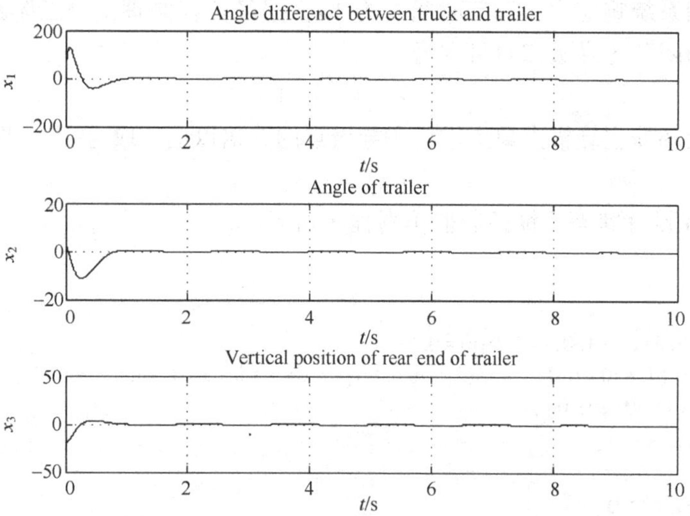

图 5.36　Truck-Trailer 倒车过程全状态反馈下各个变量的响应曲线

（2）全维观测器的设计

通过前面的计算，可以得到被控系统的 3 个状态均是能观的，即意味着其状态可由一个全维（三维）状态观测器给出观测值。

全维观测器的运动方程为

$$\dot{\hat{\boldsymbol{x}}}=(\boldsymbol{A}-\boldsymbol{Gc})\hat{\boldsymbol{x}}+\boldsymbol{bu}+\boldsymbol{Gy}$$

式中，$\boldsymbol{G}=[g_0 \quad g_1 \quad g_2]^{\mathrm{T}}$。

设置状态观测器的期望闭环极点为-20、-3+j、-3-j，只要适当选择全维状态观测器的系数矩阵($\boldsymbol{A}-\boldsymbol{GC}$)，即通过 $\boldsymbol{G}$ 矩阵的选择决定状态向量估计误差衰减的速率。

利用全维状态观测器实现全状态反馈的 Truck-Trailer 倒车过程运动方程为

$$\begin{cases}\begin{bmatrix}\dot{x}\\ \dot{\hat{x}}\end{bmatrix}=\begin{bmatrix}A & -bK\\ Gc & A-Gc-bK\end{bmatrix}\begin{bmatrix}x\\ \hat{x}\end{bmatrix}+\begin{bmatrix}b\\ b\end{bmatrix}v\\ y=[c \quad 0]\begin{bmatrix}x\\ \hat{x}\end{bmatrix}\end{cases}$$

MATLAB 仿真程序如下：

```
clear all
close all
l=2.8;L=5.5;v=-1.0;t=2.0;t0=0.5;
A= [-v*t/(L*t0) 0 0; v*t/(L*t0) 0 0;v*v*t*t/(2*L*t0) v*t/t0 0];
b= [v*t/(l*t0);0; 0];
c=[0 0 1];
d=0;
x=[0.5*pi;0.75*pi;-20];
u=0;
K=[-22.2091 30.8000 -177.1000];
P_o=[-20 -3+j -3-j];
g=(acker(A',c',P_o))'
AA=[A -b*K;g*c A-g*c-b*K];
BB=[b;b];
Ex=[0;0;0];
CC=[c 0 0 0];
ddt=[];
dx1=[];
dx2=[];
dx3=[];
dx4=[];
dx5=[];
dx6=[];
xx=[x;Ex];
dt=0.001;
for t=0:0.001:5
u=-K*[xx(4);xx(5);xx(6)];
xx_dot=AA*xx+BB*u;
xx=xx+xx_dot*dt;
ddt=[ddt t];
dx1=[dx1 xx(1)];
dx2=[dx2 xx(2)];
dx3=[dx3 xx(3)];
dx4=[dx4 xx(4)];
dx5=[dx5 xx(5)];
dx6=[dx6 xx(6)];
end

figure(1)
subplot(3,1,1);
plot(ddt,dx1);grid
xlabel('t(s)');ylabel('$x_1$');
title('Angle difference between truck and trailer')
subplot(3,1,2);
plot(ddt,dx2);grid
xlabel('t(s)');ylabel('$x_2$');
title('Angle of trailer')
subplot(3,1,3);
plot(ddt,dx3);grid
```

```
xlabel('t(s)');ylabel('$x_3$');
title('Vertical position of rear end of trailer')

figure(2)
subplot(3,1,1);
plot(ddt,dx4);grid
xlabel('t(s)');ylabel('$\hat{x}_1$');
title('Estimated angle difference between truck and trailer')
subplot(3,1,2);
plot(ddt,dx5);grid
xlabel('t(s)');ylabel('$\hat{x}_2$');
title('Estimated angle of trailer')
subplot(3,1,3);
plot(ddt,dx6);grid
xlabel('t(s)');ylabel('$\hat{x}_3$');
title('Estimated vertical position of rear end of trailer')

figure(3)
subplot(3,1,1);
plot(ddt,dx1-dx4);grid
xlabel('t(s)');ylabel('$\tilde{x}_1$');
title('Estimated error of angle difference between truck and trailer')
subplot(3,1,2);
plot(ddt,dx2-dx5);grid
xlabel('t(s)');ylabel('$\tilde{x}_2$');
title('Estimated error of angle of trailer')
subplot(3,1,3);
plot(ddt,dx3-dx6);grid
xlabel('t(s)');ylabel('$\tilde{x}_3$');
title('Estimated error of vertical position of rear end of trailer')
```

MATLAB 运行结果：

```
G =89.7850    -21.0350    26.7273
```

由图 5.37 和图 5.38 可知，全维状态观测器的 3 个状态观测值响应曲线与全状态反馈的状态真值响应曲线基本一致。图 5.39 给出了系统状态与全维观测器观测状态之间的误差曲线，它们的误差在 2 s 后误差趋近于零，全维状态观测器所得的性能满足要求。

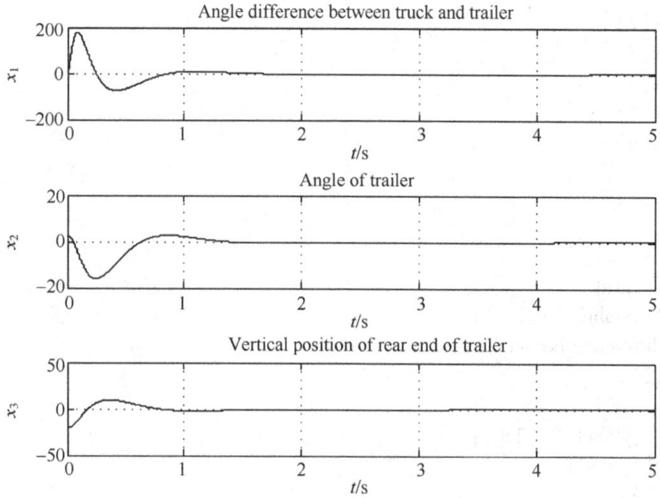

图 5.37 带全维观测器的 Truck-Trailer 倒车过程全状态反馈下的状态响应曲线

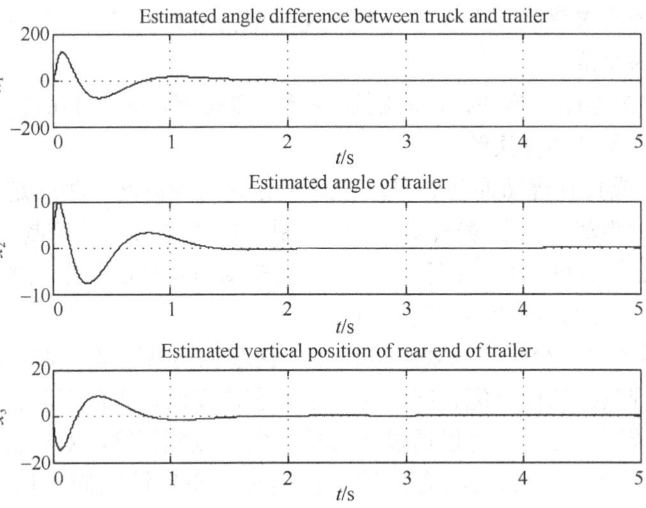

图 5.38　Truck-Trailer 倒车过程全维观测器的状态观测值响应曲线

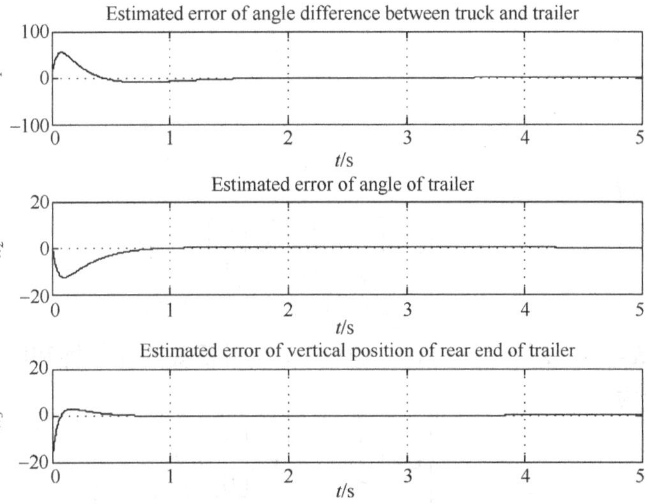

图 5.39　Truck-Trailer 倒车过程状态真值与全维观测器观测状态之间的误差响应曲线

5.9　本章要点

控制系统的分析和综合是自动控制理论研究的两大课题。控制系统分析是在建立系统数学模型（状态空间表达式）的基础上，主要讨论系统的运动性质、动态响应、能控性、能观性和稳定性等，以及与系统结构、参数和输入控制信号之间的关系。控制系统综合的主要任务是设计自动控制系统，寻求改善系统性能的各种控制律，使其运动满足给定的各项性能指标和特征要求。

1）状态反馈是现代控制理论中最基本的控制形式，它是系统结构信息的完全反馈。输出反馈具有工程易实现的优势，但由于它属于系统结构信息的不完全反馈，一般不能任意配置系统的所有极点，可以通过加入动态补偿器（串联的、并联的）改善输出反馈控制系统的性能。

2）闭环极点的位置分布与系统动态性能存在明确的对应关系，闭环极点能任意配置的充要条件是被控对象能控。极点配置算法是在给定极点位置分布的前提下求解状态反馈增益矩阵。对于单输入系统有求解联立方程法和能控规范型法两种极点配置算法。对应多输入系统的极点配置算法则较为复杂。

3）以渐进稳定为性能指标的镇定问题是一类极点位置区域限制的特殊极点配置问题，可以参照反馈极点配置条件和算法解决。

4）跟踪控制（或具有扰动抑制的跟踪控制）分为两种情况：跟踪定值参考输入信号的控制和具有扰动抑制的跟踪定值参考输入信号的控制。这两种情况的控制作用都由两部分组成：一部分是按极点配置设计的保证系统稳定并具有期望动态特性的状态反馈控制，另一部分对应前一种情况是输入信号的线性变换控制作用。

5）状态观测器主要有全维状态观测器和降维状态观测器两类，观测器的极点决定了其稳定性及响应速度。观测器的极点配置问题对偶于状态反馈的极点配置问题，观测器极点任意配置的充要条件是系统完全能观，可以通过状态反馈的极点配置算法对偶实现。

6）由状态观测器间接得到的状态量重构值实现状态反馈控制就构成了具有观测器的状态反馈控制系统。分离原理使状态反馈控制与状态观测器的设计可以独立地分别进行，并给设计工作带来了方便，但通常要求观测器的响应速度比状态反馈控制系统的响应速度快三倍以上。

习题

5.1　已知系统为

$$\begin{cases}\dot{\boldsymbol{x}}=\begin{bmatrix}0 & 1\\0 & -1\end{bmatrix}\boldsymbol{x}+\begin{bmatrix}0\\1\end{bmatrix}u\\ y=\begin{bmatrix}2 & 1\end{bmatrix}\boldsymbol{x}\end{cases}$$

引入状态反馈矩阵 $\boldsymbol{K}=[2\quad 2]$，试分析引入状态反馈后系统的能控性和能观性。

5.2　已知系统为

$$\begin{cases}\dot{\boldsymbol{x}}=\begin{bmatrix}0 & 2\\-2 & 0\end{bmatrix}\boldsymbol{x}+\begin{bmatrix}1\\0\end{bmatrix}u\\ y=\begin{bmatrix}0 & 1\end{bmatrix}\boldsymbol{x}\end{cases}$$

由状态反馈实现闭环极点配置，使得闭环极点为 $\lambda_{1,2}=-3\pm\mathrm{j}2$，试确定状态反馈矩阵 $\boldsymbol{K}$，并画出闭环控制系统的模拟结构图。

5.3　已知系统状态方程为

$$\dot{\boldsymbol{x}}=\begin{bmatrix}1 & -1 & 1\\0 & 1 & 1\\1 & 0 & 1\end{bmatrix}\boldsymbol{x}+\begin{bmatrix}0\\0\\1\end{bmatrix}u$$

试求：1）能否用状态反馈任意配置闭环极点；2）确定状态反馈矩阵 $\boldsymbol{K}$，使得闭环系统极点为 -5、$-1\pm\mathrm{j}$。

5.4　设系统的传递函数为

$$\frac{(s-1)(s+2)}{(s+1)(s-2)(s+3)}$$

试问能否利用状态反馈将其传递函数变成

$$\frac{(s-1)}{(s+2)(s+3)}$$

5.5　某未知随动系统的结构框图如图 5.40 所示。

试求：1）确定反馈增益向量 K，使其状态反馈系统具有最佳阻尼比 $\xi=0.707$，无阻尼自然振荡角频率 $\omega_n=20$；2）若用输出反馈能否达到上述控制效果？

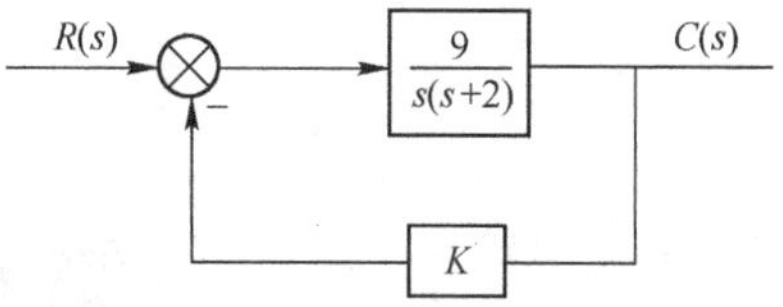

图 5.40　习题 5.5 图

5.6　已知系统为

$$\begin{cases}\dot{\boldsymbol{x}}=\begin{bmatrix}0 & 1\\0 & 0\end{bmatrix}\boldsymbol{x}+\begin{bmatrix}0\\1\end{bmatrix}u\\ y=[1\quad 0]\boldsymbol{x}\end{cases}$$

试设计一状态观测器，使观测器极点为$-r$、$-2r(r>0)$。

5.7　已知系统为

$$\begin{cases}\dot{\boldsymbol{x}}=\begin{bmatrix}-1 & 0 & 1\\1 & -2 & 0\\0 & 0 & -3\end{bmatrix}\boldsymbol{x}+\begin{bmatrix}0\\1\\1\end{bmatrix}u\\ y=[1\quad 1\quad 1]\boldsymbol{x}\end{cases}$$

试求：1）全维观测器，观测器极点为-5、-5 和-5；2）降维观测器，观测器极点为-5、-5；3）系统模拟结构图。

5.8　已知系统为

$$\begin{cases}\dot{\boldsymbol{x}}=\begin{bmatrix}-4 & 2\\2 & -4\end{bmatrix}\boldsymbol{x}+\begin{bmatrix}12\\0\end{bmatrix}u\\ y=[0\quad 2]\boldsymbol{x}\end{cases}$$

由于系统状态不能直接测量，试由状态观测器实现状态反馈。给定观测器极点为 $\lambda_{1,2}=-5$，系统的期望闭环极点为 $\lambda_{1,2}=-1.2\pm \mathrm{j}2$，确定观测器反馈矩阵和状态反馈矩阵。

5.9　已知受控系统的传递函数为

$$\frac{1}{s(s+3)}$$

试求：1）状态反馈将闭环系统极点配置为 $\lambda_1=-4$，$\lambda_2=-5$；2）设计实现上述反馈的全维观测器，要求将其极点配置在 $\lambda_{1,2}=-10$。

5.10　设系统的状态空间表达式为

$$\begin{cases}\dot{\boldsymbol{x}}=\begin{bmatrix}1 & 2 & 0\\3 & -1 & 1\\0 & 2 & 0\end{bmatrix}\boldsymbol{x}+\begin{bmatrix}0\\0\\1\end{bmatrix}u\\ y=[-1\quad 1\quad 1]\boldsymbol{x}\end{cases}$$

试求：1）能否通过状态反馈把系统的闭环极点配置在-10 和$-1\pm \mathrm{j}\sqrt{3}$处？若可能，试求出实现上述极点配置的反馈增益阵；2）当系统状态不可直接测量时，能否通过状态观测器来获取状态变量？若可能，试设计极点位于-4 及$-3\pm \mathrm{j}$ 处的全维状态观测器。3）系统的最小维状态观测器是几维系统？试设计所有极点均在-4 处的降维观测器。

第6章 最优控制

学习目标

6.1 掌握最优控制的基本概念，了解最优控制问题的数学描述和应用类型。

6.2 理解泛函和变分的基本概念，掌握固定端点和可变端点泛函极值的必要条件——欧拉方程。

6.3 掌握变分法基本原理，能够使用哈密顿方法解决无约束优化问题。

6.4 掌握极小（大）值原理，能够应用其解决控制向量受到约束时的最优控制问题。

6.5 掌握线性二次型最优控制问题的基本形式，能够完成状态调节器、输出调节器和输出跟踪器的设计。

6.6 了解 MATLAB 在最优控制中的应用。

最优控制（Optimal Control）研究的主要问题是根据已建立的被控对象数学模型，选择一个容许的控制律，使得被控对象按预定要求运行，并使给定的某一性能指标达到极小值（或极大值）。从数学的观点来看，最优控制研究的问题是求解一类带有约束条件的泛函极值问题，属于变分学的范畴。然而，经典变分法只能解决控制无约束问题，即容许控制属于开集的一类最优控制问题，而工程实践中多遇到控制有约束问题，即容许控制属于闭集的一类最优控制问题。为了满足工程实践的需要，美国学者 R. E. 贝尔曼于 1956 年创立了动态规划，解决了控制有闭集约束的变分问题。苏联科学家 Л. C. 庞特里亚金在哈密顿原理的启发下，于 1956—1958 年间创立了极小值原理，也发展了经典变分法，使其成为处理控制有闭集约束的变分问题的强有力工具。动态规划和极大值原理的提出，极大地丰富了最优控制理论的内涵。

6.1 最优控制概述

最优控制是现代控制理论的重要组成部分。本节首先给出最优控制概述，然后介绍变分法、极小值原理和线性二次型最优控制等的基本内容，最后给出基于 MATLAB 的最优控制系统设计实例，为最优控制系统的设计提供基本的方法和理论基础。

6.1.1 最优控制问题

最优控制是一门工程背景很强的学科分支，其研究的问题都是从工程实践中归纳和提炼出来的。例如关于飞船的月球软着陆问题，即飞船到月球表面时的速度为零，并在登月过程中，选择飞船发动机推力的最优控制律，使燃料消耗最少，以便宇航员完成月球考察任务后，飞船有足够的燃料离开月球与母船会合，从而安全返回地球。由于飞船发动机的推力是有限的，因而这是一个控制有闭集约束的最小燃耗控制系统。飞船软着陆系统如图 6.1 所示。

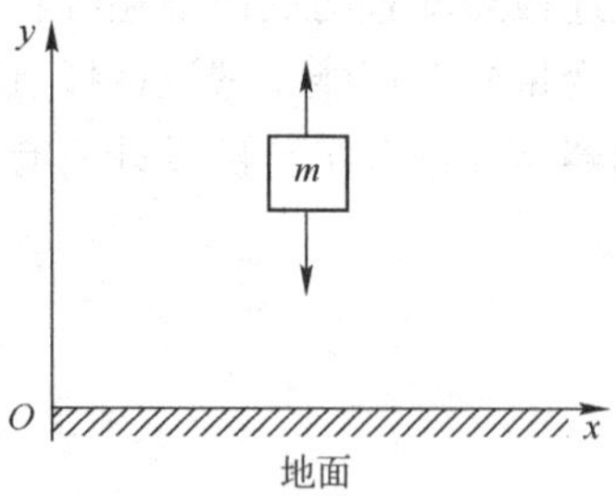

图 6.1 飞船软着陆示意图

图 6.1 中，飞船质量为 $m(t)$，它的高度和垂直速度分别为 $h(t)$ 和 $v(t)$，月球的重力加速度可视为常数 g，飞船发动机推力为 $u_{\mathrm{T}}(t)$，飞船不含燃料时的质量为 M_0，飞船所载燃料质量为 $M_1(t)$。

若飞船在 $t=0$ 时刻开始进入着陆过程，其运动学方程为

$$\begin{cases}\dot{h}(t)=v(t)\\ \dot{v}(t)=\dfrac{u_{\mathrm{T}}(t)}{m(t)}-g\\ \dot{m}(t)=-ku_{\mathrm{T}}(t), \quad k \text{ 为常数}\end{cases} \tag{6.1}$$

要求控制飞船从初始状态

$$h(0)=h_0, \quad v(0)=v_0, \quad m(0)=M_0+M_1(0)$$

出发，在终端时刻 t_{f} 实现软着陆，即

$$h(t_{\mathrm{f}})=0, \quad v(t_{\mathrm{f}})=0$$

控制过程中推力 $u_{\mathrm{T}}(t)$ 不能超过飞船发动机所能提供的最大推力 u_{Tmax}，即

$$0\leqslant u_{\mathrm{T}}(t)\leqslant u_{\mathrm{Tmax}}$$

满足上述约束，使飞船实现软着陆的推力程序 $u_{\mathrm{T}}(t)$ 不止一种，其中消耗燃料最少的为最好的推力程序，即性能指标 $J=m(t_{\mathrm{f}})$ 最大的数学问题。

最优控制任务是在满足控制约束条件下，寻求发动机推力的最优变化律 $u_{\mathrm{T}}^*(t)$，使飞船由已知初始状态转移到要求的终端状态，并使性能指标 $J=m(t_{\mathrm{f}})=\max$，从而使登月过程中燃料消耗量最小。

通过对飞船燃耗最优控制的分析可知，任何一个最优控制问题的数学描述均应包含以下四个方面内容。

1. 被控系统的数学模型

被控系统的数学模型即系统的微分方程，它反映了动态系统在运动过程 $[t_0,t_{\mathrm{f}}]$ 中所应遵循的物理或化学规律。在集中参数情况下，动态系统的运动规律可以用一组一阶常微分方程即状态方程来描述：

$$\dot{\boldsymbol{x}}(t)=\boldsymbol{f}[\boldsymbol{x}(t),\boldsymbol{u}(t),t] \tag{6.2}$$

式中，$\boldsymbol{x}(t)\in\mathbf{R}^n$ 为状态向量；$\boldsymbol{u}(t)\in\mathbf{R}^r$ 为控制向量；$\boldsymbol{f}(\cdot)\in\mathbf{R}^n$ 是关于 $\boldsymbol{x}(t)$、$\boldsymbol{u}(t)$ 和 t 的向量函数；t 为实数自变量。

式（6.2）不仅能概括式（6.1）的飞船运动方程，还可以概括一切具有集中参数的被控系统数学模型。如非线性自治系统、线性时变系统和线性定常系统

$$\dot{\boldsymbol{x}}(t)=\boldsymbol{f}[\boldsymbol{x}(t),\boldsymbol{u}(t)]$$

$$\dot{\boldsymbol{x}}(t)=\boldsymbol{A}(t)\boldsymbol{x}(t)+\boldsymbol{B}(t)\boldsymbol{u}(t)$$

$$\dot{\boldsymbol{x}}(t)=\boldsymbol{A}\boldsymbol{x}(t)+\boldsymbol{B}\boldsymbol{u}(t)$$

都是式（6.2）系统的一种特例。

2. 边界条件与目标集

系统的运动过程是系统从状态空间的一个状态到另一个状态的转移，其运动轨迹在状态空间中形成曲线 $\boldsymbol{x}(t)$。为了确定要求的曲线 $\boldsymbol{x}(t)$，需要确定初始状态 $\boldsymbol{x}(t_0)$ 和终端状态 $\boldsymbol{x}(t_{\mathrm{f}})$，这是求解状态方程（6.2）必需的边界条件。

在最优控制问题中，初始时刻 t_0 和初始状态 $\boldsymbol{x}(t_0)$ 通常是已知的，但终端时刻 t_{f} 和终端状态 $\boldsymbol{x}(t_{\mathrm{f}})$ 可以是固定的，也可以是不固定的。

一般来说，对终端状态的要求可以用终端等式或不等式约束条件来表示，即

$$\begin{cases} \boldsymbol{N}_1[\boldsymbol{x}(t_f),t_f]=0 \\ \boldsymbol{N}_2[\boldsymbol{x}(t_f),t_f]\leqslant 0 \end{cases}$$

它们概括了对终端的一般要求。实际上，终端约束规定了状态空间的一个时变或非时变的集合，此种满足终端约束的状态集合称为目标集，即为 Ω，并可表示为

$$\Omega=\{\boldsymbol{x}(t_f)\,|\,\boldsymbol{x}(t_f)\in\mathbf{R}^n,\quad \boldsymbol{N}_1[\boldsymbol{x}(t_f),t_f]=0,\quad \boldsymbol{N}_2[\boldsymbol{x}(t_f),t_f]\leqslant 0\} \tag{6.3}$$

3. 容许控制

控制向量 $\boldsymbol{u}(t)$ 的各个分量 $u_i(t)$ 往往是具有不同物理属性的控制量。在实际控制问题中，大多数控制量受客观条件限制只能取值于一定范围。这种限制范围通常可用不等式的约束条件来表示

$$0\leqslant\boldsymbol{u}(t)\leqslant\boldsymbol{u}_{max} \tag{6.4}$$

或

$$|u_i|\leqslant m_i,\quad i=1,2,\cdots,r \tag{6.5}$$

式（6.4）和式（6.5）规定了控制空间 $\mathbf{R}^r$ 中的一个闭集。

由控制约束条件所规定的点集称为控制域，记为 R_u。凡在闭区间 $[t_0,t_f]$ 上有定义，且在控制域 R_u 内取值的每一个控制函数 $\boldsymbol{u}(t)$ 均称为容许控制，记为 $\boldsymbol{u}(t)\in R_u$。

通常假定容许控制 $\boldsymbol{u}(t)\in R_u$ 是一有界连续函数或分段连续函数。需要指出，控制域为开集或闭集，其处理方法有很大差别。后者的处理较难，结果也很复杂。

4. 性能指标

在状态空间中，可以采用不同的控制向量函数实现使系统由已知初始状体到终端状态的转移。性能指标则是衡量系统在不同控制向量作用下工作优良度的标准。

性能指标的内容与形式，取决于最优控制问题所要完成的任务。不同的最优控制问题，有不同的性能指标，其一般形式可以归纳为

$$J=F[\boldsymbol{x}(t_f),t_f]+\int_{t_0}^{t_f}L[\boldsymbol{x}(t),\boldsymbol{u}(t),t]\mathrm{d}t \tag{6.6}$$

式中，$F(\cdot)$ 和 $L(\cdot)$ 为连续可微的标量函数；$F[\boldsymbol{x}(t_f),t_f]$ 称为终端性能指标，$\int_{t_0}^{t_f}L[\boldsymbol{x}(t),\boldsymbol{u}(t),t]\mathrm{d}t$ 称为过程项，两者均有具体的物理含义。

根据最优控制问题的基本组成部分，可以概括最优控制问题的一般提法：在满足系统方程（6.2）的约束条件下，在容许控制域 Ω 中确定一个最优控制律 $\boldsymbol{u}^*(t)$，使系统状态 $\boldsymbol{x}(t)$ 从已知初始状态 $\boldsymbol{x}_0$ 转移到要求的目标集［见式（6.3）］，并使性能指标［见式（6.6）］达到极值。

通常，最优控制问题可用下列泛函形式表示：

$$\min_{\boldsymbol{u}(t)\in\Omega} J=F[\boldsymbol{x}(t_f),t_f]+\int_{t_0}^{t_f}L[\boldsymbol{x}(t),\boldsymbol{u}(t),t]\mathrm{d}t$$

$$\text{s.t.}\quad ①\ \dot{\boldsymbol{x}}(t)=\boldsymbol{f}[\boldsymbol{x}(t),\boldsymbol{u}(t),t],\quad \boldsymbol{x}(t_0)=\boldsymbol{x}_0$$

$$②\ F[\boldsymbol{x}(t_f),t_f]=0$$

6.1.2 最优控制的应用类型

最优控制在航空、航天和工业过程控制等领域得到广泛应用，因而难以给出最优控制在工程实践中的详细应用类型。考虑到最优控制的应用类型与性能指标的形式密切相关，因而一般

而言，最优控制问题的性能指标通常有下列 3 种形式：

1. 积分型性能指标

若不计终端性能指标，积分型性能指标的数学描述为

$$J = \int_{t_0}^{t_f} L[\boldsymbol{x}(t), \boldsymbol{u}(t), t]\,\mathrm{d}t \tag{6.7}$$

积分型性能指标表示在整个控制过程中，系统的状态及控制应该满足要求。采用积分型性能指标的最优控制系统可分为以下几种类型：

1）最小时间控制

$$J = \int_{t_0}^{t_f} \mathrm{d}t = t_f - t_0 \tag{6.8}$$

最小时间控制是最优控制中常见的应用类型之一。它表示要求设计一个快速控制律，使系统在最短时间内由已知初始状态 $\boldsymbol{x}(t_0)$ 转移到要求的终端状态 $\boldsymbol{x}(t_f)$。例如，导弹拦截器的轨道转移即属于此类问题。

2）最少燃料控制

$$J = \int_{t_0}^{t_f} \sum_{j=1}^{m} |u_j(t)|\,\mathrm{d}t \tag{6.9}$$

式中，$\sum_{j=1}^{m} |u_j(t)|$ 表示燃料消耗。这是航天工程中常见的重要问题之一。由于航天器所能携带的燃料有限，希望航天器在轨道转移时所消耗的燃料尽可能地少。

3）最少能耗控制

$$J = \int_{t_0}^{t_f} \boldsymbol{u}^{\mathrm{T}}(t)\boldsymbol{u}(t)\,\mathrm{d}t \tag{6.10}$$

对于一个能量有限的物理系统，如通信卫星上的太阳能电池，为了使系统在有限的能源条件下保证正常工作，就需要对控制过程中消耗的能量进行约束。显然，式（6.10）中的 $\boldsymbol{u}^{\mathrm{T}}(t)\boldsymbol{u}(t)$ 表示与消耗的功率成正比的控制能量。

2. 终端型性能指标

若不计积分型性能指标，终端型性能指标的数学描述为

$$J = F[\boldsymbol{x}(t_f), t_f] \tag{6.11}$$

式中，终端时刻 t_f 可以固定，也可以自由。终端型性能指标表示在控制过程结束后，对系统终端状态 $\boldsymbol{x}(t_f)$ 的要求，例如要求导弹的脱靶量最小，而对控制过程中的系统状态和控制不做任何要求。

3. 复合型性能指标

复合型性能指标的数学描述如式（6.3）所示。复合型性能指标是最一般的性能指标形式，表示对整个控制过程和终端状态都有要求。采用复合型性能指标的最优控制系统，主要有以下 3 种应用类型：

1）状态调节器

$$J = \frac{1}{2}\boldsymbol{x}^{\mathrm{T}}(t_f)\boldsymbol{S}\boldsymbol{x}(t_f) + \frac{1}{2}\int_{t_0}^{t_f} [\boldsymbol{x}^{\mathrm{T}}(t)\boldsymbol{Q}\boldsymbol{x}(t) + \boldsymbol{u}^{\mathrm{T}}(t)\boldsymbol{R}\boldsymbol{u}(t)]\,\mathrm{d}t \tag{6.12}$$

式中，$\boldsymbol{S}=\boldsymbol{S}^{\mathrm{T}} \geqslant 0$，$\boldsymbol{Q}=\boldsymbol{Q}^{\mathrm{T}} \geqslant 0$，$\boldsymbol{R}=\boldsymbol{R}^{\mathrm{T}} > 0$ 为加权矩阵。为了便于设计，加权矩阵 $\boldsymbol{S}$、$\boldsymbol{Q}$ 和 $\boldsymbol{R}$ 通常取为对角阵。性能指标式（6.12）表示对于运行在某一平稳状态的线性控制系统，在系统受扰偏离原平衡态时，控制律 $\boldsymbol{u}^*(t)$ 使系统恢复到原平衡状态附近时所要求的性能。其中，$\boldsymbol{x}^{\mathrm{T}}(t)\boldsymbol{Q}\boldsymbol{x}(t)$ 表示控制过程的状态偏差；$\boldsymbol{u}^{\mathrm{T}}(t)\boldsymbol{R}\boldsymbol{u}(t)$ 表示控制过程消耗的控制能量；

$\boldsymbol{x}^{\mathrm{T}}(t_{\mathrm{f}})\boldsymbol{S}\boldsymbol{x}(t_{\mathrm{f}})$表示控制过程中的终端状态偏差；$\dfrac{1}{2}$是为了便于进行二次型函数运算而加入的标量因子。采用式（6.12）作为性能指标的状态调节器系统有多种应用，如导弹的横滚控制回路、发电厂的电压调节系统。

2）输出调节器

$$J=\frac{1}{2}\boldsymbol{y}^{\mathrm{T}}(t_{\mathrm{f}})\boldsymbol{S}\boldsymbol{y}(t_{\mathrm{f}})+\frac{1}{2}\int_{t_0}^{t_{\mathrm{f}}}[\boldsymbol{y}^{\mathrm{T}}(t)\boldsymbol{Q}\boldsymbol{y}(t)+\boldsymbol{u}^{\mathrm{T}}(t)\boldsymbol{R}\boldsymbol{u}(t)]\mathrm{d}t \tag{6.13}$$

式中，加权矩阵 $\boldsymbol{S}$、$\boldsymbol{Q}$ 和 $\boldsymbol{R}$ 的要求同式（6.12）。式（6.13）中各组成部分的物理意义与性能指标与式（6.12）类似。由于输出调节器问题可以转化成等效的状态调节器问题，那么所有对状态调节器成立的结论都可以推广到输出调节器。

3）输出跟踪系统

$$J=\frac{1}{2}\boldsymbol{e}^{\mathrm{T}}(t_{\mathrm{f}})\boldsymbol{S}\boldsymbol{e}(t_{\mathrm{f}})+\frac{1}{2}\int_{t_0}^{t_{\mathrm{f}}}[\boldsymbol{e}^{\mathrm{T}}(t)\boldsymbol{Q}\boldsymbol{e}(t)+\boldsymbol{u}^{\mathrm{T}}(t)\boldsymbol{R}\boldsymbol{u}(t)]\mathrm{d}t \tag{6.14}$$

式中，$\boldsymbol{e}(t)=\boldsymbol{z}(t)-\boldsymbol{y}(t)$为跟踪误差；$\boldsymbol{z}(t)$为理想输出向量，与实际输出向量 $\boldsymbol{y}(t)$同维；加权矩阵 $\boldsymbol{S}$、$\boldsymbol{Q}$ 和 $\boldsymbol{R}$ 的要求同式（6.12）。式（6.14）中各组成部分的物理意义与性能指标与式（6.12）类似。许多实际控制系统，如飞机、导弹和航天器的指令信号跟踪、模型跟踪控制系统中的状态或输出跟踪等，均采用式（6.14）形式的性能指标。

6.1.3 最优控制的提法

所谓最优控制的提法，就是将通常的最优控制问题抽象成一个数学问题，并用数学语言严格地表示出来。最优控制可分为静态最优和动态最优两类。

1. 静态最优

静态最优是指在稳定工况下实现最优，它反映系统达到稳态后的静态关系。大多数生产过程中的被控对象可以用静态最优控制来处理，并且具有足够的精度。

静态最优控制一般可用一个目标函数 $J=f(\boldsymbol{x})$和若干个不等式约束条件或不等式约束条件来描述。要求在满足约束条件下，使目标函数 J 为最大或最小。

【例 6.1】 已知函数 $f(\boldsymbol{x})=x_1^2+x_2^2$，约束条件为 $x_1+x_2=3$。求函数的条件极值。

解： 求解此类问题有多种方法，如消元法和拉格朗日乘子法。

方法一：消元法。

根据题意，由约束条件得

$$x_2=3-x_1$$

将上式的 x_2 代入已知函数，得

$$f(\boldsymbol{x})=x_1^2+(3-x_1)^2$$

为了求极值，现将$f(\boldsymbol{x})$对 x_1 微分，并令微分结果等于零，得

$$\frac{\partial f}{\partial x_1}=2x_1-2(3-x_1)=0$$

求解上式可得

$$x_1=\frac{3}{2}$$

则

$$x_2=3-\frac{3}{2}=\frac{3}{2}$$

方法二：拉格朗日乘子法。

首先引入一个拉格朗日乘子 λ，得到一个可调整的新函数

$$H(x_1,x_2,\lambda)=x_1^2+x_2^2+\lambda(x_1+x_2-3)$$

此时，H 称为没有约束条件的三元函数，它与 x_1,x_2 和 λ 有关。这样求 H 极值的问题即为求无条件极值的问题，其极值条件为

$$\frac{\partial H}{\partial x_1}=2x_1+\lambda=0,\quad \frac{\partial H}{\partial x_2}=2x_2+\lambda=0,\quad \frac{\partial H}{\partial \lambda}=x_1+x_2-3=0$$

联立求解上式可得

$$x_1=x_2=\frac{3}{2},\quad \lambda=-3$$

计算结果表明，两种方法所得结果一样。但消元法只适用于简单的情况，而拉格朗日乘子法具有普遍意义。

由例 6.1 可见，静态最优是一个函数求极值问题。求解静态最优控制问题常用的方法有经典微分法、线性规划、分割法（优选法）和插值法等。而关于静态最优问题的其他求解方法可参考其他有关书籍。

2. 动态最优

动态最优是指系统从一个工况变化到另一个工况的过程中，应满足最优要求。动态最优控制要求寻求控制作用的一个或一组函数，而不是一个或一组数值，使性能指标在满足约束条件下为最优值，在数学上这属于泛函求极值的问题。

根据以上最优控制问题的基本组成部分，动态最优控制问题的数学描述是在一定的约束条件下，被控系统的状态方程

$$\dot{\boldsymbol{x}}(t)=\boldsymbol{f}[\boldsymbol{x}(t),\boldsymbol{u}(t),t]$$

和目标函数

$$J=F[\boldsymbol{x}(t_f),t_f]+\int_{t_0}^{t_f}L[\boldsymbol{x}(t),\boldsymbol{u}(t),t]\mathrm{d}t$$

为最小的最优控制向量 $\boldsymbol{u}^*(t)$。

当系统数学模型、约束条件及性能指标确定后，求解最优控制问题的方法有以下 3 类：

（1）解析法

解析法适用于性能指标和约束条件有明显的解析表达式情况。一般先用求导方法或变分法求出最优控制的必要条件，得到一组方程式或不等式，然后求解这组方程式或不等式，得到最优控制的解析解。解析法大致可分为两类：当控制无约束时，采用经典微分法和经典变分法；当控制有约束时，采用极小值原理或动态规划。如果系统是线性的，性能指标是二次型形式，则可采用状态调节器理论求解。

（2）数值计算法

若性能指标比较复杂，或无法用变量显函数表示，则可以采用直接搜索的方法，经过若干次迭代，搜索到最优点。数值计算法又可分为区间消去法和爬山法。区间消去法又称为一维搜索法，适用于求解单变量极值问题，主要包括 Fibonacci 法、黄金分割法和多项式插值法。爬山法也称为多维搜索法，适用于求解多变量极值问题，主要有坐标轮换法、步长加速法和方向加速法等。有兴趣的读者可参考相关书籍。

（3）梯度法

这是一种解析和数值计算相结合的方法，包括无约束梯度法和有约束梯度法两种方法。无

约束梯度法主要有陡降法、拟牛顿法、共轭梯度法和变尺度法等。有约束梯度法主要有可行方向法和梯度投影法等。有兴趣的读者亦可参考相关书籍。

6.2 泛函及其极值——变分法

当系统数学模型是微分方程描述的，性能指标由泛函来表示时，确定控制无约束条件的最优解问题，就成为在微分方程约束下求泛函的条件极值问题。变分法是研究泛函极值的一种经典方法，可以求解泛函的极大值和极小值。

6.2.1 泛函和变分

1. 泛函

设对自变量 t，存在一类函数 $\{\boldsymbol{x}(t)\}$，如果对于每个函数 $\boldsymbol{x}(t)$，有一个 J 值与之对应，则变量 J 称为依赖于函数 $\boldsymbol{x}(t)$ 的泛函数，简称泛函，记作 $J=J[\boldsymbol{x}(t)]$。

由上述定义可知，泛函为标量，可以理解为“函数的函数”，其值由函数的选取而定。例如，函数的定积分是一个泛函。设

$$J[\boldsymbol{x}(t)] = \int_0^1 \boldsymbol{x}(t)\,\mathrm{d}t \tag{6.15}$$

当 $\boldsymbol{x}(t)=t$ 时，有 $J[\boldsymbol{x}(t)]=1/2$；当 $\boldsymbol{x}(t)=\cos t$ 时，有 $J[\boldsymbol{x}(t)]=\sin 1$。

指标泛函可以看作是赋范线性空间中的某个子集到实数集的映射算子，其定义如下：设 $\mathbf{R}^n$ 为 n 维赋范线性空间，$\mathbf{R}$ 为实数集，若存在一一对应的关系

$$y=J[\boldsymbol{x}(t)],\quad \forall \boldsymbol{x}\in\mathbf{R}^n,\quad y\in\mathbf{R} \tag{6.16}$$

则称 $J[\boldsymbol{x}(t)]$ 为 $\mathbf{R}^n$ 到 $\mathbf{R}$ 的泛函算子，记作 $J[\boldsymbol{x}(t)]:\mathbf{R}^n\to\mathbf{R}$。

为了对泛函进行运算，常要求泛函 $J[\boldsymbol{x}(t)]$ 具有连续性和线性。

定义 6.1 如果式（6.16）满足下列线性条件：

1）$J[\boldsymbol{x}_1(t)+\boldsymbol{x}_2(t)]=J[\boldsymbol{x}_1(t)]+J[\boldsymbol{x}_2(t)],\quad \forall \boldsymbol{x}\in\mathbf{R}^n,\quad y\in\mathbf{R}$

2）$J[\alpha\boldsymbol{x}(t)]=\alpha J[\boldsymbol{x}(t)],\quad \forall \boldsymbol{x}\in\mathbf{R}^n$

则称 $J[\boldsymbol{x}(t)]:\mathbf{R}^n\to\mathbf{R}$ 为线性泛函算子，其中，α 为标量。

2. 泛函的变分

研究泛函的极值问题，需要采用变分法。变分在泛函研究中的作用，如同微分在函数研究中的作用一样。泛函变分与函数微分的定义式几乎完全相当。

（1）泛函变分的定义

若连续泛函 $J[\boldsymbol{x}(t)]$ 的增量可以表示为

$$\Delta J=J[\boldsymbol{x}(t)+\delta\boldsymbol{x}(t)]-J[\boldsymbol{x}(t)]=L[\boldsymbol{x}(t),\delta\boldsymbol{x}(t)]+r[\boldsymbol{x}(t),\delta\boldsymbol{x}(t)] \tag{6.17}$$

式中，$L[\boldsymbol{x}(t),\delta\boldsymbol{x}(t)]$ 是泛函增量的线性部分，它是 $\delta\boldsymbol{x}(t)$ 的线性连续泛函；$r[\boldsymbol{x}(t),\delta\boldsymbol{x}(t)]$ 是关于 $\delta\boldsymbol{x}(t)$ 的高阶无穷小。把第一项 $L[\boldsymbol{x}(t),\delta\boldsymbol{x}(t)]$ 称为**泛函的变分**，并记为

$$\delta J=L[\boldsymbol{x}(t),\delta\boldsymbol{x}(t)]$$

由于泛函变分是泛函增量的线性部分，所以泛函的变分也可以称为泛函的微分。当泛函具有微分时，即其增量 ΔJ 可用式（6.17）表达时，则称泛函是可微的。

（2）泛函变分的求法

定理 6.1 设 $J[\boldsymbol{x}(t)]$ 是赋范线性空间 $\mathbf{R}^n$ 上的连续泛函，若 $J[\boldsymbol{x}(t)]$ 在 $\boldsymbol{x}=\boldsymbol{x}_0$ 处可微，则 $J[\boldsymbol{x}(t)]$ 的变分等于泛函 $J[\boldsymbol{x}(t)+\alpha\delta\boldsymbol{x}(t)]$ 对 α 的导数在 $\alpha=0$ 时的值，即

$$\delta J=\frac{\partial}{\partial \alpha}J[\boldsymbol{x}(t)+\alpha\delta\boldsymbol{x}(t)]\big|_{\alpha=0},\quad 0\leqslant\alpha\leqslant 1 \tag{6.18}$$

证明：因 $J[\boldsymbol{x}(t)]$在 $\boldsymbol{x}=\boldsymbol{x}_0$ 处可微，故必在 $\boldsymbol{x}=\boldsymbol{x}_0$ 处存在变分。因 $J[\boldsymbol{x}(t)]$连续，故由式（6.18）可得的增量为

$$\Delta J=J[\boldsymbol{x}(t)+\alpha\delta\boldsymbol{x}(t)]-J[\boldsymbol{x}(t)]=L[\boldsymbol{x}(t),\alpha\delta\boldsymbol{x}(t)]+r[\boldsymbol{x}(t),\alpha\delta\boldsymbol{x}(t)]$$

由于 $L[\boldsymbol{x}(t),\alpha\delta\boldsymbol{x}(t)]$是 $\alpha\delta\boldsymbol{x}(t)$的线性连续函数，因此有

$$L[\boldsymbol{x}(t),\alpha\delta\boldsymbol{x}(t)]=\alpha L[\boldsymbol{x}(t),\delta\boldsymbol{x}(t)]$$

又由于 $r[\boldsymbol{x}(t),\alpha\delta\boldsymbol{x}(t)]$是 $\alpha\delta\boldsymbol{x}(t)$的高阶无穷小量，所以有

$$\lim_{\alpha\to 0}\frac{r[\boldsymbol{x}(t),\alpha\delta\boldsymbol{x}(t)]}{\alpha}=\lim_{\alpha\to 0}\frac{r[\boldsymbol{x}(t),\alpha\delta\boldsymbol{x}(t)]}{\alpha\delta\boldsymbol{x}(t)}\delta\boldsymbol{x}(t)=0$$

于是

$$\delta J=\frac{\partial}{\partial \alpha}J[\boldsymbol{x}(t)+\alpha\delta\boldsymbol{x}(t)]\bigg|_{\alpha=0}=\lim_{\Delta\alpha\to 0}\frac{\Delta J}{\Delta\alpha}=\lim_{\alpha\to 0}\frac{\Delta J}{\alpha}$$
$$=\lim_{\alpha\to 0}\frac{L[\boldsymbol{x}(t),\alpha\delta\boldsymbol{x}(t)]}{\alpha}+\lim_{\alpha\to 0}\frac{r[\boldsymbol{x}(t),\alpha\delta\boldsymbol{x}(t)]}{\alpha}=L[\boldsymbol{x}(t),\delta\boldsymbol{x}(t)]$$

由此可见，利用函数的微分法则，可以方便地计算泛函的变分。

（3）泛函的极值的定义和必要条件

定义 6.2 如果泛函 $J[\boldsymbol{x}(t)]$在任何一条与 $\boldsymbol{x}=\boldsymbol{x}_0(t)$接近的曲线上的值不小于 $J[\boldsymbol{x}_0(t)]$，即

$$J[\boldsymbol{x}(t)]-J[\boldsymbol{x}_0(t)]\geqslant 0$$

则称泛函 $J[\boldsymbol{x}(t)]$在曲线 $\boldsymbol{x}_0(t)$上达到极小值。反之，若

$$J[\boldsymbol{x}(t)]-J[\boldsymbol{x}_0(t)]\leqslant 0$$

则称泛函 $J[\boldsymbol{x}(t)]$在曲线 $\boldsymbol{x}_0(t)$上达到极大值。

定理 6.2 设 $J[\boldsymbol{x}(t)]$是赋范线性空间 $\mathbf{R}^n$ 上某个开子集 D 中定义的可微泛函，且在 $\boldsymbol{x}_0(t)$上达到极小（大）值，则在 $\boldsymbol{x}=\boldsymbol{x}_0(t)$上的变分等于零，即

$$\delta J=0$$

证明：由于对于给定的 $\delta\boldsymbol{x}$ 来说，$J[\boldsymbol{x}_0+\alpha\delta\boldsymbol{x}(t)]$是实变量 α 的函数，根据假设可知，若泛函 $J[\boldsymbol{x}_0+\alpha\delta\boldsymbol{x}(t)]$在 $\alpha=0$ 时达到极值，则在 $\alpha=0$ 时导数为零，即

$$\frac{\partial}{\partial \alpha}J[\boldsymbol{x}_0(t)+\alpha\delta\boldsymbol{x}(t)]\bigg|_{\alpha=0}=0 \tag{6.19}$$

式（6.19）的左边部分就等于泛函 $J[\boldsymbol{x}(t)]$的变分，加之 $\delta\boldsymbol{x}(t)$是任意给定的，所以上述假设是成立的。

式（6.19）表明，泛函一次变分为零，是泛函达到极值的必要条件。

【例 6.2】已知连续泛函为

$$J=\int_{t_0}^{t_f}L[x,\dot{x},t]\,\mathrm{d}t$$

式中，x 和 $\dot{x}$ 为标量函数。试求泛函变分 δJ。

解：根据定理 6.1，可得

$$\delta J=\frac{\partial}{\partial \alpha}\int_{t_0}^{t_f}L[x,\dot{x},t]\,\mathrm{d}t\bigg|_{\alpha=0}$$
$$=\int_{t_0}^{t_f}\left[\frac{\partial L}{\partial x}\frac{\partial(x+\alpha\delta x)}{\partial\alpha}+\frac{\partial L}{\partial \dot{x}}\frac{\partial(\dot{x}+\alpha\delta\dot{x})}{\partial\alpha}\right]\mathrm{d}t\bigg|_{\alpha=0}=\int_{t_0}^{t_f}\left(\frac{\partial L}{\partial x}\delta x+\frac{\partial L}{\partial \dot{x}}\delta\dot{x}\right)\mathrm{d}t$$

【例 6.3】试求泛函 $J=\int_{t_1}^{t_2} x^2(t)\,\mathrm{d}t$ 的变分。

解：根据式（6.17）和题意可知

$$\Delta J=J[x(t)+\delta x(t)]-J[x(t)]=\int_{t_1}^{t_2}[x(t)+\delta x(t)]^2\mathrm{d}t-\int_{t_1}^{t_2}x^2(t)\,\mathrm{d}t$$

$$=\int_{t_1}^{t_2}2x(t)\delta x(t)\,\mathrm{d}t+\int_{t_1}^{t_2}[\delta x(t)]^2\mathrm{d}t$$

泛函增量的线性部分为

$$L[x(t),\delta x(t)]=\int_{t_1}^{t_2}2x(t)\delta x(t)\,\mathrm{d}t$$

所以

$$\delta J=\int_{t_1}^{t_2}2x(t)\delta x(t)\,\mathrm{d}t$$

若按式（6.18），则泛函的变分为

$$\delta J=\frac{\partial}{\partial\alpha}J[x(t)+\alpha\delta x(t)]\bigg|_{\alpha=0}=\frac{\partial}{\partial\alpha}\int_{t_1}^{t_2}[x(t)+\alpha\delta x(t)]^2\mathrm{d}t\bigg|_{\alpha=0}$$

$$=\int_{t_1}^{t_2}\frac{\partial}{\partial\alpha}[x(t)+\alpha\delta x(t)]^2\mathrm{d}t\bigg|_{\alpha=0}$$

$$=\int_{t_1}^{t_2}2[x(t)+\alpha\delta x(t)]\delta x(t)\,\mathrm{d}t\bigg|_{\alpha=0}$$

$$=\int_{t_1}^{t_2}2x(t)\delta x(t)\,\mathrm{d}t$$

从上面的求解可知，两种方法的结果是一样的。

6.2.2 固定端点的变分问题

对于终端时刻 t_f 和终端状态已固定，即 $\boldsymbol{x}(t_\mathrm{f})=\boldsymbol{x}_\mathrm{f}$，其性能指标中就不存在终端值项。故仅需讨论积分型性能指标泛函

$$J=\int_{t_0}^{t_\mathrm{f}}L[\boldsymbol{x}(t),\dot{\boldsymbol{x}}(t),t]\,\mathrm{d}t \tag{6.20}$$

又因为 $\dot{\boldsymbol{x}}(t)=\boldsymbol{f}[\boldsymbol{x}(t),\boldsymbol{u}(t),t]$，所以 J 又可以写成

$$J=\int_{t_0}^{t_\mathrm{f}}L[\boldsymbol{x}(t),\boldsymbol{u}(t),t]\,\mathrm{d}t$$

在区间 $[t_0,t_\mathrm{f}]$ 上，被积函数 $L[\boldsymbol{x}(t),\dot{\boldsymbol{x}}(t),t]$ 是二次连续可微的，轨线 $\boldsymbol{x}(t)$ 有连续的二阶导数，$\boldsymbol{x}(t)\in\mathbf{R}^n$，对 $\boldsymbol{x}(t)$ 没有任何约束。要求确定极值轨迹 $\boldsymbol{x}^*(t)$，使函数 J 达到极小值。

定理 6.3 设初始时刻 t_0 和初始状态 $\boldsymbol{x}(t_0)=\boldsymbol{x}_0$ 固定，且终端时刻 t_f 和终端状态 $\boldsymbol{x}(t_\mathrm{f})=\boldsymbol{x}_\mathrm{f}$ 固定，使积分型性能指标泛函式（6.20）取极值的必要条件是容许极值轨线 $\boldsymbol{x}^*(t)$ 满足如下欧拉方程和横截条件：

1）欧拉方程

$$\frac{\partial L}{\partial\boldsymbol{x}}-\frac{\mathrm{d}}{\mathrm{d}t}\frac{\partial L}{\partial\dot{\boldsymbol{x}}}=\boldsymbol{0}$$

2）横截条件

$$\left(\frac{\partial L}{\partial\dot{\boldsymbol{x}}}\right)^\mathrm{T}\delta\boldsymbol{x}\bigg|_{t_0}^{t_\mathrm{f}}=0$$

证明：设$\boldsymbol{x}^*(t)$是使J取极小值J^*的最佳轨迹曲线，现在$\boldsymbol{x}^*(t)$邻近作一微小摄动$\varepsilon\boldsymbol{\eta}(t)$，并令

$$\boldsymbol{x}(t)=\boldsymbol{x}^*(t)+\varepsilon\boldsymbol{\eta}(t) \tag{6.21}$$

式中，ε是一个很小的参数，$\boldsymbol{\eta}(t)$为任意选定的连续可微n维向量函数且满足

$$\boldsymbol{\eta}(t_0)=\boldsymbol{\eta}(t_f)=\boldsymbol{0} \tag{6.22}$$

将$\boldsymbol{x}(t)=\boldsymbol{x}^*(t)+\varepsilon\boldsymbol{\eta}(t)$和$\dot{\boldsymbol{x}}(t)=\dot{\boldsymbol{x}}^*(t)+\varepsilon\dot{\boldsymbol{\eta}}(t)$代入性能指标泛函式（6.20）可得

$$J(\varepsilon)=\int_{t_0}^{t_f}L[\boldsymbol{x}^*(t)+\varepsilon\boldsymbol{\eta}(t),\dot{\boldsymbol{x}}^*(t)+\varepsilon\dot{\boldsymbol{\eta}}(t),t]\mathrm{d}t$$

积分型性能指标泛函便成了ε的函数，且在$\boldsymbol{x}^*(t)$上达到极值，即$\varepsilon=0$时，$J(0)=J^*$。取泛函增量为

$$\begin{aligned}\Delta J(\varepsilon)&=J(\varepsilon)-J(0)\\&=\int_{t_0}^{t_f}L[\boldsymbol{x}^*(t)+\varepsilon\boldsymbol{\eta}(t),\dot{\boldsymbol{x}}^*(t)+\varepsilon\dot{\boldsymbol{\eta}}(t),t]\mathrm{d}t-\int_{t_0}^{t_f}L[\boldsymbol{x}^*(t),\dot{\boldsymbol{x}}^*(t),t]\mathrm{d}t\end{aligned} \tag{6.23}$$

将式（6.23）在$\varepsilon=0$的邻域内进行泰勒（Taylor）级数展开，有

$$\Delta J(\varepsilon)=\int_{t_0}^{t_f}\left[\left(\frac{\partial L}{\partial \boldsymbol{x}}\right)^{\mathrm{T}}\varepsilon\boldsymbol{\eta}(t)+\left(\frac{\partial L}{\partial \dot{\boldsymbol{x}}}\right)^{\mathrm{T}}\varepsilon\dot{\boldsymbol{\eta}}(t)+R\right]\mathrm{d}t \tag{6.24}$$

式中，R表示泰勒级数展开式中的高阶项。

记$\boldsymbol{x}(t)$和$\dot{\boldsymbol{x}}(t)$的一阶变分为

$$\delta\boldsymbol{x}=\varepsilon\boldsymbol{\eta}(t),\quad \delta\dot{\boldsymbol{x}}=\varepsilon\dot{\boldsymbol{\eta}}(t) \tag{6.25}$$

由泛函变分的定义可知，性能指标泛函的一阶变分是式（6.24）泛函增量$\Delta J(\varepsilon)$的线性主部，即

$$\delta J=\int_{t_0}^{t_f}\left[\left(\frac{\partial L}{\partial \boldsymbol{x}}\right)^{\mathrm{T}}\delta\boldsymbol{x}+\left(\frac{\partial L}{\partial \dot{\boldsymbol{x}}}\right)^{\mathrm{T}}\delta\dot{\boldsymbol{x}}\right]\mathrm{d}t \tag{6.26}$$

对式（6.26）积分项的第二项进行分部积分后可得

$$\delta J=\int_{t_0}^{t_f}\left(\frac{\partial L}{\partial \boldsymbol{x}}-\frac{\mathrm{d}}{\mathrm{d}t}\frac{\partial L}{\partial \dot{\boldsymbol{x}}}\right)^{\mathrm{T}}\delta\boldsymbol{x}\mathrm{d}t+\left(\frac{\partial L}{\partial \dot{\boldsymbol{x}}}\right)^{\mathrm{T}}\delta\boldsymbol{x}\bigg|_{t_0}^{t_f} \tag{6.27}$$

由定理6.2可得，泛函J取极值的必要条件是其一次变分δJ为零，故令$\delta J=0$并考虑到式（6.27）中$\delta\boldsymbol{x}$是任意的，则无约束条件的性能泛函式（6.20）取极值的必要条件为

$$\frac{\partial L}{\partial \boldsymbol{x}}-\frac{\mathrm{d}}{\mathrm{d}t}\frac{\partial L}{\partial \dot{\boldsymbol{x}}}=0\ （欧拉方程） \tag{6.28}$$

$$\left(\frac{\partial L}{\partial \dot{\boldsymbol{x}}}\right)^{\mathrm{T}}\partial\boldsymbol{x}\bigg|_{t_0}^{t_f}=0\ （横截方程） \tag{6.29}$$

证毕。

在固定端点问题中，由于$\boldsymbol{x}(t_0)=\boldsymbol{x}_0$，$\boldsymbol{x}(t_f)=\boldsymbol{x}_f$可得$\delta\boldsymbol{x}(t_0)=\boldsymbol{0}$，$\delta\boldsymbol{x}(t_f)=\boldsymbol{0}$，故泛函极值的必要条件就是欧拉方程。

变分法是从推导泛函极值的必要条件开始。欧拉方程是无约束泛函极值及有约束泛函极值的必要条件，解欧拉方程是变分法解最优控制问题的一种重要方法。欧拉方程是一个二阶微分方程，求解时所需的两点边界值由横截条件提供。因此，欧拉方程和横截条件是求解泛函极值问题的基础。

在$t_0,t_f,\boldsymbol{x}(t_0)=\boldsymbol{x}_0,\boldsymbol{x}(t_f)=\boldsymbol{x}_f$均固定的情况下，有$\delta\boldsymbol{x}(t_0)=\boldsymbol{0}$和$\delta\boldsymbol{x}(t_f)=\boldsymbol{0}$，横截条件式（6.29）退化为已知两点边界值$\boldsymbol{x}(t_0)=\boldsymbol{x}_0$和$\boldsymbol{x}(t_f)=\boldsymbol{x}_f$，即求解欧拉方程的边界条件为$\boldsymbol{x}(t_0)=$

$\boldsymbol{x}_0$，$\boldsymbol{x}(t_f)=\boldsymbol{x}_f$。

在讨论固定端点问题的基础上，讨论自由端点问题。若 t_0,t_f 均固定但有一个端点［$\boldsymbol{x}(t_0)$ 或 $\boldsymbol{x}(t_f)$］或两个端点自由时，没有约束条件的性能泛函式（6.20）极值仍应满足欧拉方程式（6.28）及横截条件式（6.29），求解欧拉方程所欠缺的边界条件则由横截条件补足。例如，若 $t_0,t_f,\boldsymbol{x}(t_0)=\boldsymbol{x}_0$ 均固定，终端 $\boldsymbol{x}(t_f)=\boldsymbol{x}_f$ 自由，这时有 $\delta\boldsymbol{x}(t_0)=\boldsymbol{0}$，$\boldsymbol{x}(t_f)\neq\boldsymbol{0}$，则由横截条件式（6.29）有

$$\left.\frac{\partial L}{\partial \dot{\boldsymbol{x}}}\right|_{t=t_f}=0 \tag{6.30}$$

式（6.30）和已知的始点边界 $\boldsymbol{x}(t_0)=\boldsymbol{x}_0$ 合起来构成该情况下的边界条件。

应该指出，欧拉方程和横截条件只是泛函存在极值的必要条件，并非充分条件。满足必要条件的函数是否确使泛函取得极值，以及其极值究竟是极大值还是极小值，尚应根据充分条件判定。但在处理多数工程问题时。一般可从实际问题的物理含义判断泛函极值的存在性，并直接利用欧拉方程和横截条件求出极值轨线。

【例 6.4】 设性能泛函为

$$J=\int_0^{\frac{\pi}{2}}(\dot{x}_1^2+\dot{x}_2^2+2x_1x_2)\,\mathrm{d}t$$

边界条件为 $x_1(0)=x_2(0)=0$，$x_1\left(\frac{\pi}{2}\right)=x_2\left(\frac{\pi}{2}\right)=1$，求 J 为极值时的曲线 $\boldsymbol{x}^*(t)$。

解： 本例泛函为二元泛函，即 $\boldsymbol{x}=[x_1\quad x_2]^{\mathrm{T}}$，被积函数为

$$L=\dot{x}_1^2+\dot{x}_2^2+2x_1x_2$$

则

$$\frac{\partial L}{\partial \boldsymbol{x}}=\begin{bmatrix}\dfrac{\partial L}{\partial x_1}\\[2mm]\dfrac{\partial L}{\partial x_2}\end{bmatrix}=\begin{bmatrix}2x_2\\2x_1\end{bmatrix},\quad \frac{\partial L}{\partial \dot{\boldsymbol{x}}}=\begin{bmatrix}\dfrac{\partial L}{\partial \dot{x}_1}\\[2mm]\dfrac{\partial L}{\partial \dot{x}_2}\end{bmatrix}=\begin{bmatrix}2\dot{x}_1\\2\dot{x}_2\end{bmatrix},\quad \frac{\mathrm{d}}{\mathrm{d}t}\frac{\partial L}{\partial \dot{\boldsymbol{x}}}=\frac{\mathrm{d}}{\mathrm{d}t}\begin{bmatrix}2\dot{x}_1\\2\dot{x}_2\end{bmatrix}=\begin{bmatrix}2\ddot{x}_1\\2\ddot{x}_2\end{bmatrix}$$

代入欧拉方程

$$\frac{\partial L}{\partial \boldsymbol{x}}-\frac{\mathrm{d}}{\mathrm{d}t}\frac{\partial L}{\partial \dot{\boldsymbol{x}}}=0$$

得

$$\begin{bmatrix}2x_2\\2x_1\end{bmatrix}-\begin{bmatrix}2\ddot{x}_1\\2\ddot{x}_2\end{bmatrix}=\begin{bmatrix}0\\0\end{bmatrix}$$

展开并联立方程组为

$$\begin{cases}\ddot{x}_1-x_2=0\\ \ddot{x}_2-x_1=0\end{cases}$$

其通解为

$$x_1(t)=c_1\mathrm{e}^t+c_2\mathrm{e}^{-t}+c_3\sin t+c_4\cos t$$

$$x_2(t)=\ddot{x}_1=c_1\mathrm{e}^t+c_2\mathrm{e}^{-t}-c_3\sin t-c_4\cos t$$

代入已知的两点边界值，求出

$$c_1=\frac{1}{\mathrm{e}^{\pi/2}-\mathrm{e}^{-\pi/2}}=\frac{1}{2\mathrm{sh}(\pi/2)},\quad c_2=-\frac{1}{2\mathrm{sh}(\pi/2)},\quad c_3=c_4=0$$

故极值曲线为

$$x_1^*(t)=x_2^*(t)=\frac{\mathrm{sh}(t)}{\mathrm{sh}(\pi/2)}$$

6.2.3 可变端点的变分问题

若初始时刻 t_0 给定，始端状态 $\boldsymbol{x}(t_0)$ 固定或沿规定的边界曲线移动，而终端时刻 t_f 自由，终端状态 $\boldsymbol{x}(t_f)$ 自由或沿规定的边界曲线移动，则这类最优控制问题称为未给定终端时刻的泛函极值问题。对于这类问题，为使性能泛函达到极值，不仅要确定最优轨线 $\boldsymbol{x}^*(t)$，而且应确定最优终端时刻 t_f^*。

定理 6.4 设轨线 $\boldsymbol{x}(t)$ 从固定始端 $\boldsymbol{x}(t_0)=x_0$ 到达给定终端曲线 $\boldsymbol{x}(t_f)=\boldsymbol{C}(t_f)$ 上，使性能泛函

$$J=\int_{t_0}^{t_f}L(\boldsymbol{x}(t),\dot{\boldsymbol{x}}(t),t)\,\mathrm{d}t \tag{6.31}$$

取极值的必要条件是容许极值轨线 $\boldsymbol{x}(t)$ 满足：

1）欧拉方程

$$\frac{\partial L}{\partial \boldsymbol{x}}-\frac{\mathrm{d}}{\mathrm{d}t}\frac{\partial L}{\partial \dot{\boldsymbol{x}}}=0$$

2）终端横截条件

$$\left(L+[\dot{\boldsymbol{C}}(t)-\dot{\boldsymbol{x}}(t)]\frac{\partial L}{\partial \dot{\boldsymbol{x}}}\right)\bigg|_{t=t_f}=0$$

式中，$\boldsymbol{x}(t)$ 应具有连续的二阶导数，L 至少应二次连续可微，$\boldsymbol{C}(t)$ 应具有连续的一阶导数。

定理 6.4 的证明从略，这里只对该定理作如下说明：

1）定理 6.4 适用于初始时刻 t_0 和始端状态 $\boldsymbol{x}(t_0)=\boldsymbol{x}_0$ 给定，终端时刻 t_f 自由终态 $\boldsymbol{x}(t_f)$ 应落在端点约束曲线 $\boldsymbol{C}(t)$ 上［即终端约束方程 $\boldsymbol{x}(t_f)=\boldsymbol{C}(t_f)$］的情况，这时仅已知始点 $\boldsymbol{x}(t_0)=\boldsymbol{x}_0$，而终点未知，因此，求解欧拉方程所欠缺的边界条件应由终端横截条件补足。终端横截条件确立了在终端处 $\dot{\boldsymbol{C}}(t)$ 和 $\dot{\boldsymbol{x}}(t)$ 之间的关系，并影响着 $\boldsymbol{x}^*(t)$ 和终端约束曲线 $\boldsymbol{C}(t)$ 在 t_f 时刻的交点。

2）可将定理 6.4 对 $\boldsymbol{x}(t)$ 是标量函数时所得到的公式推广到 $\boldsymbol{x}(t)$、$\boldsymbol{C}(t)$ 是 n 维向量函数的情况，即可得向量形式的泛函极值必要条件

$$\frac{\partial L}{\partial \boldsymbol{x}}-\frac{\mathrm{d}}{\mathrm{d}t}\frac{\partial L}{\partial \dot{\boldsymbol{x}}}=\boldsymbol{0}\ \text{（欧拉方程）} \tag{6.32}$$

和

$$\left(L+[\dot{\boldsymbol{C}}(t)-\dot{\boldsymbol{x}}(t)]^{\mathrm{T}}\frac{\partial L}{\partial \dot{\boldsymbol{x}}}\right)\bigg|_{t=t_f}=0\ \text{（终端横截条件）} \tag{6.33}$$

6.3 变分法在最优控制中的应用

前面讨论了无约束条件的变分和泛函极值问题。为了实现系统的最优控制，首先应该有描述系统特性的状态方程，其次是优化的控制目标。也就是说，最优控制的容许函数 $\boldsymbol{x}(t)$ 除了要满足前面已讨论的端点限制条件外，还应满足某些约束条件如系统的状态方程，它可以看成是一种等式约束条件。在这种情况下，可采用拉格朗日算子将具有状态方程约

束（等式约束）的变分问题转化成一种等价的无约束变分问题，从而在等式约束下，将对泛函 J 求极值的最优控制问题转化为在无约束条件下求哈密顿（Hamilton）函数 H 的极值问题。这种方法也称为哈密顿方法，它只适用于对控制变量和状态变量均没有约束的情况，亦即无约束优化问题。

最优控制问题中的性能指标泛函为

$$J = F[\boldsymbol{x}(t_f),t_f] + \int_{t_0}^{t_f} L[\boldsymbol{x}(t),\dot{\boldsymbol{x}}(t),t]\mathrm{d}t \tag{6.34}$$

式中，性能指标泛函 J 所依赖的宗量函数 $\boldsymbol{x}(t)$、$\boldsymbol{u}(t)$ 受被控系统的状态方程约束，即

$$\dot{\boldsymbol{x}}(t)=\boldsymbol{f}[\boldsymbol{x}(t),\boldsymbol{u}(t),t] \tag{6.35}$$

式中，$\boldsymbol{x}\in\mathbf{R}^n$，$\boldsymbol{u}\in\mathbf{R}^r$，$\boldsymbol{f}[\boldsymbol{x}(t),\boldsymbol{u}(t),t]\in\mathbf{R}^n$ 是 $\boldsymbol{x}(t)$、$\boldsymbol{u}(t)$ 和 t 的连续向量函数。最优控制问题是寻求最优控制 $\boldsymbol{u}^*(t)$ 及最优轨线 $\boldsymbol{x}^*(t)$，使系统（6.35）从初始状态 $\boldsymbol{x}(t_0)=\boldsymbol{x}_0$ 转移到终端状态 $\boldsymbol{x}(t_f)$，并使性能泛函 J 达到极值。

若初始时刻 t_0 及始端状态 $\boldsymbol{x}(t_0)=\boldsymbol{x}_0$ 给定，按照终端状态的边界条件，讨论固定和可变终端状态两种情况。

6.3.1 固定终端状态的最优控制问题

对于终端时刻 t_f 和终端状态已固定，即 $\boldsymbol{x}(t_f)=\boldsymbol{x}_f$，其性能指标中就不存在终端值项。故仅需讨论积分型性能指标泛函

$$J = \int_{t_0}^{t_f} L[\boldsymbol{x}(t),\dot{\boldsymbol{x}}(t),t]\mathrm{d}t \tag{6.36}$$

试确定最优控制向量 $\boldsymbol{u}^*(t)$ 及最优状态轨迹 $\boldsymbol{x}^*(t)$，使系统（6.35）由已知初始状态 $\boldsymbol{x}_0$ 转移到终端状态 $\boldsymbol{x}_f$，并使给定的指标泛函式（6.36）达到极值。

仿照求函数条件极值的拉格朗日乘子法，把有约束泛函极值问题转化为无约束泛函极值问题

$$J = \int_{t_0}^{t_f} (L[\boldsymbol{x}(t),\boldsymbol{u}(t),t] + \boldsymbol{\lambda}^{\mathrm{T}}(t)\{\boldsymbol{f}[\boldsymbol{x}(t),\boldsymbol{u}(t),t] - \dot{\boldsymbol{x}}(t)\})\mathrm{d}t \tag{6.37}$$

式中，$\boldsymbol{\lambda}(t)=[\lambda_1(t),\lambda_2(t),\cdots,\lambda_n(t)]^{\mathrm{T}}$ 为拉格朗日乘子向量。

定义一个标量函数

$$H[\boldsymbol{x}(t),\boldsymbol{u}(t),\boldsymbol{\lambda}(t),t]=L[\boldsymbol{x}(t),\boldsymbol{u}(t),t]+\boldsymbol{\lambda}^{\mathrm{T}}(t)\boldsymbol{f}[\boldsymbol{x}(t),\boldsymbol{u}(t),t] \tag{6.38}$$

为哈密顿函数。由式（6.37）和式（6.38）可得

$$J = \int_{t_0}^{t_f} \{H[\boldsymbol{x}(t),\boldsymbol{u}(t),\boldsymbol{\lambda}(t),t] - \boldsymbol{\lambda}^{\mathrm{T}}(t)\dot{\boldsymbol{x}}(t)\}\mathrm{d}t \tag{6.39}$$

将式（6.39）右边最后一项进行分部积分变换可得

$$J = \int_{t_0}^{t_f} \{H[\boldsymbol{x}(t),\boldsymbol{u}(t),\boldsymbol{\lambda}(t),t] + \dot{\boldsymbol{\lambda}}^{\mathrm{T}}(t)\boldsymbol{x}(t)\}\mathrm{d}t - \boldsymbol{\lambda}^{\mathrm{T}}(t)\boldsymbol{x}(t)\Big|_{t_0}^{t_f} \tag{6.40}$$

根据泛函极值存在的必要条件，式（6.40）取极值的必要条件是一阶变分为零，即 $\delta J=0$。式（6.40）中泛函 J 的变分是由控制变量 $\boldsymbol{u}(t)$ 和状态变量 $\boldsymbol{x}(t)$ 的变分 $\delta\boldsymbol{u}(t)$ 和 $\delta\boldsymbol{x}(t)$ 引起的，式（6.40）对 $\delta\boldsymbol{u}(t)$ 和 $\delta\boldsymbol{x}(t)$ 分别取变分，有

$$\delta J = \int_{t_0}^{t_f}\left[\left(\frac{\partial H}{\partial \boldsymbol{u}}\right)^{\mathrm{T}}\delta\boldsymbol{u} + \left(\frac{\partial H}{\partial \boldsymbol{x}}\right)^{\mathrm{T}}\delta\boldsymbol{x} + \dot{\boldsymbol{\lambda}}^{\mathrm{T}}(t)\delta\boldsymbol{x}\right]\mathrm{d}t - \boldsymbol{\lambda}^{\mathrm{T}}(t)\delta\boldsymbol{x}(t)\Big|_{t_0}^{t_f} \tag{6.41}$$

式中，$\delta\boldsymbol{u}(t)=[\delta u_1,\delta u_2,\cdots,\delta u_r]^{\mathrm{T}}$，$\delta\boldsymbol{x}=[\delta x_1,\delta x_2,\cdots,\delta x_n]^{\mathrm{T}}$。

由于应用了拉格朗日乘子法后，状态变量 $\boldsymbol{x}(t)$ 和控制变量 $\boldsymbol{u}(t)$ 可看作彼此独立的，$\delta\boldsymbol{x}(t)$

和 $\delta\boldsymbol{u}(t)$ 不受约束，即 $\delta\boldsymbol{x}(t)$ 和 $\delta\boldsymbol{u}(t)$ 是任意的。从式（6.41）可得泛函极值存在的必要条件是

伴随方程
$$\dot{\boldsymbol{\lambda}}=-\frac{\partial H}{\partial \boldsymbol{x}} \tag{6.42}$$

控制方程
$$\frac{\partial H}{\partial \boldsymbol{u}}=0 \tag{6.43}$$

横截条件
$$\boldsymbol{\lambda}^{\mathrm{T}}(t)\delta\boldsymbol{x}(t)\Big|_{t_0}^{t_f}=0 \tag{6.44}$$

根据哈密顿函数式（6.38），可得

状态方程
$$\dot{\boldsymbol{x}}=\frac{\partial H}{\partial \boldsymbol{\lambda}}=\boldsymbol{f}[\boldsymbol{x}(t),\boldsymbol{u}(t),t] \tag{6.45}$$

式（6.45）和式（6.42）形成正则形式，其右端都是哈密顿函数的适当偏导数，故将式（6.45）和式（6.42）称为正则方程。式（6.45）是状态方程，故将式（6.42）称为伴随方程（协状态方程），相应的拉格朗日乘子向量 $\boldsymbol{\lambda}(t)$ 称为伴随向量（协状态向量）。

式（6.43）称为控制方程。因为从 $\dfrac{\partial H}{\partial \boldsymbol{u}}=0$ 可求出 $\boldsymbol{u}(t)$ 与 $\boldsymbol{x}(t)$ 和 $\boldsymbol{\lambda}(t)$ 的关系，它把状态方程与伴随方程联系起来，也称为耦合方程。同时，由式（6.41）还可知，伴随方程（协状态方程）和耦合方程实质上就是变分法中的欧拉方程。

正则方程的标量形式

$$\frac{\mathrm{d}x_i}{\mathrm{d}t}=\frac{\partial H}{\partial \lambda_i}=f_i[x,u,t],\quad i=1,2,\cdots,n$$

$$\frac{\mathrm{d}\lambda_i}{\mathrm{d}t}=-\frac{\partial H}{\partial x_i},\quad i=1,2,\cdots,n$$

故共有 $2n$ 个变量 $x_i(t)$ 和 $\lambda_i(t)$，同时就有 $2n$ 个边界条件

$$x_i(t_0)=x_{i0} \text{和} x_i(t_f)=x_{if},\quad i=1,2,\cdots,n$$

在固定端点的问题中，正则方程的边界条件是给定初始状态 $\boldsymbol{x}_0$ 和终端状态 $\boldsymbol{x}_f$。由联立方程可解得两个未知函数，称为混合边界问题。但在微分方程求解中，这类问题称为两点边值问题。

从 $\dfrac{\partial H}{\partial \boldsymbol{u}}=0$ 可求得最优控制 $\boldsymbol{u}^*(t)$ 与 $\boldsymbol{x}(t)$ 和 $\boldsymbol{\lambda}(t)$ 的函数关系，将其代入正则方程消去 $\boldsymbol{u}(t)$，就可求得 $\boldsymbol{x}^*(t)$ 和 $\boldsymbol{\lambda}^*(t)$ 的唯一解，它们被称为最优轨线和最优伴随向量。

综上所述，用哈密顿方法求解最优控制问题是将求泛函 J 的极值问题转化为求哈密顿函数 H 的极值问题。

定理 6.5 设系统状态方程

$$\dot{\boldsymbol{x}}(t)=\boldsymbol{f}[\boldsymbol{x}(t),\boldsymbol{u}(t),t]$$

则把状态 $\boldsymbol{x}(t)$ 从初始状态 $\boldsymbol{x}(t_0)=\boldsymbol{x}_0$ 转移到终端状态 $\boldsymbol{x}(t_f)=\boldsymbol{x}_f$，并使性能指标泛函达到极值，以实现最优控制的必要条件是

1）最优轨线 $\boldsymbol{x}^*(t)$ 和最优伴随向量 $\boldsymbol{\lambda}^*(t)$ 满足正则方程

$$\dot{\boldsymbol{x}}=\frac{\partial H}{\partial \boldsymbol{\lambda}}=\boldsymbol{f}[\boldsymbol{x}(t),\boldsymbol{u}(t),t]$$

$$\dot{\boldsymbol{\lambda}}=-\frac{\partial H}{\partial \boldsymbol{x}}$$

其中，$H[\boldsymbol{x}(t),\boldsymbol{u}(t),\boldsymbol{\lambda}(t),t]=L[\boldsymbol{x}(t),\boldsymbol{u}(t),t]+\boldsymbol{\lambda}^{\mathrm{T}}(t)\boldsymbol{f}[\boldsymbol{x}(t),\boldsymbol{u}(t),t]$。

2）最优控制 $\boldsymbol{u}^*(t)$ 满足控制方程

$$\frac{\partial H}{\partial \boldsymbol{u}}=0$$

3）边界条件

$$\boldsymbol{x}(t_0)=\boldsymbol{x}_0,\quad \boldsymbol{x}(t_{\mathrm{f}})=\boldsymbol{x}_{\mathrm{f}}$$

【例 6.5】 设人造地球卫星姿态控制系统的状态方程为

$$\dot{\boldsymbol{x}}(t)=\begin{bmatrix}0 & 1\\0 & 0\end{bmatrix}\boldsymbol{x}(t)+\begin{bmatrix}0\\1\end{bmatrix}u(t)$$

性能泛函取 $J=\dfrac{1}{2}\int_0^2 u^2(t)\,\mathrm{d}t$，边界条件为

$$\boldsymbol{x}(0)=\begin{bmatrix}1\\1\end{bmatrix},\quad \boldsymbol{x}(2)=\begin{bmatrix}0\\0\end{bmatrix}$$

试求使性能泛函取极值的最优轨线 $\boldsymbol{x}^*(t)$ 和最优控制 $u^*(t)$。

解：由题意知

$$L=\frac{1}{2}u^2,\quad \boldsymbol{\lambda}^{\mathrm{T}}=[\lambda_1\quad \lambda_2],\quad \boldsymbol{f}=\begin{bmatrix}f_1\\f_2\end{bmatrix}=\begin{bmatrix}x_2\\u\end{bmatrix}$$

故标量函数

$$H=L+\boldsymbol{\lambda}^{\mathrm{T}}\boldsymbol{f}=\frac{1}{2}u^2+\lambda_1 x_2+\lambda_2 u$$

欧拉方程

$$\frac{\partial L}{\partial x_1}-\frac{\mathrm{d}}{\mathrm{d}t}\frac{\partial L}{\partial \dot{x}_1}=\dot{\lambda}_1=0,\quad \lambda_1=a$$

$$\frac{\partial L}{\partial x_2}-\frac{\mathrm{d}}{\mathrm{d}t}\frac{\partial L}{\partial \dot{x}_2}=\lambda_1+\dot{\lambda}_2=0,\quad \lambda_2=-at+b$$

$$\frac{\partial L}{\partial u}-\frac{\mathrm{d}}{\mathrm{d}t}\frac{\partial L}{\partial \dot{u}}=u+\lambda_2=0,\quad u=at-b$$

式中，常数 a、b 待定。

由状态约束方程

$$\dot{x}_2=u=at-b,\quad x_2=\frac{1}{2}at^2-bt+c$$

$$\dot{x}_1=x_2=\frac{1}{2}at^2-bt+c,\quad x_1=\frac{1}{6}at^3-\frac{1}{2}bt^2+ct+d$$

式中，常数 c、d 待定。

由已知的边界条件 $x_1(0)=1$，$x_2(0)=1$，$x_1(2)=0$，$x_2(2)=0$，可求得

$$a=3,\quad b=3.5,\quad c=d=1$$

则最优轨线 $\boldsymbol{x}^*(t)$ 为

$$x_1^*(t)=0.5t^3-1.75t^2+t+1,\quad x_2^*(t)=1.5t^2-3.5t+1$$

最优控制 $u^*(t)$ 为

$$u^*(t)=3t-3.5$$

6.3.2 可变终端状态的最优控制问题

对于初始时刻和状态固定，终端状态可变，系统的性能指标为

$$J = F[\boldsymbol{x}(t_f), t_f] + \int_{t_0}^{t_f} L[\boldsymbol{x}(t), \dot{\boldsymbol{x}}(t), t]\mathrm{d}t \tag{6.46}$$

试确定最优控制向量 $\boldsymbol{u}^*(t)$ 和最优轨线 $\boldsymbol{x}^*(t)$，使系统（6.39）由已知初始状态 $\boldsymbol{x}_0$ 转移到终端状态 $\boldsymbol{x}_f$，并使给定的性能指标泛函式（6.46）达到极值。

对于终端边界条件可分为三种情况进行讨论。

（1）终端时刻 t_f 给定，终端状态 $\boldsymbol{x}(t_f)$ 自由

仿照求函数条件极值的拉格朗日乘子法，将问题转化成无约束变分问题，然后再定义一个如式（6.38）的哈密顿函数，原性能指标综合成一个增广泛函

$$\begin{aligned} J &= F[\boldsymbol{x}(t_f), t_f] + \int_{t_0}^{t_f} \{H[\boldsymbol{x}(t), \boldsymbol{u}(t), \boldsymbol{\lambda}(t), t] - \boldsymbol{\lambda}^{\mathrm{T}}(t)\dot{\boldsymbol{x}}(t)\}\mathrm{d}t \\ &= F[\boldsymbol{x}(t_f), t_f] - \boldsymbol{\lambda}^{\mathrm{T}}(t)\boldsymbol{x}(t)\Big|_{t_0}^{t_f} + \int_{t_0}^{t_f} \{H[\boldsymbol{x}(t), \boldsymbol{u}(t), \boldsymbol{\lambda}(t), t] + \dot{\boldsymbol{\lambda}}^{\mathrm{T}}(t)\boldsymbol{x}(t)\}\mathrm{d}t \end{aligned} \tag{6.47}$$

设 $\boldsymbol{x}(t)$、$\boldsymbol{u}(t)$ 相对于最优值 $\boldsymbol{x}^*(t)$、$\boldsymbol{u}^*(t)$ 的变分分别为 $\delta\boldsymbol{x}$ 和 $\delta\boldsymbol{u}$，则式（6.41）所示 J 的一阶变分为

$$\delta J = \left(\frac{\partial F}{\partial \boldsymbol{x}}\right)^{\mathrm{T}}\delta\boldsymbol{x}\Bigg|_{t=t_f} - \boldsymbol{\lambda}^{\mathrm{T}}\delta\boldsymbol{x}\Bigg|_{t=t_0}^{t=t_f} + \int_{t_0}^{t_f}\left[\left(\frac{\partial H}{\partial \boldsymbol{x}}\right)^{\mathrm{T}}\delta\boldsymbol{x} + \left(\frac{\partial H}{\partial \boldsymbol{u}}\right)^{\mathrm{T}}\delta\boldsymbol{u} + \dot{\boldsymbol{\lambda}}^{\mathrm{T}}(t)\delta\boldsymbol{x}\right]\mathrm{d}t \tag{6.48}$$

泛函极值存在的必要条件为 $\delta J=0$，并考虑到 $\delta\boldsymbol{x}(t_0)=\boldsymbol{0}$，有

$$\delta J = \left[\left(\frac{\partial F}{\partial \boldsymbol{x}}\right)^{\mathrm{T}} - \boldsymbol{\lambda}^{\mathrm{T}}\right]\delta\boldsymbol{x}\Bigg|_{t=t_f} + \int_{t_0}^{t_f}\left[\left(\frac{\partial H}{\partial \boldsymbol{x}}\right)^{\mathrm{T}} + \dot{\boldsymbol{\lambda}}^{\mathrm{T}}(t)\right]\delta\boldsymbol{x}\mathrm{d}t + \int_{t_0}^{t_f}\left(\frac{\partial H}{\partial \boldsymbol{u}}\right)^{\mathrm{T}}\delta\boldsymbol{u}\mathrm{d}t = 0 \tag{6.49}$$

由式（6.49）可得式（6.46）存在极值的必要条件为

状态方程
$$\dot{x} = \frac{\partial H}{\partial \boldsymbol{\lambda}} = \boldsymbol{f}(\boldsymbol{x}, \boldsymbol{u}, t) \tag{6.50}$$

伴随方程
$$\dot{\boldsymbol{\lambda}} = -\frac{\partial H}{\partial \boldsymbol{x}} \tag{6.51}$$

控制方程
$$\frac{\partial H}{\partial \boldsymbol{u}} = \boldsymbol{0} \tag{6.52}$$

横截条件
$$\boldsymbol{\lambda}(t_f) = \frac{\partial F}{\partial \boldsymbol{x}(t_f)} \tag{6.53}$$

（2）终端时刻 t_f 给定，终端状态 $\boldsymbol{x}(t_f)$ 有约束

假设终端状态的目标集等式约束条件为

$$\boldsymbol{N}_1[\boldsymbol{x}(t_f), t_f] = \boldsymbol{0} \tag{6.54}$$

式中，$\boldsymbol{N}_1 = [N_{11}, N_{12}, \cdots, N_{1m}]^{\mathrm{T}} \in R^m$，即终端状态 $\boldsymbol{x}(t_f)$ 沿规定的边界曲线移动。引入拉格朗日乘子向量 $\boldsymbol{\beta} = [\beta_1, \beta_2, \cdots, \beta_m]^{\mathrm{T}}$，将式（6.54）与式（6.47）中的泛函相联系，构造增广泛函为

$$\begin{aligned} J &= F[\boldsymbol{x}(t_f), t_f] + \boldsymbol{\beta}^{\mathrm{T}}\boldsymbol{N}_1[\boldsymbol{x}(t_f), t_f] + \int_{t_0}^{t_f}\{H[\boldsymbol{x}(t_f), \boldsymbol{u}(t), \boldsymbol{\lambda}(t), t] - \boldsymbol{\lambda}^{\mathrm{T}}(t)\dot{\boldsymbol{x}}(t)\}\mathrm{d}t \\ &= F[\boldsymbol{x}(t_f), t_f] + \boldsymbol{\beta}^{\mathrm{T}}\boldsymbol{N}_1[\boldsymbol{x}(t_f), t_f] - \boldsymbol{\lambda}^{\mathrm{T}}(t_f)\boldsymbol{x}(t_f) + \boldsymbol{\lambda}^{\mathrm{T}}(t_0)x(t_0) + \\ &\quad \int_{t_0}^{t_f}\{H[\boldsymbol{x}(t_f), \boldsymbol{u}(t), \boldsymbol{\lambda}(t), t] - \dot{\boldsymbol{\lambda}}^{\mathrm{T}}(t)\boldsymbol{x}(t)\}\mathrm{d}t \end{aligned} \tag{6.55}$$

同样，设 $\boldsymbol{x}(t)$、$\boldsymbol{u}(t)$ 相对于最优值 $\boldsymbol{x}^*(t)$、$\boldsymbol{u}^*(t)$ 的变分分别为 $\delta\boldsymbol{x}$ 和 $\delta\boldsymbol{u}$，且注意到 $\delta\boldsymbol{x}(t_0)=0$，故式（6.49）所示 J 的一阶变分为

$$\delta J=\left[\frac{\partial F}{\partial \boldsymbol{x}(t_f)}+\frac{\partial \boldsymbol{N}_1^{\mathrm{T}}}{\partial \boldsymbol{x}(t_f)}\boldsymbol{\beta}-\boldsymbol{\lambda}(t_f)\right]^{\mathrm{T}}\partial \boldsymbol{x}(t_f)+\int_{t_0}^{t_f}\left\{\left(\frac{\partial H}{\partial \boldsymbol{x}}+\dot{\boldsymbol{\lambda}}\right)^{\mathrm{T}}\delta\boldsymbol{x}+\left(\frac{\partial H}{\partial \boldsymbol{u}}\right)^{\mathrm{T}}\delta\boldsymbol{u}\right\}\mathrm{d}t \quad (6.56)$$

令 $\delta J=0$，并由式（6.35）、式（6.54）和式（6.38）可知，当 t_0 及始端状态 $\boldsymbol{x}(t_0)=\boldsymbol{x}_0$ 给定，终端时刻 t_f 给定，终端状态 $\boldsymbol{x}(t_f)$ 受目标集等式约束式（6.54）的情况下，满足状态方程式（6.35）的性能泛函式（6.46）取极值的必要条件为

状态方程 $$\dot{\boldsymbol{x}}=\frac{\partial H}{\partial \boldsymbol{x}}=\boldsymbol{f}(\boldsymbol{x},\boldsymbol{u},t) \quad (6.57)$$

伴随方程 $$\dot{\boldsymbol{\lambda}}=-\frac{\partial H}{\partial \boldsymbol{x}} \quad (6.58)$$

控制方程 $$\frac{\partial H}{\partial \boldsymbol{u}}=0 \quad (6.59)$$

横截条件 $$\boldsymbol{\lambda}(t_f)=\frac{\partial F[\boldsymbol{x}(t_f),t_f]}{\partial \boldsymbol{x}(t_f)}+\frac{\partial \boldsymbol{N}_1^{\mathrm{T}}[\boldsymbol{x}(t_f),t_f]}{\partial \boldsymbol{x}(t_f)}\boldsymbol{\beta} \quad (6.60)$$

终端约束 $$\boldsymbol{x}(t_0)=\boldsymbol{x}_0,\quad \boldsymbol{N}_1(\boldsymbol{x}(t_f),t_f)=0 \quad (6.61)$$

上述结果表明，终端约束不改变哈密顿函数，不影响正则方程，只影响边界条件。

【例 6.6】设人造地球卫星姿态控制系统的状态方程为

$$\dot{\boldsymbol{x}}(t)=\begin{bmatrix}0&1\\0&0\end{bmatrix}\boldsymbol{x}(t)+\begin{bmatrix}0\\1\end{bmatrix}u(t)$$

求从已知初始状态 $x_1(0)=0$ 和 $x_2(0)=0$，在 $t_f=1$ 时刻转移到目标集（终端约束条件）

$$x_1(1)+x_2(1)=1$$

且使性能泛函取 $J=\dfrac{1}{2}\int_0^1 u^2(t)\,\mathrm{d}t$ 为最小的最优控制 $u^*(t)$ 和相应的最优轨线 $\boldsymbol{x}^*(t)$。

解：由题意知

$$F[\boldsymbol{x}(t_f),t_f]=0,\quad L(\cdot)=\frac{1}{2}u^2$$

$$\boldsymbol{N}_1(\boldsymbol{x}(t_f),t_f)=x_1(1)+x_2(1)-1$$

构造哈密顿函数

$$H=L+\boldsymbol{\lambda}^{\mathrm{T}}\boldsymbol{f}=\frac{1}{2}u^2+\lambda_1x_2+\lambda_2u$$

由伴随方程

$$\dot{\lambda}_1=-\frac{\partial H}{\partial x_1}=0,\quad \lambda_1=c_1,\quad \dot{\lambda}_2=-\frac{\partial H}{\partial x_2}=-\lambda_1,\quad \lambda_2=-c_1t+c_2$$

由极值条件

$$\frac{\partial H}{\partial u}=u+\lambda_2(t)=0,\quad u(t)=-\lambda_2(t)=c_1t-c_2$$

由状态方程

$$\dot{x}_2=\frac{\partial H}{\partial x_2}=u=c_1t-c_2,\quad x_2(t)=\frac{1}{2}c_1t^2-c_2t+c_3$$

$$\dot{x}_1=\frac{\partial H}{\partial x_1}=x_2=\frac{1}{2}c_1t^2-c_2t+c_3,\quad x_1=\frac{1}{6}c_1t^3-\frac{1}{2}c_2t^2+c_3t+c_4$$

根据已知初始状态和目标集约束条件

$$x_1(0)=0,\quad x_2(0)=0,\quad x_1(1)+x_2(1)-1=0$$

可以求得

$$c_3=c_4=0,\quad 4c_1-9c_2=6$$

根据横截条件

$$\lambda_1(1)=\frac{\partial \boldsymbol{N}_1^{\mathrm{T}}}{\partial x_1(t)}\beta\bigg|_{t=1}=\beta,\quad \lambda_2(1)=\frac{\partial \boldsymbol{N}_1^{\mathrm{T}}}{\partial x_2(t)}\beta\bigg|_{t=1}=\beta$$

得到 $\lambda_1(1)=\lambda_2(1)$，故有 $c_1=\frac{1}{2}c_2$。

由 $4c_1-9c_2=6$ 可以解出

$$c_1=-\frac{3}{7},\quad c_2=-\frac{6}{7}$$

从而最优控制 $u^*(t)$ 和相应的最优轨线 $\boldsymbol{x}^*(t)$ 为

$$u^*(t)=-\frac{3}{7}t+\frac{6}{7},\quad x_1^*=-\frac{1}{14}t^3+\frac{3}{7}t^2,\quad x_2^*=-\frac{3}{14}t^2+\frac{6}{7}t$$

（3）终端时刻 t_{f} 可变，终端状态 $\boldsymbol{x}(t_{\mathrm{f}})$ 有约束

这类问题的终端时刻 t_{f} 为待求变量，且终端状态有式（6.54）的目标集等式约束。与终端时刻 t_{f} 给定和终端状态 $\boldsymbol{x}(t_{\mathrm{f}})$ 有约束的最优控制问题一样，引入拉格朗日乘子法，可得到无约束条件下的泛函指标，它与式（6.55）具有相同的形式，即

$$J=F[\boldsymbol{x}(t_{\mathrm{f}}),t_{\mathrm{f}}]+\boldsymbol{\beta}^{\mathrm{T}}\boldsymbol{N}_1[\boldsymbol{x}(t_{\mathrm{f}}),t_{\mathrm{f}}]+\int_{t_0}^{t_{\mathrm{f}}}\{H[\boldsymbol{x}(t_{\mathrm{f}}),\boldsymbol{u}(t),\boldsymbol{\lambda}(t),t]-\boldsymbol{\lambda}^{\mathrm{T}}(t)\dot{\boldsymbol{x}}(t)\}\,\mathrm{d}t \tag{6.62}$$

由于终端时刻 t_{f} 是可变的，故不仅有最优控制和最优轨线，而且还有最优终端时刻需要确定，取性能指标泛函的增量为

$$\begin{aligned}\Delta J=&F[\boldsymbol{x}(t_{\mathrm{f}})+\delta\boldsymbol{x}_{\mathrm{f}},t_{\mathrm{f}}+\delta t_{\mathrm{f}}]-F[\boldsymbol{x}(t_{\mathrm{f}}),t_{\mathrm{f}}]+\boldsymbol{\beta}^{\mathrm{T}}\{\boldsymbol{N}_1[\boldsymbol{x}(t_{\mathrm{f}})+\delta\boldsymbol{x}_{\mathrm{f}},t_{\mathrm{f}}+\delta t_{\mathrm{f}}]-\boldsymbol{N}_1[\boldsymbol{x}(t_{\mathrm{f}}),t_{\mathrm{f}}]\}+\\&\int_{t_0}^{t_{\mathrm{f}}+\delta t_{\mathrm{f}}}\{H[\boldsymbol{x}(t)+\delta\boldsymbol{x},\boldsymbol{u}(t)+\delta\boldsymbol{u},\boldsymbol{\lambda}(t),t]-\boldsymbol{\lambda}^{\mathrm{T}}(t)[\dot{\boldsymbol{x}}(t)+\delta\dot{\boldsymbol{x}}]\}\,\mathrm{d}t-\\&\int_{t_0}^{t_{\mathrm{f}}}\{H[\boldsymbol{x}(t),\boldsymbol{u}(t),\boldsymbol{\lambda}(t),t]-\boldsymbol{\lambda}^{\mathrm{T}}(t)\dot{\boldsymbol{x}}(t)\}\,\mathrm{d}t\end{aligned} \tag{6.63}$$

对式（6.63）利用泰勒级数展开并取主部，以及应用积分中值定理，考虑到 $\delta\boldsymbol{x}(t_0)=0$，可得泛函的一次变分为

$$\begin{aligned}\delta J=&\left(\frac{\partial F}{\partial\boldsymbol{x}(t_{\mathrm{f}})}\right)^{\mathrm{T}}\delta\boldsymbol{x}_{\mathrm{f}}+\frac{\partial F}{\partial t_{\mathrm{f}}}\delta t_{\mathrm{f}}+\boldsymbol{\beta}^{\mathrm{T}}\left[\frac{\partial\boldsymbol{N}_1^{\mathrm{T}}}{\partial\boldsymbol{x}(t_{\mathrm{f}})}\delta\boldsymbol{x}_{\mathrm{f}}+\frac{\partial\boldsymbol{N}_1^{\mathrm{T}}}{\partial t_{\mathrm{f}}}\delta t_{\mathrm{f}}\right]+\\&(H-\boldsymbol{\lambda}^{\mathrm{T}}\dot{\boldsymbol{x}})\bigg|_{t=t_{\mathrm{f}}}\delta t_{\mathrm{f}}+\int_{t_0}^{t_{\mathrm{f}}}\left[\left(\frac{\partial H}{\partial\boldsymbol{x}}+\dot{\boldsymbol{\lambda}}\right)^{\mathrm{T}}\delta\boldsymbol{x}+\left(\frac{\partial H}{\partial\boldsymbol{u}}\right)^{\mathrm{T}}\delta\boldsymbol{u}\right]\mathrm{d}t-\boldsymbol{\lambda}^{\mathrm{T}}\delta\boldsymbol{x}\bigg|_{t=t_{\mathrm{f}}}\\=&\left(\frac{\partial F}{\partial\boldsymbol{x}(t_{\mathrm{f}})}\right)^{\mathrm{T}}\delta\boldsymbol{x}_{\mathrm{f}}+\boldsymbol{\beta}^{\mathrm{T}}\left(\frac{\partial\boldsymbol{N}_1^{\mathrm{T}}}{\partial\boldsymbol{x}(t_{\mathrm{f}})}\right)^{\mathrm{T}}\delta\boldsymbol{x}_{\mathrm{f}}+\frac{\partial F}{\partial t_{\mathrm{f}}}\delta t_{\mathrm{f}}+\boldsymbol{\beta}^{\mathrm{T}}\frac{\partial\boldsymbol{N}_1^{\mathrm{T}}}{\partial t_{\mathrm{f}}}\delta t_{\mathrm{f}}+H\delta t_{\mathrm{f}}-\\&\boldsymbol{\lambda}^{\mathrm{T}}(t_{\mathrm{f}})[\dot{\boldsymbol{x}}(t_{\mathrm{f}})\delta t_{\mathrm{f}}+\delta\boldsymbol{x}(t_{\mathrm{f}})]+\int_{t_0}^{t_{\mathrm{f}}}\left[\left(\frac{\partial H}{\partial\boldsymbol{x}}+\dot{\boldsymbol{\lambda}}\right)^{\mathrm{T}}\delta\boldsymbol{x}+\left(\frac{\partial H}{\partial\boldsymbol{u}}\right)^{\mathrm{T}}\delta\boldsymbol{u}\right]\mathrm{d}t\end{aligned} \tag{6.64}$$

将终端受约束的条件式 $\delta\boldsymbol{x}_{\mathrm{f}}=\delta\boldsymbol{x}(t_{\mathrm{f}})+\dot{\boldsymbol{x}}(t_{\mathrm{f}})\delta t_{\mathrm{f}}$ 代入式（6.64），整理后得

$$\delta J=\left[\frac{\partial F}{\partial \boldsymbol{x}(t_{\mathrm{f}})}+\frac{\partial \boldsymbol{N}_1^{\mathrm{T}}}{\partial \boldsymbol{x}(t_{\mathrm{f}})}\boldsymbol{\beta}-\boldsymbol{\lambda}(t_{\mathrm{f}})\right]^{\mathrm{T}}\delta \boldsymbol{x}_{\mathrm{f}}+\left[\frac{\partial F}{\partial t_{\mathrm{f}}}+\frac{\partial \boldsymbol{N}_1^{\mathrm{T}}}{\partial t_{\mathrm{f}}}\boldsymbol{\beta}+H\right]\delta t_{\mathrm{f}}+ \int_{t_0}^{t_{\mathrm{f}}}\left[\left(\frac{\partial H}{\partial \boldsymbol{x}}+\dot{\boldsymbol{\lambda}}\right)^{\mathrm{T}}\delta \boldsymbol{x}+\left(\frac{\partial H}{\partial \boldsymbol{u}}\right)^{\mathrm{T}}\delta \boldsymbol{u}\right]\mathrm{d}t \tag{6.65}$$

令 $\delta J=0$，考虑到式（6.65）中的 $\delta\boldsymbol{x}$、$\delta\boldsymbol{x}(t_{\mathrm{f}})$、$\delta\boldsymbol{u}$ 和 δt_{f} 均是任意的，性能指标泛函式（6.62）取极值的必要条件为

状态方程
$$\dot{\boldsymbol{x}}=\frac{\partial H}{\partial \boldsymbol{\lambda}}=\boldsymbol{f}(\boldsymbol{x},\boldsymbol{u},t) \tag{6.66}$$

伴随方程
$$\dot{\boldsymbol{\lambda}}=-\frac{\partial H}{\partial \boldsymbol{x}} \tag{6.67}$$

控制方程
$$\frac{\partial H}{\partial \boldsymbol{u}}=0 \tag{6.68}$$

横截条件
$$\boldsymbol{\lambda}(t_{\mathrm{f}})=\frac{\partial F[\boldsymbol{x}(t_{\mathrm{f}}),t_{\mathrm{f}}]}{\partial \boldsymbol{x}(t_{\mathrm{f}})}+\frac{\partial \boldsymbol{N}_1^{\mathrm{T}}[\boldsymbol{x}(t_{\mathrm{f}}),t_{\mathrm{f}}]}{\partial \boldsymbol{x}(t_{\mathrm{f}})}\boldsymbol{\beta} \tag{6.69}$$

$$H[\boldsymbol{x}(t_{\mathrm{f}}),\boldsymbol{u}(t_{\mathrm{f}}),\boldsymbol{\lambda}(t_{\mathrm{f}}),t_{\mathrm{f}}]+\frac{\partial F[\boldsymbol{x}(t_{\mathrm{f}}),t_{\mathrm{f}}]}{\partial t_{\mathrm{f}}}+\frac{\partial \boldsymbol{N}_1^{\mathrm{T}}[\boldsymbol{x}(t_{\mathrm{f}}),t_{\mathrm{f}}]}{\partial t_{\mathrm{f}}}\boldsymbol{\beta}=0 \tag{6.70}$$

边界条件与终端约束
$$\boldsymbol{x}(t_0)=\boldsymbol{x}_0,\quad \boldsymbol{N}_1[\boldsymbol{x}(t_{\mathrm{f}}),t_{\mathrm{f}}]=\boldsymbol{0} \tag{6.71}$$

总结以上结论，可得如下定理。

定理 6.6 设系统状态方程

$$\dot{\boldsymbol{x}}(t)=\boldsymbol{f}[\boldsymbol{x}(t),\boldsymbol{u}(t),t]$$

把状态 $\boldsymbol{x}(t)$ 从初始状态 $\boldsymbol{x}(t_0)=\boldsymbol{x}_0$ 转移到满足目标集等式约束条件 $\boldsymbol{N}_1[\boldsymbol{x}(t_{\mathrm{f}}),t_{\mathrm{f}}]=\boldsymbol{0}$ 的终端状态 $\boldsymbol{x}(t_{\mathrm{f}})=\boldsymbol{x}_{\mathrm{f}}$，其中 t_{f} 固定或可变，并使性能指标泛函

$$J=F[\boldsymbol{x}(t_{\mathrm{f}}),t_{\mathrm{f}}]+\int_{t_0}^{t_{\mathrm{f}}}L[\boldsymbol{x}(t),\dot{\boldsymbol{x}}(t),t]\mathrm{d}t$$

达到极值，以实现最优控制的必要条件是

1）最优轨线 $\boldsymbol{x}^*(t)$ 和最优伴随向量 $\boldsymbol{\lambda}^*(t)$ 满足正则方程

$$\dot{\boldsymbol{x}}=\frac{\partial H}{\partial \boldsymbol{\lambda}}=\boldsymbol{f}[\boldsymbol{x}(t),\boldsymbol{u}(t),t]$$

$$\dot{\boldsymbol{\lambda}}=-\frac{\partial H}{\partial \boldsymbol{x}}$$

其中，$H[\boldsymbol{x}(t),\boldsymbol{u}(t),\boldsymbol{\lambda}(t),t]=L[\boldsymbol{x}(t),\boldsymbol{u}(t),t]+\boldsymbol{\lambda}^{\mathrm{T}}(t)\boldsymbol{f}[\boldsymbol{x}(t),\boldsymbol{u}(t),t]$。

2）最优控制 $\boldsymbol{u}^*(t)$ 满足控制方程

$$\frac{\partial H}{\partial \boldsymbol{u}}=0$$

3）初始边界条件和横截条件：

$$\boldsymbol{x}(t_0)=\boldsymbol{x}_0,\quad \boldsymbol{N}_1[\boldsymbol{x}(t_{\mathrm{f}}),t_{\mathrm{f}}]=\boldsymbol{0}$$

$$\boldsymbol{\lambda}(t_{\mathrm{f}})=\frac{\partial F[\boldsymbol{x}(t_{\mathrm{f}}),t_{\mathrm{f}}]}{\partial \boldsymbol{x}(t_{\mathrm{f}})}+\frac{\partial \boldsymbol{N}_1^{\mathrm{T}}[\boldsymbol{x}(t_{\mathrm{f}}),t_{\mathrm{f}}]}{\partial \boldsymbol{x}(t_{\mathrm{f}})}\boldsymbol{\beta}$$

其中，$\boldsymbol{\lambda}(t)=[\lambda_1(t),\lambda_2(t),\cdots,\lambda_n(t)]^{\mathrm{T}}$，$\boldsymbol{\beta}=[\beta_1,\beta_2,\cdots,\beta_m]^{\mathrm{T}}$ 为拉格朗日乘子向量；$\boldsymbol{N}_1=[N_{11},N_{12},\cdots,N_{1m}]^{\mathrm{T}}\in\mathbf{R}^m$ 为目标集等式的终端约束条件。

4）当终端时刻 t_{f} 可变时，还需要利用终端横截条件确定 t_{f}：

$$H[\boldsymbol{x}(t_f),\boldsymbol{u}(t_f),\boldsymbol{\lambda}(t_f),t_f]+\frac{\partial F[\boldsymbol{x}(t_f),t_f]}{\partial t_f}+\frac{\partial \boldsymbol{N}_1^{\mathrm{T}}[\boldsymbol{x}(t_f),t_f]}{\partial t_f}\boldsymbol{\beta}=0$$

【例 6.7】 设一阶系统的状态方程为

$$\dot{x}(t)=u(t)$$

设初始状态为 $x(0)=1$，要求 $x(t_f)=0$，试求使系统性能指标

$$J=t_f+\frac{1}{2}\int_0^{t_f}u^2(t)\,\mathrm{d}t$$

取极小时的最优控制 $u^*(t)$，以及相应的最优轨线 $x^*(t)$、最优终端时刻 t_f^* 和最小性能指标 J^*，终端时刻 t_f 未给定。

解： 由题意可知

$$F[x(t_f),t_f]=t_f,\quad L(\cdot)=\frac{1}{2}u^2,\quad N_1[x(t_f),t_f]=0$$

构造哈密顿函数

$$H=\frac{1}{2}u^2+\lambda u$$

由 $\dot{\lambda}(t)=-\frac{\partial H}{\partial x}=0$，可得 $\lambda(t)=a$。

再由

$$\frac{\partial H}{\partial u}=u+\lambda=0,\quad \frac{\partial^2 H}{\partial u^2}=1>0$$

得

$$u(t)=-\lambda(t)=-a$$

根据状态方程

$$\dot{x}=u=-a$$

得

$$x(t)=-at+b$$

由 $x(0)=1$ 解出 $b=1$，则有

$$x(t)=-at+1$$

利用终端状态条件 $x(t_f)=-at_f+1=0$，得

$$t_f=1/a$$

最后，根据终端横截条件

$$H(t_f)=-\frac{\partial F}{\partial t_f}=-1,\quad \frac{1}{2}u^2(t_f)+\lambda(t_f)u(t_f)=-1$$

求得

$$\frac{1}{2}a^2-a^2=-1,\quad a=\sqrt{2}$$

从而可求得最优控制 $u^*(t)$、最优轨线 $x^*(t)$、最优终端时刻 t_f^* 和最小性能指标 J^* 分别为

$$u^*(t)=-\sqrt{2},\quad x^*(t)=1-\sqrt{2}t,\quad t_f^*=\sqrt{2}/2,\quad J^*=\sqrt{2}$$

6.4 极小值原理及其应用

应用经典变分法求解最优控制问题，要求控制变量不受任何约束，且哈密顿函数对控制变量连续可微。但是，在实际工程问题中，控制变量或状态变量往往受到一定的约束，例如，$\boldsymbol{\alpha} \leqslant \boldsymbol{u}(t) \leqslant \boldsymbol{\beta}$。当容许控制集合形成一个有界闭集，容许控制在集合边界上的变分 $\delta \boldsymbol{u}$ 不能任意，最优控制的必要条件$\partial H / \partial \boldsymbol{u}=0$ 也不满足。为了解决控制有约束条件的变分问题，苏联科学家庞特里亚金于 1958 年提出了极小值原理。

极小值原理又称为极大值原理，这取决于求解最优控制问题中哈密顿函数的极小值或极大值。所谓极小值原理或极大值原理是求当控制变量受到约束时的最优控制原则，这是经典变分法求泛函极值的扩充，称为现代变分法。它能够应用于控制变量受边界限制的情况，并且不要求哈密顿函数对控制变量连续可微，因此获得了广泛应用。

6.4.1 连续系统的极小值原理

连续系统状态方程为

$$\dot{\boldsymbol{x}}(t)=\boldsymbol{f}[\boldsymbol{x}(t), \boldsymbol{u}(t), t] \tag{6.72}$$

式中，$\boldsymbol{x}(t) \in \mathbf{R}^n$ 为状态向量；$\boldsymbol{u}(t) \in \mathbf{R}^r$ 为控制向量；$\boldsymbol{f}(\cdot) \in \mathbf{R}^n$ 为向量函数。

初始时刻和始端状态为

$$\boldsymbol{x}(t_0)=\boldsymbol{x}_0$$

终端时刻和终端状态满足约束方程

$$\boldsymbol{N}_1[\boldsymbol{x}(t_f), t_f]=\mathbf{0} \tag{6.73}$$

控制向量取值于

$$\boldsymbol{g}[\boldsymbol{x}(t), \boldsymbol{u}(t), t] \geqslant 0 \tag{6.74}$$

式中，$\boldsymbol{N}_1$ 为 q 维连续可微向量函数，$q \leqslant n$；$\boldsymbol{g}$ 为 l 维连续可微向量函数，$l \leqslant r$。满足式（6.72）和式（6.73）的状态轨线 $\boldsymbol{x}(t)$ 称为容许曲线。满足式（6.74），并使容许曲线 $\boldsymbol{x}(t)$ 分段连续的函数 $\boldsymbol{u}(t)$ 称为容许控制，所有的容许控制函数构成容许控制集。

极小值原理讨论的问题就是在容许控制集合中找一个容许控制 $\boldsymbol{u}(t)$，使其与对应的容许曲线 $\boldsymbol{x}(t)$ 一起使下列性能指标泛函 J 为极小值，即

$$\min J = F[\boldsymbol{x}(t_f), t_f] + \int_{t_0}^{t_f} L[\boldsymbol{x}(t), \boldsymbol{u}(t), t] \mathrm{d}t$$

定理 6.7 设系统的状态方程为

$$\dot{\boldsymbol{x}}(t)=\boldsymbol{f}[\boldsymbol{x}(t), \boldsymbol{u}(t), t]$$

状态向量 $\boldsymbol{x}(t) \in \mathbf{R}^n$；控制向量 $\boldsymbol{u}(t) \in \mathbf{R}^r$ 是分段连续函数，属于 r 维空间中的有界闭集，应满足

$$\boldsymbol{g}[\boldsymbol{x}(t), \boldsymbol{u}(t), t] \geqslant 0$$

则为把状态 $\boldsymbol{x}(t)$ 的初态

$$\boldsymbol{x}(t_0)=\boldsymbol{x}_0$$

转移到满足终端边界条件

$$\boldsymbol{N}_1[\boldsymbol{x}(t_f), t_f]=\mathbf{0}$$

的终端，其中 t_f 可变或固定，并使性能指标泛函

$$J=F[\boldsymbol{x}(t_f),t_f]+\int_{t_0}^{t_f}L[\boldsymbol{x}(t),\boldsymbol{u}(t),t]\mathrm{d}t$$

达极小值，实现最优控制的必要条件是：

1）设 $\boldsymbol{u}^*(t)$ 是最优控制，$\boldsymbol{x}^*(t)$ 为由此产生的最优曲线，则存在一与 $\boldsymbol{u}^*(t)$ 和 $\boldsymbol{x}^*(t)$ 对应的最优伴随向量 $\boldsymbol{\lambda}^*(t)$，使 $\boldsymbol{x}^*(t)$ 和 $\boldsymbol{\lambda}^*(t)$ 满足正则方程

$$\dot{\boldsymbol{x}}(t)=\frac{\partial H}{\partial \boldsymbol{\lambda}}=\boldsymbol{f}[\boldsymbol{x}(t),\boldsymbol{u}(t),t]$$

$$\dot{\boldsymbol{\lambda}}(t)=-\frac{\partial H}{\partial \boldsymbol{x}}-\frac{\partial \boldsymbol{g}^{\mathrm{T}}}{\partial \boldsymbol{x}}\boldsymbol{\Gamma}$$

其中，$\boldsymbol{\Gamma}$ 是与时间 t 无关的 l 维拉格朗日乘子向量（与 $\boldsymbol{g}$ 同维）。若 $\boldsymbol{g}$ 中不包含 $\boldsymbol{x}$，则有

$$\dot{\boldsymbol{\lambda}}(t)=-\frac{\partial H}{\partial \boldsymbol{x}}$$

哈密顿函数 $H[\boldsymbol{x}(t),\boldsymbol{u}(t),\boldsymbol{\lambda}(t),t]=L[\boldsymbol{x}(t),\boldsymbol{u}(t),t]+\boldsymbol{\lambda}^{\mathrm{T}}\boldsymbol{f}[\boldsymbol{x}(t),\boldsymbol{u}(t),t]$。

2）始端边界条件与终端横截条件

$$\boldsymbol{x}(t_0)=\boldsymbol{x}_0$$

$$\boldsymbol{N}_1[\boldsymbol{x}(t_f),t_f]=\boldsymbol{0}$$

$$\boldsymbol{\lambda}(t_f)=\frac{\partial F[\boldsymbol{x}(t_f),t_f]}{\partial \boldsymbol{x}(t_f)}+\frac{\partial \boldsymbol{N}_1^{\mathrm{T}}[\boldsymbol{x}(t_f),t_f]}{\partial \boldsymbol{x}(t_f)}\boldsymbol{\beta}$$

3）终端时刻 t_f 可变时，用来确定 t_f 的终端横截条件

$$H[\boldsymbol{x}(t_f),\boldsymbol{u}(t_f),\boldsymbol{\lambda}(t_f),t_f]+\frac{\partial F[\boldsymbol{x}(t_f),t_f]}{\partial t_f}+\frac{\partial \boldsymbol{N}_1^{\mathrm{T}}[\boldsymbol{x}(t_f),t_f]}{\partial t_f}\boldsymbol{\beta}=0$$

4）在最优轨线 $\boldsymbol{x}^*(t)$ 上与最优控制 $\boldsymbol{u}^*(t)$ 对应的哈密顿函数为极小值的条件

$$H[\boldsymbol{x}^*(t),\boldsymbol{u}^*(t),\boldsymbol{\lambda}^*(t),t]=\min_{u(t)\in\mathbf{R}_u}H[\boldsymbol{x}^*(t),\boldsymbol{u}(t),\boldsymbol{\lambda}^*(t),t]$$

且沿最优轨迹，有

$$\frac{\partial H}{\partial \boldsymbol{u}}=-\frac{\partial \boldsymbol{g}^{\mathrm{T}}}{\partial \boldsymbol{u}}\boldsymbol{\Gamma}$$

极小值原理表明，使性能指标泛函 J 为极小值的控制必定使哈密顿函数 H 为极小值。即最优控制 $\boldsymbol{u}^*(t)$ 使哈密顿函数 H 取极小值，所谓“极小值原理”一词正源于此。这一原理首先由苏联学者庞特里亚金等人提出，随后加以严格证明。

与经典变分法相比，极小值原理放宽了应用条件，即式 $\frac{\partial H}{\partial \boldsymbol{u}}=-\frac{\partial \boldsymbol{g}^{\mathrm{T}}}{\partial \boldsymbol{u}}\boldsymbol{\Gamma}$ 对通常的控制约束均适用，且不要求哈密顿函数 H 对控制 $\boldsymbol{u}(t)$ 有可微性。当满足经典变分法应用条件时，其控制方程 $\frac{\partial H}{\partial \boldsymbol{u}}=0$ 是上述情况的一种特例，即用控制方程 $\frac{\partial H}{\partial \boldsymbol{u}}=0$ 求解控制向量无界时的泛函极值问题只是极小值原理应用的一个特例。由此可见，极小值原理比经典变分法更具实用价值。

【例 6.8】 设一阶系统的状态方程为

$$\dot{x}(t)=x(t)-u(t),\quad x(0)=5$$

其中控制约束：$0.5\leqslant u(t)\leqslant 1$。试求使性能指标

$$J=\int_0^1[x(t)+u(t)]\mathrm{d}t$$

为极小的最优控制 $\boldsymbol{u}^*(t)$ 及最优轨线 $\boldsymbol{x}^*(t)$。

解：令哈密顿函数

$$H=x+u+\lambda(x-u)=x(1+\lambda)+u(1-\lambda)$$

由于 H 是 u 的线性函数，根据极小值原理知，使 H 绝对极小就相当于使能指标极小，因此要求 $u(1-\lambda)$ 极小。因 u 的取值上限为 1，下限为 0.5，故应取

$$u^*(t)=\begin{cases}1, & \lambda>1\\ 0.5, & \lambda<1\end{cases}$$

由协态方程

$$\dot{\lambda}(t)=-\frac{\partial H}{\partial x}=-(1+\lambda)$$

得其解为

$$\lambda(t)=c\mathrm{e}^{-t}-1$$

其中常数 c 待定。

由横截条件

$$\lambda(1)=c\mathrm{e}^{-1}-1=0$$

求出

$$c=\mathrm{e}$$

于是

$$\lambda(t)=\mathrm{e}^{1-t}-1$$

显然，当 $\lambda(t_s)=1$ 时，$u^*(t)$ 产生切换，其中 t_s 为切换时间。

令 $\lambda(t_s)=\mathrm{e}^{1-t_s}-1=1$，得 $t_s=0.307$。故最优控制

$$u^*(t)=\begin{cases}1, & 0\leqslant t<0.307\\ 0.5, & 0.307\leqslant t\leqslant 1\end{cases}$$

将 $u^*(t)$ 代入状态方程，有

$$\dot{x}(t)=\begin{cases}x(t)-1, & 0\leqslant t<0.307\\ x(t)-0.5, & 0.307\leqslant t\leqslant 1\end{cases}$$

解得

$$x(t)=\begin{cases}c_1\mathrm{e}^t+1, & 0\leqslant t<0.307\\ c_2\mathrm{e}^t+0.5, & 0.307\leqslant t\leqslant 1\end{cases}$$

代入 $x(0)=5$，求出 $c_1=4$，因而：$x^*(t)=4\mathrm{e}^t=1$，$0\leqslant t<0.307$。

在上式中，令 $t=0.307$，可以求出 $0.307\leqslant t\leqslant 1$ 是 $x(t)$ 的初态 $x(0.307)=6.44$，而求得 $c_2=4.37$。于是，最优曲线为

$$x^*(t)=\begin{cases}4\mathrm{e}^t+1, & 0\leqslant t<0.307\\ 4.37\mathrm{e}^t+0.5, & 0.307\leqslant t\leqslant 1\end{cases}$$

6.4.2 离散系统的极小值原理

离散系统最优化问题是最优控制理论和应用的重要部分，一方面是有些实际问题本身就是离散的。比如，数字滤波、经济和资源系统的最优化等问题；另一方面，即使实际问题本身是连续的，但是为了对连续过程实行计算机控制，就需要把时间离散化，从而得到一离散化系统。

为简便起见，可把采样周期 T 当作计时单位。这样，采样时刻 $0,T,2T,\cdots$，可表示成一系

列 0,1,2,…。在这种情况下，设离散系统的状态方程为

$$\boldsymbol{x}(k+1)=\boldsymbol{f}[\boldsymbol{x}(k),\boldsymbol{u}(k),k] \quad k=0,1,\cdots,N-1$$

其始端状态满足

$$\boldsymbol{x}(0)=\boldsymbol{x}_0$$

终端时刻和终端状态满足约束方程

$$\boldsymbol{N}_1[\boldsymbol{x}(N),N]=0$$

控制向量取值于

$$\boldsymbol{u}(k)\in R_u$$

式中，R_u 为容许控制域。

寻找控制序列 $\boldsymbol{u}^*(k),k=0,1,2,\cdots,N-1$，使性能指标

$$J=F[\boldsymbol{x}(N),N]+\sum_{k=0}^{N-1}L[\boldsymbol{x}(k),\boldsymbol{u}(k),k]$$

取极小值。

比较一下连续系统和离散系统中最优控制问题的提法，可以看出，对于连续系统是在时间区间 $[t_0,t_f]$ 上寻求最优控制 $\boldsymbol{u}^*(t)$ 和相应的最优曲线 $\boldsymbol{x}^*(t)$，使性能指标为最小值。而对于离散系统是在离散时刻 $0,1,\cdots,N$ 上寻找 N 和最优控制向量序列 $\boldsymbol{u}^*(0),\boldsymbol{u}^*(1),\cdots,\boldsymbol{u}^*(N-1)$ 和相应的 N 个最优状态向量 $\boldsymbol{x}^*(1),\boldsymbol{x}^*(2),\cdots,\boldsymbol{x}^*(N)$，以使性能指标为最小值。和连续系统一样，简称 $\boldsymbol{u}^*(k)(k=0,1,2,\cdots,N-1)$ 为最优控制，$\boldsymbol{x}^*(k)(k=1,2,\cdots,N)$ 为最优曲线。

定理 6.8 离散系统的状态方程为

$$\boldsymbol{x}(k+1)=\boldsymbol{f}[\boldsymbol{x}(k),\boldsymbol{u}(k),k] \tag{6.75}$$

控制向量 $\boldsymbol{u}(k)$ 有如下不等式约束

$$\boldsymbol{u}(k)\in R_u$$

式中，R_u 为容许控制域。为把状态 $\boldsymbol{x}(k)$ 自始端状态 $\boldsymbol{x}(0)=\boldsymbol{x}_0$ 转移到满足终端边界条件

$$\boldsymbol{N}_1[\boldsymbol{x}(N),N]=\boldsymbol{0} \tag{6.76}$$

的终端状态，并使性能指标

$$J=F[\boldsymbol{x}(N),N]+\sum_{k=0}^{N-1}L[\boldsymbol{x}(k),\boldsymbol{u}(k),k] \tag{6.77}$$

取极小值实现最优控制的必要条件是：

1）最优状态向量序列 $\boldsymbol{x}^*(k)$ 和最优伴随向量序列 $\boldsymbol{\lambda}^*(k)$ 满足下列差分方程及正则方程

$$\boldsymbol{x}(k+1)=\frac{\partial H[\boldsymbol{x}(k),\boldsymbol{u}(k),\boldsymbol{\lambda}(k+1),k]}{\partial\boldsymbol{\lambda}(k+1)}=\boldsymbol{f}[\boldsymbol{x}(k),\boldsymbol{u}(k),k]$$

$$\boldsymbol{\lambda}(k)=\frac{\partial H[\boldsymbol{x}(k),\boldsymbol{u}(k),\boldsymbol{\lambda}(k+1),k]}{\partial\boldsymbol{x}(k)}$$

式中，离散哈密顿函数

$$H[\boldsymbol{x}(k),\boldsymbol{u}(k),\boldsymbol{\lambda}(k+1),k]=L[\boldsymbol{x}(k),\boldsymbol{u}(k),k]+\boldsymbol{\lambda}^{\mathrm{T}}(k+1)\boldsymbol{f}[\boldsymbol{x}(k),\boldsymbol{u}(k),k] \tag{6.78}$$

2）始端边界条件与终端横截条件

$$\boldsymbol{x}(0)=\boldsymbol{x}_0$$

$$\boldsymbol{N}_1[\boldsymbol{x}(N),N]=\boldsymbol{0}$$

$$\boldsymbol{\lambda}(N)=\frac{\partial F}{\partial\boldsymbol{x}(N)}+\frac{\partial\boldsymbol{N}_1^{\mathrm{T}}}{\partial\boldsymbol{x}(N)}\boldsymbol{\beta}$$

3）离散哈密顿函数对最优控制 $\boldsymbol{u}^*(k)(k=0,1,2,\cdots,N-1)$ 取极小值，即

$$H[\boldsymbol{x}^*(k),\boldsymbol{u}^*(k),\boldsymbol{\lambda}^*(k+1),k]=\min_{u(k)\in R_u} H[\boldsymbol{x}^*(k),\boldsymbol{u}(k),\boldsymbol{\lambda}^*(k+1),k] \tag{6.79}$$

若控制向量序列$\boldsymbol{u}(k)$无约束，即没有容许控制域的约束，$\boldsymbol{u}(k)$可在整个控制域中取值，则上述的必要条件3）的极值条件为

$$\frac{\partial H[\boldsymbol{x}(k),\boldsymbol{u}(k),\boldsymbol{\lambda}(k+1),k]}{\partial \boldsymbol{u}(k)}=0$$

上列各式中，$k=0,1,2,\cdots,N-1$。

若始端状态给定$\boldsymbol{x}(0)=\boldsymbol{x}_0$，而终端状态自由，此时定理6.8中始端边界条件与终端横截条件变为

$$\boldsymbol{x}(0)=\boldsymbol{x}_0$$

$$\boldsymbol{\lambda}(N)=\frac{\partial F}{\partial \boldsymbol{x}(N)}$$

该定理表明，离散系统最优化问题归结为求解一个离散两点边值问题，且使离散性能指标泛函式（6.77）为极小与使哈密顿函数式（6.78）为极小是等价的，因为$\boldsymbol{u}^*(k)$是在所有容许控制域$\boldsymbol{u}(k)$中能够使H为最小值的最优控制。因此，对上述离散极小值定理的理解与连续极小值原理一样。

【例6.9】 离散系统的状态方程为

$$\boldsymbol{x}(k+1)=\begin{bmatrix}1 & 0.1\\0 & 1\end{bmatrix}\boldsymbol{x}(k)+\begin{bmatrix}0\\0.1\end{bmatrix}u(k)$$

已知边界条件

$$\boldsymbol{x}(0)=\begin{bmatrix}1\\0\end{bmatrix},\quad \boldsymbol{x}(2)=\begin{bmatrix}0\\0\end{bmatrix}$$

试用离散极大值原理求最优控制序列，使性能指标

$$J=0.05\sum_{k=0}^{1}u^2(k)$$

取极小值，并求最优曲线序列。

解： 构造离散哈密顿函数为

$$H(k)=0.05u^2(k)+\lambda_1(k+1)[x_1(k)+0.1x_2(k)]+\lambda_2(k+1)[x_2(k)+0.1u(k)]$$

其中，$\lambda_1(k+1)$和$\lambda_2(k+1)$为待定拉格朗日乘子序列。

由伴随方程，有

$$\lambda_1(k)=\frac{\partial H(k)}{\partial x_1(k)}=\lambda_1(k+1),\quad \lambda_2(k)=\frac{\partial H(k)}{\partial x_2(k)}=0.1\lambda_1(k+1)+\lambda_2(k+1)$$

所以

$$\lambda_1(0)=\lambda_1(1),\quad \lambda_2(0)=0.1\lambda_1(1)+\lambda_2(1)$$

$$\lambda_1(1)=\lambda_1(2),\quad \lambda_2(1)=0.1\lambda_1(2)+\lambda_2(2)$$

由极值条件

$$\frac{\partial H(k)}{\partial u(k)}=0.1u(k)+0.1\lambda_2(k+1)=0,\quad \frac{\partial^2 H(k)}{\partial u^2(k)}=0.1>0$$

故

$$u(k)=-\lambda_2(k+1)$$

可使$H(k)$取极小值。令$k=0$和$k=1$，得

$$u(0)=-\lambda_2(1),\quad u(1)=-\lambda_2(2)$$

将 $u(k)$ 表达式代入状态方程，可得

$$x_1(k+1)=x_1(k)+0.1x_2(k),\quad x_2(k+1)=x_2(k)-0.1\lambda_2(k+1)$$

令 k 分别等于 0 和 1，有

$$x_1(1)=x_1(0)+0.1x_2(0),\quad x_2(1)=x_2(0)-0.1\lambda_2(1)$$

$$x_1(2)=x_1(1)+0.1x_2(1),\quad x_2(2)=x_2(1)-0.1\lambda_2(2)$$

由已知边界条件

$$x_1(0)=1,\quad x_2(0)=0$$

$$x_1(2)=0,\quad x_2(2)=0$$

不难解出最优解

$$u^*(0)=-100,\quad u^*(1)=100$$

$$\boldsymbol{x}^*(0)=\begin{bmatrix}1\\0\end{bmatrix},\quad \boldsymbol{x}^*(1)=\begin{bmatrix}1\\-10\end{bmatrix},\quad \boldsymbol{x}^*(2)=\begin{bmatrix}0\\0\end{bmatrix}$$

$$\boldsymbol{\lambda}(0)=\begin{bmatrix}2000\\300\end{bmatrix},\quad \boldsymbol{\lambda}(1)=\begin{bmatrix}2000\\100\end{bmatrix},\quad \boldsymbol{\lambda}(2)=\begin{bmatrix}2000\\-100\end{bmatrix}$$

6.5 线性二次型的最优控制

对于线性系统而言，若取状态变量和控制变量的二次型函数的积分作为性能指标函数，则这种动态系统的反馈控制称为线性系统二次型性能指标的最优控制问题，简称为线性二次型问题。由于线性二次型问题的最优解具有统一的解析表达式，所得到的最优控制律通常是一个简单的线性状态反馈控制律。线性二次型问题的性能指标具有明确的物理意义，便于与实际系统的设计相结合，因而在工程实践中得到了广泛应用。

设线性时变系统的状态空间表达式为

$$\begin{cases}\dot{\boldsymbol{x}}(t)=\boldsymbol{A}(t)\boldsymbol{x}(t)+\boldsymbol{B}(t)\boldsymbol{u}(t),\quad \boldsymbol{x}(t_0)=\boldsymbol{x}_0\\ \boldsymbol{y}(t)=\boldsymbol{C}(t)\boldsymbol{x}(t)\end{cases}\tag{6.80}$$

性能指标为

$$J=\frac{1}{2}\boldsymbol{e}^{\mathrm{T}}(t_{\mathrm{f}})\boldsymbol{S}\boldsymbol{e}(t_{\mathrm{f}})+\frac{1}{2}\int_{t_0}^{t_{\mathrm{f}}}[\boldsymbol{e}^{\mathrm{T}}(t)\boldsymbol{Q}(t)\boldsymbol{e}(t)+\boldsymbol{u}^{\mathrm{T}}(t)\boldsymbol{R}(t)\boldsymbol{u}(t)]\mathrm{d}t\tag{6.81}$$

式中，$\boldsymbol{x}(t)\in\mathbf{R}^n$ 为状态向量，$\boldsymbol{u}(t)\in\mathbf{R}^r$ 为控制向量且不受约束，$\boldsymbol{y}(t)\in\mathbf{R}^m$ 为输出向量，$0<m\leqslant r\leqslant n$；输出向量误差 $\boldsymbol{e}(t)=\boldsymbol{y}_{\mathrm{d}}(t)-\boldsymbol{y}(t)$，$\boldsymbol{y}_{\mathrm{d}}(t)\in\mathbf{R}^m$ 为理想输出向量；$\boldsymbol{A}(t)$、$\boldsymbol{B}(t)$ 和 $\boldsymbol{C}(t)$ 为适当阶数的时变矩阵，其各元连续且有界；加权矩阵 $\boldsymbol{S}\in\mathbf{R}^{m\times m}$，$\boldsymbol{Q}(t)\in\mathbf{R}^{m\times m}$ 为半正定对称矩阵，$\boldsymbol{R}(t)\in\mathbf{R}^{r\times r}$ 为正定对称矩阵；t_0 及 t_{f} 固定。要求确定最优控制 $\boldsymbol{u}^*(t)$，使性能指标极小。

在二次型性能指标（6.81）中，加权矩阵 $\boldsymbol{S}$、$\boldsymbol{Q}(t)$ 和 $\boldsymbol{R}(t)$ 多取为对角阵。二次型性能指标式（6.81）极小的物理意义是：使系统在整个控制过程中的动态跟踪误差、控制能量消耗和控制过程结束时的终端跟踪误差综合最优。

本节根据 $\boldsymbol{C}(t)$ 矩阵和理想输出 $\boldsymbol{y}_{\mathrm{d}}(t)$ 的不同情况，将二次型最优控制问题分为状态调节器、输出调节器和输出跟踪控制三种类型分别进行讨论。

6.5.1 状态调节器

在系统状态空间表达式（6.80）和二次型性能指标式（6.81）中，如果满足 $\boldsymbol{C}(t)=\boldsymbol{I}$，

$\boldsymbol{y}_{\mathrm{d}}(t)=0$，则有

$$\boldsymbol{e}(t)=-\boldsymbol{y}(t)=-\boldsymbol{x}(t)$$

从而性能指标式（6.81）变为

$$J=\frac{1}{2}\boldsymbol{x}^{\mathrm{T}}(t_{\mathrm{f}})\boldsymbol{S}\boldsymbol{x}(t_{\mathrm{f}})+\frac{1}{2}\int_{t_0}^{t_{\mathrm{f}}}[\boldsymbol{x}^{\mathrm{T}}(t)\boldsymbol{Q}(t)\boldsymbol{x}(t)+\boldsymbol{u}^{\mathrm{T}}(t)\boldsymbol{R}(t)\boldsymbol{u}(t)]\mathrm{d}t \tag{6.82}$$

式中，$\boldsymbol{S}\in\mathbf{R}^{n\times n}$，$\boldsymbol{Q}(t)\in\mathbf{R}^{n\times n}$为正半定对称矩阵；$\boldsymbol{R}(t)\in\mathbf{R}^{r\times r}$为正定对称矩阵；$\boldsymbol{Q}(t)$、$\boldsymbol{R}(t)$在$[t_0,t_{\mathrm{f}}]$上均连续有界，终端时刻$t_{\mathrm{f}}$固定。

当系统（6.80）受扰偏离原平衡状态时，要求产生一控制向量，使系统状态$\boldsymbol{x}(t)$恢复到原平衡状态附近，并使性能指标（6.82）极小。它称为状态调节器问题。

下面按照终端时刻t_{f}有限或无限，将状态调节器问题分为有限时间的状态调节器和无限时间的状态调节器两种问题。

1. 有限时间状态调节器

如果系统是线性时变的，终端时刻t_{f}是有限的，则这样的状态调节器称为有限时间状态调节器，其最优解由如下定理给出。

定理 6.9 设线性时变系统的状态方程如式（6.80）所示。最优控制存在的充分必要条件为

$$\boldsymbol{u}^*(t)=-\boldsymbol{R}^{-1}(t)\boldsymbol{B}^{\mathrm{T}}(t)\boldsymbol{P}(t)\boldsymbol{x}(t) \tag{6.83}$$

最优性能指标为

$$J^*=\frac{1}{2}\boldsymbol{x}^{\mathrm{T}}(t_0)\boldsymbol{P}(t_0)\boldsymbol{x}(t_0) \tag{6.84}$$

式中，$\boldsymbol{P}(t)\in\mathrm{R}^{n\times n}$为非负定对称矩阵，满足下列黎卡提（Riccati）矩阵微分方程

$$-\dot{\boldsymbol{P}}(t)=\boldsymbol{P}(t)\boldsymbol{A}(t)+\boldsymbol{A}^{\mathrm{T}}(t)\boldsymbol{P}(t)-\boldsymbol{P}(t)\boldsymbol{B}(t)\boldsymbol{R}^{-1}(t)\boldsymbol{B}^{\mathrm{T}}(t)\boldsymbol{P}(t)+\boldsymbol{Q}(t) \tag{6.85}$$

其终端边界条件

$$\boldsymbol{P}(t_{\mathrm{f}})=\boldsymbol{S} \tag{6.86}$$

而最优轨线$\boldsymbol{x}^*(t)$则是下列线性向量微分方程的解：

$$\dot{\boldsymbol{x}}(t)=[\boldsymbol{A}(t)-\boldsymbol{B}(t)\boldsymbol{R}^{-1}(t)\boldsymbol{B}^{\mathrm{T}}(t)\boldsymbol{P}(t)]\boldsymbol{x}(t),\quad \boldsymbol{x}(t_0)=\boldsymbol{x}_0 \tag{6.87}$$

证明：必要性：若$\boldsymbol{u}^*(t)$为最优控制，可证式（6.83）成立。

因$\boldsymbol{u}^*(t)$最优，则必满足极小值原理。构造哈密顿函数为

$$H=\frac{1}{2}\boldsymbol{x}^{\mathrm{T}}(t)\boldsymbol{Q}(t)\boldsymbol{x}(t)+\frac{1}{2}\boldsymbol{u}^{\mathrm{T}}(t)\boldsymbol{R}(t)\boldsymbol{u}(t)+\boldsymbol{\lambda}^{\mathrm{T}}(t)\boldsymbol{A}(t)\boldsymbol{x}(t)+\boldsymbol{\lambda}^{\mathrm{T}}(t)\boldsymbol{B}(t)\boldsymbol{u}(t)$$

由极值条件

$$\frac{\partial H}{\partial \boldsymbol{u}(t)}=\boldsymbol{R}(t)\boldsymbol{u}(t)+\boldsymbol{B}^{\mathrm{T}}(t)\boldsymbol{\lambda}(t)=0,\quad \frac{\partial^2 H}{\partial \boldsymbol{u}^2(t)}=\boldsymbol{R}(t)>0$$

故

$$\boldsymbol{u}^*(t)=-\boldsymbol{R}^{-1}(t)\boldsymbol{B}^{\mathrm{T}}(t)\boldsymbol{P}(t)\boldsymbol{x}(t) \tag{6.88}$$

可使哈密顿函数极小。

再由正则方程

$$\dot{\boldsymbol{x}}(t)=\frac{\partial \boldsymbol{H}}{\partial \boldsymbol{\lambda}(t)}=\boldsymbol{A}(t)\boldsymbol{x}(t)-\boldsymbol{B}(t)\boldsymbol{R}^{-1}(t)\boldsymbol{B}^{\mathrm{T}}(t)\boldsymbol{P}(t)\boldsymbol{x}(t) \tag{6.89}$$

$$\dot{\boldsymbol{\lambda}}(t)=-\frac{\partial \boldsymbol{H}}{\partial \boldsymbol{x}(t)}=-\boldsymbol{Q}(t)\boldsymbol{x}(t)-\boldsymbol{A}^{\mathrm{T}}(t)\boldsymbol{\lambda}(t) \tag{6.90}$$

因终端 $\boldsymbol{x}(t_f)$ 自由，所以横截条件为

$$\boldsymbol{\lambda}(t_f)=\frac{\partial}{\partial \boldsymbol{x}(t_f)}\left[\frac{1}{2}\boldsymbol{x}^{\mathrm{T}}(t_f)\boldsymbol{S}\boldsymbol{x}(t_f)\right]=\boldsymbol{S}\boldsymbol{x}(t_f) \tag{6.91}$$

由于在式（6.91）中，$\boldsymbol{\lambda}(t_f)$ 与 $\boldsymbol{x}(t_f)$ 存在线性关系，且正则方程又是线性的，因此可以假设

$$\boldsymbol{\lambda}(t)=\boldsymbol{P}(t)\boldsymbol{x}(t) \tag{6.92}$$

式中，$\boldsymbol{P}(t)$ 为待定矩阵。

对式（6.92）求导，得

$$\dot{\boldsymbol{\lambda}}(t)=\dot{\boldsymbol{P}}(t)\boldsymbol{x}(t)+\boldsymbol{P}(t)\dot{\boldsymbol{x}}(t) \tag{6.93}$$

将式（6.89）和（6.90）代入式（6.93），得

$$\dot{\boldsymbol{\lambda}}(t)=[\dot{\boldsymbol{P}}(t)+\boldsymbol{P}(t)\boldsymbol{A}(t)-\boldsymbol{P}(t)\boldsymbol{B}(t)\boldsymbol{R}^{-1}(t)\boldsymbol{B}^{\mathrm{T}}(t)\boldsymbol{P}(t)]\boldsymbol{x}(t) \tag{6.94}$$

将式（6.92）代入式（6.90）中，则又有

$$\dot{\boldsymbol{\lambda}}(t)=-[\boldsymbol{Q}(t)+\boldsymbol{A}^{\mathrm{T}}(t)\boldsymbol{P}(t)]\boldsymbol{x}(t) \tag{6.95}$$

比较式（6.94）和式（6.95），即证得黎卡提方程式（6.85）成立。

在式（6.92）中，令 $t=t_f$，有

$$\boldsymbol{\lambda}(t_f)=\boldsymbol{P}(t_f)\boldsymbol{x}(t_f) \tag{6.96}$$

比较式（6.96）和式（6.91），可证得黎卡提方程的边界条件式（6.86）成立。

因 $\boldsymbol{P}(t)$ 可解，将式（6.92）代入式（6.88），证得 $\boldsymbol{u}^*(t)$ 的表达式（6.83）成立。

充分性：若式（6.83）成立，可证 $\boldsymbol{u}^*(t)$ 必为最优控制。

根据连续动态规划法，可以方便地证明最优控制的充分条件及最优性能指标式（6.84）成立。其证明过程略，有兴趣读者可参考钟宜生编写的《最优控制》一书。

在式（6.83）中，令反馈增益矩阵

$$\boldsymbol{K}(t)=\boldsymbol{R}^{-1}(t)\boldsymbol{B}^{\mathrm{T}}(t)\boldsymbol{P}(t) \tag{6.97}$$

将式（6.97）代入式（6.80），得最优闭环系统方程

$$\dot{\boldsymbol{x}}(t)=[\boldsymbol{A}(t)-\boldsymbol{B}(t)\boldsymbol{K}(t)]\boldsymbol{x}(t),\quad \boldsymbol{x}(t_0)=\boldsymbol{x}_0 \tag{6.98}$$

式（6.98）的解必为最优轨线 $\boldsymbol{x}^*(t)$，它是从二次型性能指标函数得出的状态反馈形式。因为矩阵 $\boldsymbol{A}(t)$、$\boldsymbol{B}(t)$ 及 $\boldsymbol{R}(t)$ 已知，故闭环系统的性质与 $\boldsymbol{K}(t)$ 密切相关，而 $\boldsymbol{K}(t)$ 的性质又取决于黎卡提方程（6.85）在边界条件（6.86）下的解 $\boldsymbol{P}(t)$。

【例 6.10】 设系统状态方程为

$$\dot{\boldsymbol{x}}(t)=\begin{bmatrix}0 & 1\\ 0 & 0\end{bmatrix}\boldsymbol{x}(t)+\begin{bmatrix}0\\ 1\end{bmatrix}u(t)$$

初始条件为

$$x_1(0)=1,\quad x_2(0)=0$$

性能指标为

$$J=\frac{1}{2}\int_0^{t_f}[x_1^2(t)+u^2(t)]\mathrm{d}t$$

式中，t_f 为某一给定值。试求最优控制 $u^*(t)$ 使 J 极小。

解：由题意得

$$\boldsymbol{A}=\begin{bmatrix}0 & 1\\ 0 & 0\end{bmatrix},\quad \boldsymbol{B}=\begin{bmatrix}0\\ 1\end{bmatrix},\quad \boldsymbol{S}=[0],\quad \boldsymbol{Q}=\begin{bmatrix}1 & 0\\ 0 & 0\end{bmatrix},\quad \boldsymbol{R}=[1]$$

由黎卡提方程

$$-\dot{\boldsymbol{P}}(t)=\boldsymbol{P}(t)\boldsymbol{A}+\boldsymbol{A}^{\mathrm{T}}\boldsymbol{P}(t)-\boldsymbol{P}(t)\boldsymbol{B}\boldsymbol{R}^{-1}\boldsymbol{B}^{\mathrm{T}}\boldsymbol{P}(t)+\boldsymbol{Q}$$
$$\boldsymbol{P}(t_{\mathrm{f}})=\boldsymbol{S}$$

并令

$$\boldsymbol{P}(t)=\begin{bmatrix}p_{11}(t) & p_{12}(t)\\ p_{21}(t) & p_{22}(t)\end{bmatrix}$$

得下列微分方程组及相应的边界条件

$$\dot{p}_{11}(t)=-1+p_{12}^2(t),\qquad p_{11}(t_{\mathrm{f}})=0$$
$$\dot{p}_{12}(t)=-p_{11}(t)+p_{12}(t)p_{22}(t),\quad p_{12}(t_{\mathrm{f}})=0$$
$$\dot{p}_{22}(t)=-2p_{12}(t)+p_{22}^2(t),\qquad p_{22}(t_{\mathrm{f}})=0$$

利用计算机求解上述微分方程组，可以得到 $\boldsymbol{P}(t),t\in[0,t_{\mathrm{f}}]$。

最优控制为

$$u^*(t)=-\boldsymbol{R}^{-1}\boldsymbol{B}^{\mathrm{T}}\boldsymbol{P}\boldsymbol{x}(t)=-p_{12}(t)x_1(t)-p_{22}(t)x_2(t)$$

式中，$p_{12}(t)$和$p_{22}(t)$是随时间变化的曲线，如图 6.2 所示。由于反馈系数$p_{12}(t)$和$p_{22}(t)$都是时变的，在设计系统时，需离线算出$p_{12}(t)$和$p_{22}(t)$的值，并存储于计算机内，以便实现控制时调用。

最优控制系统的结构图如图 6.3 所示。

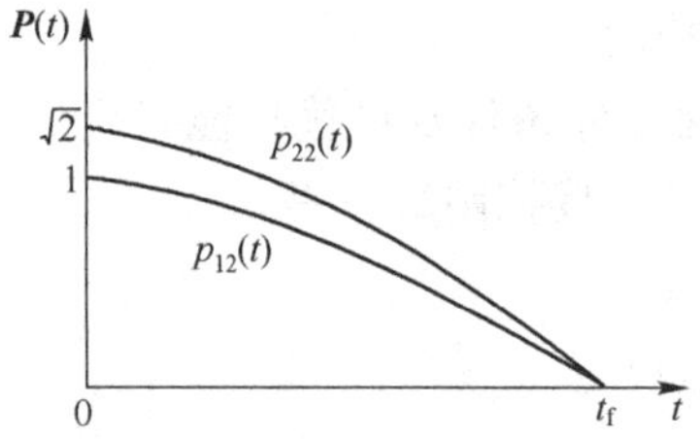

图 6.2　黎卡提方程曲线

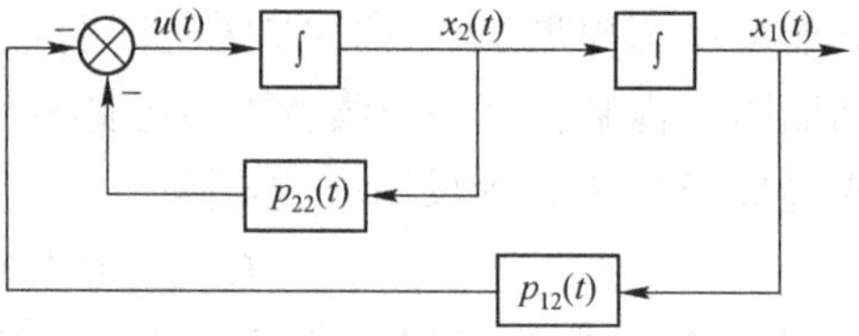

图 6.3　最优控制系统结构图

2. 无限时间状态调节器

如果终端时刻 $t_{\mathrm{f}}\to\infty$，系统及性能指标中的各矩阵均为常值矩阵，则这样的状态调节器称为无限时间状态调节器。若系统受扰偏离原平衡状态后，希望系统能最优地恢复到原平衡状态且不产生稳态误差，则必须采用无限时间状态调节器。

定理 6.10　设完全能控制的线性定常系统的状态方程如式（6.80）所示，二次型性能指标为

$$J=\frac{1}{2}\int_0^{\infty}[\boldsymbol{x}^{\mathrm{T}}(t)\boldsymbol{Q}\boldsymbol{x}(t)+\boldsymbol{u}^{\mathrm{T}}(t)\boldsymbol{R}\boldsymbol{u}(t)]\mathrm{d}t \tag{6.99}$$

式中，$\boldsymbol{Q}\in\mathbf{R}^{n\times n}$为正半定常值矩阵，且$(\boldsymbol{A},\boldsymbol{Q}^{1/2})$能观测；$\boldsymbol{R}\in\mathbf{R}^{r\times r}$是正定常值矩阵。

使性能指标式（6.99）极小的最优控制 $\boldsymbol{u}^*(t)$存在，且唯一地由下式确定：

$$\boldsymbol{u}^*(t)=-\boldsymbol{R}^{-1}(t)\boldsymbol{B}^{\mathrm{T}}(t)\boldsymbol{P}(t)\boldsymbol{x}(t)$$

其中，$\boldsymbol{P}\in\mathbf{R}^{n\times n}$为正定常值矩阵，是代数黎卡提方程

$$\boldsymbol{P}\boldsymbol{A}+\boldsymbol{A}^{\mathrm{T}}\boldsymbol{P}-\boldsymbol{P}\boldsymbol{B}\boldsymbol{R}^{-1}\boldsymbol{B}^{\mathrm{T}}\boldsymbol{P}+\boldsymbol{Q}=\boldsymbol{0} \tag{6.100}$$

的解。

此时最优性能指标

$$J^* = \frac{1}{2}\boldsymbol{x}^{\mathrm{T}}(0)\boldsymbol{P}\boldsymbol{x}(0)$$

最优轨线 $\boldsymbol{x}^*(t)$ 是下列状态方程的解：

$$\dot{\boldsymbol{x}}(t) = (\boldsymbol{A}-\boldsymbol{B}\boldsymbol{R}^{-1}\boldsymbol{B}^{\mathrm{T}}\boldsymbol{P})\boldsymbol{x}(t) \tag{6.101}$$

关于定理 6.10 的结论，利用 $\boldsymbol{P}$ 为常值矩阵，将时间有限时得到的黎卡提方程取极限，便可得到增益矩阵 $\boldsymbol{P}$ 以及相关的结果。而卡尔曼证明了在 $\boldsymbol{S}=\boldsymbol{0}$，系统能控时，有

$$\lim_{t_f\to\infty}\boldsymbol{P}(t) = \boldsymbol{P} = \text{常值矩阵}$$

关于以上证明可参考有关书籍。这里仅对以上结论，做如下几点说明：

1）式（6.101）所示最优闭环控制系统的最优闭环控制矩阵$(\boldsymbol{A}-\boldsymbol{B}\boldsymbol{R}^{-1}\boldsymbol{B}^{\mathrm{T}}\boldsymbol{P})$必定具有负实部的特征值，无论被控对象 $\boldsymbol{A}$ 是否稳定。这一点可利用反证法，假设闭环系统有一个或几个非负的实部，则必有一个或几个状态变量将不趋于零，因而性能指标函数将趋于无穷而得到证明。

2）对不能控系统，有限时间的最优控制仍然存在，因为控制作用的区间$[t_0, t_f]$是有限的，在此有限域内，不能控的状态变量引起的性能指标函数的变化是有限的。但对于 $t_f\to\infty$，为使性能指标函数在无限积分区间上为有限量，则对系统提出了状态完全能控的要求。

3）对于无限时间状态调节器，通常在性能指标中不考虑终端指标，取权阵 $\boldsymbol{S}=\boldsymbol{0}$。

4）对于增益矩阵 $\boldsymbol{P}(t)$ 的求取，根据代数黎卡提方程式（6.100），可选择 $\boldsymbol{P}(t_f)=\boldsymbol{0}$ 为初始条件，时间上逆向。这种逆向过程，在 $t_f\to\infty$ 时，$\boldsymbol{P}(t)$ 趋于稳定值。

【例 6.11】 设系统状态方程和初始条件为

$$\dot{\boldsymbol{x}} = \begin{bmatrix}0 & 0\\1 & 0\end{bmatrix}\boldsymbol{x} + \begin{bmatrix}1\\0\end{bmatrix}u, \quad \begin{matrix}x_1(0)=0\\x_2(0)=1\end{matrix}$$

性能指标为

$$J = \int_0^{\infty}\left[x_2^2(t) + \frac{1}{4}u^2(t)\right]\mathrm{d}t$$

试求最优控制 $u^*(t)$ 和最优性能指标 J^*。

解： 本例为无限时间定常态调节器问题，因

$$J = \frac{1}{2}\int_0^{\infty}\left[2x_2^2(t) + \frac{1}{2}u^2(t)\right]\mathrm{d}t = \frac{1}{2}\int_0^{\infty}\left\{\left[[x_1, x_2]\begin{bmatrix}0 & 0\\0 & 2\end{bmatrix}\begin{bmatrix}x_1\\x_2\end{bmatrix} + \frac{1}{2}u^2(t)\right]\right\}\mathrm{d}t$$

故由题意得

$$\boldsymbol{A}=\begin{bmatrix}0 & 0\\1 & 0\end{bmatrix},\quad \boldsymbol{B}=\begin{bmatrix}1\\0\end{bmatrix},\quad \boldsymbol{Q}=\begin{bmatrix}0 & 0\\0 & 2\end{bmatrix},\quad \boldsymbol{R}=\begin{bmatrix}\frac{1}{2}\end{bmatrix}$$

$(\boldsymbol{A}, \boldsymbol{Q}^{1/2})$能观测。因为

$$\mathrm{rank}[\boldsymbol{B}\quad \boldsymbol{A}\boldsymbol{B}] = \mathrm{rank}\begin{bmatrix}1 & 0\\0 & 1\end{bmatrix} = 2$$

系统完全能控，故无限时间状态调节器的最优控制 $u^*(t)$ 存在。

令 $\boldsymbol{P}=\begin{bmatrix}p_{11} & p_{12}\\p_{21} & p_{22}\end{bmatrix}$，由黎卡提方程

$$\boldsymbol{P}\boldsymbol{A}+\boldsymbol{A}^{\mathrm{T}}\boldsymbol{P}-\boldsymbol{P}\boldsymbol{B}\boldsymbol{R}^{-1}\boldsymbol{B}^{\mathrm{T}}\boldsymbol{P}+\boldsymbol{Q}=\boldsymbol{0}$$

得代数方程组

$$2p_{12}-2p_{11}^2=0$$
$$p_{22}-2p_{11}p_{12}=0$$
$$-2p_{12}^2+2=0$$

联立求解，得

$$\boldsymbol{P}=\begin{bmatrix}1 & 1\\ 1 & 2\end{bmatrix}$$

$\boldsymbol{P}$ 为正定矩阵，于是可得最优控制 $u^*(t)$ 和最优性能指标 J 为

$$u^*(t)=-\boldsymbol{R}^{-1}\boldsymbol{B}^{\mathrm{T}}\boldsymbol{P}\boldsymbol{x}(t)=-2x_1(t)-2x_2(t)$$

$$J^*[\boldsymbol{x}(t)]=\frac{1}{2}\boldsymbol{x}^{\mathrm{T}}(0)\boldsymbol{P}\boldsymbol{x}(0)=1$$

闭环系统的状态方程为

$$\dot{\boldsymbol{x}}(t)=(\boldsymbol{A}-\boldsymbol{B}\boldsymbol{R}^{-1}\boldsymbol{B}^{\mathrm{T}}\boldsymbol{P})\boldsymbol{x}(t)=\begin{bmatrix}-2 & -2\\ 1 & 0\end{bmatrix}\boldsymbol{x}(t)=\overline{\boldsymbol{A}}\boldsymbol{x}(t)$$

其特征方程为

$$\det(\lambda\boldsymbol{I}-\overline{\boldsymbol{A}})=\det\begin{bmatrix}\lambda+2 & 2\\ -1 & \lambda\end{bmatrix}=\lambda^2+2\lambda+2=0$$

特征值为 $\lambda_{1,2}=-1\pm\mathrm{j}$，故闭环系统渐进稳定。

6.5.2 输出调节器

在线性时变系统中，如果理想输出向量 $\boldsymbol{y}_{\mathrm{d}}(t)=0$，则有 $\boldsymbol{e}(t)=-\boldsymbol{y}(t)$。从而性能指标式（6.81）演变为

$$J=\frac{1}{2}\boldsymbol{y}^{\mathrm{T}}(t_{\mathrm{f}})\boldsymbol{S}\boldsymbol{y}(t_{\mathrm{f}})+\frac{1}{2}\int_{t_0}^{t_{\mathrm{f}}}[\boldsymbol{y}^{\mathrm{T}}(t)\boldsymbol{Q}(t)\boldsymbol{y}(t)+\boldsymbol{u}^{\mathrm{T}}(t)\boldsymbol{R}(t)\boldsymbol{u}(t)]\mathrm{d}t \tag{6.102}$$

式中，$\boldsymbol{S}\in\mathbf{R}^{m\times m}$ 为半正定常值矩阵；$\boldsymbol{Q}(t)\in\mathbf{R}^{m\times m}$ 为半正定对称矩阵；$\boldsymbol{R}(t)\in\mathbf{R}^{r\times r}$ 为正定对称矩阵；$\boldsymbol{Q}(t)$、$\boldsymbol{R}(t)$ 在 $[t_0,t_{\mathrm{f}}]$ 上均连续有界，终端时刻 t_{f} 固定。

线性二次型输出调节的最优控制问题为：当系统（6.80）受扰偏离原输出平衡状态时，要求产生一控制向量，使系统输出 $\boldsymbol{y}(t)$ 保持在原平衡状态附近，并使性能指标（6.102）极小，因而称为输出调节器问题。由于输出调节器问题可以转化成等效的状态调节器问题，那么所有状态调节器成立的结论都可以推广到输出调节器问题。

1. 有限时间输出调节器

如果系统是线性时变的，终端时刻 t_{f} 是有限的，则这样的输出调节器称为有限时间输出调节器，其最优解由如下定理给出。

定理 6.11 设线性时变系统的状态空间表达式如式（6.80）所示，则性能指标（6.102）极小的唯一的最优控制为

$$\boldsymbol{u}^*(t)=-\boldsymbol{R}^{-1}(t)\boldsymbol{B}^{\mathrm{T}}(t)\boldsymbol{P}(t)\boldsymbol{x}(t)$$

最优性能指标为

$$J^*=\frac{1}{2}\boldsymbol{x}^{\mathrm{T}}(t_0)\boldsymbol{P}(t_0)\boldsymbol{x}(t_0)$$

式中，$\boldsymbol{P}(t)\in\mathbf{R}^{n\times n}$ 为非负定对称矩阵，满足下列黎卡提矩阵微分方程

$$-\dot{\boldsymbol{P}}(t)=\boldsymbol{P}(t)\boldsymbol{A}(t)+\boldsymbol{A}^{\mathrm{T}}(t)\boldsymbol{P}(t)-\boldsymbol{P}(t)\boldsymbol{B}(t)\boldsymbol{R}^{-1}(t)\boldsymbol{B}^{\mathrm{T}}(t)\boldsymbol{P}(t)+\boldsymbol{C}^{\mathrm{T}}(t)\boldsymbol{Q}(t)\boldsymbol{C}(t)$$

其终端边界条件为

$$P(t_f)=C^T(t_f)SC(t_f)$$

而最优轨线 $x^*(t)$ 满足下列线性向量微分方程

$$\dot{x}(t)=[A(t)-B(t)R^{-1}(t)B^T(t)P]x(t),\quad x(t_0)=x_0$$

证明： 将输出方程 $y(t)=C(t)x(t)$ 代入性能指标式（6.102），可得

$$J=\frac{1}{2}x^T(t_f)S_1x(t_f)+\frac{1}{2}\int_{t_0}^{t_f}[x^T(t)Q_1(t)x(t)+u^T(t)R(t)u(t)]dt$$

式中，$S_1=C^T(t_f)SC(t_f)$，$Q_1(t)=C^T(t)Q(t)C(t)$。

因为 $S=S^T$，$Q(t)=Q^T(t)$ 均为半正定矩阵，故有二次型函数 $S_1=S_1^T$，$Q_1(t)=Q_1^T(t)$ 为半正定矩阵，而 $R(t)=R^T(t)>0$ 不变，于是由有限时间状态调节器中的定理 6.9 知，本定理的全部结论成立。

对于上述分析，可得如下结论：

1）比较定理 6.9 与定理 6.11 可见，有限时间输出调节器的最优解与有限时间状态调节器的最优解，具有相同的最优控制与最优性能指标表达式，仅在黎卡提方程及其边界条件的形式上有微小的差别。

2）最优输出调节器的最优控制函数，并不是输出量 $y(t)$ 的线性函数，而仍然是状态向量 $x(t)$ 的线性函数，表明构成最优控制系统，需要全部状态信息反馈。

2. 无限时间输出调节器

如果终端时刻 $t_f\to\infty$，系统及性能指标中的各矩阵为常值矩阵时，则可以得到定常的状态反馈控制律，这样的最优输出调节器称为无限时间输出调节器。

定理 6.12 设完全能控和完全能观测的线性定常系统的状态空间表达式如式（6.80）所示。性能指标为

$$J=\frac{1}{2}\int_0^{\infty}[y^T(t)Qy(t)+u^T(t)Ru(t)]dt \tag{6.103}$$

式中，$Q(t)\in\mathbf{R}^{m\times m}$ 为正半定对称常值矩阵；$R(t)\in\mathbf{R}^{r\times r}$ 为正定对称常值矩阵。则存在使性能指标式（6.103）极小的唯一最优控制为

$$u^*(t)=-R^{-1}B^TPx(t)$$

最优性能指标

$$J^*=\frac{1}{2}x^T(0)Px(0) \tag{6.104}$$

式中，$P(t)\in\mathbf{R}^{n\times n}$ 是正定对称常值矩阵，满足下列黎卡提矩阵代数方程

$$PA+A^TP-PBR^{-1}B^TP+C^TQC=0$$

最优轨线 $x^*(t)$ 满足下列线性向量微分方程

$$\dot{x}(t)=(A-BR^{-1}B^TP)x(t),\quad x(0)=x_0$$

证明： 将输出方程 $y(t)=Cx(t)$ 代入性能指标式（6.103），可得

$$J=\frac{1}{2}\int_0^{\infty}[x^T(t)Q_1x(t)+u^T(t)Ru(t)]dt$$

式中，$Q_1=C^TQC$。

因 $Q=Q^T\geqslant 0$，必有 $Q_1=Q_1^T\geqslant 0$，而 $R=R^T>0$ 仍然成立，于是由无限时间状态调节器的定

理 6.10 知，本定理的全部结论成立。

【例 6.12】 设系统状态空间表达式为

$$\dot{\boldsymbol{x}}(t)=\begin{bmatrix}0&1\\0&0\end{bmatrix}\boldsymbol{x}(t)+\begin{bmatrix}0\\1\end{bmatrix}u(t)$$
$$y(t)=x_1(t)$$

性能指标为

$$J=\frac{1}{4}\int_0^{\infty}[y(t)+u^2(t)]\mathrm{d}t$$

试构造输出调节器，使性能指标为极小。

解：由题意知

$$\boldsymbol{A}=\begin{bmatrix}0&1\\0&0\end{bmatrix},\quad \boldsymbol{B}=\begin{bmatrix}0\\1\end{bmatrix},\quad \boldsymbol{C}=[0\quad 1],\quad \boldsymbol{Q}=[1],\quad \boldsymbol{R}=[1]$$

因为

$$\operatorname{rank}[\boldsymbol{B}\quad \boldsymbol{AB}]=\operatorname{rank}\begin{bmatrix}0&1\\1&0\end{bmatrix}=2,\quad \operatorname{rank}\begin{bmatrix}\boldsymbol{C}\\\boldsymbol{CA}\end{bmatrix}=\operatorname{rank}\begin{bmatrix}1&0\\0&1\end{bmatrix}=2$$

系统完全能控和能观测，故无限时间定常输出调节器的最优控制 $\boldsymbol{u}^*(t)$ 存在。

令 $\boldsymbol{P}=\begin{bmatrix}p_{11}&p_{12}\\p_{21}&p_{22}\end{bmatrix}$，由黎卡提方程

$$\boldsymbol{PA}+\boldsymbol{A}^{\mathrm{T}}\boldsymbol{P}-\boldsymbol{PBR}^{-1}\boldsymbol{B}^{\mathrm{T}}\boldsymbol{P}+\boldsymbol{C}^{\mathrm{T}}\boldsymbol{QC}=\boldsymbol{0}$$

得

$$\boldsymbol{P}=\begin{bmatrix}\sqrt{2}&1\\1&\sqrt{2}\end{bmatrix}>0$$

最优控制 $u^*(t)$ 为

$$u^*(t)=-\boldsymbol{R}^{-1}\boldsymbol{B}^{\mathrm{T}}\boldsymbol{Px}(t)=-x_1(t)-\sqrt{2}x_2(t)=-y(t)-\sqrt{2}\dot{y}(t)$$

闭环系统的状态方程为

$$\dot{\boldsymbol{x}}(t)=(\boldsymbol{A}-\boldsymbol{BR}^{-1}\boldsymbol{B}^{\mathrm{T}}\boldsymbol{T})\boldsymbol{x}(t)=\begin{bmatrix}0&1\\-1&-\sqrt{2}\end{bmatrix}\boldsymbol{x}(t)=\bar{\boldsymbol{A}}\boldsymbol{x}(t)$$

得闭环系统特性值为 $\lambda_{1,2}=-\frac{\sqrt{2}}{2}\pm\mathrm{j}\sqrt{2}$，故闭环系统渐进稳定。

6.5.3 输出跟踪器

对线性时变系统，当 $\boldsymbol{C}(t)\neq\boldsymbol{I}$，$\boldsymbol{y}_{\mathrm{d}}(t)\neq\boldsymbol{0}$ 则线性二次型最优控制问题归结为：当理想输出向量 $\boldsymbol{y}_{\mathrm{d}}(t)$ 作用于系统时，要求系统产生一控制向量，使系统实际输出 $\boldsymbol{y}(t)$ 始终跟踪 $\boldsymbol{y}_{\mathrm{d}}(t)$ 的变化，并使性能指标式（6.81）极小。这一类线性二次型最优控制问题称为输出跟踪器问题。

1. 有限时间输出跟踪器

如果系统是线性时变的，终端时刻 t_{f} 是有限的，则称为有限时间输出跟踪器。

定理 6.13 设线性时变系统的状态空间表达式如式（6.80）所示。性能指标为

$$J=\frac{1}{2}\boldsymbol{e}^{\mathrm{T}}(t_{\mathrm{f}})\boldsymbol{Se}(t_{\mathrm{f}})+\frac{1}{2}\int_{t_0}^{t_{\mathrm{f}}}[\boldsymbol{e}^{\mathrm{T}}(t)\boldsymbol{Q}(t)\boldsymbol{e}(t)+\boldsymbol{u}^{\mathrm{T}}(t)\boldsymbol{R}(t)\boldsymbol{u}(t)]\mathrm{d}t \tag{6.105}$$

式中，$\boldsymbol{S}\in\mathbf{R}^{m\times m}$是正半定常值对称矩阵；$\boldsymbol{Q}(t)\in\mathbf{R}^{m\times m}$是正半定对称矩阵；$\boldsymbol{R}(t)\in\mathbf{R}^{r\times r}$是正定对称矩阵。$\boldsymbol{Q}(t)$、$\boldsymbol{R}(t)$各元在$[t_0,t_f]$上连续有界，$t_f$固定。使性能指标式（6.105）为极小的最优解为

（1）最优控制

$$\boldsymbol{u}^*(t)=-\boldsymbol{R}^{-1}(t)\boldsymbol{B}^{\mathrm{T}}(t)[\boldsymbol{P}(t)\boldsymbol{x}(t)-\boldsymbol{\xi}(t)]$$

式中，$\boldsymbol{P}(t)\in\mathbf{R}^{n\times n}$是非负定对称实矩阵，满足如下黎卡提矩阵微分方程

$$-\dot{\boldsymbol{P}}(t)=\boldsymbol{P}(t)\boldsymbol{A}(t)+\boldsymbol{A}^{\mathrm{T}}(t)\boldsymbol{P}(t)-\boldsymbol{P}(t)\boldsymbol{B}(t)\boldsymbol{R}^{-1}(t)\boldsymbol{B}^{\mathrm{T}}(t)\boldsymbol{P}(t)+\boldsymbol{C}^{\mathrm{T}}(t)\boldsymbol{Q}(t)\boldsymbol{C}(t)$$

及终端边界条件

$$\boldsymbol{P}(t_f)=\boldsymbol{C}^{\mathrm{T}}(t_f)\boldsymbol{S}\boldsymbol{C}(t_f)$$

式中，$\boldsymbol{\xi}(t)$是n维伴随向量，满足如下向量微分方程

$$-\dot{\boldsymbol{\xi}}(t)=[\boldsymbol{A}(t)-\boldsymbol{B}(t)\boldsymbol{R}^{-1}(t)\boldsymbol{B}^{\mathrm{T}}(t)\boldsymbol{P}(t)]^{\mathrm{T}}\boldsymbol{\xi}(t)+\boldsymbol{C}^{\mathrm{T}}(t)\boldsymbol{Q}(t)\boldsymbol{y}_d(t) \tag{6.106}$$

及终端边界条件

$$\boldsymbol{\xi}(t_f)=\boldsymbol{C}^{\mathrm{T}}(t_f)\boldsymbol{S}\boldsymbol{y}_d(t_f)$$

（2）最优性能指标

$$J^*=\frac{1}{2}\boldsymbol{x}^{\mathrm{T}}(t_0)\boldsymbol{P}\boldsymbol{x}(t_0)-\boldsymbol{\xi}^{\mathrm{T}}(t_0)\boldsymbol{x}(t_0)+\varphi(t_0)$$

其中，函数$\varphi(t)$满足下列微分方程

$$\dot{\varphi}(t)=-\frac{1}{2}\boldsymbol{y}_d^{\mathrm{T}}(t)\boldsymbol{Q}(t)\boldsymbol{y}_d(t)\varphi(t)-\boldsymbol{\xi}^{\mathrm{T}}(t)\boldsymbol{B}(t)\boldsymbol{R}^{-1}(t)\boldsymbol{B}^{\mathrm{T}}(t)\boldsymbol{\xi}(t)$$

及边界条件

$$\varphi(t_f)=\boldsymbol{y}_d^{\mathrm{T}}(t_f)\boldsymbol{S}\boldsymbol{y}_d(t_f)$$

（3）最优轨线

最优跟踪闭环系统方程

$$\dot{\boldsymbol{x}}(t)=[\boldsymbol{A}(t)-\boldsymbol{B}(t)\boldsymbol{R}^{-1}(t)\boldsymbol{B}^{\mathrm{T}}(t)\boldsymbol{P}(t)]\boldsymbol{x}(t)+\boldsymbol{B}(t)\boldsymbol{R}^{-1}(t)\boldsymbol{B}^{\mathrm{T}}(t)\boldsymbol{\xi}(t)$$

在初始条件$\boldsymbol{x}(t_0)=\boldsymbol{x}_0$下的解，为最优轨线$\boldsymbol{x}^*(t)$。

对上述定理的结论，进行如下几点说明：

1）定理6.11和定理6.13中的黎卡提方程和边界条件完全相同，表明最优输出跟踪器与最优输出调节器具有相同的反馈结构，与理想输出$\boldsymbol{y}_d(t)$无关。

2）定理6.11和定理6.13中的最优输出跟踪器闭环系统和最优输出调节器闭环系统的特征值完全相等，二者的区别仅在于跟踪器中多了一个与伴随向量$\boldsymbol{\xi}(t)$有关的输入项，形成了跟踪器中的前馈控制项。

3）由定理6.13中伴随方程式（6.106）可见，求解伴随向量$\boldsymbol{\xi}(t)$需要理想输出$\boldsymbol{y}_d(t)$的全部信息，从而使输出跟踪器最优控制$\boldsymbol{u}^*(t)$的现在值与理想输出$\boldsymbol{y}_d(t)$的将来值有关。在许多实际工程问题中，这往往是做不到的。为了便于设计输出跟踪器，往往假定理性输出$\boldsymbol{y}_d(t)$的元为典型外作用函数，例如单位阶跃、单位斜坡或单位加速度函数等。

2. 无限时间输出跟踪器

如果终端时刻$t_f\to\infty$，系统及性能指标中的各矩阵均为常值矩阵，这样的输出跟踪器称为无限时间输出跟踪器。

对于这类问题，目前还没有严格的一般性求解方法。当理想输出值为常值向量时，有如下工程上可以应用的近似结果。

定理 6.14 设完全能控和完全能观测的线性定常系统的状态空间表达式如式（6.80）所示。性能指标为

$$J=\frac{1}{2}\int_0^{\infty}[\boldsymbol{e}^{\mathrm{T}}(t)\boldsymbol{Q}\boldsymbol{e}(t)+\boldsymbol{u}^{\mathrm{T}}(t)\boldsymbol{R}\boldsymbol{u}(t)]\mathrm{d}t \tag{6.107}$$

式中，$\boldsymbol{Q}(t)\in\mathbf{R}^{m\times m}$是正半定的常值对称矩阵；$\boldsymbol{R}(t)\in\mathbf{R}^{r\times r}$为正定常值对称矩阵。

使性能指标式（6.107）极小的近似最优控制为

$$\boldsymbol{u}^*(t)=-\boldsymbol{R}^{-1}\boldsymbol{B}^{\mathrm{T}}\boldsymbol{P}\boldsymbol{x}(t)+\boldsymbol{R}^{-1}\boldsymbol{B}^{\mathrm{T}}\boldsymbol{\xi}$$

其中，$\boldsymbol{P}\in\mathbf{R}^{n\times n}$为正定常值对称矩阵，满足下列黎卡提矩阵代数方程

$$\boldsymbol{PA}+\boldsymbol{A}^{\mathrm{T}}\boldsymbol{P}-\boldsymbol{PBR}^{-1}\boldsymbol{B}^{\mathrm{T}}\boldsymbol{P}+\boldsymbol{C}^{\mathrm{T}}\boldsymbol{QC}=\boldsymbol{0}$$

常值伴随向量为

$$\boldsymbol{\xi}=[\boldsymbol{PBR}^{-1}\boldsymbol{B}^{\mathrm{T}}-\boldsymbol{A}^{\mathrm{T}}]^{-1}\boldsymbol{C}^{\mathrm{T}}\boldsymbol{Q}\boldsymbol{y}_{\mathrm{d}}$$

闭环系统方程

$$\dot{\boldsymbol{x}}(t)=(\boldsymbol{A}-\boldsymbol{BR}^{-1}\boldsymbol{B}^{\mathrm{T}}\boldsymbol{P})\boldsymbol{x}(t)+\boldsymbol{BR}^{-1}\boldsymbol{B}^{\mathrm{T}}\boldsymbol{\xi}$$

及初始状态 $\boldsymbol{x}(0)=\boldsymbol{x}_0$ 的解，为近似最优轨线 $\boldsymbol{x}^*(t)$。

【例 6.13】 轮船操纵系统从激励信号 $u(t)$ 到实际航向 $y(t)$ 的传递函数为 $4/s^2$，理想输出为 $y_{\mathrm{d}}(t)=1(t)$。试设计最优激励信号 $u^*(t)$，使性能指标

$$J=\int_0^{\infty}\{[y_{\mathrm{d}}(t)-y(t)]^2+u^2(t)\}\mathrm{d}t$$

极小。

解：1）系统的传递函数为

$$G(s)=\frac{Y(s)}{U(s)}=\frac{4}{s^2}$$

建立状态空间模型，可得

$$\begin{aligned}\dot{x}_1(t)&=x_2(t)\\ \dot{x}_2(t)&=4u(t)\end{aligned},\quad y(t)=x_1(t)$$

则

$$\boldsymbol{A}=\begin{bmatrix}0&1\\0&0\end{bmatrix},\quad \boldsymbol{B}=\begin{bmatrix}0\\4\end{bmatrix},\quad \boldsymbol{C}=[1\quad 0]$$

2）检验系统的能控性能观测性。

因为

$$\mathrm{rank}[\boldsymbol{B}\quad \boldsymbol{AB}]=\mathrm{rank}\begin{bmatrix}0&4\\4&0\end{bmatrix}=2,\quad \mathrm{rank}\begin{bmatrix}\boldsymbol{C}\\ \boldsymbol{CA}\end{bmatrix}=\mathrm{rank}\begin{bmatrix}1&0\\0&1\end{bmatrix}=2$$

系统完全能控且能观，故无限时间输出跟踪器的最优控制 $u^*(t)$存在。

3）解黎卡提方程。

令 $\boldsymbol{P}=\begin{bmatrix}p_{11}&p_{12}\\p_{21}&p_{22}\end{bmatrix}$，由黎卡提方程

$$\boldsymbol{PA}+\boldsymbol{A}^{\mathrm{T}}\boldsymbol{P}-\boldsymbol{PBR}^{-1}\boldsymbol{B}^{\mathrm{T}}\boldsymbol{P}+\boldsymbol{C}^{\mathrm{T}}\boldsymbol{QC}=\boldsymbol{0}$$

得代数方程组

$$-8p_{12}^2+2=0$$

$$p_{11}-8p_{12}p_{22}=0$$

$$2p_{12}-8p_{22}^2=0$$

联立求解，得

$$P=\begin{bmatrix}\sqrt{2} & \dfrac{1}{2}\\ \dfrac{1}{2} & \dfrac{\sqrt{2}}{4}\end{bmatrix}>0$$

4）求常值伴随向量。

$$\boldsymbol{\xi}=[\boldsymbol{PBR}^{-1}\boldsymbol{B}^{\mathrm{T}}-\boldsymbol{A}^{\mathrm{T}}]^{-1}\boldsymbol{C}^{\mathrm{T}}\boldsymbol{Q}\boldsymbol{y}_{\mathrm{d}}=\begin{bmatrix}\sqrt{2}\\ \dfrac{1}{2}\end{bmatrix}$$

5）确定最优控制 $\boldsymbol{u}^*(t)$。

$$\begin{aligned}u^*(t)&=-\boldsymbol{R}^{-1}\boldsymbol{B}^{\mathrm{T}}\boldsymbol{Px}(t)+\boldsymbol{R}^{-1}\boldsymbol{B}^{\mathrm{T}}\boldsymbol{\xi}\\&=-x_1(t)-\frac{\sqrt{2}}{2}x_2(t)+1=-y(t)-\frac{\sqrt{2}}{2}\dot{y}(t)+1\end{aligned}$$

6）检验闭环系统的稳定性。

闭环系统的状态空间方程为

$$\dot{\boldsymbol{x}}(t)=(\boldsymbol{A}-\boldsymbol{BR}^{-1}\boldsymbol{B}^{\mathrm{T}}\boldsymbol{P})\boldsymbol{x}(t)+\boldsymbol{BR}^{-1}\boldsymbol{B}^{\mathrm{T}}\boldsymbol{\xi}$$

系统矩阵为

$$\overline{\boldsymbol{A}}=(\boldsymbol{A}-\boldsymbol{BR}^{-1}\boldsymbol{B}^{\mathrm{T}}\boldsymbol{P})=\begin{bmatrix}0 & 1\\ -4 & -2\sqrt{2}\end{bmatrix}$$

根据特性方程

$$\det(\lambda\boldsymbol{I}-\overline{\boldsymbol{A}})=\lambda^2+2\sqrt{2}\lambda+4=0$$

得特性值为 $\lambda_{1,2}=-\sqrt{2}\pm\mathrm{j}\sqrt{2}$，故闭环系统渐进稳定。

另外，有 $\boldsymbol{C}^{\mathrm{T}}\boldsymbol{QC}\geqslant 0$，且$(\boldsymbol{A},\boldsymbol{Q}^{1/2})$，即$(\boldsymbol{A},\boldsymbol{C})$能观，故必保证闭环系统渐进稳定。

6.6 MATLAB 在最优控制中的应用

MATLAB 控制系统工具箱中提供了一些线性二次型最优控制的专用函数，可以方便地完成最优控制律的设计。

1. lqr( ) 和 lqr2( ) 函数

功能：连续系统线性二次型状态调节器设计。

调用格式：[K,P,e]=lqr(A,B,Q,R,N)，[K,P]=lqr2(A,B,Q,R)

其中，A 为系统状态矩阵；B 为系统输入矩阵；Q 为给定的半正定实对称矩阵；R 为给定的正定实对称矩阵；N 代表更一般化性能指标中交叉乘积项的加权矩阵，默认 N=0；输出参量 K 为最优反馈增益矩阵；P 为对应黎卡提方程的唯一正定解；e 为闭环状态方程参数矩阵 $(\boldsymbol{A}-\boldsymbol{BK})$ 的特征值。

函数 **lqr( )** 和 **lqr2( )** 用来计算连续系统最优反馈增益矩阵 $\boldsymbol{K}$，使系统 $\dot{\boldsymbol{x}}=\boldsymbol{Ax}+\boldsymbol{Bu}$ 采用反馈控制律 $\boldsymbol{u}=-\boldsymbol{Kx}$，使得性能指标

$$J=\int_0^{\infty}(\boldsymbol{x}^{\mathrm{T}}\boldsymbol{Qx}+\boldsymbol{u}^{\mathrm{T}}\boldsymbol{Ru}+2\boldsymbol{x}^{\mathrm{T}}\boldsymbol{Nu})\,\mathrm{d}t$$

达到极小。同时返回代数黎卡提方程 $\boldsymbol{A}^{\mathrm{T}}\boldsymbol{P}+\boldsymbol{PA}-(\boldsymbol{PB}+\boldsymbol{N})\boldsymbol{R}^{-1}(\boldsymbol{B}^{\mathrm{T}}\boldsymbol{P}+\boldsymbol{N}^{\mathrm{T}})+\boldsymbol{Q}=0$ 的解 $\boldsymbol{P}$ 及闭环系

统的特征值 $e=\mathrm{eig}(A-BK)$，最优反馈增益矩阵 $K=R^{-1}(B^{\mathrm{T}}P+N^{\mathrm{T}})$。

2. lqry( )函数

功能：连续系统线性二次型输出调节器设计。

调用格式：[K,P,e]=lqry(sys,Q,R,N)

其中，sys 为系统的传递函数。

函数 **lqry( )**用来计算连续系统的输出反馈增益矩阵 K，用输出反馈代替状态反馈，即 $u=-Ky$，使得性能指标

$$J=\int_0^{\infty}(y^{\mathrm{T}}Qy+u^{\mathrm{T}}Ru+2y^{\mathrm{T}}Nu)\mathrm{d}t$$

达到极小。这种二次型输出反馈控制称为次优控制。此函数也可以用来计算相应的离散系统最优反馈增益矩阵 K，默认 $N=0$。

3. dlqr( )函数

功能：离散系统线性二次型状态/输出调节器设计。

调用格式：[K,P,e]=dlqr(G,H,Q,R,N)

函数 **dlqr( )**用来计算离散系统最优反馈增益矩阵 K，使系统 $x[k+1]=Gx[k]+Hu[k]$ 采用反馈控制律 $u[n]=-Kx[n]$，使得性能指标

$$J=\sum_{n=1}^{\infty}(x^{\mathrm{T}}[n]Qx[n]+u^{\mathrm{T}}[n]Ru[n]+2x^{\mathrm{T}}[n]Nx[n])$$

达到极小。同时返回离散代数黎卡提方程

$$G^{\mathrm{T}}PG-P-(G^{\mathrm{T}}PH+N)(H^{\mathrm{T}}PH+R)^{-1}(H^{\mathrm{T}}PG+N^{\mathrm{T}})+Q=0$$

的解 P，闭环系统的特征值 $e=\mathrm{eig}(G-HK)$ 和最优反馈增益矩阵 $K=(H^{\mathrm{T}}PH+R)^{-1}(H^{\mathrm{T}}PG+N^{\mathrm{T}})$。

函数 **dlqr( )**也可用于离散系统的输出反馈调节器设计，用输出反馈代替状态反馈，即 $u[n]=-Ky[n]$，使得性能指标

$$J=\sum_{n=1}^{\infty}(y^{\mathrm{T}}[n]Qy[n]+u^{\mathrm{T}}[n]Ru[n]+2y^{\mathrm{T}}[n]Ny[n])$$

达到极小。

4. lqrd( )函数

功能：连续系统基于连续系统的离散 LQR 调节器设计。

调用格式：[K,P,e]=lqrd(A,B,Q,R,N,Ts)

其中，A 为系统状态矩阵；B 为系统输入矩阵；Ts 是离散观测器的抽样时间。

函数 **lqrd( )**用于计算连续系统的离散最优反馈增益矩阵 K，使系统采用反馈控制律 $u[n]=-Kx[n]$，使得性能指标

$$J=\int_0^{\infty}(x^{\mathrm{T}}Qx+u^{\mathrm{T}}Ru+2x^{\mathrm{T}}Nu)\mathrm{d}t$$

达到极小。返回值是离散代数黎卡提方程的解及离散闭环系统的特征值 S 及离散闭环系统的特征值 $e=\mathrm{eig}(A_d-B_dK_d)$。默认 $N=\mathbf{0}$。

【例 6.14】已知线性系统的状态空间表达式为

$$\dot{x}=\begin{bmatrix}0&1&0\\0&0&1\\-3&-5&-5\end{bmatrix}x+\begin{bmatrix}0\\0\\1\end{bmatrix}u,\quad y=[1\quad 0\quad 0]x$$

系统的二次型性能指标为

$$J=\int_0^{\infty}(\boldsymbol{x}^{\mathrm{T}}\boldsymbol{Q}\boldsymbol{x}+\boldsymbol{u}^{\mathrm{T}}\boldsymbol{R}\boldsymbol{u})\mathrm{d}t$$

式中，$\boldsymbol{Q}=\begin{bmatrix}100 & 0 & 0\\ 0 & 1 & 0\\ 0 & 0 & 1\end{bmatrix}$，$\boldsymbol{R}=[1]$。求最优状态反馈控制律 $\boldsymbol{u}^*(t)$，使得性能指标达到最小值。

解：根据题意，首先要求出最优状态反馈矩阵 $\boldsymbol{K}$，可调用 lqr 函数来求解。然后可得到最优控制律为 $\boldsymbol{u}^*(t)=-\boldsymbol{K}\boldsymbol{x}(t)$。MATLAB 程序如下：

```
A=[0 1 0; 0 0 1; -3 -5 -5];
B=[0;0;1];
C=[1 0 0];
D=[0];
Q=[100 0 0; 0 1 0; 0 0 1];
R=[1];
K=lqr(A,B,Q,R)
K1=K(1);
Ac=A-B*K;Bc=B*K1;Cc=C;Dc=D;
e=eig(Ac)
step(Ac,Bc,Cc,Dc)
t=0:0.01:10
[y,X,t]=step(Ac,Bc,Cc,Dc,1,t);
x1=X(:,1);
plot(t,x1,'k'),grid
xlabel('t(s)'),ylabel('$y=x_1$')
```

运行程序后可得到最优状态反馈增益矩阵 $\boldsymbol{K}$

```
K=
    7.4403    6.1975    1.1964
```

闭环控制系统特征值 $\boldsymbol{e}$

```
e=
    -1.0589 + 1.1994i
    -1.0589 - 1.1994i
    -4.0785
```

闭环控制系统单位阶跃响应曲线如图 6.4 所示。

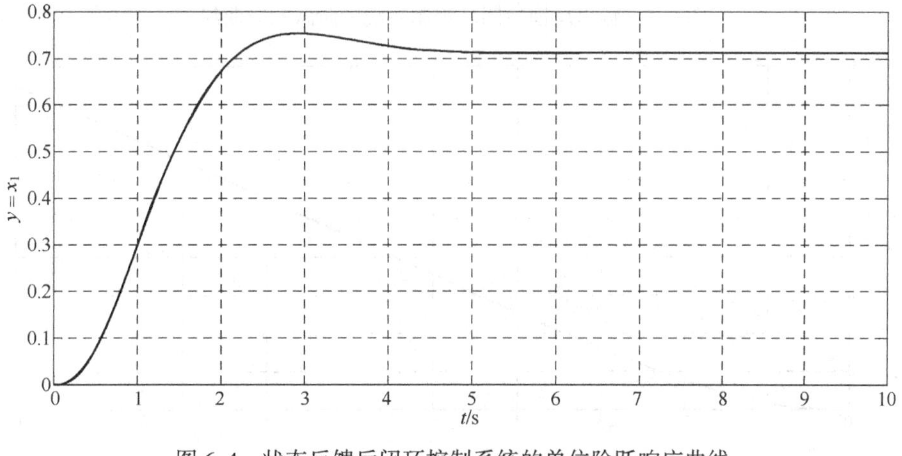

图 6.4 状态反馈后闭环控制系统的单位阶跃响应曲线

【例 6.15】已知线性系统的状态空间表达式为

$$\dot{\boldsymbol{x}}=\begin{bmatrix}0&1&0\\0&0&0\\0&-2&-3\end{bmatrix}\boldsymbol{x}+\begin{bmatrix}0\\0\\1\end{bmatrix}u,\quad y=\begin{bmatrix}1&0&0\end{bmatrix}\boldsymbol{x}$$

求采用输出反馈控制律，即 $\boldsymbol{u}(t)=-\boldsymbol{K}\boldsymbol{y}(t)$，使性能指标

$$J=\int_0^{\infty}(\boldsymbol{y}^{\mathrm{T}}\boldsymbol{Q}\boldsymbol{y}+\boldsymbol{u}^{\mathrm{T}}\boldsymbol{R}\boldsymbol{u})\mathrm{d}t$$

为最小的最优控制的输出反馈矩阵 $\boldsymbol{K}$。其中

$$\boldsymbol{Q}=[100],\quad \boldsymbol{R}=[1]$$

解：MATLAB 程序如下：

```
A=[0 1 0;0 0 1;0 -2 -3];
B=[0;0;1;];
C=[1 0 0];D=0;
Q=diag([100]);R=1;
[K,P, e]=lqry(A,B,C,D,Q,R)
t=0:0.1:10;
figure(1);step(A-B*K,B,C,D,1,t)
figure(2);step(A,B,C,D,1,t)
```

执行结果如图 6.5 和图 6.6 所示。

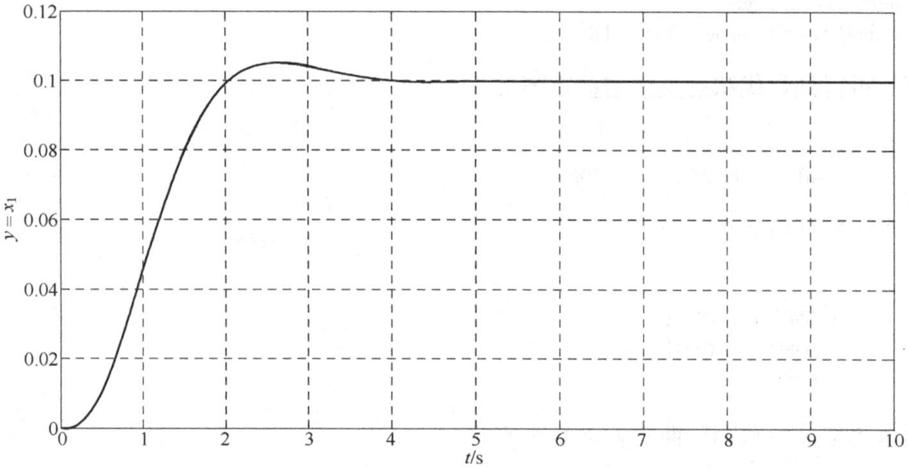

图 6.5　输出反馈后闭环控制系统的阶跃响应曲线

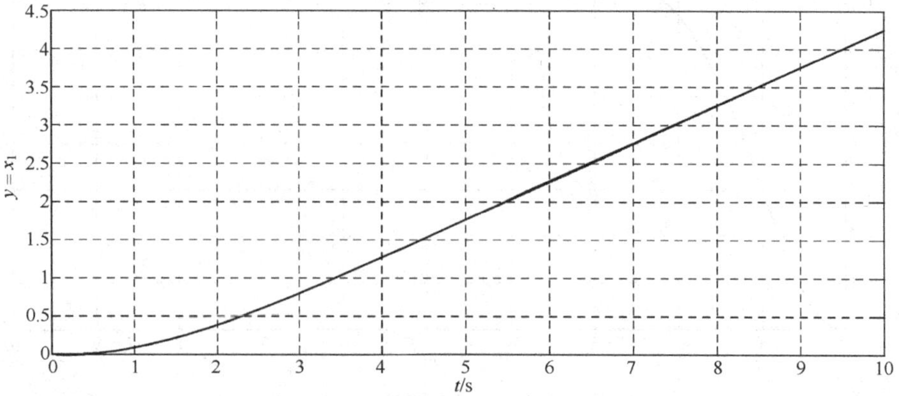

图 6.6　原系统输出的阶跃响应曲线

```
K =
      10.0000      8.2459      2.0489
P =
      102.4592     50.4894     10.0000
      50.4894      35.7311     8.2459
      10.0000      8.2459      2.0489
e =
      -2.5800
      -1.2345 + 1.5336i
      -1.2345 - 1.5336i
```

比较输出反馈后系统的阶跃响应曲线和输出反馈前原系统的阶跃响应曲线，可见最优控制施加之后该系统的响应有了明显的改善。通过调节 $\boldsymbol{Q}$ 和 $\boldsymbol{R}$ 加权矩阵还可进一步改善系统的输出响应。

对于最优控制，MATLAB 并不限于上面介绍的函数及方法，有兴趣的读者可以参考有关资料获得更多更方便的方法。

6.7 本章要点

最优控制是指在给定的约束条件下，寻求一个控制，使给定的系统性能指标达到极大值(或极小值)。它反映了系统有序结构向更高水平发展的必然要求。它属于最优化的范畴，与最优化有着共同的性质和理论基础。对于给定初始状态的系统，如果控制因素是时间的函数，没有系统状态反馈，称为开环最优控制，如果控制信号为系统状态及系统参数或其环境的函数，称为自适应控制。

1）从数学上看，确定最优控制问题可以表述为：在运动方程和允许控制范围的约束下，对以控制函数和运动状态为变量的性能指标函数（称为泛函）求取极值（极小值或极大值）。解决最优控制问题的主要方法有古典变分法（对泛函求极值的一种数学方法）、极小值（极大值）原理和动态规划。最优控制已被应用于综合和设计最速控制系统、最省燃料控制系统、最小能耗控制系统和线性调节器等。

2）在动态最优控制中目标函数是一个泛函，因此求解动态最优化问题可以归结为求泛函极值的问题。根据其终端条件是否固定的情况，又可以分为固定端点的变分问题和可变端点的变分问题。

3）在最优控制问题中，泛函 J 所依赖的函数总是要受到受控系统状态方程的约束。解决这类问题的思路是应用拉格朗日乘子法，将这种有约束条件的泛函极值问题转换为无约束条件的泛函极值问题。

4）极小值原理的结论与经典变分法的结论有许多相似之处，但这一方法当控制变量 $u(t)$ 受闭集约束时是行之有效的，并且不要求哈密顿函数 H 对 $\boldsymbol{u}(t)$ 连续可微，是控制变量 $u(t)$ 受限制时求解最优控制问题的有力工具，且极小值原理也可用于解决控制不受约束的最优控制问题。

5）使用二次型性能指标的线性系统最优控制。它可得到状态线性反馈的最优控制规律，便于实现闭环最优控制，是应用广泛的最优控制方式。根据其性能指标 J 的不同，又可以分为状态调节器、输出调节器和输出跟踪器。

习题

6.1　什么是最优控制？简述最优控制的应用范围。

6.2　什么是系统的性能泛函？试说明线性二次型性能泛函中各项的含义。

6.3　试求性能指标

$$J=\int_0^{\frac{\pi}{2}}[\dot{x}_1^2+\dot{x}_2^2+2x_1x_2]\mathrm{d}t$$

在边界条件 $x_1(0)=x_2(0)=0$，$x_1(\pi/2)=x_2(\pi/2)=1$ 下的极值曲线。

6.4　已知系统的状态方程为

$$\dot{\boldsymbol{x}}(t)=\begin{bmatrix}0&0\\1&0\end{bmatrix}\boldsymbol{x}(t)+\begin{bmatrix}1&0\\0&1\end{bmatrix}\boldsymbol{u}(t)$$

初始条件为

$$x_1(0)=0,\quad x_2(0)=0$$

性能指标为

$$J=\int_0^1[x_1+u_1^2+u_2^2]\mathrm{d}t$$

要求终端状态为 $x_1(1)=x_2(1)=1$，试确定最优控制 u_1^*,u_2^*；最优轨线 x_1^*,x_2^* 及最优性能指标 J^*。

6.5　已知系统的状态方程为

$$\dot{\boldsymbol{x}}(t)=\begin{bmatrix}-1&0\\1&0\end{bmatrix}\boldsymbol{x}(t)+\begin{bmatrix}1\\0\end{bmatrix}u(t)$$

初始条件为

$$x_1(0)=1,\quad x_2(0)=0$$

其中，$|u(t)|\leqslant 1$。若系统终端状态 $x(t_\mathrm{f})$ 自由，试求性能指标 $J=x_2$ 达到极小的最优控制 $u^*(t)$。

6.6　已知系统的状态方程为

$$\dot{\boldsymbol{x}}(t)=\begin{bmatrix}0&1\\0&0\end{bmatrix}\boldsymbol{x}(t)+\begin{bmatrix}0\\1\end{bmatrix}u(t)$$

试确定最优控制 $u^*(t)$，使性能指标

$$J=\int_0^{\infty}\frac{1}{2}[x_1^2(t)+u^2(t)]\mathrm{d}t$$

达到极小。

6.7　已知系统的状态方程及控制律为

$$\dot{\boldsymbol{x}}(t)=\begin{bmatrix}0&1\\0&0\end{bmatrix}\boldsymbol{x}(t)+\begin{bmatrix}0\\1\end{bmatrix}u(t)$$

$$u=-\boldsymbol{K}\boldsymbol{x}=-k_1x_1-k_2x_2$$

试确定 k_1、k_2，使性能指标

$$J=\int_0^{\infty}\frac{1}{2}[\boldsymbol{x}^\mathrm{T}\boldsymbol{x}+u^2(t)]\mathrm{d}t$$

达到极小。

6.8 已知系统的状态方程为

$$\dot{\boldsymbol{x}}(t)=\begin{bmatrix}0 & 1\\0 & 0\end{bmatrix}\boldsymbol{x}(t)+\begin{bmatrix}0\\1\end{bmatrix}u(t)$$

$$y=[1 \quad 0]\boldsymbol{x}$$

试确定最优控制 $u^*(t)$，使性能指标

$$J=\frac{1}{2}\int_0^\infty [y^2+ru^2(t)]\mathrm{d}t, \quad r>0$$

达到极小。

参考文献

[1] 刘豹，唐万生．现代控制理论［M］．3 版．北京：机械工业出版社，2006.

[2] 闫茂德，高昂，胡延苏．现代控制理论［M］．北京：机械工业出版社，2016.

[3] 胡寿松．自动控制原理［M］．7 版．北京：科学出版社，2019.

[4] 郑大钟．线性系统理论［M］．2 版．北京：清华大学出版社，2002.

[5] 张嗣瀛，高立群．现代控制理论［M］．2 版．北京：清华大学出版社，2017.

[6] 教育部高等学校自动化专业教学指导分委员会．高等学校本科自动化指导性专业规范（试行）［S］．北京：高等教育出版社，2007.

[7] DAZZO J J，HOUPIS R H. 线性控制系统分析与设计　第 4 版：英文影印版［M］．北京：清华大学出版社，2000.

[8] DORF R C，BISHOP R H. 现代控制系统　第 11 版：英文影印版［M］．北京：电子工业出版社，2009.

[9] 黄家英．自动控制原理［M］．2 版．北京：高等教育出版社，2010.

[10] 王宏华，王时胜．现代控制理论［M］．3 版．北京：电子工业出版社，2018.

[11] 刘沛津．现代控制理论及工程应用案例［M］．西安：西安电子科技大学出版社，2021.

[12] 谢克明，李国勇．现代控制理论［M］．北京：清华大学出版社，2007.

[13] 王孝武．现代控制理论基础［M］．3 版．北京：机械工业出版社，2013.

[14] 齐晓慧，胡建群，董海瑞，等．现代控制理论及应用［M］．北京：国防工业出版社，2006.

[15] 赵光宙．现代控制理论［M］．北京：机械工业出版社，2009.

[16] 侯媛彬，嵇启春，杜京义，等．现代控制理论基础［M］．2 版．北京：北京大学出版社，2020.

[17] SLOTINE J J，LI W P. Applied Nonlinear Control［M］．Upper Saddle River：Prentice Hall，Inc. 1991.

[18] 魏克新，王云亮，陈志敏，等．MATLAB 语言与自动控制系统设计［M］．2 版．北京：机械工业出版社，2004.

[19] 张志涌．精通 MATLAB R2011a［M］．北京：北京航空航天大学出版社，2003.

[20] 薛定宇．控制系统计算机辅助设计：MATLAB 语言与应用［M］．2 版．北京：清华大学出版社，2006.

[21] 龚乐年．现代控制理论解题分析与指导［M］．南京：东南大学出版社，2005.

[22] 胡寿松．自动控制原理习题集［M］．2 版．北京：科学出版社，2003.

[23] 汪宁，郭西进．MATLAB 与控制理论实验教程［M］．北京：机械工业出版社，2011.

[24] 贺昱曜，闫茂德．非线性控制理论及应用［M］．西安：西安电子科技大学出版社，2007.

[25] 李少康．现代控制理论基础［M］．西安：西北工业大学出版社，2005.

[26] 宋丽蓉，邢灿华．现代控制理论基础［M］．2 版．北京：中国电力出版社，2015.

[27] 丁锋．现代控制理论［M］．北京：清华大学出版社，2021.

[28] 杨慧珍．现代控制理论基础：英文版［M］．2 版．北京：电子工业出版社，2022.

[29] 吴受章．最优控制理论与应用［M］．北京：机械工业出版社，2009.

[30] 陈军斌，杨悦．最优化控制［M］．北京：中国石化出版社有限公司，2011.

[31] 王青，陈宇，张颖昕，等．最优控制：理论、方法与应用［M］．北京：高等教育出版社，2011.

[32] 胡寿松，王执铨，胡维礼．最优控制理论与系统［M］．3 版．北京：科学出版社，2022.

[33] 何德峰，俞立．现代控制系统分析与设计：基于 MATLAB 的仿真与实现［M］．3 版．北京：清华大学出版社，2022.

[34] 张涛. 自动控制理论及 MATLAB 实现 [M]. 北京：电子工业出版社，2016.
[35] 郑勇，徐继宁，胡敦利，等. 自动控制原理实验教程 [M]. 北京：国防工业出版社，2010.
[36] TANAKA K, SANO M. A robust stabilization problem of fuzzy control systems and its application to backing up control of a truck-trailer [J]. IEEE Transactions on Fuzzy Systems, 1994, 2 (2): 119-134.
[37] CAO Y Y, FRANK P M. Stability analysis and synthesis of nonlinear time-delay systems via linear Takagi-Sugeno fuzzy models [J]. Fuzzy Sets and Systems, 2001, 124 (2): 213-229.